普通高等教育“十三五”规划教材
高等院校特色专业建设教材

食品机械与设备

高海燕　曾　洁　主　编
王毕妮　黄晓杰　副主编

化学工业出版社
·北京·

本书以产品分类为主线，介绍焙烤食品、肉制品、乳制品、果品罐头、果酒、果汁、果蔬干制品、糖果巧克力生产加工中所用的机械与设备，包括输送设备、清理设备、搅拌机械、成型机械、烘烤设备、均质机、干燥设备、浓缩设备、杀菌设备、包装机械等，涉及机械设备的原理、结构、使用等。

本书可供食品科学与工程相关专业师生、食品机械设备生产及设计人员、食品企业生产技术人员参考使用。

图书在版编目（CIP）数据

食品机械与设备/高海燕，曾洁主编. —北京：化学工业出版社，2017.9（2025.5重印）
ISBN 978-7-122-30283-0

Ⅰ.①食… Ⅱ.①高… ②曾… Ⅲ.①食品加工设备 Ⅳ.①TS203

中国版本图书馆CIP数据核字（2017）第173987号

责任编辑：彭爱铭
责任校对：王　静　　　　装帧设计：韩　飞

出版发行：化学工业出版社（北京市东城区青年湖南街13号　邮政编码100011）
印　　装：北京天宇星印刷厂
710mm×1000mm　1/16　印张23¼　字数451千字　2025年5月北京第1版第11次印刷

购书咨询：010-64518888　　　　售后服务：010-64518899
网　　址：http：//www. cip. com. cn
凡购买本书，如有缺损质量问题，本社销售中心负责调换。

定　　价：39.00元　

前言

“食品机械与设备”是食品科学与工程专业的重要课程之一。它重点研究食品加工设备的种类、工作原理、结构、工作过程、主要技术参数、机械设备的选择和使用维护等方面的内容。

本门课程打破了原有的按照“机械设备的功能来分类”的传统学科式教学模式，实行以“原料或生产的产品分类”为课程教学主线，紧密结合企业工艺生产实际，方便理解和学习，激发学生学习兴趣。

本课程采用了“案例教学法”，即任课教师以不同品种的食品加工生产线为案例，以教学内容为依托，利用现代教育手段进行多媒体和网络教学，使过去课堂上空洞的语言描述形象化、具体化。

本书涉及面广，内容丰富，图文并茂，适当地反映了国内外该领域内的先进技术状况。本书以国内外典型的食品加工生产线为主线进行讲解，具有实用性强、针对性强等特点。

本书不仅适合作为普通高等院校教材，也可作为高职高专院校、中等职业技术学校的参考书，还可供企业技术人员学习参考使用。

本教材编写分工如下：河南科技学院高海燕负责第一、第二、第四、第五章的编写和全书统稿工作，河南科技学院曾洁负责第三、第六、第七的编写，锦州医科大学黄晓杰负责第八章和第十章的编写，陕西师范大学王毕妮负责第九章并参与第八章的编写，齐齐哈尔工程学院相玉秀负责第十一章的编写。沈阳师范大学赵秀红，浙江海洋大学宋茹，西北农林科技大学杨保伟，河南科技学院研究生胡雅婕、贾甜、张瑞瑶，锦州医科大学张莉力、孙晶参与了部分内容的编写、资料整理工作。同时感谢兰州理工大学舒宗美老师等广大同仁反馈的宝贵意见。

由于笔者水平有限，时间仓促，书中难免有不妥之处，敬请读者批评指正。

编　者

2017 年 5 月

目录

第八章　果汁加工设备

第九章　果蔬干制加工设备　288

第一章 绪 论

食品机械是把食品原料加工成食品（或半成品）的机械。食品机械的现代化程度是衡量一个国家食品工业发展水平的重要标志。食品机械工业技术进步为食品制造业和食品加工业的快速发展，提供了重要保障。

近二十年来，食品工业和食品机械工业迅速发展，产品品种和产量、产值都大幅度增加，引进技术和装备也促进了国内技术水平的提高，缩小了和世界先进水平的差距。据不完全统计，国内生产食品机械的企业上千家，产品品种已发展到几千种。

由于食品机械处理的原料和产品的品种繁多，大部分原料都具有生物属性，产品又都要为人类的生理和习惯所接受，处理过程十分复杂多变，物理和化学形态也与一般机械所处理的物料大不一样，既有固相、液相和气相，还有各种质地不同的粉粒料、果蔬、肉类、柔韧的面团、不易流动的浆料、胶体和悬浊液等，因此食品机械的种类也极其繁多，要求各不相同。

食品机械涉及的知识面十分广泛，既要掌握一般机械结构与工作原理，又要深入了解各种食品加工工艺的要求，包括物料的各种理化过程，在此基础上才能研究和生产出比较完善的食品机械。

当前的机械加工已经离不开微电子技术，食品工业和食品机械也不例外。各种机械设备都要向机电一体化方向发展，利用微电子技术对过程进行检测和监控，这不仅是提高劳动生产率的需要，同时也能保证产品的质量和改善卫生条件。

第一节 食品设备基本要求

一、技术经济指标

任何机械设备在社会生产中所能够得到推广使用的程度，首先决定于它的技术经济指标，食品机械也不例外。当然，对各类食品机械来说，还有一些与其他机械设备不同的要求。所有这些要求的总和，就形成了我们研究和设计新的食品机械的指导思想。归根到底，就是力求用最低的成本造出最适用的食品生产机械设备，并能用这些机械设备以最低的成本制造出最合乎要求的各种食品。

1. 单位生产能力

这是指机械设备生产食品产品的能力，也就是生产某种食品的速率。例如一台隧道式烤炉每单位时间（小时）内可以烘烤出多少月饼。食品生产往往是流水线作业，在生产流水线中总是有许多台机器设备按照一定的顺序共同完成一个产品。例如月饼生产线中就由配料、混合、搅拌、成型、烘烤、包装等设备组成，中间还有各种输送及辅助设备。各台机器设备在生产能力方面，必须取得平衡和一致。否则，一部分机器设备的能力不能得到充分发挥，而另一部分则处于能力不足的状态。整个生产流水线的生产能力只能以流水线中生产能力最低的一台设备为基准。

机器技术的先进与否，不决定于生产能力或生产速率。食品厂的生产规模有大有小，这取决于产品的品种、原料的供应、消费范围、运输条件等一系列因素。即使生产同一种食品产品的机器设备，也往往要求各种不同的生产能力，形成一定的系列。

一般来说，生产规模越大，经济效益越高，对产品质量的管理也越有利。但是对保质期有限的食品来说，生产受市场消费的制约，还要考虑食品安全储存的货架寿命以及原料供应的季节性。同时，人们对食品的需求，趋向于品种越来越多，因此，食品机械的最合理规模，必须要根据需求作具体的分析。

食品生产的参数往往多变，所以生产能力也常常需要允许作多种速率的调节，采用调速电动机来带动整条生产线。

2. 消耗系数

消耗系数是指机器设备生产每单位重量或单位体积的产品所需耗费的原材料及能量，包括原料、燃料、蒸汽、水、电能、润滑剂、零配件磨耗、机器折旧等。消耗系数不仅与所采用的工艺路线有关，而且与机器设备的设计有密切关系。例如食品生产中经常有蒸发、干燥、烘烤等操作，都消耗大量的热能，在机器设计中采用不同的热源和结构，就可能在技术经济指标上取得不同的效果，一般来说，消耗系数越低越好。

3. 设备价格

机械设备的价格影响到食品工厂投资的大小。一般情况下，如果能达到同样的或相近的工艺效果，应该采用价廉的设备。但有时设备虽然复杂些，价格高一些，但却有好的性能，能确保食品产品有较高的质量，并且操作控制都能达到自动化，则在进行全面经济分析后较高的价格也可以被接受。

设备价格的高低要与设备的寿命联系起来考虑，因为计入产品成本的是设备的折旧费用，设备寿命越长，则折旧费越低。同时还要考虑到设备的技术更新年限，有些设备并不需要太长的寿命，因为过了几年之后，随着科学技术的发展，即使设备寿命未到，也要加以更新，这样在技术经济上更加合理。

4. 管理费用

这里面包括劳动工资、操作维护以及检修费用等。管理费用在生产成本中占了相当大的比例，但管理费用不是一个孤立的因素。某些机器设备比较简单，设备费用和维修费用很低，但生产中使用劳动力多，不见得合理。反之，如果用高度自动化的生产流水线，投资增加了，但管理费用可能降低。

高度自动化的机器设备所需要的管理人员数量虽少，但是对管理人员的素质要求高得多。

5. 产品总成本

这是生产中一切经济效果的综合反映，也是食品厂选用食品机械的基本出发点。

二、设备设计要求

食品机械的设计是一个十分复杂的技术课题，由于食品原料和产品的多样性和复杂性，不仅需要掌握一般机械设计所必需具备的知识和技巧，而且必须了解食品及其原料的物理和化学性质、食品工艺过程和有关的工程问题，甚至于还需要了解人机工程以及造型设计等知识。作为食品机械的基本设计要求可归纳为以下几点。

1. 满足既定的食品工艺要求，反映工艺的适用性和先进性

任何机械设计必须符合功能要求。要保证以一定的运行速度，生产一定质量的产品，产品的质量必须保持均一性和稳定性。

食品机械常常被要求生产不同品种或不同质量的产品，一台机器或一条流水线上采用不同的原料配方，改变工艺参数或者设备的工作条件，可以制造出多种多样的食品。例如，一条饼干生产线不能只生产单一品种的饼干，要能够配换各种饼干成型印模，允许变换烘焙时间和温度是饼干机械的必备条件。制粉机械在制造各种专用面粉或者在改变小麦原料品种时，也必须要改变磨粉机的工作参数和调整粉路配置。

机器的设计必须提供改变生产条件的可能性，为使用者提供方便。

2. 机械结构的合理性、可靠性和耐久性

这是单纯从机械角度来考虑的问题。机器结构的合理性包括制造和装配关系、传动方式的选择以及为操作维修提供的方便等。在满足工艺功能要求的前提下，力求简化机器的机构和结构。

机器的可靠性和耐久性是不可分割的概念，是指机器在规定的工作条件下，在规定的使用寿命内保持原定功能的程度。它与机器的整体结构及零件的强度、刚度、耐磨性、耐腐蚀性、抗干扰性等因素有关。在现代机械工程中，可靠性是一项不可忽视的重要指标，对食品机械来说，其工作要求往往是自动化、连续化的生产线，如果在某一个环节出现故障，就将导致整条生产线的停工，甚至所投入的原料全部报废。

食品机械所处理的物料常常是数量很大的，某些工作部件时时刻刻受到物料的摩擦和磨损，如磨粉机的磨辊、食品挤出机的螺杆和套筒。正确确定机器零部件的寿命及组合方式，以达到机器最可靠的使用性能是十分必要的。但是机器零件的使用寿命往往难以在设计时用理论计算得出，而必须在实测的基础上加以确定。

需要指出一个可能的错误观念，机器零部件的寿命并不是磨损或疲劳到破坏的时间，而是在即将不能保持其规定性能时，即认为其寿命中止，不能等到造成破坏再去更换。

3. 机器的能耗

一般机械的能耗常常反映在传动机械效率上。在食品机械中大量能量用来处理改变食品的形态和性能。例如浓缩、干燥、烘烤操作中能量的有效部分是用来加热物料和蒸发水分，在粉碎、分切操作中，能量的有效部分是用来减小物料的形体尺寸。除此之外还必然有部分能源变成摩擦热能损耗于机器或环境中，或者被介质带走，成为热损失。

我国不是一个能源充裕的国家，节省能源、提高能量的利用率也是设计机器要考虑的因素之一，也是我们选购机械设备要考虑的因素之一。同时，还应结合地区条件，多使用天然能源和廉价能源。

4. 卫生要求

这是食品机械区别于其他机械的基本特征之一，国家已经颁布了“食品卫生法”，对食品生产提出了严格的卫生要求。

食品机械中与食品物料直接接触的零部件，一定要选用无毒、耐腐蚀的材料。机器与食品接触部分必须便于拆装，以便随时清洗或清扫，并在结构中不允许有任何清洗不到的死角，以避免物料的积存和防止微生物在这些部位生长繁殖。

食品机械的传动润滑也和其他机器有不同的要求，传动密封要可靠，防止润滑剂进入食品。有些开启式传动件要用食用油脂或无毒油脂润滑，也有的构件完全不用润滑而采用有自润滑性能的材料，如聚四氟乙烯。以前食品机械中有用液压传动的，为防止污染，现也都改为气压传动。

三、设备选型原则

选型就是根据食品企业经济实力选择新设备，这是企业设备管理的第一个环节，也是设备全过程管理的开始，不管是新上马项目的设备选择或是旧设备技术更新，都应坚持设备选择三原则，即选取技术上先进、经济上合理、生产上适用的新设备，以促进企业生产发展，提高经济效益，实现技术进步。

实际上这是从生产出发选择设备的技术经济原则。但是，这三原则仅是定性的原则指引，具体操作时不够清晰，难以实施，有必要进一步细化，使尽可能定量地分析选择，便于操作，易于说清楚。这里将“三原则”细化为十个参数，即生产性、可靠性、维修性、节能性、安全性、耐用性、环保性、成套性、灵活性、兼容性，我们称之为设备选择的“三原则”“十个参数”。

(1) 生产性　指设备的生产能力，可用单位时间如年、月或日的产量来衡量。

(2) 可靠性　一是生产的成品可靠，成品率高；二是运行可靠，事故、故障少。

(3) 维修性　检修时拆卸、安装的难易程度。有些设备，设计者只考虑功能的实现，少注意检修方面的问题，有时拆一个简单部件也很费力，显然是维修性差。

(4) 节能性　指单位产品的能耗，节约用电。

(5) 安全性　指防护装置的完善程度，既防护人身安全，也防护设备本身安全，如故障监测、自动报警等。

(6) 耐用性　指设备的工作寿命，主要是经济寿命或安全寿命。

(7) 环保性　指对周围环境的污染程度，包括粉尘与有害气体、液体的排放造成的污染与噪声污染等。

(8) 成套性　指随机附件的成套性。附件齐全，能生产的产品品种就多，如月饼成型机的各种规格模具。

(9) 灵活性　指转换产品品种的难易程度。一般来说，万能类设备转换产品较易，但效率较低；专用设备则相反，转换产品难，但效率较高。

(10) 兼容性　为保证企业可持续发展，要选用通用型好，一机多用的设备，便于在市场需求发生改变的时候对产品进行改型。

只要我们选择设备时，十个参数都充分考虑了，选出的设备就应是技术上先进的、经济上合理的、生产上适用的。除此之外，在设备选择上还应该注意供应商的售后服务、当地的备件供应以及其他技术支持，如技术文件、设备的使用说明、设备保养维护指南、维修人员的培训等条件。

第二节 食品机械分类

由于食品工业原料和产品的品种繁多，加工工艺各异，因此食品企业的机械设备也是品种十分繁杂。我国目前尚未制定食品机械分类标准，各部门根据工作方便常有不同的分类方法。

一、按产品分类

食品加工专用机械按加工对象或生产品种不同可分为制糖机械、烟草加工机械、饮料加工机械、糕点加工机械、糖果加工机械、豆制品加工机械、果品加工机械、蔬菜加工机械、果蔬保鲜机械、屠宰机械、肉类加工机械、乳制品加工机械、蛋品加工机械、水产品加工机械、制盐机械、酿酒机械、调味品加工机械、油脂加工机械、罐头食品加工机械、方便食品加工机械、淀粉加工机械等。

二、按设备功能分类

原料处理机械：包括去杂、清洗、选别等各种机械设备。

粉碎和分切、分割机械：包括破碎、粉碎、研磨、分割、分切等机械设备。

混合机械：包括粉料混合和捏和机械设备。

分选机械：指粉料及块料的分选机械。

成型机械：如饼干、糕点、糖果的成型等。

多相分离机械：如过滤机、离心机等。

搅拌及均质机械：主要指液状物料的混合处理设备，也可包括胶体磨等。

蒸煮煎熬机械：包括蒸煮、杀菌、杀青、熬糖、煎炸等机械设备。

蒸发浓缩机械：升膜式和降膜式浓缩机械设备，单效和多效浓缩机械设备。

干燥机械设备：包括各种常压和真空干燥机械。按机器形式可分为箱式、隧道式、回转圆筒式、链带式、喷雾式、管道式、流化式等。按使用的热源可分为烟道气加热、燃油加热、可燃气加热、蒸汽加热、电加热、远红外加热、微波加热、高频加热等。

烘烤机械：包括固定箱式、回转式、链带式等。

冷冻和冻结机械：包括各种速冻机和冷饮品冻结机械，也可以包含制冷机械。

定量机械：包括在工艺流程中的各种液体和固体的定量，容积式的或是重量式的。

包装机械：包括各种固体和液体物料的装罐、装瓶、装袋机械。

挤压膨化机械设备和其他机械难以归类的机械设备。

另外还有一些通用设备，如输送机械，包括皮带输送机、斗式提升机、气力输送机、各种泵类以及换热设备和容器等，也都是食品工厂中常用的机械设备。

综上所述，从研究设计、制造和设备选购配套角度看，以上两种分类方法对生产的发展都有一定的指导意义。既要研究各种食品生产工艺中各种作业机械的内部联系，以利于发展配套生产线，又要研究各种单元操作的生产效率和机械结构，在技术上得以局部突破带动全面。

三、食品设备发展趋势

为了满足消费市场不同层次的人群对食品的更高要求，充分利用现有食物资源，推动食品工业持续、快速向前发展，食品工程技术装备工业必须紧紧依靠科技进步，利用国内外先进技术，研制开发新型食品工程技术装备产品，填补国内空白。

1. 粮油副产品深加工设备

粮油副产品深加工设备包括利用低温脱溶和脱毒处理大豆粕、花生粕、菜子粕、棉籽粕及玉米粕等的加工设备，以及米糠、麸皮等综合利用的加工设备。在这方面，许多工艺性问题已获得突破，但是，如何将实验室的科研成果推向工业化应用，有待于开发和创新。

2. 油脂加工膨化浸出设备

“膨化浸出机”是目前国际上油脂加工中的先进技术，可替代传统油脂浸出成套设备中破碎、软化、轧坯、浸出四个工序中的部分设备。以 100t/天膨化浸出机为例，可节约动力 96kW/h，使大豆出油率从 14.5%提高到 15.5%，提高生产能力 30%，可使豆粕中的蛋白质含量从 41%提高到 44%，具有明显的经济效益和社会效益。我国目前大、中、小油脂加工厂有 4000 余家，除极少数企业外，绝大部分工厂仍采用传统的油脂浸出工艺和设备，因此该设备拥有广阔的市场。

3. 大型玉米深加工综合利用成套设备

美国等发达国家对玉米的综合利用率达 99%，可同时生产 30 余种主、副产品，这些产品广泛地应用于食品、化工、制药、生物等领域。我国在这方面的差距很大，主要原因是加工设备不配套。我国是世界上第二大玉米生产国，食品技术装备工业理应担负起开发玉米深加工设备的任务，以满足行业经济的发展。

4. 大型淀粉加工成套设备

我国已能制造淀粉加工小型成套设备，但技术指标和生产规模远不能适应食品工业发展的需要。大型淀粉加工成套设备目前依赖于进口。国内应尽快在大型淀粉加工成套设备研制方面取得突破，并努力迈上新的台阶。

5. 高度自动化水果加工成套设备

发达国家的水果加工机械早已实现高度自动化控制管理，这样不仅节省劳力，也大大提高了产品质量。其中包括电脑水果分级机、坏次果自动剔除设备、柑橘剥皮机、橘子分瓣机、果实去核机等。而我国目前在这方面仍大量采用人工操作，因此，这方面的技术开发和设备国产化问题也应早日解决。

6. 蔬菜深加工设备

近几年我国大、中城市已经开始净菜供应，蔬菜制品深加工发展迅速，但蔬菜深加工食品占全国蔬菜总产量仍不到10%，因此需要大量的蔬菜深加工设备。

7. 肉及肉制品加工配套设备

按照全国食品工业科技发展纲要的重点要求，当前除继续采用速冻、低温杀菌和低温保藏、流通冷冻链等适用的新技术，加快发展冷却肉、配菜或调理肉食、火腿肠等熟肉制品外，还需要进一步发展完善屠宰动物的内脏、血液、皮、骨、羽毛和各种腺体等的综合利用技术和设备，并应用分离、提纯技术处理废弃物，开发具有功能性和生理活性的物质。

8. 方便食品加工设备

随着现代生活节奏的加快与旅游业的兴旺发达，方便食品体现出这一时代的特征和食品工业的一个发展趋势。不但副食、小吃食品实现方便化，而且主食也要方便化，如方便面条、方便米饭、方便粥、方便水饺以及东方式传统方便食品，因此，食品工业需要大量的方便食品加工设备。

9. 食品冷杀菌设备

传统的高温杀菌方法容易破坏食品的原有风味和维生素C，使酶特性发生变化。美国食品与药物管理局（FDA）1995年7月通过了Coolpure公司的冷杀菌法。该法适用于液态或可泵送食品的杀菌，采用短时高电压脉冲杀灭液体和黏性食品中的微生物。目前，每小时处理3000～10000L的工业化生产设备已进入使用阶段。

还有一种冷杀菌技术是高压杀菌法。压力高达100～200MPa。该技术可使塑料袋包装鳄梨的保鲜期从8～10天延长至30～45天。近年来，日本已将高压技术应用于水果酸乳酪、水果甜点、果酱、果汁、香肠和鱼产品等。

此外，超声波杀菌设备已在美、日、欧洲等发达国家获得普遍应用，该设备利用聚能式超声波产生的强烈空化效应，能有效地破坏体积较小的微生物细胞壁，延长保鲜期，且不损害食品的原有风味。

10. 超临界萃取设备

超临界萃取设备是利用略高于物质的临界温度且接近临界点的状态，采用一定的气体，在超临界状态下，使天然原料中的有效成分不断抽取到超临界气体中。该项设备可广泛应用于天然食用色素、香料、香精、油脂、药用动植物和中草药等的萃取加工。该设备具有低温萃取和惰性气体保护的特点，萃取物不含有机溶剂的残留成分，保持了萃取物的天然性，不产生“三废”污染环境。

11. 超声波均质机细化设备

传统的高压式均质机已不可能靠继续提高压力的方法来取得进一步细化物料的效果，普通超声波均质机对纤维状结构和脂肪球的破碎效果不理想。美国目前已研制成功新一代聚能式超声波均质机，使用单个声头功率为150W，据称能使果汁饮料中的固形物尺寸细化到0.1～0.5μm，且不像高压均质机那样因升温而改变物料特性。

12. 超滤分离设备

微滤、超滤和反渗透等膜分离设备的发展，为工程化食品提供了非常有效的加工方法，根据被分离的溶液物质的分子质量，运用相应的分离膜材料或相应孔径的膜，并采用不同的膜组件，通过压力的推动，在不破坏营养成分和风味物质的情况下，便可完成物质的分离、提纯、除菌、除浊、浓缩过程，改变产品质构。特别是生物型中空纤维超滤装置已应用于食品有效成分的浓缩和食品工厂的废水处理中。

13. 真空设备

真空设备在食品工业的应用具有很大潜力。目前食品工业普遍采用真空浓缩、真空包装、真空充氮包装、真空贴体包装、真空干燥、真空油炸、真空熏蒸、真空输送、真空浸渍、真空冷却等技术。

四、食品设备金属材料

1. 碳钢和铸铁

普通碳钢和铸铁耐腐蚀性都不好，易生锈，更不宜直接接触有腐蚀性的食品介质，一般用于设备中承受载荷的结构。在承受干物料的磨损构件中，钢铁是理想材料，因为铁碳合金通过控制其成分和热处理，可以得到各种耐磨的金相结构。铁质本身对人体无害，但遇单宁等物质，会使食品变色。铁锈剥落于食品中也会造成人体的机械损伤。

钢铁如作为与食品直接接触的构件，常需要采用表面涂层，如镀锌的白铁皮、镀锡的马口铁。马口铁热镀锡厚度为3μm，有时表面有细孔，会造成铁-锡电池产生腐蚀，用作罐头包装会影响味、色和产生气体。现在用电解法镀锡，覆盖层厚度为0.35～1.8μm，减少了用锡量，镀层也均匀，但仍然难以避免细孔，表面还要覆盖其他涂料。

食品工业可以用涂搪瓷的钢铁容器。搪瓷的原料有长石、石英砂、硼砂、碱、萤石以及其他成分。搪瓷最大的优点是对有机酸和无机酸都耐腐蚀，并且搪瓷表面光滑，易于清洗和保持卫生。搪瓷的致命缺点是在碰撞压力或温度的作用下，釉可能碎裂，只要极少量碎片落入食品物料中，就有可能造成严重后果，因此搪瓷设备在食品工厂的使用越来越少，现在代替搪瓷材料的有各种无毒树脂涂料，涂层耐腐蚀而不会产生碎片。

2. 不锈钢和耐酸钢

不锈钢是指耐大气腐蚀的合金钢材，而耐酸钢则是指在各种无机和有机酸介质中能够耐腐蚀的合金钢材。但是平时也常统称为不锈钢或不锈耐酸钢。

不锈钢具有耐蚀、不锈、不变色、不变质和附着食品易于去除以及良好的高、低温机械性能等优点，因而在食品机械中广泛应用。因为它几乎能抵抗所有食品介质的腐蚀，而且可以得到很低的表面粗糙度，完全满足食品工业对机械设备的卫生要求。

不锈钢的基本金属为铁-铬合金和铁-铬-镍合金，另外还可以添加其他元素，如钛、铌、钼、钨、铜、氮等，以提高耐腐蚀稳定性、机械性能和物理性能以及加工工艺性质。由于成分不同，耐腐蚀的性能也不同。铁和铬是各种不锈钢的基本成分，当钢中含铬量在12%以上时，就可以抵抗各种介质的腐蚀，但一般不锈钢中的含铬量不超过28%。

随着成分比例和热处理的不同，不锈钢的金相组织可以分为铁素体型、马氏体型、奥氏体型、奥氏体－铁素体型等，它们的性质也各不相同。

不锈钢通常可按化学组成、性能特点和金相组织进行分类。对不锈钢的标识规则有所了解更为实用。所谓标识即对不锈钢型号的命名规则。各国对不锈钢的命名标准有所不同。我国现有国家标准对不锈钢标识的基本方法：化学元素符号与含量数字组合。这种标识符号中，铁元素及含量不标出，而主要标示出反映不锈钢防腐性和质构性的元素及其含量。例如，Cr18、Ni9分别表示不锈钢中铬和镍的质量分数是18%和9%。但是，碳元素及含量的标示较特殊，其元素符号“C”不标示，而只标示代表其含量的特定数字，并且放在其他元素标识符序列的前面。例如，1Cr18Ni9Ti、0Cr18Ni9和00Cr17Ni14Mn2三种铬镍不锈钢标志代号中，第一个数字1、0和00分别表示一般含碳量（≤0.15%）、低碳（≤0.08%）和超低碳（≤0.03%）。其后的元素符号及数字分别表示含铬18%、18%和17%，含镍9%、9%和14%，含锰2%。

国际上，一些国家常采用三位序列数字对不锈钢进行标识。美国钢铁学会分别用200、300和400系来标示各种标准级的可锻不锈钢。一些不锈钢型号的国内外标识对应关系如表1-1所示。

200系列——铬-镍-锰奥氏体不锈钢。

300系列——铬-镍奥氏体不锈钢。

表 1-1 一些不锈钢型号的国内外标准标识对应关系

中国(GB)	美国(AISI/UNS)	中国(GB)	美国(AISI/UNS)
1Cr13	410	0Cr17Ni12Mo2	316
1Cr17	430	00Cr17Ni14Mo2	316L
0Cr18Ni9	304	0Cr18Ni11Ti	321
00Cr19Ni10	304L	0Cr18Ni11Nb	347

型号 301——延展性好，用于成型产品。也可通过机械加工使其迅速硬化。焊接性好。抗磨性和疲劳强度优于 304 不锈钢。

型号 302——耐腐蚀性同 304，由于含碳相对要高因而强度更好。

型号 303——通过添加少量的硫、磷，使其较 304 更易切削加工。

型号 304——通用型号；即 18/8 不锈钢。GB 牌号为 0Cr18Ni9。

型号 309——较之 304 有更好的耐温性。

型号 316——继 304 之后，第二个得到最广泛应用的钢种，主要用于食品工业和外科手术器材，添加钼元素使其获得一种抗腐蚀的特殊结构。由于较之 304 其具有更好的抗氯化物腐蚀能力，因而也作“船用钢”来使用。SS316 则通常用于核燃料回收装置。18/10 级不锈钢通常也符合这个应用级别。

型号 321——除了因为添加了钛元素降低了材料焊缝锈蚀的风险之外，其他性能类似 304。

400 系列——铁素体和马氏体不锈钢。

型号 408——耐热性好，弱抗腐蚀性，11%的 Cr，8%的 Ni。

型号 409——最廉价的型号（英美），通常用作汽车排气管，属铁素体不锈钢（铬钢）。

型号 410——马氏体（高强度铬钢），耐磨性好，抗腐蚀性较差。

型号 416——添加了硫，改善了材料的加工性能。

型号 420——“刃具级”马氏体钢，类似布氏高铬钢这种最早的不锈钢。也用于外科手术刀具，可以做得非常光亮。

型号 430——铁素体不锈钢，装饰用，如用于汽车饰品。良好的成型性，但耐温性和抗腐蚀性要差。

型号 440——高强度刃具钢，含碳稍高，经过适当的热处理后可以获得较高屈服强度，硬度可以达到 58HRC，属于最硬的不锈钢之列。最常见的应用例子就是“剃须刀片”。常用型号有三种：440A、440B、440C，另外还有 440F（易加工型）。

500 系列——耐热铬合金钢。

600 系列——马氏体沉淀硬化不锈钢。

型号 630——最常用的沉淀硬化不锈钢型号。

不锈钢的抗腐蚀能力的大小是随其本身化学组成、加工状态、使用条件及环境介质类型而改变的。一些型号的不锈钢一般情况下有优良的抗腐蚀能力，但条件改变后就很容易生锈。表1-1所列的304型和316型不锈钢是食品接触表面构件常用的不锈钢，前者可以满足一般的防腐要求，但耐盐（主要是其中的氯离子）性差，后者因成分中镍元素含量较前者高而具有良好的耐蚀性。因此，食品机械中，耐腐蚀要求较高的接触表面材料，多采用316型或316L型不锈钢。

3. 铜和铜合金

纯铜亦称紫铜，其特点是导热系数特别高，所以常被用作导热材料，可以制造各种换热器。

紫铜的冷压及热压加工性能都好，而且对许多食品介质都具有高的耐腐蚀性能，能抗大气和淡水腐蚀，对中性溶液及流速不大的海水都具有抗腐蚀性能。对于一系列的有机化合物，如醋酸、柠檬酸、草酸和甲醇、乙醇等各种醇类，紫铜都有好的抗蚀稳定性。

当处理介质中存在氨、硫化氢以及氯化物时，紫铜腐蚀快，对无机酸、硫化物都不耐腐蚀。

铜制设备和容器不适于加工和保存乳制品，当乳或乳制品中含铜量达1.5×10^{-9}时，就带有不适味，奶油会很快酸败，加热时也会加快氧化。

铜对维生素C有影响，极少量的铜也会促成维生素C很快分解，所以处理富含维生素C的蔬菜汁和水果汁时，忌用铜制设备。以前曾采用铜面镀锡的办法，但目前宁可采用导热系数较小的不锈钢代替。

青铜是常用铜合金，是在铜中加入锡、铝、锰、硅等以调整其性能，以上这些成分对食品无害。食品机械设备中主要用锡青铜，也可用铝青铜和硅青铜。含有铅和锌的青铜不允许和食品接触。

锡青铜铸造性好，容积收缩率小，可铸造带剧烈变截面的零件，在一般干湿大气中腐蚀速度很慢，但在无机酸中不耐腐蚀。

铝青铜在大气和碳酸溶液以及大多数有机酸（醋酸、柠檬酸、乳酸等）中有高耐性稳定性。铝青铜中如加入铁、锰、镍等成分，可影响合金的工艺性和机械性能，但对耐蚀性影响不大。铝青铜的浇铸性好，但是收缩率大。铝青铜不易焊接。

硅黄铜具有良好的浇铸性和冷热冲压性能，在低温下不降低塑性，适于低温使用。硅黄铜可与钢和其他合金焊接，焊接性能良好，耐腐蚀性能也好，加入1%锰的硅黄铜还可以用来制造压力容器。

4. 铝和铝合金

铝的特点是相对密度小，导热系数高，具有较好的冷冲压和热冲压性，焊接性好，但机械性能和铸造性较差。在不要求高强度的炊具、容器、热交换器及冷冻设备中应用范围很广，允许工作温度在150℃以下。

铝的一般腐蚀产物为 Al_2O_3，白色，无毒，所以不影响食品安全。铝和铝合金在许多浓度不高的有机酸（如醋酸、柠檬酸、酒石酸、苹果酸、葡萄糖酸、脂肪酸等）中，以及在酸性的水果汁、葡萄酒中，腐蚀是微弱的，但草酸和甲酸是例外。铝在各种无机酸及碱溶液中被迅速破坏。

在食品机械中采用的铝合金主要有压力加工铝合金及成型铸造铝合金两类。成型铸造铝合金用来制造批量较大的小型食品机械的机身，可以得到良好的造型和光洁美观的表面。较多使用的压力加工铝合金为硬铝，强度高，加工性好，焊接时要采用惰性气体保护。但由于含有铜的成分，耐腐蚀性不如纯铝，因此在食品机械中的使用不如工业纯铝。目前在要求高强度的机械设备中宁可使用不锈钢而不用硬铝。

防锈铝中含有镁、锰或铬的成分，具有较高的耐腐蚀性。经过退火的防锈铝塑性好，焊接性好，并且抗疲劳强度高。在耐腐蚀性或强度要求不太高的食品机械设备中可以使用防锈铝代替高价的不锈钢。

食品机械设备中的铝铸件可采用不含铜的硅铝合金，铸造性好，并具有较高的耐蚀性。

铝材食品机械设备的适应范围主要包括碳水化合物类、脂肪类、乳类等制品。

一、判断题

1. 我国已经正式颁布食品机械设备分类标准。（　　）

2. 食品加工机械设备目前多为零散不成套设备。（　　）

3. 食品加工机械设备应当全为 316 或 316L 不锈钢制造。（　　）

4. 所有不锈钢材料在恶劣环境中都会生锈。（　　）

5. 各种不锈钢的基本金属为铁一铬一镍合金。（　　）

6. 当钢中含铬量在 12%以上时，就可以抵抗各种介质的腐蚀，但一般不锈钢中的含铬量不超过 28%。（　　）

7. 食品设备所有容器都是由不锈钢制造。（　　）

8. 316 不锈钢继 304 不锈钢之后，第二个得到最广泛应用的钢种，主要用于食品工业和外科手术器材。（　　）

9. 316 不锈钢中镍含量为 9%（　　）

10. 具有高压和高温的容器设备应设置安全阀、泄压阀等安全泄压装置。（　　）

11. 机械设备安全操作参数可以不包括额定压力、额定电压、最高加热温度等。( )

12. 为控制噪声污染，食品加工机械设备噪声不应该超过85dB。( )

13. 冷热缸设备夹层内严禁采用玻璃纤维等作为绝热材料。( )

14. 设备选择三原则，即选取技术上先进、经济上合理、生产上适用的新设备。( )

15. 聚四氟乙烯不适合做食品模具。( )

16. 食品机械设备耐腐蚀要求较高的接触表面材料，多采用316型或316L型不锈钢。( )

二、填空题

1. 食品设备选择“三原则”细化为十个参数，______、______、______、______、______、______、______、______、______、______。

2. 食品机械是把食品原料加工成________的机械。

3. 研究和设计新的食品机械的指导思想，归根到底，就是力求用______的成本造出最适用的食品生产机械设备，并能用这些机械设备以______的成本制造出最合乎要求的各种食品。

4. 单位生产能力这是指机械设备生产食品产品的______，也就是生产某种食品的______。

5. 消耗系数是指机器设备生产每单位重量或单位体积的产品所需耗费的______及______，包括________________________等。

6. 机械设备的价格影响到食品工厂投资的______。一般情况下，如果能达到同样的或相近的工艺效果，应该采用______的设备。

7. 设备管理费用包括______、______以及______等。

8. 食品机械的设计要求包括满足既定的食品工艺要求，反映工艺的______和______；机械结构的______、______和______；机器的能耗和卫生要求。

9. 食品加工专用机械分类一般是按照______分类或按______分类，本教材是按照______分类进行设计编写的。

10. 食品挤压机的螺杆和套筒与物料相对运动的速度不高，但工作压力可以高达______，工作温度也可以高达______左右，因此不仅要有较高的抗扭强度，而且要有很高的耐磨强度。

三、选择题

1. 从研究设计、制造和设备选购配套角度看，食品机械设备的两种分类方法对生产的发展都有一定的指导意义。既要研究各种食品生产工艺中各种作业机械的____联系，以利于发展配套生产线，又要研究各种单元操作的生产效率和机械结构，在技术上得以局部突破带动全面。

A. 内部　　B. 中部　　C. 外部　　D. A和C

2. 蒸煮、杀菌、杀青、熬糖、煎炸等机械设备按单元操作划分属于____。

A. 原料处理机械　　B. 混合机械　　C. 蒸煮煎熬机械　　D. 蒸发浓缩机械

3. 美国目前已研制成功新一代聚能式超声波均质机，使用单个声头功率为150W，据称能使果汁饮料中的固形物尺寸细化到____，且不像高压均质机那样因升温而改变物料特性。

A. 0.1～0.5μm　　B. 0.1～1.0μm　　C. 0.5～1μm　　D. 1～5μm

4. 高压处理设备是通过高压处理蛋白质等生理活性物质，形成蛋白质的可逆性变性作用，以达到杀菌目的的一种现代食品加工设备。在____压力下使蛋白质变性，一旦解除压力即可恢复蛋白质原来未变性的状态。利用这种设备来保藏果蔬和肉糜类食品，可有效地保存食品的色、香、味和营养。

A. 50～100MPa　　B. 100～200MPa　　C. 200～300MPa　　D. 300～500MPa

5. ____是以生命科学为基础，利用生物体系（组织、细胞及其组分）和工程原理加工食品的设备。

A. 基因工程设备　　B. 细胞工程设备

C. 生物工程设备　　D. 酶工程设备和发酵工程设备

6. 食品机械材料的机械物理性能和化学性能有时发生矛盾，难以十全十美，可以通过____的方法来加以解决，这样不论是抗腐蚀还是抗磨损，都有可能发挥不同材料的优点。

A. 提高耐腐蚀性　　B. 降低强度

C. 提高物理性能　　D. 复合材料或表面涂层

7. 马口铁热镀锡厚度为3μm，有时表面有细孔，会造成铁-锡电池产生腐蚀，用于罐头包装会影响味、色和产生气体。现在用电解法镀锡，覆盖层厚度为____μm，减少了用锡量，镀层也均匀，但仍然难以避免细孔，表面还要覆盖其他涂料。

A. 0.3～0.5μm　　B. 0.35～1.8μm　　C. 0.5～0.8μm　　D. 1～10μm

8. 一般不锈钢中的含铬量不超过____。

A. 8%　　B. 18%　　C. 28%　　D. 38%

9. 同一种金属浸于浓度不同的溶液中，也会形成不同的电位。如果在盛装介质的容器中，各部分介质的浓度不同，此时即可形成浓差电池。食品物料常是不均一的成分，各部分的水分含量和其他成分都不均匀，易形成____。

A. 浓差电池　　B. 浓度不同　　C. 电位　　D. 电池

10. 设备中的死角造成的液流停滞，会形成浓差电池造成腐蚀，如果使用不同材料的混合结构，腐蚀情况会____。

A. 减慢　　B. 停止　　C. 不变化　　D. 更严重

第二章　输送设备

在各类食品企业中，存在着大量物料（如食品原料、辅料或废料以及成品或半成品）的供排送问题。从原料进厂到成品出厂，以及在生产单元各工序间，均有大量的物料需要输送，为了减轻工人劳动强度，现代化的食品厂必须采用各种输送设备来完成。所以，合理地选择和使用物料输送机械与设备，对保证生产连续性、提高劳动生产率和产品质量、减轻工人劳动强度、改善劳动条件、减少输送中的污染以及缩短生产周期等都有着重要意义。在采用了先进的技术设备和实现单机自动化后，更需要将单机之间有机地衔接起来，使某一单机加工出半成品后，用输送机械与设备将该半成品输送到另一单机，逐步完成以后的加工，形成自动生产流水线，尤其是在大工业规模化生产情况下，输送机械与设备就更显得必不可少了。

按工作原理，输送机械与设备可分为连续式和间歇式；按输送时的运动方式，可分为直线式和回转式；按驱动方式，可分为机械驱动、液压驱动、气压驱动和电磁驱动等形式；按所输送物料的状态，可分为固体物料输送机械与设备和流体物料输送机械与设备。

输送固体物料时，可选用各种形式的带式输送机、斗式提升机、螺旋输送机、气力输送装置或流送槽等输送机械与设备；输送流体物料时，可选用各种类型的泵（如离心泵、螺杆泵、齿轮泵、滑片泵等）和真空吸料装置等输送机械与设备。由于输送设备几乎在各类食品企业中都广泛使用，所以单独介绍。

第一节　固体物料输送设备

一、带式输送机

带式输送机是食品工厂中使用最广泛的一种固体物料连续输送机械。它常用于在水平方向或倾斜角度不大（<25°）的方向上对物料进行传送，也可兼作选择检查、清洗或预处理、装填、成品包装入库等工段的操作台。它适合于输送密度为 $0.5\times10^3\sim2.5\times10^3$ kg/m^3 的块状、颗粒状、粉状物料，也可输送成箱的包装食品。

带式输送机具有工作速度范围广（输送速度为 0.02～4.00m/s）、适应性广、输送距离长、运输量大、生产效率高、输送中不损伤物料、能耗低、工作连续平稳、结构简单、使用方便、维护检修容易、无噪声、输送路线布置灵活、能够在全机身中任何地方进行装料和卸料等特点。其主要缺点是倾斜角度不宜太大，不密闭，轻质粉状物料在输送过程中易飞扬等。带式输送机的带速视其用途和工艺要求而定，用作输送时一般取 0.8～2.5m/s，用作检查性运送时取 0.05～0.1m/s，在特殊情况可按要求选用。

1. 带式输送机结构和原理

带式输送机如图 2-1 所示，是由挠性输送带作为物料承载件和牵引件来输送物料。它用一根闭合环形输送带作牵引及承载构件，将其绕过并张紧于前、后两滚筒上，依靠输送带与驱动滚筒间的摩擦力使输送带产生连续运动，依靠输送带与物料间的摩擦力使物料随输送带一起运行，从而完成输送物料的任务。

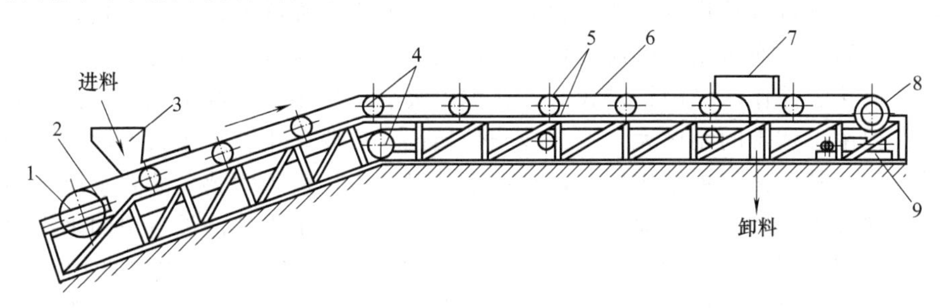

图 2-1 带式输送机

1—张紧滚筒；2—张紧装置；3—装料漏斗；4—改向滚筒；5—支撑托辊；6—环形输送带；7—卸载装置；8—驱动滚筒；9—驱动装置

工作时，在驱动装置 9 带动驱动滚筒 8 作顺时针方向旋转，借助驱动滚筒 8 外表面和环形输送带 6 内表面之间的摩擦力作用使环形输送带 6 向前运动，当启动正常后，将待输送物料从装料漏斗 3 加载至环行输送带 6 上，并随带向前运送至工作卸载装置 7 的位置时完成卸料。当需要改变输送方向时，卸载装置即将物料卸至另一方向的输送带上继续输送，如不需要改变输送方向，则无须使用卸载装置，物料直接从环形输送带右端卸出。

2. 带式输送机的主要构件

(1) 输送带　在带式输送机中，输送带既是承载件又是牵引件，它主要用来承放物料和传递牵引力。它是带式输送机中成本最高（约占输送机造价的

40%），又是最易磨损的部件。因此，对所选输送带要求强度高、延伸率小、挠性好、本身重量轻、吸水性小、耐磨、耐腐蚀，同时还必须满足食品卫生要求。

常用的输送带有橡胶带、塑料带、锦纶带、帆布带、板式带、钢丝网带等，其中用得最多的是普通型橡胶带。

图 2-2 橡胶带

① 橡胶带　橡胶带见图 2-2。橡胶带是用 2～10 层棉织物、麻织物或化纤织物作为带芯（常称衬布），挂胶后叠成胶布层再经加热、加压、硫化黏合而成。带芯主要承受纵向拉力，使带具有足够的机械强度以传递动力。带外上下两面附有覆盖胶作为保护层称为覆盖层，其作用是连接带芯，防止带受到冲击，防止物料对带芯的摩擦，保护带芯免受潮湿而腐烂，避免外部介质的侵蚀等。

② 钢丝网带　钢丝网带一般由钢条穿接在两条平行的牵引链上，如图 2-3 所示。链条通过电动机带动的齿轮驱动。钢带的机械强度大，不易伸长，不易损伤，耐高温，因而常用于烘烤设备中。食品生坯可直接放置在钢带之上，节省了烤盘，简化了操作，又因钢带较薄，在炉内吸热量较小，节约了能源，而且便于清洗。但由于钢带的刚度大，故与橡胶带相比，需要采用直径较大的滚筒。钢带容易跑偏，其调偏装置结构复杂，且由于其对冲击负荷很敏感，故要求所有的支撑及导向装置安装准确。油炸食品炉中的物料输送、水果洗涤设备中的水果输送等常采用钢丝网带。钢丝网带也常用于食品烘烤设备中，由于网带的网孔能透气，故烘烤时食品生坯底部的水分容易蒸发，其外形不会因胀发而变得不规则或发生油滩、洼底、粘带及打滑等现象。但因长期烘烤，网带上积累的面屑炭黑不易清洗，致使制品底部粘上黑斑而影响食品质量。此时，可对网带涂镀防粘材料来解决。

③ 塑料带　塑料带具有耐磨、耐酸碱、耐油、耐腐蚀、易冲洗以及适用于温度变化大的场合等特点。目前在食品工业中普遍采用的工程塑料主要有聚丙烯、聚乙烯和乙缩醛等，它们基本上覆盖了 90%输送带的应用领域。

图 2-3 钢丝网带

④ 帆布带　帆布带主要应用在焙烤食品成型前面片和坯料的输送

环节。在压面片叠层、压片、辊压和成型等输送过程中都使用帆布带进行物料输送。帆布带具有抗拉强度大、柔软性好、能经受多次折叠而不疲劳的特点。目前配套的国产饼干机的帆布宽度有 500mm、600mm、800mm、1000mm 和 1200mm 等几种。帆布的缝接通常采用棉线和人造纤维缝合，也有少数采用皮带扣进行连接。

⑤ 板式带　板式带即链板式输送带。它与带式传动装置的不同之处是，在带式传送装置中，用来传送物料的牵引件为各式输送带，输送带同时又作为被传送物料的承载构件；而在链板式传送装置中，用来传送物料的牵引件为板式关节链，而被传送物料的承载构件则为托板下固定的导板，也就是说，链板是在导板上滑行的。在食品工业中，这种输送带常用来输送装料前后的包装容器，如玻璃瓶、金属罐等。链板式传送装置与带式传送装置相比较，结构紧凑，作用在轴上的载荷较小，承载能力大，效率高，并能在高温、潮湿等条件差的场合下工作。链板与驱动链轮间没有打滑，因而能保证链板具有稳定的平均速度。但链板的自重较大，制造成本较高，对安装精度的要求也较高。

（2）驱动装置　驱动装置由一个或若干个驱动滚筒、减速器、联轴器等组成。驱动装置布置方式如图 2-4 所示。驱动滚筒是传递动力的主要部件，除板式带的驱动滚筒为表面有齿的滚筒外，其他输送带的驱动滚筒通常为直径较大、表面光滑的空心滚筒。滚筒通常用钢板焊接而成，为了增加滚筒和带的摩擦力，常在滚筒表面包上木材、皮革或橡胶，提高摩擦力。滚筒的宽度比输送带宽100～200mm，呈鼓形结构，即中部直径稍大，用于自动纠正输送带的跑偏。

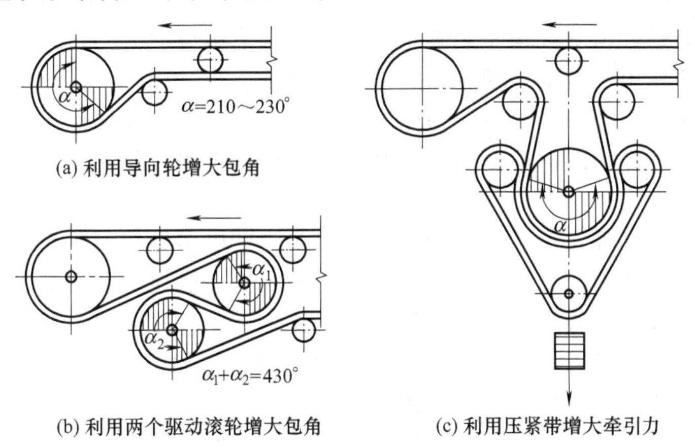

图 2-4　驱动装置布置方式

（3）张紧装置　在带式输送机中，输送带张紧的目的是使输送带紧边平坦，提高其承载能力，保持物料运行平稳。带式输送机中的张紧装置，一方面要在安装时张紧输送带，另一方面要求能够补偿因输送带伸长而产生的松弛现象，使输送带与驱动滚筒之间保持足够的摩擦力，避免打滑，维持输送机正常运行。

带式输送机的张紧装置有中部张紧和尾部张紧两大类。常用的尾部张紧装置有螺旋式、重锤式和弹簧调节螺钉组合式等，如图 2-5 所示。

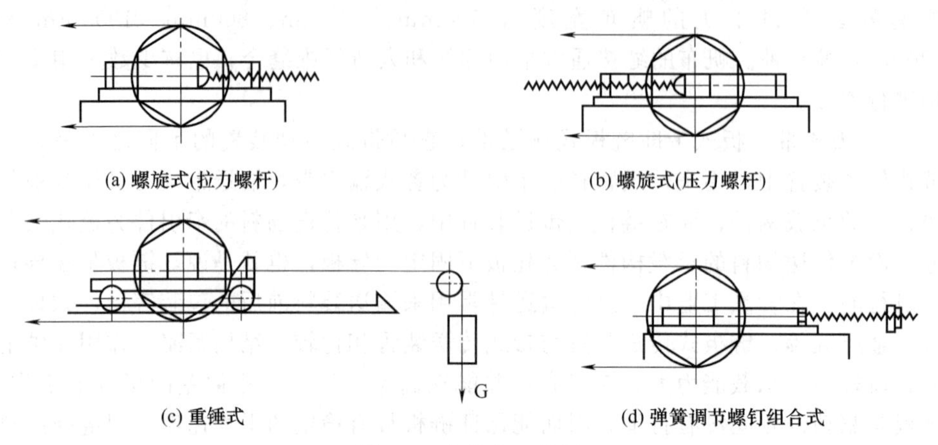

(a) 螺旋式(拉力螺杆)　(b) 螺旋式(压力螺杆)

(c) 重锤式　(d) 弹簧调节螺钉组合式

图 2-5　张紧装置简图

螺旋式张紧装置常用在输送距离较短的输送带，它是利用拉力螺杆或压力螺杆，定期移动尾部滚筒，张紧输送带，优点是外形尺寸小、结构紧凑，缺点是必须经常调整。

重锤式张紧装置常用在输送带较长和运输能力大的场合，它是在自由悬挂的重锤作用下，产生拉紧作用，其突出优点是能保证输送带有恒定的张紧力，缺点是外形尺寸较大。

弹簧调节螺钉组合式张紧装置是由弹簧和调节螺钉组成的，其优点是外形尺寸小，有缓冲作用，调节方便，缺点是结构复杂。

上述的几种尾部张紧装置仅适用于输送距离较短的带式输送机，可以通过直接移动输送机尾部的改向滚筒进行张紧。对于输送距离较长的输送机，则需设置专用张紧辊。

(4) 机架和托辊　食品工业中使用的带式输送机多为轻型输送机，其机架一般用槽钢、圆钢等型钢与钢板焊接而成。可移式输送机在机架底部安装滚轮，便于移动。托辊分上托辊（承载段托辊）和下托辊（空载段托辊）两类，上托辊又有单辊和多辊组合式，见图 2-6。通常平行托辊用于输送成件固体物品，槽辊用于输送散状物料。下托辊一般均采用平行托辊。对于较长的胶带输送机，为了限制胶带跑偏，其上托辊应每隔若干组，设置一个调整托辊，即将两侧支撑辊柱沿运动方向往前倾斜 2°～3°安装，使输送带受朝向中间的分力，从而保持中央位置，见图 2-7，但输送带磨损较快。还可以在托辊两侧安装挡板，能做少量的横向摆动，可以防止胶带因跑偏而脱出。也可以安装矫正的辊，中间粗、两侧细、呈鼓形的辊子可以实现矫正功能。托辊总长应比带宽大 10～20cm，托辊间距和直径根据托辊在输送机中的作用不同而不同。上托辊的间距与输送带种类、带宽和输送量有关。

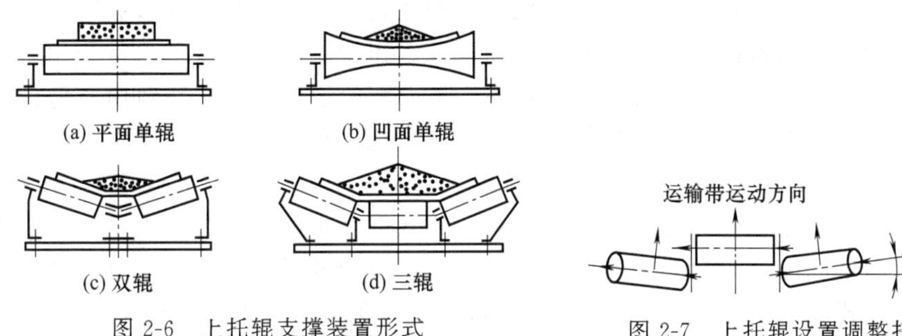

图 2-6 上托辊支撑装置形式

图 2-7 上托辊设置调整托辊

输送散状物料时，若输送量大，线载荷大，则间距应小；反之，间距大些，一般取 1～2m 或更大。此外，为了保证加料段运行平稳，应使加料段的托辊排布紧密些，间距一般不大于 25～50cm。当运送的物料为成件物品，特别是较重（大于 20kg）物品时，间距应小于物品在运输方向上长度的 1/2，以保证物品同时有两个或两个以上的托辊支承。下托辊的间距可以较大，约为 2.5～3m，也可以取上托辊间距的 2 倍。

托辊用铸铁制造，但较常见的是用两端加了凸缘的无缝钢管制造。托辊轴承有滚珠轴承和含油轴承两种。端部设有密封装置及添加润滑剂的沟槽等结构。

（5）装载和卸载装置　装载装置亦称喂料器，它的作用是保证均匀地供给输送机以定量的物料，使物料在输送带上均匀分布，通常使用料斗进行装载。

卸料分为中途卸料和末端抛射卸料两种方式，其中末端抛射卸料只用于松散的物料。途中卸料常用“犁式”卸料挡板，见图 2-8，成件物品采用单侧挡板，颗粒状物料卸料可以采用双侧卸料挡板。卸料板倾斜角度为 30°～45°。它的构造简单、成本低，但是输送带磨损严重。

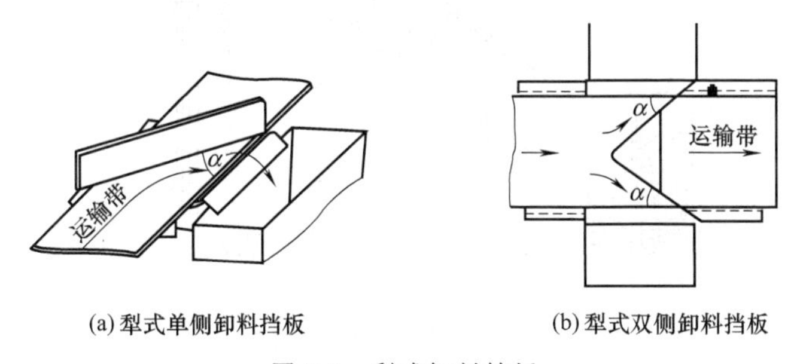

(a) 犁式单侧卸料挡板　(b) 犁式双侧卸料挡板

图 2-8 犁式卸料挡板

二、斗式提升机

在食品连续化生产中，有时需要在不同的高度装运物料，如将物料由一个工序提升到在不同高度上的下一工序，也就是说需将物料沿垂直方向或接近于垂直方向进行输送，此时常采用斗式提升机。如酿造食品厂输送豆粕和散装粉料，罐头食品厂把蘑菇从料槽升送到预煮机，在番茄、柑橙制品生产线上也常采用。斗式提升机主要用于在不同高度间升运物料，适合将松散的粉粒状物料由较低位置提升到较高位置上。斗式提升机的主要优点是占地面积小，提升高度大（一般为7～10m，最大可达50m），生产率范围较大（3～160m³/h），有良好的密封性能，但过载较敏感，必须连续均匀地进料。斗式提升机的分类方法很多，按输送物料的方向不同可分为倾斜式和垂直式；按牵引机构的形式不同，可分为带式和链式（单链式和双链式）；按输送速度不同可分为高速和低速；按卸料方式不同，可分为离心式和重力式等。

1. 斗式提升机结构和工作原理

（1）倾斜斗式提升机结构　斗式提升机主要由牵引件、滚筒（或链轮）、张紧装置、加料和卸料装置、驱动装置和料斗等组成。在牵引件上装置着一连串的小斗（称料斗），随牵引件向上移动，达到顶端后翻转，将物料卸出。料斗常以背部（后壁）固接在牵引带或链条上，双链式斗式提升机有时也以料斗的侧壁固接在链条上。

图2-9所示为倾斜斗式提升机。工作时，物料从入料口1进入，在张紧装置2和传动装置6的作用下，带动料斗3向上运移动，到顶端后从出料口7倒出物料。

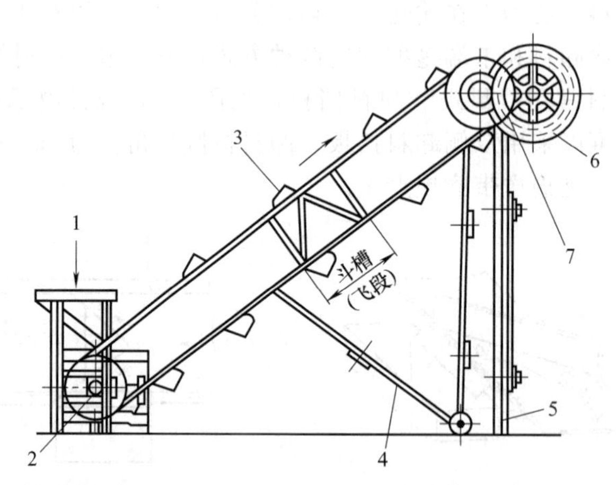

图2-9　倾斜斗式提升机

1—入料口；2—张紧装置；3—料斗；4,5—支架；6—传动装置；7—出料口

为了改变物料升送的高度，适应不同生产情况的需要，料斗槽中部可拆段，使用螺钉固定，使提升机可以伸长也可以缩短。支架也可以伸缩。

支架有垂直的和倾斜的两种，倾斜支架固定在槽体中部。有时为了移动方便，机架装在活动轮子上方便移动。

（2）垂直斗式提升机结构　图 2-10 所示为垂直斗式提升机。它主要由料斗、牵引带（或链）、驱动装置、机壳和进料口、出料口组成。工作时，被输送物料由进料口 1 均匀进料，在驱动滚筒 3 的带动下和张紧滚筒 2 的张紧作用下，固定在牵引带 7 上的料斗 4 装满物料后随牵引带 7 一起上升，当上升至顶部驱动滚筒 3 的上方时，料斗 4 开始翻转，在离心力或重力的作用下，物料从出料口 8 卸出，完成输送任务后进入下道工序。

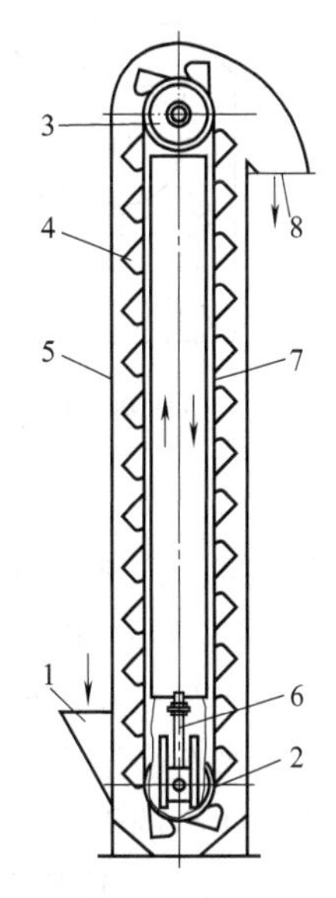

图 2-10　垂直斗式提升机
1—进料口；2—张紧滚筒；3—驱动滚筒；4—料斗；5—外壳；6—张紧装置；7—牵引带；8—出料口

（3）牵引带上料斗布置形式　图 2-11 所示为在牵引带上的料斗布置形式，它取决于被输送物料的特性、使用场合、卸料方式。如果是安置在打浆机、预煮机、分级机等前面的斗式提升机，适合采用料斗密集型布置形式，这样可以使进料连续均匀。

（4）斗式提升机装料方式　斗式提升机的装料方式分为挖取式和撒入式，如图 2-12 所示。挖取式是指料斗被牵引件带动经过底部物料堆时，挖取物料。这种方式在食品工厂中采用较多，主要用于输送粉状、粒状、小块状等散状物料。料斗上移速度，一般为 0.8～2m/s，料斗布置疏散。撒入式是指物料从加料口均匀加入，直接流入到料斗里。这种方式主要用于大块和磨损性大的物料的提升场合，输送速度一般不超过 1m/s，料斗布置密集。

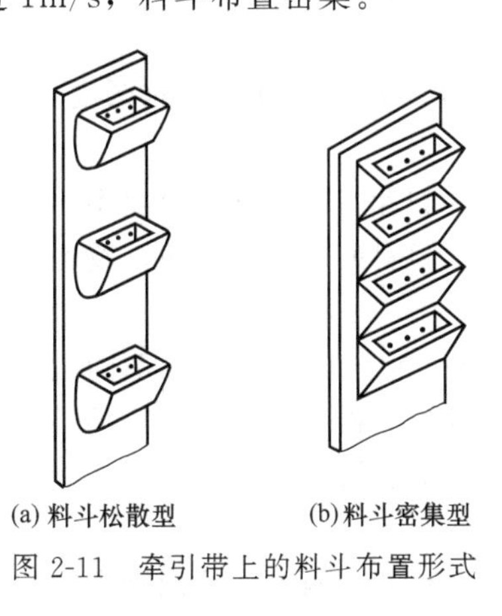
(a) 料斗松散型　(b) 料斗密集型

图 2-11　牵引带上的料斗布置形式

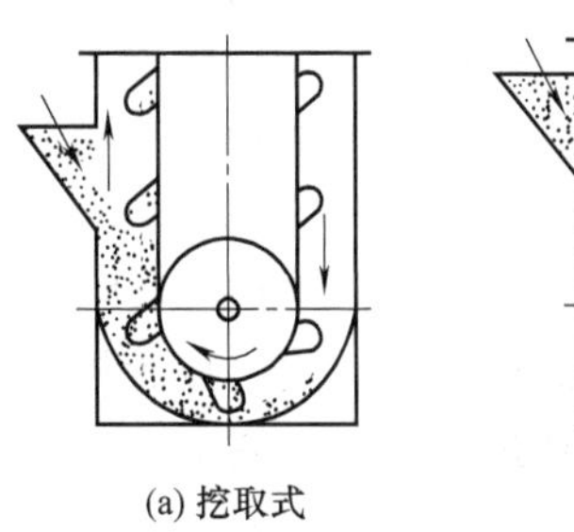
(a) 挖取式

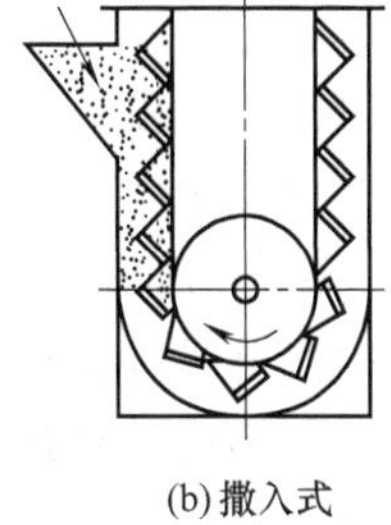
(b) 撒入式

图 2-12　斗式提升机装料方式

（5）斗式提升机卸料方式　物料装入料斗后，提升到上部进行卸料。卸料方式可分为离心式、重力式和离心重力式三种形式，如图 2-13 所示。

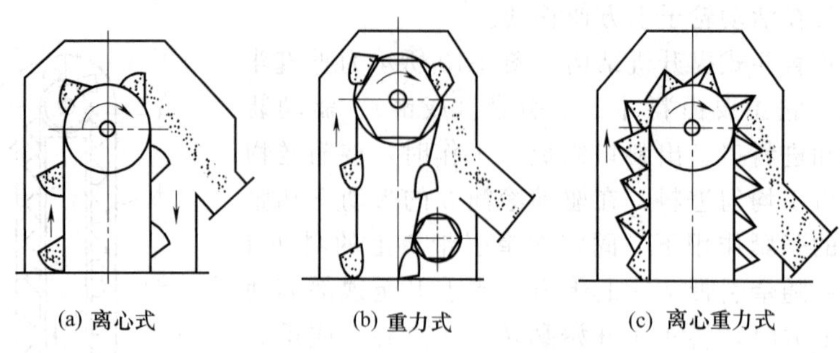

图 2-13 斗式提升机卸料方式

① 离心式 指当料斗上升至高处时，由直线运动变为旋转运动，料斗内的物料因受到离心力的作用而被甩出，从而达到卸料的目的。一般在 1～2m/s 的高速。料斗与料斗之间要保持一定的距离，一般应超过料斗高度的 1 倍以上，否则甩出的物料会落在前一个料斗的背部，而不能顺利进入卸料口。适用于粒度小、磨损性小的干燥松散物料，且要求提升速度较快的场合。

② 重力式 适用于低速 0.5～0.8m/s 运送物料的场合，靠物料的重力使物料落下而达到卸料的目的。斗与斗之间紧密相连，适用于提升大块状、相对密度大、磨损性大和易碎的物料输送。

③ 离心重力式 靠重力和离心力同时作用实现卸料，适用于提升速度 0.6～0.8m/s 运送物料的场合，以及流动性不良的散状、纤维状物料或潮湿物料输送。

2. 主要构件

(1) 料斗 料斗是斗式输送机的盛料构件，根据运送物料的性质和提升机的结构特点，料斗可分为 3 种不同的形式，即圆柱形底的深斗和浅斗及尖角形斗，如图 2-14 所示。

① 深斗 如图 2-14 (a) 中所示深斗的斗口呈 65°的倾斜，斗的深度较大，用于干燥、流动性好的粒状物料的输送。

② 浅斗 如图 2-14 (b) 所示为浅圆底斗，斗口呈 45°倾斜，深度小，它适用于运送潮湿、流动性差的粉末和粒状物料，由于倾斜度较大和斗浅，物料容易从斗中倒出。

③ 尖角形斗 如图 2-14 (c) 所示为尖角形斗，它与上述两种斗不同之处是斗的侧壁延伸到底板外，使之成为挡边。卸料的时候，物料可沿一个斗的挡边和底板所形成的槽进行卸料，它适用于黏稠性大和沉重的块状物的运送，斗间一般没有间隔。

(2) 牵引构件 斗式提升机的牵引构件有胶带和链条两种。采用胶带时料斗用螺钉和弹性垫片固接在带子上，带宽比料斗宽 35～40mm，牵引动力依靠胶带与上部机头内的驱动滚筒之间的摩擦力传递。采用链条时，依靠啮合传动进行动

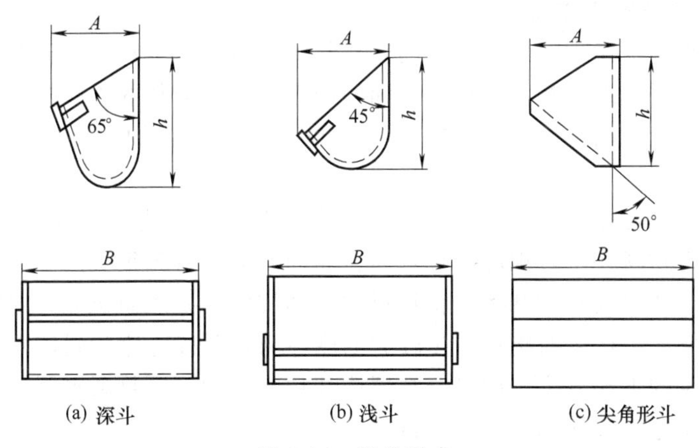

图 2-14 料斗形式

力传递，常用的链条是板片或衬套链条。胶带主要用于高速轻载提升的时候使用，适合于体积和相对密度小的粉末、小颗粒等物料输送；链条则可用于低速重载提升的时候使用。

（3）机筒　机筒是斗式提升机机壳的中间部分，为两根矩形截面的筒，多使用厚度为 2～4mm 的钢板制成，在筒的纵向和端面配以角钢，以加强机筒的刚度，同时端面角钢的凸缘又可作为连接机筒法兰。也有使用圆形截面的机筒，这种机筒使用钢管制作，它的刚度好，但需配用半圆形的料斗。机筒每节长 2～2.5m，使用时根据使用长度用多节相连，连接时法兰间应加衬垫，再用螺栓紧固，以保证机筒的密封性能。低速工作的斗式提升机，牵引构件的上、下行分支可以合用一个面积较大的机筒，以简化整机结构。但高速工作的斗式输送机不可以使用上述方法，因为机筒中的粉尘容易在单体机筒的涡状气流中长期悬浮，导致粉尘爆炸。有少数斗式提升机的机筒用木板或砖块砂浆制成，以降低整机造价。

（4）机座　机座是斗式提升机机壳的下部，由机座外壳、底轮、张紧装置及进料斗组成。底轮的大小与头轮基本相同，当斗式提升机提升高度较大或生产率较高时，为了减少料斗的装料阻力，底轮的直径可适当减小到头轮直径的 1/2～2/3。

三、螺旋输送机

螺旋输送机俗称“搅龙”，螺旋输送机是一种没有挠性牵引构件的连续输送机械。主要用于各种摩擦性小的干燥松散的粉状、粒状、小块状物料的输送，如面粉、谷物、啤酒麦芽等。在输送过程中，主要用于距离不太长的水平输送，或小倾角的倾斜输送，少数情况亦用于高倾角和垂直输送。

1. 螺旋输送机工作原理

（1）水平输送原理　带螺旋片的轴在封闭的料槽内旋转，由于叶片的推动作用，同时在物料自重、物料与槽内壁间的摩擦力以及物料的内摩擦力作用下，物料不与螺旋一起旋转，而以与螺旋叶片和机槽相对滑动的形式在料槽内向前移动。

（2）垂直输送原理　垂直螺旋输送机是依靠较高转速的螺旋向上输送物料，其工作原理为物料在垂直螺旋叶片较高转速的带动下得到很大的离心惯性力，这种力克服了叶片对物料的摩擦力将物料推向螺旋四周并压向机壳，对机壳形成较大的压力，反之，机壳对物料产生较大的摩擦力，足以克服物料因本身重力在螺旋面上所产生的下滑分力。同时，在螺旋叶片的推动下，物料克服了对机壳摩擦力作螺旋形轨迹上升而达到提升的目的。

（3）螺旋输送机特点

① 螺旋输送机的主要优点

a. 结构简单、紧凑、横断面尺寸小，在其他输送设备无法安装时或操作困难的地方使用。

b. 工作可靠，易于维修，成本低廉，仅为斗式提升机的一半。

c. 机槽可以是全封闭的，能实现密闭输送，以减少物料对环境的污染，对输送粉尘大的物料尤为适宜。

d. 输送时，可以多点进料，也可多点卸料，因而工艺安排灵活。

e. 物料的输送方向是可逆的。一台输送机可以同时向两个方向输送物料，即向中心输送或背离中心输送。

f. 在物料输送中还可以同时进行混合、搅拌、松散、加热和冷却等工艺操作。

② 螺旋输送机的主要缺点

a. 物料在输送过程中，由于与机槽、螺旋体间的摩擦以及物料间的搅拌翻动等原因，使输送功率消耗较大，同时对物料具备一定的破碎作用；特别是它对机槽和螺旋叶片有强烈的磨损作用。

b. 对超载敏感。

c. 需要均匀进料，否则容易产生堵塞现象。

d. 不宜输送含长纤维及杂质多的物料。

螺旋输送机的某些类型常被用作喂料设备、计量设备、搅拌设备、烘干设备、仁壳分离设备、卸料设备以及连续加压设备等。

2. 螺旋输送机的主要构件

螺旋输送机由一根装有螺旋叶片的转轴和料槽组成。如图 2-15 所示，转轴通过轴承安装在料槽两端轴承座上，一端的轴头与驱动装置相联系，机身如较长再加中间轴承。料槽顶面和槽底分别开进料口、卸料口。

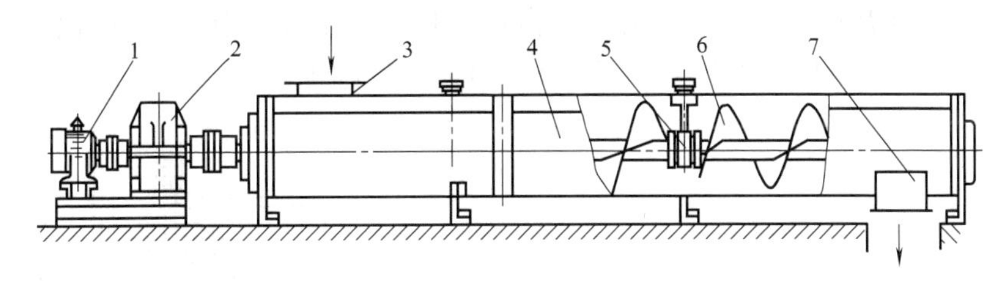

图 2-15 螺旋运输机

1—电动机；2—减速器；3—进料口；4—料槽；5—中间轴承；6—螺旋叶片；7—卸料口

(1) 螺旋 螺旋可以是单线的也可以是多线的，螺旋可以右旋或左旋。螺旋叶片形状根据输送物料的不同有实体式、带式、叶片式、齿形式四种类型，如图 2-16 所示。

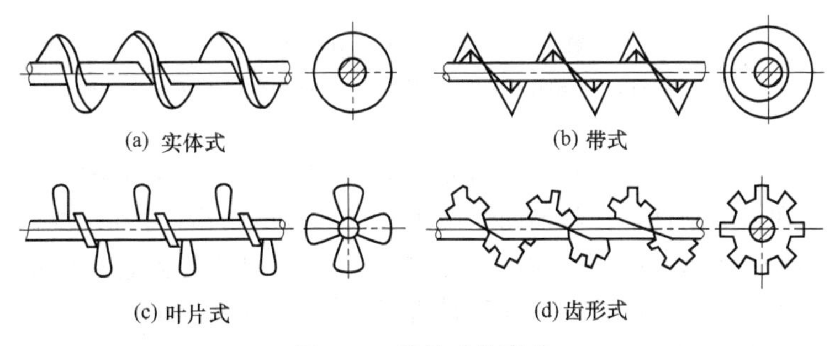

图 2-16 螺旋叶片形状

当运送干燥的颗粒或粉状物料时，宜采用实体式螺旋，这是最常用的形式；当输送块状或黏滞性物料时，宜采用带式螺旋（表 2-1）；当输送韧性和可压缩性物料时，宜采用叶片式或齿形式螺旋，这两种螺旋在运送物料的同时，还可以对物料进行搅拌、揉捏及混合等工艺操作。螺旋叶片大多是由厚 4～8mm 的薄钢板冲压而成，然后互相焊接或铆接到轴上。带式螺旋是利用径向杆柱把螺旋带固定在轴上。在一根螺旋转轴上，也可以一半是右旋的，另一半是左旋的，这样可将物料同时从中间输送到两端或从两端输送到中间，根据需要进行。

实体式螺旋，其螺距一般为直径的 0.5～0.6 倍；带式螺旋，其螺距等于直径。

(2) 轴和轴承 轴和轴承如图 2-17 所示。轴是实心的或是空心的，它一般由长 2～4m 的各节段装配而成，通常采用钢管制成的空心轴，在强度相同情况下，重量小，互相连接方便。轴的各个节段的连接，可以利用轴 1 的节段插入空心轴的衬套 5 内，以螺钉 2 固定连接起来，在大型螺旋输送机上，常采用一段两端带法兰的短轴与螺旋轴的端用法兰连接起来。这种连接方法装卸容易，但径向尺寸较大。轴承可分为头部轴承和中间轴承。头部应装有止推轴承，以承受由于运送物料的阻力所产生的轴向力。当轴较长时，应在每一中间节段内装一吊轴承，用于支撑螺旋轴，吊轴承一般采用对开式滑动轴承。

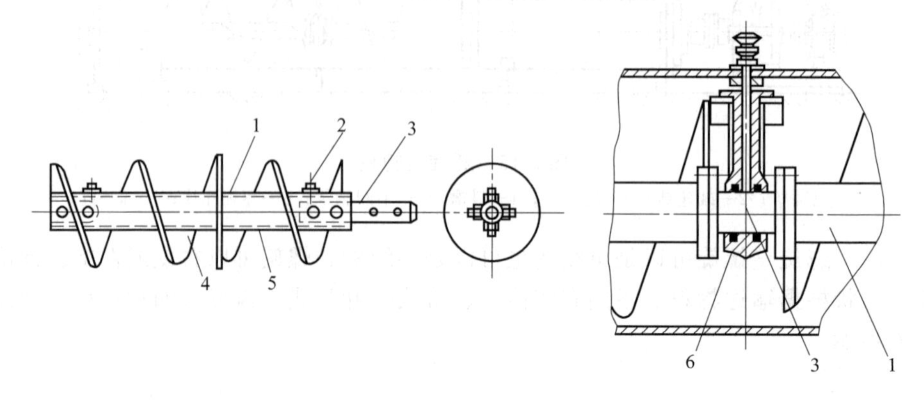

图 2-17 螺旋输送机轴和轴承

1—轴；2—螺钉；3—轴连接；4—螺旋面；5—衬套；6—对开式滑动轴承

（3）料槽 料槽是由 3～8mm 厚的薄钢板制成带有垂直侧边的 U 形槽，为了便于连接和增加刚性，在料槽的纵向边缘及各节段的横向接口处都焊有角钢。每隔 2～3m 设一个支架。槽上面有可拆卸的盖子。料槽的内直径要稍大于螺旋直径，使两者之间有一间隙。螺旋和料槽制造装配愈精确，间隙就愈小。这对减少磨损和动力消耗很重要。一般间隙为 6.0～9.5mm。

表 2-1 物料综合特性与螺旋选用

物料状态	物料摩擦性	典型物料	推荐螺旋形式
粉状	无摩擦	面粉、苏打	实体式
颗粒	半摩擦	谷物、颗粒状食盐、果渣	实体式
颗粒	摩擦	白砂糖	实体式
块状	黏结、易结块	含水的糖、淀粉质的团块	带式

3. 螺旋输送机的使用与维护

安装时要特别注意各节料槽的同轴度和整个料槽的直线度。否则，会导致动力消耗增大，甚至损坏机件。

开机前应检查各传动部件，确保其运转灵活且有足够的润滑油，然后空载运转，如无异常方可添加物料。

加料应当均匀，否则会在中间轴承处造成物料的堵塞，使阻力急剧升高而导致完全梗死。

定期检查螺旋的工作情况，发现部件磨损过大时应及时修复或更换。

要特别注意转动部件的密封，严防润滑油外溢污染食品和原料进入转动部件而导致磨损加剧。

停机前应先停止进料，待物料排空后再停机。

停机后应及时清洁机器、加油，为下次使用做好准备。

四、振动输送机

振动输送机是一种利用振动技术，对松散态颗粒物料进行中、短距离输送的输送机械。振动输送具有产量高、能耗低、工作可靠、结构简单、外形尺寸小、便于维修的优点，目前在食品、粮食、饲料等部门获得广泛应用。振动输送机主要用来输送块状、粒状或粉状物料，与其他输送设备相比，用途广；可以制成封闭的槽体输送物料，改善工作环境；但在无其他措施的条件下，不宜输送黏性大的或过于潮湿的物料。振动输送机按激振驱动方式可分为曲柄激振驱动式、偏心激振驱动式和电磁激振驱动式。按工作体的结构形式可分为斜槽式、管式和料斗式等。

1. 振动输送的原理

振动输送机工作时，由激振器驱动主振弹簧支承的工作槽体。主振弹簧通常倾斜安装，斜置倾角也称为振动角。激振力作用于工作槽体时，工作槽体在主振板弹簧的约束下做定向强迫振动。处在工作槽体上的物体，受到槽体振动的作用断续地被输送前进。

当槽体向前振动时，依靠物料与槽体间的摩擦力，槽体把运动能量传递给物料，使物料得到加速运动，此时物料的运动方向与槽体的振动运动方向相同。此后，当槽体按激振运动规律向后振动时，物料因受惯性作用，仍将继续向前运动，槽体则从物料下面往后运动。由于运动中阻力的作用，物料越过一段槽体又落回槽体上，当槽体再次向前振动时，物料又因受到加速而被输送向前，如此重复循环，实现物料的输送。

2. 振动输送设备的结构

振动输送机的结构主要包括输送槽、激振器、主振弹簧、导向杆、隔振弹簧、平衡底架、进料装置、卸料装置等部分，如图 2-18 所示。

（1）激振器　激振器是振动输送机的动力源装置，用以产生使输送机的工作体实现振动的激振力，常用的激振器有曲柄连杆激振器、偏心惯性激振器和电磁激振器三种类型。其激振力的大小，直接影响着输送槽的振幅大小。

① 曲柄连杆激振器　图 2-18 所示振动输送机中的激振器就是曲柄连杆激振器。电动机经皮带或齿轮等传动装置驱动曲柄连杆机构运转，使其产主激振力。连杆把运动和动力传给工作体，使工作体以固定的频率和振幅做定向强迫振动，

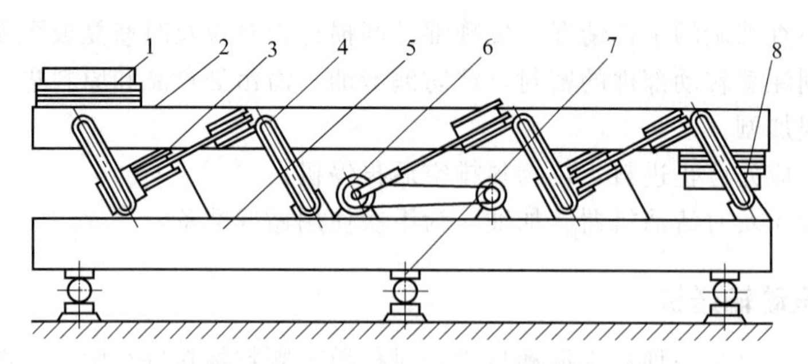

图 2-18 振动输送机结构示意图

1—进料装置；2—输送槽；3—主振弹簧；4—导向杆；
5—平衡底架；6—激振器；7—隔振弹簧；8—卸料装置

进行物料输送。整个装置安装在一个质量较大的底座上，以承受振动过程中的惯性力。底座的质量一般为振动构件质量的 3～4 倍。

② 偏心惯性激振器　图 2-19（a）所示为采用偏心惯性激振器的振动输送机。偏心惯性激振器是利用偏心块在旋转时所产生的离心惯性力作为激振力，激振力的幅值可通过调整偏心块的质量、偏心距和旋转角速度等参数进行调节。这种类型的激振器能产生较大的激振力，本身尺寸又不很大，结构简单便于制造，但装配偏心块的轴和轴承在工作时会承受较大的动载荷。

③ 电磁激振器　图 2-19（b）所示为采用电磁激振器的振动输送机。电磁激振器主要由电磁铁和衔铁等组成。电磁铁（带铁心的电磁线圈）通过支座安装在座体上，衔铁固定在工作体下面，工作体由主振弹簧支承于座体上。衔铁与电磁铁铁心柱表面间保持平行，即保持等距的工作间隙。当电磁激振电磁线圈中通入正弦交变电流时，电磁铁所产生的按正弦平方规律变化的脉动吸力作用于衔铁，从而使工作体产生定向强迫振动。当通入的电流是 50Hz 交流电时，电磁铁将以 100Hz 的激振频率迫使振动系统振动。激振力的幅值与供电方式、线圈匝数、电压等参数有关。

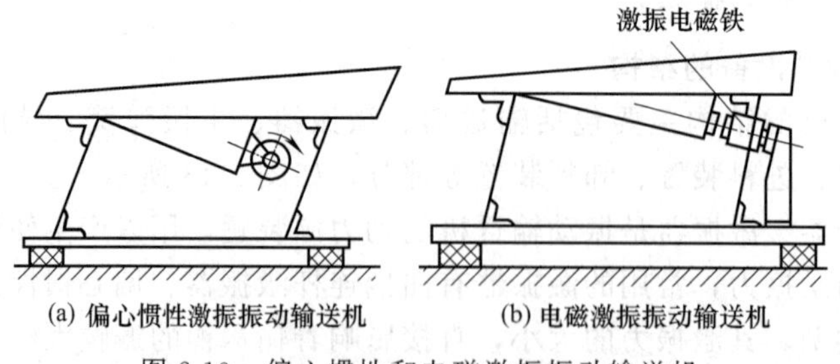

(a) 偏心惯性激振振动输送机　　(b) 电磁激振振动输送机

图 2-19 偏心惯性和电磁激振振动输送机

（2）主振弹簧与隔振弹簧　主振弹簧与隔振弹簧是振动输送机系统中的弹性元件。主振弹簧的作用是使振动输送机有适宜的近共振的工作点（频率比），使系统的动能和位能互相转化，以便更有效地利用振动能量；隔振弹簧的作用是支撑槽体，使槽体沿着某一倾斜方向实现所要求的振动，并能减小传给基础或结构架的动载荷。弹性元件还包括传递激振力的连杆弹簧。也有不使用弹性元件的振动输送设备。

（3）导向杆　导向杆的作用是使槽体与底架沿垂直于导向杆中心线做相对振动，并通过隔振弹簧支撑着槽体的重力。导向杆通过橡胶铰链与槽体和底架连接。

（4）进料装置与卸料装置　进料装置与卸料装置是控制物料流量的构件，通常与槽体采用软连接的方式。

（5）输送槽与平衡底架　输送槽（承载体、槽体）和平衡底架（底架）是振动输送机系统中的两个主要部件。槽体输送物料，底架主要平衡槽体的惯性力，并减小传给基础的动载荷。座体上固定安装有激振器、主振弹簧等构件。底座通常用铸铁制造，质量大小根据振动系统设计计算决定。

五、气流输送设备

气力输送又称气流输送，是借助空气在密闭管道内的高速流动，物料在气流中被悬浮输送到目的地的一种运输方式，目前已被广泛应用，如发酵工厂利用气流输送大麦、大米等都收到良好的效果。

气流输送与其他机械输送相比，具有以下一些优点：系统密闭，可以避免粉尘和有害气体对环境的污染；在输送过程中，可以同时进行对输送物料的加热、冷却、混合、粉碎、干燥和分级除尘等操作；占地面积小，可垂直或倾斜地安装管路；设备简单，操作方便，容易实现自动化、连续化，改善了劳动条件。

气流输送也有不足的地方。一般来讲，其所需的动力较大；风机噪声大，要求物料的颗粒尺寸限制在30mm以下；对管道和物料的磨损较大；不适用于输送黏结性和易带静电而有爆炸性的物料；对于输送量少而且是间歇性操作的，不宜采用气流输送。

气力输送的形式较多，根据物料流动状态，气力输送可分为悬浮输送和推动输送两大类，目前采用较多的是前者，即散粒物料呈悬浮状态的输送形式。气力输送装置主要由供料器、输料管系统、分离器、除尘器、关风器和气源设备等部件组成。其中悬浮输送又可分为吸送式、压送式和吸、压送相组合的综合式三种。

1. 吸送式气力输送装置

吸送式气力输送又称真空输送。如图2-20所示，吸送式气流输送装置将抽风机7或真空泵安装在整个系统的尾部，运用风机从整个管路系统中抽气，使输送管2的管道内气体压力低于外界大气压力，即处于负压状态。由于管道内外存在压力差，气流和物料从吸嘴1处被吸入输送管2，经分离器3后物料和空气分

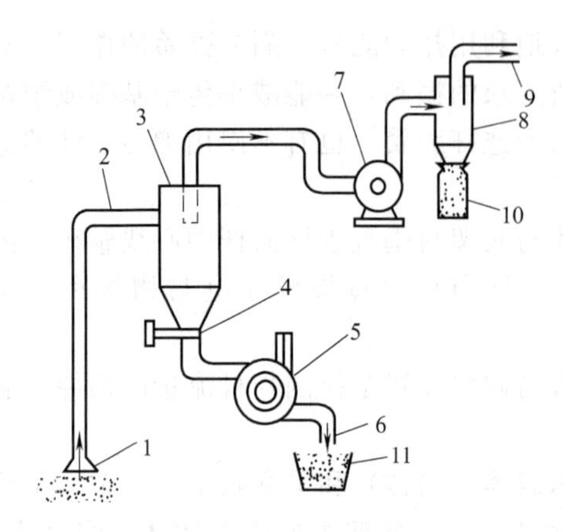

图 2-20 吸送式气力输送流程

1—吸嘴；2—输送管；3—分离器；4—卸料器；5—粉碎机；6—出料口；7—抽风机；8—除尘器；9—废气出口；10—集尘袋；11—料仓

开，物料从分离器底部的卸料器 4 卸出，进入粉碎机 5 后，再经过出料口 6，进入料仓 11。含有细小物料和尘埃的空气则进入除尘器 8 净化，被集尘袋 10 收集。除尘后的废气从废气出口 9 排到大气中。

由于此种装置系统的压力差不大，故输送物料的距离和生产率受到限制。其真空度一般不超过 0.05～0.06MPa，如果真空度太低，将急剧地降低其携带能力。该装置中的关键部件需要采用无缝焊接技术以保证弯头部位平滑且没有缝隙，这将有利于清洗，在食品和制药等行业中尤其重要。由于输送系统为真空，消除了物料的外漏，保持了室内的清洁。

2. 压送式气力输送装置

压送式气力输送装置将风机安装在系统的前端，风机启动后，空气经过过滤器 1 被风机 2 吸入输送管 4 内，输送管 4 内压力高于大气压力，即处于正压状态。从供料器 3 下来的物料，通过喉管与空气混合送到分离器 5，分离出的物料由出料口 6 卸出，空气则通过除尘器 7 净化后排到大气中（图 2-21）。

压送式气力输送装置的特点与吸送式气力输送装置恰恰相反。由于它便于装设分岔管道，故可同时把物料输送至几处，且输送距离较长，生产率较高。此外，容易发现漏气位置，且对空气的除尘要求不高。它的主要缺点是由于必须从低压往高压输料管中供料，故供料器结构较复杂，并且较难从几处同时吸取物料。

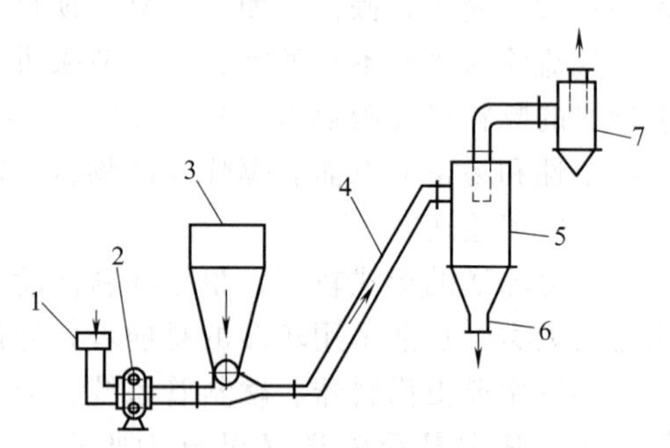

图 2-21 压送式气力输送流程

1—空气过滤器；2—风机；3—供料器；4—输送管；5—分离器；6—出料口；7—除尘器

3. 综合式气力输送装置

把真空输送与压力输送结合起来，就组成了综合式气力输送系统，如图 2-22 所示。综合式气力输送设备的风机一般安装在整个系统的中间。在风机前，物料靠管道内的负压来输送，即吸送段；而在风机后，物料靠空气的正压来输送，即压送段。

风机启动后，物料通过吸嘴 1 被吸到吸入侧分离器 4 内，气体经过吸出风管 6 和过滤器 7，经过风机 8 压送到压出侧固定管 9 进行再次利用，管道 9 内压力高于大气压力，即处于正压状态。此时从旋转卸（加）料器 5 下来的是被风机 8 吸入的分离器 4 的物料，通过喉管与空气混合后，经压出侧固定管 9 压送到压出侧分离器 10，从分离器分离出的物料由分离器排料口 12 卸出，细小颗粒的物料在风力作用下继续向上运动，通过除尘器 11 将小颗粒物料通过除尘器排料口 13 排出，废气经过除尘器 11 排到大气中。

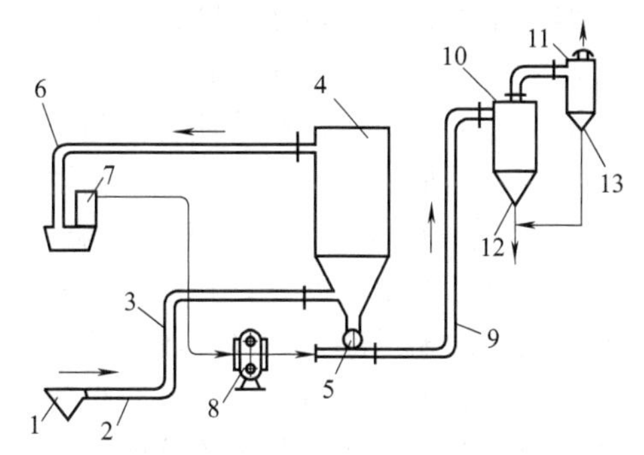

图 2-22 综合式气力输送流程

1—吸嘴；2—软管；3—吸入侧固定管；4—吸入侧分离器；5—旋转卸（加）料器；6—吸出风管；7—过滤器；8—风机；9—压出侧固定管；10—压出侧分离器；11—除尘器；12—分离器排料口；13—除尘器排料口

此种形式的气力输送装置综合了吸送式和压送式的优点，既可以从几处吸取物料，又可以把物料同时输送到几处，且输送的距离可较长。其主要缺点是中途需将物料从压力较低的吸送段转入压力较高的压送段，含尘的空气要通过风机，使它的工作条件变差，同时整个装置的结构也较复杂。

综上所述，气力输送装置不管采用何种形式，也不管风机以何种方式供应能量，它们总是由能量供应、物料输送和空气净化等几部分组成。

当从几个不同的地方向一个卸料点送料时，采用吸送式（真空）气流输送系统最适合；而当从一个加料点向几个不同的地方送料时，采用压送式气流输送系统最适合。

真空输送系统的加料处，不需要供料器，而排料处则要装有封闭较好的排料器，以防止在排料时发生物料反吹。与此相反，压送式系统在加料处需装有封闭较好的供料器，以防止在加料处发生物料反吹，而在排料处就不需排料器，可自动卸料。

当输送量相同时，压送式系统较真空输送系统采用较细的管道。在选用气力输送装置时必须对输送物料的性质、形状、尺寸和输送能力、输送距离等情况进行综合考虑。

4. 供料器

供料器在气力输送装置中起到把物料供入气力输送装置的输料管中的作用，形成合适的物料和空气的混合比。它是气力输送装置的“咽喉”，其性能的好坏将直接影响气力输送装置的生产率和工作稳定性。其结构特点和工作原理取决于被输送物料的物理性质以及气力输送装置的形式。供料器可分为吸送式气力输送供料器和压送式气力输送供料器两大类。

（1）吸送式气力输送供料器　吸送式气力输送供料器的工作原理是利用输料管内的真空度，通过供料器使物料随空气一起被吸进输料管。吸嘴与固定式受料嘴（喉管）是最常用的吸送式气力输送供料器。

① 吸嘴　吸嘴主要适用于车、船、仓库等场地装卸粉状、粒状及小块状物料。对吸嘴的要求主要是，在进风量一定的情况下，吸料量多且均匀，以提高气力输送装置的输送能力；具有较小的压力损失；轻便、牢固可靠、易于操作；具有补充风量装置及调节机构，以获得物料与空气的最佳混合比；便于插入料堆又易从料堆中拨出，能将各个角落的物料吸引干净。吸嘴的结构形式很多，可分成单筒吸嘴和双筒吸嘴两类。

a. 单筒吸嘴　输料管口是单筒形吸嘴，空气和物料同时从管口吸入。单筒吸嘴结构简单，它是一段圆管，下端做成直口、喇叭口、斜口或扁口，如图2-23所示。

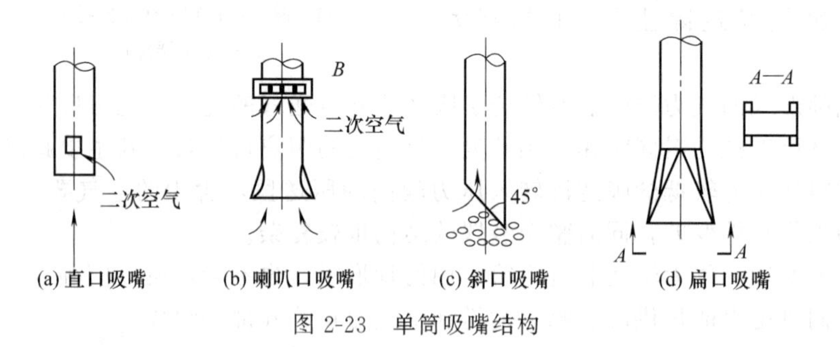

图 2-23　单筒吸嘴结构

直口吸嘴结构最简单，但压力损失大，补充空气无保证（因吸嘴插入料堆后，补充空气口易被物料埋住堵死），有时会因物料与空气的混合比过大而造成输料管堵塞。

喇叭口吸嘴的阻力和压力损失较直口吸嘴小，也可在 *B* 处用一个可转动的调节环来调节补充空气量，但从 *B* 处补充的空气只能使已进入吸嘴的物料获得加速度，而不能像从吸嘴口物料空隙进入的空气那样起到携带物料进入吸嘴的作用。

斜口吸嘴对焦炭、煤块等物料的插进性能好，但吸嘴未埋进料堆前，补充空气量太大，而埋进物料堆后又无补充空气。

扁口吸嘴适于吸取粉状物料，吸嘴口角上的四个支点使吸嘴与物料间保持一定间隙，以便于补充空气进入。

b. 双筒吸嘴　由两个不同直径的同心圆筒组成，如图 2-24 所示。内筒的上端与输料管相连，下端做成喇叭形，目的是为了减少空气及物料流入时的阻力，外筒可上下移动。双筒吸嘴吸取物料时，物料及大部分空气经吸嘴底部进入内筒。通过调节外筒的上下位置，可改变吸嘴端面间隙，从而调节从内外筒间的环形间隙进入吸嘴的补充空气量，以获得物料与空气的最佳混合比，并使物料得到有效的加速，提高输送能力。吸嘴端面间隙在吸送不同物料时的最佳值应由试验确定，如吸送稻谷时的最佳值为2～4mm。

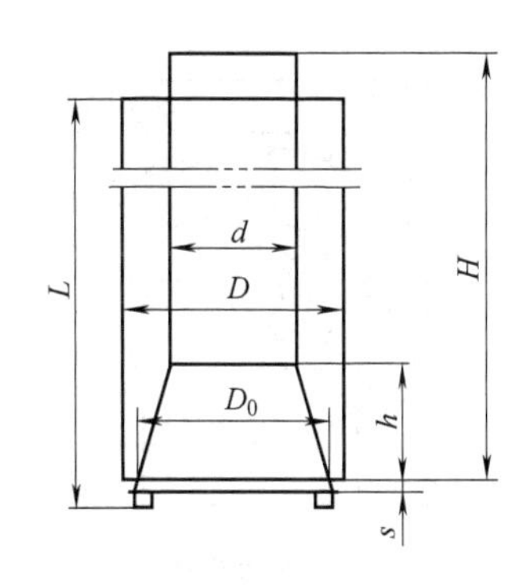

图 2-24 双筒吸嘴

s—吸嘴断面间隙；d—内筒直径；D—外筒直径；D_0—喇叭口直径；h—吸嘴喇叭口高度；H—吸嘴内筒高度；L—吸嘴外筒高度

② 固定式受料嘴（又称喉管） 固定式受料嘴主要用于车间固定地点的取料，如物料直接从料斗或容器下落到输料管的情况。物料的下料量可以通过改变挡板的开度进行调节，调节挡板的开度可采用手动、电动或气动操作。固定式受料嘴的主要形式如图 2-25 所示，分为Y形、L形和γ形（又称动力型）。

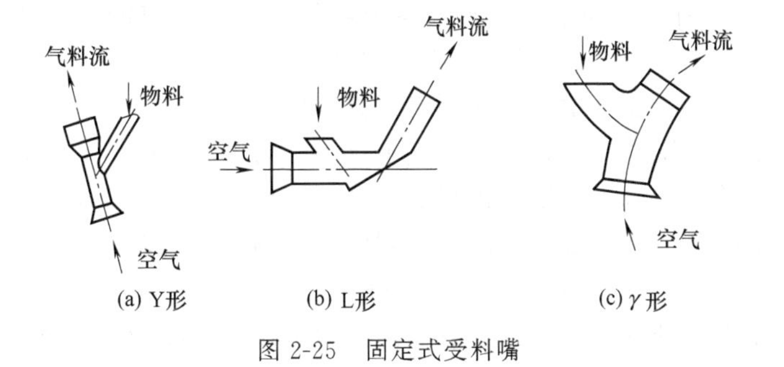

图 2-25 固定式受料嘴

（2）压送式气力输送供料器 在压送式气力输送装置中，供料是在管路中的气体压力高于外界大气压的条件下进行的，为了按所要求的生产率使物料进入输料管，同时又尽量不使管路中的空气漏出，所以对压送式气力输送供料器的密封性要求较高，因而其结构较复杂。根据作用原理的不同压送式气力输送供料器可分为旋转式、喷射式、螺旋式和容积式等几种形式。

① 旋转式供料器 旋转式供料器又称星形供料器，在真空输送系统中用作卸料器使用，但是在压送式气流输送系统中可用作供料器使用。所以旋转式供料器在中压和低压的压送式气力输送装置中广泛使用，一般适用于流动性较好、磨琢性较小的粉状、粒状或小块状物料。普遍使用的为绕水平轴旋转的圆柱形叶轮供料器，其结构如图 2-26 所示。在电动机和减速传动机构的带动下，叶轮在壳体内旋转，物料从加料斗进入旋转叶轮的格室中，然后随着叶轮的旋转从下部流进输料管中。为了提高格室中物料的装满程度，设有均压管，其作用是当叶轮的格室旋转到装料口之前，格室中的高压气体可从均压管中排出，从而使其中的压

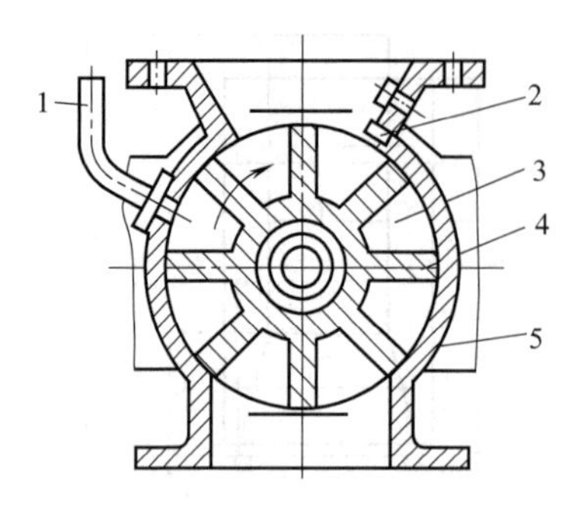

图 2-26 旋转式供料器
1—压送管；2—防卡挡板；
3—格室；4—叶轮；5—壳体

力降低，便于物料填装。为防止叶轮的叶片被异物卡死，在进料口还须装设具有弹性的防卡挡板。旋转供料器的供料量，一般在旋转叶片的转速为 0.25～0.5m/s 的低速旋转供料时，供料量与速度成正比，但当速度再加快时，供料量反而下降，并出现不稳定的情况。这是由于叶片旋转速度太快，叶片会将物料飞溅开，使物料不能充分送入叶片间的格子内，已送进供料器的物料又被甩出。生产中为调节供量准确，转子的转数应考虑在与供料量成正比的变化范围内。

旋转式供料器优点是结构紧凑，体积小，运行维修方便，能连续定量供料，有一定程度的气密性。缺点是对加工要求较高，叶轮与壳体磨损后易漏气。

② 喷射式供料器　喷射式供料器主要在低压、短距离的压送式气力输送装置中使用，其结构如图 2-27 所示。喷射式供料器的工作原理为，由于供料口处管道喷嘴收缩使气流速度增大，从而将部分静压转变为动压，造成供料口处的静压等于或低于大气压力，于是管内空气不仅不会向供料口喷吹，相反会有少量空气随物料一起从料斗进入喷射式供料器。在供料口后有一段渐扩管，渐扩管中气流的速度逐渐减小，静压逐渐增高，达到所需的输送气流速度与静压力，使物料沿着管道正常输送。渐扩管中速度能向静压能的转换不超过 50%，通常为 1/3 左右，因此压力上升的数值有限，故输送能力和输送距离均受到限制。为保证喷射式供料器能正常供料和输料，喷射式供料器渐缩管的倾角为 20°左右，渐扩管的倾角以 8°左右为宜。喷射式供料器结构简单，尺寸小，不需任何传动机构。但所能达到的混合比小，压缩空气消耗量较大，效率较低。

③ 螺旋式供料器　螺旋式供料器结构如图 2-28 所示。在带有衬套的铸铁壳体内安置一根变螺距悬臂螺旋，其左端通过弹性联轴器与电动机相连。当螺旋在壳体内快速旋转时，物料从加料斗通过闸门经螺旋而被压入混合室，由于螺旋的螺距从左至右逐渐减小，因此进入螺旋的物料被越压越紧，这样可防止混合室内的压缩空气通过螺旋漏出，而且滑动杠杆上的配重还可调节阀门对物料的压紧程度。当供料器空载时，阀门在配重的作用下也能防止输送气体漏出。在混合室的下部设有压缩空气喷嘴，当物料进入混合室时，压缩空气便将

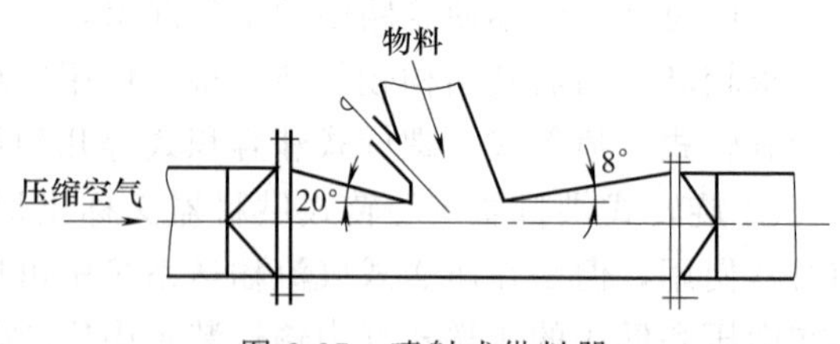

图 2-27 喷射式供料器

其吹散并使其加速，形成压缩空气与物料的混合物，然后均匀地进入输料管中。螺旋式供料器多用于输送粉状物料、工作压力低于 0.25MPa 的压送式气力输送装置中，螺旋式供料器的特点是高度方向尺寸小，能够连续供料。但动力消耗较大，工作部件磨损较快。

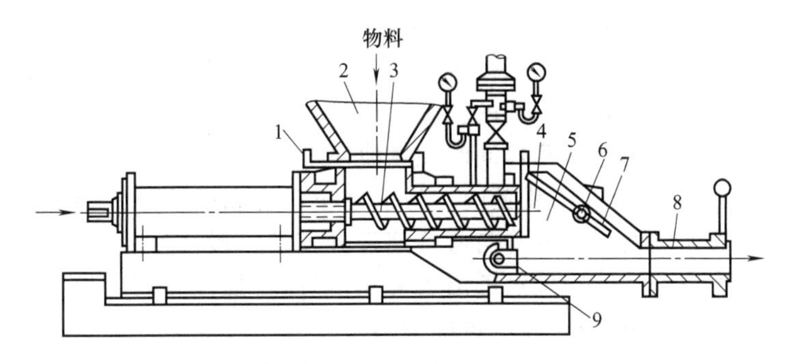

图 2-28 螺旋式供料器

1—闸门；2—加料斗；3—螺旋；4—阀门；5—混合室；6—配重；7—滑动杠杆；8—输料管；9—喷嘴

④ 容积式供料器 容积式供料器又称仓式泵，有单仓和双仓之分。单仓容积式供料器如图 2-29 所示，主要用于输送粉状、细粒状物料的高压压送式气力输送装置中。无论是顶部排料还是底部排料，其工作原理均是利用压缩空气使料仓内的粉状物料流态化后压送入输料管。容积式供料器是周期性工作的，有装料、充气、排料、放气四个过程。首先将放气阀 2 打开，使料仓内空气排出，供入粉状物料，使物料装到规定高度，此为装料过程；装料结束后，立即打开压缩空气阀 3，使压缩空气吹到料仓内，此为充气过程；压缩空气吹到料仓内后，物料受到搅动而流态化，从排料口 5 随空气一同排至输料管 4 中，此为排料过程；物料排尽后，将压缩空气阀 3 关闭，再打开放气阀 2 放出料仓内的空气，此为放气过程。至此完成一个周期，接着进行第二个周期。单仓容积式供料器只能间歇供料，周期性工作。双仓容积式供料器系由两个单仓组合在一起，交替工作，达到近似的连续供料。容积式供料器在工作过程中，料仓内的物料逐渐减少，仓内压力和混合比是变化的。为保证可靠输料，必须选择合适的耗气量与容器的容积比，物料的充填率一般取为 75%～80%。

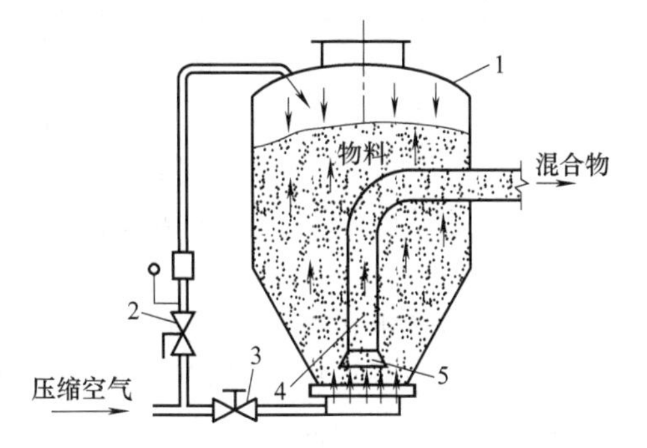

图 2-29 单仓容积式供料器

1—料仓；2—放气阀；3—压缩空气阀；4—输料管；5—排料口

(3) 输料管系统 输料管系统由直管、弯管、挠性管、增压器、回转接头和管道连接部件等根据工艺要求配置连接而成。

① 直管及弯管　直管及弯管一般采用无缝钢管或焊接钢管。对高压压送式或高真空吸送式气力输送装置，因混合比大，多采用表面光滑的无缝钢管；对低压压送式或低真空吸送式气力输送装置，可采用焊接钢管；如物料磨琢性很小，也可用白铁皮或薄钢板制作。通常管内径取 50～300mm（按空气流量和选取的气流速度进行计算，然后按国家标准选定）。输料管为易磨损构件，特别是弯管磨损较快，必须采取提高耐磨性的措施。例如，可以采用可锻铸铁、稀土球墨铸铁、陶瓷等耐磨材料制造弯管，同时注意曲率半径的选取。

② 挠性管　在气力输送装置中，为了使输料管和吸嘴有一定的灵活性，可在吸嘴与垂直管连接处或垂直管与弯管连接处安装一段挠性管（如套筒式软管、金属软管、耐磨橡胶软管和聚氯乙烯管等），但由于挠性管阻力较硬管大（一般为硬管阻力的 2 倍或更大），故尽可能少用。

③ 增压器　由于气流在输送过程中要受到摩擦和转弯等阻力，还可能有接头漏气等压力损失，因此在阻力大、易堵塞处或弯管的前方以及长距离水平输料管上，可安装增压器来补气增压。

5. 分离器

气力输送装置中物料的分离，通常是借助重力、惯性力和离心力使悬浮在气体中的物料沉降分离出来，常用的物料分离器有容积式和离心式两种形式。

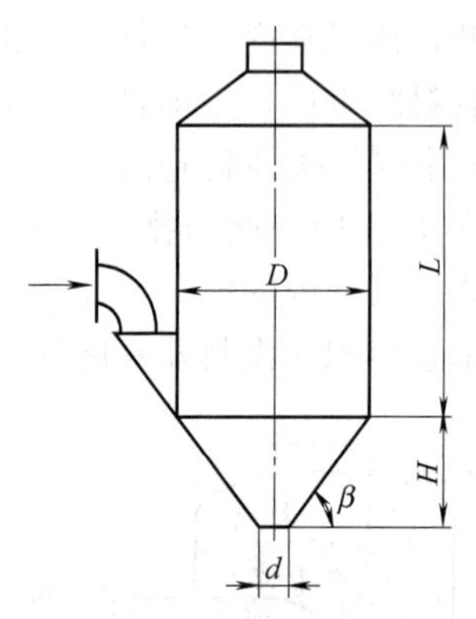

图 2-30　容积式分离器

(1) 容积式分离器　容积式分离器的结构如图 2-30 所示。其作用原理是空气和物料的混合物由输料管进入面积突然扩大的容器中，使空气流速降低到远低于悬浮速度 v_f [通常仅为 $(0.03\sim0.1)v_f$]。这样，气流失去了对物料颗粒的携带能力，物料颗粒便在重力的作用下从混合物中分离开来，经容器下部的卸料口卸出。容积式分离器结构简单，易制造，工作可靠，但尺寸较大。

(2) 离心式分离器　离心式分离器的结构如图 2-31 所示，它是由切向进风口、内筒、外筒和锥筒体等几部分组成。气料流由切向进风口进入筒体上部，一边作螺旋形旋转运动，一边下降；由于到达圆锥部时，旋转半径减小，旋转速度逐渐增加，气流中的粒子受到更大的离心力，便从气流中分离出来甩到筒壁上，然后在重力及气流的带动下落入底部卸料口排出；气流（其中尚含有少量粉尘）到达锥体下端附近开始转而向上，在中心部作螺旋上升运动，从分离器的内筒排出。

对离心式分离器的分离效率和压力损失影响最大的因素是气流进气口的流速

和分离器的大小。优点是分离器结构很简单，制作方便，压力损失小，没有运动部件，经久耐用，除了磨琢性强的物料对壁面产生磨损和黏附性的细粉会产生黏附外，几乎没有任何缺点，具有很高的分离效率。适合分离小麦、大豆等颗粒状食品物料，分离效率可达100%，对粉状物料也可达到98%～99%。

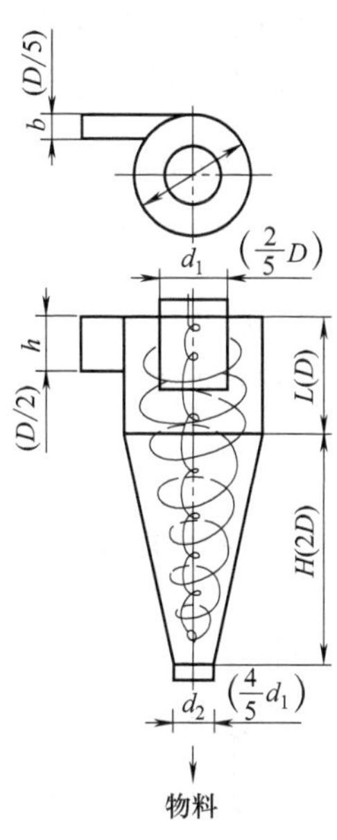

图 2-31 离心式分离器

6. 除尘器

从分离器排出的气流中尚含有较多5～40μm粒径的较难分离的粉尘，为防止污染大气和磨损风机，在引入风机前须经各种除尘器进行净化处理，收集粉尘后再引入风机或排至大气。除尘器的形式很多，目前应用较多的是离心式除尘器和袋式过滤器。

离心式除尘器和袋式过滤器均属干式除尘器。除此之外，还有利用粉尘与水的黏附作用来进行除尘的湿式除尘器，以及利用高压电场将气体电离，使气体中的粉尘带电，然后在电场内静电引力的作用下，使粉尘与气体分离开来而达到除尘目的的电除尘器等。

① 离心式除尘器 离心式除尘器又称旋风除尘器，其结构和工作原理与离心式分离器相同，所不同的是离心式除尘器的筒径较小，圆锥部分较长。这样，一方面使得在与分离器同样的气流速度下，物料所受到的离心力增大，另一方面延长了气流在除尘器内的停留时间，有利于除尘效率的提高。

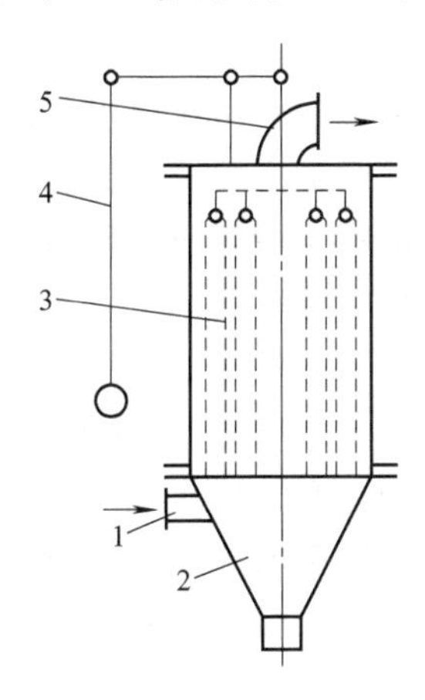

图 2-32 袋式过滤器
1—进气管；2—锥形体；3—袋子；4—振打机构；5—排气管

② 袋式过滤器 袋式过滤器是一种利用有机纤维或无机纤维的过滤布将气体中的粉尘过滤出来的净化设备，因过滤布多做成袋形，故称袋式过滤器。其结构如图2-32所示。含有粉尘的空气沿进气管进入过滤器中，首先到达下方的锥形体，在这里有一部分颗粒较大的粉尘被沉降分离出来，而含有细小粉尘的空气则旋向上方进入袋子中，粉尘被阻挡和吸附在袋子的内表面，除尘后的空气从布袋内逸出，最后经排气管排出。经过一定的工作时间后，必须将滤袋上的积灰及时清除（一般采用机械振打、气流反向吹洗等方法），否则将增大压力损失并降低除尘效率。

袋式过滤器的最大优点是除尘效率高。但不适用于过滤含有油雾、凝结水及黏性的粉尘，同时它的体积较大，设备投资、维修费用较高，控制系统较复杂。所以，一般用于除尘要求较高的场合。袋式过滤器的除尘效率与很多因素有关，其中滤布材料、过滤风速、工作条件、清灰方法等影响较大，在设计或选择袋式过滤器时应予考虑。

7. 关风器

在气力输送装置中，为了把物料从分离器中卸出以及把灰尘从除尘器中排出，并防止大气中的空气跑入气力输送装置内部而造成输送能力降低，必须在分离器和除尘器的下部分别装设关风器。目前应用最广的是旋转（叶轮）式关风器，有时也采用阀门式关风器。

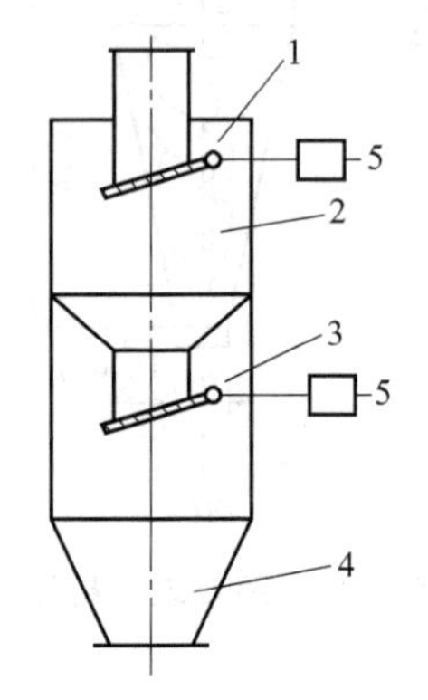

图 2-33 阀门式关风器
1—上阀门；2—上箱；3—下阀门；4—下箱；5—平衡锤

(1) 旋转式关风器　旋转式关风器的结构与旋转式供料器完全相同，所不同的是其上部不是与加料斗相连，而是与分离器相通；其下部不是连着输料管，而是和外界相通；其均压管不再是把格室内的高压气体引出，而是当格室在转到接近分离器卸料口时使格室内的压力与分离器中的压力相等，便于分离器中的物料进入格室中。

(2) 阀门式关风器　图 2-33 为阀门式关风器的结构，它由上下箱两部分组成。工作时上阀门常开，下阀门紧闭，使物料落入卸料器上箱中；出料时关闭上阀门，打开下阀门，使物料落入卸料器下箱中，从而达到未停车出料的目的。这种卸料器气密性好，结构较简单，但高度尺寸较大。

六、风机设备

压送式气力输送装置多用风机作气源设备，风机是把机械能传给空气形成压力差而产生气流的机械。风机的风量和风压大小直接影响气力输送装置的工作性能，风机运行所需的动力大小关系着气力输送装置的生产成本。所以正确地选择风机对设计气力输送装置来说是十分重要的。各种形式的风机各有优缺点，排风量和排气压力有一定范围。所以，必须综合考虑各种形式风机的特性、使用场合和维护检修条件，从经济观点出发选择最合适的风机，对风机的要求是效率高，风量和风压满足输送物料要求，而且风量随风压的变化要小；有一些灰尘通过也不会发生故障；经久耐用便于维修；用于压送式气力输送装置中的风机，其排气中尽可能不含油分和水分。目前，气力输送装置所采用的气源设备主要有离心式通风机、空气压缩机、罗茨风机等。

1. 离心式通风机

低真空吸送式气力输送装置中常采用离心式通风机作为气源设备。其构造如图 2-34 所示，按其风压大小，可分为低压（小于 9.8×10^2 Pa）、中压（9.8×10^2～

2.94×10^3 Pa）和高压（$2.94\times10^3\sim5.47\times10^4$ Pa）三种。

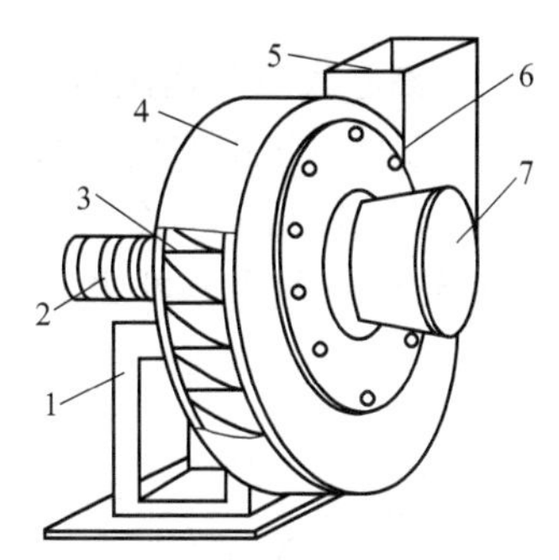

图 2-34 离心式通风机
1—机架；2—轴和轴承；3—叶轮；4—机壳；5—出风口；6—风舌；7—进风口

离心式通风机的工作原理是利用离心力的作用，使空气通过风机时的压力和速度都得以增大再被送出去。当风机工作时，叶轮在蜗壳形机壳内高速旋转，充满在叶片之间的空气便在离心力的作用下沿着叶片之间的流道被推向叶轮的外缘，使空气受到压缩，压力逐渐增加，并集中到蜗壳形机壳中。这是一个将原动机的机械能传递给叶轮内的空气，使空气静压力（势能）和动压力（动能）增高的过程。这些高速流动的空气、在经过断面逐渐扩大的蜗壳形机壳时，速度逐渐降低，又有一部分动能转变为静压能，进一步提高了空气的静压力，最后由机壳出口压出。与此同时，叶轮中心部分由于空气变得稀薄而形成了比大气压力小的负压，外界空气在内外压差的作用下被吸入进风口，经叶轮中心而去填补叶片流道内被排出的空气。由于叶轮旋转是连续的，空气也被不断地吸入和压出，这就完成了输送气体的任务。

2. 活塞式空气压缩机

活塞式空气压缩机的构造如图 2-35 所示，它主要由机身、汽缸、活塞、曲柄连杆机构及气阀机构（进、排气阀）等组成。当活塞离开上止点向下移动时，活塞上部汽缸的容积增大，产生真空度；在汽缸内真空度的作用下（或在气阀机构的作用下），进气阀打开，外界空气经进气管充满汽缸的容积；当活塞向上移动时，进气阀关闭，空气被压缩直至排气阀打开；经压缩后的空气从汽缸经排气管送入储气罐。进、排气阀一般是由汽缸与进、排气管间空气压力差的作用而自动地开闭的。

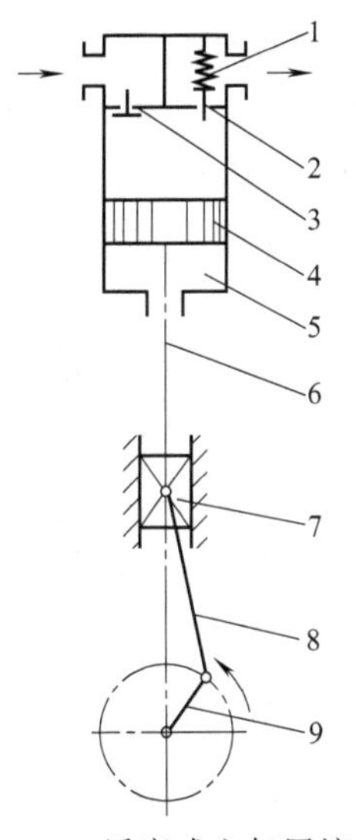

图 2-35 活塞式空气压缩机
1—弹簧；2—排气阀；3—进气阀；4—活塞；5—汽缸；6—活塞杆；7—十字头；8—连杆；9—曲柄

活塞式空气压缩机优点：结构较简单，操作容易，压力变化范围大，特别适用于压力高的场合；同时它的效率也高，适应性强，压力变化时风量变化不大，高压性能好；材料要求低，因其为低速机械，普通钢材即可制造。

活塞式空气压缩机缺点：由于排气量较小，具有脉动流现象，需设缓冲装置（如储气罐）；机身有些过重，尺寸过大，加上储气罐，占地面积就更大；压缩空气由于绝热膨胀要出现冷凝水。因此，在送入输料管之前还需加回水弯管把水分除掉。

3. 离心式空气压缩机

离心式空气压缩机的结构示意图如图 2-36 所示，主要由机壳、叶轮、叶片、主轴和轴承等组成。作用原理与离心式通风机相似，只是出口风压较强，如 3～5 级叶轮产生的压力可达 $2.94\times10^4\sim4.9\times10^4$Pa。离心式压缩机可作为大风量低压压送式及吸送式气力输送装置的气源设备。

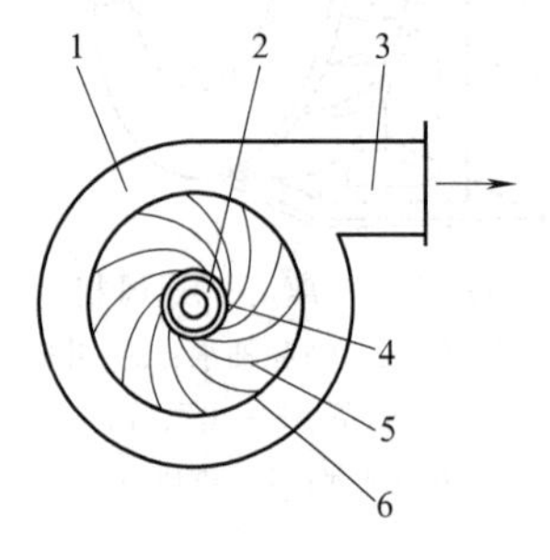

图 2-36　离心式空气压缩机
1—机壳；2—进风口；3—出风口；4—主轴；5—叶轮；6—叶片

离心式空气压缩机特点是结构简单，尺寸小，重量轻，易损件少，运转率高。气流运动是连续的，输气均匀无脉动，不需储气罐。没有往复运动，无不平衡的惯性力及力矩，故不需要笨重牢固的基础。主机内不必加润滑剂，所以空气中无油分。缺点是不适用于高压范围，效率较低，适应性差，材料要求高。同时，由于它的圆周线速度高，有灰尘时易产生磨损，并且灰尘附着在叶片或轴承部分时，会引起效率降低和不平衡，所以在前面应尽可能安装高效率的除尘器。

4. 罗茨风机

罗茨是英文 Roots 的音译，罗茨风机是根据罗茨原理进行设计制造的一种设备，而罗茨原理的发明者是美国的 Roots 兄弟，为了纪念这个发明，所以将这个原理用他们的名字命名。罗茨风机和罗茨真空泵的结构和原理都是一样的，就是罗茨原理。当风机用于正压送风的情况下，叫作罗茨风机，如果用于负压抽吸或抽真空的时候，就叫作罗茨真空泵。在实际的应用中，罗茨真空泵是进口与系统连接，利用进口对系统进行抽吸，实现抽真空的目的；而罗茨风机是排气口与压送式气力输送装置连接，利用排气口进行送风给系统，实现气力输送的目的。

罗茨风机的构造如图 2-37 所示，在一个椭圆形机壳内有一对铸铁制成的“8”字形转子 1、2，它们分别装在两根平行轴上 6 和 7 上，在机壳 3 外的两根轴端装有相同的一对啮合齿轮 4、5，在电动机的带动下，两个“8”字形转子等速相对旋转，使进气侧工作室容积增大形成负压而进行吸气，使出口侧工作室容积减小来压缩并输送气体。罗茨风机出口与入口处之静压差谓之风压。工作状态时，它所产生的压力不取决于它本身，而取决于管道中的阻力。为防止管道堵塞或工作超负荷时管内真空度过大造成电动机过载损坏，应在

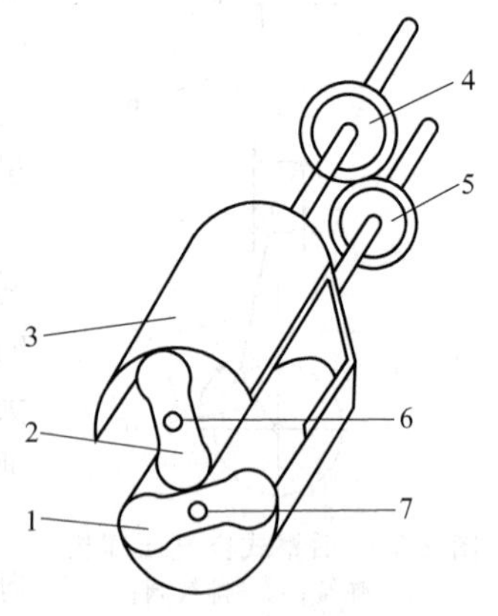

图 2-37　罗茨风机的构造
1,2—转子；3—机壳；4,5—齿轮；6,7—轴

连接风机进口的风管上装设安全阀，当真空度超过正常生产的允许数值时，安全阀自动打开，放进外界大气。罗茨风机的风量随压力变化不大，适应气力输送装置工作时压力损失变化很大而风量变化很小的特点。当压力损失增大时，因风量大幅度减少而使风速降低，会造成管道堵塞。因此，一些为了提高输送浓度、增大输料量的气力输送装置，较多地采用罗茨风机。

罗茨风机特点是结构紧凑，管理方便，风压和效率较高。缺点是气体易从转子与机壳之间的间隙及两转子之间的间隙泄漏；脉冲输气，使得运转时有强烈的噪声，而且噪声随转速增加而增大；要求进入的空气净化程度高，否则易造成转子与机壳很快磨损而降低使用寿命，影响使用效率。

第二节　液体输送设备

食品工业有许多类型的液体输送泵，按工作原理和结构特征不同，泵可分为叶轮泵和容积泵。

叶轮泵是将泵中叶轮高速旋转的机械能转化为液体的动能和压能。由于叶轮中有弯曲且扭曲的叶片，故称叶轮泵，也叫叶片泵。根据叶轮结构对液体作用力的不同又分为如下几种。

(1) 离心泵　离心泵依靠高速旋转叶轮对被泵送液料的动力作用，把能量连续传递给料液而完成输送。食品工业中液体输送主要是离心泵，如奶泵、饮料泵、水泵等。

(2) 轴流泵　靠叶轮旋转产生的轴向推力而抽送液体的泵。属于低扬程、大流量泵型，一般的性能范围：扬程 1～12m，流量 0.3～65m^3/s，比转数 500～1600。

(3) 混流泵　叶轮旋转既产生惯性离心力又产生轴向推力而抽送液体的泵。

(4) 旋涡泵　就是靠旋转叶轮对液体的作用力，在液体运动方向上给液体以冲量来传递动能以实现输送液体。旋涡泵是一种高压泵、清水泵。

容积泵又称正排量泵、正位移泵，这种泵通过包容料液的封闭工作空间（泵腔）周期性的容积变化或位置移动，把能量周期性地传递给料液，使料液的压力增加，直至强制排出。根据主要构件的运动形式，常见容积泵又分为往复泵（如活塞泵、柱塞泵、隔膜泵）和转子泵（如螺杆泵、齿轮泵、罗茨泵、滑片泵、挠性泵等）。下面对主要液体输送泵进行阐述。

一、离心泵

离心泵是食品加工中应用比较广泛的流体输送设备。离心泵构造简单，便于拆卸、清理、冲洗和消毒，机械效率较高。适用于输送水、乳品、冰激凌、糖蜜和油脂等，也可用来输送带有固体悬浮物的料液。

1. 离心泵的工作原理

离心泵的工作原理如图 2-38 所示。在蜗壳形的泵壳 2 内，有一固定在泵轴上的工作叶轮 1。叶轮上有 6～12 片稍微向后弯曲的叶片，叶片之间形成了液体通道。泵壳中央有液体吸入口和吸入管连接，液体经滤网 6、底阀 5 和吸入管 4 进到泵内。泵壳上的液体排出口 7 与调节阀 8 和排出管 9 连接，泵轴 3 用电动机或其他动力装置带动。

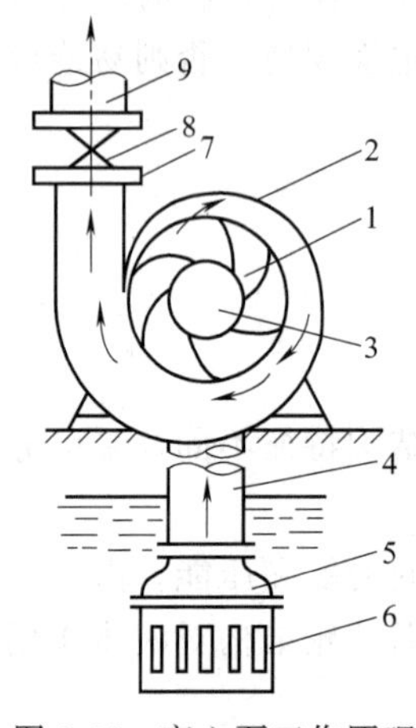

图 2-38 离心泵工作原理
1—叶轮；2—泵壳；3—泵轴；4—吸入管；5— 单项底阀；6—滤网；7—排出口；8—调节阀；9—排出管

启动前，先将泵壳 2 内充满被输送液体，启动后泵轴 3 带动叶轮 1 旋转，叶片间的液体随叶轮 1 一起旋转。在离心力作用下，液体沿着叶片间通道从叶轮中心进口处被甩到叶轮外围，以高速流入泵壳 2，液体流到蜗形通道后，由于截面逐渐扩大，大部分动能转变为静压能。于是液体以较高的压力，从排出口 7 进入排出管 9，输送到所需的场所。当叶轮中心的液体被甩出后，泵壳的吸入口就形成了一定的真空，外面的大气压力迫使液体经底阀 5 和吸入管 4 进入泵内，填补了液体排出后的空间。这样，只要叶轮 1 不停旋转，液体就源源不断地被吸入与排出。

离心泵若在启动前未充满液体，则泵壳内存在空气。由于空气密度很小，所产生的离心力也很小。此时，在吸入口处所形成的真空不足以将液体吸到泵内，虽启动离心泵，但不能输送液体，此现象称为“气缚”。为便于使泵内充满液体，在吸入管底部安装带吸滤网的底阀，底阀为止回阀，滤网是为了防止固体物质进到泵内，损坏叶轮叶片或妨碍泵的正常操作。

2. 离心泵的主要部件

离心泵结构如图 2-39 所示。离心泵的主要构件有叶轮、泵壳和轴封装置。食品厂最常使用的离心式饮料泵，因其泵壳内所有构件都是用不锈钢制作，通常称之为卫生泵，在饮料厂常用于输送原浆、料液等。考虑到食品卫生和经常清洗的要求，食品工厂常选用的离心式饮料泵为叶片少的封闭型叶轮，泵盖及叶轮拆装方便，其轴封多采用不透性石墨端密封结构。

（1）叶轮　从离心泵的工作原理可知，叶轮是离心泵的最重要部件。按结构可分为三种，见图 2-40。

① 闭式叶轮　闭式叶轮如图 2-40（a）所示，叶片两侧都有盖板，这种叶轮效率较高，应用最广，但只适用于输送清洁液体。按吸液方式的不同，离心泵可

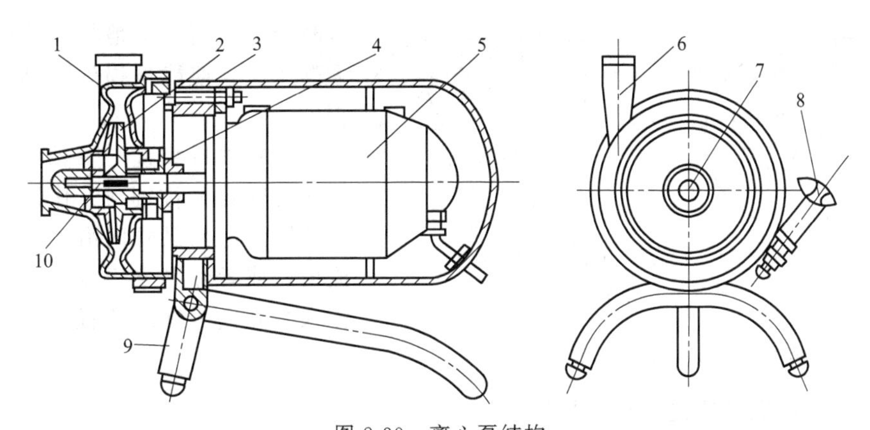

图 2-39 离心泵结构

1—泵前体；2—叶轮；3—泵后体；4—轴封装置；5—电动机；6—出料口；
7—吸料口；8—泵体锁紧装置；9—支撑架；10—主轴

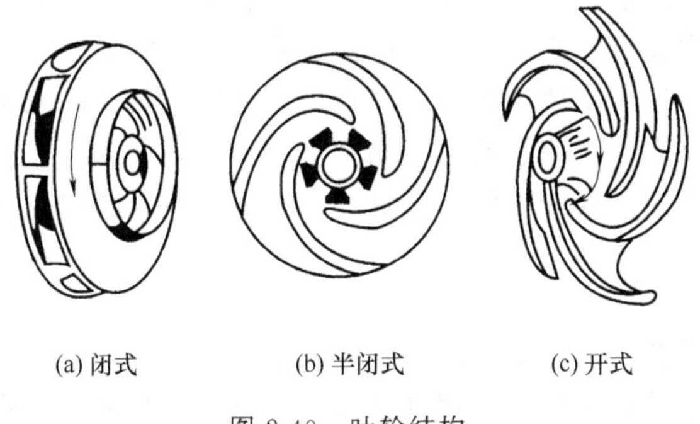

(a) 闭式　　(b) 半闭式　　(c) 开式

图 2-40 叶轮结构

分为单吸式和双吸式两种，单吸式构造简单，液体从叶轮一侧被吸入；双吸式比较复杂，液体从叶轮两侧吸入。显然，双吸式具有较大的吸液能力，而且基本上可以消除轴向推力。

② 半闭式叶轮　半闭式叶轮如图 2-40（b）所示，叶轮吸入口一侧没有前盖板，而另一侧有后盖板，它也适用于输送悬浮液。

③ 开式叶轮　开式叶轮如图 2-40（c）所示，开式叶轮两侧都没有盖板，制造简单，清洗方便。由于叶轮和壳体不能很好密合，部分液体会流回吸液侧，因而效率较低。开式叶轮适用于输送含杂质的悬浮液。

（2）泵壳　离心泵的外壳多做成蜗壳形，其内有一个截面逐渐扩大的蜗形通道。叶轮在泵壳内顺着蜗形通道向逐渐扩大的方向旋转。由于通道逐渐扩大，叶轮四周抛出的液体可逐渐降低流速，减少能量损失，从而使部分动能有效地转化为静压能。有的离心泵为了减少液体进入蜗壳时的碰撞，在叶轮与泵壳之间安装一固定的引导轮，见图 2-41。引导轮具有很多逐渐转向的孔道，使高速液体流

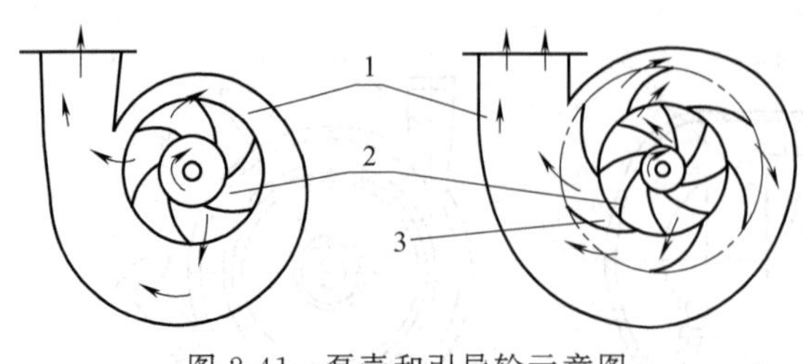

图 2-41 泵壳和引导轮示意图
1—泵壳；2—叶轮；3—导轮

过时能均匀而缓慢地将动能转化为静压能，使能量损失降到最低程度。

（3）轴封装置 泵轴与泵壳之间的密封又称轴封。作用是防止高压液体从泵壳内沿轴的四周流出，或者外界空气以相反方向流入泵壳内。轴封装置有填料密封和机械密封两种形式。

3. 离心泵的安装、使用与维护

在安装离心泵时，泵的安装高度必须低于泵的允许吸上真空高度。管道不宜过长，尽量减少弯头，连接处要紧密，避免空气进入产生空气囊。管道应单独设立支架，不要把全部质量压在泵上。启动前应向泵壳内注满液体，才能启动工作。但是如果输出罐液面等于或高于离心泵叶轮中心线，可直接启动工作，不需注入液体，使用中如有不正常声音，应停机检查，排除故障后再工作。密封装置磨损后，应及时更换。如使用过程中出现吸不上料液现象，有可能是因为料液温度过高，安装位置不当，或料液过于黏稠造成的。离心泵每工作 1000h 左右，应更换新润滑脂。在抽送腐蚀性液体或食品物料后，应及时对泵进行清洗。

二、螺杆泵

螺杆泵是一种新型的内啮合回转式容积泵，是利用一根或数根螺杆的相互啮合空间容积变化来输送液体的。螺杆泵具有效率高、自吸能力强、适用范围广等优点，各种难以输送的介质都可用螺杆泵来输送。螺杆泵有单螺杆、双螺杆和多螺杆等几种，按螺杆的轴向安装位置可分为卧式和立式两种。

1. 螺杆泵结构

单螺杆泵的结构如图 2-42 所示。泵的主要部件是转子（螺杆）和定子（螺腔）。转子是一根单头螺旋的钢转子；定子是一个通常由弹性材料制造的、具有双头螺旋孔的定子。转子在定子内转动。泵内的转子是呈圆形断面的螺杆，定子通常是泵体内具有双头螺纹的橡皮衬套，螺杆的螺距为橡皮套的内螺纹螺距的一半。螺杆在橡皮套内作行星运动，螺杆是通过平行销联轴节（或偏心联轴器）与电动机相连来转动的。

2. 螺杆泵工作原理

螺杆与橡皮套相配合形成一个个互不相通的封闭腔。当螺杆转动时，封闭腔沿轴向由吸入端向排出端方向运动，封闭腔在排出端消失，同时在吸入端形成新的封闭腔。螺杆作行星运动使封闭腔不断形成，向前运动以至消失即将料液向前

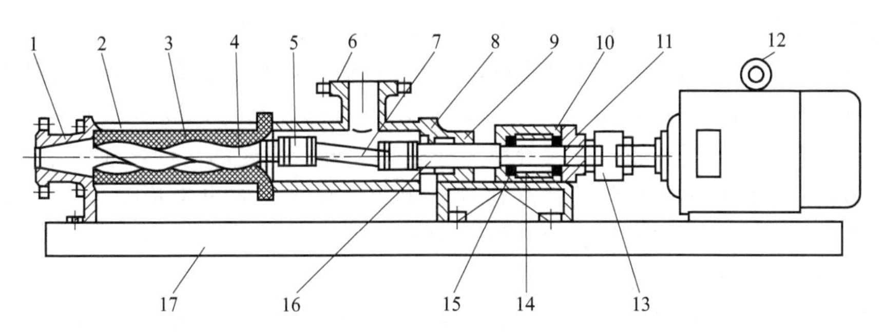

图 2-42 单螺杆泵结构示意图

1—进料口；2—拉杆；3—螺杆套；4—螺杆轴；5—万向节总成；6—出料口；7—连杆轴；8,9—填料压盖；10—轴承座；11—轴承盖；12—电动机；13—联轴器；14—轴套；15—轴承；16—传动轴；17—底座

推进，从而产生抽吸料液的作用。

3. 螺杆泵的使用维护

螺杆泵不能空转，开泵前应灌满液体。为满足不同流量的要求，可通过调速装置来改变螺杆转速，以符合生产需要。泵的合理转速为750～1500r/min。转速过高，易引起橡皮衬套发热而损坏，过低会影响生产能力。对填料坯密封装置应定期检查调整。每班工作结束后，应对泵进行清洗，对轴承要定期进行润滑。

目前食品加工中多采用单螺杆卧式泵，主要用于高黏度液体及带有固体物料的浆体，如淀粉浆、番茄酱、酱油、蜂蜜、巧克力混合料、牛奶、奶油、奶酪、肉浆及未稀释的啤酒醪液等。

三、齿轮泵

齿轮泵是一种回转式容积泵，主要用来输送黏稠料液，如糖浆、油类等。齿轮泵的种类比较多，按齿轮形状可分为正齿轮泵、斜齿轮泵、人字齿轮泵等；按齿轮的啮合方式分为外啮合和内啮合两种，外啮合齿轮泵应用较多。

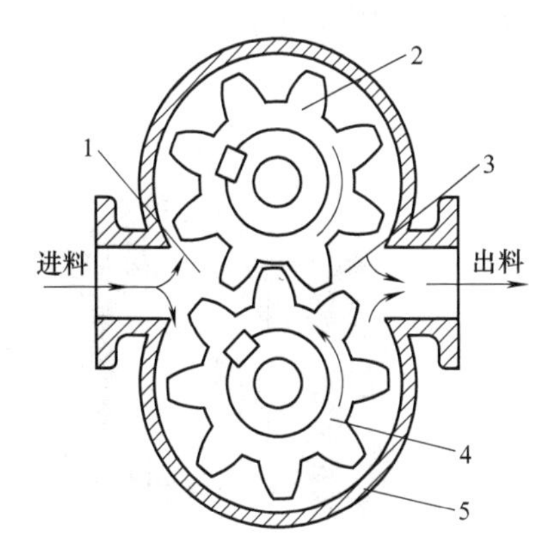

图 2-43 齿轮泵示意图

1—吸入腔；2—主动齿轮；3—排出腔；4—从动齿轮；5—泵壳

1. 外啮合齿轮泵

外啮合齿轮泵主要由主动齿轮、从动齿轮、泵体及泵盖组成，如图 2-43 所示。食品加工用齿轮泵采用耐腐蚀材料如尼龙、不锈钢等制成。

在互相啮合的一对齿轮中，主动齿轮由

电动机带动旋转，从动齿轮与主动齿轮相啮合而转动。啮合区将工作空间分割成吸入腔和排出腔。当一对齿轮按图示方向转动时，啮合的齿轮在吸入腔逐渐分开，使吸入腔的容积逐渐增大，压力降低，形成部分真空。液体在大气压作用下，经吸料管进入吸入腔，直至充满各个齿间。随着齿轮的转动，液体分两路进入齿间，沿泵体的内壁被齿轮挤压送到排出腔。在排出腔里齿轮啮合容积减小，液体压力增大，由排出腔压至出料管。随着主动齿轮、从动齿轮的不断旋转，泵便能不断吸入和排出液体。

这种齿轮泵结构简单，质量轻，具有自吸功能，工作可靠，应用范围较广。但是，所输送的液体必须具有润滑性，否则轮齿极易磨损，甚至发生咬合现象。这种齿轮泵效率低，噪声较大，流量为 0.3～$200m^3/h$，出口压力≤4MPa。

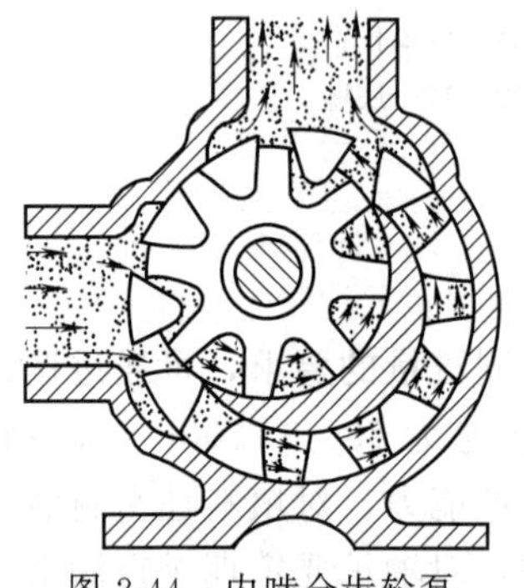

图 2-44 内啮合齿轮泵

2. 内啮合齿轮泵

内啮合齿轮泵一般由一个内齿轮和一个外齿轮圈构成，其中内齿轮为主动轮，在其外侧的泵体上有吸入口和压出口，如图 2-44 所示。内齿轮与外齿轮之间装有月牙形隔板，将进料端与压出端隔开，因其结构特征，常被称为星月泵。这种泵多作为低压泵应用。通常内齿轮泵的流量≤$341m^3/h$，出口压力<0.7MPa。

四、罗茨泵

罗茨泵的工作原理与齿轮泵相仿，依靠两个啮合转动的转子完成吸料和泵出。转子形状简单，一般为两叶或三叶，易于拆卸清洗。这种转子对料液的搅动作用更小，因此对于黏稠料液的适应能力更强，尤其适用于含有颗粒的黏稠料

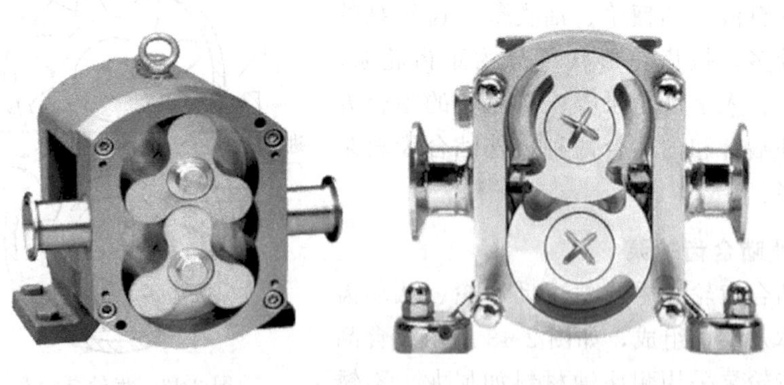

(a) 普通三叶转子　　(b) 蝴蝶形转子

图 2-45 罗茨泵

液。普通的三叶转子形状如图 2-45（a）所示，对于含有较大颗粒的黏稠料液，转子还可以设计成蝴蝶形，如图 2-45（b）所示，在所有相互啮合处均可使料液易于排出，避免因夹持颗粒而造成挤压破损。由于罗茨泵转子的制造精度要求较高，所以罗茨泵的价格也较高。

五、滑片泵

滑片泵属于回转式容积泵，它主要由泵体、转子、滑片和两侧盖板等组成，如图 2-46 所示。转子为圆柱形，具有径向槽，被偏心安装在泵壳内，转子表面与泵壳内表面构成月牙形空间。滑片置于槽中，既随转子转动，又能沿转子槽径向滑动。滑片靠离心力作用紧贴泵体内腔（而旋片式真空泵是依靠弹簧的作用力使旋片紧贴泵腔）。转子在前半转时相邻两滑片所包围的空间逐渐增大，形成真空，吸入液体，而转子在后半转时，此空间逐渐减小将液体挤到排出管中。

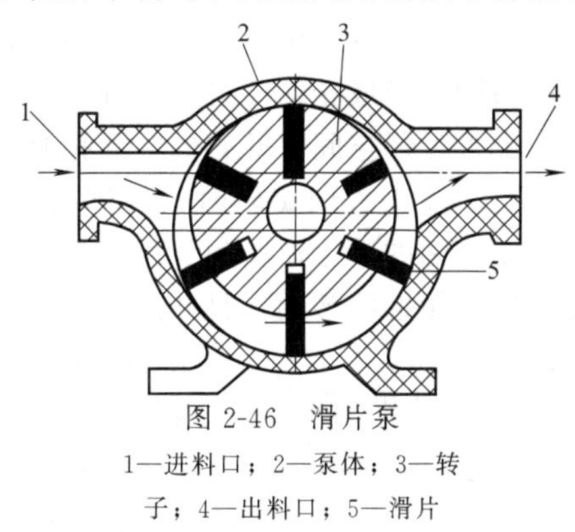

图 2-46 滑片泵

1—进料口；2—泵体；3—转子；4—出料口；5—滑片

在输送肉糜时，为了使肉糜中的空气尽可能排除，减少肉糜中气泡和脂肪氧化，保证肉糜外观及色、香、味，还要在泵体中部安装一个连接真空系统的接口，并在出口处装有防止肉糜进入真空管道的滤网。泵体与真空系统相连后，使肉糜在自重和真空吸力作用下进入泵内，实现稳定灌装生产。在新型灌肠机填充用滑片泵上，为实现稳定填充，除设置中心凸轮外，泵壳也采用与中心凸轮相适应的封闭曲线形状。中心凸轮和外壳凸轮联合控制滑片的径向位置，控制可靠，而且两凸轮控制所形成的瞬时流量稳定，但加工制造复杂。采用轴向进料，使得进料容易、拆卸清洗方便，同时，保证灌肠产品致密，泵腔连接至真空系统。

六、活塞泵

活塞泵属于往复式容积泵，依靠活塞或柱塞（泵腔较小时）在泵缸内做往复运动来实现液体输送。在输送液体工作时，在电动机和曲柄带动下，活塞做往复活塞运动将液体吸入和排出，活塞泵由液力端和动力端组成，液力端直接输送液体，把机械能转换成液体的压力。适用于输送流量较小、压力较高的各种介质，因为在流量小、压力的场合更能显示出较高的效率和良好的运行特性。常用的有单缸单作用泵和三缸单作用泵。

第三节 抽真空设备

在抽真空装置中，常用的真空泵有水环式真空泵和旋片式真空泵等，下面主要介绍水环式真空泵和旋片式真空泵，辅助介绍蒸汽喷射泵、水力喷射泵和罗茨真空泵。

一、水环式真空泵

水环式真空泵的构造如图 2-47 所示，它主要由叶轮（又称转子）和圆柱形泵缸所组成。叶轮 4 偏心安装在泵缸 6 中，启动真空泵前泵缸 6 内应灌满水，当叶轮 4 旋转时，水被甩向四周，形成相对于叶轮为偏心的水环 5，于是在叶轮 4 和水环 5 表面之间构成一个月牙形空间，叶轮的叶片把月牙形空间分成若干个容积不同的格腔。当叶轮按图中箭头方向旋转时，气体由吸气管 1 进入吸入腔 2，然后被吸入水环 5 与叶轮 4 之间的月牙形空间。由于旋转，月牙形空间的容积由小变大，因而产生真空；当叶轮继续转动，月牙形空间运行到叶轮左侧时，其容积又逐渐缩小，使气体受到压缩，因而气体被压至排出腔 3，废水与抽出来的空气经过排出管 8 一起进入水箱 10，再由放气管 11 排出。废水进入水箱 10 后循环利用，多余的水从溢流管 12 排出。循环过程中损失的水经过注水管 9 进行补充。叶轮每转一周，进行一次吸气、一次排气。叶轮不断旋转，泵就可以源源不断地吸气和排气。

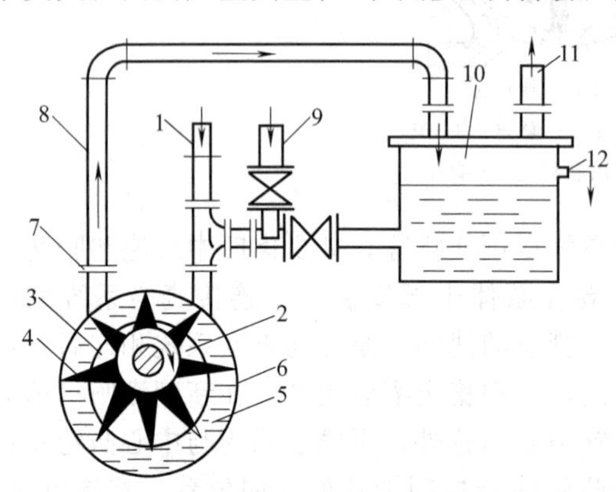

图 2-47 水环式真空泵

1—吸气管；2—吸入腔；3—排出腔；4—叶轮；5—水环；6—泵缸；7—连接头；8—排出管；9—注水管；10—水箱；11—放气管；12—溢流管

水环式真空泵可作为高真空吸送式气力输送装置的气源设备，可用来抽吸空气和其他无腐蚀性、不溶于水的气体。水环式真空泵优点是构造简单、结构紧凑、使用方便、操作可靠、内部不需润滑。缺点是高速旋转的叶片及密封填料磨损严重时，会使真空度下降，故需经常检查和更换。轴承需定期加足润滑脂，以延长使用寿命。

水环式真空泵抽气量不大，但排气较均匀，能获得高真空度，且压力变化较大时，风量变化较小，调节性能较好，能获得较高的输送浓度。

二、旋片式真空泵

旋片式真空泵（简称旋片泵）是一种油封式机械真空泵，属于低真空泵。它可以单独使用，也可以作为其他高真空泵或超高真空泵的前级泵。

旋片泵多为中小型泵。旋片泵有单级和双级两种。所谓双级，就是在结构上将两个单级泵串联起来。一般多做成双级的，以获得较高的真空度。

1. 工作原理

在旋片泵的腔内偏心地安装一个转子，转子外圆与泵腔内表面相切（二者有很小的间隙），转子槽内装有带弹簧的两个旋片。旋转时，靠离心力和弹簧的张力使旋片顶端与泵腔的内壁保持接触，转子旋转带动旋片沿泵腔内壁滑动。两个旋片把转子、泵腔和两个端盖所围成的月牙形空间分隔成 A、B、C 三部分，当转子按箭头方向旋转时，与吸气口相通的空间 A 的容积是逐渐增大的，处于吸气过程。而与排气口相通的空间 C 的容积是逐渐缩小的，处于排气过程。居中的空间 B 的容积也是逐渐减小的，处于压缩过程。由于空间 A 的容积是逐渐增大（即膨胀），气体压强降低，泵的入口处外部气体压强大于空间 A 内的压强，因此将气体吸入。当空间 A 与吸气口隔绝时，即转至空间 B 的位置，气体开始被压缩，容积逐渐缩小，最后与排气口相通。当被压缩气体超过排气压强时，排气阀被压缩气体推开，气体穿过油箱内的油层排至大气中。由泵的连续运转，达到连续抽气的目的。如果排出的气体通过气道而转入另一级（低真空级），由低真空级抽走，再经低真空级压缩后排至大气中，即组成了双级泵。双级旋片式真空泵在冰箱中普遍使用。

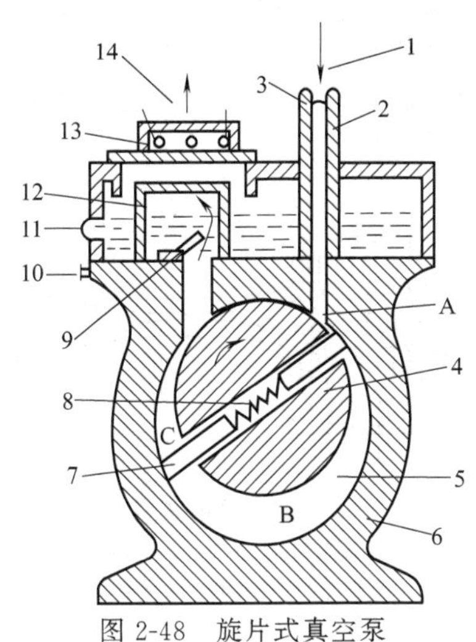

图 2-48 旋片式真空泵

1—进气口；2—进气管；3—进气滤网；4—转子；5—工作腔；6—定子；7—旋片；8—弹簧；9—排气阀；10—放油阀；11—油标；12—油气分离室；13—排气孔；14—排气口

2. 结构和工作过程

图 2-48 所示为旋片式真空泵，旋片泵主要由泵体、转子、旋片、端盖、弹簧等组成。其主要部分是定子 6 和转子 4。转子 4 在电动机及传动系统的带动下，绕自身中心轴作顺时针旋转；转子 4 装配在定子 6 腔壁的正上方，与定子 6 紧密接触；转子 4 上的两个旋片 7 横嵌在转子圆柱体的直径上，它们中间有一根弹簧 8，使旋片 7 在旋转过程中始终紧贴在定子 6 的腔壁上；在旋片 7 旋转的过程中，旋片 7 把定子 6 和转子 4 之间的空间分隔成两个腔室；当旋

片 7 随着转子 4 一起旋转时，靠近进气口 1 的腔室容积逐渐增大，经进气管 2 吸入过滤后的气体，而在另一腔室中，旋片 7 对已吸入的气体进行压缩，使气体顶开排气阀 9，通过油气分离室 12，排气孔 13 后，从排气口 14 排入大气中。转子 4 不断转动，过程重复进行，就不断地进行抽气、压缩、排气过程，最终实现抽真空目的。为避免漏气，排气阀 9 以下部分全浸没在真空油内，油量多少可以通过油标 11 观察。

旋片泵可以抽除密封容器中的干燥气体，若附有气镇装置，还可以抽除一定量的可凝性气体。但它不适于抽除含氧过高的，对金属有腐蚀性的、对泵油会起化学反应以及含有颗粒尘埃的气体。

三、蒸汽喷射真空泵

在食品行业中常用的蒸汽喷射真空泵（简称蒸汽喷射泵）结构如图 2-49 所示。其工作原理是具有较高压强的工作蒸汽从高压蒸汽入口 2 进入泵后，其压强沿喷嘴 3 依次迅速降低，流速沿喷嘴 3 依次迅速升高。在混合室 4 内，蒸汽流至喉管部 5 时，速度最快，已达到音速。由于蒸汽的可压缩性，已达音速的蒸汽流，在喷嘴截面渐扩后仍会继续渐增。直到离开喷嘴出口，蒸汽流的速度已经超过音速，出至扩压管 6 时压强显著降低，造成真空状态，从而可将待抽气体从低压气体吸进口 1 吸入，与蒸汽在混合室 4 内混合。混合气体又以一定速度进到扩压管，动能又转变成静压能。从而实现抽真空的目的。

蒸汽喷射泵有单级和多级之分。如果从真空区抽入的气体与蒸汽混合成的气体喷出压强高于大气压，则可直接排到大气环境，这种泵称为单级蒸汽喷射泵。如果混合气口的压强低于大气压，则需要由前级泵抽走。因此，多个喷射器联在一起就可以构成蒸汽喷射泵。需要的真空度越高，喷射泵的级数越多。

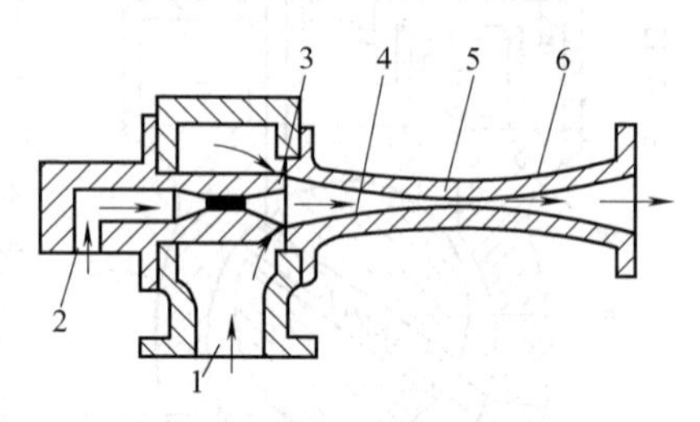

图 2-49 蒸汽喷射真空泵

1—低压气体吸进口；2—高压蒸汽入口；3—喷嘴；4—混合室；5—喉管部；6—扩压管

四、水力喷射真空泵

在食品行业中常用的水力喷射真空泵（简称水力喷射泵）结构如图 2-50 所示，它由喷嘴、吸气室、混合室、扩散室等部分组成。水力喷射真空泵工作原理类似于蒸汽喷射真空泵，具有一定压头的冷水以从冷水进口 1 高速（15～30m/s）进入，再从水室 2，通过喷嘴 3 射入混合室 8，快速经过喉管 9 后，进入扩散室 10，然后进入排水管 11 中，从冷却水出口 12 排出。水流在喷嘴 3 的出口处于低压状态，因此可以不断地从抽真空接口 5 吸入二次蒸汽，由于二次蒸汽与冷水之间存在温差，与冷水混合即凝结为冷凝水，同时夹带不凝结气体，随冷却水一起排出。这样既达到冷凝，又能起抽真空作用。在真空浓缩系统中，水力喷射泵一般由循环水泵、水箱组成，具有二次蒸汽冷凝器的作用，同时还具有抽真空的双重作用。系统能获得的真空度越高，需要的水温越低，真空度相对于水和蒸汽比较，冷水温度对真空度的影响更大些。因此，为了应对冷却水温度随季节变化而引起系统真空度变化，需要及时补充冷却水来保证抽真空的效果。

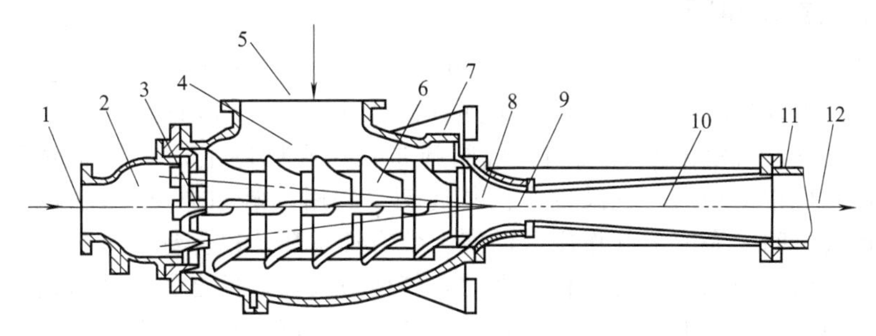

图 2-50 水力喷射真空泵

1—冷水进口；2—水室；3—喷嘴；4—吸气室；5—二次蒸汽进口（抽真空接口）；6—圆锥形导向挡板；7—支脚；8—混合室；9—喉管；10—扩散管；11—排水管；12—冷却水出口

水力喷射泵优点是结构简单，不需要经常检修，安装高度低，方便与浓缩锅的二次蒸汽排出管水平方向直接连接，具有抽真空和冷凝器的双重作用。缺点是水力喷射泵的高水压需要配备离心水泵来带动水力喷射，为了水力喷射泵连续工作，还需要配备水箱才能实现水的循环利用。水力喷射泵虽然有一定的抽真空效果，但不能获得高真空度，并且真空度随着水温的升高而逐渐降低，受水温影响很大。因此该泵只能用于需要二次蒸汽冷凝的抽真空使用，不能作为高真空度的专业抽气真空泵使用。

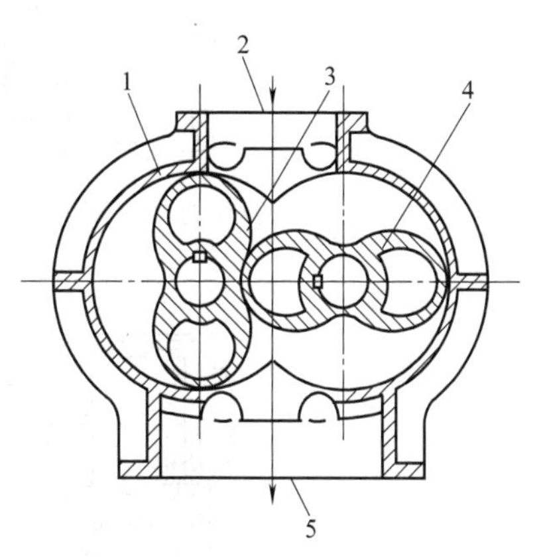

图 2-51 罗茨真空泵

1—泵体；2—抽真空进气口；3—从动转子；4—主动转子；5—排气口

五、罗茨真空泵

罗茨真空泵实际上是一种机械增压泵，其结构和工作原理与罗茨风机相同，见图 2-51。所不同的是它用作真空泵，其压缩比大。工作时，主动转子 4 和从动转子 3 紧贴泵体 1 向相反方向旋转，从抽真空进气口 2 吸进空气，再从排气口 5 排出气体，从而实现抽真空的目的。罗茨真空泵转子间以及与泵壳之间配合较紧密（只有约 0.1mm 的间隙），尽管如此，运转时，仍然有气体会从排出侧通过间隙向吸气侧泄漏，所以其压缩效率远低于油封旋片式真空泵。但是也正因为没有摩擦接触，转速才有可能很高（一般 1000～3000r/min），所以泵的抽速很大。

当泵内平均压强降低时，间隙的流导值也随之降低，从而可提高泵的效率。在压强 6.665Pa、压缩比约为 10 的条件下，泵的效率最高。所以罗茨真空泵一般需与低真空泵配合时才能使用，一般不作为专业的抽真空泵使用。

六、往复式真空泵

往复式真空泵如图 2-52 所示，它由泵体、气缸、活塞、曲轴、连杆和气阀等组成。在电动机驱动下，通过曲轴连杆的作用，使汽缸内的活塞作往复运动；汽缸侧有气室，气室上装有气阀，气阀弹簧紧压在阀座上，借曲轴偏心轮的转动，通过阀杆带动阀座，气阀也作往复运动。利用气阀和逆止装置的联合运动，控制进排气时间，完成配气作用。活塞上装有活塞环，以保证汽缸的气密性。工作时活塞运动，当工作室的容积扩大时，气体被吸入，反之气体被压缩并排出泵外，如此循环以达到抽气目的。这种真空泵常与逆流冷凝器配套使用，将冷凝器中的不凝结气体抽出，效果较好，但设备费用较大。

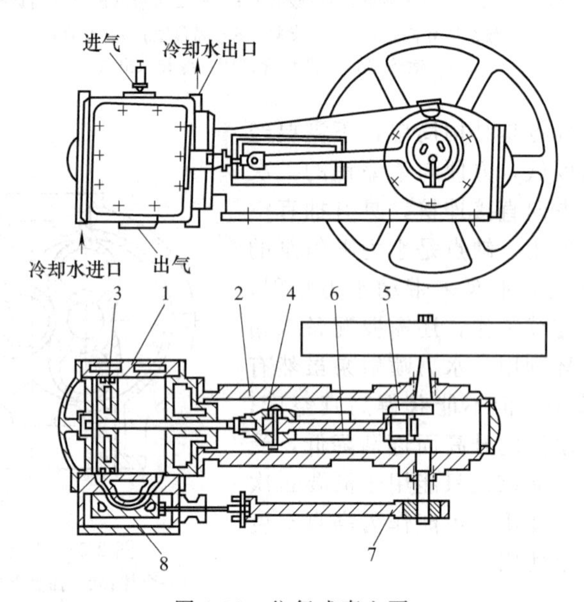

图 2-52　往复式真空泵

1—汽缸；2—机身；3—活塞；4—十字头；5—曲轴；6—连杆；7—偏心轮；8—气阀

一、判断题

1. 带式输送机是食品工厂中使用最少的一种固体物料连续输送机械。

(　　)

2. 带式输送机常用于在水平方向或倾斜角度不大(<25°)的方向上对物料进行传送。(　　)

3. 装载装置不是喂料器，它的作用是保证均匀地供给输送机以定量的物料，使物料在输送带上均匀分布，通常使用料斗进行装载。(　　)

4. 带式输送机也可兼作选择检查、清洗或预处理、装填、成品包装入库等工段的操作台。(　　)

5. 斗式提升机可以往返运送物料。(　　)

6. 斗式提升机主要用于在不同高度间升运物料，适合将松散的粉粒状物料由较低位置提升到较高位置上。(　　)

7. 斗式提升机的浅斗适合黏稠性大和沉重的块状物的运送。(　　)

8. 斗式提升机的深斗，用于干燥、流动性好的粒状物料的输送。(　　)

9. 吸送式气力输送又称真空输送，可以将物料从一处送到多处。(　　)

10. 低真空吸送式气力输送装置中常采用离心式通风机作为气源设备。(　　)

11. 罗茨泵可以作为真空泵或风机，但不能输送液体。(　　)

12. 罗茨真空泵产生真空度比较低，所以一般不作为专业的抽真空泵使用。(　　)

13. 罗茨泵不适合输送黏稠料液，但适合输送带有颗粒的料液。(　　)

14. 罗茨风机是根据罗茨原理进行设计制造的一种设备，而罗茨原理的发明者是美国的Roots兄弟，为了纪念这个发明，所以将这个原理用他们的名字命名。(　　)

15. 螺杆泵输出的压头大小与螺杆长短无关。(　　)

16. 罗茨风机和罗茨真空泵的原理是一样的，都是罗茨原理。(　　)

17. 螺杆泵和离心泵只要改变旋转方向，就可以改变输送方向。(　　)

18. 高压均质机采用的就是三缸单作用柱塞泵，也就是活塞泵。(　　)

19. 旋片式真空泵和滑片泵都能产生真空度，而且旋片和滑片里面都有弹簧，都可以自由伸缩。(　　)

20. 水力喷射泵只能用于需要二次蒸汽冷凝的抽真空使用，不能作为高真空度的专业抽气真空泵使用。(　　)

21. 在气流输送装置中，当输送量相同时，压送式系统管道比真空输送系统管道要粗。(　　)

22. 在气流输送装置中，真空输送系统的加料处，不需要供料器。(　　)

23. 在气流输送装置中，真空输送系统排料处不需要装有封闭较好的排料器，不用担心排料时发生物料反吹。(　　)

24. 在气流输送装置中，压送式系统在加料处需装有封闭较好的供料器，以

防止在加料处发生物料反吹，而在排料处就不需排料器，可自动卸料。（ ）

25. 旋转式供料器又称星形供料器，在真空输送系统中用作供料器使用，但是在压送式气流输送系统中可用作卸料器使用。（ ）

26. 袋式过滤器的最大优点是除尘效率高。同时也适用于过滤含有油雾、凝结水及黏性的粉尘。（ ）

27. 水环式真空泵抽气量大，所以能获得高真空度，且压力变化较大时，风量变化较小，因此使用调节性能较好，能获得较高的输送浓度。（ ）

28. 蒸汽喷射泵有单级和多级之分，多个喷射器联在一起就可以构成蒸汽喷射泵。喷射泵的级数越多，真空度就越高。（ ）

29. 活塞泵属于往复式容积泵，可以输送液体，但不可以输送气体。（ ）

30. 外啮合齿轮泵结构简单、质量轻、具有自吸功能、工作可靠、应用范围较广。但是，所输送的液体必须具有润滑性，否则轮齿极易磨损，甚至发生咬合现象。（ ）

二、填空题

1. 带式输送机的带速视其用途和工艺要求而定，用作输送时一般取________ m/s，用作检查性运送时取________ m/s，在特殊情况可按要求选用。

2. 斗式提升机主要由牵引件、________、________、加料和卸料装置、________和料斗等组成。

3. 螺旋输送机也叫________，螺旋输送机是一种没有________的连续输送机械。主要用于各种摩擦性小、干燥松散的粉状、粒状、小块状物料的输送。

4. 振动输送机工作时，由激振器驱动主振弹簧支承的工作槽体。主振弹簧通常倾斜安装，斜置倾角也称为________。

5. 振动输送机的结构主要包括________、________、________、导向杆、隔振弹簧、平衡底架、进料装置、卸料装置等部分。

6. 气力输送装置所采用的气源设备主要有________、________、________等。

7. 在抽真空装置中，产生真空的动力源为各类真空设备，常用的真空泵有________。

8. 斗式提升机有垂直的和倾斜的两种，料斗形式有________、________和________三种，装料的方式有________、________两种。

9. 螺旋输送机当运送干燥的小颗粒或粉状物料时，宜采用________；输送块状或黏滞性物料时，宜采用________；当输送韧性和可压缩性物料时，宜采用________；这两种螺旋在运送物料的同时，还可以对物料进行________、________及________等工艺操作。

10. 离心式除尘器又称旋风除尘器，其结构和工作原理与离心式分离器相同，所不同的是离心式除尘器的筒径________，圆锥部分________。

11. 离心泵若在启动前未充满液体，则泵壳内存在空气。由于空气密度很小，所产生的离心力也________。此时，在吸入口处所形成的真空不足以将液体吸到泵内，虽启动离心泵，但不能输送液体，此现象称为________。

12. 离心泵的主要构件有________、________和________。食品厂最常使用的离心式饮料泵，因其泵壳内所有构件都是用不锈钢制作，通常称之为________，在饮料厂常用于输送原浆、料液等。

13. 水力喷射泵优点是结构简单，不需要经常检修，安装高度低，方便与浓缩锅的二次蒸汽排出管水平方向直接连接，具有________和________的双重作用。

14. 旋转供料器一般在旋转叶片转速为0.25～0.5m/s的低速旋转供料时，供料量与速度呈________。但当速度再加快时，供料量反而________，并出现不稳定的情况。

15. 喷射式供料器主要在________、短距离的________气力输送装置中使用。

三、选择题

1. 旋转分离器和除尘器原理________。

A. 不同　　B. 相同　　C. 相似　　D. 相似

2. 水环式真空泵可作为________吸送式气力输送装置的气源设备，可用来抽吸空气和其他无腐蚀性、不溶于水的气体。

A. 低真空度　　B. 中真空度　　C. 高真空度　　D. A和B

3. 旋片式真空泵是一种油封式机械真空泵，属于________泵。它可以单独使用，也可以作为其他高真空泵或超高真空泵的前级泵。

A. 低真空度　　B. 中真空度　　C. 高真空度　　D. A和B

4. 射流式真空泵是一类泵体本身没有________的泵，主要依靠通过喷嘴产生的高速射流来抽真空。

A. 叶轮　　B. 齿轮　　C. 电动机　　D. 运动部件

5. 罗茨真空泵转子间以及与泵壳之间配合较紧密（只有约________的间隙），尽管如此，运转时，仍然有气体会从排出侧通过间隙向吸气侧泄漏，所以其压缩效率远低于油封选片式真空泵。

A. 0.01mm　　B. 0.1mm　　C. 1mm　　D. 10mm

6. 螺杆泵具有效率高、自吸能力强、适用范围广等优点，各种________的介质都可用螺杆泵来输送。

A. 水　　B. 牛奶　　C. 饮料　　D. 难以输送

7. 齿轮泵是一种回转式容积泵，主要用来输送________料液。

A. 低黏度　　B. 中等黏度　　C. 黏稠　　D. 牛奶

第三章 焙烤食品加工设备

第一节 烘烤食品生产概述

一、焙烤加工生产工艺流程

焙烤食品泛指面食制品中采用焙烤工艺的一大类产品，面包、饼干、糕饼、膨化食品、夹馅饼等食品均属于焙烤食品。

焙烤食品坯料置于烤炉中后，在高温作用下，发生一系列化学、物理以及生物化学的变化，由生变熟，使制品成为具有多孔性海绵状态结构的成品，具有较深的颜色和令人愉快的香味，并具有优良的保藏和便于携带的特性。本章主要以面包和蛋糕生产加工工艺流程为例，适当引入其他焙烤食品相关设备来学习焙烤食品相关机械与设备。

1. 面包快速发酵法工艺流程

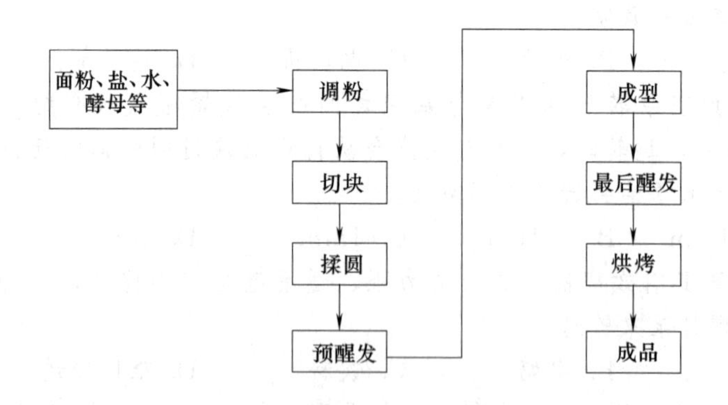

2. 糕点生产工艺主要流程

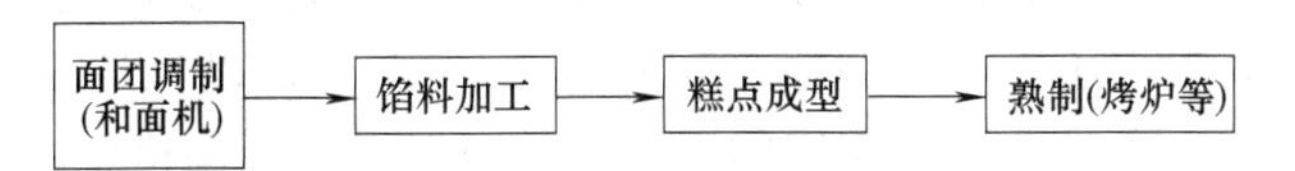

3. 饼干生产工艺主要流程

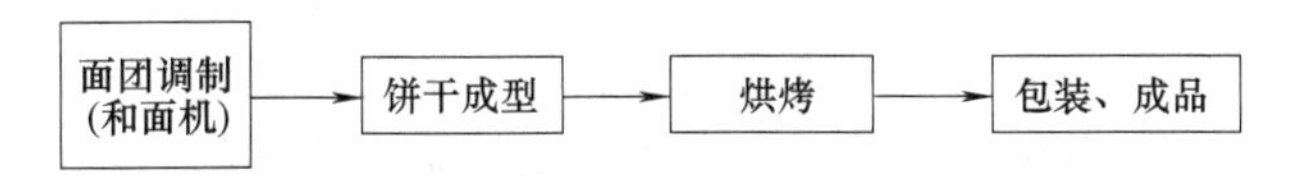

二、焙烤食品生产操作要点

1. 面包生产操作要点

(1) 和面加入顺序　根据选好的配方，按顺序添加面粉、水、糖、盐、酵母、鸡蛋、添加剂，最后添加油脂。

(2) 分块整形　要均匀一致。

(3) 醒室温度　保持在37～38℃，2.5h（面团大小要扩张到原来体积的1.5倍左右）

(4) 烘烤　80g面包要在220～240℃烤15min（并在烘烤前醒发后刷一层蛋液，蛋液配制是蛋与水的比例为2∶1)。

(5) 冷却、包装　必须冷却到室温方可包装，一般晾1～2h。

2. 蛋糕生产操作要点（以油蛋糕为例）

(1) 打发　先将鸡蛋液、白砂糖、色拉油加入打蛋机中，低速搅拌1～5min，使糖粒基本溶化；再加入速发蛋糕油（SP）高速搅打4～5min，至蛋液呈稠状的乳白色，打好的鸡蛋糊成稳定的“峰状”或“鸡尾状”。

(2) 拌粉　将称量好的水倒入和面机中缓慢搅拌1～2min混匀，再将过筛后的糕点粉、牛奶香精等干物料倒入搅拌缸中，慢速搅拌1～2min，使面糊均匀一致。

(3) 注模　将调好的面糊倒入裱花袋，进行注模。

(4) 烘烤　采用先低温、后高温的烘烤方法，面火220℃，底火200℃，烘烤时间为20～60min（根据蛋糕大小选取合适烘烤时间)，成熟的蛋糕表面一般为均匀的金黄色，若是乳白色，说明未烤透；蛋糊仍粘手，说明未烤熟；不粘手即可停止。

(5) 成品　出炉后稍冷后脱模，冷透后再包装出售。

3. 饼干生产设备操作要点（以曲奇饼干为例）

(1) 调粉　曲奇面团由于辅料用量很大，调粉时加水量甚少，因此一般不使用或使用极少量的糖浆，而以糖为主。且因油脂量较大，不能使用液态油脂，以防止面团中油脂因流散度过大而造成“走油”。如发生“走油”现象，将会使面团在成型时变得完全无结合力，导致生产无法顺利进行。要避免“走油”，不仅要求使用固态油脂，还要求面团温度保持在19～20℃，以保证面团中油脂呈凝固状态。在夏天生产时，对所使用的原料、辅料要采取降温措施。例如，面粉要进冷藏库，投料时温度不得超过18℃；油脂、糖粉应放置于冷藏库中；调粉时所加的水可以采用部分冰水或轧碎的冰屑（块），以调节和控制面团温度。调粉操作时，虽然采用降温措施和大量使用油、糖等辅料，但调粉操作中不会使面筋胀润度偏低。这是因为在调粉过程中它不使用糖浆，所加的清水虽然在物料配备齐后能溶化部分糖粉，但终究不如糖浆浓度高，仍可使面筋性蛋白质迅速吸水胀润，因而能保证面筋获得一定的胀润度。如面团温度掌握适当，曲奇面团不大会形成面筋的过度胀润。

（2）成型　这种面团为了尽量避免在夏季操作过程中温度升高，同时也因面团黏性不太大，因而，在加工过程中一般不需静置和压面，调粉完毕后可直接进入成型工序。曲奇面团可采用辊印成型、挤压成型、挤条成型及钢丝切割成型等多种成型方法生产，一般不使用冲印成型的方法。尽可能采用不产生头子的成型方法，以防止头子返回掺入新鲜面团中，造成面团温度的升高。辊切成型在生产过程中有头子产生，因而在没有空调的车间中，曲奇面团在夏季最好不使用这种成型方法。

（3）烘烤　从曲奇饼干的配方看，由于糖、油数量多，按理可以采用高温短时的烘烤工艺，在通常情况下，其饼坯中心层在3min左右即能升到100～110℃。但这种饼干的块形要比酥性饼干厚50%～100%，这就使得它在同等表面积的情况下饼坯水分含量较酥性饼干高，所以不能采用高速烘烤的办法。通常烘烤的工艺条件是在250℃温度下，烘烤5～6min。曲奇饼干烘熟之后常易产生表面积摊得过大的现象，除调粉时应适当提高面筋胀润度进行调节之外，还应注意在饼干定形阶段烤炉中区的温度控制。通常采用的办法是将中区湿热空气直接排出。

（4）冷却　曲奇饼干糖、油含量高，故在高温情况下即使水分含量很低，制品也很软。刚出炉时，制品表面温度可达180℃左右，所以特别要防止弯曲变形。烘烤完毕时饼干水分含量达8%。在冷却过程中，随着温度逐渐下降，水分继续挥发，在接近室温时，水分达到最低值。稳定一段时间后，又逐渐吸收空气中的水分。当室温为25℃，相对湿度为85%时，从出炉至水分达到最低值的冷却时间大约为6min，水分相对稳定时间为6～10min，因此饼干的包装，最好选择在稳定阶段进行。

三、焙烤食品常用设备

1. 和面机

分立式（容量小，发热少对面筋形成有利，如图3-1所示）和卧式（容量大，能耗少，适合大中型生产厂家两种）。

2. **打蛋机**（搅拌机）

打蛋机如图 3-2 所示。可用于蛋糕浆料的混合，小批量生产点心面团的调制。

图 3-1 和面机

图 3-2 打蛋机

3. **面包搓圆机**

可以把面包搓圆机分为伞形、锥形、筒形和水平搓圆机四种形式。

4. **醒发箱**

如图 3-3 所示，醒发箱内装电热式蒸汽发生器、防水辐流式循环系统，以及精确的温度和湿度控制系统。

5. **饼干成型机**

饼干成型机是将配制好的饼干面团或面皮加工成具有一定形状规格的饼干生坯的机械设备。饼干的成型加工，按其成型方式，可分为冲压（亦称冲印）成型、辊压成型（亦称辊印成型）、辊切成型、挤出成型等。饼干的成型设备随着配方和品种的不同，可分为摆动式冲印饼干成型机、辊压饼干成型机、辊切饼干

图 3-3 醒发箱

图 3-4 旋转热风式烤炉

成型机、挤条成型机、钢丝切割机、挤浆成型机（或称注射成型机）、裱花成型机等多种形式。

6. 烤炉

分煤气炉、微波炉、电炉、隧道式烤炉等，图 3-4 所示为旋转热风式烤炉。

7. 烤盘用具

用于摆放烘烤制品，大多为铁制品。用后一般要清洗擦干，以免生锈。

8. 烤听用具

用于西点的成型，由铝、铁、不锈钢、镀锡等金属材料制作，有各种尺寸和形状，可根据需要来选择。

9. 刀具

蛋糕切刀，涂抹馅料用的抹刀，普通削刀。

10. 印模

它是一种能将糕点面团按压成一定形状的模具。有木模、铁皮模两种，有单眼、多眼之别。

11. 锅或盆

用于馅料制作，物料的搅打混合。

12. 金属架

用于摆放烘烤后的制品，以便冷却或便于制品表面的装饰。

13. 操作台

可采用大理石、不锈钢或木制操作台。

14. 其他

打蛋杆用于手工搅打；刷子用于模具表面刷油和制品表面涂蛋液；擀面棍用于擀制面团；称量器具用于配料称量。

第二节 和 面 机

和面机也称作调粉机，在食品加工中用来调制黏度极高的浆体或弹塑性固体，主要是揉制各种不同性质的面团，包括酥性面团、韧性面团、水面团等。

一、和面机调制基本过程

和面机调制面团的基本过程由搅拌桨的运动来决定。水、面粉及其他辅料倒入搅拌容器内，开动电动机使搅拌桨转动，面粉颗粒在桨的搅动下均匀地与水结合，首先形成胶体状态的不规则小团粒，进而小团粒相互黏合，逐渐形成一些零散的大团块。随着桨叶的不断推动，团块扩展揉捏成整体面团。由于搅拌桨对面团连续进行剪切、折叠、压延、拉伸及揉合等系列作用，结果调制出表面光滑，具有一定弹性、韧性及延伸性的理想面团。若再继续搅拌，面团便会塑性增强，弹性降低。

二、和面机分类

和面机有卧式与立式两种结构，也可分为单轴、多轴或间歇式，连续式。

1. 卧式和面机

卧式和面机的搅拌容器轴线与搅拌器回转轴线都处于水平位置。其结构简单，造价低廉，卸料、清洗、维修方便，可与其他设备完成连续性生产，但占地面积较大。这类机器生产能力（一次调粉容量）范围大，通常在 25～400kg/次。它是国内大量生产和各食品厂应用最广泛的一种和面设备。图 3-5 所示是国内定型生产的 T-66 型卧式和面机的结构简图。

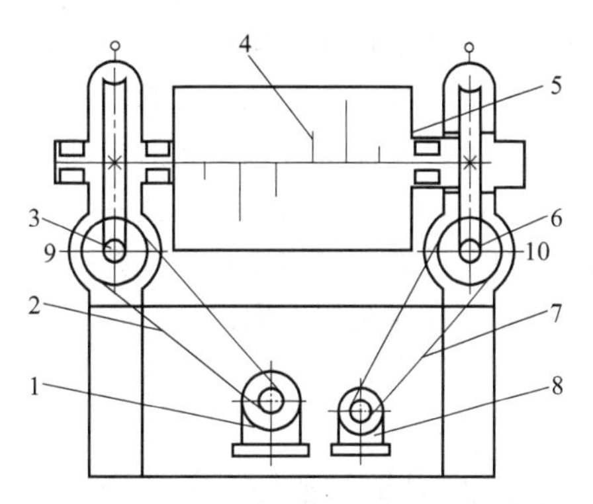

图 3-5 T-66 型卧式和面机结构简图

1,8—电动机；2,7—三角皮带；3,6—蜗杆；4—搅拌桨；5—和面容器；9,10—蜗轮蜗杆减速机构

卧式和面机工作时，电动机 1 通过三角皮带 2 带动蜗杆 3，经蜗轮蜗杆减速机构 9，使搅拌桨 4 转动。桨轴上有六个直桨叶，用以调和面团。和面结束后，开动电动机 8，经三角皮带 7 带动蜗杆 6，通过蜗轮蜗杆减速机构 10，使和面容器 5 在一定范围内翻转，将和好的面团很方便地卸出。起面和倒面团均利用电控制开关自动运行，减轻了操作工人的劳动强度。根据工艺要求，搅拌桨可更换。如换上 Z 形搅拌桨，则更有利于将面团调和均匀。

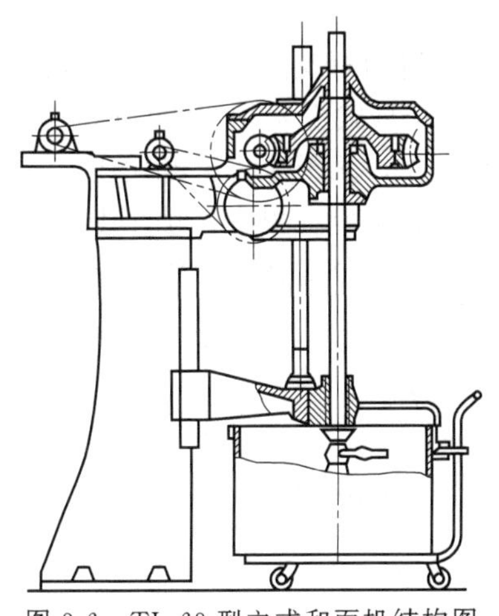

图 3-6 TL-63 型立式和面机结构图

2. 立式和面机

立式和面机的搅拌容器轴线沿垂直方向布置，搅拌器垂直或倾斜安装。有些设备搅拌容器做回转运动，并设置了翻转或移动卸料装置。图 3-6 所示是国内生产使用的TL-63 型立式和面机结构图。TL-63 型立式和面机采用双桨搅拌。搅拌速度 34r/min，双桨升

降速度 415mm/min。搅拌容器容量 100～150kg。

三、和面机主要零部件

和面机主要由搅拌器、搅拌容器、传动装置、机架、容器翻转机构等组成。

1. 搅拌器

搅拌器也称作搅拌桨，是和面机最重要的部件。按搅拌轴数目分，有单轴式和双轴式两种。卧式的与立式的也有所不同。

卧式单轴式和面机只有一个搅拌桨，每次和面搅拌时间长，生产效率较低。由于它对面团拉伸作用较小，如果投料少或操作不当，则容易出现抱轴现象，使操作发生困难。因此单轴式和面机只适于揉制酥性面团，不宜调制韧性面团。

双轴式和面机有两组相对反向旋转的搅拌桨，且两个搅拌桨相互独立，转速也可不同，相当于两台单轴式和面机共同工作。运转时，两桨时而互相靠近，时而又加大距离，可加速均匀搅拌。双轴和面机对面团的压捏程度较彻底，拉伸作用强，适合揉制韧性面团。

(1) Σ形、Z形搅拌桨　这两种搅拌器的桨叶母线与其轴线呈一定角度（图3-7），为的是增加物料的轴向和径向流动，促进混合，适宜高黏度物料调制。它们形状虽然复杂，但总的结构简单，多是整体铸造再锻制成型。其中Σ形应用广泛，有很好的调制作用，卸料和清洗都很方便。Z形搅拌桨调和能力比Σ形叶片低，但可产生更高的压缩剪力，多用在细颗粒与黏滞物料的搅拌中。

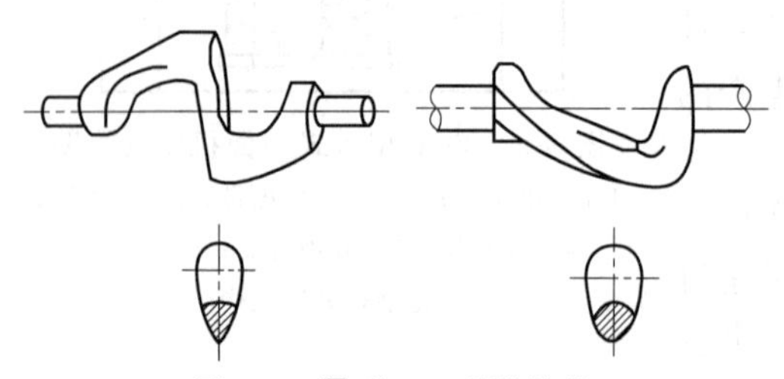

图 3-7　Σ形、Z形搅拌桨

Σ形搅拌桨又分单轴和双轴，双轴和面机有两组相对反向旋转的搅拌桨。按其相对位置分为切分式和重叠式，如图 3-8 所示。切分式也叫相切式。两个搅拌桨外缘轨迹相切，有些稍分离。两桨的运动相互独立，无干涉，速度往往也不相同。由于相对位置不断改变，因而能快速调和物料。单位容积内，叶片传热面积大，传热速率也大，叶片不易缠绕物料。重叠式也称部分重叠式。两个搅拌桨交

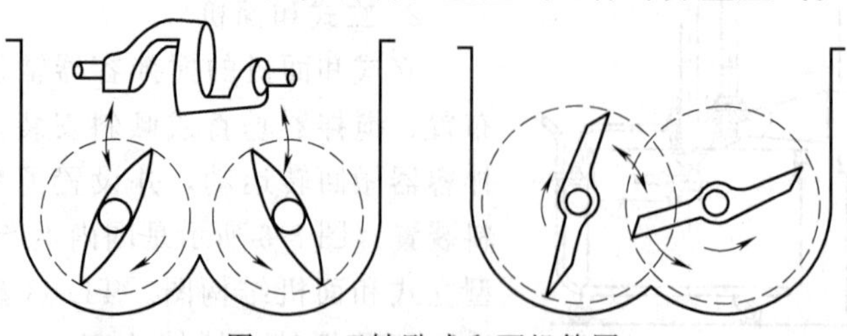

图 3-8　双轴卧式和面机简图

叉布置。因部分桨叶运动轨迹重叠，故应保证两桨在任何情况下互不干涉。两桨相对速度比为 1∶2，产生快速桨追慢速桨的现象，使两桨间物料受到充分的拉伸、折叠、揉捏等作用。

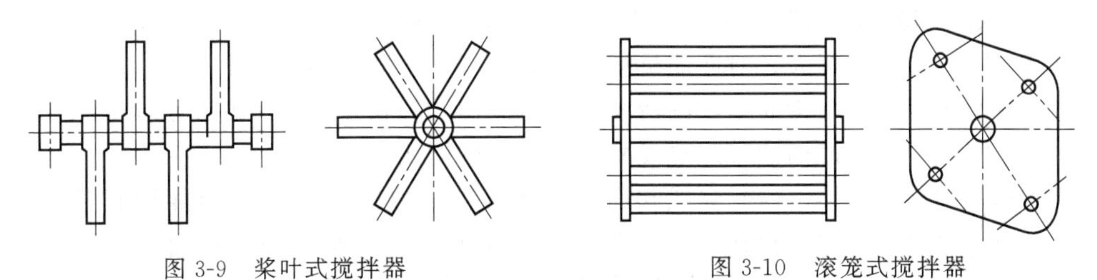

图 3-9 桨叶式搅拌器　　　　图 3-10 滚笼式搅拌器

（2）桨叶式搅拌器　这种搅拌器的结构如图 3-9 所示。它由几个直桨叶或扭曲直桨叶与搅拌轴组成。和面过程中，桨叶搅拌对物料的剪切作用很强，拉伸作用弱，对面筋的形成具有一定破坏作用。搅拌轴装在容器中心，近轴处物料运动速度低，若投粉量少或操作不当，易造成抱轴及搅拌不匀的现象。桨叶式搅拌器结构简单，成本低，适用于揉制酥性面团。

（3）滚笼式搅拌器　基本结构见图 3-10。滚笼式搅拌器主要由连接板和 4～6 个直辊及搅拌轴组成。直辊分为加有活动套管与不加套两种。活动套管在和面时自由转动，可减少直辊与面团间的摩擦及硬挤压，以降低功率消耗，减少面筋的破坏。直辊安装位置有平行于搅拌轴线和倾斜于搅拌轴线两种。后者倾角为 5°左右，作用是促进面团的轴向流动，各辊对回转轴心的半径不同。直辊在连接板上的分布有 X 形、S 形、Y 形。其中 Y 形结构搅拌器两连板间无中心轴，可避免面团抱轴或中间调粉不均匀的现象。滚笼式搅拌器和面时，对面团有举、打、折、揉、压、拉等多种连续操作（图 3-11），有助于面团的捏和。如果搅拌

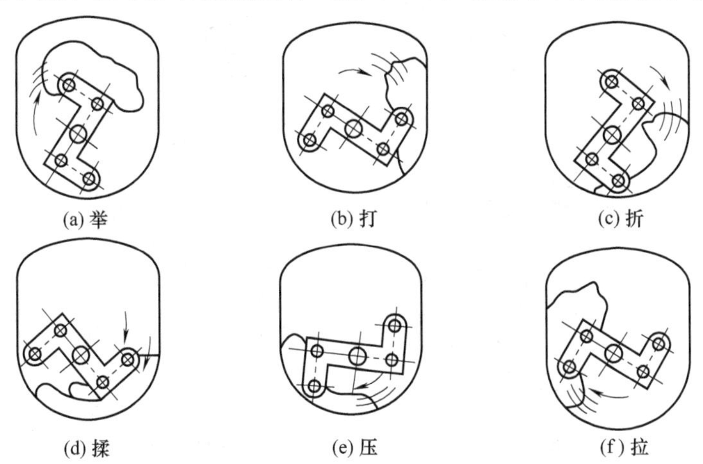

图 3-11 滚笼式搅拌器调和面团操作流程示意图

器结构参数选择合适，还可利用搅拌的反转，将捏和好的面团自动抛出容器，这样就省去了一套容器翻转机构，降低了设备成本。

滚笼式搅拌器对面团作用力柔和，面团形成慢。根据实验，7～8min 可将 25～50kg 面粉揉制成理想面团。从面团的实验拉伸曲线图上看到，滚笼式搅拌器对面团的输入功率大，对面筋机械作用弱，有利于面筋网络的生成。

滚笼式搅拌器结构简单，制造方便，但操作时间长，适用于调和水面团、韧性面团等经过发酵或不发酵的面团。

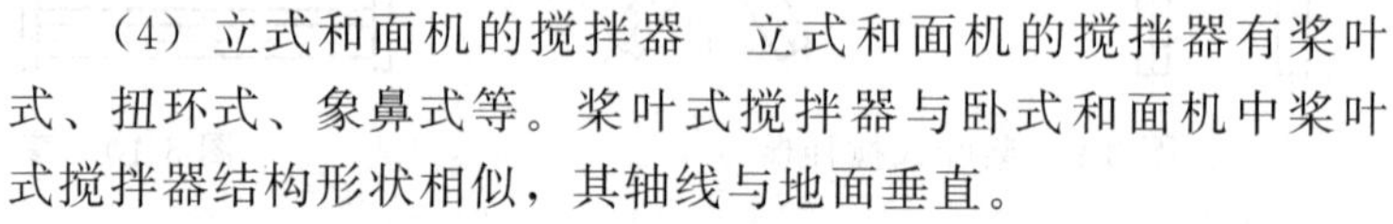

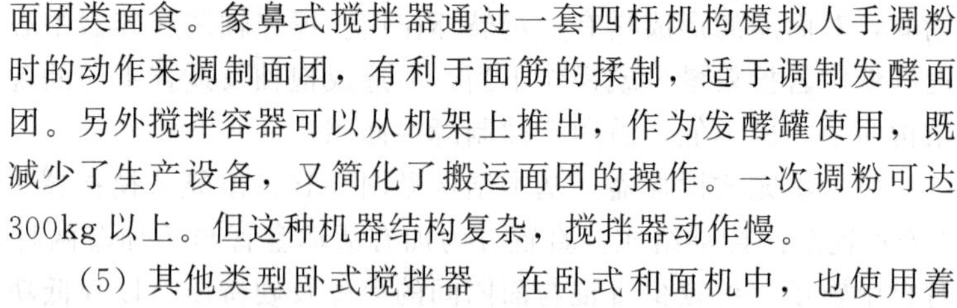

图 3-12 扭环式搅拌器桨叶

(4) 立式和面机的搅拌器 立式和面机的搅拌器有桨叶式、扭环式、象鼻式等。桨叶式搅拌器与卧式和面机中桨叶式搅拌器结构形状相似，其轴线与地面垂直。

扭环式搅拌器桨叶（图 3-12）从根部至顶端逐渐扭曲 90°，有利于促进面筋网络的生成。适用于调制韧性面团与水面团类面食。象鼻式搅拌器通过一套四杆机构模拟人手调粉时的动作来调制面团，有利于面筋的揉制，适于调制发酵面团。另外搅拌容器可以从机架上推出，作为发酵罐使用，既减少了生产设备，又简化了搬运面团的操作。一次调粉可达 300kg 以上。但这种机器结构复杂，搅拌器动作慢。

(5) 其他类型卧式搅拌器 在卧式和面机中，也使用着一些不同于上述形状的搅拌器。如花环式搅拌器图 3-13（a)、扭叶式搅拌器图 3-13（b)、椭圆式搅拌器图 3-13（c)。它们的特点是，桨叶外缘母线与容器内壁曲面相似，其间距很小，中心无搅拌轴，因

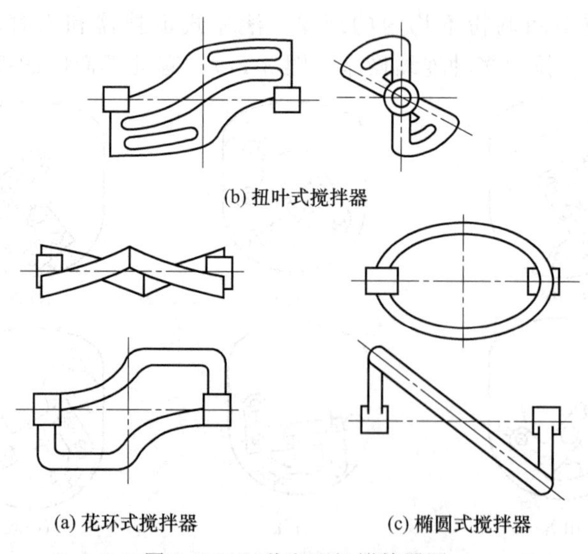

(b) 扭叶式搅拌器

(a) 花环式搅拌器 (c) 椭圆式搅拌器

图 3-13 三种和面机搅拌器图

此容器内无死角，所有物料都均匀地受搅拌，同时也不存在面团抱轴的问题，但面筋生成能力稍低于滚笼式搅拌器。花环式搅拌器因定方向旋转，叶片后倾一定角度带动被搅拌的物料向中部堆积，可增加捏和效果及速度。这种搅拌器制造工艺简单，整体焊接而成。

扭叶式搅拌器是在花环式搅拌器基础上加大叶片截面宽度，且改变扭叶角度。由于叶片作用面积增加，使得物料整体流动性好，因而加快了面团形成速度。

椭圆式搅拌器中间空隙较大，容器近壁的物料流动性较中间的要好，因而整体揉制不如前两种搅拌器，但其结构简单，制造容易。

花环式与扭叶式搅拌器对面团作用力大，而输入功率小，面团形成快。但如不适当控制调粉时间，则面团在较长时间搅拌下内部面筋网络就会被破坏。根据实验，当容量低于 50kg 时，装有上述两种搅拌器的和面机，形成理想面团的时间约为 4～5min。

带有花环式、扭叶式或椭圆式搅拌器的和面机容量都小于 75kg，适用于调制饺子、馒头等所需的水面团、韧性面团的操作。

2. 搅拌容器

卧式和面机的搅拌容器（也称搅拌槽）的典型结构见图 3-14。容器多由不锈钢焊接而成。容器的容积由一次调和物料的重量决定，分为 25kg、50kg、75kg、100kg、200kg、400kg 等系列。

和面操作时，面团形成质量的好坏与温度有着很大的关系，而不同性质的面团又对温度有不同的要求。高功率和面机常采用带夹套的换热式搅拌器。为降低成本，使用普通单层容器，可通过降低物料调和前的温度来达到加工工艺的要求。

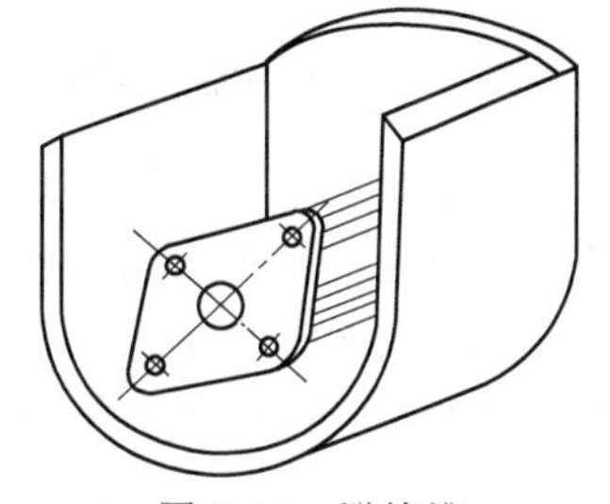
图 3-14 搅拌槽

为防止工作时物料或润滑油从轴承处泄漏污染食品，容器与搅拌轴之间的密封要好。轴转速低、工作载荷变化大，轴封处间隙变化频繁，因此密封装置应选用 J 形无滑架橡胶密封圈。新型卧式和面机有的采用了空气端面密封装置，密封效果很好。

搅拌容器的翻转机构分为机动和手动两种。机动翻转容器机构由电动机、减速器及容器翻转齿轮组成。和面操作结束后，开动电动机，通过蜗轮蜗杆减速器带动与容器固接的齿轮转动，使容器翻转一定的角度。这种机构操作方便，操作工人劳动强度低，但结构复杂，整个设备成本高，适宜在大型和面机或高效和面机上使用。

手动翻转容器机构有机械翻转和人力翻转两种。机械翻转是在容器及机架上装有一套蜗轮蜗杆机构（或是一对齿轮），操作时手摇蜗杆（或小齿轮）带动固接在容器上的蜗轮（或不完整大齿轮），使容器翻转。定位销限制翻转的极限位置。这种机械结构简单，设备成本低，但操作劳动强度大。适用于小型和面机或简易型和面机。

立式和面机的搅拌容器有可移动式和固定式两种。可移动式容器下面有小轮子，调和结束后可将容器推走。固定式的搅拌轴可上下移动。操作结束后将搅拌轴上升，移开可绕机架立柱左右转动的容器。

3. 机架

小型和面机转速低，工作阻力大，产生的振动及噪声都较小，因此不用固定基础。机架结构有的采用整体铸造，有的采用型材焊接框架结构，还有底座铸造而上部用型材焊接。

4. 传动装置

和面机的传动装置由电动机、减速器及联轴器等组成，也有的用皮带传动。

和面机工作转速低，多为 25～35r/min，故要求大减速比，常用蜗轮蜗杆减速器或行星减速器（行星减速电机）。蜗轮蜗杆减速器传动效率低，磨损大，但成本低。行星减速器传动效率高，结构紧凑，但成本较高。新产品和面机在逐步用行星减速器来代替蜗轮蜗杆减速器。

和面机根据工艺操作要求，往往需两种转速。可通过简易变速机构来实现。

四、 换热式调和机

根据加工工艺，物料的质量常与操作温度有关，为适应这种要求，需采用换热式调和机。换热式调和机是用带夹套搅拌槽或在槽内设置蛇管。夹套搅拌槽用得较普遍。夹套内通蒸汽加热或可通冷却剂冷却，以适应物料的温度要求。有的调和机为使内外物料温度同时均匀改变，除使用带夹套搅拌槽外，还采用双层结构搅拌器。为保温，夹套外包一层隔热材料。

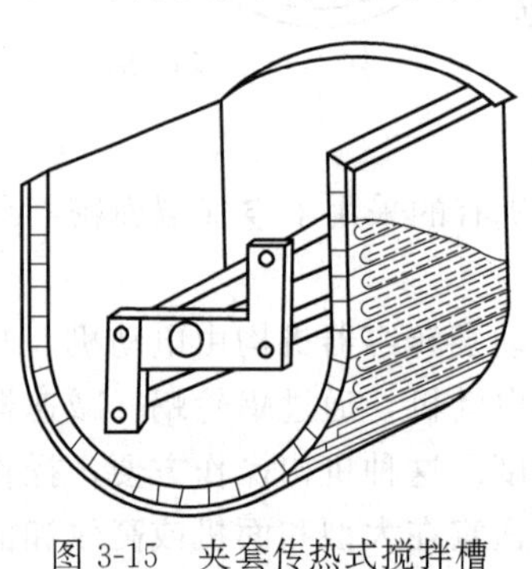

图 3-15 夹套传热式搅拌槽

夹套传热式搅拌槽部分结构见图 3-15。传热夹套由普通碳钢制成。它是一个套在调和机筒体外并能形成封闭空间的容器，夹套上安有加热或冷却介质进出口。如果加热介质是蒸汽，则进气管靠近夹套上端，冷凝水从夹套底部排出，同时夹套最上端还有不凝气排口，以提高传热效率。如果是液体加热，则进口管安在底部，排管安在夹套上部，液体从底部进入，上部流出，使其能充满整个夹套空间。

夹套的高度取决于传热面积，而传热面积是由工艺要求确定的。为保证充分传热，夹套高度应该比调和容器内物料高出50～100mm。

第三节　打　蛋　机

打蛋机属于调和机的一种，调和机也称捏和机。它主要加工高黏度糊状、膏状物料及黏滞性固体物料。例如在粉状物料中掺入少量液体，制备成均匀的塑性物料或糊状物料；在高黏稠物料中加入少量液体或粉体制成均匀混合物。除混合外，还可根据调制物料的性质及工艺要求，完成某种特定操作，如打蛋、调和糖浆等。调和机的性能直接影响到制品的产量和质量。

一、打蛋机工作原理

打蛋机在食品加工中常用来搅打多种蛋白液。搅拌物料主要是黏稠浆体，如软糖、半软糖生产所需的糖浆，各种蛋糕生产所需的面浆及各式花样糕点上的装饰乳酪等。

打蛋机操作时，搅拌器高速旋转，强制搅打，被调和物料充分接触并剧烈摩擦，从而实现混合、乳化、充气及排除部分水分的作用。如在制备砂型奶糖的生产中，搅拌使蔗糖分子形成微小结晶体。又如充气糖果生产中，将浸泡的干蛋白、蛋白发泡粉、浓糖浆、明胶液等混合后得到洁白、多孔结构的充气糖浆。

由于浆体物料黏度低于调粉机搅拌的物料，因此打蛋机转速高于调粉机转速，常在70～270r/min范围内，被称作高速调和机。

二、打蛋机结构

常用的打蛋机多为立式，它由搅拌器、容器、传动装置及容器升降机构等组成（图3-16）。

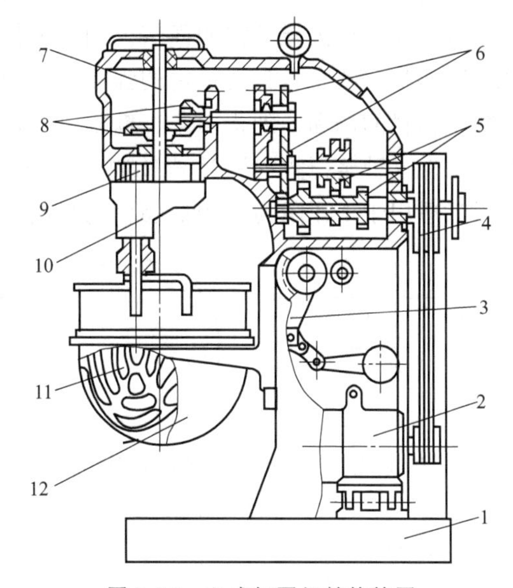

图3-16　立式打蛋机结构简图

1—机座；2—电动机；3—容器升降机构；4—皮带轮；5—齿轮变速机构；6—斜齿轮；7—主轴；8—锥齿轮；9—行星齿轮；10—搅拌轴；11—搅拌桨叶；12—搅拌容器

打蛋机工作时，电动机通过传动机构带动搅拌器转动，搅拌器按一定规律与容器相对运动搅拌物料，搅拌器的运动规律在相当大程度上影响着搅拌效果。

1. 搅拌器

立式打蛋机的搅拌器由搅拌桨和搅拌头组成。

（1）搅拌桨　打蛋机搅拌桨的结构形状是根据被调和物料的性质以及工艺要求决定的。较为典型的有三种结构：钩形搅拌桨、网形搅拌桨和鼓形搅拌桨，见图 3-17。

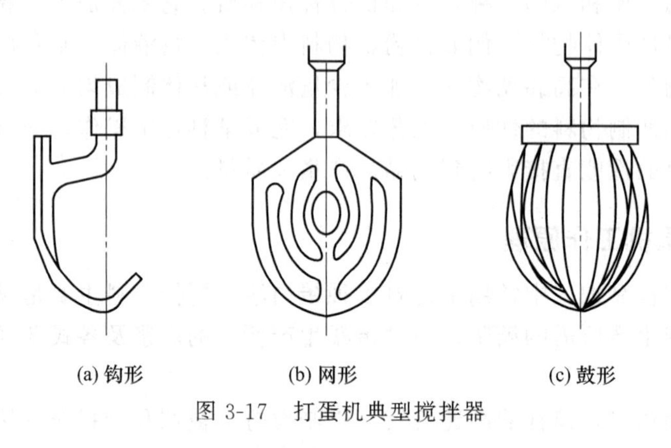

图 3-17　打蛋机典型搅拌器

钩形搅拌桨为整体锻造，一侧形状与容器侧壁弧形相同，顶端为钩状。这种桨的强度高。运转时，各点能够在容器内形成复杂运动轨迹。主要用于调和高黏度物料，如生产蛋糕所需的面浆。网形搅拌桨是整体锻成网拍形，桨叶外缘与容器内壁形状一致。它具有一定的强度，作用面积较大，可增加剪切作用。适用于中黏度物料的调和，如蛋白浆、糖浆、饴糖等。鼓形搅拌器是由不锈钢丝制成鼓形结构。这种桨搅拌时可造成物料液的湍动。但由于搅拌钢丝较细，故强度较低，只适用于工作阻力小的低黏度物料的搅拌，如稀蛋白液。

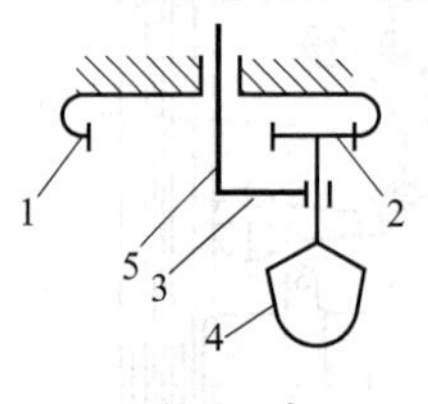

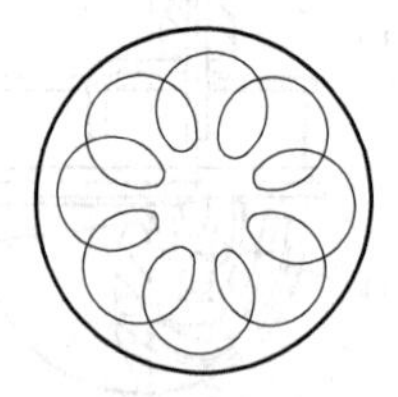

图 3-18　搅拌头示意图

1—内齿轮；2—行星齿轮；3—转臂；4—搅拌桨；5—主轴

（2）搅拌头　当容器固定时，为保证搅拌桨形成特定的运动轨迹，搅拌头由行星运动机构组成。传动系统如图 3-18（a）所示。内齿轮 1 固定在机架上，转臂 3 随主轴 5 转动时，行星齿轮在 1 与 3 共同作用下，既随主轴公转又与内齿轮啮合，形成自转，从而实现行星运动。搅拌桨行星运动轨迹如图 3-18（b）所示，基本上可使容器内各处的物料都被搅拌。有的打蛋机采用回转容器和固定主轴搅拌头。搅拌头自转，容器回转产生相对于搅拌桨的公转运动，从而实现图 3-18（b）所示的运动轨迹。

由于搅拌桨运动时总处在主轴中心之外，故主轴受周期性径向偏置载荷的影响，致使轴封受力不均，产生间隙变化，造成润滑油泄漏而污染容器中食品。因此要求搅拌头的密封性好。常采用以下措施。

（1）使用可靠性高的J形密封橡胶圈或机械密封。J形密封圈密封性好，但摩擦损失大。机械密封性能优良，但结构复杂，成本高。

（2）将搅拌轴与行星转臂架下端盖联成一体，机架下轴孔端部加工出一个凸缘，插入端盖凹腔，利用侧壁间隙含油形成带压油封防止泄漏。

（3）采用封闭轴承或含油轴承，也可使用耐高温食品机械专用润滑剂，来改善泄漏状况。

2. 调和容器

立式打蛋机中的调和容器也叫做“锅”，有开式和闭式两种，上部为圆柱形，下接椭圆锅底，两体焊接成形。闭式的上加一平盖。立式打蛋机的固定容器根据调和工艺要求，既要在工作时被夹紧不晃动，又要便于随时装卸。一般是在容器外壁焊有L形带销孔支板，通过两个采用间隙配合的圆柱销同机架连接固定。容器靠斜面压块压紧支板完成夹紧，如图3-19所示。这种结构有一定的不足之处。当搅拌桨对物料做行星搅拌运动时，由于通过支板作用在压块上的搅拌力方向不断变化，而压块对支板的作用斜面又处在容器切线方向上，因此会破坏由斜面构成的夹紧机构的自锁状态，引起容器振动。如果搅拌力大或搅拌力在各处不均匀且设备连续运转时间长，则应增加压力或加大摩擦力。目前较好的改进方法是增加夹紧点，即不变动原结构，在机器立柱上固定安装一段限位杆。当容器在丝杠螺母升降机构带动下，升至工作位置时，限位支杆压在容器支板上。支杆作用是既限制容器垂直方向的工作位置，又通过丝杠螺母的自锁性，将容器支板牢固压紧在机架上。由于平面上三个夹紧点共同作用，从而达到了在容器上夹紧的工艺要求。

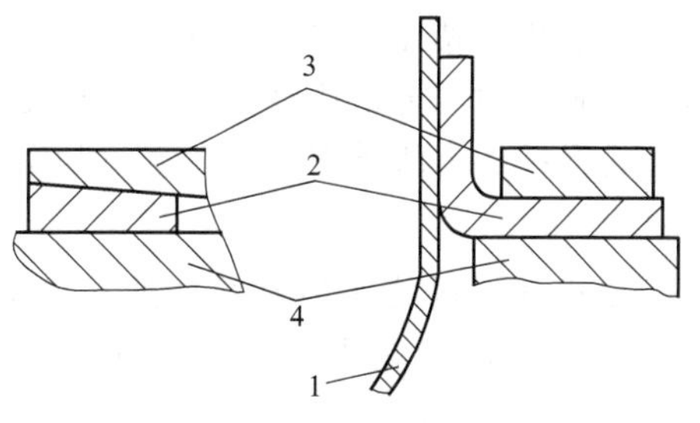

图3-19 容器夹紧结构简图

1—容器；2—支板；3—斜面压块；4—机架

3. 容器升降机构

立式打蛋机都装有容器升降机构。机架上的固定容器只要做少量升降移动并定位自锁，即可达到快速装卸的要求。典型的容器升降机构如图3-20所示。转动手轮，同轴凸轮带动连杆及滑块，使支架沿机座的导轨做垂直升降移动。凸轮的偏心距决定升降距离，一般约65mm。当手轮顺时针转到凸轮的突出部分与定位销相碰时，达到上限位置，此时连杆轴线刚好低于凸轮曲柄轴线，使得容器支架固定并自锁在上极限位置处。平衡块通过滑块销产生向上的推力，可以平衡升降时容器支架本身的重力。

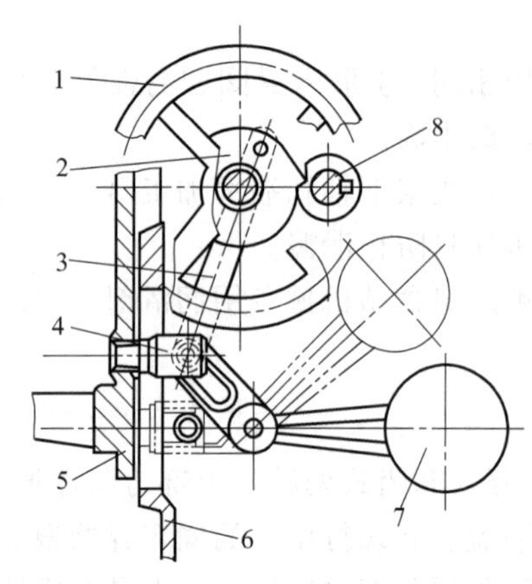

图 3-20 容器升降机构

1—手轮；2—凸轮；3—连杆；4—滑块；5—支架；6—机座；7—平衡块；8—定位销

也有的立式打蛋机采用丝杠螺母升降机构。转动手轮，带动丝杠旋转，使螺母上下移动，完成容器的升降运动。

4. 机座

立式打蛋机的机座承受搅拌操作的全部负荷。搅拌器高速行星运动，使机座受到交变偏心力矩和弯扭联合作用，因此采用薄壁大断面轮廓铸造箱体结构来保证机器的刚度和稳定性。

5. 传动系统

立式打蛋机的传动是通过电动机经皮带轮减速传至调速机构，再经过齿轮变速、减速及转变方向，使搅拌头正常运转。

打蛋机的调速机构有两种：无级变速和有级变速。无级变速可连续变速，变速范围宽，对工艺适应性强，但结构复杂，设备成本高。国产打蛋机基本上都采用齿轮换挡的有级变速机构。作用单一的或小型打蛋机则不变速或采用双速电机。

立式打蛋机的典型有级变速机构由一对三联齿轮滑块组合而成，如图 3-21 的所示。通过手动拨叉换挡，使不同齿数的齿轮啮合，以实现三种不同速度的传递。低、中、高三速能够满足打蛋机调和工艺的操作要求。低速通常在 70r/min 左右，中速约为 125r/min，高速为 200r/min 以上。国产立式打蛋机传动装置有两种排布形式。一种是由三根平行传动轴及五对齿轮构成，齿轮箱大，传动构件多，但维修调速方便，制造工艺要求的精度低。另一种是二根平行轴和四对齿轮构成，齿轮箱小，构件相应减少，成

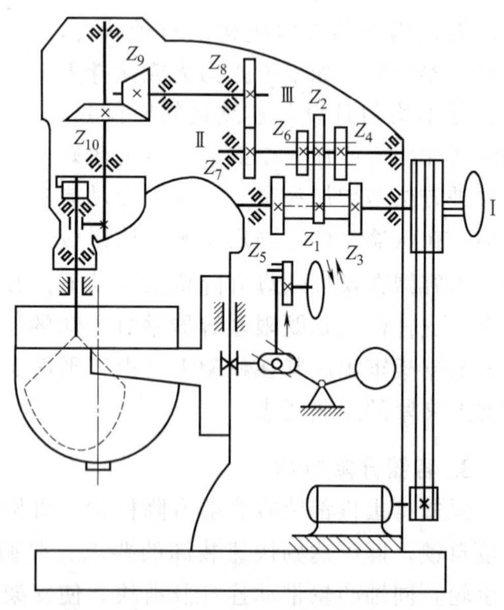

图 3-21 立式打蛋机传动系统示意图

本也降低。但由于轴相应加长，刚度降低，对捏合有影响，故加粗轴径和在轴中部再加一个支撑为好。

第四节 食品成型机

一、食品成型机械分类

经过搅拌机械设备加工后，就要进行成型工艺，而食品成型机械种类众多，功能各异。根据不同的成型原理，食品成型主要有如下六种方法。

（1）包馅成型　如豆包、馅饼、饺子、馄饨和春卷等的制作。其加工设备有豆包机、饺子机、馅饼机、馄饨机和春卷机等，统称为包馅机械。

（2）挤压成型　如膨化食品、某些颗粒状食品以及颗粒饲料等的加工。所用设备有通心粉机、挤压膨化机、环模式压粒机、平模压粒机等，统称为挤压成型机械。

（3）卷绕成型　如蛋卷和其他卷筒糕点的制作。其加工设备有卷筒式糕点成型机等。

（4）辊压切割成型　如饼干坯料压片，面条、方便面的加工等。其成型设备有面片辊压机和面条机、软料糕点钢丝切割成型机等。

（5）冲印和辊印成型　如饼干和桃酥的加工。所用的设备有冲印式饼干成型机、辊印式饼干成型机和辊切式饼干成型机等。

（6）搓圆成型　如面包、馒头和元宵等的制作，其成型设备有面包面团搓圆机、馒头机和元宵机等。

下面将就其中的典型设备加以叙述。

搓圆成型机主要用于面包、馒头和元宵等食品的搓圆成型。我们在本节主要研究面包搓圆机的结构和工作原理。

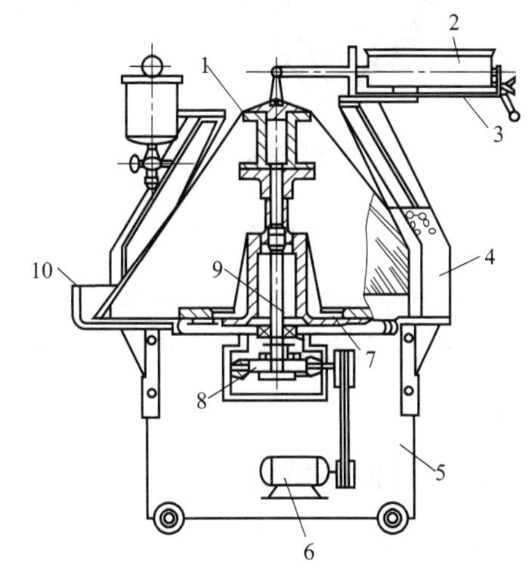

图 3-22　伞形搓圆机

1—伞形转体；2—撒粉盒；3—控制板；4—支撑架；5—机座；6—电机；7—轴承座；8—蜗轮蜗杆减速器；9—主轴；10—托盘

二、面包搓圆机

按照机器不同的外形特点，可以把面包搓圆机分为伞形、锥形、筒形和水平搓圆机四种形式。下面以目前我国面包生产中应用最多的伞形搓圆机为例，来介绍搓圆成形的基本原理。伞形搓圆机如图 3-22 所示。它主要由伞形转体、螺旋导板（图中未画出）、撒粉盒、传动机构和机座等组成。伞形转体和螺旋导板是搓圆成形的主要工作部件。伞形搓圆机工作原理见图 3-23，伞形转体 1 安装在主轴上，螺旋导板 2 通过固定螺钉装在图 3-23 支撑架上，再一起固定在图 3-23 的机座上。

工作时，由切块机切好的面团从伞形转体的底部进入螺旋导槽，由于固定不动的螺旋导板具有圆弧形状，所以当面团从伞形转体表面从下而上沿着螺旋导槽运动时，在离心力作用下，面团将主要贴着螺旋导板的圆弧形内表面向上移动。此时面团的运动既有自转，又有公转，即在圆弧面上滚动的同时，还伴随着少量的滑动，从而逐渐滚搓成球形。

由于伞形搓圆机工作时面块是从伞形转体底部进入螺旋导槽，从其上部离开螺旋导槽的，见图 3-23（b），伞形圆周直径越来越小，面团的运动速度逐渐下降，从而使得面团之间的距离越来越小，见图 3-23（c），于是有时就会出现两个面团合为一体（称为双生面团）离开螺旋导槽的现象。为避免双生面团进入下道工序，在搓圆机上装设有大小两个出口，正常的单个面团可以顺利地通过小出口，然后由输送带送至下道工序；而双生面团由于体积大，不能通过小出口，只得继续向前移动，从大出口进入回收箱，送去重新加工。

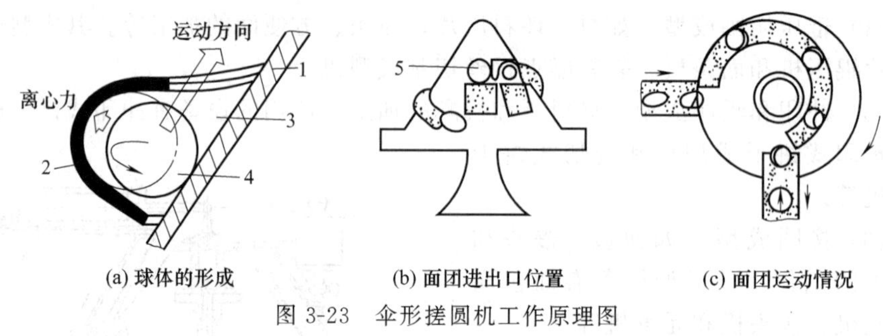

图 3-23　伞形搓圆机工作原理图

1—伞形转体；2—螺旋导板；3—螺旋导槽；4,5—面团

由于搓圆时面团含水分较多，质地柔软，容易黏结在工作部件上，因此，搓圆机上设置有撒粉装置，不断把干粉撒在转体和导板的工作表面上，以保证搓圆的顺利进行。

三、元宵成型机

元宵成型机是面点食品加工中重要的成型机械设备之一。元宵是我国的传统食品，其加工方法以前是把各种馅料切成小方块，然后装在放有米粉的簸箕中靠人工摇滚而成，这种方法劳动强度大，生产效率低，元宵个体不够均匀。元宵成型机的应用克服了手工操作的上述缺点，其结构如图 3-24 所示，它主要由倾斜圆盘、翻转机构、传动机构和支架等组成。工作时，先将一批馅料切块和米粉放入圆盘中，圆盘旋转时，由于摩擦力的作用，物料将随着圆盘底部向上运动，然后又在自身重力作用下，离开原来的运动轨迹滚动下来，见图 3-24(b)，与盘面产生搓动作用。与此同时，由于离心力的作用，料团被甩到圆盘的边缘，黏附较多的粉料后又继续上升，如此反复滚搓一段时间后，馅料即被粉料逐渐裹成一个较大的球形面团，当达到要求的大小时，即停机并摇动翻转机构将成品倒出。

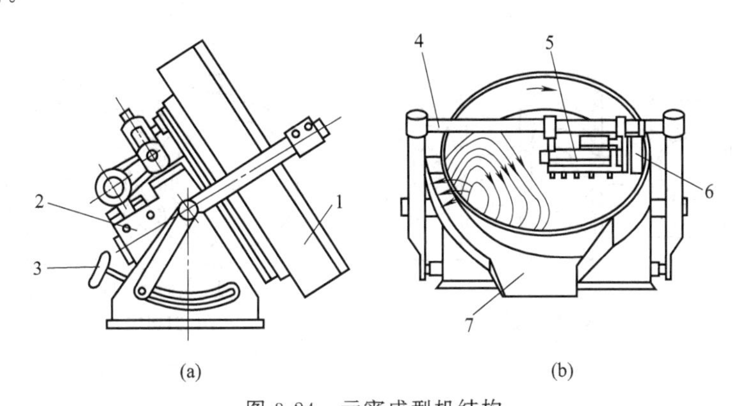

图 3-24 元宵成型机结构

1—倾斜圆盘；2—减速器；3—翻转机构；4—支架；5—喷水管；6—刮刀；7—卸料斗

元宵机的圆盘倾斜角度可由人工进行调整。但圆盘倾角不得小于物料的自然休止角，否则物料将贴在盘面上并随其一同转动而失去滚搓作用。倾角的大小影响到物料在盘面上的停留时间，倾角小，料球在盘面上停留时间长，滚搓出来的元宵面团越致密，但生产率将会有所下降。因此，应在保证产品质量的前提下，兼顾生产效率的提高，来合理选择倾角的大小。在元宵机的支架横梁上，还设置有喷水管和刮刀，以便使米粉含有一定的水分，保持足够的黏性，并随时将黏结在圆盘内壁上的物料清理下来。

四、 包馅机械

包馅机械是专门用于生产各种带馅的食品。包馅食品一般由外皮和内馅组成。外皮由面粉或米粉与水、油脂、糖及蛋液等揉成的面团压制而成。内馅有菜、肉糜、豆沙或果酱等。由于充填的物料不同以及外皮制作和成型的方法各异，包馅机械的种类甚多。

1. 包馅成型的基本原理和方式

通常可分为回转式、灌肠式、注入式、剪切式和折叠式等几种包馅成型方式，其基本工作原理见图 3-25。

(1) 回转式　先将面坯制成凹形，再将馅料放入其中，然后由一对半径逐渐增大的圆盘状回转成型器将其搓制、封口，再成型，见图 3-25 (a)。

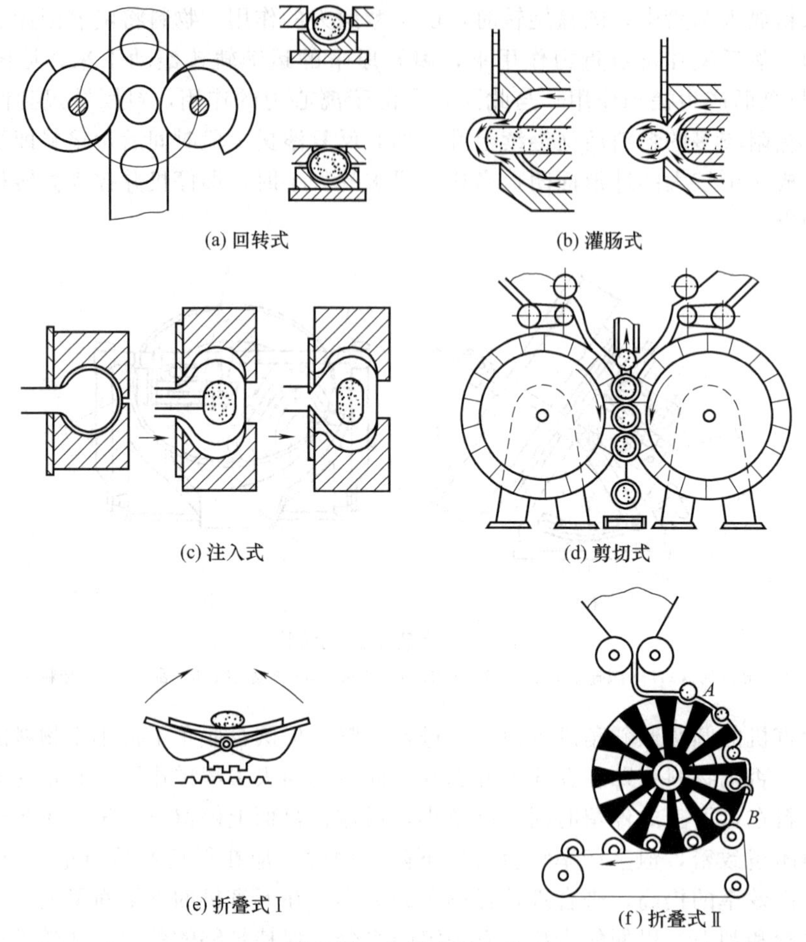

图 3-25　包馅成型方式

（2）灌肠式　面坯和馅料分别从双层筒中挤出，达到一定长度时被切断，同时封口成型，见图 3-25（b）。

（3）注入式　馅料由喷管注入挤出的面坯中，然后被封口、切断，见图3-25（c）。

（4）剪切式　压延后的面坯从两侧连续供送，进入一对表面有凹穴的辊式成型器，与此同时，先制成球形的馅，也从中间管道掉落在两层面坯之中，然后封口、切断和成型，见图 3-25（d）。

（5）折叠式　根据传动方式，又可分为三种包馅成型方式：第一种是齿轮齿条传动折叠式包馅成型。先将压延后的面坯按照规定的形状冲切，然后放入馅料，再折叠、封口、成型，见图 3-25（e）；第二种是辊筒传动折叠式包馅成型，馅料落入面坯后，一对辊筒立即回转自动折叠、封口成型，类似图 3-25（d）所示；第三种是带式传动折叠式包馅成型。当压延后的面带经一对轧辊送到圆辊空

穴 A 处时，因为空穴下方为与真空系统相连的空室，由于真空泵的吸气作用[图3-25 (f) 中的放射状涂黑部分为真空室]，面坯被吸成凹形，随着圆辊的转动，已制成球形的馅料，从另一个馅料排料管中排出，并且正好落入 A 点处的面坯凹穴中，然后被固定的刮刀将凹穴周围的面坯刮起，封在开口处形成封口，当转到 B 点时解除真空，已包了馅料的食品便掉落在输送带上送出。

2. 包馅机的主要构造和工作过程

(1) 主要构造　包馅机主要由面坯皮料成型机构、馅料充填机构、撒粉机构、封口切断装置和传动系统等组成，其外形简图，见图 3-26。

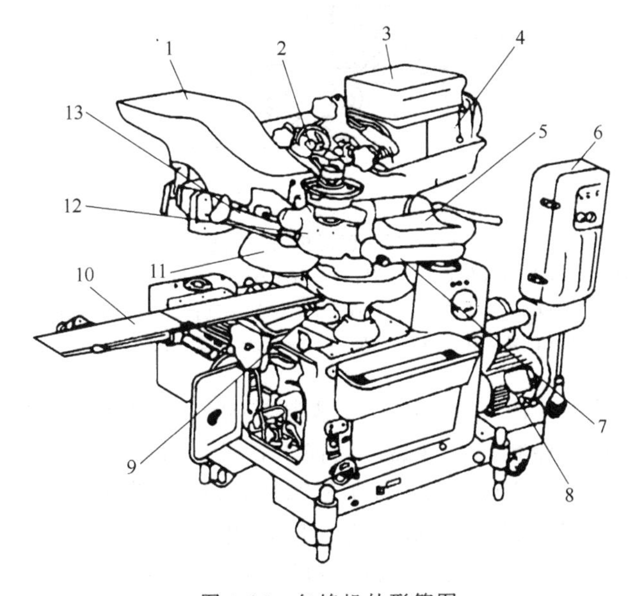

图 3-26　包馅机外形简图

1—面坯料斗；2—叶片泵；3—馅料斗；4—输馅双螺旋；5—面粉料斗；6—操作箱；7—撒粉器；8—电动机；9—托盘；10—输送带；11—成型机；12—输面单螺旋；13—输面双螺旋

皮料成型机构包括一个面坯料斗 1，两个水平输送面坯的螺旋及一个垂直输送面坯的螺旋。馅料充填机构包括一个馅料斗 3、两个馅料水平输送螺旋和两个叶片泵。撒粉装置由面粉料斗 5、粉刷、粉针及布袋盘构成。封口切断成型装置主要包括两个回转成型盘和托盘。传动系统包括一台 2.2kW 电动机、皮带无级变速器及蜗轮蜗杆传动和齿轮变速箱等。

(2) 工作过程　见图 3-27。先将在和面机内制得的面团盛入面坯料斗 1 中，面坯水平输送双螺旋 2 将其送出，并被切刀 3 切割成小块或小片，然后被面坯双压辊 4 压向面坯垂直螺旋 9，向下推送到 9 的出口前端而凝集构成片状皮料。与此同时，馅料从馅料斗 5，通过馅料水平输送双螺旋 6，再经过馅料双压辊 7 和馅料输送双叶片泵 8 将其推送到面坯垂直输送螺旋 9 的中间输馅管 10 内，被从

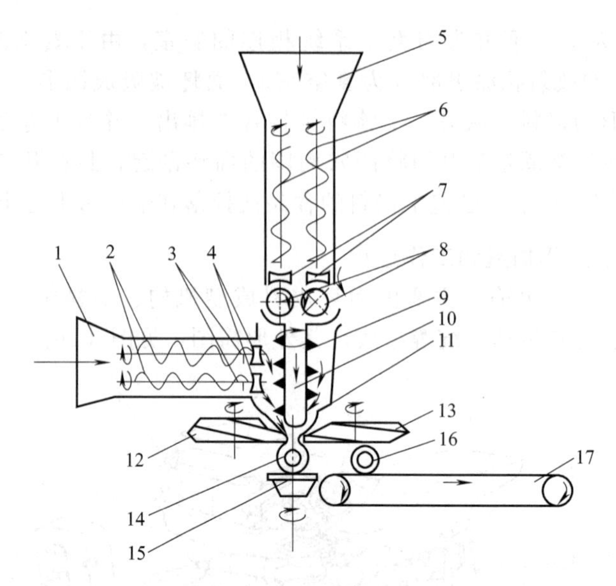

图 3-27 包馅机工作过程

1—面坯料斗；2—面坯水平输送双螺旋；3—切刀；4—面坯双压辊；5—馅料斗；6—馅料水平输送双螺旋；7—馅料双压辊；8—馅料输送双叶片泵；9—面坯垂直输送螺旋；10—中间输馅管；11—皮料转嘴；12—左成型盘；13—右成型盘；14—正凸刃；15—回转托盘；16—包馅食品；17—输送带

面坯垂直螺旋 9 外围的面坯在行进中于皮料转嘴 11 处正好将馅料包裹在里面，形成棒状夹心。这些棒状夹心食品继续向下行进，当通过左右成型盘 12 和 13 时，被左右成型盘上的凸刃切断，并被搓圆和封口，掉落在回转托盘 15 上，包馅食品 16 再被输送带 17 卸出。

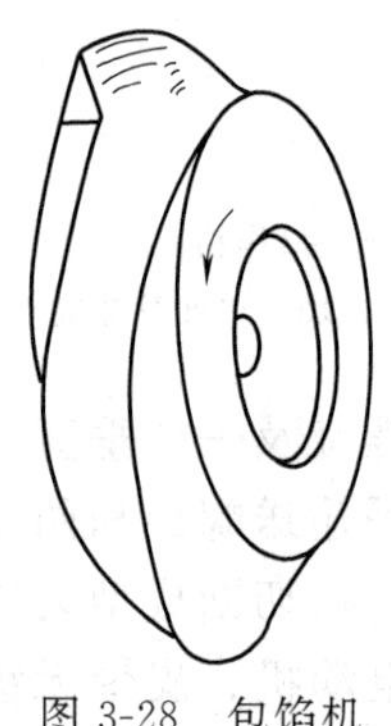

图 3-28 包馅机成型盘外形

包馅机成型盘是包馅食品成型的关键部件之一，成型盘的外形比较复杂，见图 3-28。圆盘的表面一般有 1～3 条螺旋线凸起的刃口，即凸刃，螺旋线凸刃越多，制出的球状包馅食品的体积越小，反之越大。成型盘的半径是变化的，从图 3-29 包馅机成型盘的可变半径可以看出，最小圆盘的半径是 140mm，最大半径是 160mm，半径逐渐增大，径向和轴向的螺旋也不等，整个成型盘，的工作表面呈现不规则的凹坑，从图上可以看出，螺旋的升角也是变化的，从而使成型盘的螺旋面随包馅食品的下降而下降，同时逐渐向中心收口。此外，由于螺旋升角的变化，使推力方向也逐渐改变，使得开

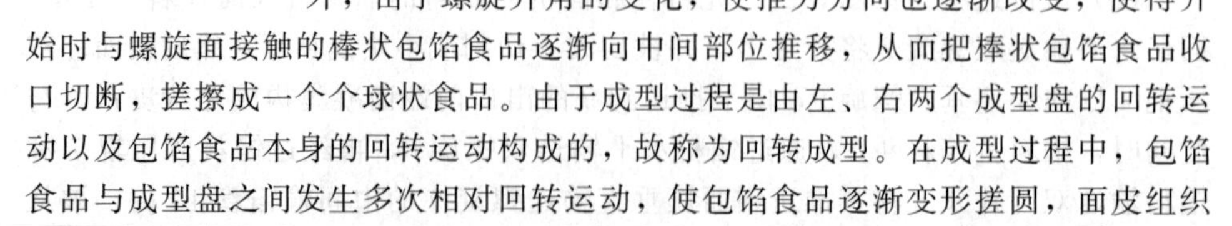

始时与螺旋面接触的棒状包馅食品逐渐向中间部位推移，从而把棒状包馅食品收口切断，搓擦成一个个球状食品。由于成型过程是由左、右两个成型盘的回转运动以及包馅食品本身的回转运动构成的，故称为回转成型。在成型过程中，包馅食品与成型盘之间发生多次相对回转运动，使包馅食品逐渐变形搓圆，面皮组织

坚实，不易散裂，有利于下道工序的压扁、印花、烘烤等操作，最后制成各种形态的带馅食品。

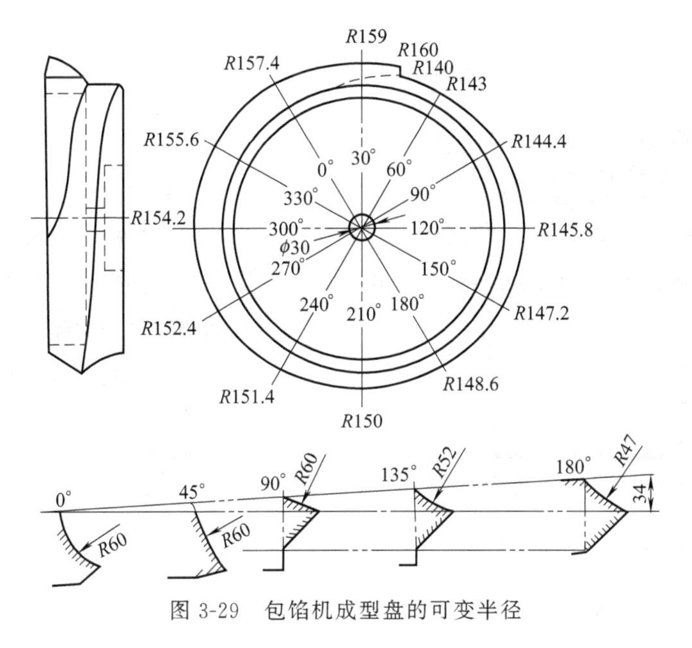

图 3-29 包馅机成型盘的可变半径

五、 饺子机

饺子机是借机械运动完成饺子包制操作过程的设备。其基本工作方式为灌肠式包馅和辊切式成型。

饺子机主要由传动、馅料输送、面料输送和辊切成型等机构组成，其外形见图 3-30。

1. 馅料输送机构

一般有两种类型：一种是由输送螺旋—齿轮泵—输馅管组成，另一种是由输送螺旋—叶片泵—输馅管组成，由于叶片泵比齿轮泵有利于保持馅料原有的色、香、味，而且便于清洗，维护方便，价格便宜，所以大多数饺子机采用后一种类型。

叶片泵是一种容积式泵，具有压力大、流量稳定和定量准确等特点，它主要由转子、定子、叶片、泵体及调节手柄等组成，此外在泵的入口处，通常设有输送螺旋，以便将物料强制压向入口，使物料充满吸入腔，以弥补由于泵的吸力不足和松散物料流动性差而造成充填能力低等缺陷。

叶片泵的工作原理见图 3-31。馅料在输料螺旋的作用下，进入料口并充满吸入腔 4，随着转子 2 的转动，叶片 3 既被带动回转，同时在定子 1 侧壁的推动下又沿自身导槽滑动，使吸腔不断增大；当吸入腔达到最大时，叶片做纯转动，将馅料带入排压腔，此时，定子内壁迫使叶片在随转子转动的同时相对于转子产生滑动，于是排压腔逐渐减小，馅料被压向出料口，离开泵体。调节手柄6用于改变定子与馅料管通道的截面积，即可调节馅料的流量。馅料输送机构均由不锈钢制成。

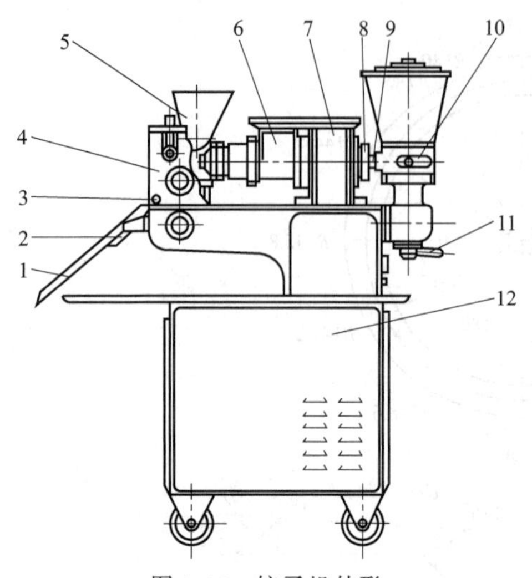

图 3-30 饺子机外形

1—溜板；2—振杆；3—定位销；4—成型机构；
5—干面斗；6—输面机；7—传动机构；
8—调节螺母；9—馅管；10—输馅机构；
11—离合手柄；12—机架

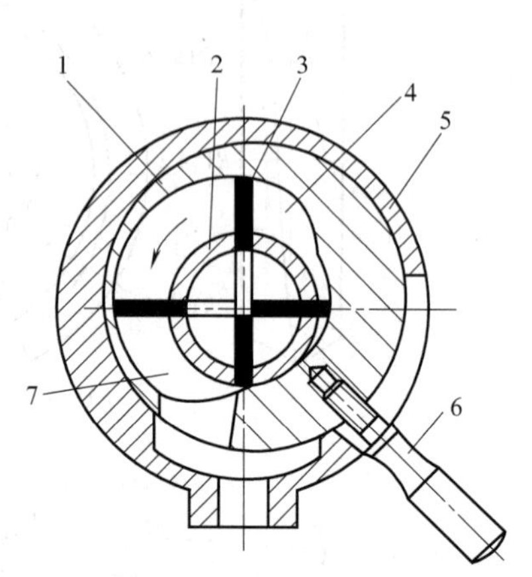

图 3-31 叶片泵工作原理

1—定子；2—转子；3—叶片；4—吸入腔；
5—泵体；6—调解手柄；7—排压腔

2. 面料输送机构

它主要由面团输送螺旋、面套、固定螺母、内外面嘴、面嘴套及调节螺母等组成，见图3-32。面团输送螺旋1为一个前面带有1∶10锥度的单头螺旋，其作用是逐渐减小螺旋槽内的容积，增大对面团的输送压力。在靠近面团输送螺旋的输出端安置内面嘴7，它的大端输面盘上开有里外两层各三个沿圆周方向对称均匀分布的腰形孔。被螺旋推送输出的面团通过内面嘴时，腰形孔既可阻止面团的旋转，又使得穿过孔的六条面团均匀交错地搭接，汇集成环状面柱（管）。面柱在后续面团的推送下，从内外面嘴的环状狭缝中挤出，从而形成所需要的面管。可以拧动图3-30中的调节螺母8，改变面料输送螺旋与面套之间的间隙大小来调节面团的流量。此外也可以调整图3-32中的调节螺母5改变内面嘴7与外面嘴6的间隙来调节输送面团的流量。

3. 饺子成型机构

饺子机上广泛采用灌肠辊切成型方式。面团经面团输送螺旋由外面嘴挤出构成中空的面管。馅料经馅料输送螺旋和叶片泵顺着馅料管进入中空面管，实现灌肠式成型操作。紧接着含馅料的面柱进入辊切成型机构，见图3-33，该机构主

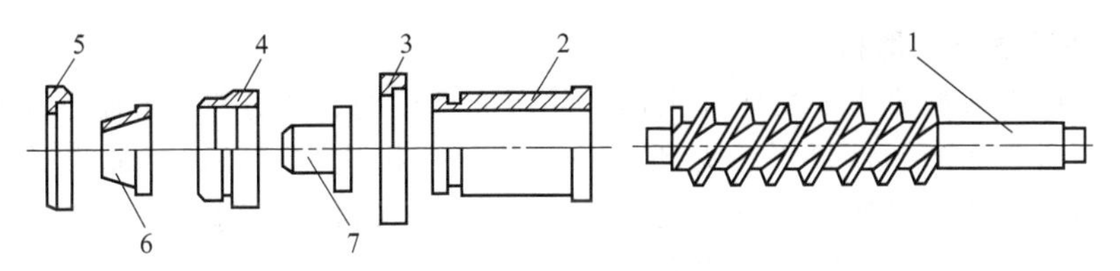

图 3-32　面料输送机构

1—面团输送螺旋；2—面套；3—固定螺母；4—面嘴套；5—调节螺母；6—外面嘴；7—内面嘴

要由一对相对转动的辊子，即成型辊和底辊组成。成型辊上有若干个饺子凹模，其饺子捏合刃口与底辊相切。底辊是一个表面光滑的圆柱形辊。当含馅料的面柱从成型辊的凹模和底辊之间通过时，面柱内的馅料在饺子凹模的作用下，逐步被推挤到饺子坯的中心位置，然后在回转过程中在成型辊圆周刃口与底辊的辊切作用下成型为质量 14～20g 的饺子生坯。为了防止饺子生坯与成型辊和底辊之间发生粘连，干面料通过粉筛 5 从干面粉斗 4 向成型辊和底辊上不断撒粉。

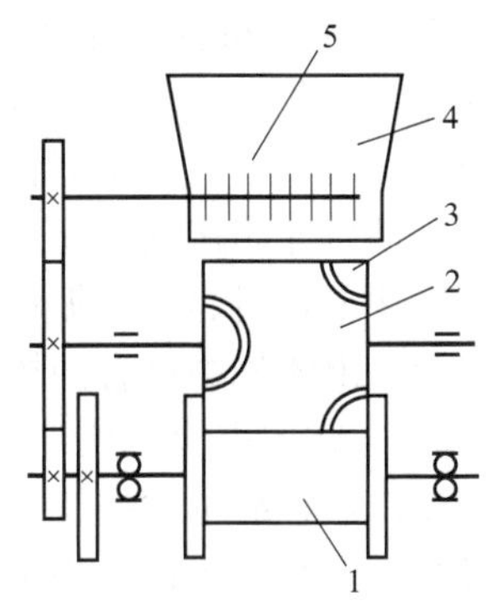

图 3-33　饺子成型机结构示意图

1—底辊；2—成型辊；3—饺子凹模；4—干面粉斗；5—粉筛

六、 饼干成型机

典型的饼干成型机械设备主要有冲印成型机、辊印成型机和辊切成型机。主要用于各种饼干或桃酥之类点心的加工，这类机械通常设置在食品生产线上，完成面团的压片、冲印或辊印成型、料头分离以及摆盘等操作。

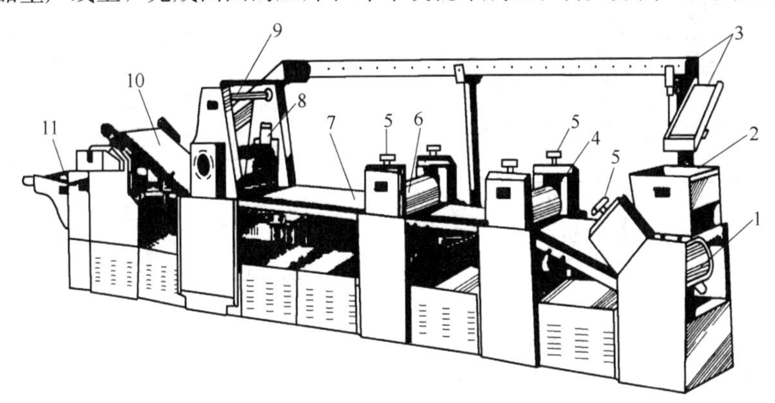

图 3-34　冲印饼干成型机

1—头道辊；2—面斗；3—回头机；4—二道辊；5—压辊间隙调整手轮；6—三道辊；7—面坯输送带；8—冲印成型机构；9—机架；10—拣分斜输送带；11—饼干生坯输送带

1. 冲印饼干成型机

冲印饼干成型机主要由压片机构、冲印成型机构、拣分机构和输送机构等部分组成，适合生产韧性饼干。见图 3-34，其压片机构与面条机的辊压成型机构基本相同，但通常只经过三道辊压，即头道辊、二道辊、三道辊，压辊直径和辊间间隙依次减小，转速则依次增大。

冲印机构是饼干成型的关键工作部件，它主要包括动作执行机构和印模组件两部分。

（1）动作执行机构　饼干机的动作执行机构分为间歇式和连续式两种型式。

① 间歇式机构　这种机构工作时，印模通过曲柄滑块机构来实现对饼干生坯的直线冲印，生坯的同步送进要依靠棘轮棘爪机构驱动输送带来实现。冲印的瞬间，输送带必须处于停顿状态。由于这类饼干机冲印速度受到坯料间歇送进的限制，最高冲印速度不超过 70r/min，所以生产能力较低。提高输送速度将会产生惯性冲击，引起机身振动，以致使加工的面带厚薄不均，边缘破裂，影响饼干的质量。由该机构组合的饼干机不适于与连续烘烤炉配套形成生产线。

② 连续式机构　该机构作业时，印模随面坯输送带连续动作，完成同步摇摆冲印作业，故也称摇摆式冲印。该机构如图 3-35 所示，它主要由一组曲柄连杆机构、一组双摇杆机构和一组曲柄摆动滑块机构所组成。工作时，冲印曲柄 1 和摇摆曲柄 2 同时旋转，其中曲柄 1 通过连杆 9 带动滑块 8 在滑槽内做直线往复

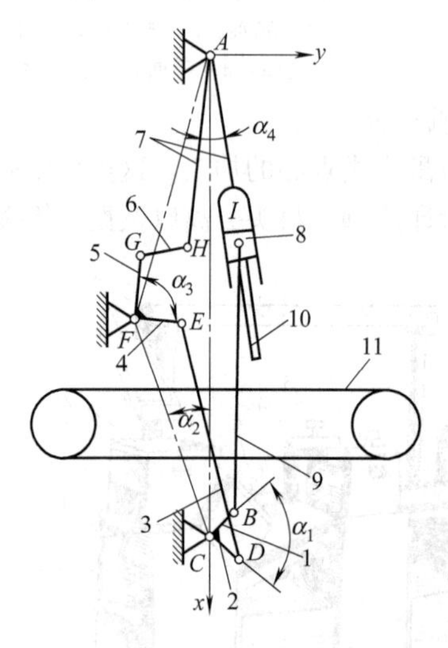

图 3-35　连续式饼干成型机结构示意图

1—冲印曲柄；2—摇摆曲柄；3,6,9—连杆；4,5,7—摆杆；8—滑块；10—冲头；11—输送带；$\alpha_1,\alpha_2,\alpha_3,\alpha_4$—各杆间安装角度；$A,B,C,D,E,F,G,H,I$—各交接点代号

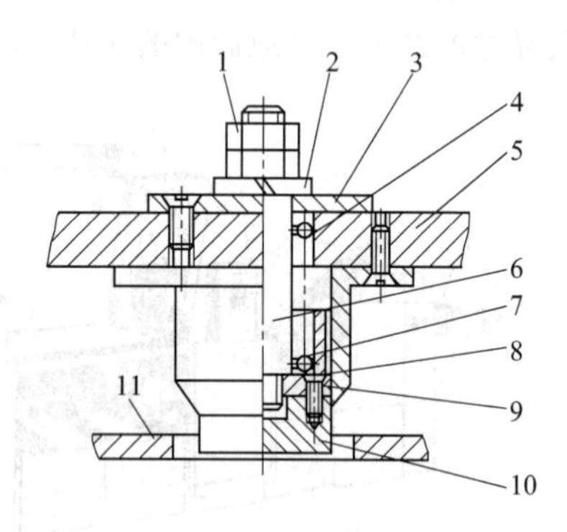

图 3-36　印模组件

1—螺帽；2—垫圈；3—固定垫圈；4—弹簧；5—印模支架；6—冲头芯杆；7—限位套筒；8— 切刀；9—连接板；10—印模；11—余料推板

运动；曲柄2借助连杆3、6和摆杆4、5使摆杆7摆动。这样，使得冲头10在随滑块8作上下运动的同时，还沿着输送带11运动的方向前后摆动，于是保证在冲印的瞬间，冲头与面坯的移动同步。冲印动作完成后，冲头抬起，并立即向后摆到未加工的面坯上。冲印时要求冲头与输送带同步运行，这是保证冲印机构连续作业的关键。

采用摇摆式冲印机构的饼干机，冲印速度可达120次/min，生产能力高，运行平稳，饼干生坯成型质量较好，且便于与连续式烤炉配套使用。

（2）印模组件　其结构如图3-36所示。它由印模支架、冲头芯杆、切刀、印模和余料推板等组成。一台饼干机的冲印成型动作通常由若干个印模组件来完成。工作时，在执行机构的偏心连杆或冲头滑块带动下，印模组件一起上下往复运动。当带有饼干图案的印模10被推向面带时，即将图案压印在其表面上。然后，印模不动，印模支架5继续下行，压缩弹簧4并且迫使切刀8沿印模外围将面带切断，最后，印模支架随连杆回升，切刀首先上提，余料推板11将粘在切刀上的余料推下，接着压缩弹簧复原，印模上升与成型的饼坯分离，一次冲印操作到此结束。由于饼干品种不同，印模有轻型和重型之分，前者图案凸起较低，所以印制花纹较浅，冲印阻力也比较小；后者图案下凹较深，印制花纹清晰，但冲印阻力较大。

2. 辊印饼干成型机

辊印饼干成型机外观见图3-37，适合于高油脂酥性饼干的加工制作，采用不同的印模辊，不但可以生产各种图案的酥性饼干，还能加工桃酥类糕点。辊印饼干成型机结构见图3-38，主要由喂料辊、印模辊、橡胶脱模辊、输送带、机架和传动系统等组成。辊印成型和橡胶脱模是该机的两项主要操作。

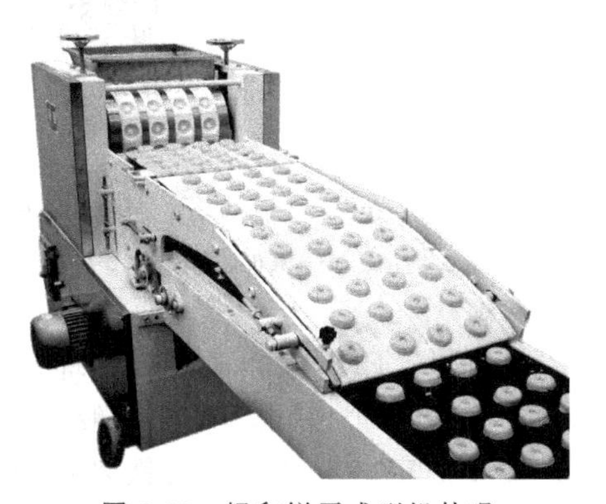
图3-37　辊印饼干成型机外观

辊印饼干成型机工作时，喂料辊1和印模辊2相向回转（图3-39），原料靠重力落入两辊之间和印模辊的凹模之中，经辊压成型后进行脱模。刮刀4能将凹模外多余的面料沿印模辊切线方向刮削到面屑斗10中。当印模辊上的凹模转到与橡胶脱模辊3接触时，橡胶辊依靠自身的弹性变形将其上面的帆布脱模带5的粗糙表面紧压在饼坯的底面上，由于饼坯与帆布表面的附着力大于与凹模光滑底面的附着力，所以饼干生坯能顺利地从印模中脱离出来，并由帆布脱模带转送到生坯输送带8上，然后进入烘烤阶段。

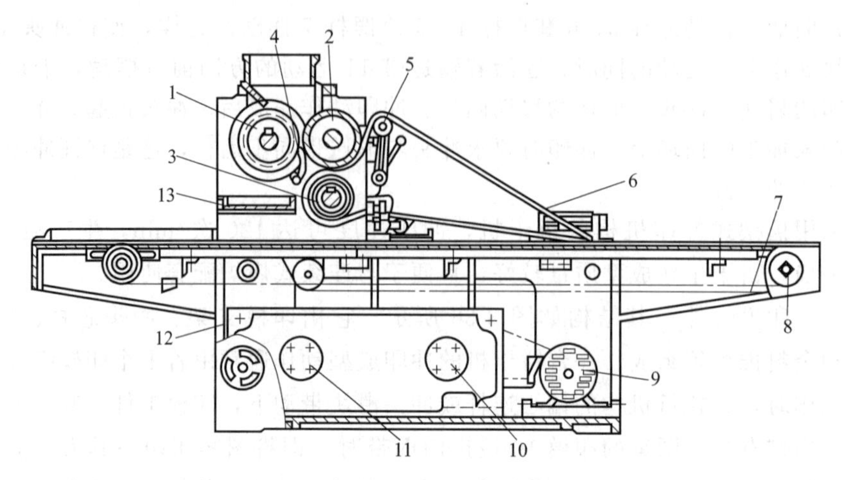

图 3-38 辊印饼干成型机结构

1—喂料辊；2—印模辊；3—橡胶脱模辊；4—刮刀；5—张紧轮；6—帆布脱模带；7—生坯输送带；8—输送带支架；9—电机；10—减速器；11—无级调速器；12—机架；13—余料接盘

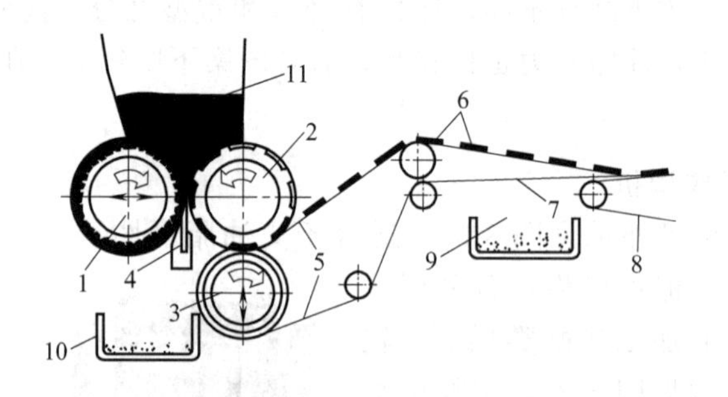

图 3-39 辊印成型原理

1—喂料辊；2—印模辊；3—橡胶脱模辊；4—刮刀；5—帆布脱模带；6—饼干生坯；7—帆布带刮刀；8—生坯输送带；9,10—面屑斗；11—料斗

喂料辊、印模辊和橡胶脱模辊是饼干辊印成型机的主要工作部件。喂料辊与印模辊尺寸相同，直径一般在 200～300mm 之间，其长度由相匹配的烤炉宽度而定。辊坯均用铸铁离心浇铸，再经加工而成，印模辊表面还要镶嵌用无毒塑料或聚碳酸酯（简称 PC）制成的饼干凹模。橡胶脱模辊（又称底辊）是在滚花后的辊芯表面上套铸一层耐油食用橡胶，并经精车磨光而成。

由于辊印饼干成型机的印花、成型和脱坯操作是通过三个辊筒的转动一次完成的，所以该机工作平稳，无冲击，振动和噪声均比冲印式饼干机为小，而且不产生余料，省去了余料输送带，使得其结构简单、紧凑，不但操作方便，而且降低了设备造价。

3. **辊切饼干成型机**

辊切饼干成型机兼有冲印和辊印成型机的优点，即可以生产韧性饼干，也可以生产酥性饼干。辊切饼干成型机结构如图 3-40 所示。它主要由印花辊、切块辊、橡胶脱模辊、帆布脱模带、撒粉器和机架组成。饼干的成型、切块和脱模操作是由印花辊、切块辊、橡胶脱模辊和帆布脱模带来实现的。辊切成型原理示意图见图 3-41。为消除面带内的残余应力，以避免成型后的饼干生坯产生收缩变形，通常在面带压延后设置一段输送带作为缓冲区。在此处，适当的过量输送使面带形成一段均匀的波纹，并在短暂的滞留过程中，使面带内的残余应力得以消除，然后再进行辊切成型作业。

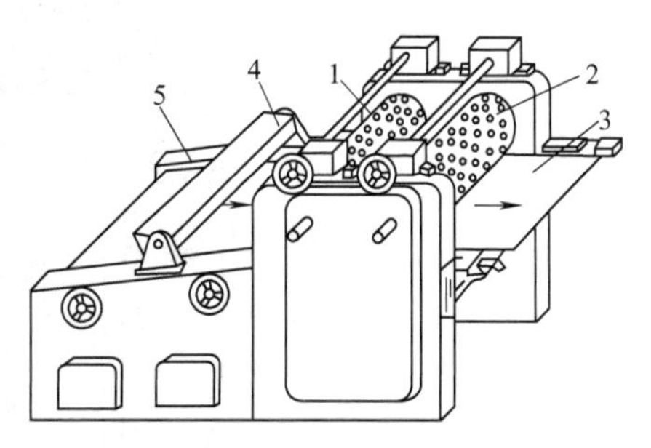

图 3-40 辊切饼干成型机结构

1—印花辊；2—切块辊；3—帆布脱模带；4—撒粉机；5—机架

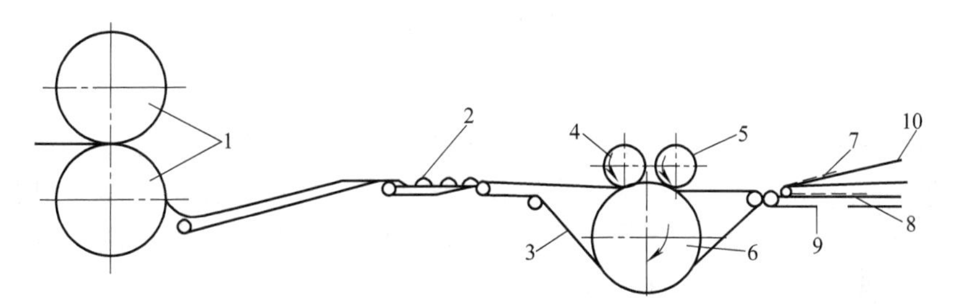

图 3-41 辊切成型原理示意图

1—定量辊；2—波纹状面带；3—帆布脱模带；4—印花辊；5—切块辊；6—橡胶脱模辊；7—余料；8—饼干生坯；9—水平输送带；10—倾斜输送带

辊切成型与辊印成型的不同点在于，其成型过程包括印花和切断两个工步，这一点与上述的冲印成型过程相似，只不过辊切成型是依靠印花辊 4 和切块辊 5 在橡胶脱模辊 6 上的同步转动来实现的。印花辊先在饼干生坯上压印出花纹，接着由切块辊切出生坯，橡胶脱模辊借助帆布脱模带 3 实现脱模，然后成型的生坯由水平输送带 9 送至烤炉，而余料则由倾斜输送带 10 送回重新压片。

辊切成型机作业时，要求印花辊和切块辊的转动严格保持相位相同、速度一致，否则，切出的饼干生坯将与图案的位置不相吻合，影响饼干产品的外观质量。

七、软料糕点成型机

软料糕点成型机因为能够制作曲奇饼干，因此也叫曲奇饼干成型机（图

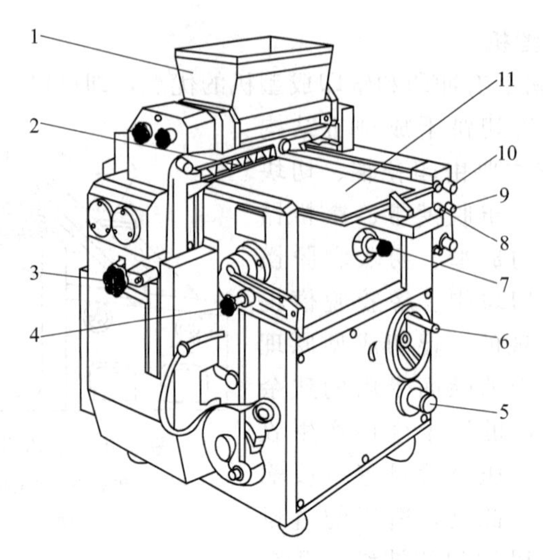

图 3-42　软料糕点成型机结构

1—料斗；2—挤出嘴；3—麻花纹可变手柄；4—坯料可变手柄；5—变速手柄；
6—烤盘上下操作手柄；7—烤盘滑动操作手柄；8—螺纹、长棍型挤出开关；
9—长棍型长短可变拨盘；10—启动开关；11—烤盘

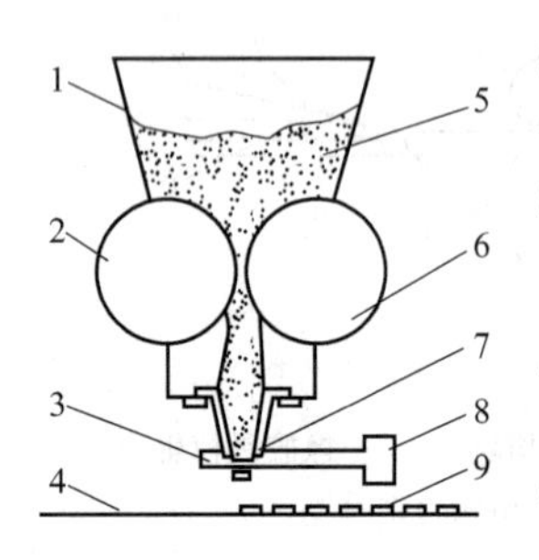

图 3-43　挤压钢丝切割成型原理

1—料斗；2,6—吸料辊；3—钢丝；4—输送带；5—面团；7—成型嘴；8—钢丝架；9—生坯

3-42)。主要制作曲奇饼、奶油桃酥点心、奶油浪花酥等茶酥类糕点。这些产品的面料流动性差，但黏滞性较强，很容易粘模。同时，因为糕点花样和市场品种的需求，面团内常常含有颗粒较大的花生、核桃登果脯等固体颗粒状食品，因此不能采用辊印、辊切或冲印等方式成型。对于这种面团，通常采用挤压钢丝切割成型（图 3-43），其产品类似桃酥，外形简单，表面无花纹。其成型嘴（又称挤出嘴）一般呈圆形、方形等。稠度较低的面团既有良好的可塑性，又能在外力作用下产生适当的流动，这种面团一般采用拉花成型，其产品的形状取决于出料口的形状及运动方式。通常出料口制成花瓣形，而且根据需要作一定角度的回转，使产品形成美丽的花纹，比如曲奇饼、奶油浪花酥等。

生产稠度很低，而且光滑、流动性较强的面料糕点（称为面糊或浆体），适合采用浇注方式成型，通常浇注在烤盘上的型腔内，产品的最终形状将与型腔一致，因此，成型嘴的形状无关紧要，一般制成圆形且呈一定锥度，以便面浆能顺利完成浇注。用面浆浇注成型制作的糕点有蛋糕、杏元、长白糕等。当成型机连续挤出，生产连续的条状食品时，模板常与软料挤出方向成一定角度安装，以保证条状产品尽可能平滑地落在传送带上（图 3-44）。条型产品的表面可有模嘴条纹（拉花）。连续的产品通常在入炉烘烤前被切成一定长度的条块，但有时也可等出炉后再行切割。

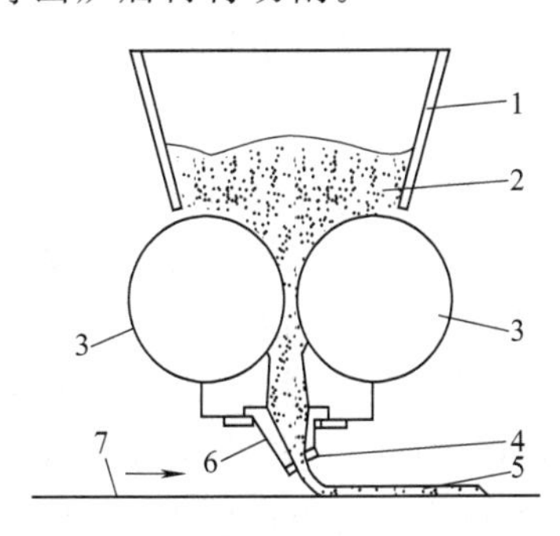

图 3-44 条状产品成型原理
1—料斗；2—面料；3—面料吸料辊；4—成型模板；5—条状产品；6—挤出嘴；7—输送带条状产品

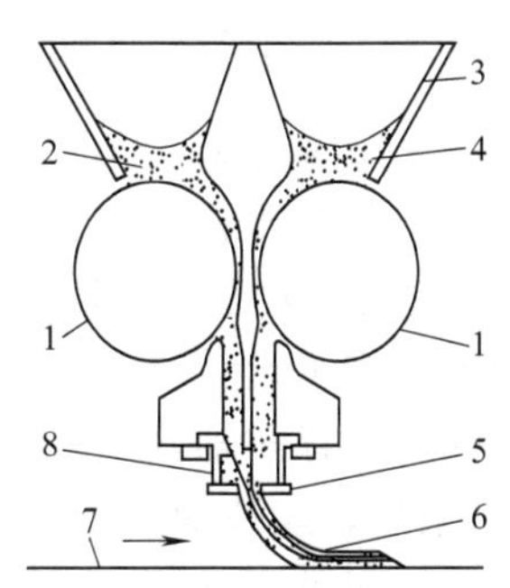

图 3-45 夹馅产品挤出成型原理
1—喂料辊；2—馅料；3—料斗；4—面料；5—成型模板；6—夹馅产品生坯；7—输送带；8—挤出嘴

安装不同的成型嘴可以增加产品的花色品种，使每排同时挤出落下的生坯具有不同的外观形状。也可以整排地更换具有不同模口的挤出模板，还可以操作模嘴旋转手柄，使挤出的产品具有不同程度的螺旋花纹。

生产夹馅软料糕点，需要将料斗分隔开来，以供同时盛装不同的物料。如图 3-45 所示，面料和馅料在料斗中即被隔开，在喂料辊的旋转作用下，分别进到下面的压力腔。压力腔同样被分为两部分，并保证馅料在中间，面料在周围，通过成型嘴同时被挤出。馅料可以是果酱或其他异质食品物料，但稠度应与面料的稠度相近。

1. 槽形辊定量供料装置

槽形辊定量供料装置见图 3-46，（a）用于稠料，（b）用于面浆料，分别用于生产曲奇饼类和蛋糕类糕点。槽形辊供料装置主要由料斗和 2 个或 3 个齿形沟

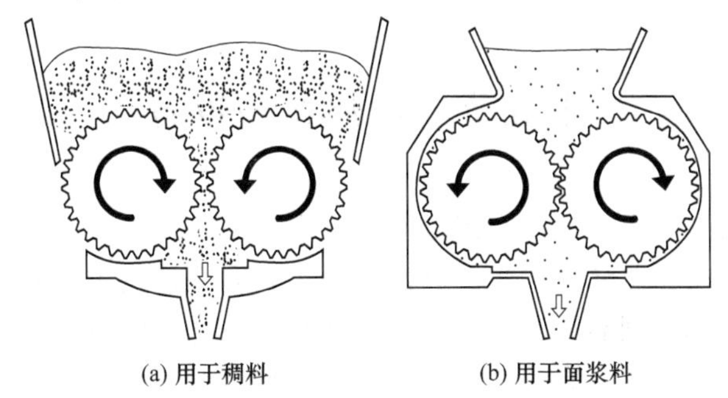

图 3-46 槽形辊定量供料装置

槽的喂料辊等组成。喂料辊的作用是将面料挤向下面的压力平衡腔。喂料辊的运转可以是连续的，也可以是间歇的，还可以进行瞬时反转，以造成排料口瞬时负压，引起面料被瞬时收回。因此，面料可以是连续或间歇地挤出。这种装置的优点是结构简单，便于制造，缺点是根据面料稠度的不同，需及时更换供料装置。

2. 柱塞式定量供料装置

柱塞式定量供料装置在浇注和挤出成型机中广泛采用。这种供料装置主要由料斗 1、往复式柱塞 6、柱塞缸筒 5 和与之相连的切缺轴阀 3 及成型嘴 4 等部分构成，如图 3-47 所示。吸料时，切缺轴阀 3 的缺口使料斗 1 与柱塞缸筒 5 连通，并且此时柱塞是背向轴阀运动的，由此造成的真空状态可使面料进入柱塞缸筒 5；吸料结束后，切缺轴阀 3 转过一定角度，将吸料口关闭，使柱塞泵腔与成型嘴 4 相连通，同时柱塞朝切缺轴阀方向运动，将腔体和缺口内的软料从成型嘴排出，如此完成一个吸排料的过程。通过调节柱塞的行程，可以生产不同规格的产品。柱塞式定量的优点是计量比较准确，既适用于稠度较大的软料供料，也适用于稀薄的蛋糕、杏元面浆等的供料。

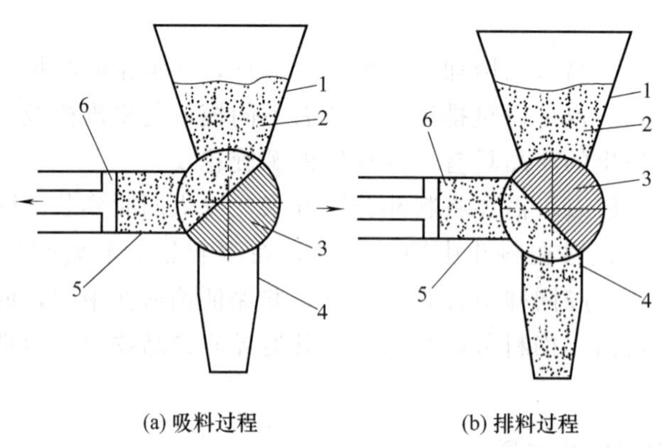

图 3-47 柱塞式定量供料装置

1—料斗；2—面料；3—切缺轴阀；4—成型嘴；5—柱塞缸筒；6—往复式柱塞

第五节 焙烤机械设备

在焙烤食品生产中，食品在经过整形或发酵后，要进行焙烤加工。将食品坯置于烤炉中后，在加热元件产生的高温作用下，食品坯发生一系列变化，从而使食品坯由生变熟，使制品成为具有多孔性海绵状态结构的成品，具有较深的颜色和令人愉快的香味，并具有优良的保藏和便于携带的特性。食品坯大致都经历着胀发、定型和脱水、上色三个阶段，而不同制品各个阶段经历的长短不一。如饼干坯在焙烤中脱水阶段可脱去大部分水，而面包坯在焙烤中保留着较多水分。加热元件的不同，焙烤过程也有差异。

焙烤制品生产过程的焙烤机械，通常称为烤炉，是焙烤制品生产中不可缺少的机械设备。

一、烤炉分类

烤炉的种类很多，分类的方式也较多。但一般是按照热能的来源，结构形式等进行分类。

1. 按烤炉热源分类

根据热源的不同，烤炉可分为煤炉、煤气炉和电炉等。

（1）煤炉　以煤为燃料的烤炉称为煤炉。这种烤炉的燃烧设备简单，操作安全，且燃料较便宜，容易获得。其缺点是卫生条件较差，工人劳动强度大，而且炉温调节比较困难，炉体笨重，不宜搬运。由于煤烟污染环境，已经逐渐被市场淘汰。

（2）煤气炉　以煤气、天然气、液化石油气等作为燃料的烤炉统称为煤气炉。煤气炉的炉温调节比煤炉容易，在高温区可以多安装些喷头，低温区可少安装一些喷头，若局部过热时，还可以关闭相应的喷头。煤气炉较煤炉的外形尺寸小得多，并可减少热量损失，改善工人劳动条件。煤气炉一次性投资比电炉稍高，但长期使用成本比电炉便宜。

（3）电炉　电炉是指以电加热为热源的烤炉，也称电烤炉。根据辐射波长的不同，又分为普通电烤炉、远红外电烤炉和微波炉等。

电烤炉具有结构紧凑、占地面积小、操作方便、便于控制、生产效率高、焙烤质量好等优点。其中以远红外电烤炉最为突出，它利用远红外线的特点，提高了热效率，节约了电能。电烤炉使用方便，一次性投资比煤气炉便宜，但由于电费比天然气贵，长期使用成本比煤气炉稍高。

2. 按结构形式分类

食品烤炉按结构形式不同，可分为箱式炉和隧道炉两大类。

（1）箱式炉　箱式炉外形如箱体，按食品在炉内的运动形式不同，可分为烤盘固定式箱式炉、风车炉和水平旋转炉等。其中以烤盘固定式箱式炉是这类烤炉中结构最简单、使用最普遍、最具有代表性的一种，常简称为箱式炉。箱式炉炉膛内壁上安装若干层支架，用以支承烤盘，辐射元件与烤盘相间布置，在整个烘烤过程中，烤盘中的食品与辐射元件间没有相对运动。这种烤炉属间歇操作，所以产量小。它比较适用于中小型食品厂。

① 风车炉　风车炉因烘室内有一形状类似风车的转篮装置而得名，其结构如图 3-48 所示。这种烤炉多采用无烟煤、焦炭、煤气等为热源，也可采用电及

远红外加热技术，以煤为燃料的风车炉，其燃烧室多数位于烘室的下面。因为燃料在烘室内燃烧，热量直接通过辐射和对流烘烤食品，所以热效率很高。风车炉还具有占地面积小、结构比较简单、产量较大的优点。目前仍用于面包生产。风车炉的缺点是手工装卸食品，操作紧张，劳动强度较大。

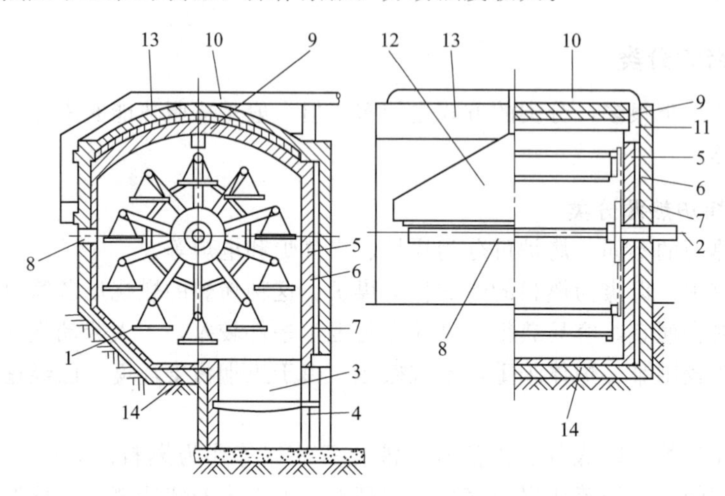

图 3-48 风车炉结构

1—转篮；2—转轴；3—焦炭燃烧室；4—空气门；5—炉内壁；6—保温层；7—炉外壁；8—炉门；9—烟道；10—烟筒；11—挡板；12—排气罩；13—炉顶；14—底脚

② 水平旋转炉 图 3-49 所示为水平旋转炉结构。水平旋转炉内设有一水平布置的回转支架，摆有生坯的烤盘放在回转支架上。烘烤时，由于食品在炉内回转，各面坯间温差很小，所以烘烤均匀，生产能力较大。其缺点是手工装卸食品，劳动强度较大，且炉体较笨重。

(2) 隧道炉 隧道炉是指炉体很长，烘室为一狭长的隧道，在烘烤过程中食品与加热元件之间有相对运动的烤炉。因食品在炉内运动，好像通过长长的隧道，所以称为隧道炉。

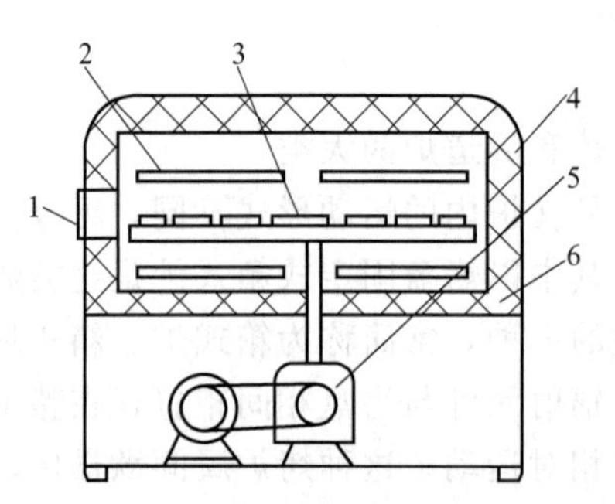

图 3-49 水平旋转炉结构

1—炉门；2—加热元件；3—烤盘；4—回转支架；5—传动装置；6—保温层

隧道炉根据带动食品在炉内运动的传动装置不同。可分为钢带隧道炉、网带隧道炉、烤盘链条隧道炉和手推烤盘隧道炉等。

① 钢带隧道炉 钢带隧道炉是指食品以钢带作为载体，并沿隧道运动的烤炉，简称钢带炉。钢带靠分别设在炉体两端，直径为 500～1000mm 的空心辊筒

驱动。焙烤后的产品从烤炉末端输出并落入在后道工序的冷却输送带上。钢带隧道炉外形如图 3-50 所示。

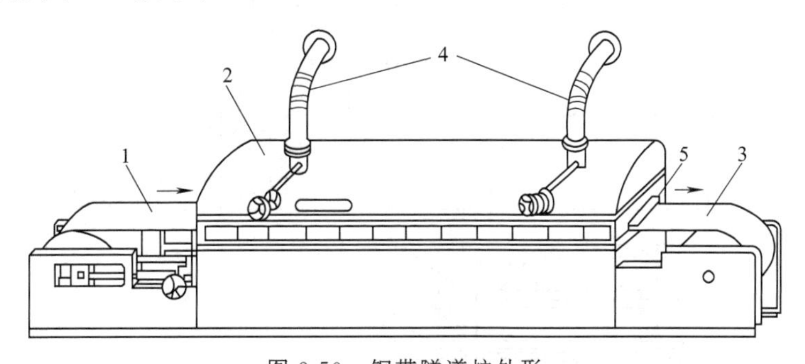

图 3-50 钢带隧道炉外形

1—入炉端钢带；2—炉顶；3—出炉端钢带；4—排气管；5—炉门

由于钢带只在炉内循环运转，所以热损失少。通常钢带炉采用调速电机与食品成型机械同步运行，可生产面包、饼干、小甜饼和点心等食品。其缺点是钢带制造较困难，调偏装置较复杂。

② 网带隧道炉 网带隧道炉简称网带炉，其结构与钢带炉相似，只是传送面坯的载体采用的是网带。网带是由金属丝编制而成。网带长期使用损坏后，可以补编，因此使用寿命长。由于网带网眼空隙大，在焙烤过程中制品底部水分容易蒸发，不会产生油滩和凹底。网带运转过程中不易产生打滑，跑偏现象也比钢带易于控制。网带采用的热源与钢带炉基本相同。网带炉焙烤产量大，热损失小，多用于烘烤饼干等食品。该炉易与食品成型机械配套组成连续的生产线。网带炉的缺点是不易清洗，网带上的污垢易于粘在食品底部，影响食品外观质量。

③ 链条隧道炉 链条隧道炉是指食品及其载体在炉内的运动靠链条传动来实现的烤炉，简称链条炉。

炉体进出两端各有一水平横轴，轴上分别装有主动链轮和从动链轮。链条带动食品载体沿轨道运动。根据焙烤的食品品种不同，链条炉的载体大致有两种，即烤盘和烤篮。烤盘用于承载饼干、糕点及花色面包，而烤篮用于听型面包的烘烤。

链条炉结构如图 3-51 所示，链条隧道炉出炉端一般设有烤盘转向装置及翻盘装置，以便成品进入冷却输送带，载体由炉外传送装置送回入炉端。由于烤盘在炉外循环，因此热量损失较大，不利于工作环境，而且浪费能源。根据同时并列进入炉内的载体数目不同，链条炉又分为单列链条炉和双列链条炉两种。单列链条炉具有一对链条，一次进入炉内一个烤盘或一列烤篮。双列链条炉具有两对链条，同时并列进入炉内两个烤盘或两列烤篮。链条炉一般与成型机械配套使用，并组成连续的生产线，其生产效率较高。因传动链的速度可调，因此适用面广，可用来烘烤多种食品。

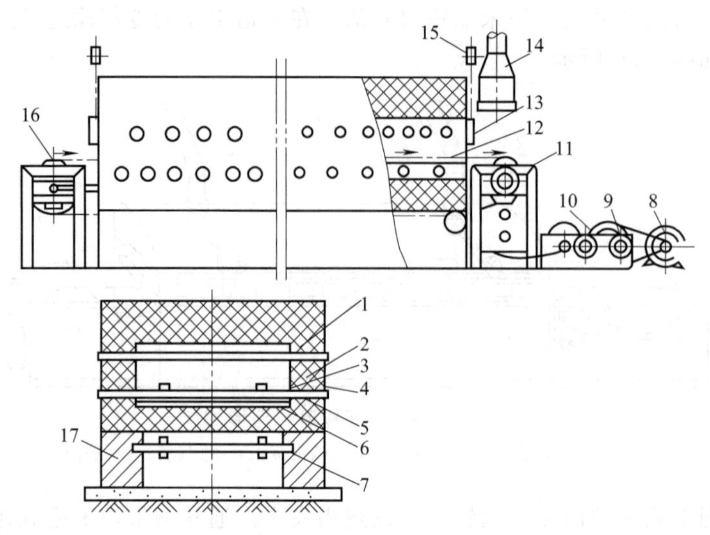

图 3-51　链条炉结构

1—管状辐射元件；2—铁皮外壳；3—铁皮内壳；4—保温材料；5—链条轨道；6—轨道承轨；7—回链托盘与轴；8—电动机；9—变数操作手轮；10—无级变速器；11—出炉机座与减速箱；12—入炉基座；13—链条；14—可开启隔热板；15—滑轮；16—排气罩；17—炉基座

④ 手推烤盘隧道炉　其外形如图 3-52 所示。手推烤盘隧道炉没有机械传动装置，载体在炉内运动是依靠人力推动的。这种烤炉在炉底上装有一对或数对由扁钢制成的轨道，食品烤盘放在轨道上。操作时，进出口各需一位操作者，以完成装炉和出炉的任务。这种隧道炉的炉体较短，结构简单，适用面较广，多用于中、小型食品厂。其缺点是所需操作工人较多，劳动强度较大，食品在炉内的运动速度不易控制，食品烘烤质量不易掌握，而且不能与食品成型机械配套组成连续的生产线。

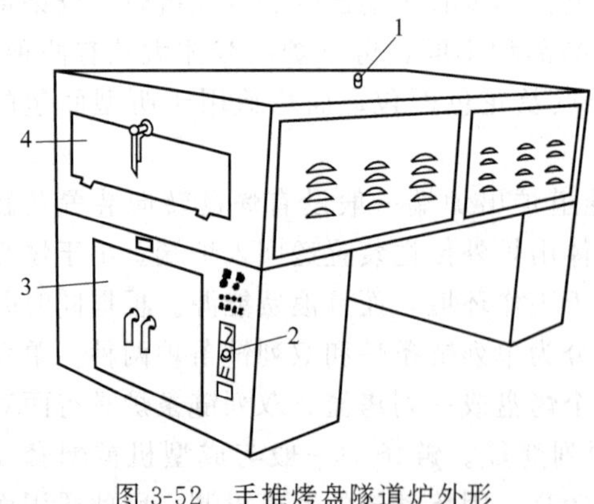

图 3-52　手推烤盘隧道炉外形

1—排气孔；2—控制板；3—电器柜；4—炉门

3. 按加热器的热源位置分类

（1）热源在烤炉炉膛内部　目前国内均采用此种形式。而应用最多的是热源在炉膛内部的管状电加热器和管状煤气大气式燃烧器两种。

（2）热源在烤炉炉膛外部　此种形式多为强制加热，介质在炉膛外部被加热以后再通入炉内。目前这种形式在国外应用较多。主要有下列形式。

① 对流辐射式烤炉　这种型式

烤炉是同时采用对流加热和辐射加热。图 3-53 所示是这种烤炉的原理。高热的烟气经过燃烧炉 4 加热以后，通过循环风扇 6 和烟道风门 7 进入加热管。加热管分为上、下两部分，炉带 8 在上下加热管之间通过。上、下部加热管可分为辐射管 2 和吹风管 1，在靠近炉带的前半部加热管为辐射管，管面不开孔；远离炉带的后半部加热管为吹风管，在面向炉带的方向开有小孔。辐射管放出辐射热烘烤饼干，吹风管把辐射管流过来的热烟气从孔中吹向炉带，在炉膛中形成良好的对流，达到均匀加热饼干的目的。聚在炉膛上部的烟气一部分经气水分离后循环重复使用，一部分经排气风扇 3 和排气管 5 排出炉膛。在烟道进口和排气管之间有一连通管，当烟道中的烟气过多时，可通过连通管进入排气管排入大气。通常一个炉区设置一个对流辐射加热系统，每个系统能单独地自动控制。

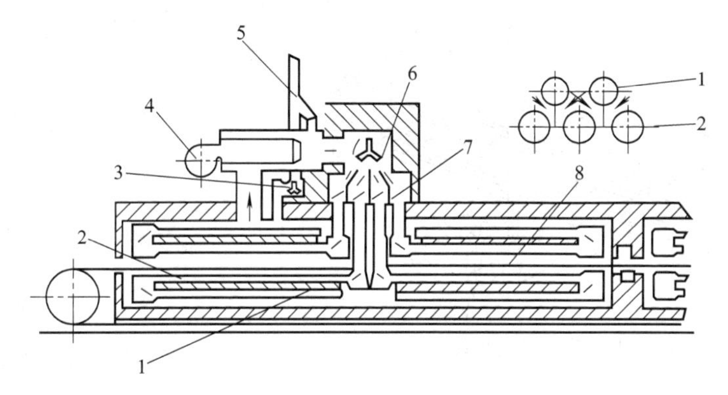

图 3-53 对流辐射式烤炉原理

1—吹风管；2—辐射管；3—排气风扇；4—燃烧炉；5—排气管；6—循环风扇；7—烟道风门；8—炉带

对流辐射加热系统的特点是传热均匀，具有很高的热效率，可比通常的烤炉提高 20%左右。烘烤时间可以缩短，提高了燃料的经济效益。但是烘烤饼干品种的适应性较差，技术要求也较高。

② 间接辐射加热炉　在某些使用煤气的烤炉中，有些酥松的饼干能吸附煤气中的有害成分，使饼干变质，特别是对一些高档产品，吸附后将会产生一种异味。如果采用间接辐射加热炉，则煤气燃烧后生成的烟气不直接与食品接触，这样就保证了烘烤质量。

图 3-54、图 3-55 分别为间接辐射加热炉结构和工作原理。定量的煤气在一定的压力下进入燃烧器 1，在燃烧室 2 内燃烧，空气由引风机 7 引入燃烧室，所产生的高温烟气通过烟气分配室 3 进入下排辐射加热管 4 和上排辐射加热管 5，炉带在上、下加热管之间运行，加热管放出辐射热烘烤饼干，加热管的直径大多为 100mm。从加热管出来的烟气，经过烟气回流室 6 后大部分从烟囱排出，小部分烟气则重复循环，由引风机再送回燃烧室。由于烟气温度比空气温度要高得

多，因此重复循环使用部分烟气，可以提高烤炉的热效率。但为了保证燃烧室有足够的空气，必须控制重复循环的烟气量，一般烟气回流用量为 25%～30%。间接辐射加热器的循环系统必须保证有良好的密封性，以防止烟气泄漏接触食品。另外，还应设法使加热循环系统中的烟气在负压状态下运行。这样，即使在加热管有少量泄漏的情况下，也不会因烟气逸出而影响产品质量。在烟气进入上、下加热管之前，在烟气分配室中应设置调节阀门，以调节进入上、下加热管的烟气量，从而控制炉带上、下部所需的热量。如果烟气分配室的烟气过多，则可打开分配室的排气阀门，将烟气抽往别处。

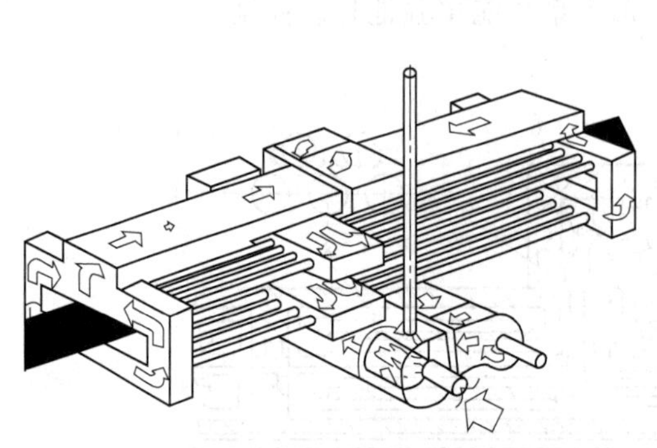

图 3-54 间接辐射加热炉结构

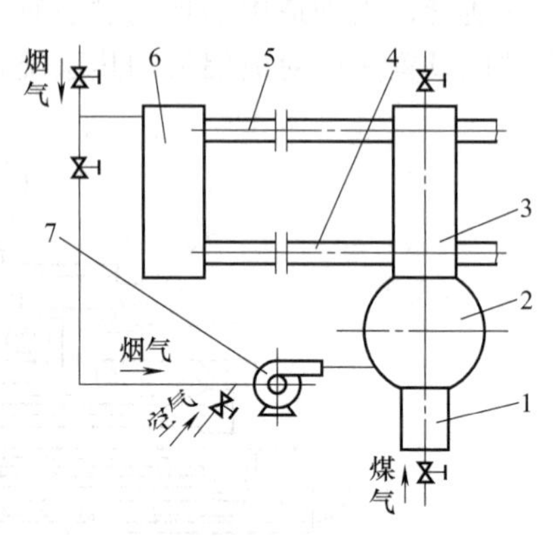

图 3-55 间接辐射加热炉工作原理

1—燃烧器；2—燃烧室；3—烟气分配室；4—下排辐射加热管；5—上排辐射加热管；6—烟气回流室；7—引风机

由于间接辐射加热器采用间接加热，这使烤炉的炉温受到一定的限制，没有直接加热的烤炉温度高，因此它不适于烘烤苏打类饼干。另外，它的热效率也比直接加热低，所以只有在特殊要求时才应用。

二、远红外加热机械

1. 远红外加热原理

远红外加热属电磁波加热，在热交换的 3 种形式中，传导与对流需要靠媒介来传热，而辐射则不然。远红外线加热时，物质稳定性高，物体表面温度在 800K 以下，辐射能除受温度影响以外，也受物体表面性质影响，由物体发射的远红外线，是由于内部带电原子振动所产生的，而吸收体由于电磁波造成物体原子振动加剧而增加能量，因而温度上升。远红外加热热辐射率高，热损失小，操作控制容易，加热速度快，传热效率高，有一定的穿透能力，产品质量好，热吸收率高。

2. 远红外辐射元件

远红外辐射元件的结构主要由发热元件（电阻丝或热辐射本体）、热辐射体、紧固体及反射装置等部分组成。常用的辐射元件有管状辐射元件和板状辐射元件两类。

（1）管状辐射元件　食品烤炉中，管状辐射元件应用较普遍的有金属氧化镁远红外辐射元件管、碳化硅管远红外辐射元件等。

① 金属氧化镁管远红外辐射元件　金属氧化镁管远红外辐射元件是以金属管为基体，表面涂以金属氧化镁的远红外辐射元件。它在远红外区的辐射率要比无涂料的金属电热管高得多。其结构见图 3-56。

② 碳化硅管远红外辐射元件　碳化硅管远红外辐射元件（图 3-57）基体是碳化硅，热源是电阻丝，碳化硅管外面涂覆了远红外涂料。碳化硅不导电，不需充填绝缘介质。与金属电热管相比，碳化硅辐射元件具有辐射效率高、使用寿命长、制造工艺简单、成本低、涂层不易脱落等优点。它的缺点是抗机械振动性能差，且热惯性大，升温时间长。

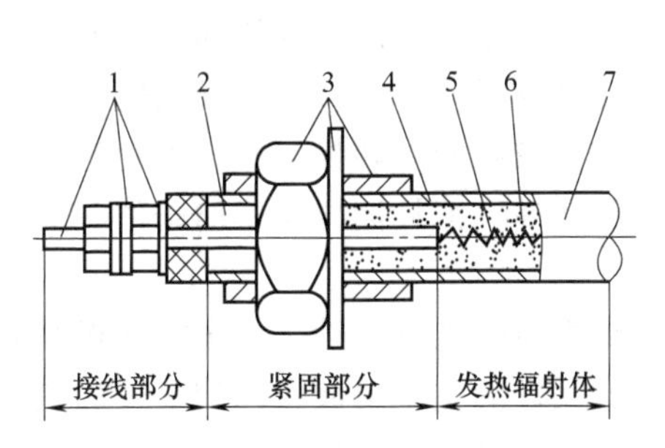

图 3-56　金属氧化镁管远红外辐射元件
1—接线装置；2—导电杆；3—紧固装置；4—金属管；5—电热丝；6—氧化镁粉；7—辐射管表面涂层

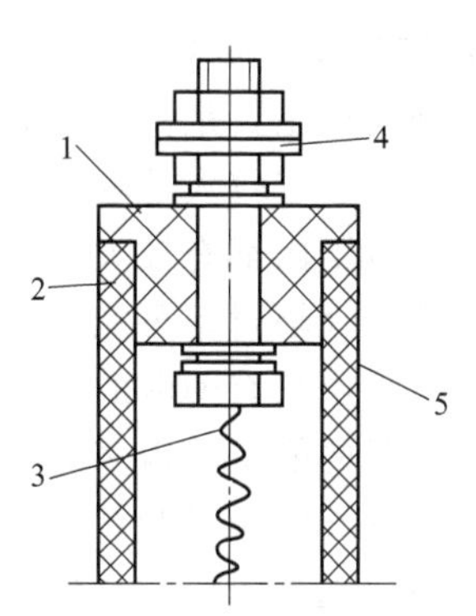

图 3-57　碳化硅管远红外辐射元件
1—普通陶瓷管；2—碳化硅管；3—电阻丝；4—接线装置；5—辐射涂层

（2）板状辐射元件　在食品烤炉中常用的是碳化硅板状辐射器，它的结构如图 3-58 所示。其基体为碳化硅，表面涂以远红外辐射涂料。这种元件温度分布均匀，适应性大，制造简单，安装方便，辐射效率高。但抗机械振动性能差，且热惯性大，升温时间长。

3. 半导体远红外辐射器

半导体远红外辐射器是在远红外加热技术的基础上产生的一种新型加热辐射器。半导体远红外辐射器是以高铝质陶瓷材料为基体，中间层为多晶半导体导电层，表面涂覆具有高辐射频率的远红外涂层，两端绕有银电极，电极用金属接线

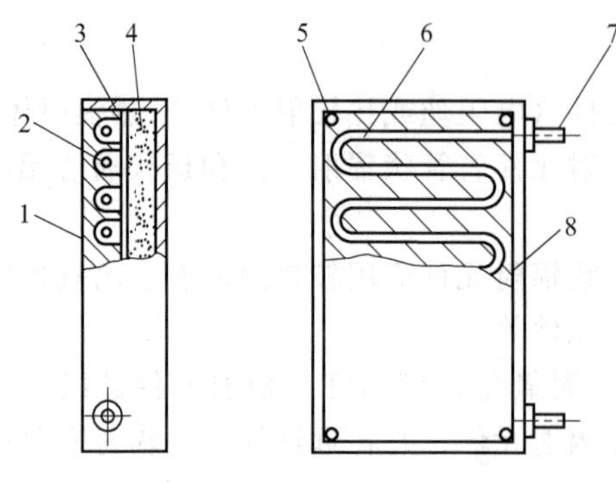

图 3-58 碳化硅板状辐射器

1—远红外辐射层；2—碳化硅板；3—电阻丝压板；4—保温材料；5—安装螺栓；6—电阻丝；7—接线装置；8—外壳

焊接引出后，绝缘封装在金属电极封闭套内。通电以后，在外电场的作用下，辐射器能形成空穴为多数载流子的半导体发热体，它对有机高分子化合物及含水物质的加热烘烤极为有利，特别适用于 300℃ 以下的低温烘烤，如饼干烤炉的辐射加热器等。半导体远红外线辐射器的热效率高，热容量小，热响应快，能实现快速升温，抗温度急变性能好，辐射器表面绝缘性能好，远红外涂层采用珐琅绝缘涂料，不易剥落。它的主要缺点是机械强度较低，安装要求较高，对使用要求较严。

4. 远红外辐射涂料

远红外射线主要是由红外涂料产生的，针对单一物质往往只能在某一个较窄的主波长范围内有较大的辐射率，为了获得辐射能量较强的红外线和制成能在相当宽的波长范围内都有较大辐射率的涂层，就得采用两种或数种材料混合起来。混合材料的最大辐射率可能有所降低，但却具有较好的热转换率及较平直的辐射强度曲线。涂层只有薄薄的一层，但它可以使元件在消耗同样功率的条件下辐射出比无涂料时的能量强得多的红外线。

在选择远红外涂料时，首先要了解被加热物质的光谱特性。为了能获得最大的辐射效率，选择辐射材料的原则就是使辐射元件的主辐射波长匹配在被加热物的主吸收带区。一般来说，食品烤炉电热元件辐射涂料可根据吸收匹配（表层吸收匹配与内部吸收匹配）的原则和辐射材料的辐射光谱特性来选取。即在表层吸收匹配时，吸收长波的物质选用长波辐射涂料；吸收短波的物质选用短波辐射涂料。在内部吸收时，根据不同情况选用长波涂料。另外，在选择时，还应考虑选择的涂料辐射率要高，热膨胀系数需与元件基本材料大致相符，有良好的热传导性和冷热稳定性，抗老化性能好，工艺简单，原料价格便宜等因素。常用的涂料为碳化硅、氧化铁等。

5. 辐射元件表面温度选择

实验表明，当辐射元件表面温度在 400～600℃ 时，对流体与辐射热的比例较为合适，同时辐射通量也较高。对于在 3μm 附近有强烈吸收峰的物质来说，元件的表面温度推荐在 600～800℃ 较好。对于 5μm 以上有大量吸收峰的物质，热元件的表面温度在 400～600℃ 为宜。一般来说，元件的表面温度随表面负荷的增加而上升，但并非线性关系，不同材质和形状的辐射元件，其表面负荷与表面温度的关系也不相同。因此，辐射元件的最佳工作温度应根据其本身材质、形状及工作部位等条件，通过实验决定。

6. 辐射元件的布置

在烤炉的设计中，辐射元件的布置是一个很重要的问题，它对烤炉的热利用率、食品的烘烤质量有直接影响。其布置主要考虑辐射距离的确定、辐射元件间距离的确定及排列。

（1）辐射距离的确定　辐射距离是指管状元件中心或板状元件的辐射涂层到烤盘底部或钢带上表面之间的距离，辐射距离的大小直接影响远红外线的辐射强度，还影响炉膛尺寸的大小。

数据表明，辐射强度随着距离的增加而衰减。辐射距离越近，辐射强度越大，加热效率也越高，同时辐射强度分布的不均匀性也越显著；距离越远，辐射强度越小，温度也越低，同时也导致炉膛尺寸增大，但是辐射强度分布也趋于均匀。

（2）隧道炉辐射元件的排列　在隧道炉内，一般是在被烘烤物的上面和下面设置热元件，以形成烘烤食品的上火及下火。考虑到更换元件的方便性，隧道炉只采用管式热元件。其排列方式有 3 种：均匀排布、分组排布和根据食品的烘烤工艺排布。

① 均匀排布　均匀排布是指各个元件间的距离均匀相等，以获得均匀的辐射强度。

② 分组排布　分组排布是将元件分成小组安装，每组之间有一定距离，使加热温度出现脉冲式分布。这种排布方式适用于隧道式烤炉。另一种实现脉冲加热的方式是，元件等距离排列，加大元件间的距离，当管间距大于 300mm 时，炉内温度分布也会出现脉冲式情况。

③ 根据食品烘烤工艺排布　各种食品的烘烤工艺不同，因此各个烘烤阶段所需要的温度也不同，对于专用食品烤炉，在元件排布时可根据食品的不同烘烤工艺来排布辐射元件。

（3）箱式炉辐射元件布局　箱式烤炉的热源布局大致有两种形式，以分层均设式布置形式使用最多。远红外辐射元件分层均匀设置，而烤盘置于上下两层加热元件之间，其优点是被烘烤物吸收远红外辐射强烈，热效率高，缺点是被烘烤物受热均匀性差，烘烤效果会受辐射元件形状的影响，热源层间距不能调整，被烘烤物高度受到限制。对不同高度的食品烘烤，其适应性较差，往往造成食品上下表面烘烤程度明显不一，影响产品品质和使用范围。近年来一些厂家采用 4 杆机构及其他形式支撑烤盘，并对其上下位置进行适当调节，以满足不同品种食品烘烤的需要。

一、判断题

1. 生产时，搅拌桨形状与所生产物料黏度大小无关（　　）

2. 调制面团的时候，和面容器大小和物料的多少与搅拌时间无关（　　）

3. 制作蛋糕打蛋液时，可以选用钩状搅拌头。（　　）

4. 卧式和面机的搅拌容器轴线与搅拌器回转轴线都处于水平位置。（　　）

5. 卧式和面机比立式和面机的操作工人劳动强度低。（　　）

6. Z形搅拌桨调和能力比Σ形叶片低，但可产生更高的压缩剪力，多用在细颗粒与黏滞物料的搅拌中。（　　）

7. 桨叶式搅拌器结构简单，成本低，适用于揉制韧性面团。（　　）

8. 打蛋机搅拌头不可以根据物料黏稠度进行更换。（　　）

9. 冲印成型设备的压片机的压辊直径依次增大。（　　）

10. 饼干坯料压片，面条、方便面的加工成型设备有面片辊压机和面条机、软料糕点钢丝切割成型机等。（　　）

11. 饼干和桃酥的加工所用的设备有冲印式饼干成型机、辊印式饼干成型机和辊切式饼干成型机等。（　　）

12. 面包、馒头和元宵等的制作成型设备有面包面团搓圆机、馒头机和元宵机等。（　　）

13. 同等情况下，长期使用，电炉比煤气炉性价比高。（　　）

14. 辊切成型设备的压片机的压辊直径转速依次减小。（　　）

15. 辊切成型设备具有辊印和冲印机械的缺点。（　　）

16. 辊印饼干成型机适合生产酥性饼干。（　　）

17. 冲印成型设备适合生产韧性饼干。（　　）

18. 辊切成型设备可以生产韧性饼干，也可以生产酥性饼干。（　　）

19. 曲奇饼干机不是软料糕点成型机。（　　）

20. 液体物料不适合注模成型。（　　）

21. 冲印饼干成型机通常在面带压延后设置一段输送带作为缓冲区，是为避免成型后的酥性饼干生坯膨胀变形。（　　）

22. 远红外射线主要是由红外涂料产生的，根据远红外辐射材料的辐射光谱特性来选取涂料。（　　）

二、填空题

1. 冲印和辊印成型机主要用于在食品生产线上，完成面团的____、____或

____、____以及____等操作。

2. 饼干冲印成型机主要由____机构、____机构、____机构和____机构等部分组成

3. 饼干冲印成型机压片机构与面条机的辊压成型机构基本相同，但通常只经过三道辊压，即头道辊、二道辊、三道辊，压辊直径和辊间间隙依次____，转速则依次____。

4. 饼干辊印成型机，主要由______、______、______、______、______和______等组成。

5. 饼干辊切成型机兼有冲印和辊印成型机的优点。它主要由______、____、______、______、______和______等组成。饼干的成型、切块和脱模操作是由______、______、______和______来实现的。

6. 稠度较低的面团既有良好的可塑性，又能在外力作用下产生适当的流动，这种面团一般采用______成型，使产品形成美丽的花纹，比如曲奇饼、奶油浪花酥等。

7. 稠度很低，而且光滑、流动性较强的面料（称为面糊或浆体）适合采用______成型，用______成型制作的糕点有蛋糕、杏元、长白糕等。

8. 生产夹馅软料糕点，需要将料斗______开来，以供同时盛装不同的物料。

9. 元宵成型机的应用克服了手工操作的缺点，它主要由______、______、______和______等组成。

10. 包馅机通常可分为______、______、______、______和______等几种包馅成型方式。

11. 根据热源的不同，烤炉可分为______、______，______和______等。

12. 食品烤炉按结构形式不同，可分为______和______两大类。

13. 钩形搅拌桨的强度高。主要用于调和______物料，如生产蛋糕所需的面浆。

14. 网形搅拌桨是整体锻成网拍形，适用于______物料的调和，如蛋白浆、糖浆、饴糖等。

15. 鼓形搅拌器是由不锈钢丝制成鼓形结构，这种桨搅拌时可造成物料液的湍动。适用于______物料的搅拌，如稀蛋白液。

16. 喂料辊与印模辊尺寸相同，直径一般在200～300mm之间，其长度由相匹配的______宽度而定。

17. 辊切成型机作业时，要求印花辊和切块辊的转动严格保持______、______，否则，切出的饼干生坯将与图案的位置不相吻合。

18. 远红外辐射元件的结构主要由____________、______、______及______等部分组成。

19. 远红外射线的红外涂料选择时，吸收长波的物质选用______辐射涂料；

吸收短波的物质选用______辐射涂料。

20. 微波加热原理是由于______和______的相互作用，偶极子随外加电场方向改变而做的规则摆动产生了类似摩擦的作用而受到干扰和阻碍，使分子获得能量，并以热的形式表现出来，表现为介质温度的升高。

三、选择题

1. 打蛋机操作时，搅拌器高速旋转，强制搅打，被调和物料充分接触并剧烈摩擦，从而实现混合、乳化、______及排除部分水分的作用。

A. 均质　B. 充气　C. 研磨　D. 浓缩

2. 卧式和面机的搅拌容器轴线与搅拌器回转轴线都处于水平位置；其结构简单，造价低廉，卸料、清洗、维修方便，可与其他设备完成连续性生产，但占地面积______。

A. 小　B. 较小　C. 较大　D. 大

3. 卧式和面机生产能力（一次调粉容量）范围______，通常在25～400 kg/次左右。

A. 小　B. 较小　C. 较大　D. 大

4. 双轴式和面机具有卧式和面机的优点。双轴和面机对面团的压捏程度较彻底，拉伸作用强，适合揉制韧性面团。缺点是造价高于卧式和面机，起面______。

A. 困难　B. 较困难　C. 较容易　D. 容易

5. 卧式单轴式和面机结构简单、紧凑、操作维修方便，是我国面食加工中普遍使用的机型。这种和面机只有一个搅拌桨，容易出现抱轴现象，使操作发生困难。因此单轴式和面机只适于揉制______面团；不宜调制______面团。

A. 韧性、酥性　B. 酥性、黏稠

C. 酥性、韧性　D. 黏稠、酥性

6. 滚笼式搅拌器主要由连接板和______个直辊及搅拌轴组成。

A. 1～3　B. 2～4　C. 3～5　D. 4～6

7. 膨化食品、某些颗粒状食品以及颗粒饲料等的加工所用设备有通心粉机、挤压膨化机、环模式压粒机、平模压粒机等，统称为______机械。

A. 注馅成型　B. 挤压成型

C. 辊切成型　D. 拉花成型

8. 槽形辊供料装置作用是将面料挤向下面的压力平衡腔，这种装置的优点是结构简单，便于制造，缺点是根据面料______的不同，需及时更换供料装置。

A. 颜色　B. 质量　C. 稠度　D. 颗粒大小

第四章　肉制品加工设备

第一节　肉制品生产概述

一、肉制品加工流程

以蒸煮香肠加工为例。

1. 蒸煮香肠加工工艺流程

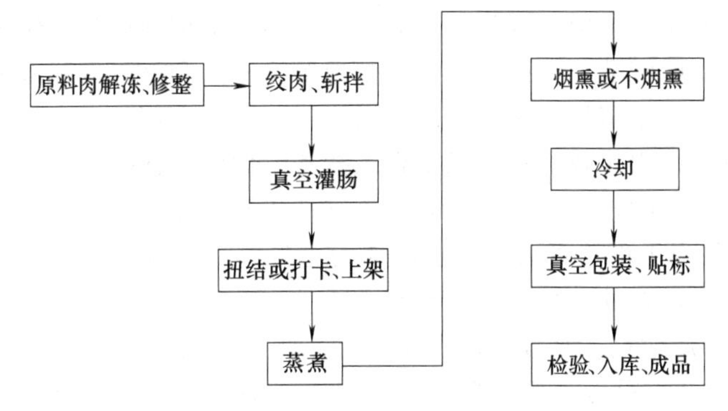

2. 蒸煮香肠加工主要设备流程

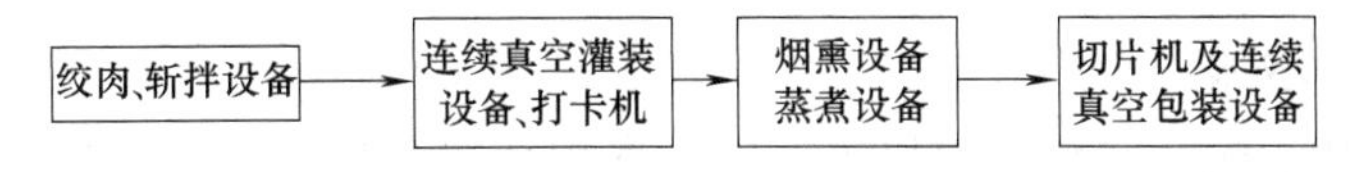

二、肉制品加工工艺要点

1. 原料肉的选择与预处理

选择适宜的原料肉是保证肉制品质量的首要因素，对于高档产品，应以100％猪后腿肉为原料，并经充分冷却、排酸，肉温控制在2℃，pH5.8～6.4

(臀肉上部浅层测定值为准)。低档的产品，则可适当添加鸡胸肉及其他肉类，以降低成本。原料肉处理的主要目的是保证每块肉都达到均衡一致的结合力，即使是小块肉也能很好地结合在一起。为此需将肉块上所有可见脂肪、结缔组织、血管、淋巴、筋腱等修除干净，再切成厚度不大于 10cm，质量约在 250g 的肉块，以使肉块增大表面积，利于可溶蛋白质的抽提。

2. 盐水配制

盐水配制的三个要点：一是根据产品类型及出品率要求准确计算盐水中各添加剂量；二是保证各添加料充分溶于水中；三是控制盐水于较低温度。

按照产品配方配制盐水，应按需配制，当天用完。因为放置时亚硝酸盐的还原会导致其浓度逐渐下降，从而影响火腿发色效果。在实际生产中，一般是按照不超过当天实际用量的 10%配制盐水。将添加剂投放于水中的顺序关系到其溶解性。生产上行之有效的方法之一，是将不溶性香辛料熬煮后过滤，取其香料水，冷却至 2℃，溶入复合磷酸盐，再依次加入糖、食盐、卡拉胶、亚硝酸钠等逐一溶解，最后加入维生素 C 和香精等。盐水温度可通过添加冰块调节在不高于 2℃，但应注意的是冰块融化后的重量应预先考虑从添加水量中扣除，且冰块投入时间应是在添加剂完全溶解于水中之后，否则干粉料可能附着于冰块上而难以均衡溶于水中。盐水保持较低温度是使产品色泽稳定及延长储藏期的重要因素。

对于低档的熏煮火腿，因为其出品率高，尽可能增强原料肉保水性也就极为重要。为此添加磷酸盐、卡拉胶、大豆蛋白等增稠剂和保水剂起着关键作用。目前肉品加工业已有众多提高保水性的盐水注射剂可供选用。在自行配制盐水注射时，磷酸盐可考虑用焦磷酸盐、三聚磷酸盐和六偏磷酸盐按一定比例复合，并且钠盐和钾盐适当调配，使溶液中不同离子维持渗透平衡，增加肉表面保水性。加工出品率 150%以上的熏煮火腿均需添加大豆蛋白及卡拉胶等增稠剂，盐水配制时应保证这些添加料的充分溶解。此外，含卡拉胶的盐水在注射前可静置 20～30min，使之均质增稠。高效优质保水添加剂的开发已使加工出品率达 175%～200%的经济型低档熏煮火腿成为可能。当然其加工除上述措施外，还包括调整配方、滚揉结束前添加适量淀粉等。

3. 注射和嫩化

配制的盐水应及时注入肉块中，出品率越高的产品，对盐水注射机的性能要求也越高，最好是注射 2 次，同时根据肉块大小调节适宜的压力（肉块大则用较高压力)，以保证盐水充分进入肉块。盐水注射机应随时保持清洁，不洁针管最易污染肉块，可导致肉块变色，并降低产品储藏性。针头发钝，容易撕裂肉块表面，影响注射效果，应立即更换。注射后嫩化是出品率高于 130%的产品必不可少的工序。可选用嫩化机与盐水注射相连的设备，使嫩化紧接盐水注射之后。肉块经过嫩化增加了表面积，可吸收更多的水。经嫩化工序后，仍未吸收的水则倒入肉块中，进入下一工序。

4. 滚揉

肉块滚揉的作用是辅助吸收盐水，增加盐溶蛋白的萃取和软化肉块。随加工技术的不断进步，已有不同类型、功能各异的滚揉机可供厂家按需选用。高性能滚揉机也已相当普及，这为优质熏煮火腿的加工提供了保证。

肉块装入滚揉桶内时，肉量应控制在滚揉机有效容量的1/3左右，可保证肉的有效按摩。肉块过多，效果不佳，肉块过少，滚揉时间则应延长。一般滚揉时间可控制在4h左右。

肉块经数小时滚揉后让其有一静置阶段，使之进一步腌制，对保证肉料充分发色，吸收剩余水分，保证产品良好的组织结构是很重要的。此阶段应持续12h以上，但也不宜过长。可将滚揉后的肉块装入容器，加盖后移入冷室，在2～4℃静置过夜即可。滚揉后肉块由于大量蛋白质溶出，对于微生物是极佳的营养基，此阶段低温和良好的卫生条件对抑制有害菌生长也就尤为重要。

5. 充填灌装

腌制后肉块可采用肠衣、收缩膜或金属模具充填灌装为圆形、方形或所需形状。如果选用肠衣灌装，则建议采用易剥纤维肠衣。如选用真空收缩膜对保证产品质量更为有益。在蒸煮、冷却及储存阶段，收缩膜紧贴于肉上，产生的机械压力有助于防止水分析出或胶质分离，也可有效预防再污染，延长保存期，并且袋上可直接印制产品说明和商标，减少二次包装，节省包装材料，易于产品储存运输。

6. 蒸煮

蒸煮方法因不同厂家及不同产品类型在工艺参数上略有所差异。总的要求是在保证产品感官特性、可储藏性和卫生安全性的前提下，尽可能缩短蒸煮时间，节约能源。对于出品率低（例如＜115%）的产品，热加工至中心温度达68℃即可。而出品率较高的产品，需加热至中心温度72℃。因为出品率高的产品为提高肉结合水的能力，一般添加有卡拉胶等辅料，这些辅料需在较高温度下才能发挥其保水性能。此外，水分含量高则产品水分活度（A_w）值也高，中心温度相对提高有助于保证其储藏性。例如出品率为170%的产品，为安全起见，热加工至中心温度需达75～80℃。应根据实际生产条件探索节约能源、缩短热加工时间的方法。可将蒸煮器温度设置为高于盐水火腿所需中心温度之上8℃，若出品率为130%的产品需达72℃，则蒸煮器温度可设置为80℃，在蒸煮至产品中心温度距所需值尚差2℃，即达70℃时，即可关闭蒸煮器，中心温度仍会继续上升至72℃。蒸煮可用蒸汽法或水浴法，节能蒸煮法是用相对湿度100%的饱和蒸汽蒸制。

熏煮火腿蒸煮后应尽快冷却，使中心温度降至28℃，迅速越过30～40℃这一微生物具极强生长势能的温度区域，以保证产品的可储藏性。如果蒸煮器没有自动冷却淋水系统，应立即移入淋浴室，用10℃左右的冷水进行冲淋。最好是采用间歇式淋浴法，可利于热交换，节约用水量。当产品中心温度降至28℃后，则停止淋浴，间隔一段时间，使表面水分蒸发后再移入冷却室，以避免在冷却室造成湿度的不利上升。产品在冷却室内应放置12h以上，冷却至中心温度2℃，使肉蛋白质与残余水分达到最佳结合状态，再外包装后储存出售。

7. 烟熏

盐水火腿蒸煮后可烟熏或不烟熏。若再进行烟熏处理，可使火腿外表呈红棕色，具烟熏风味。

第二节　分割机械设备

在食品加工过程中，经常需要对原料进行切片、去端、切块、切碎等处理，以适应不同类型食品的质量要求，故要用到分割机械。

分割过程是利用切刀锋利的刃口对物料作相对运动来达到切断、切碎的目的。相对运动的方向基本上分为顺向和垂直的两种。为了使被切后的物料有固定形状，切割设备中一般应有物料定位机构。

一、斩拌机

斩拌机的作用是将去皮、去骨的肉块斩成肉糜，并将同时渗入的调味品及用以降温的冰屑一起斩拌，故称作斩拌机。大型斩拌机是生产午餐肉罐头的主要设备之一。小型斩拌机可用于加工灌肠、油炸丸子、肉饼、包子等的肉料。

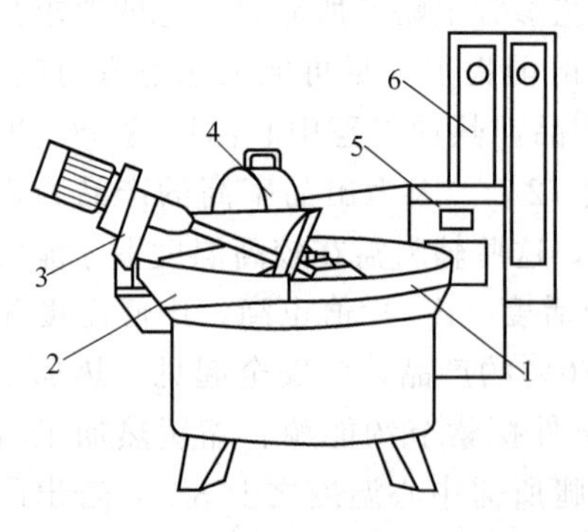

图4-1　GT6D9A型非真空斩拌机
1—斩肉盘；2—出料槽；3—出料部件；4—刀盖；5—电器系统；6—启动控制箱

斩拌机分真空斩拌机和非真空斩拌机。前者是在负压条件下工作，它具有卫生条件好、物料温升小等优点。后者不带真空系统，在常压下工作。以国产GT6D9A型非真空斩拌机为例介绍其主要结构（图4-1）。

它主要由传动系统、斩肉刀、刀轴、刀盖、出料转盘、防护罩、电器系统等组成。

1. 传动系统

该机传动系统如图4-2所示，由三台电机

分别带动斩肉盘、刀轴和出料转盘。电动机 YD_1 经三角带轮 3、4，带动蜗杆轴回转。蜗杆 5 传动蜗轮 6，蜗轮 6 通过棘轮机构使斩肉盘 8 单向回转。电动机 YD_2 经三角带轮 2、1，带动刀轴高速回转。电机 YD_3 通过斜齿轮 Z_1、Z_2、Z_3、Z_4 减速后带动出料转盘回转。斩肉时出料转盘抬起不转，欲出料时，将出料转盘放下，通过定位块使其和斩肉盘之间保持适当的间隙。此时，装在支架上的水银开关闭合而导通电路，出料转盘回转，将已斩拌好的肉料，经出料槽装入运料车。

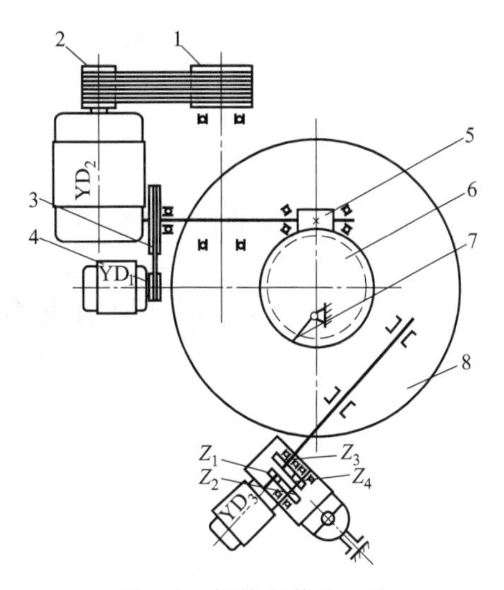

图 4-2 斩拌机传动系统

1,2,3,4—三角带轮；5—蜗杆；6—蜗轮；7—棘轮机构；8—斩肉盘

2. 刀轴装置及斩肉刀

刀轴装置及斩肉刀见图 4-3。为了防止斩肉刀与斩肉盘的内壁发生干扰，在刀轴上安有若干调整垫片 3。调整时用专用扳手松开螺母 1，通过垫片厚度的增减和斩肉刀上的长六角形孔，可调整斩肉刀与斩肉盘内壁之间的间隙。该间隙一般为 5mm 左右。

斩肉刀刃口曲线为与其回转中心有一偏心距的圆弧线，故刀刃上各点的滑切角是随回转半径的增加而增加，从而使刀轴所受阻力及阻力矩较为均匀。

3. 刀盖

为了保证安全，斩肉时用刀盖把斩肉刀盖起来，同时也防止肉糜飞溅。刀盖上装有水银保护开关，当揭开刀盖时，水银开关将电路切断（电动机不能启动）。盖上刀盖时，应使盖形螺母与锁紧垫圈紧密贴合，以防电路接触不良。

4. 出料转盘装置

其主要组成部分如图 4-4 所示。整个装置通过固定支座 4 搁置在机架碗形外壳悬伸的心轴上，使之能作上下、左右的空间运动。其工作过程为，欲出料时拉下出料转盘，使出料转盘 7 置于斩肉盘环形槽内。此时，支座上的水银开关导通电路，电动机运转，经减速器驱动出料转盘轴，带动出料转盘 7 回转，将肉糜从斩肉盘内带出。由于出料挡板 6 的阻挡，肉糜便落入出料斗内。出料后，将转轴套管抬起，使该装置处于待工作状态。此时，水银开关自动切断电路，出料转盘停止运转。

二、绞肉机

绞肉机的用途比较广泛，既可用于午餐肉罐头的肉料加工，也可用于香肠、

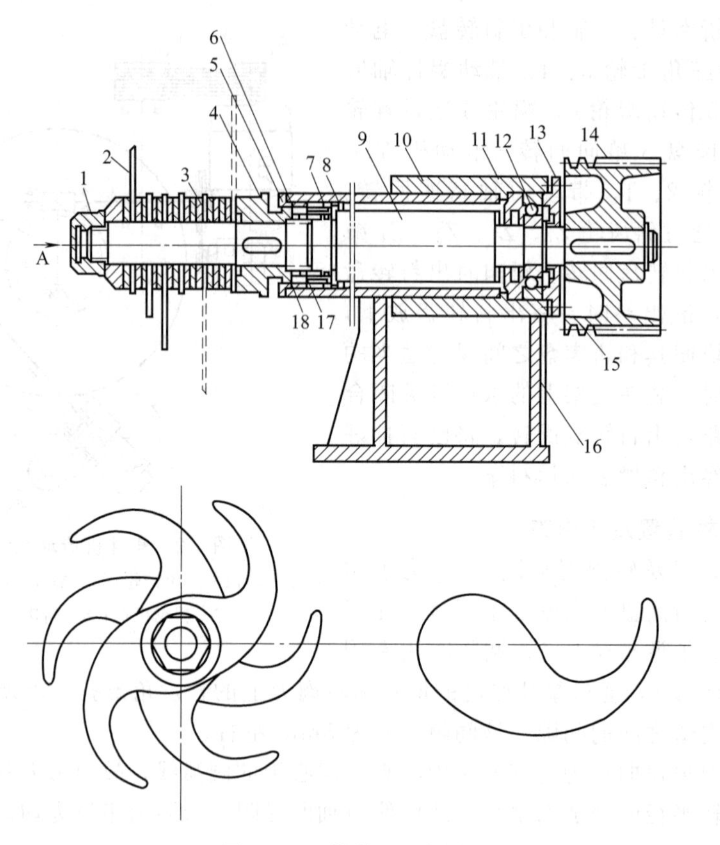

图 4-3 刀轴装置及斩肉刀

1—螺母；2—斩肉刀；3—垫片；4—六角油封；5—轴承压盖；6—锁紧螺母；7—双列短滚子轴承；8—套子；9—刀轴；10—轴套；11—轴承盖；12—单列向心球轴承；13—轴承压盖；14—三角带轮；15—卡环；16—刀轴座；17—挡圈；18—隔套

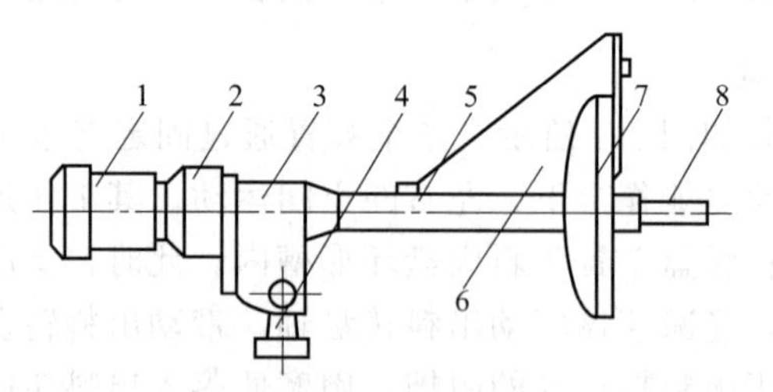

图 4-4 出料转盘装置

1—电动机；2—减速器；3—机架；4—固定支座；5—套轴；6—出料挡板；7—出料转盘；8—转轴套管

火腿、肉包、烧卖、肉饼、馄饨、鱼丸、鱼酱等的肉料加工，还可混合切碎蔬菜等。

1. 绞肉机结构

不同机型的结构有所差别，但其基本部分和工作原理是一致的。图 4-5 所示为一种绞肉机的结构。其结构主要由料斗、螺旋供料器、十字切刀、格板、固紧螺帽、电动机、传动系统及机架等组成。螺旋供料器的螺距向着出料口（即从右向左）逐渐减小，而其内径向着出料口逐渐增大(即为变节距螺旋)。

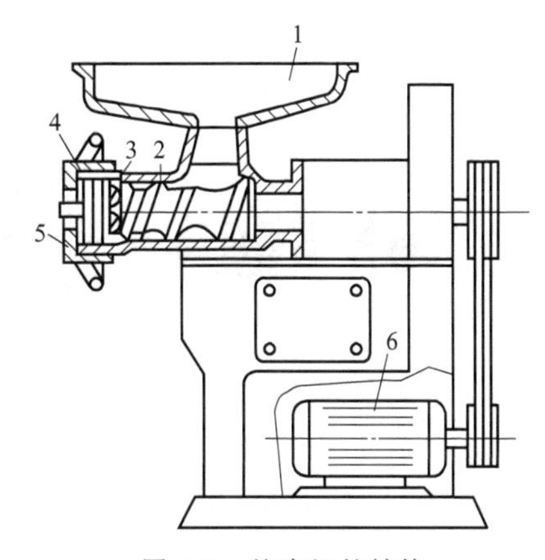

图 4-5 绞肉机的结构

1—料斗；2—螺旋供料器；3—十字切刀；4—格板；5—固紧螺帽；6—电动机

2. 绞肉机工作过程

绞肉机工作过程为，料斗内的块状物料依靠重力落到变节距螺旋上，由螺旋产生的挤压力推送到格板。这时因为总的通道面积变小，肉料前方阻力增加，而后方又受到螺旋推挤，迫使肉料变形而从格板孔眼中前移。这时旋转着的切刀紧贴格板把进入格板孔眼中的肉料切断。被切断的肉料由于后面肉料的推挤，从格板孔眼中挤出。

3. 绞肉切刀

绞肉切刀一般为十字切刀，切刀形状见图 4-6。刀口要求锋利，使用一个时期后，刀口变钝，此时应调换新刀片或重新修磨，否则将影响切割效率，甚至使有些物料不是切碎后排出，而是由挤压、磨碎后成浆状排出，直接影响成品质量。据有些厂的研究，午餐肉罐头脂肪严重析出的质量事故，往往与此原因有关。装配或调换十字刀后，一定要把固紧螺母旋紧，才能保证格板不动，否则因格板移动和十字刀转动之间产生相对运动，也会引起对物料磨浆的作用。十字刀必须与格板紧密贴合，不然会影响切割效率。

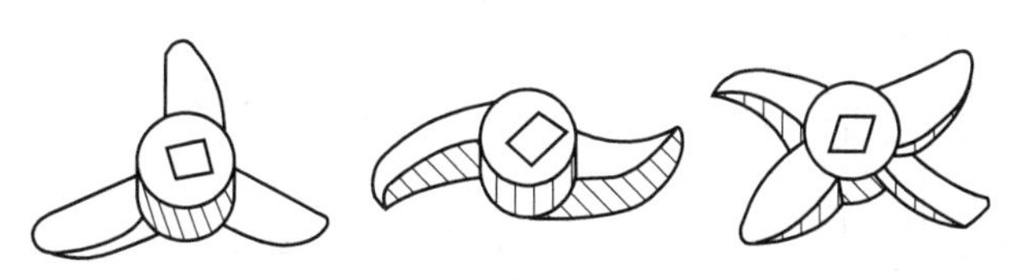
图 4-6 切刀形状

4. 螺旋供料器

螺旋供料器安装示意图见图 4-7。要防止螺旋外表与机壁相碰，若稍相碰，马上损坏机器。但它们的间隙又不能过大，过大会影响送料效率和挤压力，甚至使物料从间隙处倒流，因此这部分零部件的加工和安装的要求较高。

绞肉机的生产能力不能由螺旋供料器决定，而由切刀的切割能力来决定。因

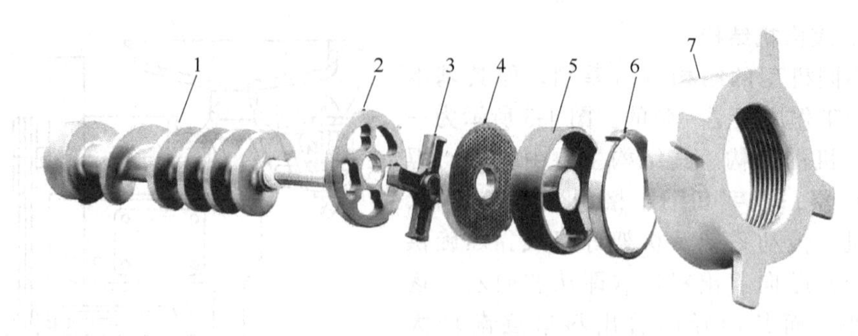

图 4-7 螺旋供料器安装示意图

1—螺旋供料器；2—粗格板；3—十字切刀；4—细格板；5—密封圈；6—垫圈；7—固紧螺帽

为切割后的物料必须从孔眼中排出，螺旋供料器才能继续送料，否则，送料再多也不行，相反会产生物料堵塞现象。

第三节 灌肠打卡机械设备

一、灌肠机

它是将经过真空搅拌后之肉糜倒入盛肉罐内，由活塞作用对肉糜进行挤压，通过出料口灌到人造肠衣或天然肠衣中，形成各种肉肠。灌肠机活塞移动的动力有手摇动、机械传动及油压、水压、气压等，目前多采用油压系统。本机由机座、油泵油路系统、挤肉活塞、盛肉缸等组成，如图 4-8 所示。操作开始时，将肉糜装满盛肉缸 4，盖好顶部盖子 2 并拧紧螺钉，这时启动电动机 13，带动齿轮油泵 12，压力油经油路系统推动下活塞 15 向上升，这时上活塞 16 随着上升使肉糜受挤压，从出料口 17 灌入肠衣内，当缸内的肉糜用完时，转动手柄 6 控制油路通入下活塞 15 上方，由油的压力作用使之下降，这时上部活塞随着下降到底部，完成一个周期的操作。

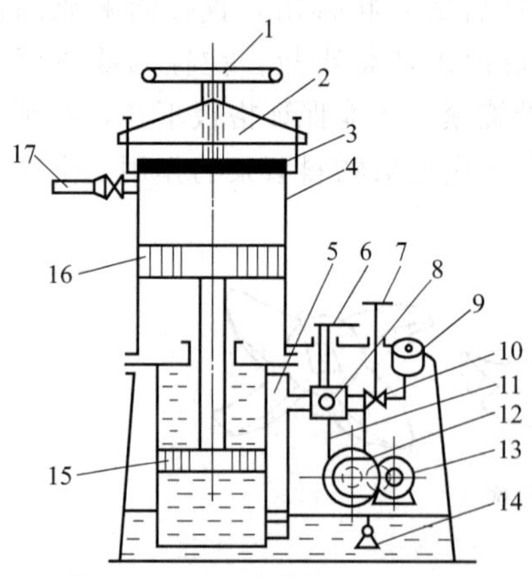

图 4-8 油压式灌肠机示意图

1—手轮；2—盖子；3—压板；4—盛肉缸；5—出油管；6,7—手柄；8—油路分配器；9—压力表；10—阀门；11—回油路；12—齿轮油泵；13—电动机；14—滤油器；15—下活塞；16—上活塞；17—出料口

这种灌肠机操作省力，压力也较稳定，基本上能保证工艺要求，但属于间歇操作。

二、打卡机

打卡机分自动双打卡机和台式打卡机两种。自动双打卡机有用U形卡、铝线和长城卡的三种打卡机，台式打卡机有不拉伸肠衣的普通台式打卡机和台式拉伸打卡机（用于生产火腿，将肉块压紧后，再行打卡）。

1. 普通台式打卡机

生产台式打卡机的国内外工厂很多，有用铝线的，也有用卡钉的，现介绍德国铁诺帕克台式打卡机。它使用的是E系列的U形卡，由于打卡机的型号不同，它们使用的铝卡也不相同。

2. 台式拉伸打卡机

本打卡机适合需要将内容物压得紧实的火腿和西式灌肠的打卡。它的操作与普通台式打卡机不同的地方是，被灌制的单根肠需要在打卡端头，富余一段（约10mm）肠衣，供拉紧内容物后，再行打卡，切断多余的肠衣后成为成品。

3. 全自动（长城卡、平卡）双打卡机

例如德国的保利卡全自动打卡机，该机使用长城卡钉。把有收缩性的人造肠衣套在充填管上，然后两个锤卡同步地打在一节香肠的末端和另一节香肠的首端。此设备用电子控制，它比传统的电气和机械系统控制有更好的灵敏性和可靠性。此打卡机通过充填管和脉冲同步电缆把打卡机和连续真空灌肠机联用。打卡机和灌肠机的分份单元是同步的，机械打卡、上结绳和切断肠衣也是同步的。借助设备上的滚轮，该机可随意扳动，并校正到与灌肠机的充填出口相应的高度。自动肠衣切换装置的作用是通过拉紧剪放松肠衣切换环来调节灌肠的饱满度。双管充填是两个灌肠管交换使用，更换肠衣用的时间可减少到最少的程度，此附加的灌肠管，也可经济地生产环形香肠。气动操作的线绳分配器，其线绳的长度可由香肠的长短来决定，线绳挂到烟熏架上，可避免出现胀气，污染产品的标志。保利卡打卡机还可以安装一附加打印装置，在打卡过程中，日期和编码可在卡钉上打印出来。

第四节　蒸煮机械设备

一、蒸煮目的与分类

1. 蒸煮的目的

有些肉制品是不需要进行加热的，如萨拉米香肠类，在家庭食用之前加热的

带骨火腿、鲜香肠及培根等。但一般的制品则需要在加工过程中进行加热、蒸煮。肉制品蒸煮的目的如下。

(1) 使肉黏着、凝固，产生与生肉不同的硬度、齿感、弹力等物理性变化，固定制品形态使制品可以切成片状。

(2) 使制品产生特有的香味、风味。

(3) 稳定肉色。

(4) 消灭细菌，杀死微生物和寄生虫，同时提高制品保存性。

2. 蒸煮机械与设备的分类

一般可分为间歇式和连续式两大类。间歇式有预煮槽和夹层锅等，连续式可分为链带式和螺旋式两种，链带式则有刮板带式和斗槽带式，螺旋式有水平和倾斜的两种。

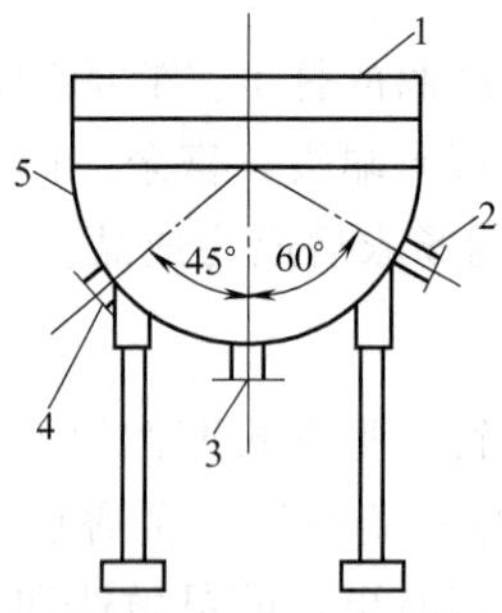

图 4-9 固定式夹层锅
1—锅盖；2—进气管；3—排料管；4—冷凝水排出管；5—锅体

二、夹层锅

夹层锅又叫双层锅或双重釜等，常用于物料的烫漂、预煮、调味料的配制及煮制一些浓缩产品。按深度可分为浅型、半深型和深型。按结构有固定式和可倾式。

1. 固定式夹层锅

固定式夹层锅（图 4-9）由锅体 5、冷凝水排出管 4、排料管 3、进气管 2 及锅盖 1 组成。

2. 可倾式夹层锅

可倾式夹层锅结构图见 4-10。锅体用轴颈装在支架两边的轴承上，轴颈是空心的，蒸汽管从这里伸入夹层中，周围加隔热填料。冷凝水从夹层最底部排

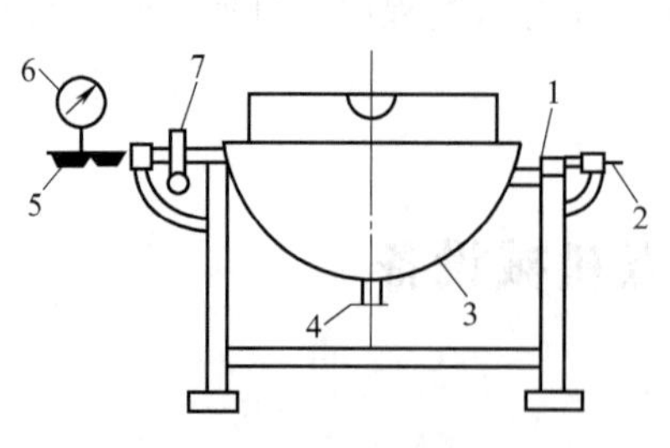

图 4-10 可倾式夹层锅
1—填料盒；2—冷凝水排出管；3—锅体；4—排料管；5—进气管；6—压力表；7—倾覆装置

图 4-11 可倾式夹层锅外观

出。倾覆装置上有手轮和蜗轮蜗杆，蜗轮与轴颈固接，当摇动手轮时，可将锅体倾倒和复原，用以卸料。可倾式夹层锅外观见图 4-11，蜗轮蜗杆结构见图 4-12。

3. 带有搅拌器的夹层锅

当锅的容积大于 500L 或用作加热黏性物料时，夹层锅常带有搅拌器，如图 4-13 所示。搅拌器的叶片有桨式和锚式，转速一般为 10～20r/min。带搅拌器的夹层锅外观见图 4-14。

图 4-12 蜗轮蜗杆结构

1—蜗轮；2—蜗杆

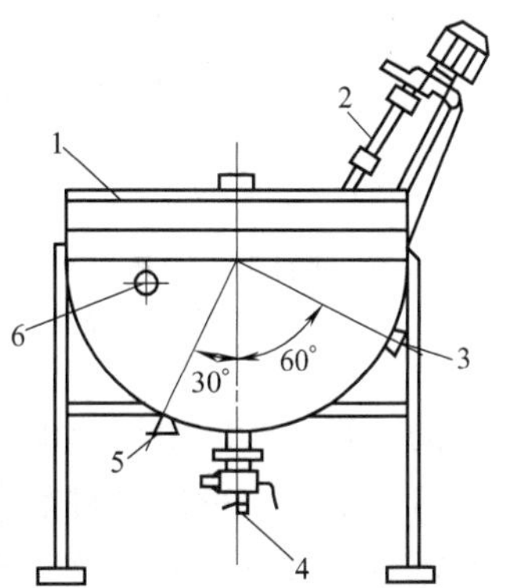

图 4-13 带有搅拌器的夹层锅

1—锅盖；2—搅拌器；3—蒸汽进口；4—物料出口；5—冷凝液出口；6—不凝气体排出口

三、链带式连续预煮机

链带式连续预煮机如图 4-15 所示，它主要由钢槽、刮板、蒸汽吹泡管、链带和传动装置等组成。外壳与钢槽为一体，刮板焊接在链带上，链带背面有支撑。为了减少运行中的阻力，刮板上有小孔。压轮使链板从水平过渡到倾斜状态。压轮和水平部分的刮板均在煮槽内。煮槽内盛满水。

图 4-14 带搅拌器的夹层锅外观

作业时水由送入蒸汽吹泡管的蒸汽进行加热，物料从进料斗随链带移动，并被加热预煮，最后送至末端，由卸料斗排出。蒸汽吹泡管上开有小孔，靠近料口端孔多，靠出料口端孔少，以使物料进入后迅速升高到预煮温度。为防止蒸汽直接冲击物料，小孔的出口主要面向两侧，这样还可加快槽内水的循环，水温比较均匀。舱口是为了排水排污用的。槽底有一定的倾斜，舱口端较低。倘若物料在入口处受污染，还可以进一步在预煮过程中清洗和杀菌，舱口盖必须密封，同时应便于打开。溢流管是保持水

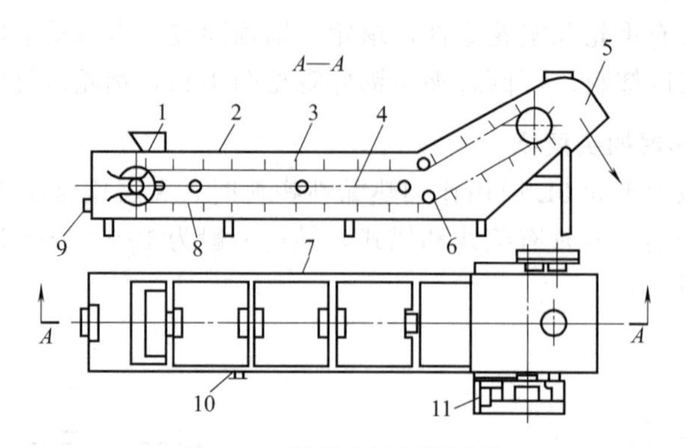

图 4-15 链带式连续预煮机

1—进料斗；2—槽盖；3—刮板；4—蒸气吹泡管；5—卸料斗；6—压轮；
7—钢槽；8—链带；9—舱口；10—溢流管；11—调速电动机

位稳定用的。预煮时间由调速电机或更换传动轮调节链板速度来控制。煮槽上面有槽盖，盖在煮槽边缘的水封槽内，以防蒸汽泄漏。

这种设备的特点是能适应多种物料的预煮，不论物料形状是否规则和在水中处于何种状态均可使用。物料经预煮后机械损伤少，其缺点是清洗困难，维修不便，占地面积大。

四、螺旋式连续预煮机

螺旋式连续预煮机如图 4-16 所示，主要由壳体、筛筒、螺旋、盖和卸料装置等组成。筛筒装在壳体内，螺旋在筛筒中心轴上，筛筒浸没在水中，蒸汽从进气管通过电磁阀分几路从壳体底部进入机内直接对水加热。中心轴由电机和变速装置传动。从溢水口溢出的水用泵送到储存槽内，再回流到预煮机中使用。

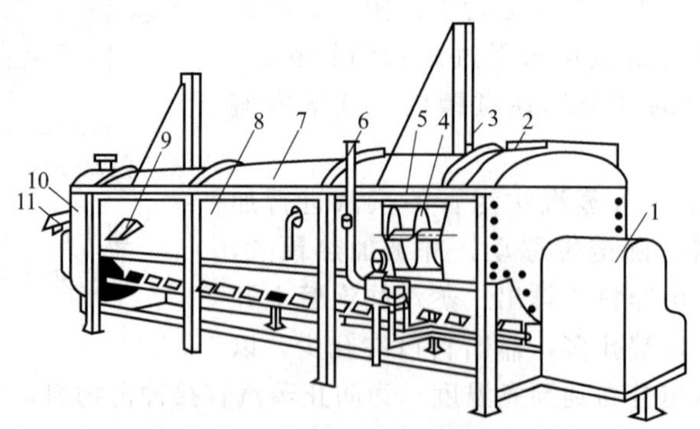

图 4-16 螺旋式连续预煮机

1—变速装置；2—进料口；3—提升装置；4—螺旋；5—筛筒；6—进气管；
7—盖；8—壳体；9—溢水口；10—出料转斗；11—斜槽

工作时物料经进料口 2 落到筛筒内，通过螺旋运输将物料送至出料转斗 10 中卸出，物料在通过筛筒时被加热预煮。预煮时间由螺旋转速调节，盖由提升装置开启。

螺旋式连续预煮机优点是结构紧凑，占地面积小，运行平稳，进料、预煮温度和时间及用水等操作能自动控制，在国内外大中型罐头厂广泛应用。缺点是对物料品种的适应性较差，充填系数较低，只达 50%左右。在进料处由于物料上浮使螺旋中的填充系数较低，只达 50%左右。

五、蒸汽热烫机

蒸汽热烫机通常采用蒸汽隧道与传送带结合的结构（图 4-17）。产品在传送带上的堆积密度需要特别注意，它是决定产品与蒸汽接触所需时间长短的因素。

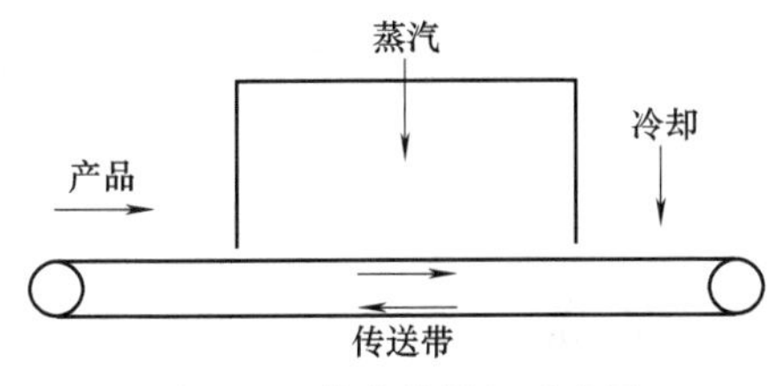

图 4-17 蒸汽热烫机示意图

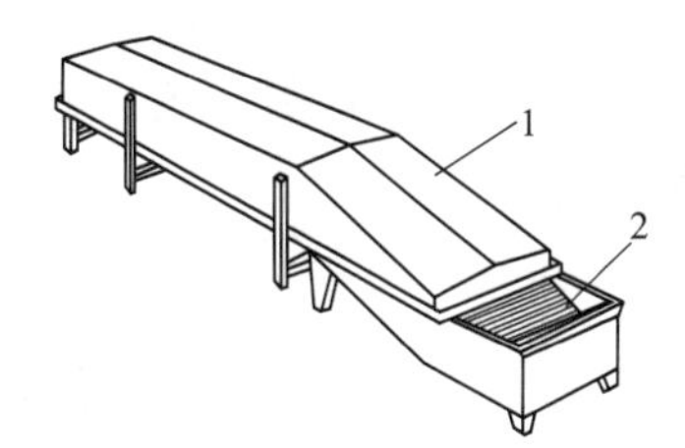

图 4-18 水封进料式蒸汽热烫机
1—绝热蒸汽室；2—水封进料槽

按进料方式不同，蒸汽热烫设备又分为水封进料式蒸汽热烫机和转鼓进料式蒸汽热烫机。

图 4-18 所示为水封进料式蒸汽热烫机，工作时，产品投入水封进料槽后，由传送带提升到蒸汽环境，并送至另一端，离开蒸汽室后，再使产品在空气中或在系统附属的冷却部分进行冷却。经过蒸汽的产品随后在蒸汽室外受到及时冷却。蒸汽热烫机需要解决的一个基本问题是进出料过程确保蒸汽室内的蒸汽不外泄。较简单的方式是采用水封结构（图 4-19），也可以采用密封转鼓进出料装置。

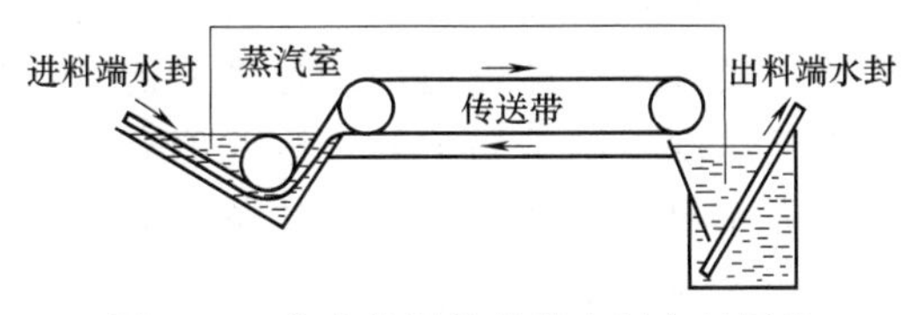

图 4-19 蒸汽热烫机的进出料水封原理

图 4-20 所示为转鼓进料式蒸汽热烫机，工作时产品由转鼓进料装置引入到室内的传送带上。采用该装置可控制传送带上的物料流量，同时可节省热烫系统总的蒸汽耗量。蒸汽在隧道内均匀分布，并利用多支管将蒸汽送到传送带的关键

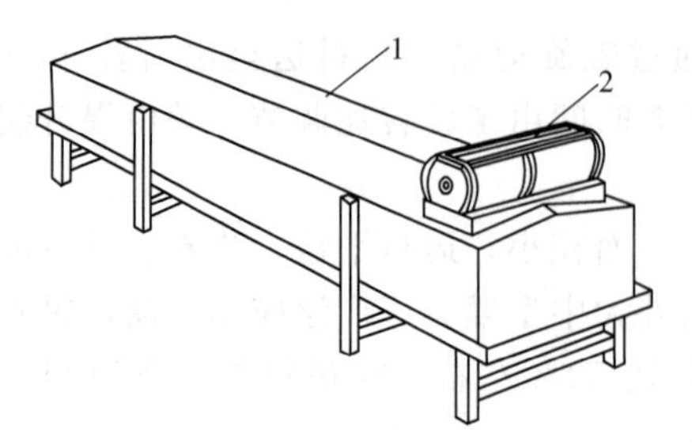

图 4-20　转鼓进料式蒸汽热烫机

1—绝热蒸汽室；2—转鼓进料装置

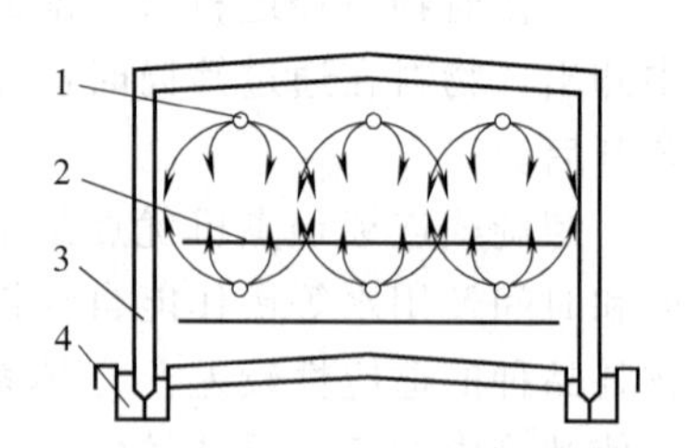

图 4-21　蒸汽热烫机截面结构

1—蒸汽分配管；2—传送带；3—绝热双层壁；4—水封

区段。然后产品在另一端离开，并在邻近冷却系统中进行冷却。

图 4-21 所示为蒸汽热烫机截面结构。其壳体和底均为双层结构，并且壳与底通过水封加以密封。蒸汽室的底呈一定斜度，可使蒸汽冷凝水流入水封槽溢出。

第五节　烟熏设备

烟熏干燥设备用于各种肠制品及块状肉制品的熏烤、蒸煮和干燥工序中，从而实现熟化、烟熏、灭菌的工艺目的。目前国内外的烟熏炉基本上都采用 PLC 程序（可编程序控制器 Programmable Logic Controller，简称 PLC）控制，通过对工艺程序的选择，可完成冷熏、热熏、干燥和烘烤等功能，并可以方便地进行功能转换。

一、烟熏炉原理

设备采用气体循环的原理实现热和烟交换的工艺目的。机组的核心是由进气道、加热机组和出气道组成完善的循环系统。烟与热气的混合气体通过两组在位置上相对的导气管的锥形喷嘴交替进入烟熏室内，由于下部形成的涡流区域，降低了出口的流速，使混合气体以适当的速度平衡而均匀地通过悬挂在烟熏室空间的肉制品，出气速度控制是均匀的，因此能充分利用能源，保证最佳的工艺效果。每个循环程序根据各种产品的工艺条件编制并输入到自动控制系统，完成加热、增湿、加入新鲜空气、烟熏混合四个操作，并且每个程序段都可以分开控制，根据制成品和加工工艺的不同，可按照各自的要求来控制操作程序。

烟熏炉的烟是由另一分离的隔板间所产生。产生烟的方法是用电加热木屑或木粒，但最先进的方法是用木棒摩擦产生烟气，经过滤后由风扇送入炉内。好的烟熏炉在隔板间还有降温的系统，保证所进的烟气温度在 20℃以下，供萨拉米肠冷熏发酵使用。

目前，国内的烟熏炉以单门二车、双门四车为主，而国外的烟熏炉除上面两种外还有单门四车、单门六车及双门四车等多种。进口的烟熏炉烟气的循环强度以及节能电控部分，精确度好于国内。

大部分西式肉制品如灌肠、火腿、培根等，均需经过烟熏，我国许多传统的特色肉制品，如湘式腊肉、川式腊肉、沟帮子熏鸡等产品，也要经过烟熏加工，用以提高产品的色、香、味，同时进行二次脱水，以确保产品质量。烟熏炉类型较多，如直火式烟熏炉、半自动烟熏炉、全自动蒸熏炉等。

二、直火式烟熏设备

直火式烟熏设备由于依靠空气自然对流的方式，使烟在直火式烟熏室内流动和分散，存在温度差、烟流不匀、原料利用率低、操作方法复杂等缺陷，目前只有一些小型企业仍在使用。

三、全自动烟熏炉

全自动烟熏炉主要由熏烟发生装置和烟熏室两部分组成。对烟熏室的要求是温度、发烟和湿度可自由调节，熏室内熏烟能够均匀扩散，通风条件好，并且能够安全防火，使用经济，操作方便。简易的烟熏装置是木质内侧面，四周包上薄铁皮，上部设有可以启闭的排气设备，下部设通风口。大型工厂普遍使用操作条件可以预先设定的现代化熏室。

熏室内的空气由鼓风机强制循环，使用煤气或蒸汽作为热源。自动控制温度，通过循环热风使制品与室内空气同时加热，到中心温度达到要求为止。再用熏烟发生器从熏烟入口导入熏烟，烟熏和加热同步进行。另设有湿度调节装置，调节循环加热的热风，以减少制品损耗，加速制品中心温度的上升。

熏制时，熏烟从装置的上部和引进的空气一起送入加热室，由第一加热排管加热，经烟道，由第一扩散壁控制流速和流量，送入熏制室。在熏制室设置有第二加热排管，必要时可启动工作。一部分熏烟从排气管中排出，另一部分通过第二扩散壁送入上部送风室循环使用，由挡板控制。这种强制送风式烟熏室需要熏烟发生装置。锯屑输送机输送的锯屑通过引入的压缩空气定量地送入燃烧室，由加热空气引起锯屑燃烧，产生的烟从上部的送风机经过除尘器送入熏制室（图 4-22）。烟熏装置烟熏时，在烟熏室内悬挂制品量要适当，过多制品之间或制品和室壁之间会相碰，使烟无法通过。这样不但会使制品出现斑驳，影响外观，还易导致腐败；过少就会加快温度变化，使制品易产生烟熏环。制品进入烟熏室后，要进行预干燥后再发烟、烟熏所需的时间和温度，与制品种类、制造方法或前后的制造工序条件等有关。

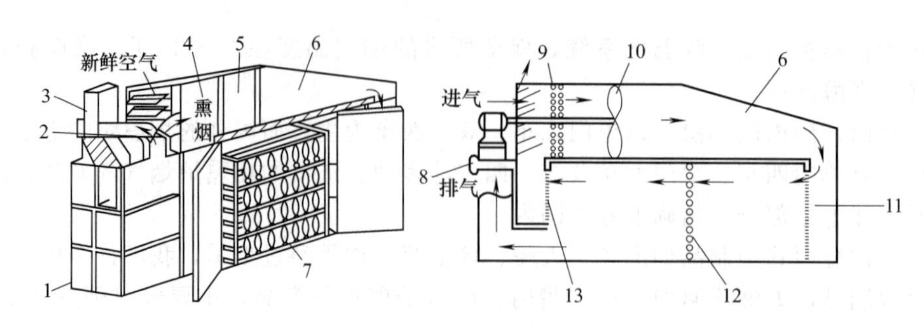

图 4-22 烟熏装置

1—熏烟发生装置；2—挡板；3—排气管；4—加热室；5—送风室；6—烟道；7—熏制室；8—熏烟入口；9—第一加热排管；10—风机；11—第一扩散壁；12—第二加热排管；13—第二扩散壁

第六节 肉制品包装机械设备

包装是所有肉制品的必需工序，其目的是延长肉制品保存期，赋予产品良好外观，提高产品商品价值。肉制品包装总的要求是尽量缩短加工后放置时间，马上进行包装；尽可能选择对光、水和氧具隔离作用的薄膜材料；针对不同产品商品要求采用适宜的包装方式；严格包装卫生条件。

一、肉品包装分类

肉制品包装方法可分为贴体包装和充气包装两大类。详细划分可包括除气收缩包装、真空包装、气调包装、拉伸包装、加脱氧剂包装等。常用方法为真空包装和气调包装。

1. 贴体包装

贴体包装方法有两种：一种是把制品装入肠衣后，直接把真空泵的管嘴插入，抽去其中空气，即除气收缩包装法；另一种是把制品放入密封室内，利用真空把肠衣内部的空气排除的真空包装法。

（1）除气收缩包装　是指将制品装入肠衣后，在开口处直接插入真空泵的管嘴，把空气排除的方法。通常是采用铝卡结扎肠衣，所以缺乏密封性。排除空气的目的在于通过排气使制品和肠衣紧紧地贴到一起，从而提高其保存效果。因此，必须采用具有热收性的肠衣，包装后将其放置在热水或热风中，使肠衣热收缩和制品紧贴在一起。所使用的薄膜是具有收缩性的聚偏二氯乙烯，这种薄膜也可以用于直接填充。使用这种肠衣的制品主要有粗直径的烟熏制品（如背脊火腿、压缩火腿、波罗尼亚香肠、半干香肠）和叉烧肉等。

采用这种包装的制品，通常要进行再杀菌。通过再杀菌，使表面附近的氧分压再次下降，而且可以杀死它表面上污染的微生物，所以如果实施适当的包装操作，就会产生与直接填充包装相近的保存效果，所以此方法是一种既简单又方便的包装方法。

除气收缩包装生产线是由打开肠衣的开口机和除气结扎机组成。利用手动灌肠机进行填充时，需要事先把肠衣一端撑开后再填充，这种利用空气将肠衣撑开的装置称作开口机，而每一根肠类制品填充好后，都需要结扎，在肠衣开口处，插入气用管嘴后，让制品旋转使肠衣扭成结扣，再推入U形卡中，同时给U形卡施加压力，使铝卡变形，完成结扎操作，这就是结扎机的作用。在肉品加工先进生产线，连续式结扎机已广为应用。连续式结扎机是在结扎机上装6～10个管嘴，把填充后的肠类制品的开口端插入管嘴里，依次通过扭结区、排气区、结扎区、结束区，然后让其通过热风通道、热水槽使其热收缩。连续结扎机有悬垂式和静置式两种。

(2) 真空包装　真空深拉包装机必须使用成型模具，先把薄膜加热，而后再用成型模具冲成容器的形状，再进行真空包装。进行深拉包装时，薄膜容器的形状会比被包制品的形状大，也就是说薄膜容器的表面积比被包制品的表面积大。所以在真空包装时，比制品表面积大出的那部分薄膜就会出现皱褶。通常薄膜容器的表面积比圆形制品表面积大7%左右，比方形制品大16%左右，较为复杂的情况是，同时包装数根法兰克福香肠时，制品的表面积比薄膜容器的大6%左右。为了能让薄膜和制品贴紧，在制品的直径方向上薄膜必须拉伸，而在制品长的方向上若不出现收缩现象，就不能产生紧贴效果。如果薄膜不能适应这种条件，在该收缩的地方就会出现皱褶，在该拉伸的地方，不能充分拉伸，就会挤压制品使其变形。这些皱褶，还会影响紧贴效果，在皱褶处容易积存从产品中析出的水分，给细菌繁殖提供条件。另外，它还会使产品表面凹凸不平，若遇到冲击，薄膜很容易破损，造成真空泄漏。为了消除薄膜表面的皱褶，可以通过包装后热收缩使其表面积减少，从而使皱褶伸展开。所用薄膜的厚度是由成型时的深拉比决定的，深拉比越小成型越均匀，薄膜也越薄越好。

包装机生产厂家很多，机型也各有不同，但是其基本构造大致相同。根据加工成型后薄膜所保持的形状，可将包装机分成两种类型：一种是有模型式的，另一种是无模型式的。

无模型式包装机的构造为一组成型用的铸模。加热熔化的薄膜通过成型铸模使其冷却，待其尚未完全凝固时就被推出成型铸模，从这时起薄膜就开始收缩。而有模型式包装机由成型部和真空部组成。这种包装机分为平行排列形和鼓状（筒状）形两种。作为深拉包装制品有块状制品、切片制品、法兰克福肠类制品、维也纳香肠等。另外，切片的培根制品也常用有模型鼓状铸模包装机包装。真空贴体包装形式是利用制品代替包装模子，包装外形就是制品的实际形状，不会出现深拉包装那样的皱褶，而且真空度高。上下薄膜的热黏合是通过被加热呈熔融状态的上薄膜和放制品的下薄膜压合起来的，所以可以抑制从产品中析出的液体。因此，它比其他包装方法所获得的保存效果都好。

通常的贴体包装所使用的底膜的下面，一边吸气一边和加热熔融的上薄膜密封，而且上下薄膜被完全黏合起来。包装肉制品时，要求气密性好，所以使用的底膜和包装机构与普通的贴体包装有所不同。

间歇式真空贴体包装机的真空室由上盖和底容器构成，上盖是可上下升降的热板，底容器也是可上下升降的工作台，工作台带着装有制品的薄膜往下降，然后在底容器的边上盖上薄膜，内部的热板就下降，薄膜就被加热。同时在真空室内进行脱气，薄膜在接近热熔点时，上盖的热板就退回原处。接着工作台又升到底容器边上，这时的产品已被薄膜覆盖起来了，然后恢复常压，薄膜一边被拉伸一边沿着制品密封。

为了提高效率，已开发出连续式贴体包装机，它在包装外观和保存性等方面都优于深拉包装机。这种包装机适用于包装火腿肠、培根、香肠，特别是对形状不规则的肉制品包装，更能体现出它的优势。

2. 充气包装

这种包装也叫气调包装，通常是使用透气性薄膜，并充入非活性气体，大多是采用不同气体组合的气调式。气体包装的作用是防止氧化和变色，延缓氧化还原电位上升，抑制好气性微生物的繁殖。这种包装形式，由于制品和薄膜不是紧贴在一起，包装的内外有温度差，使包装薄膜出现结露现象，这样就看不到包装内的制品了。如果把已被污染的制品包装起来，由于制品在袋中可以移动，所以会使污染范围扩大，同时袋中的露水有助于细菌繁殖。含气包装只适合于在表面不容易析出脂肪和水的肉制品的包装。

气调包装所使用的气体主要为二氧化碳和氮气两种。置换气体的目的是为了排除氧气，充入二氧化碳时，可产生抑菌作用。这是由于二氧化碳的分压增大时，细菌放出的二氧化碳受到抑制，也就是说代谢反应受到抑制。一般来讲，氧气浓度在5%以下才有效。

各种气体对薄膜的透过率顺序为：氮气＜氧气＜二氧化碳。根据大气中气体的组成和包装袋内气体的组成关系，可以看到下列现象，充入氮气时，包装袋里的氧气浓度也随之增大，因为有一部分氧气也随着氮气进到包装袋里，所以包装袋的容积变为原来的1.2倍。充入二氧化碳时，由于二氧化碳的透过率比其他气体都大，所以氧气的进入量比二氧化碳放出的量多，包装袋的容积就变小。而且二氧化碳溶解于制品中的水里会变成碳酸，使其体积减小，直到最后变成近似于真空包装的制品那样。这样一来就丧失了含气包装的特性，为了保持适当的包装容积，常采用氮气和二氧化碳混合充入的方法，氮气和二氧化碳的充入比例为6∶4或7∶3。

气调包装多适用于较高档产品，以及需保持特有外形的产品，而且在延长产品可储性上的效果也是有限的，需要与加工中其他防腐保鲜方法有机结合。例如包装维也纳香肠时，由于在香肠制品中有空气，即便是进行空气置换，也很难保持厌氧状态，所以在包装前的各项工艺操作进程中必须实施不让微生物污染的卫生操作。另外，在肉制品中总是残留着好氧性的乳酸菌，即使进行了充气包装，其保存期也不会无限期延长，一般不要求长时期保存时才采用气调包装。

根据气体的置换方式可将气调包装机分为两大类，即在大气中往包装袋中充入气体的灌入式包装机，以及先把包装袋抽成真空后，再充入气体的真空式包装机。采用真空式时气体可以充分地进行置换，而灌入式的置换率只有70%～90%，而且不太稳定，从保存性来看，它是不够理想的。尽管如此，灌入式置换气体包装仍相当普及，原因是包装能力高达50～80包/min，而真空式充气包装方式只有30～40包/min。

真空气体置换式包装分为间歇式和连续式两种。通常是充气结束后，才能真空包装。其薄膜构成和真空深拉包装机用的薄膜一样。

3. 拉伸包装

拉伸包装是一种用托盘作为容器，上面盖上拉伸用薄膜的充气式包装方式。此方式本身没有密封性，而且拉伸薄膜还有水气透过性，所以制品有损耗。由于没有隔气性，所以不能防止褪色，不适合包装那些有色或切片制品。相反，由于氧气可以通过薄膜，所以适合生肉包装，它可保持生肉的色泽。

这种包装不是很好的保存手段，它只适合于出售当天用的制品包装。最近，有些厂家也采用这种包装，但是从工厂发货到出售可能需要数日时间，所以制品的水分就会蒸发，表面变干燥，结果是霉菌、酵母比细菌更容易发生增殖，所以，进行这种包装时，必须注意使微生物中的霉菌、酵母减少。

拉伸包装所使用的薄膜是可透过水蒸气的薄膜，薄膜厚度为10～20μm，所以内外温度差的影响非常小，也不容易产生结露现象，即使发生也会很快消失，特别是具有可清楚地看到包装内制品的优点。所应用的包装薄膜材料如聚氯乙烯(软质)、收缩聚乙烯、聚偏二氯乙烯等。

4. 加脱氧剂包装

隔绝氧气的方法有脱气收缩、真空、气体置换等。此外还有一种把吸氧物质放入包装袋的方法，其效果与上述方法的效果相同。

一般包装时，即使把氧气排除，也还会有从薄膜表面透进来的氧气存在，想完全隔绝氧气是不可能的。脱氧剂的作用是把透入包装袋内的氧气随时吸附起来，维持袋内氧气浓度在所希望的极限浓度以下，这样就能防止褪色、氧化，抑制细菌繁殖。加脱氧剂还具有成本低，不需要真空和充气结构，也不需要像真空和气体置换那样花很长的时间，包装机的能力可灵活掌握等优点。知道脱氧剂的吸氧量，就能根据包装品的游离氧量，计算出应加入的脱氧剂量。目前应用的脱氧剂大致有无机化合物和有机化合物两种类型。

二、机械挤压式真空包装机

塑料袋内装料后留一个口，然后用海绵类物品挤压塑料袋，以排除袋内空气，随即进行热封。对于要求不高的真空包装可采用这种包装方法。真空包装蒸煮食品时，当食品温度在 60℃以上时，袋内充满水蒸气，而不是空气，采用此法可以得到近乎真空的包装，故此法又称热封真空包装。

三、制袋用真空包装机

制袋用真空包装机是把制品装入真空袋中，然后在真空室内去空气，传统产品大多采用这一包装形式。使用较为广泛的是间歇式真空包装机，但也有在真空室下部装有传送带的可移动式和有两个真空室的回转移动连续式真空包装机。这是目前应用最为广泛的一种真空包装设备。根据结构形式不同，有以下 3 种。

1. 合式真空包装机

见图 4-23，其工作过程为，将人工装好物料的塑料袋放在台面上的承受盘 9 的腔室内，关闭真空槽盖 1 后便由限位开关使继电器控制后面的真空包装各工序自动连续地进行下去。各工序所需时间可由定时器任意调节。其真空回路的转换阀 6 有由电磁阀单体组成的转换阀和复合转换阀。阀座应耐腐蚀。加工包装体的封口宽度一般为 3～10mm，长度可达 700mm，生产率为 12～30 袋/min。

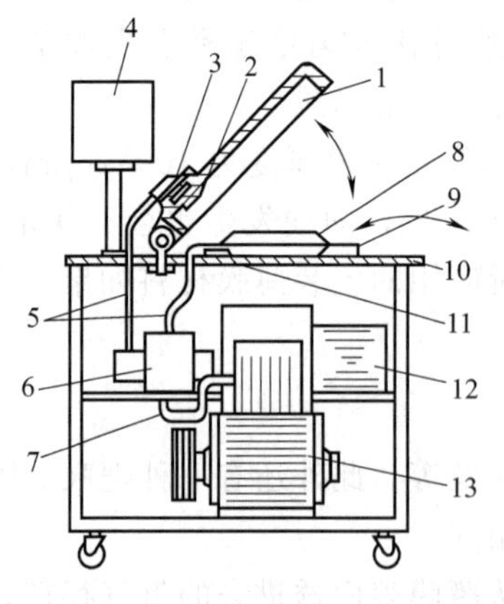

图 4-23 合式真空包装机

1—真空槽盖；2—封口支撑；3—加压部分；
4—控制部分；5,7—真空回路；6—转化阀；
8—包装体；9—承受盘；10—台板；
11—加热杆；12—变压器；13—真空泵

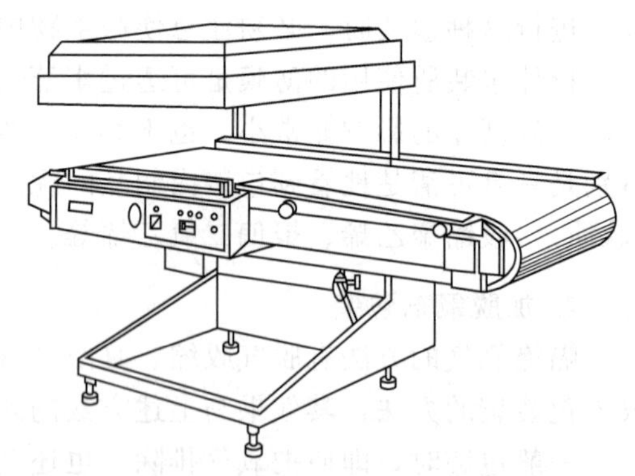

图 4-24 传送带式真空包装机

2. 传送带式真空包装机

见图 4-24，这种包装机适于连续批量生产，只需人工把装好物料的塑料袋排放在输送带上，其他操作即可自动进行。腔室内有两对封口杆，故每次可封装几个塑料袋，可用于包装肉食品、奶酪块等，真空室长宽尺寸为 950mm×1010mm，高为 200～300mm。

3. 真空收缩包装机

用于需要排除空气、缩小物料体积的收图 4-25 为通用型真空包装机。它有一个容积为 1300mm×850mm×410mm 的真空室，先把膨松的物料装入塑料袋，然后放入真空室抽气并加热封口。

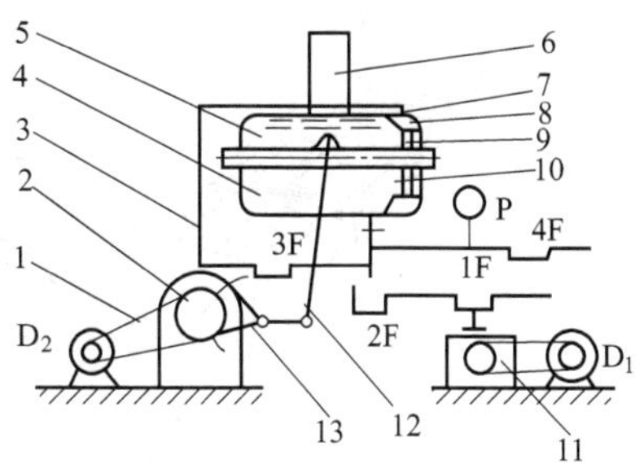

图 4-25 真空收缩包装机

1—皮带；2—齿轮；3—真空管道；4—底盘；5—封盖；6—平整气缸；7—平整压板；8—小气室；9—上热封头；10—下热封头；11—真空泵；12—连杆；13—扇齿轮；1F，2F，3F，4F—电磁控制阀

真空泵是真空包装机的主要工作部件，其性能好坏将直接影响到真空度的高低。真空包装机中采用的真空泵主要有两种类型：一种是油浴偏心转子式真空泵，也称滑阀式真空泵，另一种是油浴旋片式真空泵。

转子式真空泵一般用于排气量为 500L/min 以上的真空包装机上，而旋转片式真空泵通常用于最小排气量为 300L/min 的包装机。各类真空包装机需用真空泵的容量：小型真空包装机为 300～500L/min，中型真空包装机为 500～2500L/min，大型真空包装机为 2000～4000L/min。真空泵必须采用真空润滑油进行润滑，否则将严重影响真空泵的性能和使用寿命。

四、高压蒸煮袋包装设备

图 4-26 所示是高压蒸煮袋包装的操作过程和采用的成套机械设备。将装好料（如肉食品或米饭等）、封好口的复合薄膜袋，置于 120℃的高温高压蒸汽杀菌设备内处理，这种操作方法称为高压蒸煮袋包装，它可以长期储存，起到和金属罐头容器同样的作用。因为它是用软包装材料包装食品，所以又称为“软罐”。与金属容器相比，具有下列优点：比金属罐头包装大约减少 1/4 的包装体积，减少生产车间的包装面积，软罐的质量轻、体积小，抗腐蚀性能好，便于携带，各类生、熟食品和熏烤制品都可以用它包装。特别是军用食品和太空食品的包装，更能显示出它的优越性。制作高压蒸煮袋的复合薄膜要求能耐高温，以便能进行短时杀菌。

该设备是一条用铝箔复合薄膜袋高速装袋的生产线，生产能力为每分钟 120～160 袋。先将制好的复合薄膜空袋存放在空袋箱 1 中，经空袋输送装置 2

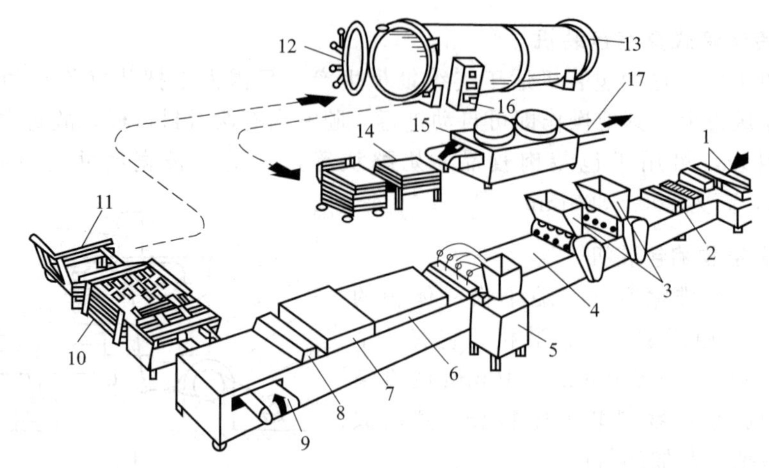

图 4-26 高压蒸煮袋包装的操作过程和采用的成套机械设备

1—空袋箱；2—空袋输送装置；3—回转式装料机；4—手工排列装置；5—活塞式液体装料机；6—蒸汽汽化装置；7—热封装置；8—冷却装置；9,17—输送器；10—堆盘；11—杀菌车；12— 杀菌锅门；13—杀菌锅；14—卸货架；15—干燥器；16—控制台

将其送到回转式装料机 3 上装填食品，在手工排列装置 4 的位置，由手工将空袋排列整齐，自动地送到活塞式液体装料机 5 灌装汤汁，再送到蒸汽汽化装置 6 进行排气，到热封装置 7 对复合薄膜袋进行封口，然后到冷却装置 8 使其封口并马上冷却，再由输送器 9 将袋送到堆盘 10 上整齐排列，由杀菌车 11 送到杀菌锅 13 内进行高压消毒灭菌。杀菌锅的门上有快速开门装置，由控制台 16 显示和操作。灭菌后的“软罐”仍由灭菌车推动到卸货架 14 上，使其穿过干燥器 15 或者在简单的烘箱内进行干燥处理。干燥后的高压蒸煮袋由输送器 17 送到装箱机包装入箱。生产过程中蒸煮袋容易破损，应注意装袋、封口、蒸煮和装箱等各个环节，以尽量防止袋子破损现象发生。

一、判断题

1. 斩拌机的作用是将去皮、去骨的肉块斩成肉块，并将同时加入的调味品及用以降温的冰屑一起斩拌，故称作斩拌机。(　　)

2. 蒸汽热烫机一般都不设置物料冷却段。(　　)

3. 螺旋式预煮机占地面积小，对物料适应性不大。(　　)

4. 刮板链带输送预煮机占地面积大，但对物料适应性小。(　　)

5. 夹层锅属于间歇式预煮设备，适合小批量多品种预处理或杀菌。(　　)

6. 烟熏炉用于各种肠制品及块状肉制品的熏烤，但不能蒸煮。（ ）

7. 淋水式热烫机预热淋水与冷却水换热，并利用预热，达到节能目的。（ ）

8. 直火式烟熏设备是在烟熏室内燃放着发烟材料，使其产生烟雾，利用空气自然对流的方法，把烟分散到室内各处，目前只有一些大型企业仍在使用。（ ）

9. 自动烟熏炉主要由熏烟发生装置和熏室两部分组成。对烟熏室的要求是温度、发烟和湿度可自由调节，熏室内熏烟能够均匀扩散，通风条件好，并且能够安全防火，使用经济，操作方便。（ ）

10. 灌肠机操作省力，压力也较稳定，基本上能保证工艺要求，属于连续化操作。（ ）

11. 斩拌机主要由传动系统、斩刀轴、刀盖出料转盘、防护罩、电器系统等组成，工作时务必关闭防护罩。（ ）

12. 绞肉机的生产能力由供料器速度决定，与切刀的切割能力无关。（ ）

13. 机械挤压式真空包装机的塑料袋内装料后留一个口，然后用海绵类物品挤压塑料袋，以排除袋内空气，随即进行热封。（ ）

14. 斩拌机的斩拌刀安装在一个转轴上，由电动机带动旋转，所以旋转半径都相同。（ ）

二、填空题

1. 斩拌机分______和______。前者是在负压条件下工作，它具有卫生条件好、物料温升小等优点。后者不带真空系统，在常压下工作。

2. 绞肉机的生产能力不能由______决定，而由切刀的______来决定。

3. 打卡机分自动双打卡机和台式打卡机两种。自动双打卡机有用______、______和______的三种打卡机，台式打卡机有不拉伸肠衣的______打卡机和______打卡机。

4. 蒸煮机械与设备一般可分为______和______两大类。______有预煮槽和夹层锅等，______可分为链带式和螺旋式两种，______则有______和______，______有______和______的两种。

5. 夹层锅主要由锅体、填料盒、______、______、______、倾覆装置及排料阀等组成。

6. 链带式连续预煮机主要由钢槽、______、______、______和传动装置等组成。

7. 螺旋式连续预煮机由壳体、______、______、盖和卸料装置等组成。

8. 溢流煮浆机由五个煮浆罐、连接管、阀门、水泵、______和______等组成。

9. 肉制品包装方法可分为______和______两大类。

10. 拉伸包装是一种用______作为容器，上面盖上拉伸用______的充气式包装方式。

11. 真空泵是真空包装机的主要工作部件，其性能好坏将直接影响到______的高低。真空包装机中采用的真空泵主要有两种类型：一种是油浴偏心转子式真空泵，也称______真空泵，另一种是______真空泵。

12. 夹层锅按结构有______、______、______。

三、选择题

1. 灌肠机工作原理是将经过搅拌后的肉糜倒入盛肉罐内，由______作用对肉糜进行挤压，通过出料口灌到人造肠衣或天然肠衣中，形成各种肉肠。

A. 重力　B. 活塞　C. 真空　D. 离心

2. 螺旋式连续预煮机预煮时间由螺旋______调节，盖由提升装置开启。这种煮制设备的优点是结构紧凑，占地面积小，运行平稳。

A. 预煮温度　B. 进料量　C. 转速　D. 时间

3. 链带式连续预煮机溢流管是保持______稳定用的。

A. 水温　B. 水位　C. 转速　D. 时间

4. 链带式连续预煮机预煮时间由调速电机或更换传动轮调节链板______来控制。

A. 温度　B. 进料量　C. 水位　D. 速度

5. 合式真空包装机将人工装好物料的塑料袋放在台面上的承受盘的______内，关闭真空槽盖后便由限位开关使继电器控制后面的真空包装各工序自动连续地进行下去。

A. 真空泵　B. 腔室　C. 料斗　D. 输送带

6. 传送带式真空包装机适于连续批量生产，只需人工把装好物料的塑料袋排放在______上，其他操作即可自动进行。

A. 真空泵　B. 腔室　C. 料斗　D. 传送带

7. 转子式真空泵一般用于排气量为______ L/min 以上的真空包装机上。

A. 300　B. 400　C. 500　D. 600

8. 旋转片式真空泵通常用于最小排气量为______ L/min 的包装机。

A. 300　B. 400　C. 500　D. 600

9. 自动烟熏炉的熏室内的空气由______强制循环，使用煤气或蒸汽作为热源。自动控制温度，通过循环热风使制品与室内空气同时加热，到中心温度达到要求为止。

A. 真空泵　B. 风机　C. 螺杆泵　D. 罗茨泵

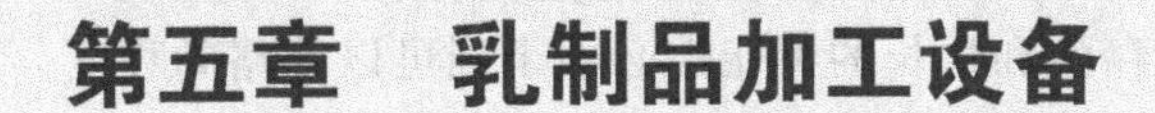

第五章　乳制品加工设备

第一节　乳制品生产概述

乳制品多指以牛乳为原料，加工制成的成品或半成品。本章主要按加工工艺流程讲述乳制品生产中常用机械设备的工作原理、结构、特点、使用和维护。

一、UHT 乳生产设备流程

欧共体关于 UHT 产品的定义是，物料在连续流动的状态下，经 135℃以上不少于 1s 的超高温瞬时灭菌（以完全破坏其中可以生长的微生物和芽孢），然后在无菌状态下包装于不透气容器中，以最大限度地减小产品在物理、化学及感官上的变化，这样生产出来的产品称为 UHT 产品。

1. 典型 UHT 乳生产工艺流程（图 5-1）

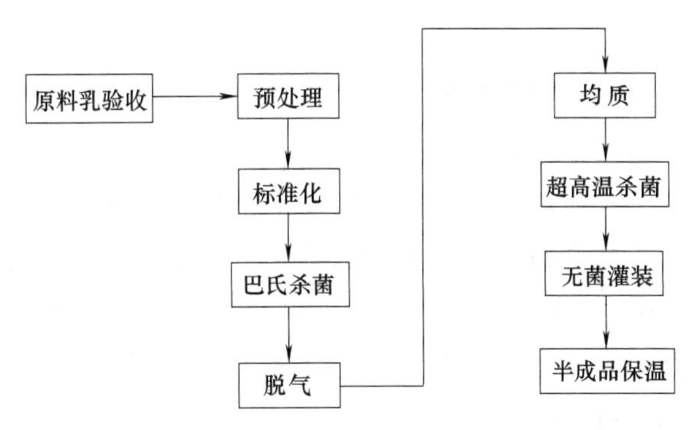

图 5-1　典型 UHT 乳生产工艺流程

2. 典型 UHT 乳生产工艺要点

（1）巴氏杀菌　UHT 乳的加工工艺通常包含巴氏杀菌。巴氏杀菌可有效地提高生产的灵活性，及时杀灭嗜冷菌，避免其繁殖代谢产生的酶类影响产品的保质期。食品加工中杀菌的目的并不是使每单个包装的产品都不含残留的微生物，因为采用加热方法来致死微生物，要达到绝对无菌的理想状态是不可能的。

实际上，杀菌加工只要保证产品在消费者食用前不变质就行了。一个基本的要求就是致病菌的存活和生长的可能性必须小到可以忽略的程度。肉毒梭状芽孢杆菌通常被认为是对公共健康危害最大的微生物，大多数杀菌条件就是基于它的致死率而设计的。

超高温杀菌法是英国于1956年开始，1957～1965年间通过大量的基础理论研究和细菌学研究后，才用于生产的。牛乳采用巴氏杀菌、超高温杀菌两种方法后，所有的致病菌都已被杀死，大部分物理、化学性质（色泽、风味）保持不变。

（2）均质　经巴氏杀菌后的乳升温至83℃进入脱气罐，在一定真空度下脱气，以75℃离开脱气罐后进入均质机。均质通常采用二级均质。第一级均质压力为15～20MPa，第二级均质压力为5MPa。

均质是指对脂肪球进行机械处理，使它们呈较小的脂肪球均匀一致地分散在乳中。自然状态的牛乳，其脂肪球直径大小不均匀，在1～10μm之间变动，一般为2～5μm。如经均质，脂肪球直径可控制在1μm左右，这时乳脂肪的表面积增大，浮力下降。另一方面，经均质后的牛乳脂肪球直径减少，易于消化吸收。在巴氏杀菌乳的生产中，一般均质机的位置处于杀菌机的第一热回收段；在间接加热的超高温灭菌乳生产中，均质机位于灭菌之前；在直接加热的超高温灭菌乳生产中，均质机位于灭菌之后。因此应使用无菌均质机。

（3）超高温杀菌　均质后的牛乳进入加热段，在这里牛乳被加热至灭菌温度（通常为137℃），在保温管中保持4s，然后进入热回收管。在这里牛乳被水冷却至灌装温度。

二、全脂乳粉生产设备流程

全脂乳粉生产设备流程如图5-2所示，鲜乳验收后，必须经过过滤机和净乳机进行预处理，以去除原料乳中的机械杂质并减少微生物的数量。随后，鲜乳进入储料罐，再经杀菌器杀菌后，进入浓缩设备，使乳中水分蒸发，以提高乳固体的含量，达到所要求的浓度。接着经过滤器过滤后，进入喷雾干燥设备，干燥成乳粉，再经分离器分离，进入储粉器，送往包装机完成产品的包装。

三、甜炼乳生产设备流程

炼乳的品种主要有甜炼乳和淡炼乳，其中，甜炼乳是在原料乳中加入约16%的蔗糖，并浓缩到原体积的40%左右的一种乳制品。炼乳有均匀的流动性和很好的保存性，可用作饮料和食品加工的原料。鲜奶先经过滤、净化后，再经

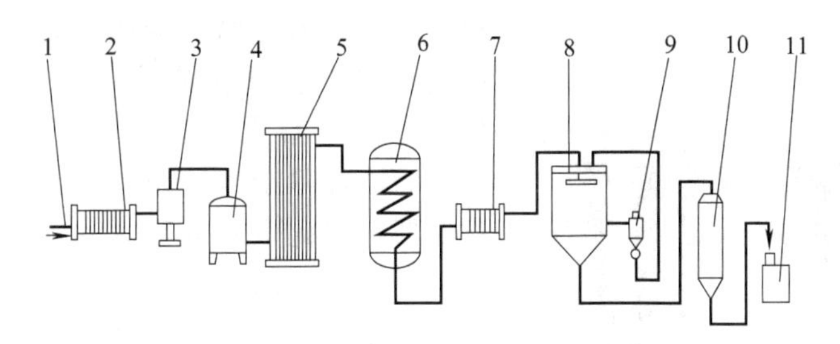

图 5-2 全脂乳粉生产设备流程

1—鲜乳进口；2—过滤器；3—净乳器；4—储料罐；5—杀菌器；6—浓缩设备；
7—过滤器；8—喷雾干燥器；9—旋风分离器；10—储粉器；11—包装机

储罐进入标准化机，使奶中脂肪和乳固体的比率达到产品要求，然后进行预热杀菌和浓缩。经过浓缩的浓缩奶及时送入冷却结晶机迅速冷却，使处于过饱和状态的乳糖形成微结晶，以保证炼乳具有细腻的感官品质，并减少成品在储存期的变稠与褐变的倾向，最后进行成品的包装。图 5-3 所示是甜炼乳的生产设备流程图。

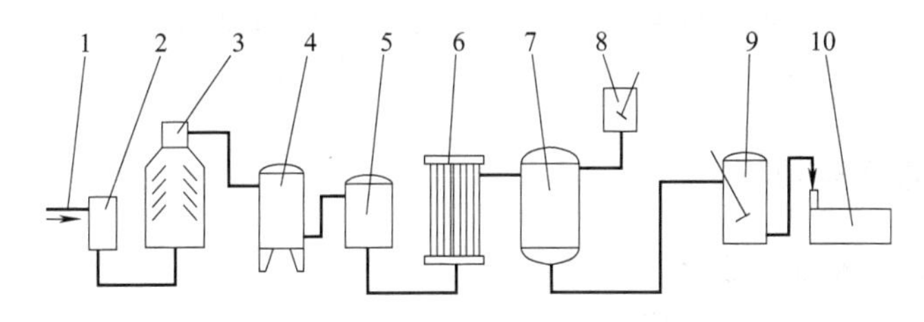

图 5-3 甜炼乳生产设备流程

1—奶进口；2—过滤器；3—净乳器；4—储料罐；5—标准化器；6—杀菌器；
7—浓缩设备；8—溶糖设备；9—冷却结晶机；10—包装机

第二节 牛奶净化分离设备

乳制品生产中，牛奶的净化常采用过滤器和离心净乳机。

一、双联过滤器

用双联过滤器（图 5-4）去除牛奶中的杂质是一种最简单，也是最常见的净化方法。它是采用铜质或不锈钢金属细丝，制成各种形状的筛子，并覆盖多层纱布，形成滤层。当牛奶通过滤层时，杂质就会被截留，从而达到净化牛乳的目的。

连续生产中可采用管式过滤器，它安装在牛乳输送管道中，较牛奶管路稍

图 5-4 双联过滤器

粗。过滤管内有两重金属套管，均为不锈钢制造，内管管壁钻满直径 0.5mm 的小孔，牛奶在内外管之间流过即可达到净化的目的。为清理除杂时轮换使用，所以采用两个过滤器，因此也叫双联过滤器，可以保证清理一个滤网中的杂质时，可以通过调整三通阀门，使用另外一个过滤器进行过滤。

在使用过滤器进行过滤净化时，应注意下面 3 点。

(1) 牛奶的含脂率在 4%以上时，应将牛奶温度提高到 40℃以上过 70℃，以降低其黏度，加快过滤速度。

(2) 在正常操作时，过滤压力不可过大，一般控制过滤器过滤前后的压差在 0.07MPa 以内，以避免杂质穿过滤布，影响净乳质量。

(3) 在使用过程中，必须定时拆洗，并严格消毒。

用过滤器净化牛奶，设备简单，操作容易，但只能除去肉眼可见的机械杂质。因此，一般用于鲜奶的预过滤。

二、离心净乳机

1. 离心净乳机工作原理

离心净乳机是利用高速旋转的转鼓产生的离心力，将牛奶中密度较大的杂质甩向离心机转鼓的周壁，并在周壁上沉积下来，从而达到净化牛奶的目的。

2. 离心净乳机结构

离心净乳机主要由转鼓、排渣机构、驱动机构和控制系统等组成，如图 5-5 所示。

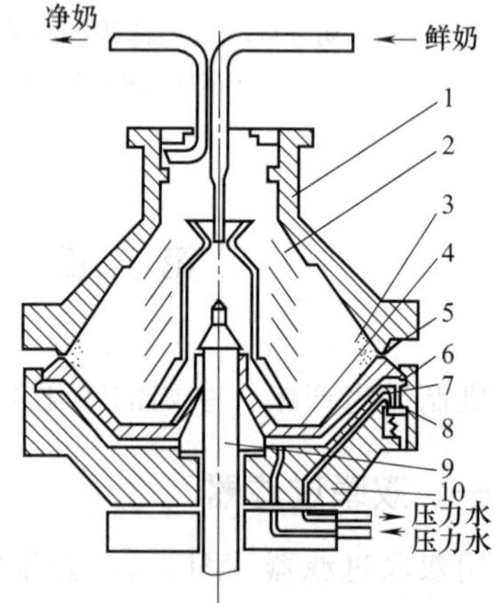

图 5-5 离心净乳机

1—转鼓盖；2—碟片；3—环行间隙；4—活动底；5—密封圈；6—压力水室；7—压力水管；8—阀门；9—转轴；10—转鼓底

转鼓由呈锥形的转鼓盖 1 和转鼓底 10 组成，并安装在转轴 9 上，电动机经驱动装置可带动转鼓高速回转。转鼓中间直径最大，结合处有一环形间隙 3，活动底 4 可做少量的轴向移动。当压力水进入活动底下面的压力水室 6 时，活动底在压力水作用下上升，与转鼓盖闭合，整个转鼓成为一个封闭体。切断压力水后，活动底受牛奶的重力作用下降，即可闪出环状间隙。压力水按工艺要求定期自动地进入和排出，使活动底上升和下降，就可定时地将分离出的沉渣从环状间隙中排出转鼓外。转鼓内有许多呈倒锥形放置的碟片 2，其作用是减小沉降距离，增加沉降面积，以提高分离效率。

3. 离心净乳机的工作过程

过滤后的鲜奶由上方中央管道进入转鼓，并从转鼓的底部充满碟片间隙和整个转鼓。由于转鼓的高速回转，密度较大的杂质在离心力的作用下由碟片锥面滑出并甩向四周。由于转鼓中间的结合处直径最大，流速最小，沉降速度就最大，因此杂质便沉积于环形间隙 3 处。当环形间隙处的杂质达到预定数量时，由机电联合控制，压力水进口阀门关闭，压力水排出，活动底便在重力作用下下降，从而闪出一条狭窄的环状缝隙，杂质便在离心力作用下迅速甩出，随即压力水马上进入压力室，使活动底上升压紧密封圈，整个转鼓又成为一个封闭体，从而开始下一个工作循环。

离心净乳机的生产能力大，分离效果好，排渣速度快（仅需几秒钟），全机由自动程序控制，操作管理方便，工人劳动强度低。但它的控制系统和设备结构较复杂，对安装、调整和维护的技术水平要求较高，且在排渣时会损失一部分鲜乳，需另设回收装置。

离心净乳机的连续运转时间与牛乳温度有关，一般净化低温牛奶（4～10℃）时可运转 8h，净化高温牛奶（57℃左右）时可运转 4h。若需连续生产，通常设置两台交换使用。

三、碟式分离机

对原料奶进行部分或全部分离，是乳制品加工中的重要操作。牛奶分离有重力分离和离心分离两种方法。由于离心分离具有分离速度高，分离效果好，便于实现自动控制和连续生产等特点，生产中均使用离心分离机进行牛奶的分离。

1. 碟式分离机的分类

牛奶分离中使用的分离机为碟式分离机，按其进料和排液操作中的压力状态不同，可以分为开放式、半封闭式和封闭式 3 种类型。开放式也称敞开式，进料和出料均在常压重力条件下进行；半封闭式一般采用常压重力进料，封闭式压力出料；封闭式是指在分离过程中，牛奶的进入以及分离的稀奶油和脱脂乳的排出均在封闭条件下形成一定压力排出。

一般应尽可能选用封闭式离心分离机，以适应食品加工的卫生要求和实现连续化生产。

2. 碟式分离机的结构和工作原理

碟式分离机如图 5-6 所示，转鼓内装有许多互相保持一定间距的锥形碟片，

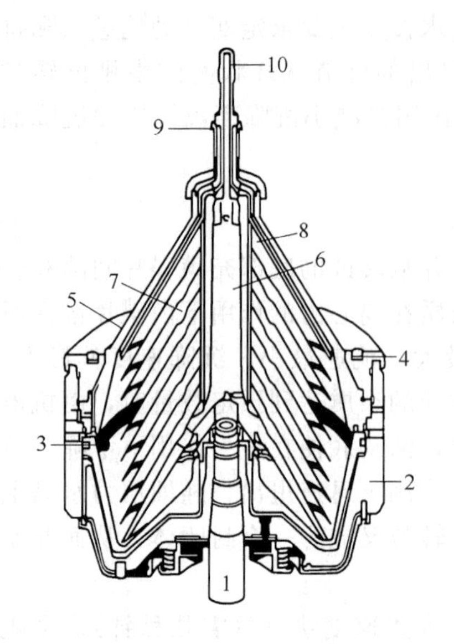

图 5-6 碟式分离机

1—进料空心轴；2—转筒主体；3—沉积物的空间；4—锁定环；5—转筒上罩；6—分布器；7—碟片；8—顶部转盘；9—脱脂牛奶出口；10—奶油出口

使液体在碟片间形成薄层流动而进行分离。在碟片中部开有一些小孔，称为“中性孔”。

物料从中心管加入，由底部分配到碟片层的“中性孔”位置，分别进入各碟片之间，形成薄层分离。密度小的稀奶油在内侧，沿碟片上表面向中心流动，由稀奶油出口排出；重的脱脂乳则在外侧，沿碟片下表面流向四周，经脱脂奶出口排出。少量的杂质颗粒沉积于转鼓内壁，定期排出。

3. 影响牛奶分离效果的因素

(1) 转速　分离机转速越快，则分离效果越好。但转速的提高受到分离机械结构和材料强度的限制，一般控制在 7000r/min 以下。

(2) 牛奶流量　进入分离机中牛奶的流量应低于分离机的生产能力。若流量过大，分离效果差，造成脱脂不完全，影响稀奶油的得率。

(3) 脂肪球大小　脂肪球直径越大，分离效果越好，但设计或选用分离机时应考虑需要分离的大量的小脂肪球。

(4) 牛奶的清洁度　牛奶中的杂质会在分离时沉积在转鼓的四周内壁上，使转鼓的有效容积减小，影响分离效果。因此，应注意分离前的净化和分离中的定时清洗。

(5) 牛奶的温度　牛奶的温度提高，黏度降低，脂肪球和脱脂奶的密度差增大，有利于提高分离效果。但温度过高，会引起蛋白质凝固或起泡。一般，奶温控制在 35～40℃，有时封闭式分离机可高达 50℃。

(6) 碟片的结构　碟片的平均半径与高度的比值和碟片的仰角，对分离效果影响很大。一般碟片平均半径与高度的比值为 0.45～0.70，仰角以 45°～60°为佳。

(7) 稀奶油含脂率　稀奶油含脂率根据生产质量要求可以调节。稀奶油含脂率低时，密度大，易分离获得；含脂率高时，密度小，分离难度大一些。

第三节　杀菌及清洗设备

牛奶等流体料液杀菌采用热交换器，也称换热器，是指用于对流体食品或流体加工介质进行加热或冷却处理的设备。热交换器作为传热设备随处可见，在食品工业中的应用非常普遍。随着节能技术的飞速发展，热交换器的种类越来越多。

一、换热设备概述

换热设备可进一步被分为两大类，即直接加热系统和间接加热系统。在间接加热系统中，产品与加热介质（或热水）由导热面所隔开，导热面由不锈钢制成，因此在这一系统中，产品与加热介质没有直接的接触。在直接加热系统中，产品与一定压力的蒸汽直接混合，这样蒸汽快速冷凝，其释放的潜热很快对产品进行加热，同时产品也被冷凝水稀释。为保证产品的含水率不变，等量的水分将在后续操作中蒸发出来。

1. 夹套式换热器

这种换热器构造简单，它是在容器的外面安装了一个夹套，并与容器焊接在一起。夹套与器壁之间形成密封的空间，此空间为加热介质或冷却介质的通道。

夹套式换热器主要用于加工过程、反应过程中的加热或冷却。当用蒸汽进行加热时，蒸汽由上部连接管进入夹套，冷凝水则由下部连接管流出。作为冷却器时，冷却介质（如冷却水）由夹套上部的接管进入，而由下部接管流出。这种换热器的传热系数较小，传热面又受容器的限制，因此适用于传热量不太大的场合。为了提高传热性能，可在容器内安装搅拌器，使容器内液体作强制对流，为了弥补传热面的不足，还可在器内安装蛇管等。乳品厂常用的夹套式换热器设备有冷热缸。

2. 盘管式换热器

在食品加工中用的多为沉浸式盘管（蛇管）换热器，蛇管用不锈钢管弯制而成，或制成适应容器要求的形状，沉浸在容器中。加热介质和物料分别在蛇管内、外流动而进行热交换。图 5-7 所示是一种超高温灭菌盘管加热器，管外通入蒸汽，可以保证杀菌介质温度的恒定。

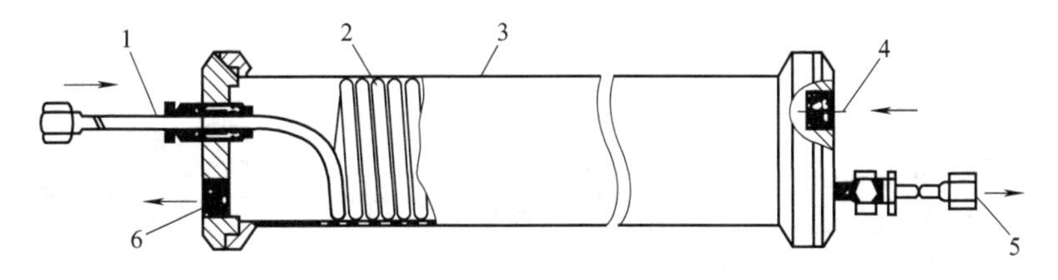

图 5-7　超高温灭菌盘管加热器

1—产品进口；2—蛇形盘管；3—外壳；4—蒸汽进口；5—产品出口；6—蒸汽出口

3. 普通套管式热交换器

图 5-8 所示是普通套管式换热器，由两根口径不同的管子相套成同心套管，

再将多段套管的内管用U形弯头连接起来，外管则用支管相连接。每一段套管称为一程。这种热交换器的程数较多，一般都是上下排列，固定于支架上。若所需传热面积较大，则可将套管热交换器组成平行的几排，各排都与总管相通。

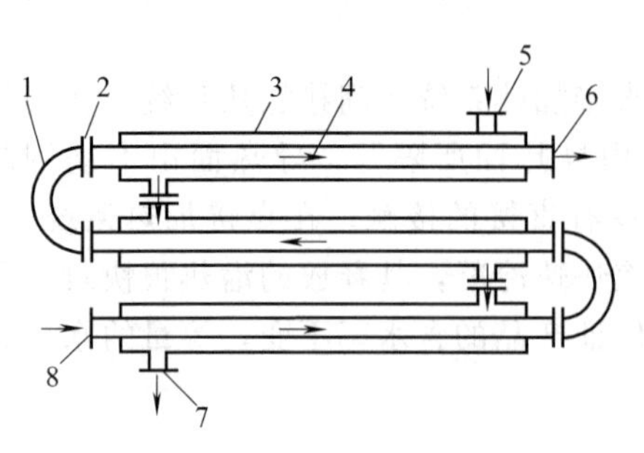

图5-8 普通套管式换热器

1—回弯头；2—接头；3—外管；4—内管；5—蒸汽入口；6—流体出口；7—蒸汽出口；8—流体入口

工作时，一种流体在内管4中流动，蒸汽从入口5在套管环隙内流动。利用蒸汽加热内管中的液体时，液体从下方进入套管的内管8进入，顺序流过各段套管而由上方6流出。蒸汽则由上方套管蒸汽入口5进入环隙中，冷凝水由最下面的套管蒸汽出口7排出。套管式热交换器每程的有效长度不能太长，否则管子易向下弯曲从而引起环隙中的流体分布不均，通常采用的长度为4～6m。

套管式热交换器的特点是结构简单，能耐高压，可保证逆流操作，排数和程数可任意添加或拆除，伸缩性很大。它特别适用于载热体用量小或物料有腐蚀性时的换热。但其缺点是管子接头多，易泄漏，单位体积所具有的换热面积小，且单位传热面的金属材料消耗量是各种热交换器中最大的，可达150kg/m^2，而列管式热交换器只有30kg/m^2。因此，普通套管式热交换器仅适合于需要传热面不大的情况。

4. 新型套管式热交换器

新型套管式热交换器的特点是，所用材料为薄壁无缝不锈钢管，弯管的弯曲半径较小，并可在一个外管内套装多个内管；直管部分的内外管均为波纹状管子，大大提高了传热系数；大多采用螺旋式快装接头；由于管壁较薄、弯曲半径小，以及多管套在一起，其单位体积换热面积较传统套管式热交换器有很大的提高。现代新型套管式热交换器有双管同心套管式、多管列管式和多管同心套管式三种型式，如图5-9所示。

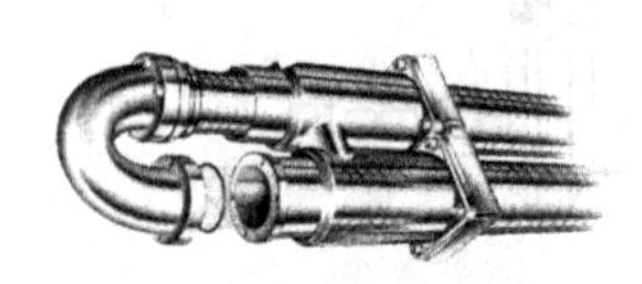

(a) 双管同心套管式

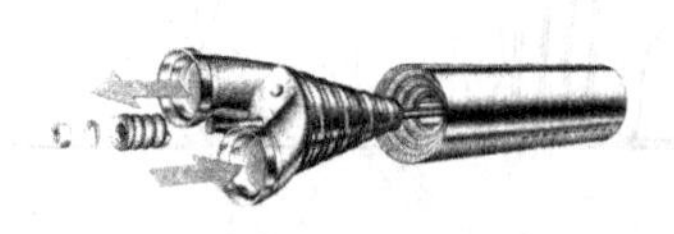

(b) 多管同心套管式

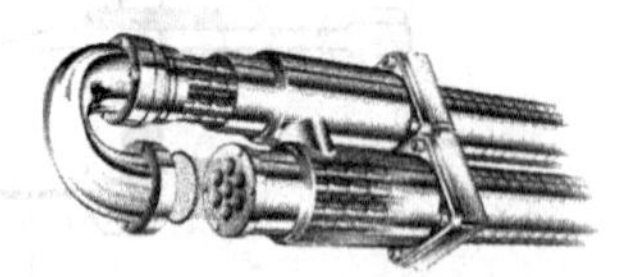

(c) 多管列管式

图5-9 新型套管式热交换器套管形式

(1) 双管同心套管式　如图5-9 (a) 所示，由一根被夹套包围的内管构成，为完全焊接结构，无需密封件，耐高压，操作温度范围广，入口与产品管道一致，产品易于流动，适于处理含有大颗粒的液态产品。

（2）多管同心套管式 如图 5-9（b）所示，它由数根直径不等的管同心配置组成，形成相应数量环形管状通道，产品及介质被包围在具有高热效的紧凑空间内，两者均呈薄层流动，传热系数大。整体有直管和螺旋盘管两种结构。由于采用无缝不锈钢管制造，因而可以承受较高的压力。

（3）多管列管式 如图 5-9（c）所示，外壳管内部设置有数根加热管构成的管组，每一管组的加热管数量及直径可以变化。为避免热应力，管组在外壳管内浮动安装，通过双密封结构消除了污染的危险，并便于拆卸维修。这种结构的热交换器有较大的单位体积换热面积。以上三种结构形式的热交换器单元均可以根据需要组合成需要的热交换器组合体。

5. 翅片管式热交换器

在生产上常常遇到一种情况，热交换器间壁两侧流体的表面传热系数相差颇为悬殊。例如，食品工业常见的干燥和采暖装置中用水蒸气加热空气时，管内的表面传热系数要比管外的大几百倍，这时宜采用翅片管式热交换器。一般来说，当两种流体表面传热系数相差 3 倍以上时，宜采用翅片管式热交换器。翅片的形式很多，常见的有纵向翅片［图 5-10（a)］、横向翅片［图 5-10（b)］、螺旋翅片［图 5-10（c)］三种。

(a) 纵向翅片　(b) 横向翅片　(c) 螺旋翅片

图 5-10 翅片管的形式

翅片管式热交换器的安装，务必使空气能从两翅片之间的深处穿过，否则翅片间的气体会形成死角区，降压低热效果。翅片管式热交换器既可用来加热空气或气体，也可利用空气来冷却其他流体，后者称为空气冷却器。

6. 列管式热交换器

列管式热交换器也叫列管式换热器壳管式换热器，在食品厂和化工厂中应用最为广泛，与前述各种换热器相比，其主要优点是单位体积所具有的传热面积大，传热效果好，结构简单，操作弹性也较大，与食品接触部分用不锈钢制作。缺点是结合面较多，容易造成泄漏。

列管换热器分为单程式和双程式。流体从一端进入，一次通过全部管子到达另外一端，这种列管式换热器为单程式。双程式是将管束分为若干组，并在封头内加装格板，使流体往复流动，从而提高管内传热系数。列管式热交换器的结构如图 5-11 所示。它有一个钢制的圆筒形外壳 4，壳内平行装置有数根钢管 6（称为管束），管束 6 两端固定在壳体两端的管板 2 上。管外壳体两端各有一顶盖，用螺钉固定在外壳上，管板 2 与顶盖之间为分配室，分配室用隔板 9 隔成数个小室。壳体内各根钢管外壁之间的空间为蒸汽室，物料从进料口 1 进入，就在钢管内流动，加热后从出料口 8 排出。加热介质蒸汽从蒸汽进口 3 进入，经折流板 5 走管外，即在管束 6 空间流动，使两者产生换热，换热后，蒸汽或冷凝水从蒸汽出口 7 排出。列管式换热器一般用于牛乳的巴氏杀菌以及番茄汁、果汁等物料的加热使用。

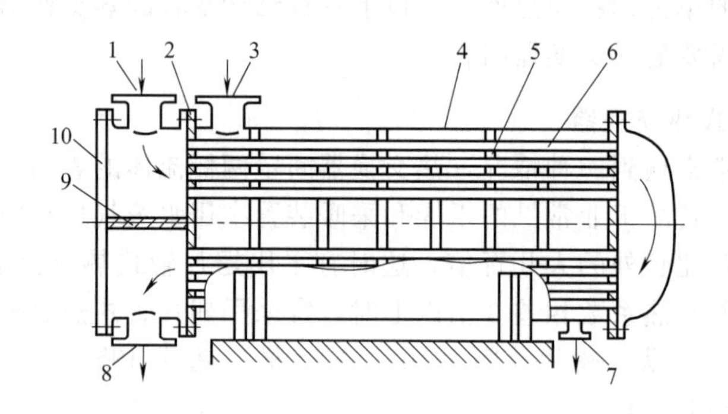

图 5-11 列管式热交换器结构

1—进料口；2—管板；3—蒸汽进口；4—外壳；5—折流板；
6—钢管（管束）；7—蒸汽出口；8—出料口；9—隔板；10—封头

7. 直接式热交换器

直接式热交换器也称为混合式热交换器，其特点是冷、热流体直接相互混合换热，从而在热交换的同时，还产生混合、搅拌及调和的作用。直接式与间接式相比，省去了传热间壁，因而结构简单、传热效率高、操作成本低，但采用这种设备只限于允许两种流体混合的场合。直接式蒸汽加热器是蒸汽直接与液体产品混合的热交换器，它有两种形式：蒸汽喷射式和蒸汽注入式，这两种加热器目前仅限用于质地均匀和黏度较低的产品。

（1）蒸汽喷射式加热器　蒸汽喷射加热器是通过喷射室将蒸汽喷射入产品的加热器，如图 5-12 所示。蒸汽高速喷射进入加热器的混合加热区，并对液体产品产生真空吸入作用，吸进的物料与热蒸汽混合后流出加热器，蒸汽也可通过许多小孔或者通过环状的蒸汽帘喷入。目前我国味精生产企业均用该装置对淀粉浆进行加热液化处理，液化效果好，淀粉的利用率高。

（2）蒸汽注入式加热器　蒸汽注入式加热器如图 5-13 所示。蒸汽注入式加热器是在充满蒸汽的室内注入产品的加热器，如料液以液滴或液膜的方式进入充满高压蒸汽的容器中，加热后的液体从底部排出。

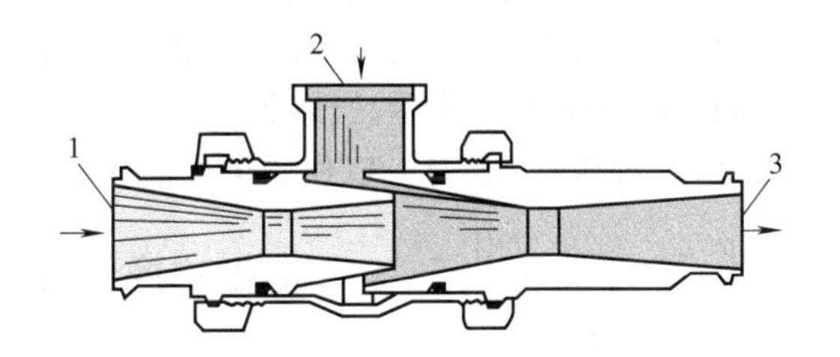

图 5-12 蒸汽喷射式加热器

1—蒸汽入口；2—液体入口；3—加热后产品出口

直接加热的优点是加热非常迅速，产品感官质量的变化很小，而且大大地降低了间接加热通常遇到的结垢问题，以及产品灼伤的问题，不用 CIP 设备对管道进行清洗。但缺点是产品因蒸汽冷凝水的加入而体积增大，水分含量增加，后期还要除去多余水分，而且在保温管中的流速也会受到影响。所以这种流速的改变在制定杀菌工艺时必须加以考虑。

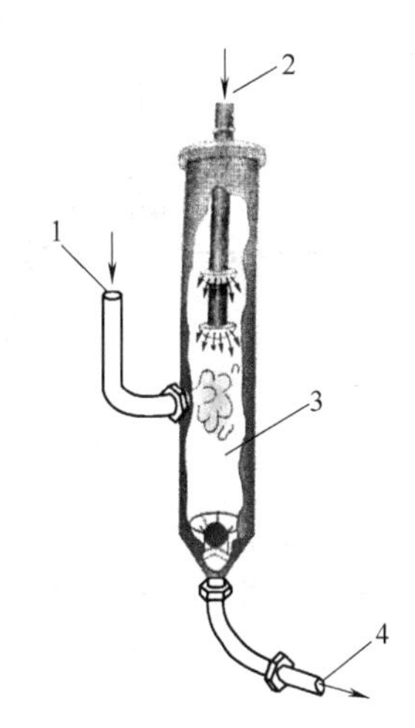

图 5-13 蒸汽注入式加热器

1—蒸汽入口；2—液体入口；3—加热室；4—加热后产品出口

根据生产要求，由蒸汽带入的水需要除去，以保持产品浓度不变，这通常在负压罐器内通过闪蒸实现。通过控制罐内真空度可控制产品最终水分含量。就蒸汽质量而言，直接加热所使用的水蒸气必须是纯净、卫生、高质量的，而且必须不含不凝结气体，所以要严格控制用水添加剂在锅炉中的使用。

二、冷热缸

冷热缸，在中小型乳品厂或饮料厂等广泛使用，用于液体物料的加热、冷却与保温。图 5-14 所示为配有搅拌器的冷热缸，由内胆、外壳、保温层、行星减速器和放料旋塞等组成。内胆用不锈钢制造，外壳采用优质碳素钢，外覆玻璃棉及镀锌铁皮保温层。内胆与外壳间为传热夹层，当夹层内通入蒸汽或热水时，可对储存在内胆中的物料进行升温或保温。底部排水口与疏水器衔接，以排出冷凝水。如用作冷却降温时，载冷体（冰水或冷水）则由底部进口管进入，经热交换后由上部溢流管排出。传热夹层与压力表及安全阀相通，便于观察调节蒸汽压力，并保证操作安全。内胆中装有锚式搅拌器 7 及挡板 6，可搅拌物料，上下翻动，以提高物料与器壁的热交换作用，达到均匀加热或冷却的目的。内胆中插有温度计，可观测物料温度。行星齿轮减速器安装于中间盖板上，输出轴与搅拌轴的连接采用快卸式结构，便于装拆清洗。容器的后盖连接于中间盖板上，既便于开启又易于卸除。放料旋塞安装在容器的最低位置，四只支脚能调节高度，以调节水平位置，保证容器内的物料能全放尽。该设备的优点是结构简单、操作方便、清洗检修容易，一般要配置 2～3 台，以便轮流周转。

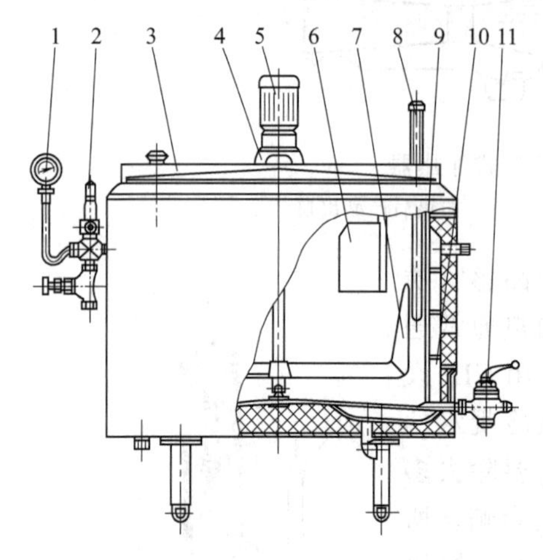

图 5-14　冷热缸

1—压力表；2—弹簧安全阀；3—缸盖；4—电动机底座；5—电动机；6—挡板；7—锚式搅拌器；8—温度计；9—内胆；10—夹套；11—放料旋塞

三、板式换热器

1. 板式换热器结构

板式换热器由许多冲压成型的金属薄板组合而成，在乳品、果汁饮料、清凉饮料以及啤酒、冰淇淋的生产中广泛应用。

（1）结构　板式换热器的结构如图 5-15 所示。传热板 1 悬挂在导杆 2 上，前端为前支架 3，旋紧后支架 4 上的压紧螺杆 6 后，可使压紧板 5 与传热板 1 叠合在一起。板与板之间板框橡胶垫圈 7，以保证密封并使两板间有一定空隙。压紧后所有板块上的角孔形成流体的通道，冷流体与热流体就在传热板两边流动，进行热交换，金属片面积大，流动的液层又薄，热效果很好。各板片的组合如图 5-16 所示。拆卸时仅需松开压紧螺杆 6，使压紧板 5 与传热板 1 沿着导杆 2 移动，即可进行清洗或维修。

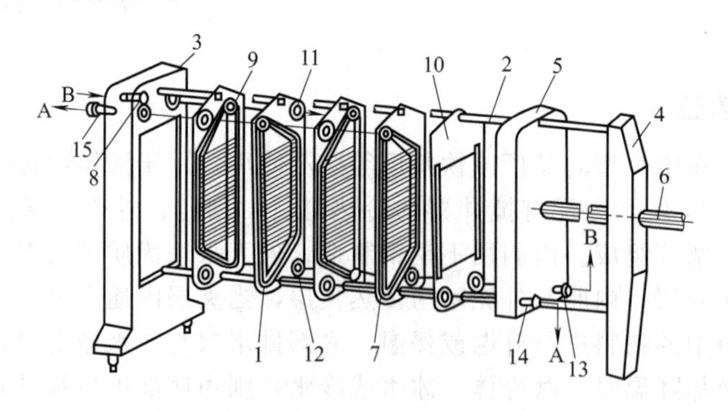

图 5-15　板式换热器结构

1—传热板；2—导杆；3—前支架（固定板）；4—后支架；5—压紧板；6—压紧螺杆；7—板框橡胶垫圈；8—连接管；9—上角孔；10—分界板；11—圆环橡胶垫圈；12—下角孔；13,14,15—连接管

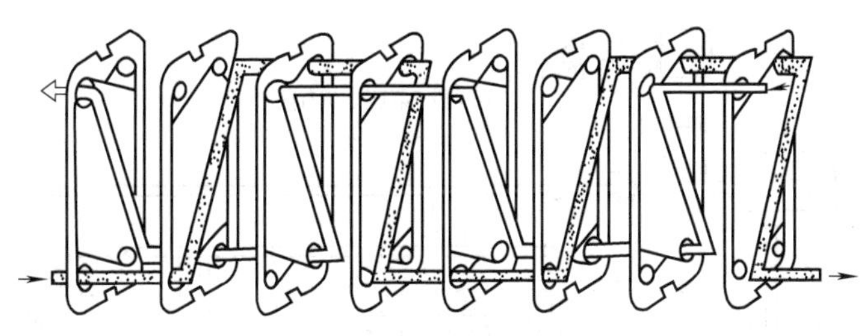

图 5-16 板片组合图

(2) 传热板 传热板结构如图 5-17 所示，每块传热板是由壁厚 0.5～2mm 的不锈钢薄板冲压而成的，是一个长宽比为 (3～4)∶1 的矩形板。每片板四角开 4 个圆孔。每块板一侧沿四周及圆孔嵌有耐高温橡胶密封圈。每块板上都有流体入口 4、分布区 5、传热区 6、收集区 7 和流体出口 8，每块板一侧通过密封圈结构安排成同时只有两孔与传热区相通。板的上下两端中部开有相同的导轨槽口，因此根据需要可将传热板颠倒安排。两板相叠构成的板间距取决于密封圈的厚度、传热区波纹形式和加工精度，一般在 3～8mm 之间。

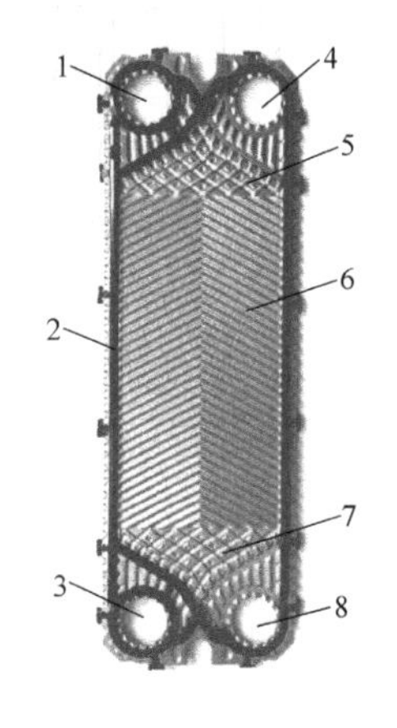

图 5-17 传热板结构
1—蒸汽入口；2—橡胶密封圈；
3—蒸汽出口；4—流体入口；
5—分布区；6—传热区；
7—收集区；8—流体出口

传热区的板纹有多种形式，常见的有平行波纹板、交叉波纹板和半球板（或称网流板）等。每种又可分成不同纹路密度形式。金属板的波纹使得流体在板间的流动方向和流速多次变动，形成强烈湍流，从而提高了表面传热系数。其传热系数可比管式设备大 4 倍。流体在传热板间的平均流速与传热板间距、传热板波纹形式有关，其范围在 0.25～0.8m/s。

2. 板式杀菌设备的操作

如图 5-18 所示是一种包括均质作用在内的超高温杀菌系统，其加热和冷却是在台板式换热器中运行的。该加工过程包括 4 个主要阶段。

(1) 预杀菌阶段 在生产开始之前，该装置必须进行预杀菌。这过程可简单地按一下按钮便可开始，将水加热到 135℃后，再连续地在此设备的无菌部分循环 30min。

(2) 生产阶段 达到操作人员设定好所需的加工温度以后，产品进到平衡罐 1 从而转入到生产状态。产品被料泵 2 泵入到板式换热器 3 中，在第Ⅰ段中通过吸收换热器另一侧产品的热量从而将该产品预热到 70℃。在经过均质机 4 均质以后，产品返回到板式换热器，在第Ⅲ段中由循环的加压热水加热到 137℃。加

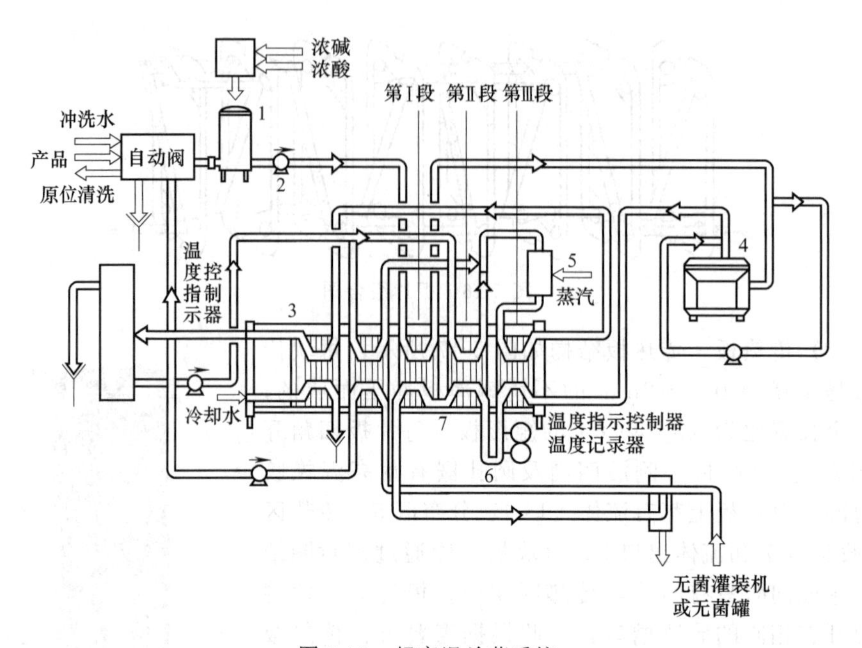

图 5-18 超高温杀菌系统

1—平衡罐；2—料泵或奶泵；3—板式换热器；4—均质机；5—蒸汽喷射器；
6—保温管；7—换热冷却段；第Ⅰ段—余热回收段；第Ⅱ段—冷却段；第Ⅲ段—杀菌段

压热水本身是通过蒸汽喷射器 5 来加热的。接下来，该产品在一个被安装在换热器之外的保温管 6 中，在灭菌温度下按规定的时间保温。最后，冷却过程是以交流换热的方式分两步完成：在板式换热器的第Ⅱ段，产品被热水循环的冷端冷却；而在第Ⅰ段，产品被刚进入换热器的更凉的产品冷却。

（3）原位清洗阶段　按下一个按钮即可启动原位清洗程序，该程序已编入到控制盘中。一个正常的清洗循环过程约需要 90min，其中包括预冲洗、碱清洗、热水冲洗和最终冲洗。酸和碱是自动计量的。循环时间长短、浓度和温度都已预先设计好，但能很容易地改变以上各个条件来适应特殊的操作需要。

（4）无菌中途清洗阶段　无菌中途清洗阶段既可用于非常长时间的生产运转，也可用于更换产品时的清洗。无菌中途清洗持续 30min。预设的程序可以容易地满足个别的情况，使设备始终保持无菌状态。

四、超高温瞬时灭菌机

超高温加工是指将产品加热至 135～142℃保持几秒钟，然后冷却到一定温度后再进行无菌灌装。由于采用了超高温瞬时加工工艺，因而在保证灭菌效率的同时降低了产品的化学变化。理论上讲，为达到最好的加工效果，应以最快的速度升高至灭菌温度，然后尽快地冷却至灌装温度。

1. 中心套管式超高温瞬时灭菌机

产品在加工过程中是不能沸腾的，因为产品沸腾后所产生的蒸汽将占据系统的流道，从而减少了物料的灭菌时间，使灭菌效率降低。在间接加热系统中，沸腾往往产生于灭菌段。在乳制品的加工过程中，沸腾所产生的气泡将增加产品在加热表面变性、结垢的概率，从而影响热传递。为了防止沸腾，产品在最高温度时必须保持一定背压使其等于该温度下的饱和蒸汽压。由于产品中水分含量很高，因此这一饱和蒸汽压必须等于灭菌温度下水的饱和蒸汽压，135℃下需保持0.2MPa的背压以避免料液沸腾，150℃则需要0.375MPa的背压。

图5-19是RP6L-40型超高温瞬时灭菌机流程图。5℃的料液通过离心式供料泵1进入双套盘管内管与外管的环隙流动，与从杀菌桶内出来的杀菌乳在内管中流动换热，预热至70～80℃再通过均质机进行均质，其均质压力为15～25MPa。经均质后的乳再进入双套盘管内管与外管的环隙流动预热，然后通过加热器（桶）的单管加热至120～135℃，出加热器后在保温区单旋管中保持4～6s，进入热回收段的双套管内管中流动进行热交换，而被冷却至60～65℃，再进入冷却段被冷却水换热至20～30℃，经背压阀4调节流量，排至下一道灌装工序。

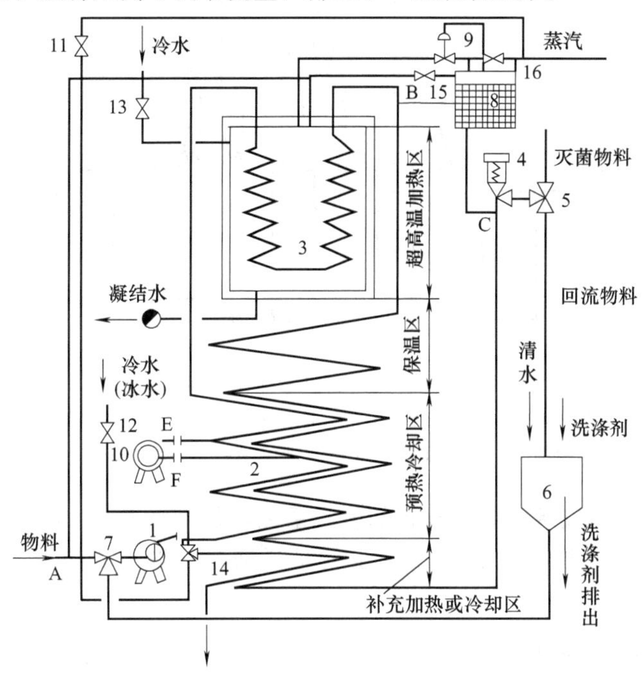

图5-19　RP6L-40型超高温瞬时灭菌机流程图

1—供料泵；2—双套盘管；3—加热器；4—背压阀；5—出料三通旋塞；6—储槽；7—进料三通旋塞；8—温度自动记录仪；9—电动调节阀；10—中间泵；11—蒸汽阀；12—冷水阀；13—进水阀；14—三通旋塞；15—支阀；16—总阀

2. 壳管式超高温热交换器

壳管式热交换器一般是由多个（5～7 个）不锈钢管（内管）装在一个外管内组成，内管的内径一般为 10～15mm。在外管的末端由集合管将内管连接起来使产品平行流动，加热或冷却的介质在内管之间的空间流动。每个内外管单元的末端通过 180°弯头连接起来以达到所需的传热面积。图 5-20 所示为壳管式超高温热交换器系统流程，产品通过平衡槽 1 泵入第 1 预热段 2，加热至 75℃后进入均质机 12，然后经过第 2 预热段 3 加热至 90～95℃在保温管 4 中保持 60s。这一过程是为了减少产品在灭菌段管壁表面的结垢。最后经加热段 5 将产品加热至灭菌温度 138℃，在保温管 6 中保持 1.5s。7 和 8 分别为热回收冷却段和最终水冷却段。限压阀 9 使系统内保持一定的内压。热回收是通过水循环在 2、3 和 5 段将产品预热来实现的，在 7 段将产品冷却。水流量是通过与均质机相连的往复泵来控制的。产品的最终灭菌温度由蒸汽喷射管 10 中的蒸汽喷射量控制，保温管 4 的温度由冷却器 11 所决定。与类似的板式热交换系统一样，这种系统可达到 90％或更高的热效率。

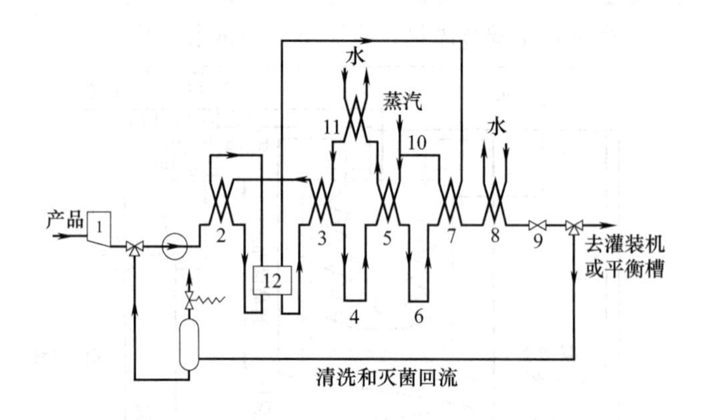

图 5-20　壳管式超高温热交换器系统流程

1—平衡槽；2—第 1 预热段；3—第 2 预热段；4,6—保温管；5—加热段；7—热回收冷却段；8—最终水冷却段；9—限压阀；10—蒸汽喷射管；11—冷却器；12—均质机

多管单元独立安装且相互连接的管式系统，若改变流速，流动时间可保持不变，这样热处理强度可保持不变，也就是说通过增减管单元而保持加热时间不变。

3. 间接加热系统的比较

各种间接加热系统各具特点，很难说一种系统优于另一种系统。对于刮板式系统来讲，其只能应用于特殊产品的加工，而且操作费用以及维修保养费用都较高。虽然如此，在加工高黏度或含有悬浮颗粒的液体时还只能选择刮板式系统而无其他选择。

板式和管式加热系统广泛应用于UHT乳的加工，两种系统从温度变化情况看比较接近。这里只从机械设计的角度来论述板式和管式加热系统对加工的不同影响。

板式热交换器很小的体积能提供较大的传热面积，进一步说，板片形状的设计增强了流体的湍体性，使传热系数增加。因此，板式交换器节约了设备的材料和加工成本。总体来说，为达到一定的传热量，板式热交换器是最便宜的一种系统，但这种系统所用的垫圈限制了系统内的温度和压力。

与板式加热系统相比，管式加热系统更加耐高温和高压，但传热面积相对较小，并且只有通过提高雷诺数才能增加传热系数。管式加热系统的管壁相对板式加热系统的板片来讲较厚，这样就需要用更多的不锈钢材料来制造与板式传热效果相同的管式加热器。

管式热交换器的设计使其比板式更耐高压，甚至可以承受20～30MPa的压力。这样均质阀可与高压泵分开，也就是说管式系统均质的位置可以随意选择。

板式换热器对加热表面的结垢是比较敏感的，因为其流道比较窄，垢层很快就能阻碍产品的流动。为保证流速不变，驱动压力就要增大，而驱动压力的增大，必然受到垫圈的限制。为避免泄漏，这时往往需要停机清洗。

UHT板式加热系统与板式巴氏杀菌加热系统的主要不同之处在于系统是否能承受高温（135～150℃），也就是说，UHT板式加热系统应能承受较高的内压。

管式加热器与板式加热器一样易于结垢，且由于产品与加热介质之间的温差大，因此管式加热器可能更易结垢。然而结垢对管式加热器的传热影响相对较小，这是因为，第一，不论中心套管式还是壳管式，其几何结构使系统对结垢不十分敏感，因为产品的流动空间较大，结垢层的形成不会过分影响产品的流动。第二，当结垢层的厚度影响产品的流动时，系统压力增高，而管式所能承受的系统压力的升高是较大的。事实上，管式系统结垢层的限制因素是灭菌温度而不是系统内压力，因为结垢层影响传热效率。若结垢层影响了灭菌温度，就必须进行清洗。在紧急情况下，板式加热器可以拆开清洗而管式却不能。除灭菌温度外，结垢层还影响流动速率，因而影响灭菌时间，且灭菌时间无法进行自动控制。

板式换热器的传热面比管式的薄，况且腐蚀的孔洞易于在板片间的接触点处形成，因此，板式传热面上的孔洞对产品污染的可能性相对大一些。但板式若产生了孔洞则比较容易拆开检查或更换，而管式比较困难。

五、CIP清洗设备

乳制品和饮料等有关液体食品生产设备，由于在使用过程中其内表面可能会结垢，从而直接影响操作的效能和产品的质量；设备中的食品残留物也会成为微生物的繁殖场所和产生不良化学反应，这种受到微生物或不良化学作用过的食品残留物，如进入下批食品中，会带来安全卫生质量问题。所以设备在使用前后甚至在使用中必须得到及时或定期的清洗。由于小型简单设备可以人工清洗，但对于大型或复杂的生产设备系统进行人工清洗则既费时又费力，还难以取得必要的清洗效果。因此，现代食品加工生产设备，多采用 CIP 清洗技术。

1. 基本概念

（1）CIP 定义　CIP（CIP 为英文 cleaning in place 的缩写）是就地清洗或现场清洗的意思。它是指在不拆卸、不挪动设备的情况下，利用清洗液在密闭的清洗管路中对输送液体食品的管线及食品接触的机械内表面进行流动冲刷及喷头喷洗。CIP 往往和 SIP（sterlizing in place，就地消毒），配合操作，有的 CIP 系统本身就可以 SIP 操作。

（2）CIP 优点　清洗效率高，节约操作时间和提高效率；卫生水平稳定；操作安全，节省劳动力；节约清洗用清洗剂、水和蒸汽的用量；生产设备可大型化；增加生产设备的耐用年限，自动化水平高。

（3）影响洗涤效果的因素　清洗的目的是去除黏附于机械上的污垢，以防止微生物滋长。要把污垢去掉，就必须使清洗系统能够供给克服污染物质所需的洗净能力，洗净能力的来源有三个方面，即从清洗液流动中产生的运动能、从洗涤剂产生的化学能以及清洗液中的热能。这三种能力具有互补作用。同时，能量的因素与时间的因素有关。在同一状态下，洗涤时间越长则洗涤效果越好。

2. CIP 系统构成

图 5-21 所示为 CIP 就地清洗系统。图中的三个容器为 CIP 清洗的对象设备，它们与管路、阀门、泵以及清洗液储罐等构成了 CIP 循环回路。同时，借助管阀组的配合，可以允许部分设备或管路在清洗的同时，另一些设备正常运行。图中的清洗罐循环管路正在对所清洗的设备进行就地清洗；进料罐循环系统正在泵入生产过程中的液体用料；出料罐循环系统正在出料。管路上的阀门均为自动截止阀，根据控制系统的讯号执行开闭动作。CIP 系统通常由清洗液（包括净水）储罐、加热器、送液泵、管路、管件、阀门、过滤器、清洗头、回液泵、待清洗的设备以及程序控制系统等组成。需要指出的是，并非所有的 CIP 系统均全部包括以上部件，其中有些是必要的，如清洗液罐、加热器、送液泵和管路等；而另一些如喷头、过滤器、回液泵等是根据清洗设备的需要进行针对性选配。

CIP 可以分为固定式与移动式两类。固定式指洗液罐是固定不动的，与之配套的系列部件也保持相对固定，多数生产设备可采用固定式 CIP 系统。

（1）CIP 洗净罐

CIP 洗净罐有单罐式和多罐式两种。图 5-22 所示为立式三罐 CIP 清洗系统。图 5-23 所示为卧式三罐 CIP 清洗系统。

① 单罐式一次使用装置　单一洗净罐，用最低浓度的洗净液只洗一次后，

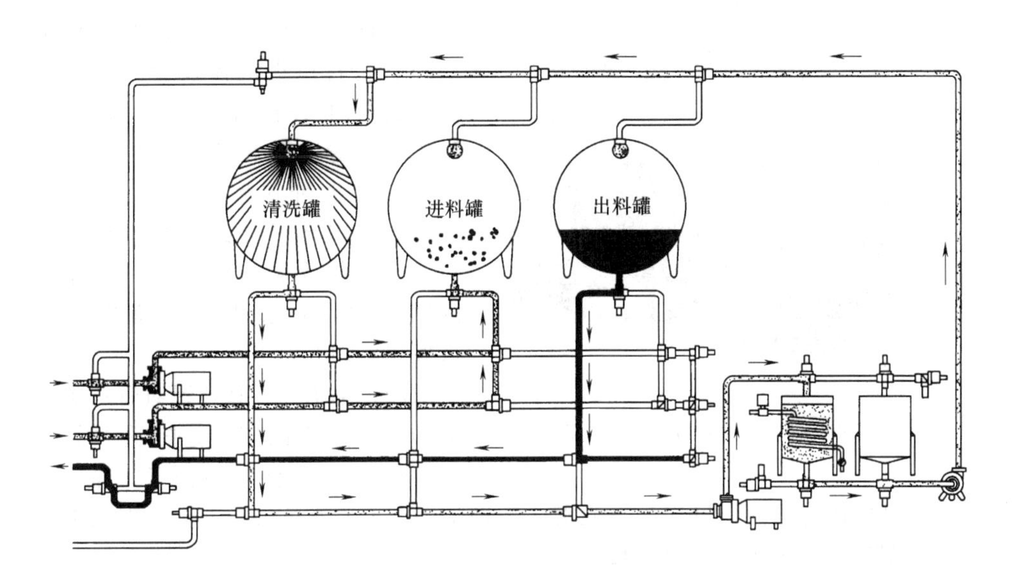

图 5-21 CIP 就地清洗系统

图 5-22 立式三罐 CIP 清洗系统

1—控制柜；2—酸罐；3—碱罐；4—水罐；5—供液泵；6—热交换器；7—过滤器

清洗液就不再留用。可以用少量洗净液自动调节浓度的方式来运转。特点是规模小，设计简单，成本低和通用性好等。单罐一般为移动 CIP，用来清洗小型可以搬动的液体加工类设备，如用于清洗牛奶净乳机的设备为可移动单罐 CIP 清洗设备。

② 多罐式多次使用装置　两罐以上的清洗罐。洗净液可以多次使用，可用手动或全自动控制清洗液的浓度和温度。其特点为需要较多的空间，设备费高，通用性差。

图 5-23 卧式三罐 CIP 清洗系统

多罐一般用于清洗大型固定不动的密闭管道类液体设备，如牛奶超高温杀菌设备、饮料灌装设备等。卧式 CIP 清洗设备有两个独立的罐，包括一个大卧式罐一个小立式罐，大卧式罐内部又分割成两个独立空间，一个作为卧式酸罐，一个作为卧式碱罐，外边小立式罐作为清水罐。

(2) 管道　CIP 装置对管道的要求如下：对产品安全；构造容易检测；管道的螺纹牙不露于产品上；接触产品的内表面要研磨得完全光滑，特别是接缝不要有龟裂及凹陷；对接缝加大也不漏液；尽量少用密封垫板。

(3) 回收装置　在上述槽内安装水回收装置，把用过的清洗液及水回收储藏，留下次清洗时作预洗液再用。这样，可以节约用水 5%～30%、蒸汽 12%～15%、洗涤剂 10%～12%。

(4) 泵　一般用不锈钢类耐蚀材料制造的离心泵（又称为卫生泵或食品用泵）。泵的功率，由 CIP 装置所装上的全水量和被清洗物的流量所决定。清洗液回收泵一般是离心泵与真空泵并用，这样即使是少量的吸收液也能回收。

(5) 阀　清洗液槽的管道中，对不流通处理液的管线，一般用不锈钢阀，如圆板阀、球阀或蝶阀等。而要流通处理液的管线则需用卫生阀。该阀不让装置内的液体外流，也可以防止从外部流入，可以自动洗净。

(6) 程序设计器　为使各清洗器在清洗循环中有规律地进行，CIP 装置设有程序设计器。通常采用的程序设计器有旋转圆板式程序设计器、插塞盘式程序设计器、多层凸轮式程序设计器、磁带式或卡片式程序设计器、滚筒式程序设计器等。但一般使用卡片式程序设计器。

(7) 喷头　喷头在 CIP 清洗装置中属于选配装置，只是对罐类、容器类的设备清洗时才会使用，喷头有两种类型，一类是固定式，一类是旋转式。

① 旋转式喷头　旋转式喷头形式较多，具体有：水动旋转式喷头、水动振荡式喷头、气动旋转式喷头、电动旋转式喷头、可装拆的锥形喷嘴、移动式喷头等。上述喷头中，最广泛使用的为移动式喷头。

② 固定式喷头　固定式喷头的特点为，没有可动部分，故障率小；只要与清洗液的进、排管连接，即可使用；喷雾压力稍有变动，也不影响洗净的效果；能保持其性能且洗净性高；所需流量比旋转式小。

但喷头有一定量的喷雾标准，喷嘴大小及数量要根据罐的形状及容积来决定，通用性比旋转式差。对于体积大的容器，往往需要旋转式喷头，因为旋转喷头喷孔少，所以压力大，喷得远，又因为是旋转，所以覆盖面也大。对于体积小的容器可以采取固定式喷头，因为固定式喷头是静止不动的，这种喷头多为球形，在球面上开很多小孔，清洗时由于孔多，压力小，射程近，所以只能清洗容量不大、近距离的容器。

第四节 均质设备

一、均质机概述

均质是液态物料混合操作的一种特殊方式，兼有粉碎和混合两种作用。均质的目的在于获取粒度很小且均匀一致的液相混合物。

例如生产炼乳时，牛乳中的脂肪球大小不一，易出现大脂肪球上浮到牛乳表层的分离现象。通过均质后，可使牛乳中的脂肪球破碎到直径小于 2μm 以下，并充分乳化。均质后的牛乳不会出现脂肪球分离，易被人体消化吸收，而且降低了牛乳表面张力，增加了黏度，成为质地均匀的胶黏状混合物，适合于冰激凌等生产的要求。

按工作原理和构造，均质机可分为机械式、喷射式、离心式和超声波式以及搅拌乳化机，其中以机械式均质机应用最多。

二、高压均质机

1. 均质原理

料液以很高速度通过均质阀缝隙处受到强烈剪切作用而均质和乳化。通过的缝隙为 0.1mm 时，料液的流速达 150～200m/s。见图 5-24。均质前脂肪球所受压力为 p_0。流速为 v。通过缝隙时，由于受到压力 p_1 的作用，使脂肪球在缝隙处被拉伸和延展，同时又受到料液通过均质阀时的涡动作用，使延展部分被剪切为更细小的脂肪球微粒。

2. 结构

高压均质机是由高压泵和均质阀等组成，常用的有柱塞式往复泵，每个高压泵的料液出口管路上安装有双级均质阀，料液的均质作用在均质阀处发生。图 5-25 所示为柱塞式往复泵。当柱塞向左移动时，从吸入阀 2 吸入料液，柱塞

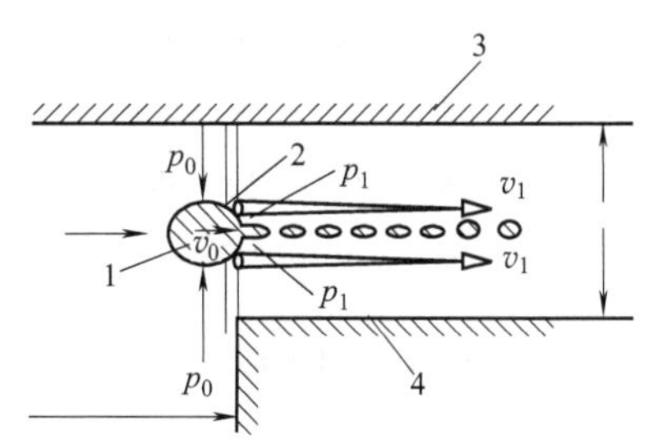

图 5-24 高压均质阀内脂肪球粉碎示意图
1—脂肪滴；2—增速区；3—机盖；4—机座

向右移动时，吸入阀2关闭，柱塞对料液施加压力，将压出阀打出，料液进入均质头10，其内安装有均质阀芯7，它借助弹簧可将其移向阀座6，以调正阀芯和阀座之间间隙。不工作时，弹簧压向阀座6，压力大小可用螺杆手柄9进行调整。阀芯和阀座间隙小于0.1mm，因此料液排出速度很高，并在机械力作用下进行均质化。整个均质过程中液压大小可从压力表11上读出。料液压力愈大，均质效率愈高。为了防止意外，设有安全阀5，当压力过大时，顶开安全阀弹簧，排出料液。安全阀承受压力的大小也可通过拧动螺钉进行调整。单级柱塞泵由于是单行程工作，料液输送量不稳定，因此在均质机上常采用三柱塞泵。其曲轴间互相呈120°，可以连续作业。这样在每个泵腔内配有一个吸入阀和压入阀的活阀，在料液压力作用下自动开启或关闭。减压时在弹簧或阀芯重力作用下自动关闭或开启。

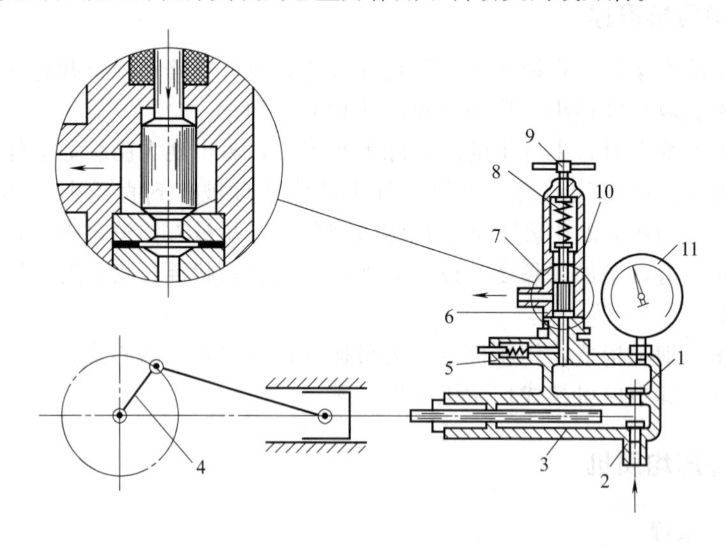

图5-25 柱塞式往复泵

1—压出阀；2—吸入阀；3—三柱塞泵；4—曲柄连杆机构；5—安全阀；6—阀座；7—均质阀芯；8—弹簧；9—螺杆手柄；10—均质头；11—压力表

在三柱塞高压均质机上共有六个活阀，其中三个是吸入阀，三个是压出阀。均质阀和安全阀都借助调整弹簧对阀芯的压力来调整液体的压力。大多数均质机上配备双级均质阀，见图5-26。在第一级中，料液压力为19.6～24.5MPa，主要使脂肪球破碎，第二级料液压力减为3.43MPa，主要使脂肪球均匀分散。阀和阀座采用耐磨合金钢制造。三柱塞泵的特点是排液量比较均匀。

三、超声波均质机

1. 超声波均质机原理

超声波均质机是利用超声波遇到物体时迅速交替地压缩和膨胀的原理而设计

的。物料在超声波的作用下，当处在膨胀的半个周期内，受到拉力，则物料呈气泡膨胀；当处在压缩的半个周期内，气泡则浓缩，当压力变化幅度很大时，如果压力振幅低于低压，被压缩的气泡会急剧崩溃，则在料液中会出现“空穴”现象，这种现象的出现，又随着振幅的变化和外压的不平衡而消失，在空穴消失的瞬时，液体的周围产生非常大的压力和高温，起着非常复杂而强有力的机械搅拌作用，以达到均质的目的。同时，对“空穴”产生有密度差的界面上，超声波也会反射，在这种反射声压的界面上也产生剧烈的搅拌作用。

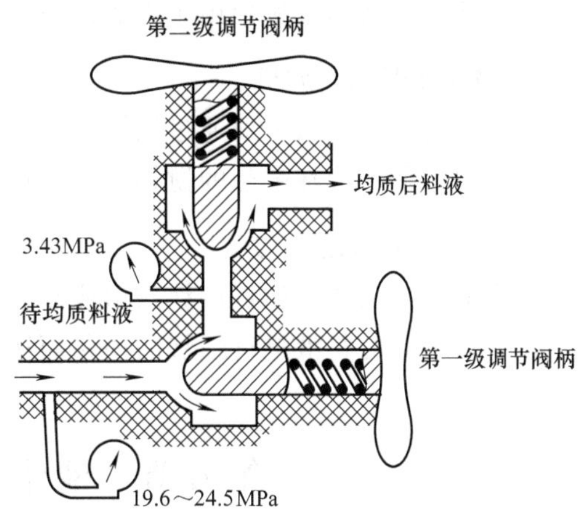

图 5-26 双级均质阀工作示意图

超声波均质机按超声波发生器的形式分为机械式、磁控式和压电晶体式等。

2. 机械式超声波均质机

机械式超声波均质机主要由喷嘴和簧片等组成（图 5-27）。簧片处于喷嘴的前方，它是一块边缘呈楔形的金属片，被两个或两个以上的节点夹住。当料液在0.4～1.4MPa 的泵压下经喷嘴高速射到簧片上时，簧片便发生振动，其振动频率为 18～30kHz。这种超声波立即传给料液，使料液呈激烈的搅拌状态，料液中的大粒子便碎裂，并均质化，均质后的料液即从出口排出。

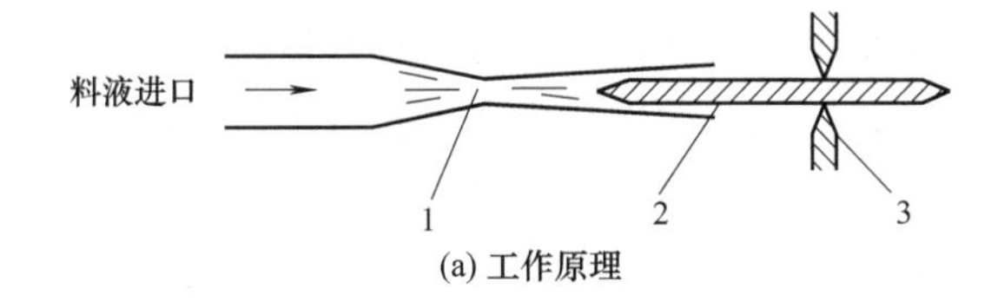

(a) 工作原理

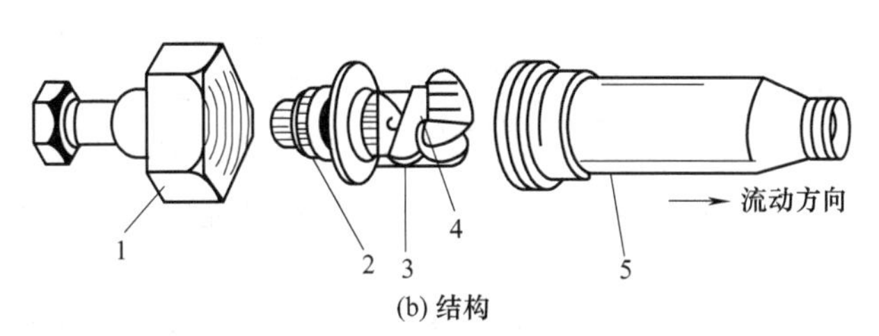

(b) 结构

图 5-27 机械式超声波均质机工作原理与结构

(a) 工作原理：1—矩形缝隙；2—簧片；3—夹紧装置

(b) 结构：1—底座；2—可调喷嘴体；3—喷嘴心；4—弹簧片；5—共鸣钟

机械式超声波均质机适用于牛奶、花生油、乳化油和冰激凌等食品的加工。

3. 磁控振荡式均质机

磁控振荡式均质机一般通过用镍粒铁等磁控振荡式的超声波发生器在频率达几十千赫时，使料液在强烈的搅拌作用下达到均质的目的。

4. 压电晶体振荡式均质机

压电晶体振荡式均质机用钛酸钡或晶振荡制作超声波振荡器，其振荡频率达几十千赫以上，对料液进行强烈的振荡而达到均质的目的。

第五节 液体软包装机

一、袋装机工作过程和基本形式

用以完成全部或者部分包装过程的设备称为包装机械，按其功能不同可以分为袋装机、裹包机、热收缩包装机、真空与真空充气包装机，高压蒸煮袋包装机和充填灌装机械设备等。

将液体、半流体（酱体）、粉状、颗粒状物料装入用柔性材料制成的包装袋，然后进行排气或充气、封口以完成产品的包装，所用机械称为袋装机械。

袋装之前先要制袋。制袋用的柔性材料如纸、蜡纸、塑料薄膜、铝箔及其复合材料等，应具有良好的保护物品的性能，价廉质轻，容易印制、成型、封口和开启使用，并且容易处理。制成的袋装产品体积小，轻巧美观，成为软包装产品中的重要特色，由于塑料薄膜及其复合材料具有良好的热封性、印刷性、透明性和防潮透气性等特点，因此，在实际生产中获得了广泛的使用。当前填充物品已由最初只是充填散粒体物品发展到充填液体、气体、胶体和大块状的固体。

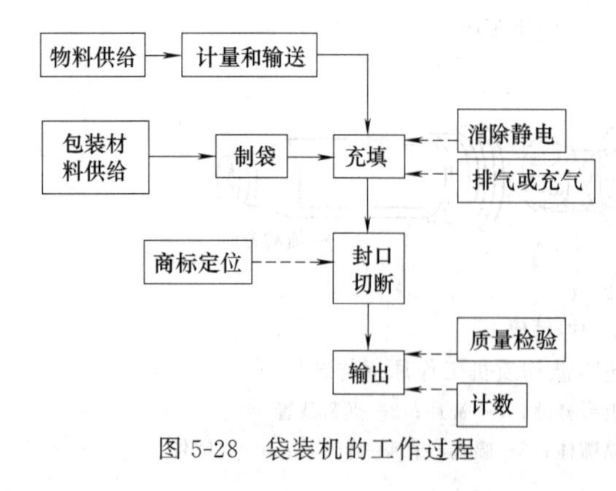

图 5-28 袋装机的工作过程

1. 工作过程

袋装机是采用热封的柔性包装材料，自动完成制袋、物料的计量和充填、排气或充气、封口及切断等多功能的包装设备，可用于包装液体、固体和气体物料，是目前发展最为迅速、应用最为广泛的一种包装机，其工作过程见图 5-28，实线为基本操作程序，虚线为视情况而定的辅助工作程序。这类包装机有卧式和立式两种类型。

2. 袋的基本形式

常见的有枕形袋，扁平袋和自立袋。每种又有多种形式，见图 5-29。常见的有下列几种：

（1）枕形袋　按接缝方式可分为纵缝搭接袋和纵缝搭接侧边折叠袋。

（2）扁平袋　可分为三面封口袋和四面封口袋。

（3）自立袋　其中常见的有尖顶形袋、椭圆柱形袋、三角形袋和立方柱形袋。

制袋过程中，一般是先纵向封口，然后横向封口，所以在枕形袋搭接和对接封口缝的全长内封口部分有三层或四层薄膜重叠在一起，这对封口质量有一定影响。扁平式三面封口袋的内薄膜的层数相等，封接质量较好，但袋的外形不对称，美观性较差。四面封口克服了上述缺点但包装材料用得较多。各种自立式袋的外形美观，有立而不倒的优点，便于后续装箱工序的进行和产品的安置陈列，但对包装材料的要求较多，需采用复合包装材料。

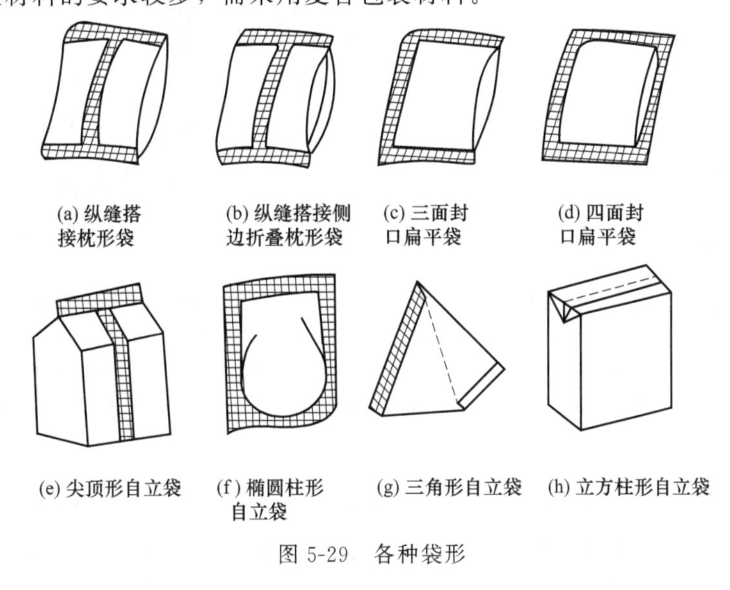

图 5-29　各种袋形

二、袋装机的种类

由于袋形种类繁多，所以袋装机的形式和结构也有较大差异，主要反映在装袋和封口装置上。生产薄膜袋的设备叫袋装机，主要有立式和卧式两种类型。立式又可分为制袋式袋装机和直移型给袋式袋装机。

1. 翻领成型制袋式袋装机

用于枕形袋的制作，见图 5-30。可以完成塑料薄膜的制袋、纵封（搭接或对接)、装料（充填)、封口和切断等工作。

其工作过程为平张薄膜卷筒 2 经过多道导辊后，进入翻领成型器 3，先由纵封加热器 4 封合成型，搭接或对接成圆筒状，这时计量装置计量后的一份物料从料斗 1 通过加料管落入袋内，横封加热器 5 在封住袋底的同时向下拉袋，并对前一个装满牛奶的袋子 6 进口封口，然后在两个袋子之间切断使之分开。

2. 塔形与立方柱形制袋式袋装机

该机主要用来灌装和包装液体饮料，包装容器为塔形和立方柱形，图 5-31 所示是立方柱形制袋式袋装机。

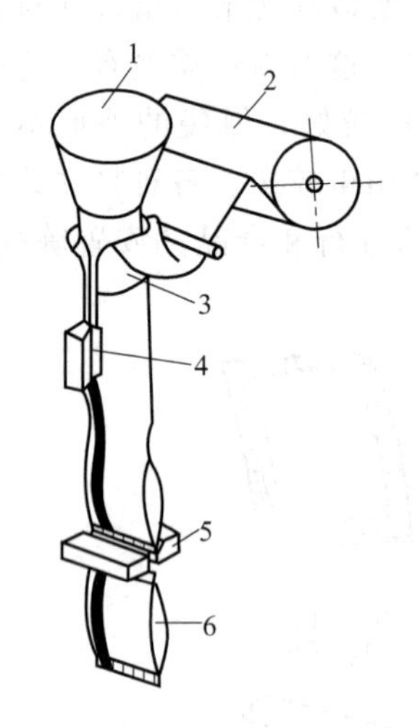

图 5-30 翻领成型制袋式袋装机

1—料斗；2—平张薄膜卷筒；
3—翻领成型器；4—纵封加热器；
5—横封加热器；6—牛奶袋

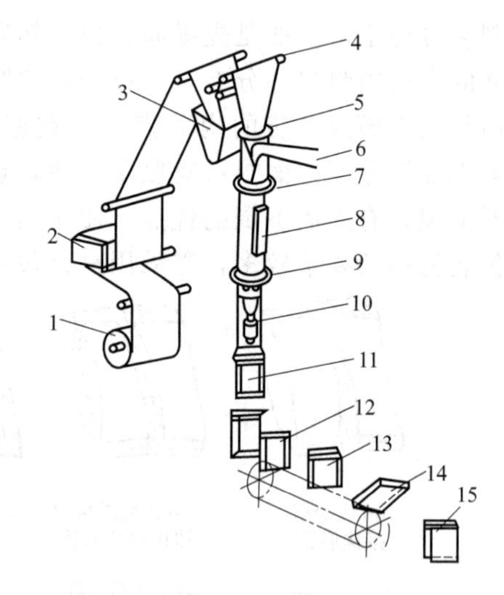

图 5-31 立方柱形制袋式袋装机

1—平张薄膜卷筒；2—印刷装置；3—双氧水槽；4—导辊；
5,7,9—成型环；6—进料管；8—纵封加热器；
10—螺旋加热器；11—封口成形切断；12—入链式输送器；
13—折翼；14—折角；15—成品

（1）工作过程 工作时，平张薄膜卷筒 1 上的包装材料经过印刷装置 2（如包装材料上已有印刷文字说明，可以不用印刷装置）和过氧化氢（俗称双氧水）消毒液消毒后，由导辊 4 向下导引，在成型环 5 和 7 的作用下，将平张包装材料折成圆筒状。包装袋的接缝在向下运动时，被无菌空气加热，当通过最后一道成型环 9 时，被纵封加热器 8 压合成纵封缝。鲜牛奶和果汁等料液由泵送到进料管 6 进入圆筒状包装袋内，无菌热空气从料管外面进入圆筒内直达液面，液面上又有螺旋加热器 10，它对袋内壁进行杀菌消毒，并使液面上形成无菌的空气层。

（2）横封切断装置 横封与切断是在料面下进行的，横封切断装置的配置方式不同，就形成了立方柱形与塔形包装的不同产品。塔形包装时，上下两只横封切断器呈 90°空间交错，分别做上、下与开合运动，以完成包装物品的横封和切断。立方柱形包装时，借助两对直角成型横具与横封口在开合及上、下的复合运动，将液面下的筒状料袋向下拉动并成型、封口和切断。横封切断装置的结构见图 5-32，横封钳 1 由铝合金制成，内有冷却小管 3 通冷却水冷却横封钳。热封电热丝 2 宽度为 7mm，被夹在内外两层聚四氟乙烯 4 之间。内层作绝缘用，外层防止电热丝与包装材料粘连。常热切割丝 5 置于热封电热丝的中间，以保证被切断的上下两个袋各有 3.5mm 宽的热封边。横切垫是用聚四氟乙烯包裹的硅橡胶 7，另有上下两个夹钳 6 夹持薄膜，使热封部分薄膜不受张力影响。热封是采用电脉冲封接方式，通电预热封接，断电冷却。装有果汁和牛奶等饮料用的平张薄膜，通常采用涂蜡纸-铝箔-聚乙烯等的复合薄膜材料。卷成圆筒之前，涂蜡纸的外表面上已印刷好文字说明和图案商标。一个立方柱形正好是一张平张复合薄膜材料，盒的顶面设有铝封孔口，以备饮用，打开铝封孔口，插入塑料吸管，即可吮吸盒内饮料。

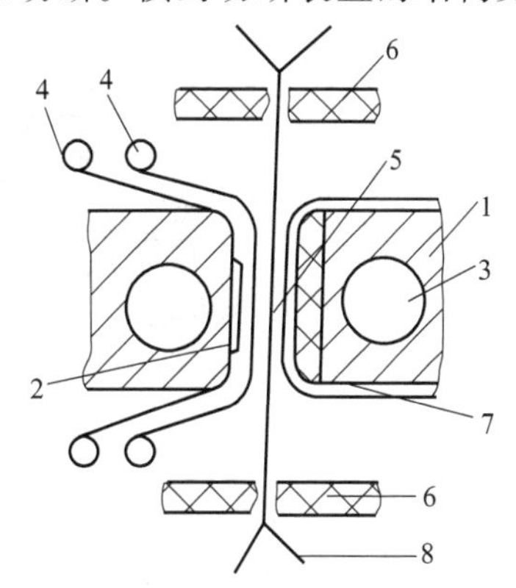

图 5-32 横封切断装置
1—横封钳；2—热封电热丝；
3—冷却小管；4—聚四氟乙烯；
5—常热切割丝；6—上、下夹钳；
7—硅橡胶；8—包装袋

3. 直移型给袋式袋装机

给袋式袋装机在使用前，应将事先加工好的各种空袋叠放在空袋箱里，工作时，每次从空袋箱的袋层上取走一个空袋，由输送链夹持手带着空袋在各个工位上停歇，完成各个包装动作。给袋式袋装机按输送链行走路线可分为直移型和回转型两种，前者输送链带着空袋做直线移动，后者做回转移动。两者的工原理基本相同。图 5-33 所示是直移型给袋式袋装机。

给袋装置由真空吸头与供袋输送链组成。当空袋从空袋箱 1 移动到吹气张开袋工位时，在链式输送器 9 的夹持手的帮助下，输气管向吹气张开袋 3 的空袋内吹气，使袋口张开，当开口的空袋移到固体物料料斗 4 和 5 下方的工位时，即向空袋充填装料，或者由液体加料器 6 向其注入液体物料。盛满物料的袋继续移动，并被加热封口器 7 封口，经冷压成型器 8 冷压成型，最后夹持手释放料袋，成品下落，经出料输送装置卸出。图 5-33 所示是用于三面封口的空袋，成品袋是四面封口，制袋材料有单层薄膜或复合薄膜，单层薄膜因取袋和供袋比较困难，故不使用。

4. 卧式袋装机

立式袋装机多用于液体饮料的制袋、装料（充填）和封口，而卧式袋装机多用于凝固型酸奶、奶酪、冰棒和雪糕等块状物料的包装。包装过程袋装机的

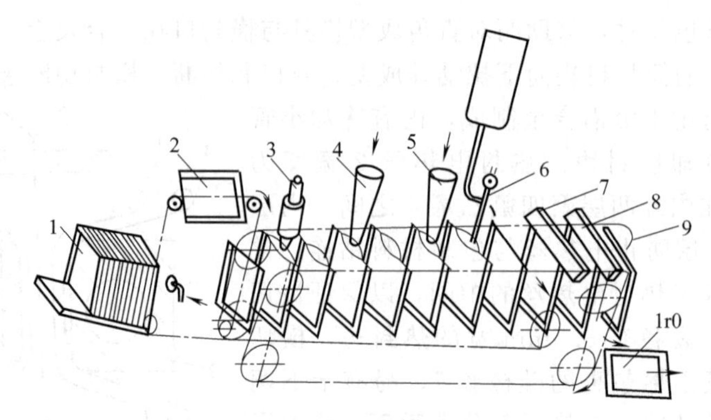

图 5-33 直移型给袋式袋装机

1—空袋箱；2—空袋供送器；3—吹气张开袋；4,5—固体物料料斗；
6—液体加料器；7—加热封口器；8—冷压成型器；9—链式输送器；10—成品

组成，见图 5-34，抽纸辊 3 和输纸滚轮 6 同步将薄膜从卷筒上抽出，经制袋器 5 将包装材料翻折成筒状，并把由进料带 4 送来的物料裹在里面，然后经热封滚轮 8 进行纵封，再通过横封切刀 9 在两个包装物中间进行横封并切断，即完成一个包装，由出料带 10 送出。

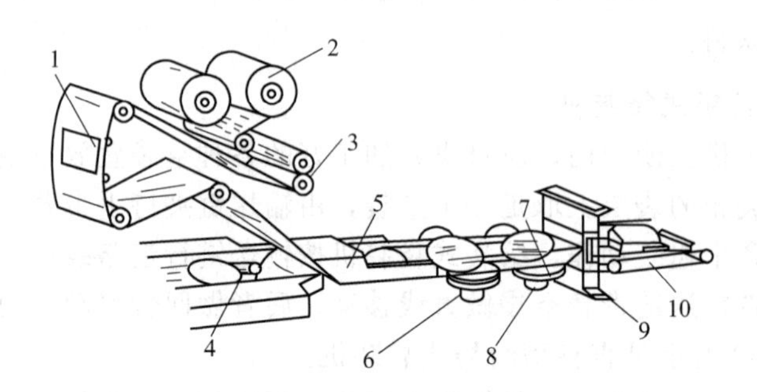

图 5-34 卧式袋装机

1—光电检测；2—卷筒包装材料；3—抽纸辊；4—进料带；5—制袋器；
6—输纸滚轮；7—台面板；8—热封滚轮；9—横封切刀；10—出料带

三、无菌灌装系统

无菌包装系统形式多样，但究其本质不外乎包装容器形状的不同、包装材料的不同和灌装前是否预成型。以下主要介绍无菌纸包装系统、吹塑成型无菌包装系统。

无菌纸包装系统广泛应用于液态乳制品、植物蛋白饮料、果汁饮料、酒类产品以及水等的加工。纸包装系统主要分为两种类型，即包装过程中的成型和预成型两种情况。包装所用的材料通常内外都覆以聚乙烯纸板，这种包装材料能有效地阻挡液体的渗透，并能良好地进行内、外表面的封合。为了延长产品的保质期，包装材料中要增加一层氧气屏障，通常要复合一层很薄的铝箔。图 5-35 所示为典型的无菌包装材料结构。从图中可以看出，六层材料每层具有不同的阻挡功能。随着塑料氧气屏障的逐渐发展，它在将来有可能代替铝箔。

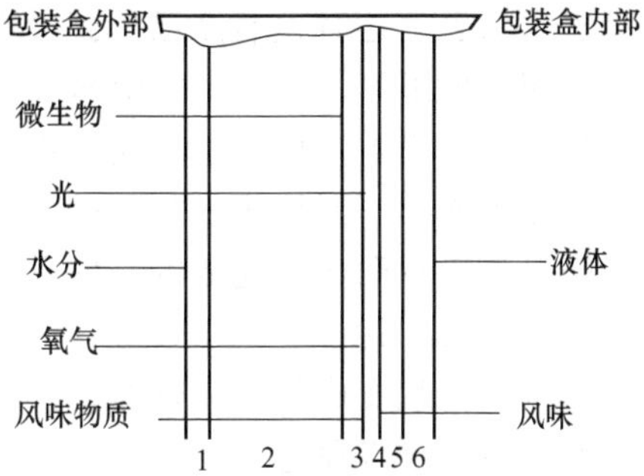

包装盒外部
包装盒内部
微生物
光
水分
氧气
风味物质
液体
风味
1
2
3 4 5 6

图 5-35 典型的无菌包装材料结构

1. **纸卷成型包装系统**

纸卷成型包装系统是目前使用最广泛的包装系统。包装材料由纸卷连续供给包装机，经过一系列成型过程进行灌装、封合和切割。纸卷成型包装系统主要分为两大类，即敞开式无菌包装系统和封闭式无菌包装系统。

敞开式包装系统的包装容量有 200mL、250mL、500mL、1000mL 等，包装速度一般有 3600 包/h，4500 包/h 两种形式。

(1) 敞开式无菌包装系统结构　利乐 3 型无菌包装机（TBA/3）是典型的敞开式无菌包装系统，如图 5-36 所示。包装材料从纸卷 1 进入包装机后上升到包装机的背部，纵封贴条经热合粘到包装纸的一侧。纵封贴条黏合的结构如图 5-37 所示，其主要有以下两个功能：加强纵封的接合和防止产品外漏。黏合纵封贴条之后，包装纸经辊轮 3 涂上一层双氧水膜，随后由一双压力辊轮 4 将多余

4
3
2
1
5
6
7
8
9
10
11

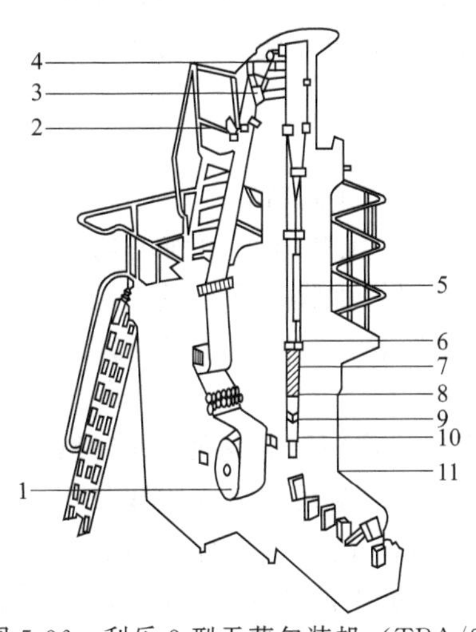

图 5-36 利乐 3 型无菌包装机（TBA/3）

1—纸卷；2—纵封贴条；3—辊轮；
4—压力辊轮；5—纵封加热器；
6—导轮；7—加热器；8—渡位控制器；
9—灌注管；10—横封器；11—终端成型处

外部
内部

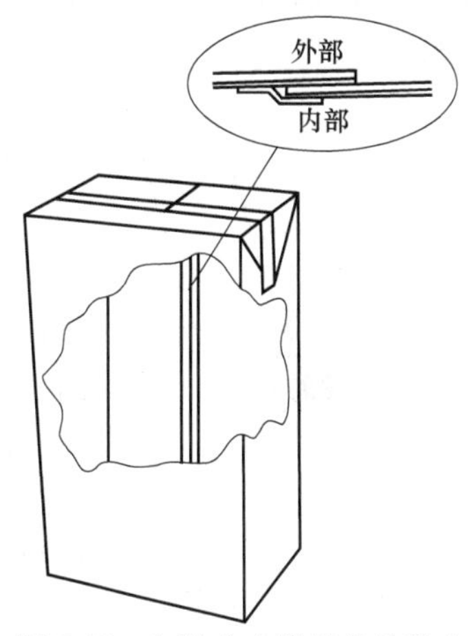

图 5-37 包装盒内纵封条的黏合

的双氧水除去。这时包装纸已达到最高位置，随后向下移动，经纵封加热器 5 和导轮 6 而形成纸筒，残留的双氧水经加热器 7 蒸发然后产品开始灌入。产品的液位始终控制在横封液面之上，两对横封压力器连续不断地将包装纸拉过包装机，同时产品也连续不断地进入包装机。

横封是通过两步来完成的，即黏合和切割。有效的黏合需要两大因素保证，即温度和压力。封合时的温度是电感加热产生的，即通过夹爪夹住圆柱形的纸筒，这样纸筒就变成了长方形的。

产品在封合区通过夹爪的压力将其挤出，夹爪内的 U 形金属圈通过高频电流，高频电流在包装纸的铝箔层形成反向电感电流，从而使铝箔受热，并将热量传递至内层聚乙烯使其融化。在夹爪压力的作用下聚乙烯同时迅速冷却、固化，完成了封合过程。封合后夹爪内的切刀在封合区内将包装切割开。

产品通过灌注管进入纸筒，其下端位于产品液面之下，这样能有效防止泡沫的形成。灌注、封合后的包装经过终端成形器，将顶部和底部的边角分别弯曲、折叠、黏合而成形。

(2) 包装机的灭菌　在生产之前，包装机内与产品接触的表面　必须经过灭菌，其灭菌是通过包装机自身产生的无菌热空气来实现的。无菌热空气是由无菌空气装置吸收周围环境内空气，由空气加热器加热至足以对空气进行有效灭菌的温度（280℃以上)。在灭菌过程中，无菌热空气直接接触包装机内与产品接触的表面，当产品阀入口温度达到 180℃时，计时器启动，在一定时间内（30min 以内）完成灭菌。灭菌后，水冷却器启动，无菌热空气被冷却，冷却后的无菌空气将产品接触表面冷却。这时整个生产前的预灭菌过程结束，包装机进入准备生产状态。

(3) 包装纸的灭菌

包装纸的灭菌包括以下两个过程。

① 双氧水膜的形成　在包装纸灭菌前均匀地在与产品接触的表面涂上一层双氧水膜是保证其灭菌的前提条件。敞开式无菌包装系统这一过程是由双氧水槽实现的（图 5-38)。

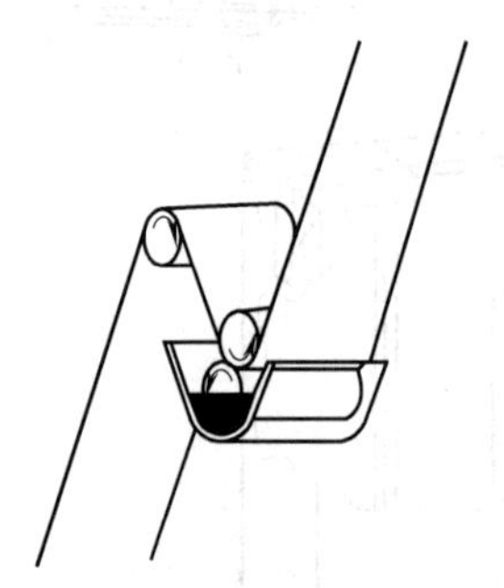
图 5-38　敞开式无菌包装系统的双氧水槽

敞开式无菌包装系统工作时，包装纸先经过贴条，再进入双氧水槽，通过一套辊轮系统将一层双氧水膜附在包装纸的产品接触表面上，同时带走部分包装纸表面所附着的微生物。这里所使用的双氧水必须含有润湿剂，以降低双氧水的表面张力。

双氧水槽并不对包装纸进行灭菌，因为这里温度较低，达不到所需的灭菌效率，它只是将一层双氧水薄膜附在包装纸上以进行后序的灭菌。

值得注意的是，涂布双氧水膜之后整个包装纸是暴露于空气中向前移动的，因此包装间具有稳定的温度和湿度是十分重要的，否则将影响双氧水的蒸发量，最终影响到包装纸的灭菌效果。

② 包装纸灭菌　涂上双氧水膜的包装纸经挤压辊轮除去多余的双氧水，向下经导轮、成型环形成纸筒，一直到达管加热器和横封区域。包装纸的灭菌是通过管加热器对双氧水加热而实现的，管加热器是缠绕在产品灌注管外的电子元件，它一直延伸至纸筒的中部，如图 5-39 所示。根据包装容积的大小不同，管加热器的温度范围也不同，一般在 450～650℃范围内。管加热器通过传导和辐射加热将包装纸内表面加热至 110～115℃，使被蒸发为气体的双氧水大大提高了灭菌效率。因此，包装纸的灭菌是在这一过程中完成的。在实际生产过程中，为防止微生物污染，一方面通过管加热器区域蒸发的双氧水气体上升，另一方面向纸筒内不断通入无菌空气，这样两者在包装纸表面形成了一道无菌空气屏障。

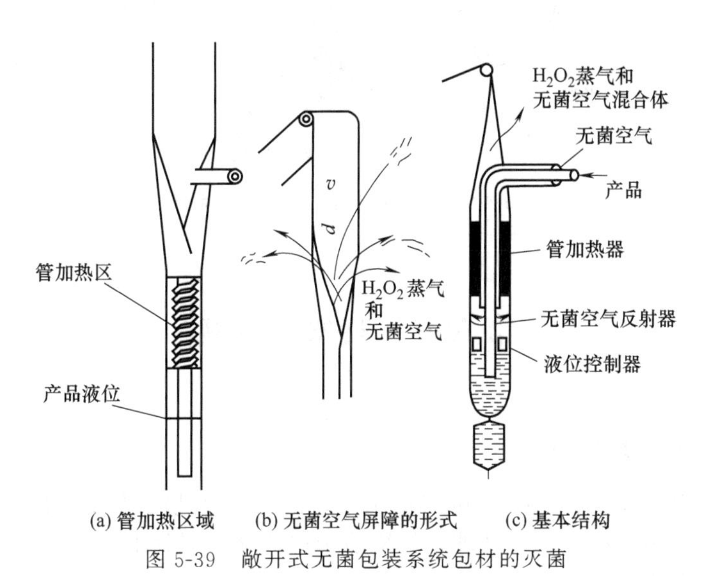

(a) 管加热区域　(b) 无菌空气屏障的形式　(c) 基本结构

图 5-39　敞开式无菌包装系统包材的灭菌

2. 封闭式无菌包装系统

封闭式无菌包装系统最大的改进之处在于建立了无菌室，包装纸的灭菌是在无菌室内的双氧水浴槽内进行的，并且不需要润湿剂，从而提高了无菌操作的安全性。这种系统的另一改进之处是增加了自动接纸装置，并且包装速度有了进一步的提高。

封闭式包装系统的包装容积范围较广，从 100～1500mL，包装速度最低为 5000 包/h，最高为 18000 包/h。

图 5-40 所示为典型的封闭式无菌包装系统。在生产中，包装纸沿纸卷上升到达纵封贴条器，纵封条经热合粘到包装纸的一侧，然后进入双氧水浴槽，灭菌

后的包装纸在无菌室内形成纸筒。为保证无菌室内不受微生物的污染，在生产中一直通有无菌空气保持其正压。封闭式无菌包装系统的横封、纵封与敞开式基本相似，为防止气泡的形成和气体的混入，横封也是在产品的液位之下。另外，封闭式无菌包装系统可以生产出带有顶隙的产品，即在灌注产品的同时注入氮气。

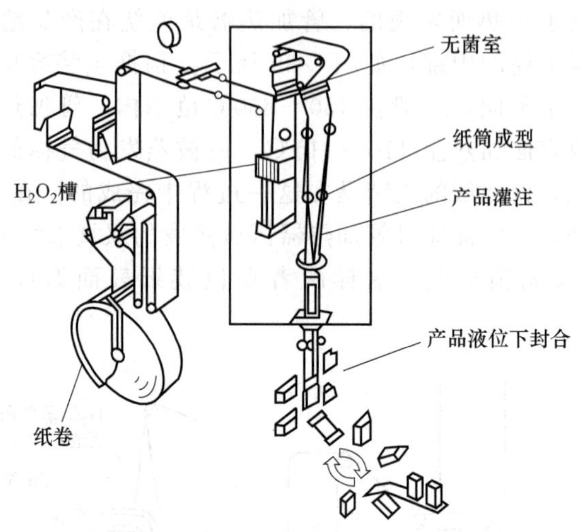

图 5-40 典型的封闭式无菌包装系统

第六节 喷雾干燥机

一、喷雾干燥概述

浓缩奶中一般含有 50%～60%的水分，而乳粉等乳制品中含水量要求在 5%以下，因此，必须进行干燥处理，将浓缩奶中的绝大部分水分除去。目前，广泛采用喷雾干燥法。

1. 机理

喷雾干燥是通过机械力的作用，使浓缩乳通过雾化器雾化成雾滴，其直径一般为 10～100μm，从而大大增加了表面积，一旦与干燥介质（热气流）接触，即在瞬间（0.01～0.04s）进行强烈的热交换和质交换，使其中大部分水分不断被干燥介质带走而除去，经 10～30s 的干燥便可得到符合要求的产品。被干燥的乳粉颗粒在重力作用下，大部分沉降于底部，少量微细粉末随废气进入粉尘回收装置得以回收。喷雾干燥的工作原理见图 5-41。

2. 特点

喷雾干燥具有干燥速度快、产品质量好、营养损失少、产品纯度高、工艺较简单、生产效率高等优点，但设备体积庞大，且有些机构较复杂，投资多，能量消耗大，热效率不高，干燥室的内壁上易黏附产品颗粒，个别设备还较为严重，且清除困难，劳动强度大。

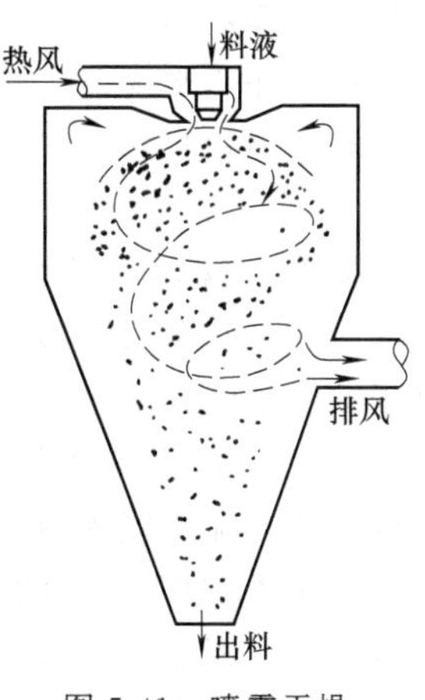

图 5-41 喷雾干燥的工作原理

3. 喷雾干燥对设备的要求

（1）设备中凡与产品接触的部位，应采用不锈钢，必须便于清洗灭菌。

（2）必须配备理想的热风分配箱、导风器或均风板，使热风温度均匀，并与雾滴保持良好的接触，防止产生涡流或逆流，减少焦粉。

（3）干燥室顶部或前壁应有绝热层，最好在热风口附近的壁面内设置水夹套冷却装置。

（4）粉尘回收装置应有较高的回收率，同时应便于清洗。

（5）干燥室内的温度及排风温度不允许超过100℃，以保证产品质量，防止粉尘爆炸。

（6）设备应设置入孔、视孔以及温度、压力指示记录仪等。

（7）热风管路上，应根据不同要求，附设绝热层，减少热损失。

（8）干燥后的产品应能连续从干燥室中迅速卸出，并及时进行冷却。

二、料液雾化

料液的雾化，即将料液稳定地喷洒成大小均匀的雾滴，并使其均匀地分布于干燥室的有效部分，与热空气保持良好的接触。要求雾滴不能喷至干燥室壁面，也不能相互碰撞。喷雾干燥中常见的料液雾化方法有压力喷雾法、离心喷雾法和气流喷雾法，乳制品工业中，采用前两种，气流喷雾法在化工生产中应用较广。

1. 压力喷雾法

（1）压力喷雾原理　压力喷雾又叫机械喷雾法，是利用高压泵以7～20MPa的压力，将料液从喷头微小的喷嘴（直径0.5～1.5mm）喷出。喷头芯具有螺旋状小沟，当料液以高压送到时，会沿着小沟形成旋转的螺旋式运动，以极高的速度通过小孔成70°左右的锥角喷射出去，其速度与旋转半径成反比，故越靠近轴心，速度越大，静压强越大，结果旋涡中央形成一股压力等于大气压的空气旋流，而料液则呈绕空气中心旋转的环形薄膜从喷嘴喷出，然后液膜伸长、变薄，并拉成细丝，再断裂成雾滴，由雾滴群形成了空心圆锥形的喷矩。雾滴的平均直径与料液的表面张力、黏度及喷孔直径成正比，与流量成反比。一般喷雾压力越高，喷嘴径越小，则喷出的雾滴越小，反之，雾滴越大。提高喷雾压力，喷射出去的锥角会有所增大。

(2) 压力喷雾器　压力喷雾器也叫喷枪，主要由喷片与喷芯组成，喷芯上有螺旋状或斜槽形的小沟。目前，我国使用最广泛的压力喷雾器有 M 型和 S 型两种。

M 型喷雾器的结构见图 5-42，主要由管接头、螺母、分配板、喷嘴组成。喷嘴内镶有红色人造宝石喷头，喷嘴上有四条导沟组成的切向通道，导沟轴线垂直于喷头轴线，但不相交于喷头轴线，其宽度和深度随流量的不同而异。

分配板采用 45 号钢制成，经淬火具有一定的硬度。有的喷嘴采用硬质合金制成，其内无需镶入宝石喷头。

由于 M 型喷雾器的流量大，所以适用于生产能力较大的干燥设备。采用红宝石喷头，耐磨性能好，喷孔内壁光滑，雾化状况一致，产品质量好，同时，红宝石喷头的喷孔直径大，不易被堵塞，并在一定程度上改善了乳粉的色泽及冲调性。另外，它操作稳定，产品质量也易于控制。

S 型喷雾器的结构如图 5-43 所示，它由螺母、管接头、喷嘴、喷芯组成，喷嘴和喷芯均用不锈钢材料制成，在喷芯上有两条导沟，导沟的轴线与水平面成一定角度。喷嘴孔径一般为 0.5～1.2mm。

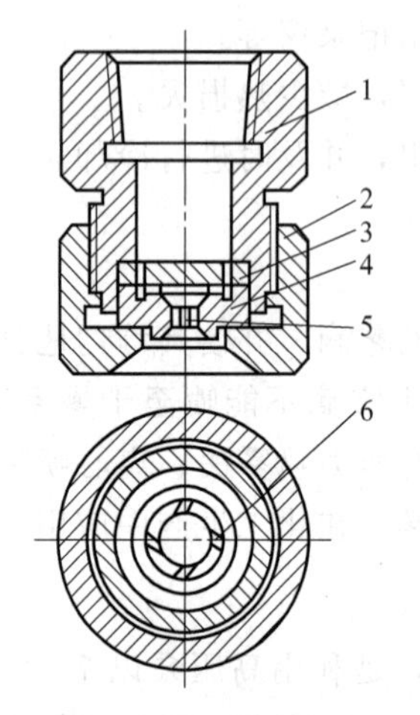

图 5-42　M 型喷雾器

1—管接头；2—螺母；3—分配板；4—喷嘴板；5—人造红宝石喷头；6—喷嘴孔

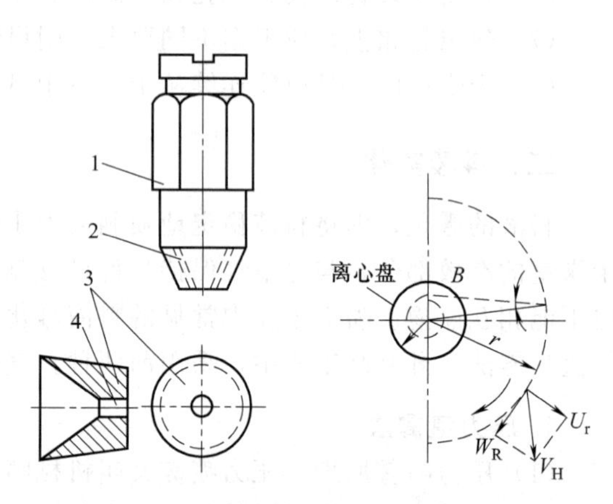

图 5-43　S 型喷雾器和离心喷雾液滴轨迹图

1—喷芯；2—沟槽（导沟）；3—喷嘴；4—喷嘴孔

S 型喷雾器由于采用的是不锈钢材料，耐磨性能差，喷嘴内孔易损，状态发生变化，故也有用硬质合金材料制造，但制造工艺较难。

2. 离心喷雾法

(1) 离心喷雾原理　离心喷雾也叫离心转盘喷雾法，是利用在水平方向做高速旋转的圆盘，给料液以离心力，使其被高速甩出，形成薄膜、细丝或液滴，同时又受到周围干燥介质的摩擦、阻碍与撕裂等作用而形成雾滴。

当料液注入旋转圆盘上，就会随着圆盘旋转而产生切向速度，同时受离心力作用而产生径向速度，结果以一合速度在圆盘上运动。料液沿着此螺旋线自圆盘上甩出后，分散成很微小的液滴，同时液滴又受重力作用下落。由于雾滴大小不同，飞行距离不一，因此在不同的距离落下的雾滴形成以转轴为中心的对称圆柱体。

（2）离心喷雾器　离心喷雾器是离心喷雾的关键部件。优良的离心喷雾器，能达到很高的转速，润湿周边长，雾化均匀，且本身结构简单、坚固质轻、无死角、易拆洗，并有较高的生产能力。目前，在生产中采用的离心雾化器形式很多，常见的类型见图 5-44。

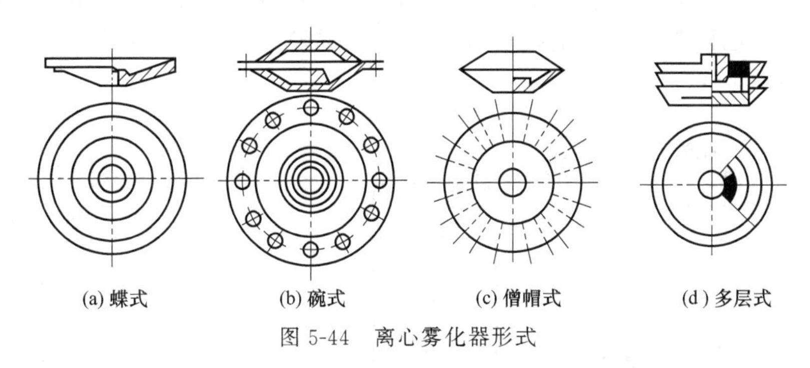

图 5-44　离心雾化器形式

碟式、碗式、僧帽式离心盘结构简单，具有较大的润湿周边，料液易形成扁平薄膜，有利于雾化。但因表面光滑，使料液在转盘内产生较大的滑动，不能得到较大的喷雾速度。此外，碟式离心盘在加料时易发生液滴飞溅，碗式离心盘是由螺钉紧固，运行时易脱落，造成危险。

叶板式（曲叶板式、辐射叶板式）、沟槽式离心盘在结构上做了某些改进，有效地防止了料液的滑动，但沟槽式离心盘喷射出来的料液呈单独细流，液膜较厚，雾化不均匀，产品颗粒较粗大，而叶板式离心盘耗能较大。

插板式离心盘在其外缘等距离地分布着许多不高的挡板，当料液由中心向周边运动时，受到挡板的阻碍，可将料液中的团块打碎。

多层式离心盘由几个结构相同的离心盘叠合在一起而成，可在喷嘴直径较小的情况下得到较高的生产率。由于圆盘直径较小，故易取得较高的转速。另外，它还能实现两种以上的料液同时进行喷雾后混合。

三、干燥形式

1. 并流干燥

并流干燥的特点是在喷雾干燥室内，料液雾滴与热风的运动方向一致。按热风与雾滴的运动方向，又分为水平并流和垂直并流。

并流喷雾干燥是食品工业中常用的基本形式。图 5-45 所示为垂直下降并流型。垂直并流干燥使喷出的雾滴与刚进入干燥室的高温热气流同时由上向下运动进行热交换干燥，干燥室上部温度高，雾化物料的水分也高，到下部，大量水分已蒸发而温度也下降，不致造成焦粉等问题，所以，并流干燥特别适用于热敏性物料干燥，如牛奶、果汁、鸡蛋液等。

2. 逆流干燥

图 5-46 所示为垂直上升逆流型喷雾干燥（压力式）。逆流干燥的特点是在喷雾干燥室内，雾滴与热风的运动方向相反，通常热风从下部吹，雾滴从上往下入喷，物料在干燥室内悬浮时间较长，适宜于含水量高的物料干燥。由于干燥后的成品在下落过程中，仍与高温气流保持接触，易使产品过热而焦化，故不适宜热敏性物料的干燥。

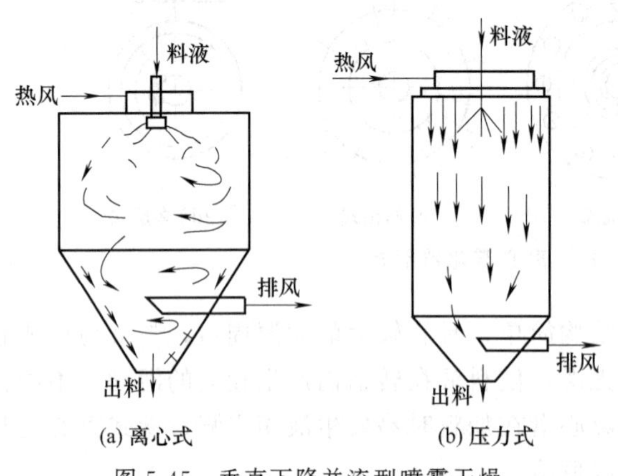

图 5-45 垂直下降并流型喷雾干燥

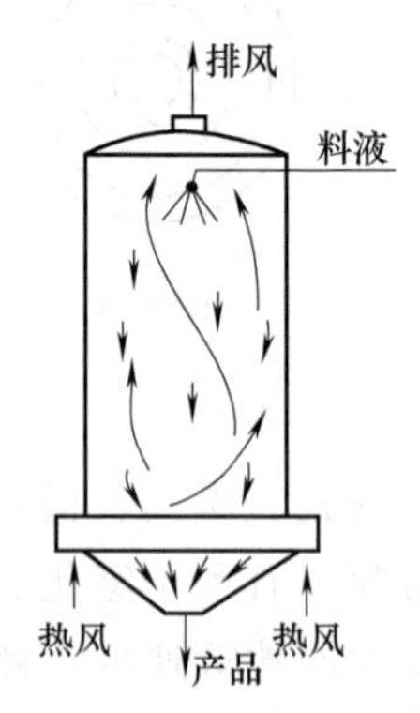

图 5-46 垂直上升逆流型喷雾干燥（压力式）

3. 混合流干燥

见图 5-47，其特点是雾滴与热风的运动呈不规则的状况，液滴运动轨迹较长，热风与雾滴在运动过程中发生交混，进行充分接触，适用于不易干燥的物料。但如果设计不好，往往造成气流分布不均匀，有时会产生涡流，使产品易于粘壁而焦化。

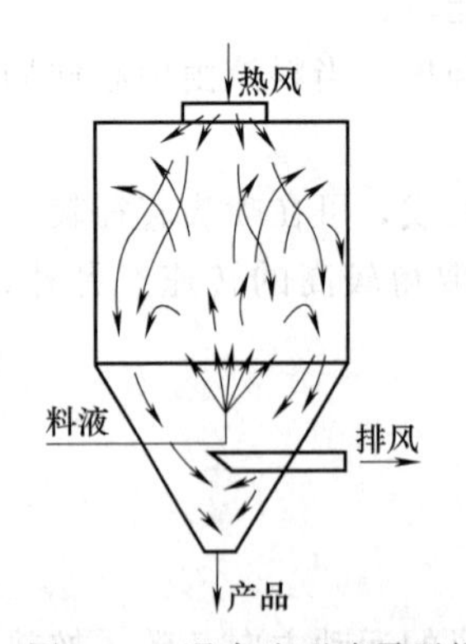

图 5-47 混合流型喷雾干燥

四、立式压力喷雾设备

压力喷雾干燥具有操作简便、技术成熟、生产能力大等特点，是乳品工业上广泛使用的干燥方法。压力喷雾干燥设备有立式和卧式两种。目前，在乳品生产中以立式居多，见图5-48。该设备的干燥室是圆柱体，又称干燥塔。塔底为圆锥体，锥体的夹角应小于60°，宜用50°～55°，以便于自动卸料。塔身圆柱体部分的直径随生产能力或喷雾器数量的增加而增加，圆柱体的高度一般在5m以上。目前趋向于增大圆柱体的高度至15～20m，以适应大孔径、单喷头的干燥技术，以及生产大颗粒乳品的需要。雾化器置于塔顶平面上，一般安装多个，各喷头处于等高状态。喷嘴采用M型，并镶入人造红宝石喷头，具有很好的耐磨性。在干燥室圆锥体的下部，安装有出料阀门，可以连续出料。在圆柱体的侧壁上，有一风管，风管接往布袋过滤器，以分离粉尘。

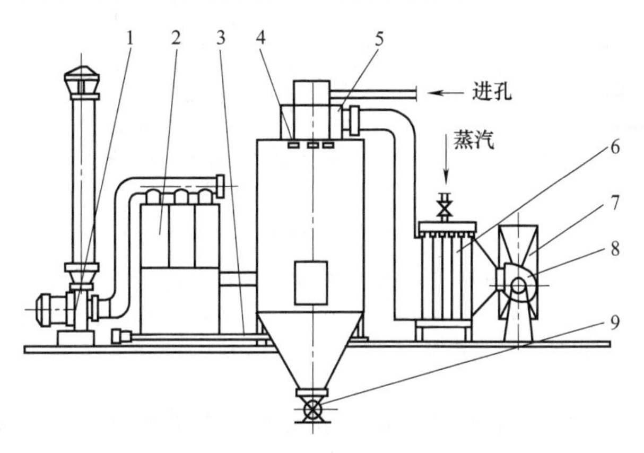

图5-48　立式压力喷雾干燥设备

1—排风机；2—袋滤器；3—螺旋输送机；4—压力喷雾器；5—热空气分配器；6—空气加热器；7—空气过滤器；8—通风机；9—鼓形阀

工作时，新鲜空气经空气过滤器7，由通风机8送入空气加热器6，提高温度至130～160℃，再经热空气分配器5均匀进入干燥室。浓缩乳由高压泵送入干燥室顶部的压力喷雾器4，由于高压及喷嘴的作用而雾化。雾滴进入干燥室，与热空气相遇，以并流方式自上而下运动，瞬间失去水分而干燥，较粗大的颗粒因重力落到干燥室底部，被鼓形阀9连续送出。而另一部分密度较小的粉末，由干燥室侧壁的风管进入袋滤器2。回收后的粉末，由螺旋输送机3送回干燥室锥底部分，和原来落下的粗颗粒混合在一起，由鼓形阀排出干燥室外，废气则由排风机1排入大气。

五、MD型压力喷雾干燥设备

MD型喷雾干燥设备是单喷头立式并流型压力喷雾干燥设备，塔高30m，热风温度150～160℃，喷雾压力可达15～20MPa，其设备流程见图5-49。

塔内喷雾液滴和热风做柱状流动，同时用冷却空气向干燥塔内沿壁吹入，调整热风在塔内的流动使之得到整流。因为在同心圆上的风速一定，分布无紊乱

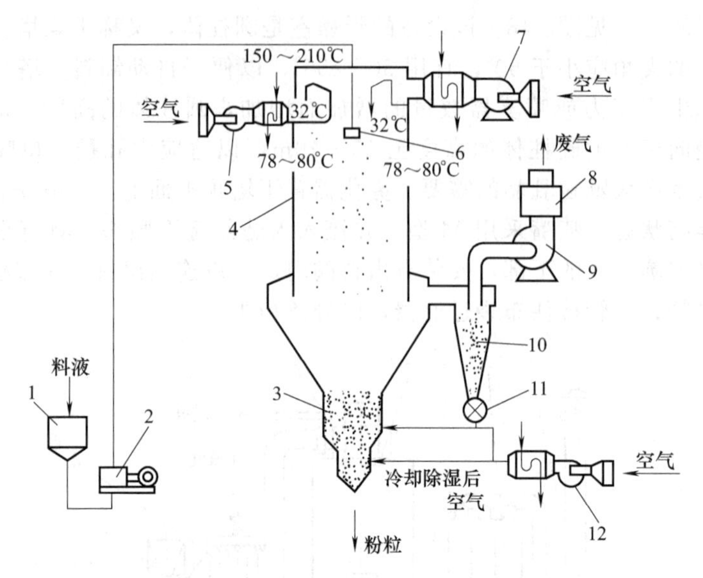

图 5-49 MD 型喷雾干燥设备流程

1—储液桶；2—高压泵；3—粉末冷却器；4—干燥塔；5,12—冷风机；6—喷嘴；7—鼓风机；8—消声器；9—排风机；10—旋风分离器；11—旋转阀

状，使热风出口处的焦粉和塔壁上的粘粉减少到最低程度。在干燥塔的下部有粉末出口和旋风分离器，在干燥塔内瞬时干燥的粉末，经过旋风分离器，大部分因重力落入粉末冷却器 3。开始时为了使粉末冷却的热交换时间延长，一边转一边用上升中冷却除湿后的空气使粉末冷却近室温，然后再用特殊流化床进充分冷却至室温。废气带走的细粉，由旋风分离器 10 回收，用气流输送到第冷却段与主成品混合冷却，也可重新送入塔内使细粉末与喷雾液滴接触，以增加粉的粒径，或将细粉送回原液进行重新喷雾干燥。

六、离心喷雾干燥机系统

离心喷雾干燥机装置系统如图 5-50 所示。

离心喷雾干燥机与压力喷雾干燥机的最大区别在于雾化器形式不同，采取离心喷雾。由于离心喷雾器的雾化能量来自于离心喷雾头的离心力，因此，为本干燥机供料的泵不必使用高压泵。

除了雾化器区别以外，本机与压力喷雾干燥机系统还存在以下方面的差异：首先，本系统的热风分配器为涡旋状；其次，干燥塔的圆柱体部分径高比较大，这主要因离心喷雾有较大雾化半径，从而要求有较高大的塔径；最后，本干燥器的布袋过滤器装在干燥塔内，它分成两组，可轮流进行清粉和工作。布袋落下的细粉直接进入干燥室。

工作时，在进风机 6 的吸力下，新鲜气口从进气口 9 进入，经过空气过滤器

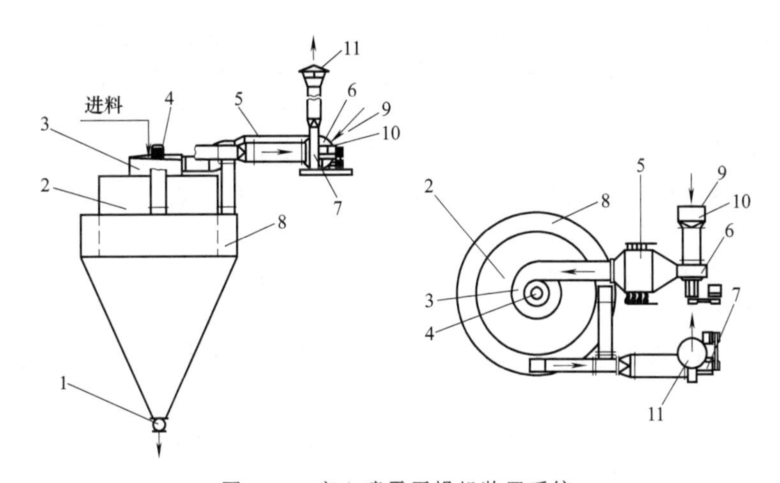

图 5-50 离心喷雾干燥机装置系统

1—出粉阀；2—干燥室；3—热风分配器；4—离心喷雾器；5—空气加热器；6—进风机；7—排风机；8—布袋过滤器；9—进气口；10—空气过滤器；11—废气出口

10 过滤后被空气加热器 5 加热，经过热风分配器 3 后，在干燥室 2 内和从离心喷雾器 4 进入料液相遇进行干燥，干燥后干物料在重力作用下沉降到干燥室圆锥体底部，经过出粉阀 1 排出。干燥后的废气经过布袋过滤器 8 过滤后，在排风机 7 带动下，从废气出口 11 排出。

需要指出的是，不论是压力式还是离心式喷雾干燥机系统，直接从干燥室出来的粉体一般温度较高。因此需要采取一定措施使之冷却下来。普通的做法是使干燥室出来的粉料在一凉粉室内先进行冷却，再进行包装。先进的喷雾干燥系统则通常结合流化床技术，使干燥塔出来的粉在此得到进一步流态化干燥，然后进行流态化冷却。

思考题

一、判断题

1. 夹层锅只能在中小乳品和饮料厂使用，用于液体物料的加热、冷却与保温。(　　)

2. 夹层锅内胆用不锈钢制造，外壳采用优质碳素钢及镀锌铁皮保温层，但是不能使用玻璃棉。(　　)

3. 分离式离心机不仅可以分离牛乳中的稀奶油，还可以用于分离悬浮液和乳化液。(　　)

4. 板式换热器不适宜于热敏性物料的杀菌，会产生过热现象。(　　)

5. 超高温瞬时灭菌机可以承受高压，但是板式换热器板与板之间有橡胶垫圈，不可以承受高温高压，压力过高橡胶垫圈有泄漏物料的危险。(　　)

6. 套管式换热器缺点是管子接头多，易泄漏，单位体积所具有的换热面积小，且单位传热面的金属材料消耗量是各种热交换器中最小的。(　　)

7. 喷头在CIP清洗装置中属于标准配置，对罐类、容器类的设备清洗时也都使用，而且喷头有固定的，也有旋转的。(　　)

8. 立式胶体磨用于黏度为10Pa·s左右料液的均质作业，卧式胶体磨多用于黏度较低的物料。(　　)

9. 所有CIP设备都是固定不动的，也只能给固定不动的液体设备进行清洗。(　　)

10. 无菌包装机中的双氧水槽并不对包装纸进行灭菌，因为这里温度较低，达不到所需的灭菌效率，它只是将一层双氧水薄膜附在包装纸上以进行后序的灭菌。(　　)

11. 牛奶的净化常采用双联过滤器和离心净乳机。(　　)

12. 高压均质机具有高压阀，但大都是单级均质阀。(　　)

13. 超声波均质机的内部没有搅拌器。(　　)

14. 高速剪切乳化器转子和定子之间不发生剪切作用。(　　)

二、填空题

1. 板式换热器由传热板悬挂在________上，前端为________，旋紧支架上的压紧螺杆后，可使________与________合在一起。

2. 板式换热器由许多冲压成型的________组合而成。

3. 超高温系统的管式热交换器包括两种类型，即________热交换器和________热交换器。

4. ________是就地清洗或现场清洗的意思。它是指在不拆卸、不挪动设备的情况下，利用清洗液在密闭的清洗管路中对输送液体食品的管线及食品接触的机械内表面进行________________。

5. 均质机可分为机械式、喷射式、离心式和超声波式以及搅拌乳化机，其中以________应用最多。________主要采用剪切力使料液中的微粒或液滴破碎和混合的机械设备，它又可分为________和________两种。

6. 离心式均质机主要由转鼓、________与传动机构组成。

7. 超声波均质机是利用________遇到物体时迅速交替地压缩和膨胀的原理而设计的。物料在________的作用下，当处在膨胀的半个周期内，受到拉力，则物料呈气泡膨胀；当处在压缩的半个周期内，气泡则浓缩，当压力变化幅度很大时，如果压力振幅低于低压，被压缩的气泡会急剧崩溃，则在料液中会出现________现象，这种现象的出现，又随着振幅的变化和外压的不平衡而消失，在空穴消失的瞬时，液体的周围产生非常大的压力和高温，起着非常复杂而强有力的机械搅拌作用，以达到均质的目的。

8. 胶体磨主要由料斗、________、________、排料口和传动机构组成。

9. 袋装机是采用热封的柔性包装材料，自动完成________、物料的计量和充填、排气或充气，________及________等多功能的包装设备，可用于包装液体、固体和气体物料，是目前发展最为迅速、应用最为广泛的一种包装机。

三、选择题

1. 连续生产中可采用管式过滤器，它安装在牛乳输送管道中，较牛奶管路稍粗。过滤管内有两重金属套管，均为不锈钢制造，内管管壁钻满直径________ mm 的小孔，牛奶在内外管之间流过即可达到净化的目的。

A. 0.1　　B. 0.5　　C. 1.0　　D. 1.5

2. 碟式分离机转速越快，则分离效果越好。但转速的提高受到分离机械结构和材料强度的限制，一般控制在________ r/min 以下。

A. 3000　　B. 5000　　C. 7000　　D. 9000

3. 碟式分离机牛奶的温度提高，黏度降低，脂肪球和脱脂奶的密度差增大，有利于提高分离效果。但温度过高，会引起蛋白质凝固或起泡。一般，奶温控制在________℃，有时封闭式分离机可高达50℃。

A. 25～30　　B. 30～35　　C. 35～40　　D. 40～45

4. 碟式分离机脂肪球直径越大，分离效果越好，但设计或选用分离机时应考虑需要分离的大量的小脂肪球。目前可以分离出的最小脂肪球直径为________ μm 左右。

A. 0.1　　B. 1　　C. 10　　D. 100

5. 高剪切乳化设备类似胶体磨，是以________作用为主的均质设备。其工作原理是利用转子和定子间高相对速度旋转时产生的剪切作用使料液得以乳化，或使悬浮液进一步微粒化、分散化。

A. 搅拌　　B. 剪切　　C. 乳化　　D. 挤压

6. ________干燥具有操作简便、技术成熟、生产能力大等特点，是乳品工业上广泛使用的干燥方法。

A. 压力喷雾　　B. 离心喷雾

C. 气流式喷雾　　D. B和C

7. 喷雾干燥室内的温度及排风温度不允许超过________℃，以保证产品质量，防止粉尘爆炸。

A. 60　　B. 80　　C. 100　　D. 120

8. 板式换热器板与板之间有________，以保证密封并使两板间有一定空隙。

A. 铜垫圈　　B. 铝垫圈

C. 橡胶垫圈　　D. 不锈钢垫圈

第六章 果品罐头加工设备

第一节 果品罐头生产概述

一、果品罐头生产流程

1. 生产工艺流程

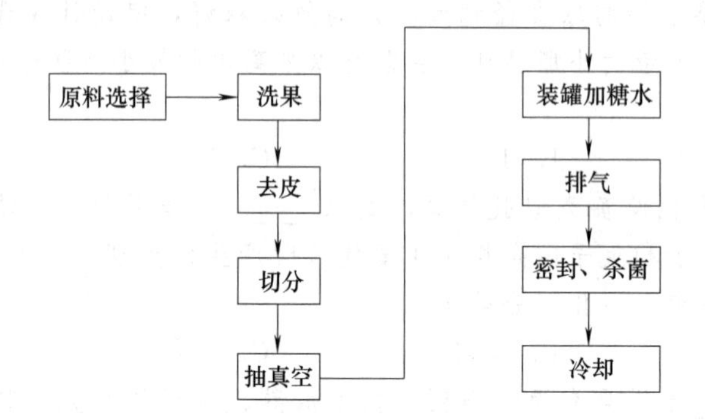

2. 果品罐头生产工艺主要设备流程

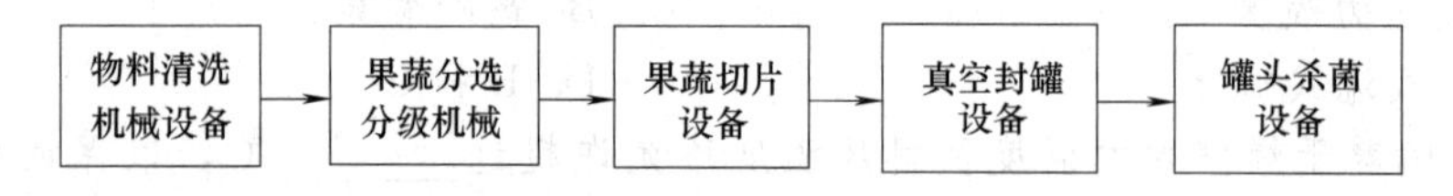

二、果品罐头生产操作要点

1. 原料选择

选用新鲜、圆整、脆嫩多汁、成熟度和色泽大致相同的原料，按大小分级，除去病虫果和机械损伤果。

2. 洗果

将水果用流动水冲洗干净。

3. 去皮

用削皮机削皮，或用碱液去皮（氢氧化钠浓度为12%～15%，煮沸后浸入苹果1～2min，立即捞出投入水中冲洗干净，擦去表皮皮层）。水果去皮后立即投入1%氯化钙溶液中，或浸入1%～2%的盐水中。修去未去干净的残皮、蒂把、花萼等。

4. 切分

用不锈钢刀将水果对半纵切，大型果切3～4块，立即浸入1%盐水中。用刀挖净籽巢、果梗、花萼，浸泡在1%盐水中，果块不完整的挑出来另行处理。

5. 抽真空

将水果块冲洗干净，装入不锈钢篮中，放入盛有20%糖水的抽真空锅内，糖水温度在40℃以下，将盖盖严，打开抽真空的开关，在80～93kPa压力下，抽15～30min，抽到果肉透明，此法称为湿抽法。

6. 装罐加糖水

每罐装果块275～300g，糖水200～225g，糖水浓度为20%～40%，温度为85℃，糖水中加入0.15%柠檬酸。

7. 排气

在95℃下排气10～15min，排气后罐中的温度75℃以上。

8. 密封、杀菌

杀菌式10min －(15～25min)－ 10min/100℃。

9. 冷却

冷却到40℃。

第二节 物料清洗机械设备

水果、蔬菜及谷物在生长、收获、储藏和运输过程中免不了在表皮上粘有污物及混入各种杂质，在加工过程中，如果不先将这些杂质清除掉，不仅会混入成品，降低产品的质量，而且还会影响设备的效率，损坏机器，危害人身安全。因此，清理与分级是加工过程中的一项重要任务。

清洗所用的机械分三类：原料清洗用，如洗水果机；包装容器清洗用，如空瓶清洗机；器皿清洗用，如器皿清洗机等。

一、XG-2 型洗果机

XG-2 型洗果机是一种具有浸泡、刷洗和喷淋作用的果蔬清洗机，主要由清洗槽、刷辊、喷水装置、出料翻斗、机架等构成。其工作原理如图 6-1 所示。工作时，水果由进料口 1 进入清洗槽 2 内，然后在两个刷辊 3 产生的涡流中得以清洗，同时，由于两个刷辊 3 间隙较窄，故其间的水流流速较高，从而使该压力降低，被清洗物料在压力差和刷辊 3 摩擦作用下通过刷辊，进一步得到刷洗。而后，被清洗物料在出料翻斗 4 中又经高压喷水装置 5 的喷头水得到进一步喷淋清洗，最后从出料口 6 甩出。

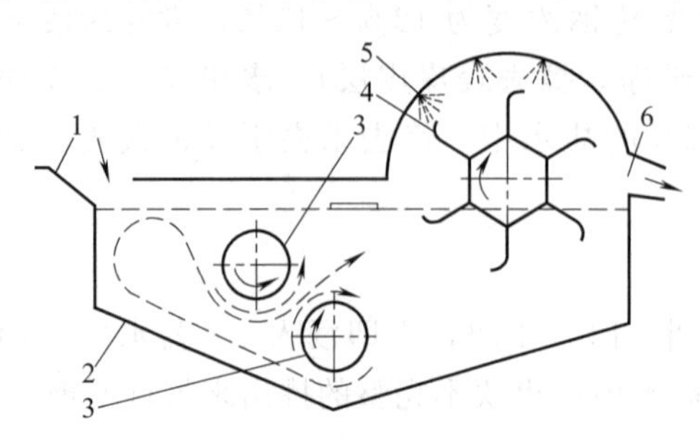

图 6-1　XG-2 型洗果机工作原理

1—进料口；2—清洗槽；3—刷辊；4—出料翻斗；5—高压喷水装置；6—出料口

该机生产能力可达 2t/h，破碎率小于 2%，洗净率达 99%。该机效率高，清洗质量好，破损率低，结构紧凑，造价低，使用方便，是目前国内一种较为理想的果品清洗机。

二、GT5A9 型柑橘刷果机

GT5A9 型柑橘刷果机如图 6-2 所示，主要由进料斗、出料斗、横毛刷辊、纵毛刷辊、传动装置、机架等部分组成。毛刷辊表面的毛束分组长短相间，呈螺旋线排列。相邻毛刷辊的转向相反。毛刷辊组的轴线与水平方向有 3°～5°的倾角，物料入料口端高、出料口端低，这样物料从高端落入辊面后，不但被毛刷带动翻滚，而且做轻微的上下跳动，同时顺着螺旋线和倾斜方向从高端滚向低端。在低端的上方，还有一组直径较大、横向布置的毛刷辊。它除了对物料擦洗外，还可控制出料速度（即物料在机内停留时间）。该机主要用于对柑橘类水果进行表面泥沙污物的刷洗。根据需要，可在毛刷辊上方安装清水喷淋管，增加刷洗效果，从而可适合于多种水果及块根类物料的清洗。

三、螺旋式清洗机

该机见图 6-3，由喂料斗、螺旋推运器、喷头、滚刀、泵、滤网及电动机等组成。其主要工作部件是螺旋推运器 2。推运器外壳的下部为滤网 7，让污水能漏入水槽。在向上送料过程中，物料与螺旋面、外壳以及物料之间产生摩擦而除去表面污物。机器上、中部装有数个喷头，可冲洗物料。有的机器上部还装有滚刀 4，可将块状物料切成小块。该种机器用于水果及块根、块茎蔬菜类的清洗。

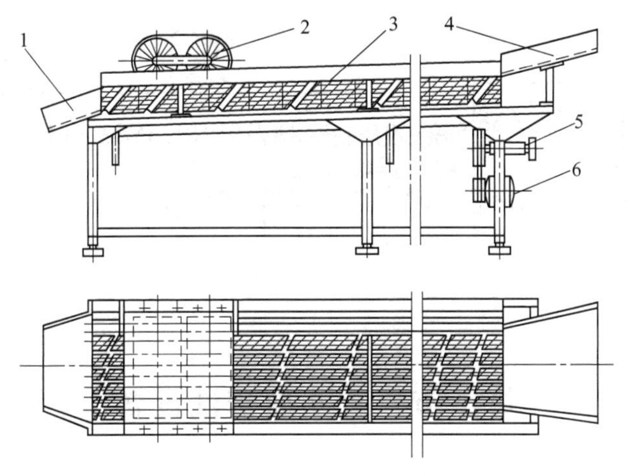

图 6-2 GT5A9 型柑橘刷果机

1—出料斗；2—横毛刷辊；3—纵毛刷辊；
4—进料斗；5—传动装置；6—电动机

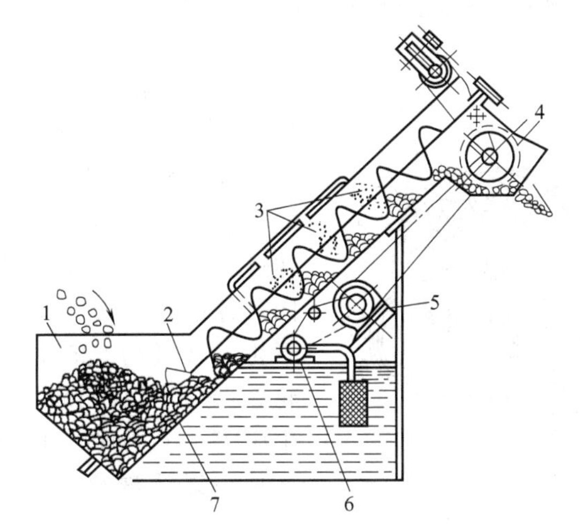

图 6-3 螺旋式清洗机

1—喂料斗；2—螺旋推运器；3—喷头；
4—滚刀；5—电动机；6—泵；7—滤网

四、组合式清洗机

一个好的清洗设备通常把浸泡、喷洗、刷洗结合起来。图 6-4 所示组合式清洗机采用两个浸泡工序、一个喷水工序、一个去水工序及一个干燥工序。在浸泡槽中可放入杀菌药品及除去残留农药药品。最后还可安装几排刷子为果品上蜡。

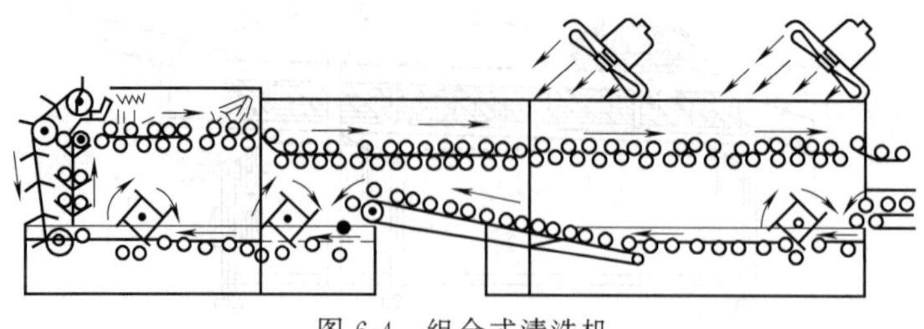

图 6-4 组合式清洗机

第三节 罐头瓶清洗设备

一、旋转圆盘式空罐清洗机

旋转圆盘式空罐清洗机见图 6-5。机器主要由进罐槽、星形轮、热水及蒸汽管道、喷嘴、出罐槽、排水管及传动部分组成。工作时空罐从进罐槽进入逆时针旋转的星形轮 10 中，热水通过星形轮中心轴八个分配管把水送到喷嘴 9，喷出的热水对空罐内部进行冲洗。当星形轮转过约 315°时，空罐进入星形轮 4 中，同时各罐被通入的蒸汽进行消毒。当星形轮 4 转过约 225°时，空罐又进入星形轮 5，然后排入出罐槽。空罐在回转清洗中应有一点倾斜，以便使罐内水流出。该种空罐清洗机结构简单，生产率高，占地少，易操作，水及蒸汽用得少，但对不同罐型的适应性差。

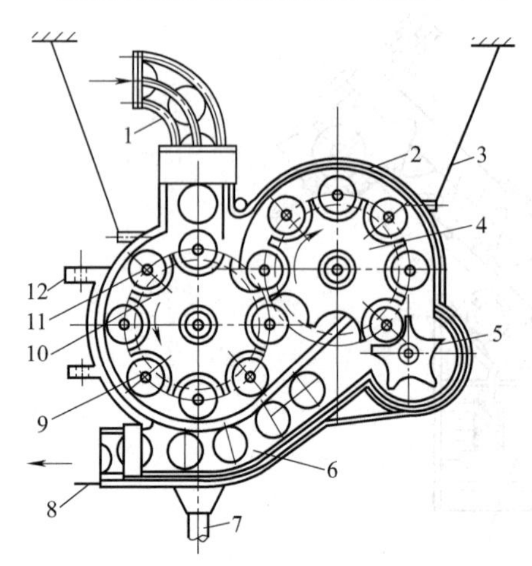

图 6-5 旋转圆盘式空罐清洗机

1—进罐槽；2—机壳；3—连接杆；4,5,10—星形轮；6—下罐坑道；7—排水管；8—出罐槽；9—喷嘴；11—空罐；12—固定盖的环

二、滚动式洗罐机

滚动式洗罐机外形是一个矩形截面，如图 6-6 所示，滚动式洗罐机设备外形是呈一定斜度安装的长条形箱体。它的输罐机构是箱内由钢条拦成的“矩形”滚道。滚道“截面”的轴线与箱体截面轴线呈一定角度，从而可使空罐在下滚时罐口以一定角度朝下，便于冲洗水的排出。空罐在由上而下沿栏杆围成的滚道滚动过程中，罐内、罐身和罐底同时受到三个方向的喷水冲洗。污水由箱体下部排出。通过空罐滚道上下两端的“截面”取向

变化，可使空罐以直立状态进入洗罐机，又以直立状态从洗罐机内滚出，因而可与洗罐机前后的带式输送机平稳衔接，实现连续化生产。

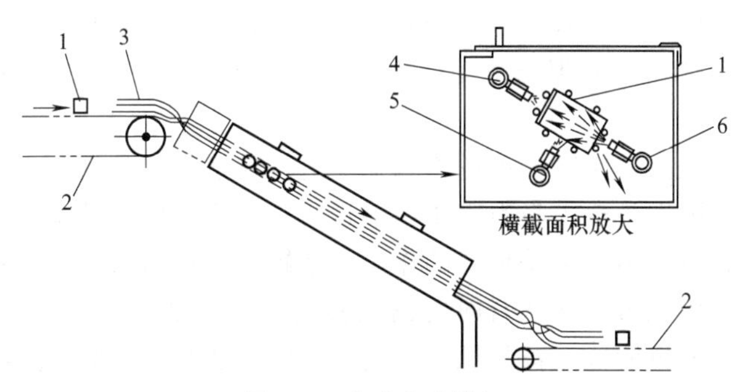

图 6-6　滚动式洗罐机

1—罐头瓶；2—传送带；3—滚道杆；4—罐底喷水头；5—罐身喷水头；6—罐内喷水头

这种洗罐机的优点是效率高（可达 100 罐/min）、装置简单而体积小，并且在一定范围内可通过调整栏杆和喷嘴位置，适应不同的空罐清洗。其缺点是空罐的进机有一定高度要求。

三、三片罐空罐清洗机

三片罐空罐清洗机结构如图 6-7 所示。清洗过程采用 55～80℃的热水对内壁进行冲洗，并以热风吹干。

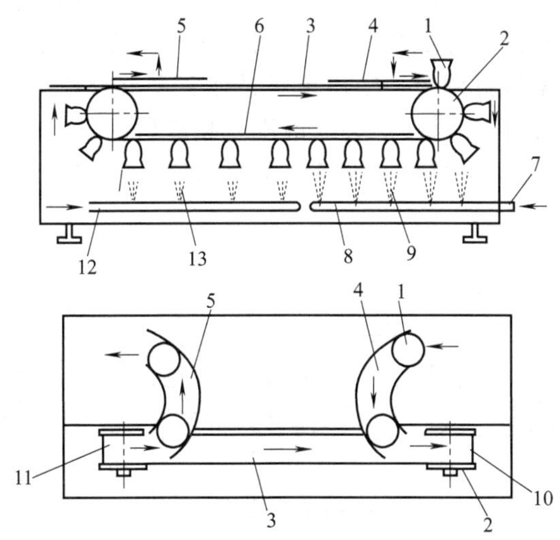

图 6-7　三片罐空罐清洗机结构

1—空罐；2—磁性转鼓；3—输送带；4—进罐圆盘；5—出罐圆盘；6—磁铁板；7—进水管；8—喷水管；9—喷嘴；10—脏瓶进入端；11—净瓶出口端；12—风入口管；13—吹风口

三片罐空罐清洗机为箱式结构，主要由机架箱体、进出罐圆盘、磁性输送机、传动系统、清洗喷嘴组成，有的还带有鼓风系统，用于将清洗后的罐体吹干。磁性输送机由尼龙带张紧在两个磁性转鼓上构成，并安装在箱体前上方，由传动系统驱动运转。磁铁板与尼龙带等宽，固定在箱体侧面，与带内表面保持平行。

该机工作过程为，空罐 1 由进罐圆盘 4 进入输送带 3 移动，空罐到达右边磁性转鼓 2 上时，随即被磁力吸引紧压在输送带 3 表面绕转鼓移动，当空罐随着输送带 3 转至下方时，由于磁铁板 6 的作用，空罐 1 在磁铁板 6 的作用下，吸引在输送带 3 的下表面随带一起从右向左倒立移动，在此喷嘴 9 对着罐口进行清洗。清洗完毕后进入鼓风阶段，被从风入口管 12 出来的风吹干水分。当罐运送到左边转鼓上方净瓶出口端 11 时，由出罐圆盘 5 拨出送至装罐机前方的输瓶机上，以待装罐。该机可通过调空罐导向板间的距离从而适应不同大小的罐型要求，主要用于三片罐易拉罐的空罐的连续清洗，也适用于大小形状相近的其他型号的马口铁罐，具有清洗效果好、结构合理、工作平稳、生产效率高等特点，是罐类食品饮料生产线上的理想设备。

四、G17D3 型空罐清洗机

G17D3 型空罐清洗机结构如图 6-8 所示，这种清洗机用于成捆空罐的清洗。全机由机架、传动系统、不锈钢丝网带、水箱、水泵、蒸汽管路系统和进水系统等组成。整台设备沿长度方向分初洗区 5 和终洗区 4 两个区组成。终洗区 4 采用热水喷洗，热水由蒸汽与冷水在热水器中混合形成，热水的温度可通过截止阀控制蒸汽和水的流量来进行调节。喷淋流下的水汇集在终洗区下方的水箱 11，再由水泵 10 抽送至初洗区 5 供喷淋头 3 淋洗，喷淋后的水汇集在初洗沤下方的斜底槽由排水管 12 排放。贯穿整个设备的不锈钢丝网带 13，以 0.14m/s 的速度自

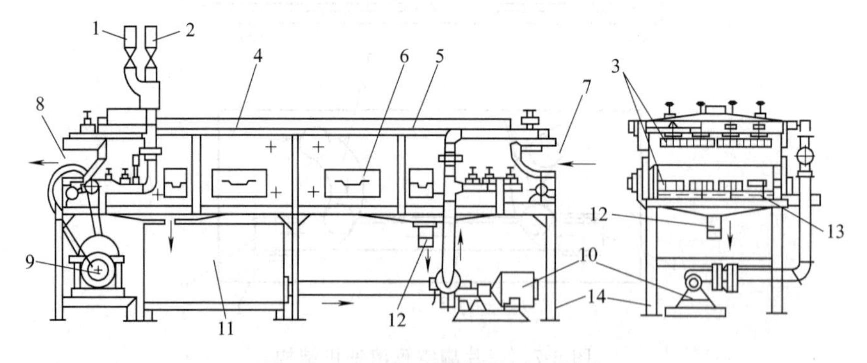

图 6-8 G17D3 型空罐清洗机结构

1—进蒸汽管；2—进水管；3—喷淋头；4—终洗区；5—初洗区；6—成捆空罐；7—进罐口；8—出罐口；9—电动机及传送系统；10—水泵；11—水箱；12—排水管；13—不锈钢丝网带；14—机架

右向左运动。机身全长约 3.5m，空罐在机内总共受到的清洗时间约为 0.4min。其工作过程如下：成捆罐口向下的空罐 6，由人工放置在设备右端进口处的不锈钢丝网带 13 上。在网带自右向左的输送过程中，空罐 6 先后通过初洗区 5、终洗区 4，先后受到高压热水的喷洗，最后由左端出罐口 8 送出。由于输送空罐的是网带式输送装置，因此，这种洗罐机对罐型的适应性较强。但与其他洗罐机相比，体积比较大。

第四节 果蔬分选及分级机械

农产品的分选分级工作一般是在清理完成之后进行，是将清理后的物料按其尺寸、形状、重量、颜色、品质等特性的不同分成等级，即利用物料各组成部分的物理机械特性差异进行分选分级。

一、尺寸分级设备

1. 滚筒式分级机

多级滚筒式分级机适合于大多数球形水果和蔬菜的分级，这类机型在国外有较成功的经验，日本果农大多采用这种机型。

我国自己设计的多级滚筒式分级机主要由喂料机构、V 形槽导果板、分级滚筒、接果盒以及传动机构等组成（图 6-9）。机器工作时，水果从果箱喂入 V 形槽导果板，在 V 形槽内自动分成行滚下，不会产生堆果及乱滚现象。每个分级滚筒上都开有圆孔，孔径按滚筒的顺序逐渐增大，每个滚筒上的孔径相同，滚筒数与分级等级数相配。水果从 V 形槽滚至滚筒外缘自动进行校对孔径，小于

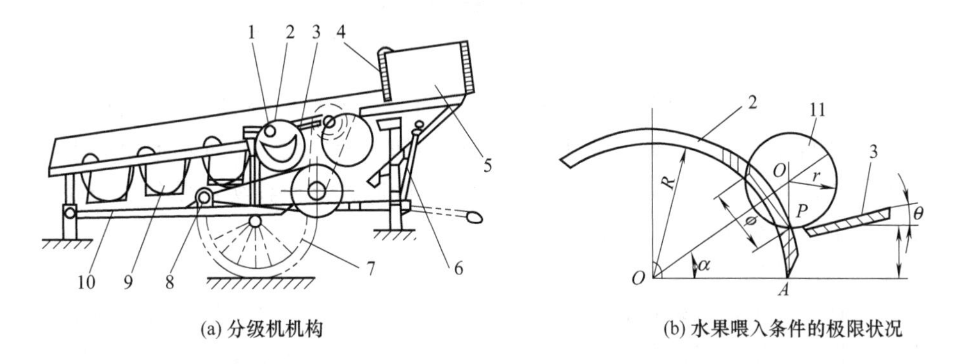

(a) 分级机机构　　(b) 水果喂入条件的极限状况

图 6-9 多级滚筒式分级机

1—辊轴；2—分级滚筒；3—V 形槽导果板；4—喂料阀门；5—果箱；6—手把；7—车轮；8—电动机；9—接果盒；10—机架；11—水果

孔径的水果，先从第一滚筒分级孔落入滚筒内的接果盘；大于分级孔的水果沿第一滚筒外缘滚至第二滚筒。由于每级滚筒的分级孔径逐渐增大，则把水果由小到大分成若干等级。

要完成水果自动校径的分级过程，首先要保证水果可靠地喂入分级孔。水果的入孔条件是其重心垂线必须在水果与分级孔下边接触点 P 的左侧［图 6-9（b）］。可以看出，最大直径的水果喂入最小分级孔时，其喂入状况最差，即最难喂入分级孔。

2. **辊轴分级机**

图 6-10 所示的辊轴分级机分级水果快而准确，水果损伤小，在大型水果加工厂中用得较广。

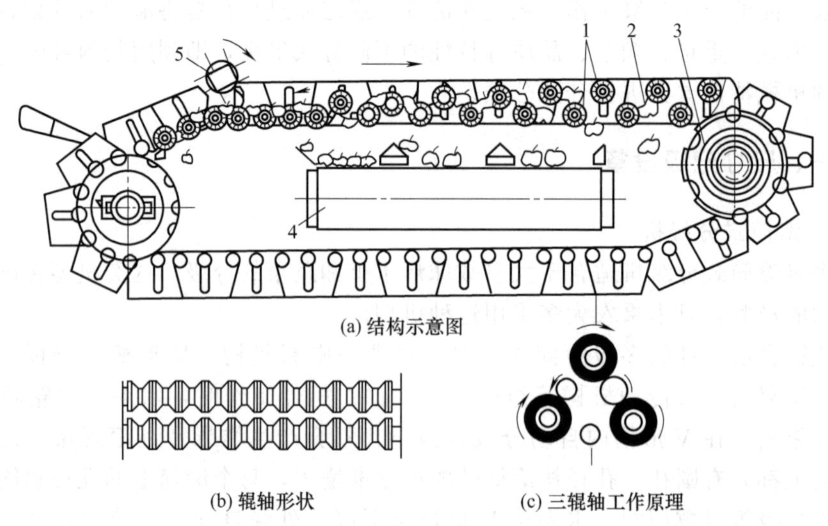

图 6-10 辊轴分级机

1—辊筒；2—驱动链；3—链轮；4—出料输送带；5—理料辊

（1）结构　分级部分是一条由其轴向剖面为梯形槽的分级辊组成的输送带，每两根辊之间设有一升降辊，辊上带有同样的梯形槽，此三根辊轴形成两组分级孔，水果处在此分级孔中。输送带上各个辊都顺时针方向转动，每个水果都有机会把其最小尺寸对准辊轴之间的菱形孔。

（2）工作过程

工作时，水果进入输送带，最小的水果则从两相邻辊之间的菱形孔中落到集料斗里，其余水果通过理料辊被整齐地排列成单层进入分级段。在驱动链的牵引下，输送带上各辊因与轨道之间的摩擦作用而顺时针向前滚动，升降辊在上升轨道上逐渐上升，两辊间的菱形孔也逐渐增大。每个孔中只有一个水果，水果在转动辊的摩擦带动下也转动，这样，其最小外径总有机会对准菱形孔，当外径小于孔时就落下，并被出料输送带沿横向送出机外；而大于孔的水果继续随带前进，随着菱形孔的增大而在带的不同位置上落下，从而分成若干等级。若升降辊上升至最高位置而水果仍不能从开孔中落下，则最后掉入末端的集果斗中，属等外特大水果。

这种水果分级机分级较准确，水果损伤少，但结构复杂，造价较高。

3. 回转带分级机

回转带分级机（图 6-11）是由两条沿运行方向逐渐增大间距的选果带组成。将水果置于两条选果带上，若水果直径小于两条选果带之间的距离时，则从中落下。因带距沿运行方向逐渐增大，故不同尺寸的水果落在下边相应的输送带上而实现分级。

该设备结构简单，工作效率较高，但分级精度不高。

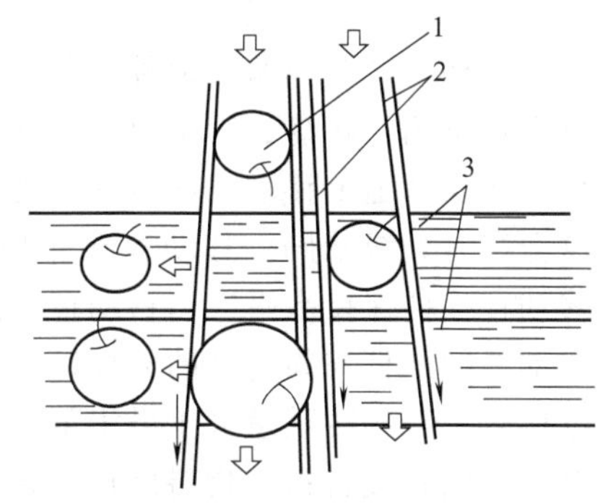

图 6-11 回转带分级机

1—物料；2—选果带；3—输送带

4. 光电分选机

光电分选机（图 6-12）可以看作是按尺寸进行选果，因为能进行非接触的测量，所以减少了果蔬的机械损伤，且有利于实现自动控制。

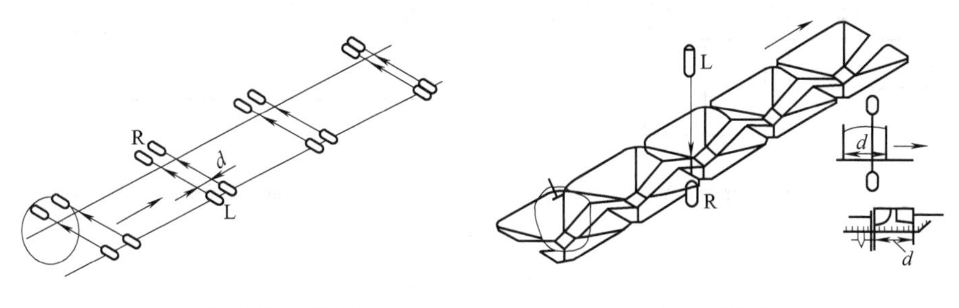

(a) 双单元同时遮光式　　(b) 脉冲计数式

图 6-12 光电分选机

图中 L 为射光器，R 为受光器。一个射光器与一个受光器组成一个单元。图 6-12（a）为双单元同时遮光式分级器。两单元间的距离 d 由分级尺寸决定。沿输送器前进方向间距 d 变小。物料在输送带上随带前进，经过分级器时，若物料尺寸大于 d，两条光束同时被遮断，这时，通过光电元件和控制系统使推板或喷气嘴工作，把此水果排出输送带，作为该间距值所分选的水果。双单元的数量即为分选出的水果等级数。

图 6-12（b）所示为脉冲计数式分级器。射光器 L 和受光器 R 分别置于物料

输送料斗的上、下方，且对准料斗的中部开槽处。每当料斗移动距离 a 时，射光器发出一个脉冲光束，水果在运行中遮断脉冲光束的次数为 n，则水果的直径 $D=na$，然后通过微处理机，将 D 值与设定值比较，并分成不同的等级。

二、重量分级设备

重量式分级机可根据水果、家禽、蛋类等的重量不同进行分级。重量式分级机一般有秤重式和弹簧式两种，前者用得较多。图 6-13 所示为一称重式选果机。该机由接料箱、料盘、固定秤、移动秤、输送辊子链等组成。移动秤 40～80 个，随辊子链在轨道上移动。固定秤有若干台（按分级数定），它固定在机架上，在托盘上装有分级砝码。移动秤在非秤重位置上时，物料重量靠小导轨 11 支持，使移动秤杠杆保持水平。当移动秤到达固定秤处进行称重即与小导轨脱离时，这时移动秤的杠杆与固定秤的分离针 6 相接触，物料和砝码在移动秤杠杆的两端，通过比较，若物料重量大于设定值，则分离针被抬起，料盘随杠杆转动而翻转，物料被排放到接料箱。物料由重到轻分若干等级。

该机分级精度较高，调整方便，适应性广，但结构较复杂。

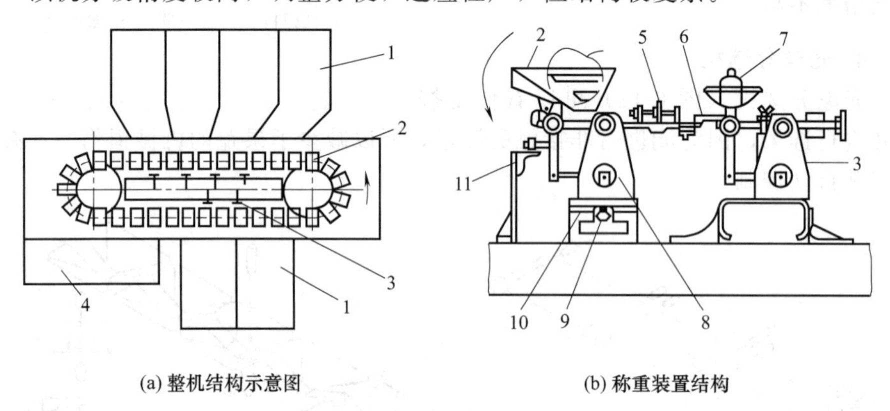

(a) 整机结构示意图　　(b) 称重装置结构

图 6-13　称重式选果机

1—接料箱；2—料盘；3—固定秤；4—喂料台；5—调整砝码；6—分离针；7—砝码；8—移动秤；9—辊子链；10—移动秤轨道；11—小导轨

三、色选分级设备

为保证农产品的表面和内部质量，还可以利用其光学特性进行分选。果蔬表面的颜色与其成熟度、味道、糖分与维生素含量等有密切关系，因此果蔬按颜色分选实质上是按品质分选。水果表皮的颜色可以利用光反射特性来鉴别。将一定波长的光或电磁波照射水果，根据其反射光的强弱可以判别其表面颜色。图 6-14所示为一种蜜柑的光反射特性图，它表示不同颜色的蜜柑在不同波长光的照射下的反射强度。由图可以看出，色越绿则反射强度越弱，这是因为叶绿素吸光性强所致。此外，对于不同波长的光，色差造成的反射光强度的差异也不同，其中当采用波长为678μm的光照射时，则其差异较大，故可用此波长来分选。通常，采用光电管将反射光转变为电信号，由电流强度的大小来判别果皮的颜色。这样可消除因物料尺寸，提高了测示精度。同时不受物料尺寸及形状的影响。

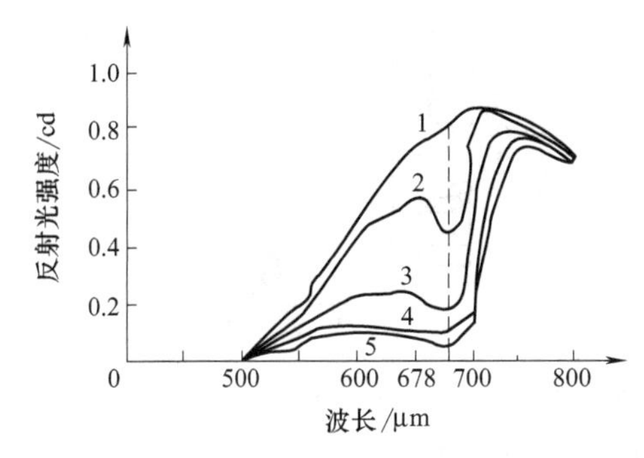

图 6-14　蜜柑的光反射特性
1—黄色果皮；2—淡黄色；3—黄绿色；
4—淡绿色；5—绿色

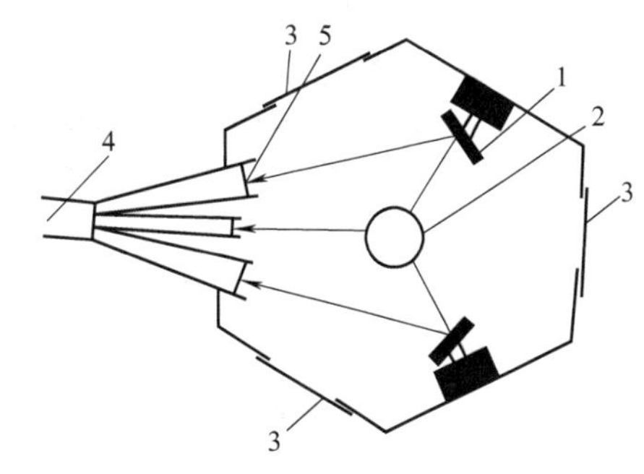

图 6-15　果皮颜色分选装置（色检箱式分选器）
1—反射镜；2—果实；3—背景板；
4—集光器；5—透镜

1. 色检箱式分选器

果皮颜色分选装置如图 6-15 所示，称色检箱式分选器。水果依次下落至色检箱，在通过色检箱的过程中，受到上下光线的照射。对于不同的物料，为得到适宜波长的光，可更换背景板 3。从水果皮反射的光，借箱内相隔 120°配置的反射镜 1 反射入三个透镜 5，通过集光器 4 混合，然后分成两路，分别通过带有不同波长滤光器的光学系统，得到不同波长下的反射率，从而判别水果的颜色。

2. 色选机

色选机是利用光电原理，从大量散装产品中将颜色不正常或感染病虫害的个体（球状、块状或颗粒状）以及外来杂质检测分离的设备。光电色选机工作原理如图 6-16 所示：料斗中的物料由振动喂料器送入通道成单行排列，依次落到光电检测室，从电子视镜与比色板之间通过。被选颗粒对光的反射及比色板的反射在电子视镜中相比较，颜色的差异使电子视镜内部的电压改变，并经放大。如果信号差别超过自动控制水平的预置值，即被存储延时，随即驱动气阀，高速喷射气流将物料吹送进旁路通道。而合格品流经光电检测室时，检测信号与标准信号差别微小，信号经处理判断为正常，气流喷嘴不动作，物料进入合格品通道。光电色选机主要由供料系统、检测系统、信号处理和控制电路、剔除系统 4 部分组成。

（1）供料系统　供料系统由料斗、电磁振动喂料器、斜式溜槽（立式）或皮带输送器（卧式）组成。其作用是使被分选的物料均匀地排成单列，穿过检测位

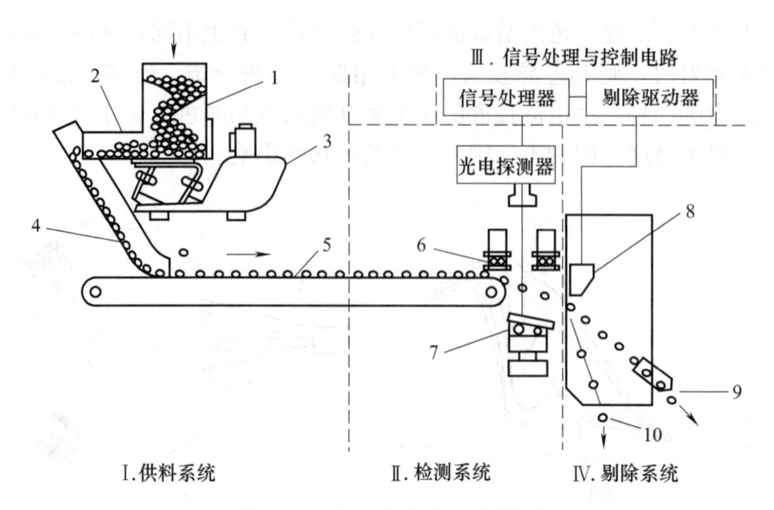

图 6-16 光电色选机工作原理

1—料斗；2—振动盘；3—振动器；4—斜式溜槽；5—皮带输送器；6—照射光源；7—比色板；8—喷射阀；9—合格品；10—剔除品

置并保证能被传感器有效检测。色选机系多管并列设置，生产能力与通道数成正比，一般有 20、30、40、48 等系列。供料的具体要求是，保证每个通道中单位时间内进入检测区的物料量均匀一致。保证物料沿一定轨道一个个按顺序单行排列进入检测位置和分选位置。为了保证疵料确实被剔除，物料从检测位置到达分选位置的时间必须为常数，且须与从获得检测信号到发出分选动作的时间相匹配。

(2) 检测系统 检测系统主要由光源、光学组件、比色板、光电探测器、除尘冷却部件和外壳等组成。检测系统的作用是对物料的光学性质（反射、吸收、透射等）进行检测，以获得后续信号处理所必需的受检产品的正确品质信息。光源可用红外光、可见光或紫外光，功率要求保持稳定。检测区内有粉尘飞扬或积累，影响检测效果，可以采用低压持续风幕或定时地高压喷吹相结合的措施，以保持检测区内空气明净、环境清洁，并冷却光源产生的热量，同时还设置自动扫帚装置，随时清扫，防止粉尘积累。

(3) 剔除系统 剔除系统接收来自信号处理控制电路的命令，执行分选动作。最常用的方法是高压脉冲气流喷吹。它由空压机、储气罐、喷射阀等组成。喷吹剔除的关键部件是喷射阀，应尽量减少吹掉一颗不合格品带走的合格品数量。为了提高色选机的生产能力，喷射阀的开启频率不能太低，因此要求应用轻型的高速、高开启频率的喷射阀。

四、内部质量分选设备

水果内部质量的好坏是难于用人的感官进行判别的，然而可以利用水果的透光特性进行检测。用一定波长的光照射水果时，由于其内部生物组织的不同，其透光程度也不相同。透光程度可用光学密度 OD（optical density）来表示。其大小为：

$$OD=\lg\frac{E_1}{E_2}$$

式中，E_1 为到达物体表面的单色光发射能量；E_2 为单色光透过物体的能量。

水果的生物组织对一定波长光的透光度越差，则光学密度 OD 值越大。

1. OD 值随波长的变化曲线

图 6-17 所示为桃子光透过的分光特性，其 OD 值随波长的变化曲线。可以看出，成熟桃子和未成熟桃子的 OD 值有明显差别。由于 OD 值除了受光的波长及水果内部质量影响外，还与水果的形状及大小有关。若用一种波长下的 OD 值来判别，其精度会受到影响。为了消除水果形状及尺寸对判别精度的影响，同样可采用两种波长的光（如 692nm 及 740nm）照射水果，这样可得到两个 OD 值，用两者之差 ΔOD 值（$\Delta OD_1=AB-EF$，$\Delta OD_2=AC-EG$）的不同来判别其内部质量。由图可见，在波长为 692～740nm 范围内，未成熟桃子的 OD 曲线的斜率远大于成熟桃子的曲线斜率，即 OD_2 比 OD_1 大得多。因此，只要选择合适的波长范围，即可得到较高的分选精度。表 6-1 中列出了判别不同物料的适宜波长的范围。

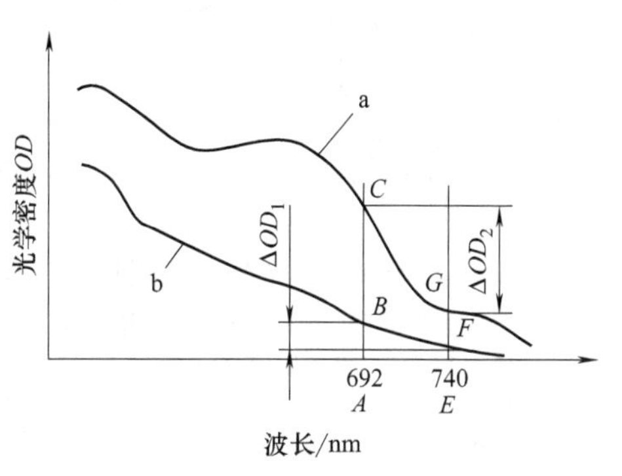

图 6-17 桃子光透过的分光特性

a—未成熟桃子；b—成熟桃子

表 6-1 用 ΔOD 值判别农产品内部质量时的适宜波长

判别内容	适宜的波长/nm	判别内容	适宜的波长/nm
玉米的霉菌损伤	800～950	蛋的血丝	577～597
米的精白度	600～850	小麦的黑穗病	800～930
桃子的成熟度	700～740	马铃薯的空心	710～800
苹果的成熟度	690～740	花生的成熟度	490～520

2. 圆盘式滤光器

图 6-18 所示为圆盘式滤光器，用于水果内部质量检测。由灯 1 发出的光经滤光器 11 得到一定波长的光，由透镜 3 聚光。使物料 9 向上移动，夹持在上下缓冲垫 10 之间。滤光器圆盘上装有四个滤光片，圆盘由电动机带动回转，使物

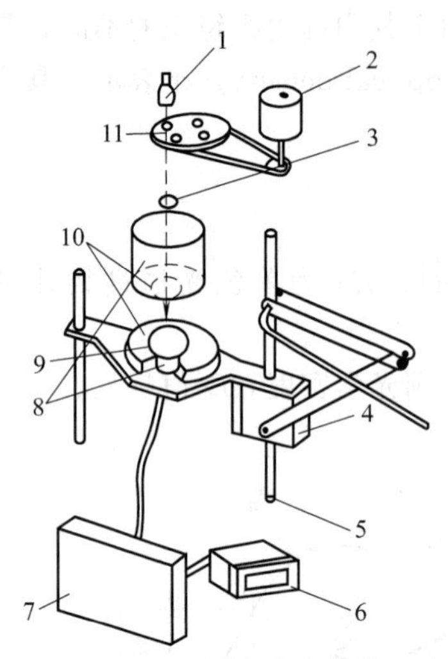

图 6-18 圆盘式滤光器

1—灯；2—电动机；3—透镜；4—试样上下移动装置；5—导杆；6—指示计；7—运算放大器；8—检测部件；9—物料；10—缓冲垫；11—滤光器

料得到不同波长光的断续照射，由检测部件测定透光量，再通过运算放大器、指示计，即可得到两组 ΔOD 值。

五、金属及异物分选设备

在生产过程中，金属杂质造成的危害很严重，也是影响产品质量的重要因素。金属探测器的广泛应用，不但帮助食品企业有效地解决了这个难题，并且成为过程控制不可或缺的重要一步。

1. 金属探测器的工作原理及分类

（1）分类　金属探测器种类繁多，市场上常见的有隧道式金属检出机、自由落体式金属检出机、管路式金属检出机、磁感应金属探测器、步行通过式金属探测器、手持金属探测器。

（2）工作原理　大部分金属探测器都是由两部分组成，即侦测头（包括感应器）与自动剔除装置，其中，侦测头为核心部分，里面由三条线圈组成，一条中央发射线圈和两个对等的接收线圈（图 6-19），把这三组线圈固定在探测头中，通过中间的放射线圈所连接的振荡器来产生高频交流磁场，同时两侧的接收线圈相连接，使其感应电压在磁场未受干扰前相互抵消，输出信号为零。当有金属颗粒物通过探测器的线圈时，会使所处线圈的频率场产生扰动，从而产生若干微伏的电压。原来平衡的状态被打破，线圈组合的输出电压不再为零。未抵消的感应电压通过感测器，经由控制系统处理，并产生剔除信号，传送到自动剔除装置，从而把金属杂质排出生产线。

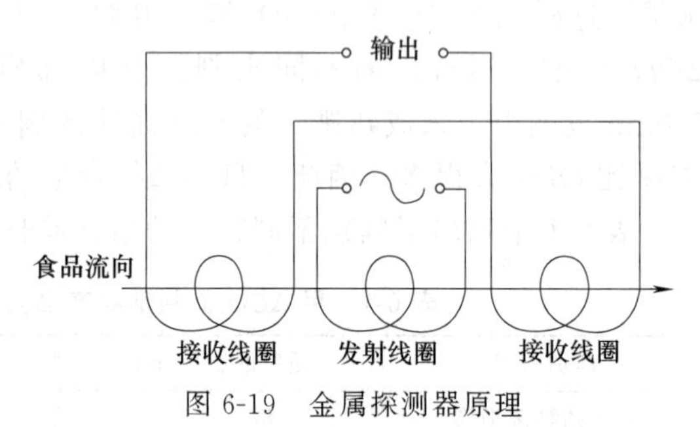

图 6-19 金属探测器原理

（3）金属类型的探测难易程度　金属探测器通常要求有一个无金属区环境，所以，相对于探测器，一般要求紧固结构件的距离约为探测器高度的 1.5 倍，而对于运动金属件（如剔除装置或滚筒）需要 2 倍于此高度的距离。金属探测器对铁性的和非铁性金属均可以探测到。探测的难易程度取决于物体的磁穿透性能和电导率：典型的金属探测器可以检测到直径大于 2mm 的球形非磁性金属和所有直径大于 1.5 mm 球形磁性金属颗粒。表 6-2 给出了一些金属类型的探测难易程度。探测的难易程度与金属颗粒的大小、形状和相对于线圈取向都非常重要，金属探测器的灵敏度与金属类型，磁透性和电导性都有关系。

表 6-2 一些金属类型的探测难易程度

金属类型	透磁性	电导性	探测难易程度
铁	磁性	良好	容易
非铁性(铜、铅、铝)	非磁性	良好或极好	相对容易
不锈钢	通常为非磁性	通常良好	相对困难

不同食品对于金属的探测有不同的影响，例如果酱、腌菜、干酪、鲜肉、面团等，即使在无金属出现的情况下，所具有的电导率仍然使金属探测器产生信号。这一现象称为“产品效应”。所以有必要了解这一现象，以便与探测器厂商联系重新确定补偿产品效应的最佳方案。探测金属的最终目的是为了将金属或受金属污染的产品从正常产品中除去，而这一操作在自动生产线上，通常是由剔除机械来完成的。剔除机械要能保证百分之百将污染物剔除。在此前提下，应当尽量减少因剔除金属或金属污染产品而引起的未受污染的产品损失。被剔除的受污染产品要收集在一个不再回到加工物流的位置。金属探测器有三种基本的安装构型：管线、传送带和自由落体。这些金属探测分选设备不仅用在果蔬加工生产线上使用，在其他食品生产过程中，金属探测器的应用也是质量控制的有效手段之一。目前，食品行业普遍实行 HACCP 质量体系认证，为食品的安全提供强有力的保障。在实施 HACCP 过程中，金属检测常被确定为关键控制点而受到严格的把关。

2. 管线式探测器

管线式探测器用于探测管路中的金属污染物。图 6-20 所示为一个管线金属探测器的示意图。通常将被探测到含有污染物的物料分流到一个容器中。

3. 传送带式金属探测器

传送带式金属探测器应用最普遍，下面介绍几种传送带式金属探测器的例子。这种探测器可以与各式手动、半自动和全自动的剔除装置和其他动作执行机械组合，例如图 6-21 所示的空气喷嘴传送带式金属探测器，图 6-22 所示的可重

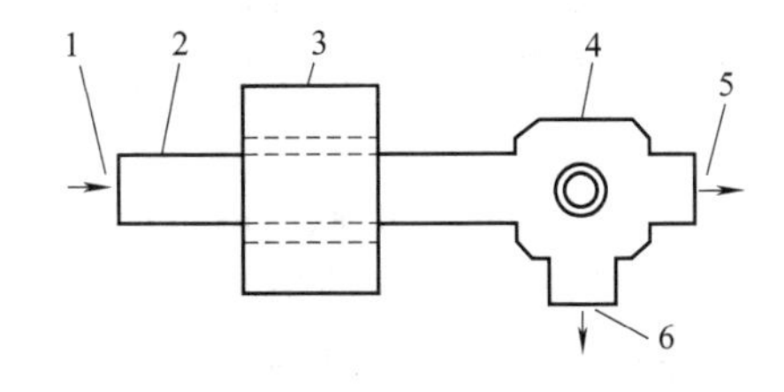

图 6-20 管线金属探测器示意图

1—进料；2—传送带；3—浸塑探测器；4—分流阀；5—合格产品出口；6—不合格产品出口

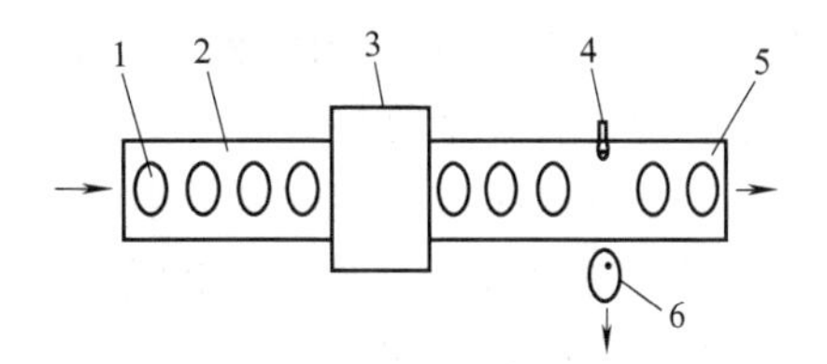

图 6-21 空气喷嘴传送带式金属探测器

1—原料；2—传送带；3—浸塑探测器；4—空气喷嘴；5—合格品出口；6—剔除品出口

新定位传送带式金属探测器，图 6-23 所示的可逆传送带式金属探测器。目前国内厂家使用的多数只是一种安装在输送带上的金属探测器，金属异物的剔除一般由人工完成。

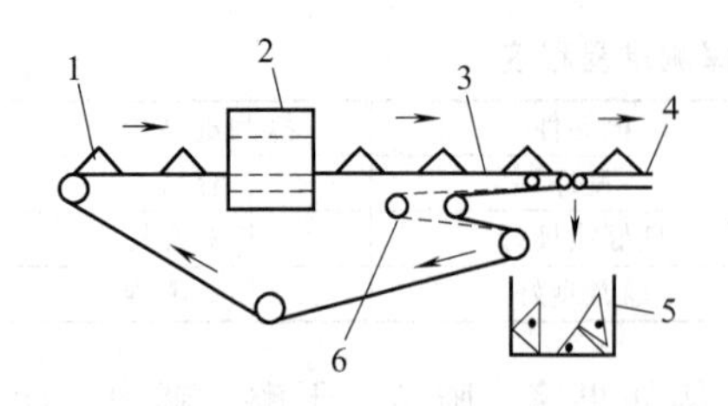

图 6-22 可重新定位传送带式金属探测器

1—原料；2—金属探测器；3—进料传送带；4—合格品出口；5—不合格品出口 6—重定位装置

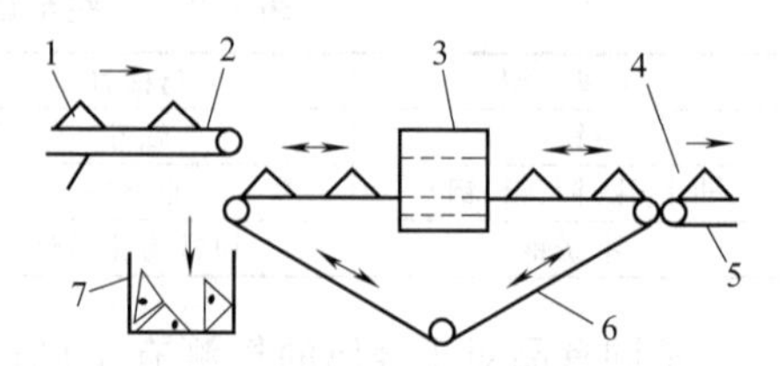

图 6-23 可逆传送带式金属探测器

1—原料；2—进料传送带；3—浸塑探测器；4—合格品；5— 出料传送带；6—可逆传送带；7—不合格品出口

4. 自由落体式金属探测器

自由落体式金属探测器通常与快速执行阀或折射板及控制机构等组成一个系统，安装在供料装置落下的物料通道上。这种形式的金属探测剔除系统常可与干物料充填机组合安装，但也适用于其他可从容器落下物料的探测。

六、X 射线异物探测器

在食品加工业中应用 X 射线探测器始于 20 世纪 70 年代后期。随着图像处理技术的发展以及先进快速微处理机的应用，利用 X 射线探测器全自动检测食品已成为可能。

1. 工作原理

X 射线异物探测基于 X 射线“成像”比较原理。X 射线是一种短波长（$\lambda \leqslant 10^{-9}$m）的高能射线，可穿透生物组织和其他材料。在透过这些材料时，X 射线的能量会因为物质的吸收而发生衰减。透过被测物体能量发生不同程度衰减的 X 射线由检测器检测。检测到的 X 射线经过图像分析技术等处理后可以得到二维图像。这种检测得到的图像与标准物体的 X 射线图像进行比较，便可判断被测物体是否含有异常物体。

X 射线探测器所接收到的射线信号的强弱，取决于该部位的截面内组织的密度。密度高的组织，例如骨骼吸收 X 射线较多，探测器接收到的信号较弱；密度较低的组织，例如脂肪等吸收 X 射线较少，探测器获得的信号较强。

2. 工作过程

由人工剔除不合格产品的 X 射线探测器机器。这种形式的检测机适用性比较灵活，可用于自动化程度需要不高的一般包装后产品的检测。对于散装物料，则可将X射线探测单元与自动剔除等单元结合成在线X射线探测剔除设备。这种机器通常由以下部分构成：X射线发生器（X射线管）、输送带、X射线检测器、图像处理计算机、显示器以及异物剔除机械装置等。由输送带输送的食品通过X射线区域时，若有异物存在，则可由显示器图像观测到。在自动生产线上，除了显示以外，计算机对检测信号经过分析判断后，还发出指令，使执行机构产生相应的动作。图6-24所示为X射线去石机工作过程示意图。

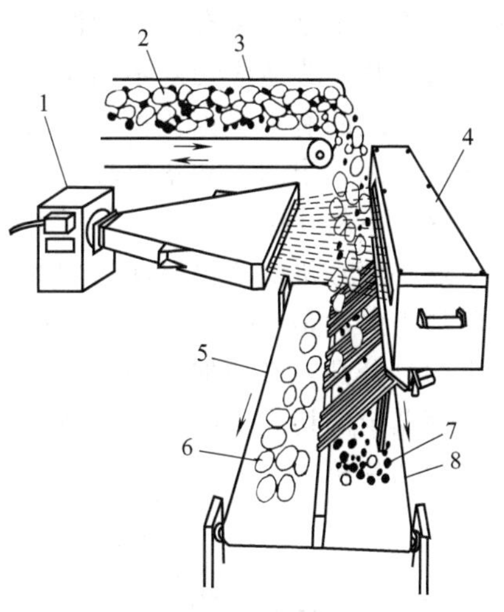

图6-24 X射线去石机工作过程示意图
1—X射线照射装置；2—原料；
3—进料输送带；4—异物剔除装置；
5—合格品传送带；6—合格品；
7—不合格品；8—不合格品传送带

3. X射线异物探测器的检测敏感度

X射线检测系统的敏感度（可检测度）主要取决于异物造成X射线的减弱程度与异物大小和厚度相比较的结果。由于X射线不易检测到密度较低的异物，因此，对纸、绳子和头发等检测尚有困难。

X射线检测与金属检测器相比，X射线检测系统可以检测更多种类的污染物。除了金属以外，X射线检测系统还可检测食品中存在的玻璃、石块和骨骼等物质，同时还能够检测到铝箔包装食品内的不锈钢物质。

4. X射线探测器在食品中应用

含有高水分或盐分的食品以及一些能降低金属检测器敏感度的产品，也可以用X射线检测系统进行检测。除了杂质以外，X射线探测器还可检视包装遗留或不足、产品放置不当及损坏的产品。例如，在多种巧克力混装的产品中，由于包装的影响，通常对于2～3个产品的掉落不能被称重器检测出来，而X射线探测器却能检测到每支产品的漏放。

第五节 果蔬切片机械设备

一、蘑菇切片机

在生产中装蘑菇罐头时，蘑菇的切片通常用圆刀切片机，如图6-25所示。

该机是在一个轴上装有几十片圆刀，轴的转动带动圆刀旋转，把从料斗送来的蘑菇进行切片。为适应切割不同厚度蘑菇片的需要，圆刀之间的距离可以调节。与圆刀相对应的有一组挡梳板，它安装于两片圆刀之间，挡梳板固定不动，刀则嵌入垫辊之间，当圆刀和垫辊转动时即对蘑菇进行切片，切下的蘑菇片由挡梳板挡出，落入下料斗中。

这种切片机能切得厚薄均匀的蘑菇片，但不能对蘑菇进行同一方向的切片，因而切得的片是不整齐的。为了使同一个方向切片，并能切得厚薄均匀，同时还可将边片分开，必须加设蘑菇定位装置，使蘑菇排列整齐地进入切片机中定向切片。蘑菇定向切片机圆刀、挡梳和垫辊的装配关系如图 6-26 所示。图 6-27 为蘑菇定向切片机。

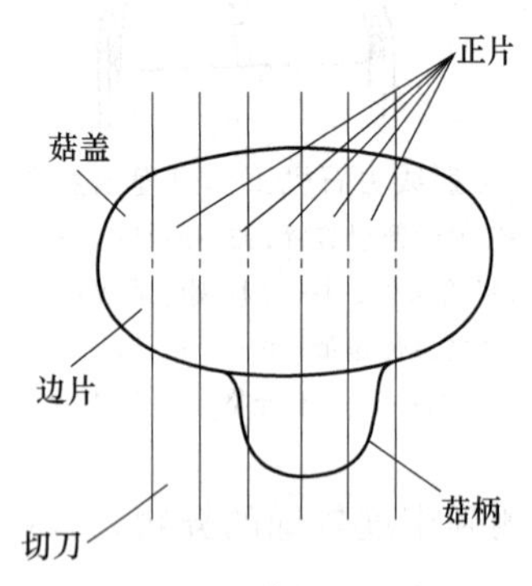

图 6-25 蘑菇切片示意图

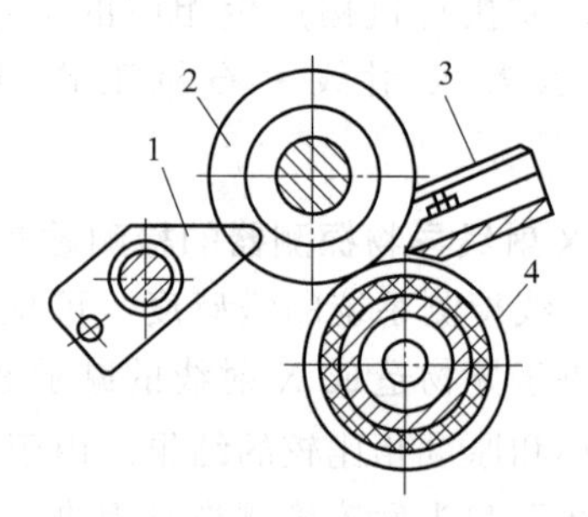

图 6-26 圆刀、挡梳和垫辊的装配关系

1—挡梳；2—圆刀；3—下压板；4—垫辊

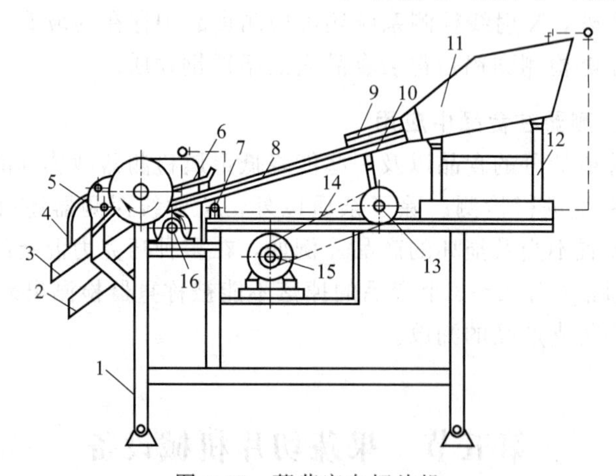

图 6-27 蘑菇定向切片机

1—支架；2—边片出料斗；3—正片出料斗；4—护罩；5—挡梳轴座；6—下压板；7—铰杆；8—定向滑料板；9—上压板；10—铰销；11—进料斗；12—进料斗架；13—偏摆轴；14—供水管；15—电动机；16—垫辊轴承

二、菠萝切片机

1. 主要结构及工作原理

该机包括进料输送带、刀头箱、电气控制及传动系统等，如图 6-28 所示。进料输送带用普通的橡胶带，其传动系统如图 6-29 所示。由电动机 1 通过蜗轮减速器 2 和链传动 3 驱动输送带 4。带的线速度应比刀头箱中送料螺旋推动菠萝果筒的速度快 10%左右，以保证直线连续的送料和使果筒与送料螺旋之间保持一定的正推力，使果筒顺利地从输送带过渡到送料螺旋中去。若切片厚度需改变时，输送带的速度也应改变，此时，可调换链来达到。

2. 刀头箱

图 6-30 所示为刀头箱结构，主要由进料套筒、导向套筒、左右送料螺旋、

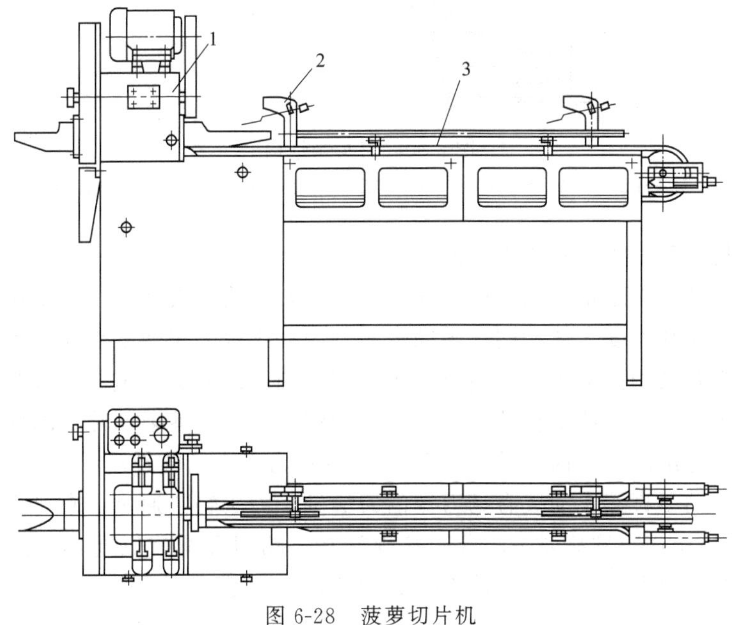

图 6-28 菠萝切片机

1—刀头箱；2—电气控制；3—进料输送带

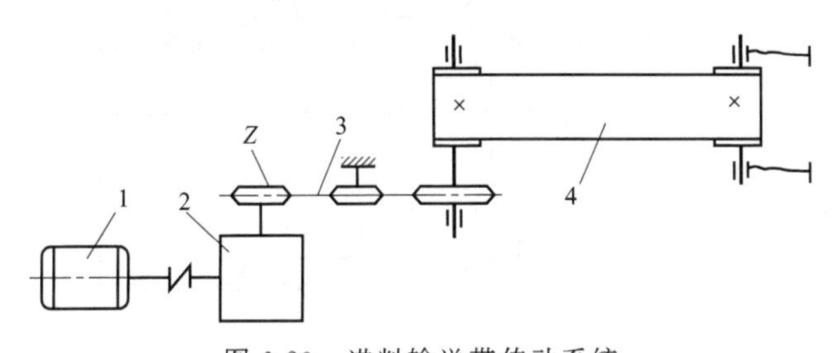

图 6-29 进料输送带传动系统

1—电动机；2—蜗轮减速器；3—链传动；4—输送带

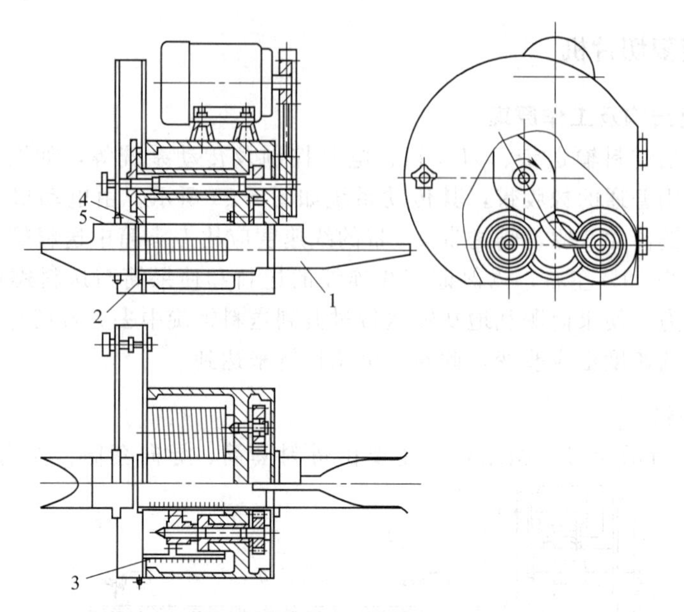

图 6-30 刀头箱结构

1—进料套筒；2—导向套筒；3—左右送料螺旋；4—切刀轴；5—出料套筒

切刀、出料套筒及传动系统等组成。

果筒从进料输送带送至导向套筒后，由送料螺旋紧夹住并往前推送。送料螺旋的螺距与切片厚度大体相同，导向套筒的内径刚好等于菠萝果筒的外径，切片时可给予必要的侧面支承。送料螺旋每旋转一周，果筒就前进一个螺距，这个螺距可略大于片厚，高速旋转的刀片旋转一周便切下一片菠萝圆片。切好的菠萝圆片整齐连续地由出料套筒 5 排出。图 6-31 所示为刀头箱的传动示意图。电动机 1 通过皮带传动 2 直接驱动装有切刀 5 的刀头轴，刀头轴 4 通过一套过桥齿轮系统 3，把动力传至送料螺旋轴 6，带动螺旋旋转，切刀和螺旋以同样转速旋转，以保证切刀在果筒上的切线与果筒上螺旋“印痕”相重。

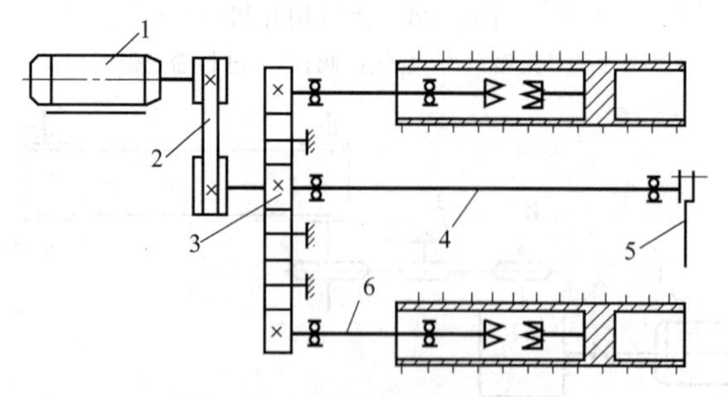

图 6-31 刀头箱传动示意图

1—电动机；2—皮带传动；3—过桥齿轮系统；4—刀头轴；5—切刀；6—送料螺旋轴

3. **控制部件**

电气控制过程如图 6-32 所示。对自控的要求是，刀头箱不能频繁开停；开始时要求果筒图排满 OB 段才切片，而果筒排列长度短于 OA 段时停止切片，待再排满 OB 段时才重新开始切片。

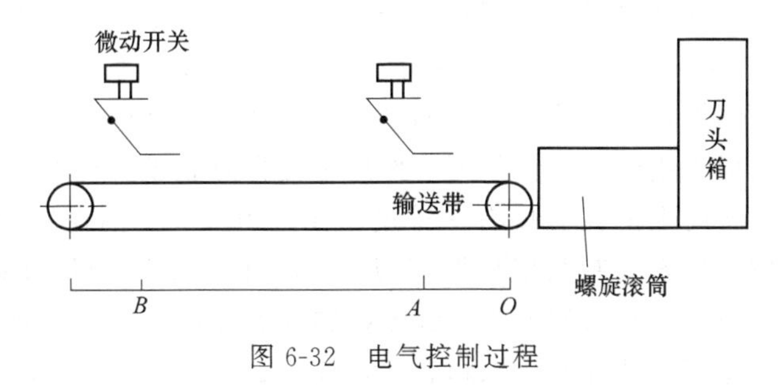

图 6-32 电气控制过程

为了实现上述要求，在进料输送带上方装有两个结构相同的控制器部件，通过一整套电气控制系统，使从去皮切端通心机来的果筒自动控制切片机刀头箱的操作，控制器部件如图 6-33 所示。从去皮通心机来的果筒是一个个间隔开的，当处于控制器的弹簧片 1 的位置时，果筒便抬起摆杆 2，从而使开关柄 3 转动，微动开关 4 闭合，通过时间继电器和中间继电器的作用，使接触器延时才自保，便可达到自控要求。延时的时间必须大于一个果筒在输送带上和控制器弹簧片 1 接触的持续时间，继电器延时时间定为 1.4s。

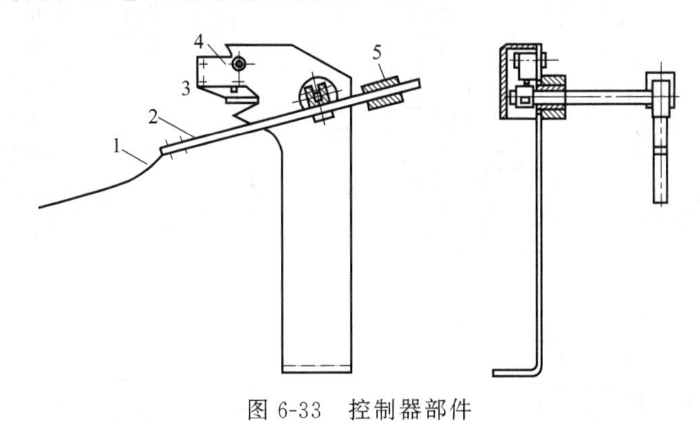

图 6-33 控制器部件

1—弹簧片；2—摆杆；3—开关柄；4—微动开关；5—平衡重块

三、青刀豆切端机

切端机用在青刀豆罐头生产连续化作业线中，其结构如图 6-34 所示。主要由 3 部分组成：第一部分为送料装置，包括刮板提升机和入料斗；第二部分由转筒、刀片和导板等组成，这是主体部分；第三部分由出料输送带和传动系统组成。

全机由一台电动机传动，通过蜗轮减速器 14 和两只改向滚筒 9 而使各部分运转。转筒 7 的转动是靠一对齿转传动，其中传动齿转 3 就装在入料端的转筒圆周上。转筒用 8mm 的钢板卷成，焊上法兰后，里外车光，再进行钻孔和铰孔。为了制造方便和加强转筒强度，把转筒分为 5 节，每节之间用法兰连接，法兰安装于机架 12 和托轮 13 上。转筒内装有两块可调节角度的木制挡板 4，靠近转筒内壁焊上一些薄钢板，每块薄钢板互相平行，在其上钻有小孔，铅丝就从这些小孔中穿过，由此形成铅丝网。铅丝网的作用是使青刀豆竖立起来，从而使豆端插进转筒的孔中。转筒上的孔做成有一锥度（图 6-34*A*—*A* 剖视），里大外小。每节转筒外部下侧对称安装有两把长形直刀 6，刀角 55°，直刀用弹簧固定在机架上，由于弹簧的压力，直刀的刀口始终紧贴转筒的外壁，刀口安装的方向与转筒转向相反，保证露于锥孔外的豆端顺利地切除。如果在第四节转筒上基本已切端完毕，则第五节转筒上的直刀可卸去，以免重复切端，影响原料利用率。此机的关键是要使青刀豆直立进入锥孔中，但由于各地的青刀豆粗细、长短和形状等不同，虽用同样切端机，但是切端率不同。设计时必须从实际情况出发。

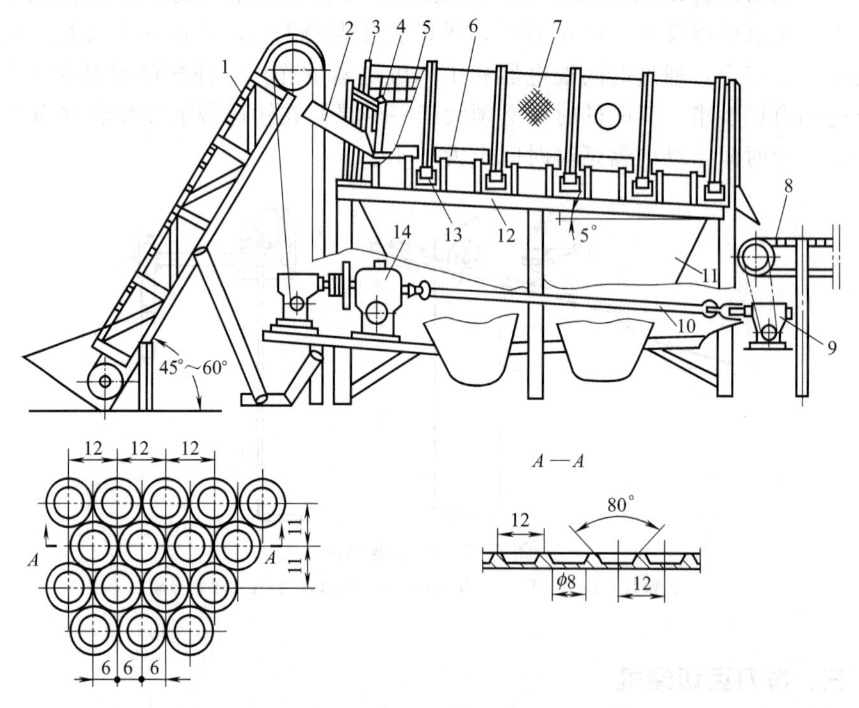

图 6-34 青刀豆切端机

1—刮板提升机；2—入料斗；3—传动齿轮；4—挡板；5—铅丝网；6—长形直刀；7—转筒；8—出料输送带；9—改向滚筒；10—万向联轴节；11—漏斗；12—机架；13—托轮；14—蜗轮减速器

四、果蔬切片机

果蔬切片机，也叫离心切片机（离心切割机），适用于将各种瓜果、块根类蔬菜与叶菜切成片状、丝状的果蔬机械设备。离心式切割机的工作原理是靠离心力作用先使物料抛向并紧贴在切割机的圆筒机壳内壁表面上，在旋转叶片驱使下，物料沿圆筒机壳内壁表面离心运动，使物料与刀具产生相对移动而进行划片式切割。果蔬离心切片机结构如图 6-35 所示。

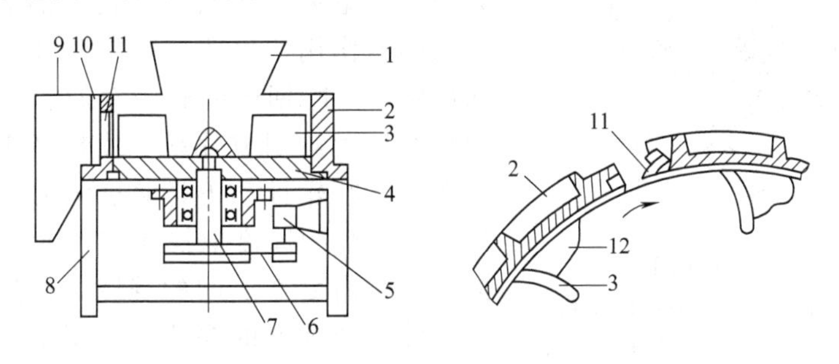

图 6-35 果蔬离心切片机结构

1—进料斗；2—圆筒机壳；3—旋转叶轮；4—叶轮盘；5—电动机；6—传动带；7—转轴；8—机架；9—出料槽；10—刀架；11—固定刀片；12—果蔬物料

工作时，原料经进料斗 1 进入圆筒机壳 2 内，旋转叶轮 3 在电动机 5 通过传动带 6 带动转轴 7 转动，转轴 7 带动旋转叶轮 3 高速旋转，果蔬物料 12 在离心力作用下被抛向机壳内壁上，高速旋转产生的离心力可达到果蔬物料 12 自身质量的 7 倍，使果蔬物料紧压在圆筒机壳 2 的内壁并与固定刀片 11 做相对运动。在相对运动过程中料块被切成厚度均匀的薄片，薄片从出料槽 9 卸出。调节固定刀片 11 和圆筒机壳 2 内壁之间的相对间隙，即可获得所需的切片厚度。更换不同形状的刀片，即可切出平片、波纹片、V 形丝、条形和椭圆形丝。

该离心式切片机结构简单，生产能力较大，具有良好的通用性。切割时的滑切作用不明显，切割阻力大，物料受到较大的挤压作用，故适用于有一定刚度、能够保持稳定形状的块状物料，如苹果、梨、土豆、红薯、萝卜等球形果蔬。它的不足之处是不能定向切片。

五、果蔬切丁机

果蔬切丁机用于将各种瓜果、蔬菜切成立方体、块状或条状。果蔬切丁机如图 6-36 所示，主要由机壳、回转叶轮、定刀片、横向切刀、纵向圆盘刀和挡梳等组成。

1. 工作原理

切片装置为离心式切片机构，其结构与前述的离心式切片机相仿，工作原理相同。主要部件为回转叶轮和定刀片。切条装置中的横向切刀驱动装置内设有平行四杆机构，用来控制切刀在整个工作中不因刀架旋转而改变其方向，从而保证两断面间垂直，切条的宽度由刀架转速确定。切丁圆盘刀组中的圆盘刀片按一定间距安装在转轴上，刀片间距决定着“丁”的长度。

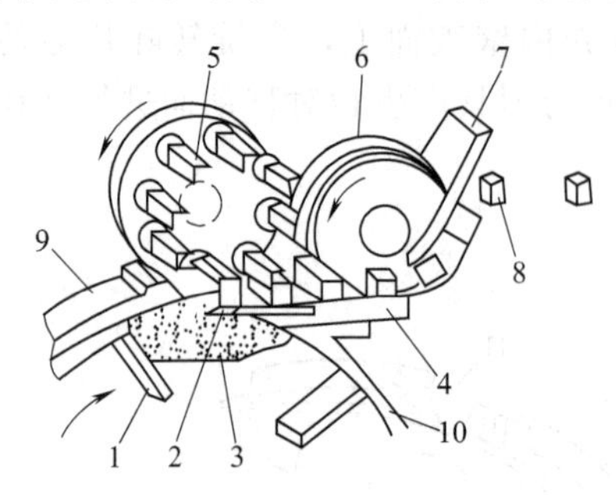

图 6-36 果蔬切丁机
1—回转叶轮；2—定片刀；3—原料；4—刀座；5— 横向切刀；6—纵向圆盘刀；7—挡梳；8—切丁块；9—外机壳内壁；10—内机壳

2. 工作过程

果蔬切丁机工作时，原料经喂料斗进入离心切片室内，在回转叶轮 1 的驱动下，产生离心力作用，迫使原料靠紧外机壳的内表面旋转，同时回转叶轮带动原料 3 在通过定刀片 2 处时被切成片料。片料经机壳顶部出口在回转叶轮推动下，通过定刀片 2 处向外滑动。片料的厚度取决于定刀片 2 和相对应的外机壳内壁 9 之间的缝隙，通过调整定刀片 2 伸进切片室的深浅，可调整定刀片刃口和相对应的外机壳内壁之间的距离，从而实现对于片料厚度的调整。片料在伸出外机壳后，随即被横向切刀 5 切成条料，并被推向纵向圆盘刀 6，切成立方体或长方体的切丁块 8，并在梳状卸料板挡梳 7 处卸出。

为保证生产过程中的操作安全，切丁机上设置有安全连锁开关，即通过防护罩控制常开触点开关，防护罩一经打开，机器立即停止工作。在使用这种切丁机时，为保证最终产品形状的整齐一致，需要被切割物料能够在整个切割过程中保持相对稳定的形状。

第六节 罐头封罐机械设备

一、封罐机的类型

封罐机的种类很多，根据封罐机的构造及所封罐头类型不同，有以下几种类型。

（1）根据封罐机机械化程度来分 手扳封罐机、半自动封罐机和自动封罐机等。

（2）根据滚轮数目分 双滚轮封罐机（头道和二道封罐滚轮各一个）和四滚轮封罐机（头道和二道封罐滚轮各两个）等。

（3）根据封罐机机头数分 单机头、双机头、四机头、六机头以及更多机头的封罐机等。

(4) 根据封罐时罐身旋转或固定不动的情况分　罐身随压头转动的封罐机、罐身和压头固定不转，而滚轮围绕罐头旋转的封罐机等。

(5) 根据封罐的罐型分　圆罐封罐机、异形罐（椭圆罐、方型罐、马蹄形罐）封罐机等。

(6) 根据封罐时周围压力大小分　常压封罐机、真空封罐机等。

二、二重卷边的形成

金属罐通常采用二重卷边法封口，形成密封的二重卷边的条件离不开四个基本要素，即圆边后的罐盖，具有翻边的罐身，盖钩内的胶膜，和具有卷边性能的封罐机。当然所用板材的厚度和调质度也会影响到密封的二重卷边的形成。

就封罐机来说，虽然型式很多，生产能力各异，但它们都有共同的工作部件，如压头、托底板、头道滚轮和二道滚轮。

为了形成良好的卷边状态，必须使卷边机构的每一个部件处于正确的相对位置，为此要求：头道和二道卷边滚轮要有正常的沟槽形状和合适的卷封压力；在卷封过程中，夹持罐身、罐盖的压头要有正确的形状和位置，托底板要有合适的推压力和正确的均衡位置。

卷边滚轮的槽形曲线有多种形式，一般都由 3～4 个圆弧段所构成。头道滚轮的圆弧曲线狭窄而深，其沟槽的上部圆弧曲率半径较大，弯曲度较小，能使罐盖的边缘易于向下弯曲，而沟槽的下部圆弧曲率半径较小，弯曲度较大，使罐盖边缘便于继续弯曲并逐步向上和罐身翻边钩合。二道滚轮的槽型曲线宽而浅，槽型分为 7 字形、斜圆形和 C 字形三种。C 字形封口卷边中间空隙稍大，斜圆形封口卷边上部空隙稍大；7 字形沟槽上部圆弧曲率半径较小，弯曲度较大，而下部弯曲度较小，其封口卷边紧密良好，外形略呈矩形，故目前二道滚轮槽型曲线使用 7 字形较多。头道滚轮和二道滚轮的槽型曲线如图 6-37 所示。

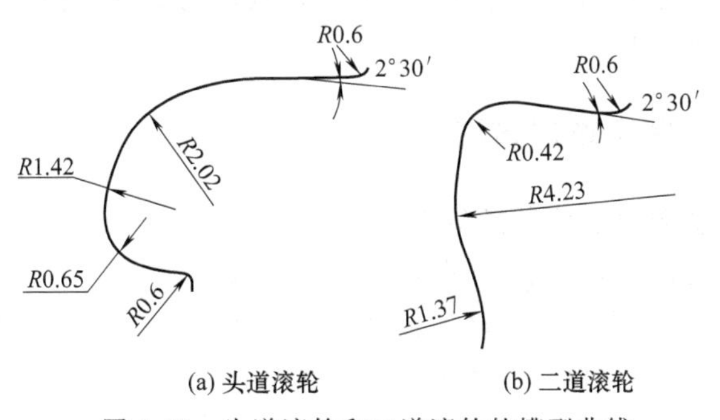

图 6-37　头道滚轮和二道滚轮的槽型曲线

由于卷边滚轮的槽型曲线对封口质量极为重要，所以槽型的确定必须根据罐型大小、罐盖盖边圆弧形状、板材厚度等因素加以慎重考虑，滚轮必须经过槽型曲线的设计，成型刀具车制，进行热处理以及曲线磨床精磨才能制成。

二重卷边的形成过程，就是卷边滚轮沟槽与罐盖和罐体凸缘接触推压凸缘进行卷合密封的过程。当罐身和罐盖同时进入封罐机内封口作业位置后，在压头和托底板的配合作用下，先是一对头道滚轮作径向推进，逐渐将盖钩滚压至身钩的下面，同时盖钩和身钩逐步弯曲，两者逐步相互钩合，形成双重的钩边，使二重卷边基本定型。头道滚轮离去并缩进后不再接触罐盖，紧接着由一对二道滚轮进行第二次卷边作业。二道滚轮的沟槽部分进入并与罐盖的边缘接触，随着二道滚轮的推压作用，盖钩和身钩进一步弯曲和钩合，最后紧密钩合，完全定型，形成五层板材的二重卷边。二重卷边作业如图 6-38 所示。卷边作业的同时，使盖沟内的密封胶紧紧地卷压在二重卷边缝隙中，从而加强二重卷边的密封效果。

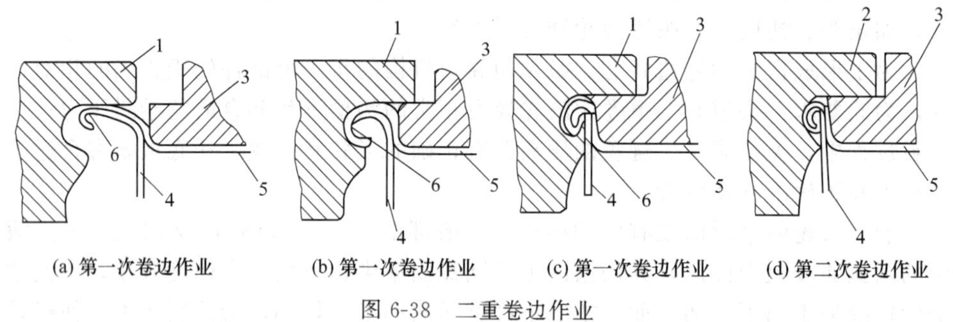

(a) 第一次卷边作业　(b) 第一次卷边作业　(c) 第一次卷边作业　(d) 第二次卷边作业

图 6-38　二重卷边作业

1—头道滚轮；2—二道滚轮；3—压头；4—罐身；5—罐盖；6—胶膜

这种卷边作业的形式有两种：一种是罐身作自身旋转，二对滚轮对罐身仅作径向位移来完成卷边作业；另一种是罐身固定不动，卷边滚轮绕罐旋转，并向罐身作径向移动来完成卷边作业。可见，卷边作业中的卷边滚轮对罐体中心都是作径向运动的。产生这种运动形式的方法很多，就目前封罐机使用情况看，主要是采用凸轮机构和偏心装置。

三、卷边滚轮径向推进方法

1. 由凸轮驱动卷边滚轮做径向进给

图 6-39 所示为凸轮控制径向进给的圆罐机头示意图。下托盘 8 和上压头 3 紧紧夹持住罐体 7，使之固定不动，传动机构驱动齿轮 1、2，齿轮 1 又驱动机头盘 5，并带动头道滚轮 6 和二道滚轮 9 一起转动，齿轮 2 驱动凸轮 4 转动。由于齿轮 1、2 的转动方向相同而速度不同，形成差动式传动机构。所以凸轮 4 与机头盘 5 虽是作同向转动，但有速差（相互间有相对运动），这样凸轮 4 相对于机头盘 5 转动时，就驱动头道、二道卷边滚轮作径向运动，它们的先后次序和运动规律由凸轮控制，滚轮 6 和 9 在绕罐体旋转的同时，又逐步向罐体中心运动，进

行封罐。当凸轮相对于机头盘 5 转动一周时，完成一次封罐。

GT4B6 型自动封罐机、GT4B4 异型自动真空封罐机、40P 型自动封罐机等都是属于这种径向推进方法。

图 6-40 所示为凸轮控制径向进给的异型罐机头示意图。A 向视图中，左半部为将曲杆 11 拿出后的投影，扁方罐头固定不动（图中未标出），头道滚轮 13、二道滚轮 16 须完成两个动作，一个是绕罐体周转，另一个作径向进给运动。因为罐头是扁方形的，卷边滚轮的周向运动轨迹必须与罐头的形状相同，也是扁方形的（不考虑径向运动），为了实现这样的运动，机头的结构要比圆形罐复杂些。齿轮 3 通过齿轮 5 使机头盘 9 转动，拖板 10 用销轴 15 与机头盘 9 连接并可绕 15 摆动，拖板 10 的另一端装置有滚子 14，滚子 14 在槽凸轮 18 的槽内，槽凸轮 18 是固定不动的，这样机头盘 9、拖板 10 与槽凸轮 18 就组成一个摆动从动杆的凸轮机构。与通常的凸轮机构不同，它的凸轮是不动的，而摆杆的支点绕凸轮转动，当机头盘 9 转动时，拖板 10 的支点（即销轴 15）绕凸轮 18 转动，而滚子 14 则在凸轮 18 的槽内运动。很明显，滚子 14 的运动轨迹与凸轮的形状是相同的，头道卷边滚轮 13 装在拖板 10 上的方形槽内（见二道滚轮 16），并可

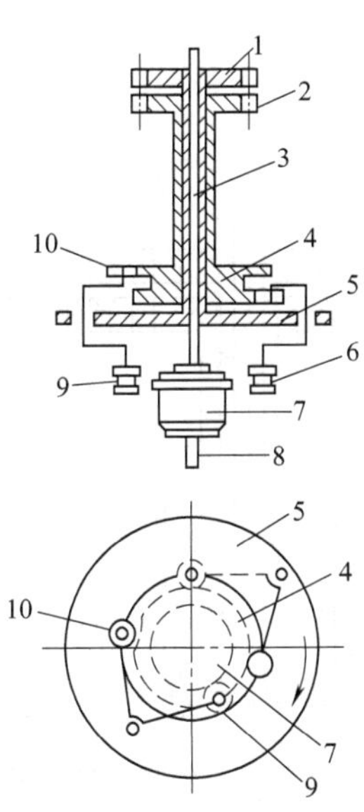

图 6-39 凸轮控制径向进给的圆罐机头示意图

1，2—齿轮；3—上压头；4—凸轮；5—机头盘；6—头道滚轮；7—罐体；8—下托盘；9—二道滚轮；10—压轮

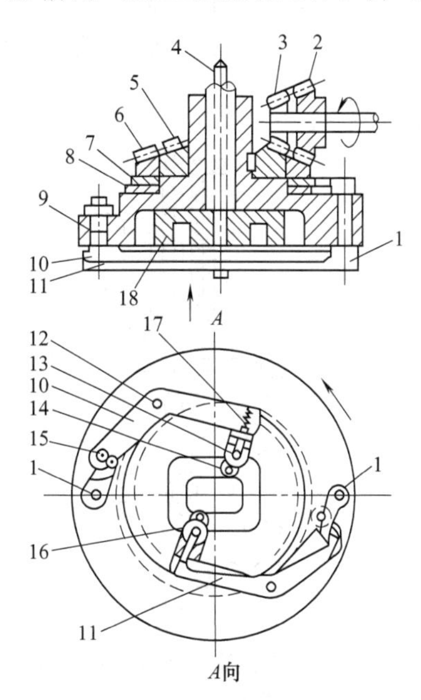

图 6-40 凸轮控制径向进给的异型罐机头示意图

1—摆杆；2,3,5,6—齿轮；4—打杆；7,8—凸轮；9—机头盘；10—拖板；11—曲杆；12,15—销轴；13—头道滚轮；14—滚子；16—二道滚轮；17—弹簧；18—槽凸轮

在槽内滑动，弹簧 17 的作用是将滚轮向外拉，由于卷边滚轮的轴线间的距离很小，有时两轴线相重合。因此滚轮 13 的运动轨迹与滚子 14 的运动轨迹是相似的（在两轴线重合时，运动轨迹相同），更换不同形状的凸轮，就可卷封不同形状的罐头。以上是卷边滚轮的周向运动。径向进给运动是由齿轮 2 通过齿轮 6 使凸轮 7、8 转动，其转向与机头盘 9 相同，而转速要慢些，这样两者之间有相对转动，当凸轮 7、8 相对机头盘 9 转动时，就驱使摆杆 1 摆动，曲杆 11 用销轴 12 与拖板 10 铰接，并与拖板一起转动，弹簧 17 使杆 11 与摆杆 1 和滚轮 13、16 的滑动支架接触。这样，摆杆 1 在凸轮的驱动下摆动，通过杆 11 使卷边滚轮作径向运动，同卷封圆形罐一样，凸轮 7、8 相对于机头盘 9 转一周时，就完成一次卷封作业。

2. 偏心装置使卷边滚轮做径向进给

GT4B1 型自动封罐机、GT4B2 型自动真空封罐机、GT4B3 型自动封罐机等都是属于这种进给方法。从图 6-41 看出，齿轮 1 和 2 以同方向、不同速度转动，分别带动偏心套筒 3 和传动套筒 4 转动，4 又带动机头盘 5 一起转动，机头盘 5 上装有头道卷边滚轮 6（a）和二道卷边滚轮 6（b），当偏心套筒 3 相对于机头盘 5 转动时（反时针方向），使卷边滚轮与旋转轴心的距离改变，从而使卷边滚轮做径向进给。

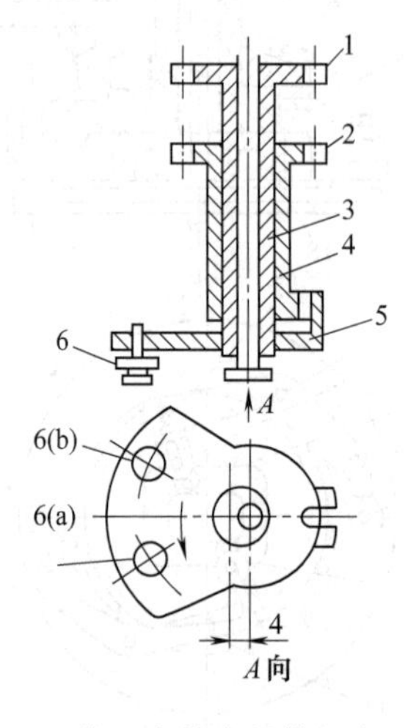

图 6-41 偏心套筒式封罐机头示意图

1,2—上齿轮；3—偏心套筒；
4—传动套筒；5—机头盘；
6—卷边滚轮

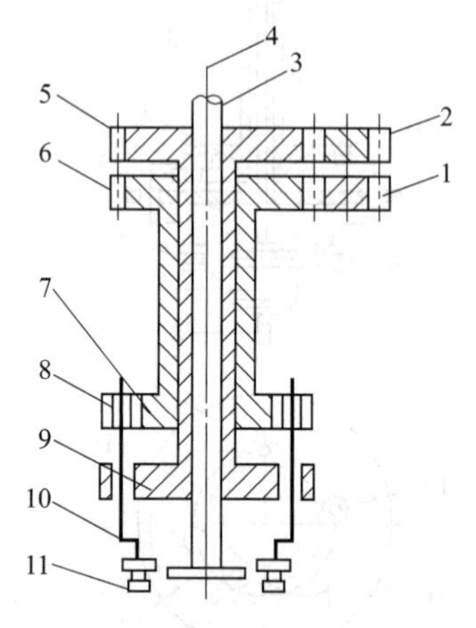

图 6-42 偏心径向进给封罐机头示意图

1,2,5,6—齿轮；3—上压头；4—打头；
7—中心齿轮；8—行星小齿轮；9—机头盘；
10—偏心轴；11—卷边滚轮

图 6-42 所示是另一种偏心径向进给封罐机头示意图。齿轮 1 通过齿轮 6 带动中心齿轮 7 转动，齿轮 2 通过齿轮 5 带动机头盘 9 转动，偏心轴 10 使行星小

齿轮 8 与机头盘 9 一起作公转。行星小齿轮 8 又与齿轮 7 啮合，因齿轮 7 与机头盘 9 转速不同而形成差动式传动，使齿轮 8 带着偏心轴 10 一起做公转和自转，从而使安装在偏心轴 10 上的卷边滚轮 11 作周向运动和径向进给，偏心轴 10 自转一周，完成一次封罐作业。GT4B2 型封罐机属于这种类型。凸轮径向进给与偏心径向进给相比较，前者可根据封罐工艺设计凸轮形状，而后者则不能任意控制径向进给，因而封罐工艺性能没有前者好。凸轮机构可以使滚轮均匀径向进给，最后有光边过程；而偏心装置的径向进给不均匀，最后无光边过程。但是凸轮径向进给机构结构比较复杂，体积较大，偏心装置结构简单、紧凑，加工制造方便，较适用于卷封圆形罐。

四、GT4B2 型自动真空封罐机

它是具有两对卷边滚轮的单头全自动真空封罐机，是国家罐头机械定型产品，目前大量应用于我国各罐头厂的三片罐实罐车间，对各种圆形罐进行真空封罐。

该机主要由自动送罐、自动配盖、卷边机头、卸罐、电气控制等部分所组成，其外形如图 6-43所示。

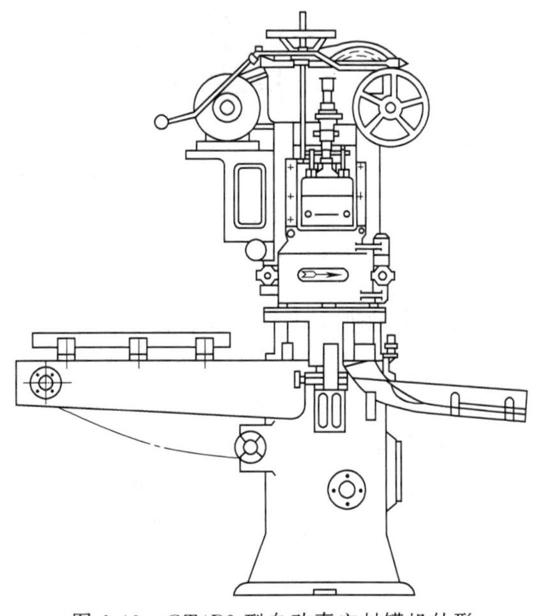
图 6-43　GT4B2 型自动真空封罐机外形

1. 传动系统

图 6-44 所示是 GT4B2 型自动真空封罐机传动系统。电动机通过一对 V 带轮 d_1、d_2 驱动轴Ⅰ旋转，轴Ⅰ一方面通过螺旋齿轮 Z_5、Z_6 转动使轴Ⅱ旋转，由轴Ⅱ上 Z_7、Z_8 分别传动卷边机头中轴Ⅲ、Ⅳ转动，使之工作，另一方面，通过蜗杆副 Z_3 与 Z_4 使立轴Ⅷ转动，再由轴Ⅷ上的螺旋齿轮 Z_{13}、Z_{14} 使水平轴Ⅶ旋转，从而驱动送盖、送罐以及托罐、打罐等辅助部分工作。

轴Ⅱ通过齿轮 Z_7 与 Z_9 及 Z_8 与 Z_{10} 的传动分别使轴Ⅲ带动卷边机头盘 8 旋转，和使轴Ⅳ上的中心齿轮 Z_{11} 转动。轴Ⅲ、轴Ⅳ由于 Z_7 与 Z_8 的齿数差而产生差动式转动。在卷边机头内的中心齿轮 Z_{11} 使四个与其啮合的行星小齿轮 Z_{12} 回转而产生自转。

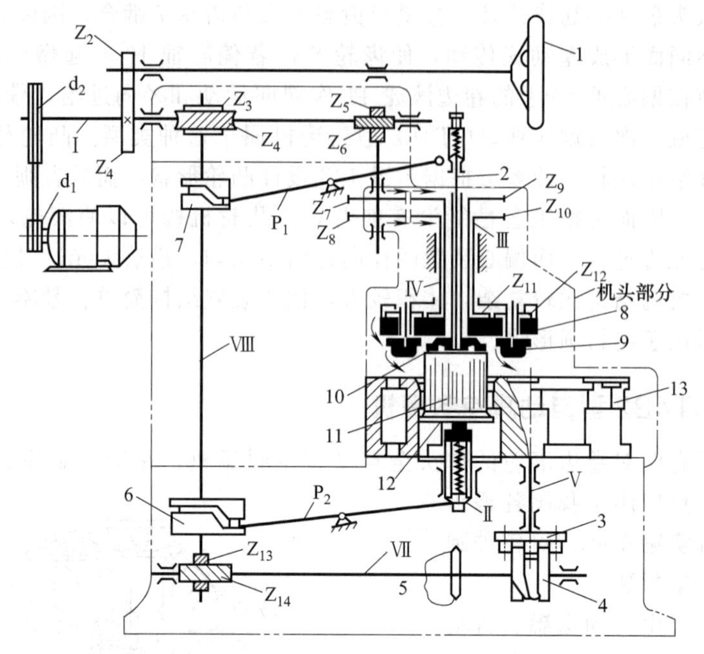

图 6-44 GT4B2 型自动真空封罐机传动系统

1—手轮；2—打杆；3—进罐拨轮；4,6,7—偏心凸轮；5—链条；8—机头盘；9—封罐滚轮；10—上压头；11—罐体；12—下托盘；13—星形拨盘

同时，由轴Ⅲ和机头盘 8 又使行星小齿轮 Z_{12} 绕罐体中心公转。自转与公转的方向相反。由于卷边机头带动卷边滚轮绕罐体中心旋转，而卷边滚轮轴又套装在行星小齿轮 Z_{12} 的偏心孔内，所以，滚轮按偏心孔旋转轨迹自转一周，同时在差动机构的作用下，产生向罐头径向进给及退出，从而完成卷封一个罐体。

偏心凸轮 4、6、7 每转一转，使摆杆 P_1、P_2 上下摆动一次，进罐星形拨盘转 1/6 周，配合卷边机头进行托罐和打罐。

封罐过程中，进罐星形拨盘 13 在偏心凸轮 4 和进罐拨轮 3 的作用下，作间歇回转运动，定时地由进罐送盖部分接来罐身与盖，并转送到下托盘 12 上。下托盘在偏心凸轮 6 和摆杆 P_2 的作用下把罐托起，并夹压于上压头 10 之间。为使罐体与盖稳定上升，打杆 2 在偏心凸轮 7 作用下，当罐刚开始上升一段距离后，与下托盘一起把罐头夹住往上升，直至罐头被固定不动的上压头顶住为止。罐头被夹紧后，卷边机头绕罐体及罐盖作切入卷封作业。当卷封完毕且卷边滚轮已完全退离后，处于静止状态的打杆 2 又在凸轮 7 的作用下，趁下托盘尚未降下而先行下降，并通过上部弹簧作用，给罐头施加压力，使其脱离上压头，随同下托盘一起下降至工作台面上。此时进罐星形拨盘 13 便转动，一方面把已封好的罐头送出，另一方面又接入新的罐身与盖，再重复进行下一次封口作业。

2. **卷边机头机构**

它是封罐机的主体机构，结构如图 6-45 所示。它靠压板和螺栓而固定于机身的导轨内，并靠丝杆及手轮而承吊于变速箱壳体上，转动手轮可以使整个机头沿导轨上下移动，一般情况下，机头是置于后抱盘上的，它与进罐拨盘等组成封罐的真空密闭室。

卷边机头上部有两对啮合齿轮 26、7 与 27、6，中央有固定不动的中轴 5。中轴 5 底部有上压头 18，中轴外有花键轴 25 带动整个机头旋转，花键轴外有一套轴带动中心齿轮 12 和行星齿轮 14、21 一起旋转。头道及二道卷边滚轮由行星齿轮 14、21 内的小轴 15、24 带动，15、24 装在小齿轮的偏心孔内。花键轴及外套轴由上部齿轮 26、27 分别带动，产生差动传动，从而使头道、二道卷边滚轮对罐体作偏心切入卷边，完成封口。

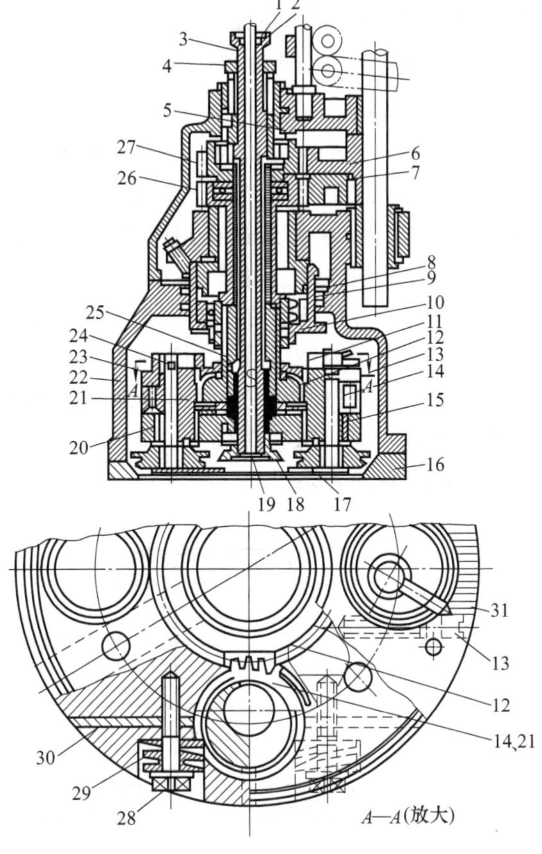

图 6-45 GT4B2 真空封罐机机头

1—螺母；2,8,10—密封填料；3—打杆；4—上压头锁紧螺母；5—中轴；6,7,26,27—齿轮；9—轴承座；11—螺旋轮；12—中心齿轮；13—调整螺杆；14,21—行星齿轮；15,24—卷边滚轮轴；16—底盘；17—固定板；18—上压头；19—打头；20—机头盘；22—真空室；23—封盘盖；25—花键轴；28—压紧螺钉；29—弹簧；30—垫板；31—径向进给量粗调杆

为了使各卷边滚轮相对于中心的距离得到少量的调整，卷边滚轮轴 15、24 均制成偏心，轴上方的方形柄套装在固定于封盘盖 23 上的螺旋轮 11 的周边缺口内。需调整时，先松开螺旋轮上的固定螺丝，再用螺丝刀拧动螺杆 13，螺旋轮便转动。当螺旋轮逆时针方向转动时，卷边滚轮向罐中心靠近，顺时针则退出。

由于卷边滚轮的高低位置是固定的，而上压头 18 可通过扳动上部中轴 5 顶部方头而调整高低，以达到调整之需。

打头 19 与打杆 3 之间是用

直角钩形连接的，当需要更换打头时，可直接拧开螺母 1，让杆 3 下落，使钩形连接处外露，即可取换。

为了保证封罐时抽真空，在机头上有三处密封填料 2、8、10，以使卷边机头所在空间形成真空密闭室。

当第二卷边滚轮紧压罐体时，所产生的压力很大，为了使卷边滚轮的小轴等零件不致被压弯，所以将第二卷边滚轮轴支承孔切缝，使形成半开对合结构，用压紧螺钉 28、弹簧 29 及垫板 30 联固。当卷边压力增大时，则因此弹簧的作用，使卷边滚轮和小轴，以及小齿轮轴等零件能一起稍成倾斜弹开。因此，调整及使用时，弹簧 29 的松紧必须适宜，若调得过紧，则不能起弹开缓冲作用，若调得过松，则对卷边部位不能压实。

3. 真空系统

实罐车间的罐头在封口时，必须保证具有一定真空度，故要求机头具有密闭的真空室。为了保证真空条件，需要有一个真空系统。GT4B2 型封罐机真空系统如图 6-46 所示。主要通过在封罐机外的一台水环式真空泵 5 及真空稳定器 3 和管道 6 与封罐机 1 相连通来达到真空条件。真空稳定器的作用是保证封罐过程真空度的稳定，并使罐头在抽真空时可能抽出的杂液物分离，不致污染真空泵。该机还有各种安全控制装置，如当无罐身时则无盖的控制机构，以及在卷边机头及下托盘之间具有特殊构造，对于无盖的罐体也能顺利无损地通过卷边机构，而不致产生卷边咬坏、阻轧等现象。此外还有一系列安全传动装置，使超负荷时能自动脱离，机构停止运动。

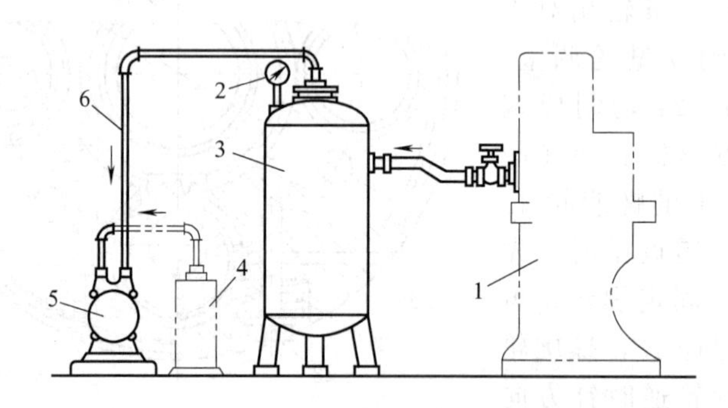

图 6-46 CT4B2 型封罐机真空系统
1—封罐机；2—真空表；3—真空稳定器；
4—汽水分离器；5—水环式真空泵；6—管道

由于卷边机头型式所决定，在改变不同罐型规格时，需要按其相应规格更换配件及进行正确调整。更换配件及调整时，应使用机器所带的专门拆卸工具进行。

4. 封罐机的调节

封罐机的调节，主要是使封罐机的几个主要部分能正确地相互配合进行卷边封口。封罐机一般可按下述步骤进行调节。

(1) 压头的调节　根据罐型直径大小，首先要更换机头上相适应的压头。调节时可先将压头固定在压头轴上，然后用手回转压头轴，仔细观察滚轮靠近压头时压头边缘上部与滚轮边缘下部整个圆周距离有无变化。压头与头道滚轮相距0.03～0.08mm（理想为0.05mm），与二道滚轮相距0.038mm。

(2) 下托盘的调节　先把滚轮自靠近压头处推开，并将已加盖的罐身放在下托盘上，然后调节下托盘与压头的距离至能正确将罐身夹住，以罐身在转动过程中不摇动，用手推拉或转动时无滑动现象为度。

(3) 滚轮的调节　根据使用铁皮的厚薄、罐直径的大小来调节滚轮与压头的水平及垂直位置。一般压头边缘与滚轮满槽面的最小距离是，头道滚轮满槽曲线与压头距离为1.6～2.1mm，二道滚轮满槽曲线与压头距离为0.8～1.5mm，调节好后可以进行试封，初步检查卷边是否符合标准要求和技术条件。

首先应观察和解剖头道滚轮卷边的情况，并继续调整卷边状态和大小，直至符合要求。它要求身钩能将盖钩的全部周缘卷住，而卷边底部呈圆形，同时盖钩还和罐身相接触。身缝处因铁皮层数多，卷边较为困难，底部可稍平坦些。卷边过强底部全呈平坦状，过弱则盖钩和罐身就不能相互接触。

头道卷边符合要求后，进行二道卷边试封。卷封后对二道卷边的厚度、宽度、埋头度和盖钩宽度都有一定要求，如果没有达到标准要求，应继续进行调整。然后进行试封，再检视密封好的罐头，并进行卷边解剖。首先检查卷边外部的情况，如埋头度是否符合要求、卷边宽度是否合乎标准，然后进行卷边内部技术规格检查，如身钩宽度、盖钩宽度、卷边紧密度等是否合乎要求，各项检查均属正常，才能投产。

五、GT4D5型半自动玻璃罐封口机

该机是单机头两滚轮式封口机，能对容量为500g、口径73mm的玻璃罐进行半自动抽气封口。它是将马口铁盖内衬上密封垫，采用重压封法滚压封口。该机采用气动控制，工作平稳，故障少，封罐质量好，使用安全。

1. 结构及工作原理

如图6-47所示，封口机主要由封罐室、送进导筒、汽缸、旋阀、气阀、机座等组成。图6-48所示是该机的工作原理。工作时先启动真空泵，打开储气罐阀门，启动封口机，使上压头13旋转。将装满内容物排气后的瓶罐加上盖送入送进导筒16上，再踏下脚踏板，使旋阀22的阀芯顺时针旋转一

角度，接通真空气路，汽缸 18 上腔处于真空，活塞 19 在压力差作用下上升，推动送进导筒 16 上升将瓶罐送至封罐室 11，导筒 16 上沿与橡胶圈 14 压紧，使封罐室密封。瓶罐上升后与上压头 13 压紧一起旋转。在瓶罐上升到最高位的同时，由于活塞杆 17 下端小径处已上移，使气管 20、21 接通，气阀活塞 24 左移，封罐室与真空系统接通，开始对封罐室抽真空，并将瓶内顶隙中的空气抽掉。同时，通过气管 9 对气筒 8 后端抽真空，在压力差作用下，气筒 8 内活塞连同活塞杆向后移动，带动机头凸轮 5 转动一定角度。当凸轮转动时，通过弹性曲臂 4 使滚轮曲柄轴 10 摆动，使滚轮实现径向进给而封罐。封完一罐后，放松脚踏板，旋阀 22 恢复原位，关闭真空气路，同时汽缸 18 上部通大气，自重作用使活塞 19 下降，在弹簧作用下气阀活塞 24 复位，封罐室随即通大气，瓶子下降完成封口工作。机头凸轮与弹性曲臂结构如图 6-49 所示。

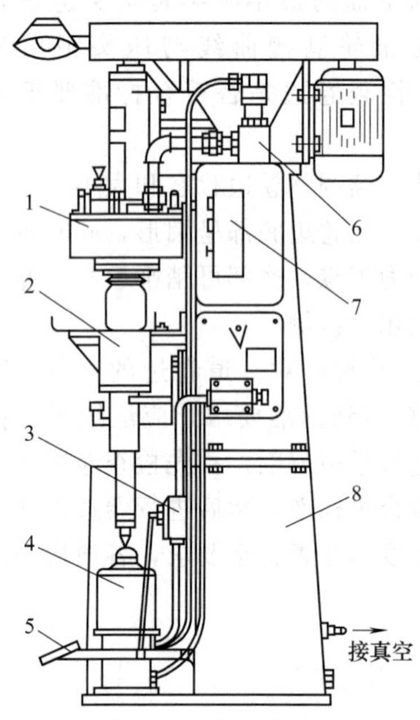

图 6-47 GT4D5 型半自动玻璃罐封口机

1—封罐室；2—送进导筒；3—旋阀；4—汽缸；5—踏板；6—气阀；7—按钮盒；8—机座

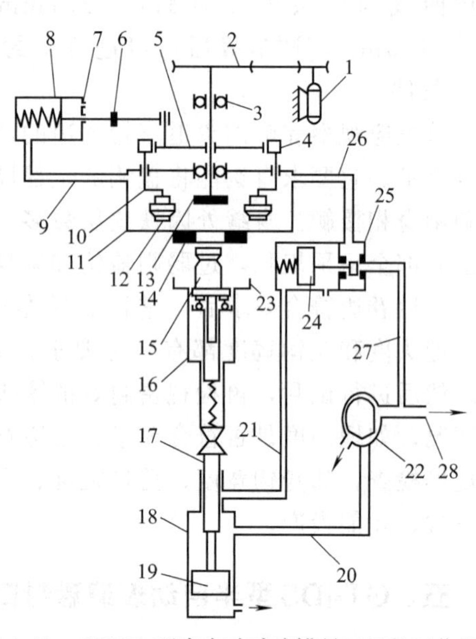

图 6-48 GT4D5 型半自动玻璃罐封口机的工作原理

1—电动机；2—V 带及带轮；3—轴承；4—弹性曲臂；5—凸轮；6—限位块；7—调节风门；8—气筒；9,20,21,26,27—气管；10—滚轮曲柄轴；11—封罐室；12—封盖滚轮；13—上压头；14—橡胶圈；15—玻璃罐；16—送进导筒；17—活塞杆；18—汽缸；19—活塞；22—旋阀；23—工作台；24—气阀活塞；25—气阀；28—真空接管

2. 主要部件及调整

(1) 封罐室(封头) 结构见图 6-50,由盖头、滚轮、凸轮、偏心机构等组成,它与送进导筒及气筒配合,完成密封、抽气和封口工作。

(2) 气筒 结构见图 6-51,其作用是当气筒内活塞 4 受真空作用产生拉力时,气筒拉杆 1 带动凸轮偏转,经弹性曲臂带动封盖滚轮封口。

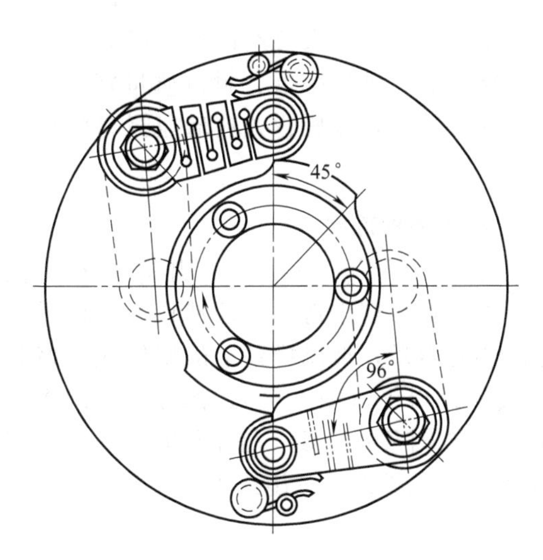

图 6-49 机头凸轮与弹性曲臂结构

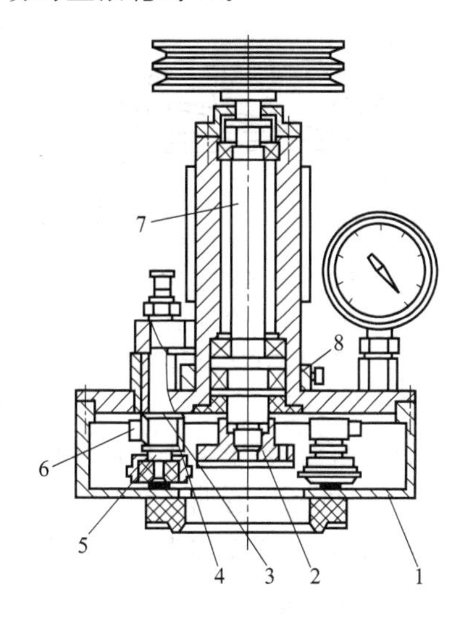

图 6-50 封罐室结构简图

1—密封盘;2—盖头;3—下滑臂;4—滚轮;5—偏心轴;6—内六角螺钉;7—主轴;8—凸轮

3. 调整

(1) 滚轮的调整 见图 6-50。先拆下密封盘 1,松开下滑臂 3 上的内六角螺钉 6,将偏心轴 5 做轴向移动或转动,使两滚轮 4 的位置与盖头 2 的距离达到满意位置,随即固紧螺钉 6。

(2) 封罐速度的调整 改变封罐速度可通过调整气筒前盖 5(图 6-51)上风门 3 的大小来实现。风门 3 全开时,滚轮送进速度最快,反之则慢。工作时不应将风门全部关闭。

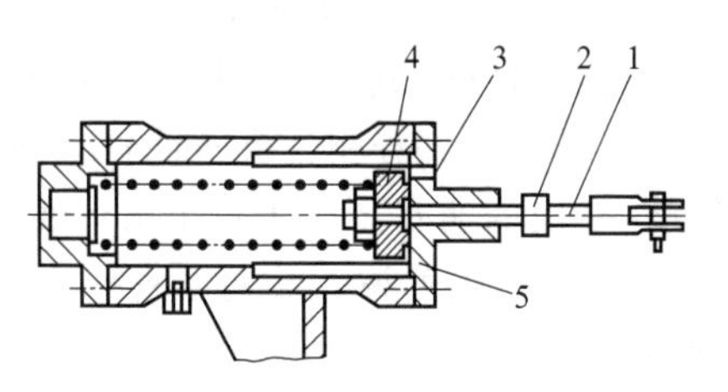

图 6-51 气筒结构

1—气筒拉杆;2—限位块;3—风门;4—活塞;5—气筒前盖

(3) 封口线的调整 主要是靠调节气筒拉杆 1 上的限位块 2 位置来实现(图 6-51),拉杆行程越大,压痕越深,反之则越浅。

六、四旋封罐机

以 FX 型四旋封罐机为例进行介绍。FX 型四旋封罐机能对 82 型、72 型有瓶肩的旋合式玻璃瓶进行半自动抽空、封口。该机是为满足生产易开罐头包装的需要而设计，不用电动机，大大节约能源，具有结构简单、性能可靠、破损率低、封口质量好、操作维修方便等特点，是旋合式玻璃瓶封口的理想设备。

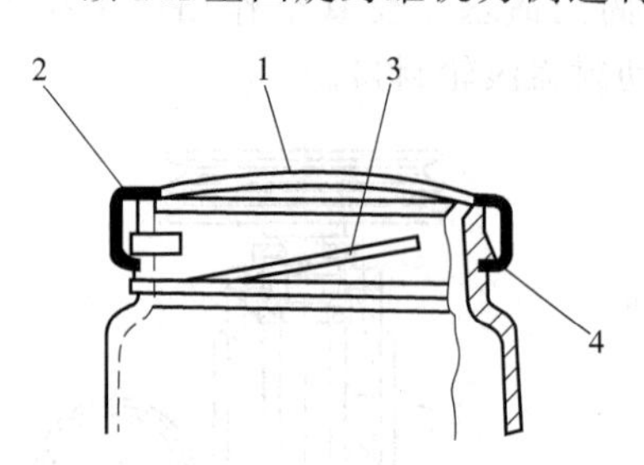

图 6-52　四旋盖玻璃罐
1—盖；2—橡胶垫圈；
3—螺纹线；4—盖爪

1. 四旋盖玻璃罐

旋合式玻璃罐（瓶）具有开启方便的优点，所以，在生产中得到广泛使用。玻璃罐盖底部内侧有盖爪，玻璃罐颈上的螺纹线正好和盖爪相吻合，置于盖子内的胶圈紧压在玻璃罐口上（图 6-52），保证了它的密封性。常见的盖子有四个盖爪，而玻璃罐颈上有四条螺纹线，盖子旋转 1/4 转时即获得密封，这种盖称为四旋式盖。此外还有六旋式盖、三旋式盖等。

2. 四旋结构

本机由封头、气阀、旋盖气筒、机体、汽缸、旋阀、送进导筒等部件组成。封头部件由夹盖气筒、夹盖机构以及旋盖机构等组成（图 6-53）。本部件与送进导筒部件、旋盖气筒部件相配合，完成对玻瓶的抽气和封口。

3. 工作原理

FX 型四旋封罐机传动原理如图 6-54 所示。踏下脚踏板，旋阀 1 旋转一角度，真空气路接通，汽缸 3 上腔形成真空，汽缸活塞 4 在压力差作用下上升，推动送进导筒 5 将玻璃瓶上部送到封口室，并靠汽缸轴向力使锥面橡胶垫压紧瓶肩实现瓶身密封夹紧。当加盖的瓶子送到位时，汽缸活塞杆下端结构使管道 2 与 17 接通，气阀 16 上腔形成真空，活塞 15 受压差作用驱动阀门关闭大气接通真空，使封口室形成真空并抽气。同时夹盖气筒活塞 9 受压力差作用向上移动，活塞 9 下端锥体部分驱使夹盖曲杆 8 绕压盖头 7 的支点摆动将瓶盖夹紧。然后旋盖气筒 13 内的活塞又在压差作用下使活塞杆推动由扇形齿轮 14、小齿轮 12、旋盖传动轴 10、压盖头 7 及夹盖曲杆 8 组成的旋盖机构旋转一定角度，实现瓶盖的旋转拧紧封口。

封口后放松脚踏板，旋阀恢复原位，关闭真空气路，汽缸活塞 4 上部经旋阀通大气，压差消失，玻璃瓶随送进导筒靠自重下降，即完成一个玻璃瓶的抽气封口工作。

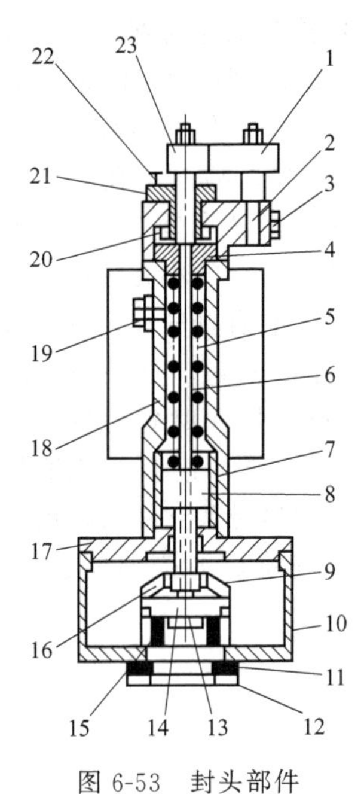

图 6-53 封头部件

1—扇形齿轮；2—扇齿轴；3—定位螺钉；4—气筒座盖；5—活塞弹簧；6—立轴；7—夹盖气筒衬套；8—夹盖气筒活塞；9—夹紧轴套；10—密封盘；11—密封锥面胶垫；12—压板；13—盖头胶垫；14—盖头；15—夹盖胶垫；16—曲杆；17—密封盘盖板；18—夹盖气筒；19—管接头；20—螺母板；21—螺母套；22—定位销；23—小齿轮

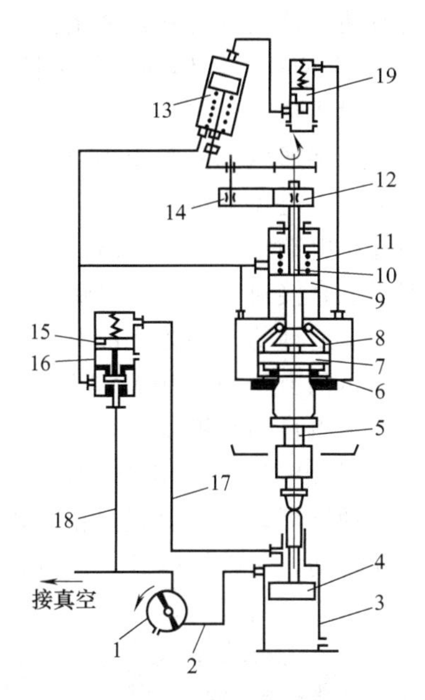

图 6-54 FX 型四旋封罐机传动原理

1—旋阀；2,17,18—管道；3—汽缸；4—汽缸活塞；5—送进导筒；6—封口室；7—压盖头；8—夹盖曲杆；9—夹盖气筒活塞；10—旋盖传动轴；11—夹盖气筒；12—小齿轮；13—旋盖气筒；14—扇形齿轮；15—气阀活塞；16—气阀；19—控制阀

第七节 杀菌机械设备

一、立式杀菌锅

立式杀菌锅可用于常压或加压杀菌。多用在品种多、批量小的生产中，因而在中小型罐头厂使用较普遍。与立式杀菌锅配套的设备有杀菌篮、电动葫芦、空气压缩机等。

本设备是食品行业进行杀菌处理的主要设备。该设备结构合理，密封性好，启闭省力，操作方便，安全可靠，性能稳定，并配有压缩空气管系，以压缩空气的反压力作用，有效地保证罐头不变形，保持食品的原味。如图 6-55（a）所示为具有两个杀菌篮的立式杀菌锅。其球形上锅盖 4 铰接于锅体后部，上盖周边均布 6～8 个槽孔，锅体的上周边铰接与上盖槽孔相对应的螺栓 6，以密封盖与锅体。密封垫片 7 嵌入锅口边缘凹槽内。锅盖可借助平衡锤 3 使开启轻便。锅的底部装有十字形蒸汽分布管 10 以送入蒸汽，9 为蒸汽入口，喷汽小孔开在分布管的两侧，以避免蒸汽直接吹向罐头。锅内放有装罐头用的杀菌篮 2，杀菌篮与罐头一起由电葫芦吊进与吊出。冷却水由装于上盖内的盘管 5 的小孔喷淋，此处小孔也不能直接对着罐头，以免冷却时冲击罐头。锅盖上装有排气阀、安全阀、压力表及温度计等，锅体底部有排水管 11。上盖与锅体的密封广泛采用如图 6-55（b）所示的自锁斜楔锁紧装置。这种装置密封性能好，操作时省时省力。这种装置有十组自锁斜楔块 2 均布在锅盖边缘与转环 3 上，转环配有几组滚轮装置 5，转环可沿锅体 7 转动自如。锅体上缘凹槽内装有耐热橡胶垫圈 4，锅盖关闭时，转动转环，斜楔块就互相咬紧而压紧橡胶圈，达到锁紧和密封的目的。将转环反向转动，斜楔块分开，即可开盖。

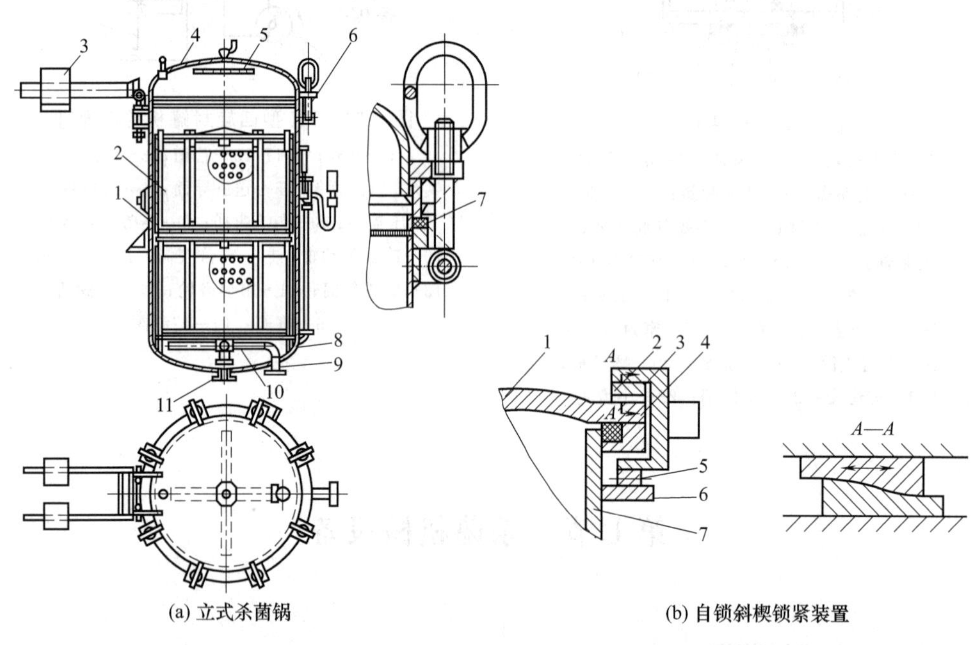

(a) 立式杀菌锅

1— 锅体；2— 杀菌篮；3— 平衡锤；4— 锅盖；5— 盘管；6— 螺栓；7— 密封垫片；8— 锅底；9— 蒸汽入口；10 — 蒸汽分布管；11— 排水管

(b) 自锁斜楔锁紧装置

1— 锅盖；2— 自锁斜楔块；3— 转环；4— 橡胶垫圈；5— 滚轮装置；6— 滚轮导轨；7— 锅体

图 6-55 立式杀菌锅及自锁斜楔锁紧装置

二、卧式杀菌设备

卧式杀菌锅只用于高压杀菌，而且容量较立式杀菌锅大，因此多用于生产肉类和蔬菜罐头为主的大中型罐头厂。

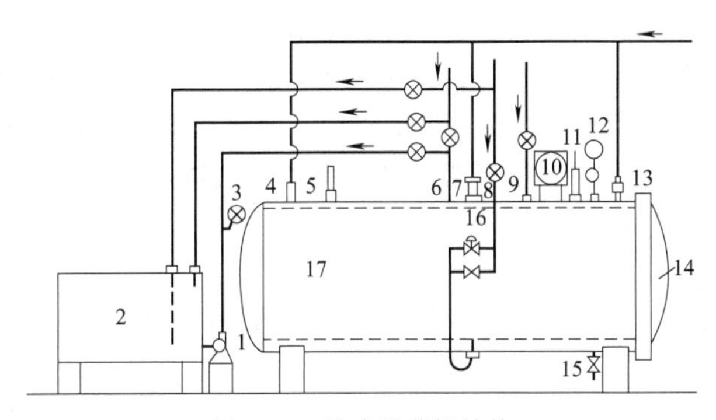

图 6-56 卧式杀菌锅结构

1—水泵；2—水箱；3—溢流管；4,7,13—放空气管；5—安全阀；6—进水管；8—进气管；9—进压缩空气管；10—温度记录仪；11—温度计；12—压力表；14—锅门；15—排水管；16—薄膜阀门；17—锅体

1. 卧式杀菌锅结构

卧式杀菌锅结构如图 6-56 所示。锅体 17 与锅门 14 的闭合方式与立式杀菌锅相似。锅内底部装有两根平行的轨道，供装载罐头的杀菌车进、出之用。蒸汽从底部进入到锅内两根平行的开有若干小孔蒸汽分布管，对锅内进行加热。蒸汽管在导轨下面。当导轨与地平面成水平时，才能使杀菌车顺利地推进推出，因此有一部分锅体是处于车间地平面以下。为便于杀菌锅的排水，开设一地槽。

锅体上装有各种仪表与阀门。由于采用反压杀菌，压力表所指示的压力包括锅内蒸汽和压缩空气的压力，致使温度与压力不能对应，因此还要装设温度计。

上述以蒸汽为加热介质的杀菌锅，在操作过程中，因锅内存在着空气，使锅内温度分布不均，故影响产品的杀菌效果。为避免因空气而造成的温度“冷点”，通过安装在锅体顶部的排气阀排放蒸汽来挤出锅内空气和通过增加锅内蒸汽的流动来解决。但此过程要浪费大量的热量，一般约占全部杀菌热量的 1/4～1/3，并给操作环境造成噪声和湿热污染。

2. 使用方法

（1）准备工作　先将一批罐头装在杀菌车上，再送入杀菌器内，随后将门锁紧，打开排气阀、泄气阀、排水管，同时关闭进水阀和进压缩空气阀。

（2）供汽和排气　将蒸汽阀门打到最大，按规定的排气规程排气，蒸汽量和蒸汽压力必须充足，使杀菌器迅速升温，将杀菌器内空气排除干净，否则杀菌效果不一致。排气结束后，关闭排气阀。当达到所要求的杀菌温度时，关小蒸汽阀，并保持一定的恒温时间。

（3）进气反压　在达到杀菌的温度和时间后，即向杀菌器内送入压缩空气，使杀菌器内的压力，略高于罐头内的压力，以防罐头变形胀裂，同时具有冷却作用。由于反压杀菌，压力表所指示的压力包括杀菌器内蒸汽和压缩空气的两种压力，故温度计和压力计的读数，其温度是不对应的。

（4）进水和排水　当蒸汽开始进入杀菌器时，因遇冷所产生的冷凝水，由排水管排出，随后关闭排水管。在进气反压后，即启动水泵，通过进水管向器内供充分的冷却水，冷却水和蒸汽相遇，将产生大量气体，这时需打开排气阀排气。排气结束再关闭排气阀。冷却完毕，水泵停止运转，关闭进水阀，打开排水阀放净冷却水。

（5）启门出车　冷却过程完成后，打开杀菌器门，将杀菌车移出，再装入另一批罐头进行杀菌。

三、回转式杀菌设备

全水式回转杀菌机是高温短时卧式杀菌设备，它采用过热水作加热介质，在杀菌过程中罐头始终浸泡在水里，同时罐头处于回转状态，以提高加热介质对杀菌罐头的传热频率，从而缩短杀菌的时间，节省能源。该机杀菌的全过程由程序控制系统自动控制。杀茵过程的主要参数如压力、温度和回转速度等均可自动调节与控制。但这种杀菌设备属间歇式杀菌设备不能连续进罐与出罐。

用途：本机为罐装食品进行蒸煮、杀菌、冷却一次性完成全部工作过程的设备，特别适用于包装中固体物比重较大以及各种浓度不同的黏性罐装食品。

特点：本机有全自动型和一般型两种。上述设备的物料笼压紧装置均采用国际先进的气动元件，设计合理，整机结构紧凑，运行安全可靠，效率高，具有安装简单、操作容易、维修方便等特点。

1. 全水式回转杀菌机结构

全水式回转杀菌机如图 6-57 所示。全机主要由储水锅（亦称上锅）、杀菌锅（亦称下锅）、管路系统、杀菌篮和控制箱组成。

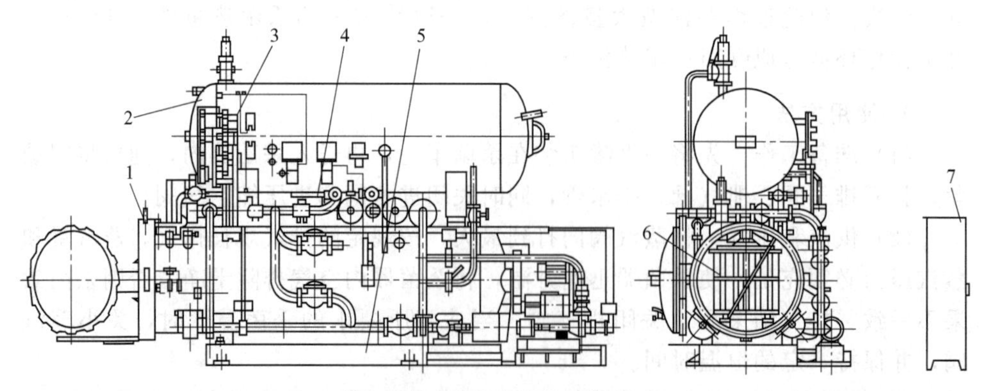

图 6-57　全水式回转杀菌机

1—杀菌锅；2—储水锅；3—控制管路；4—水气管路；5—底盘；6—杀菌锅；7—控制箱

储水锅为一密闭的卧式储罐，供应过热水和回收热水。为减轻锅体的腐蚀，锅内采用阴极保护。为降低蒸汽加热水时的噪声并使锅内水温一致，蒸汽经喷射式混流器后才注入水中。

杀菌锅置于储水锅的下方，是回转杀菌机的主要部件。它由锅体、门盖、回转体和压紧装置、托轮、传动部分组成。锅体与门盖铰接，与门盖结合的锅体端面有一凹槽，凹槽内嵌有Y形密封圈，如图6-58所示。当门盖与锅体合上后，转动夹紧转圈，使转圈上的16块卡铁与门盖突出的楔块完全对准，由于转圈卡铁与门盖及锅体上接触表面没有斜面，因而即使转圈上的卡铁使门盖、锅身完全吻合也不能压紧密封垫圈。门盖和锅身之间有1mm的间隙，因此关闭与开启门盖时方便省力。杀菌操作前，当向密封腔供以0.5MPa的洁净压缩空气时，Y形密封圈便紧紧压住门盖，同时其两侧唇边张开而紧贴密封腔的两侧表面，起到良好的密封作用。

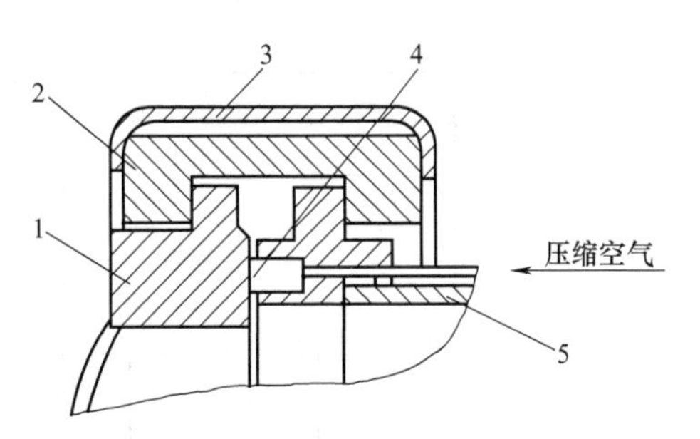

图6-58 门盖的密封

1—门盖；2—卡铁；3—加紧转圈；4—密封圈；5—锅体

回转体是杀菌锅的回转部件，装满罐头的杀菌篮置于回转体的两根带有滚轮的轨道上，通过压紧装置可将杀菌篮内的罐头压紧。回转体是由4只滚圈和4根角钢组成一个焊接的框架，其中一个滚圈由一对托轮支承，而托轮轴则固定在锅身下部。回转体在传动装置的驱动下携带装满罐头的杀菌篮回转。

驱动回转体旋转的传动装置主要由电动机P形齿链式无级变速器和齿轮传动组成。回转体的转速可在6～36r/min内作无级调速。回转轴的轴向密封采用单端面单弹簧内装式机械密封。

2. 全水式回转杀菌机工艺流程

在传动装置上设有定位装置，从而保证了回转体停止转动时，能停留在某一特定位置，使得回转体的轨道与运送杀菌篮小车的轨道接合，从杀菌锅内取出杀菌篮。全水式回转杀菌机的工艺流程如图6-59所示。

储水锅与杀菌锅之间用连接阀3的管路连通。蒸汽管、进水管、排水管和空压管等分别连接在两锅的适当位置，在这些管路上根据不同使用目的安装了不同形式的阀门。循环泵使杀菌锅中的水强烈循环，以提高杀菌效率并使锅内的水温均匀一致。冷水泵用来向储水锅注入冷水和向杀菌锅注入冷却水。

3. 全水式回转杀菌机工作过程

全水式回转杀菌机的整个杀菌过程分为以下8个操作工序。

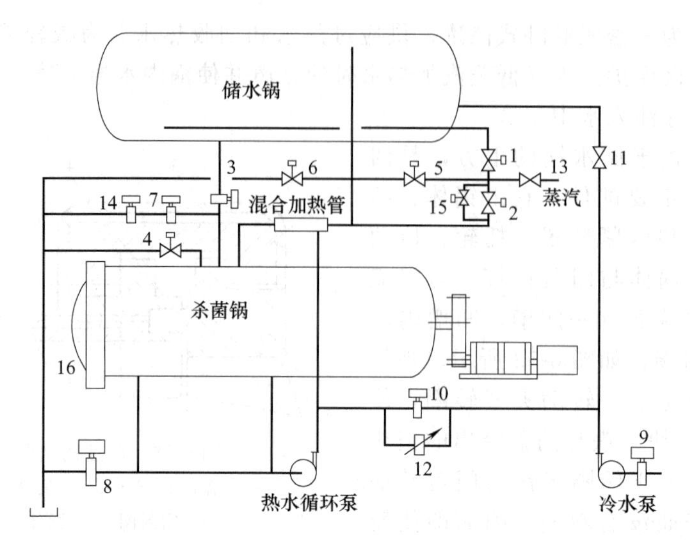

图 6-59 全水式回转杀菌机的工艺流程

1—储水锅加热阀；2—杀菌锅加热阀；3—连接阀；4—溢出阀；5—增压阀；6—减压阀；7—降压阀；8—排水阀；9—冷水阀；10—置换阀；11—上水阀；12—节流阀；13—蒸汽总阀；14—截止阀；15—小加热阀；16—安全旋塞

(1) 制备过热水　第一次操作时，由冷水泵供水，以后当储水锅的水位到达一定位置时液位控制器自动打开储水锅加热阀 1，0.5MPa 的蒸汽直接进入储水锅，将水加热到预定温度后停止加热。一旦储水锅水温下降到低于预定的温度，则会自动供汽，以维持预定温度。

(2) 向杀菌锅送水　当杀菌篮装入杀菌锅、门盖完全关好，向门盖密封腔内通入压缩空气后才允许向杀菌锅送水。为安全起见，用手按动按钮才能从第一工序转到第二工序。

全机进入自动程序操作，连接阀 3 立即自动打开，储水锅的过热水由于落差及压差而迅速由杀菌锅锅底送入。当杀菌锅内水位达到液位控制器位置时，连接阀立即关闭。

(3) 杀菌锅升温　送入杀菌锅里的过热水与罐头换热，水温下降。加热蒸汽送入混合器对循环水加热后再送入杀菌锅。当温度升到预定的杀菌温度，升温过程结束。

(4) 杀菌　罐头在预定的杀菌温度下保持一定的时间，通过储水锅加热阀 1，根据需要自动向杀菌锅供汽以维持预定的杀菌温度，工艺上需要的杀菌时间则由杀菌定时钟选定。

(5) 热水回收　杀菌工序一结束，冷水泵即自行启动，冷水经置换阀 10 进入杀菌锅的水循环系统，将热水（混合水）顶到储水锅，直到储水锅内液位达到一定位置，液位控制器发出指令，连接阀关闭，将转入冷却工序。此时储水锅加热阀自动打开，通入蒸汽以重新制备过热水。

（6）冷却　根据产品的不同要求冷却工序有 3 种操作方式：热水回收后直接进入降压冷却；热水回收后，反压冷却＋降压冷却；热水回收后，降压冷却＋常压冷却。每种冷却方式均可通过调节冷却定时器来获得。

（7）排水　冷却定时器的时间到达后，排水阀 8 和溢出阀 4 打开。

（8）起锅　拉出杀菌篮，全过程结束。全水式回转杀菌机是自动控制的，由微型计算机发出指令，根据时间或条件按程序动作。杀菌过程中的温度、压力、时间、液位、转速等由计算机和仪表自动调节，并具有记录、显示、无级调速、低速起动、自动定位等功能。

4. **全水式回转杀菌机的特点**

由于全水式回转杀菌机在杀菌过程中罐头呈回转状态，而具有以下特点：且压力、温度可自动调节，因而具有以下特点。

（1）杀菌均匀　由于回转杀菌篮的搅拌作用，加上热水由泵强制循环，使锅内热水形成强烈的涡流，水温均匀一致，达到产品杀菌均匀的效果。搅拌与循环方式不同时杀菌锅呈现的温度分布情况如图 6-60 所示。

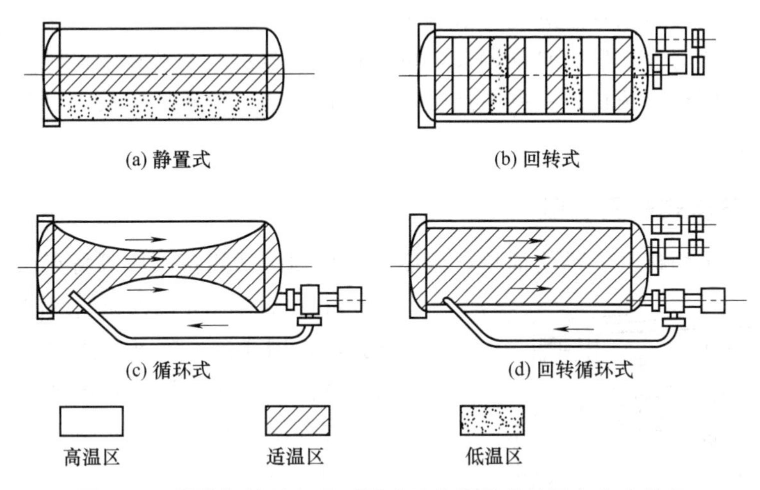

图 6-60　搅拌与循环方式不同时杀菌锅呈现的温度分布情况

（2）杀菌时间短　杀菌篮回转，传热效率提高，对内容物为流体或半流体的罐头，更显著。

罐头在回转过程中回转速度与内容物变化的关系如图 6-61 所示。随着转速的增加，杀菌时间缩短。当转速增加到一定限度时，反而使杀菌时间延长。其原因是随着转速的增加，离心力达到一定程度，罐头内容物被抛向罐底，使顶隙位置始终不变，失去了内容物摇动而产生的搅拌作用。另外每种产品都有它的合适转速范围，当超过这一范围时，就会出现热传导反而差的现象。

在全水式回转杀菌设备中，罐头的顶隙度对热传导率有一定的影响。顶隙大，内容物的搅拌效果就好，热传导就快，然而过大又会使罐头内形成气袋，产生假胖听，因此顶隙要适中。另外，罐头在杀菌篮里的排列方式对杀菌效果也有一定的影响。

(a) 回转速度过慢

(b) 回转速度过快

(c) 回转速度适宜

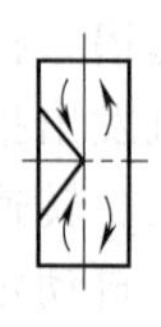
(d) 空隙移动形成的摇动

图 6-61 罐头在回转过程中回转速度与内容物变化的关系

(3) 有利于产品质量的提高 由于罐头回转，可防止肉类罐头油脂和胶冻的析出，对高黏度、半流体和热敏性的食品，不会产生因罐壁部分过热形成黏结等现象，可以改善产品的色、香、味，减少营养成分的损失。

(4) 由于过热水重复利用，节省了蒸汽。

(5) 杀菌与冷却压力自动调节，可防止包装容器的变形和破损。

全水式回转杀菌机的主要缺点是，设备较复杂；设备投资较大，杀菌过程热冲击较大。

四、淋水式杀菌设备

淋水式杀菌机具有结构简单、温度分布均匀、适用范围广等特点。

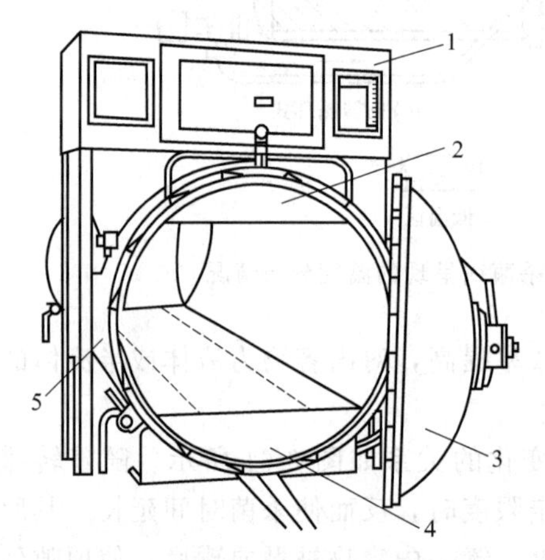

图 6-62 淋水式杀菌机外形简图

1—控制装置；2—水分布器；3—门盖；4—储水器；5—锅体

淋水式杀菌机是以封闭的循环水为工作介质，用高流速喷淋方法对罐头进行加热、杀菌及冷却的卧式高压杀菌设备。其杀菌过程的工作温度 20～145℃，工作压力 0～0.5MPa。

淋水式杀菌机可用于果蔬类、肉类、鱼类、蘑菇和方便食品等的高温杀菌，其包装容器可以是马口铁罐、铝罐、玻璃瓶和蒸煮袋等形式。

1. 淋水式杀菌机的工作原理

淋水式杀菌机外形简图、淋水式杀菌机工作原理示意图分别如图 6-62、图 6-63 所示。

在整个杀菌过程中，储存在杀菌锅底部的少量水（一般可容纳 4 个杀菌篮，存水量为 400L），利用一台热水离心泵进行高速循环，循环水即杀菌水，经一台焊制的板式热交换器进行热交换后，进入杀菌机内上部的分水系统（水分配器），均匀喷淋在需要杀菌的产品上。循环水在产品的加热、杀菌和冷却过程中依顺序使用。在加热产品时，循环水通过间壁式换热器由蒸汽加热，在杀菌过程时则由换热器维持一定的温度，在产品冷却时，循环水通过间壁式换热器由冷却水降低温度。该机的过压控制和温度控制是完全独立的。调节压力的方法是向锅内注入或排出压缩空气。

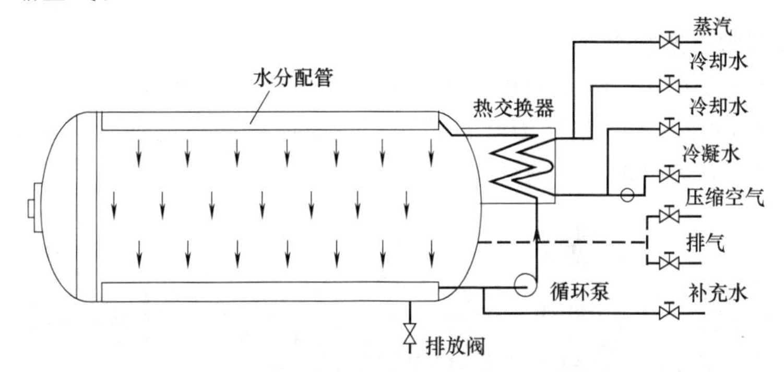

图 6-63 淋水式杀菌机工作原理示意图

淋水式杀菌机的操作过程是完全自动化的，温度、压力和时间由一个程序控制器控制。程序控制器是一种能储存多种程序的微处理机，根据产品不同，每一程序可分成若干步骤。这种微处理机能与中央计算机相连，实现集中控制。

2. 淋水式杀菌机的特点

（1）由于采用高速喷淋水对产品进行加热、杀菌和冷却，温度分布均匀稳定，提高了杀菌效果，改善了产品质量。

（2）杀菌与冷却使用相同的水（循环水），产品没有再受污染的危险。

（3）由于采用了间壁式换热器，蒸汽或冷却水不会与进行杀菌的容器相接触，消除了热冲击，尤其适用于玻璃容器，可以避免冷却阶段开始时的玻璃容器破碎。

（4）温度和压力控制是完全独立的，容易准确地控制过压，因为控制过压而注入的压缩空气，不影响温度分布的均匀性。

（5）水消耗量低，动力消耗小。工作中，冷却水通过冷却塔可循环使用。整个设备配用一台热水泵，动力消耗小。

（6）设备结构简单，维修方便。循环水量小。

五、常压连续杀菌机

连续式杀菌设备分成几个区段，连续通过这些区段的罐头食品依次受到预热、杀菌和冷却等处理工序。连续式杀菌机的生产能力大，一般直接配置于连续包装机之后，产品包装、封口后直接送入杀菌机进行杀菌。各种类型和包装形式的罐头食品只要达到足够大的生产规模，均可以考虑采用适当的连续杀菌设备进行杀菌。连续式杀菌设备可以分为常压式和加压式两大类，分别用于酸性和低酸性食品的杀菌。首先介绍常压连续杀菌设备。常压连续杀菌机的杀菌温度一般不超100℃，所以，不需要严格的密封机构，设备结构简单。常压连续杀菌机，按运载链的层数可分为单层式和多层式；按加热和冷却的方式分为浸水式和淋水式。

1. 单层常压连续杀菌机

单层常压浸水式连续杀菌机，如图6-64所示，也有单层常压淋水式连续杀菌机，如图6-65所示。整体为隧道结构，一条运载产品的输送链带穿过隧道，输送带的两端有进出罐的外围输送带相连。

图6-64 单层常压浸水式连续杀菌机

图6-65 单层常压淋水式连续杀菌机

罐头由入口处的拨罐器拨到输送链带上，输送链带动罐头经过隧道时被喷射的热水（或蒸汽）加热杀菌，然后被水喷头喷出的冷水冷却后送出。在整个过程中，产品与输送链处于相对静止状态而同步移动。对于玻璃瓶装的产品，为了避免热应力集中造成瓶子破损，加热段和冷却段要分成多个区段，以使得加热时最大温差不超过20～50℃，冷却最大温差不超过20℃。采用热水加热时一般包括预热段、预热段、加热段、预冷段、冷却段、最终冷却段等多个工作段。这种设备的优点是结构简单、性能可靠、生产能力大，并且通常可以根据工艺要求进行调节，适合于内容物流动性良好的瓶装产品的常压杀菌。其缺点是占地面积较大，有的设备长达27m，甚至更长。

2. 多层常压连续杀菌机

多层常压连续杀菌机一般为浸水式杀菌机，工作原理和单层常压浸水式连续杀菌机相同。这种机器的运载装置为带有刮板的金属输送链，罐头产品平卧在输送链上，在刮板输送过程中可相对于输送链进行适当的滚动，方便传送。

(1) 设备结构　多层常压连续杀菌机整体为多层结构，层数一般为3～5层。可根据生产量杀菌时间要求及车间面积、工艺布置的需要进行选择。每一层设一水槽，用于装温度不同的热水或冷却水。因层间转移的需要，两端设置有转向结构。图6-66所示为三层常压连续杀菌机槽体与输送带的结构。三只水槽分三层水平安装在杀菌机机架上。第一层（底层）为加热杀菌段，第二层具有加热和冷却双重功能，可根据罐藏内容物的杀菌工艺要求进行选择，第三层为冷却段。冷却水由进水管进入各层槽体。在槽体侧面的溢流口，安装有液面调节板，用以在槽体内保持一定的液位高度，防止液位过高引起浮罐。

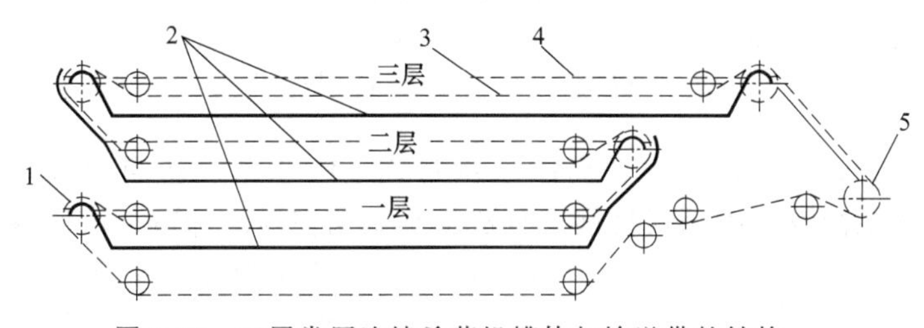

图6-66　三层常压连续杀菌机槽体与输送带的结构

1—进罐口；2—槽体；3—刮板输送链；4—水位线；5—出罐端

(2) 设备特点　多层常压连续杀菌机与常压浸水式连续杀菌机相比，具有以下特点：具有自动进出罐、温度自动控制等功能；由于传热效果好，能节省能源，缩短杀菌时间，提高产品内在质量；占地面积小，有利于生产车间设备的布置；罐头在杀菌过程自下而上逐层爬升，在转向处的托板间隙可根据罐径进行调节，使运行平稳，不会产生卡堵现象；各层杀菌和冷却槽的液位，可根据罐径进行调节，防止产生浮罐现象；配置有温度超限报警和浮罐报警装置。

六、高压连续杀菌机

高压连续杀菌机是用于相应的压力高于大气压力条件下连续杀菌的设备，为了使杀菌设备在高压状态下连续对罐头产品进行杀菌，需要有专门的进出罐机构装置，因而加压连续杀菌机的结构比常压连续杀菌机要复杂得多。

1. 水封式连续加压杀菌设备

水封式连续加压杀菌设备是一种卧式连续杀菌设备，不仅可用于罐装食品的杀菌，也能用于瓶装和袋装食品的杀菌。该设备采用了一种水封式转动阀门（俗称水封阀、鼓形阀），使罐头连续不断地进出杀菌室中，又能保证杀菌室的密封，以保持杀菌室内的压力与水位的稳定。根据需要，水封式杀菌设备中的罐头可以是滚动的，因而热效率较高，对同类产品在同样杀菌温度条件下，水封式杀菌设备杀菌时间更短些。

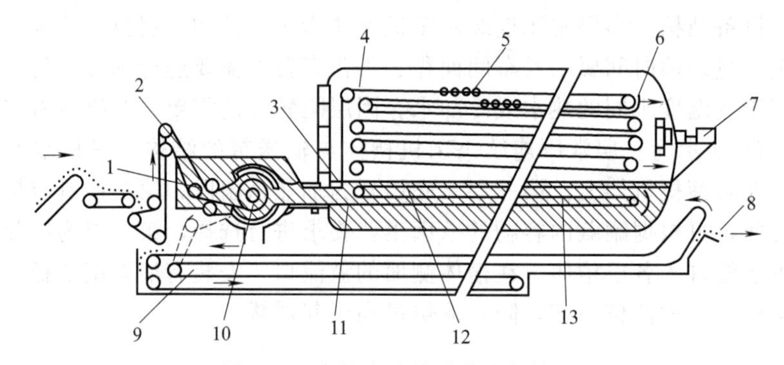

图 6-67 水封式连续杀菌设备简图

1—水封；2—输送带；3—杀菌锅内液面；4—加热杀菌室；5—罐头；6—导轨板；7—风扇；8—出罐口；9—空气或水冷却区；10—水封阀；11—转移孔；12—冷却室；13—隔板

（1）水封式连续杀菌设备简图 水封式连续杀菌设备简图如图 6-67 所示，水封式连续杀菌设备由隔板将锅体分成加热杀菌室与冷却室。该设备采用空气加压使容器内外的压力保持平衡。因空气导热性差，容易出现加热不均匀，需在蒸汽加热杀菌室设置风扇，使蒸汽与空气充分混合，以保证加热的均匀性。

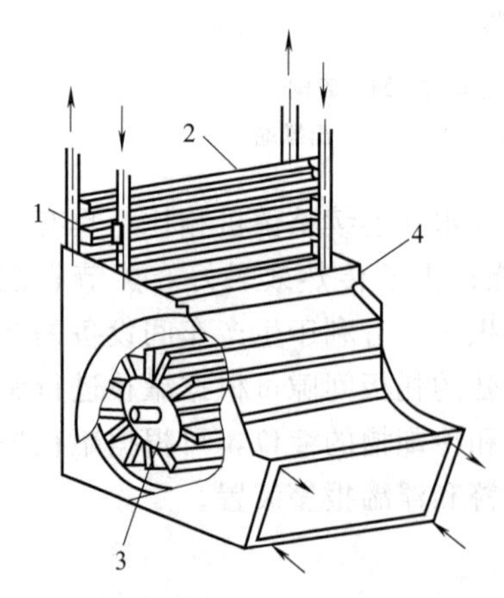

图 6-68 水封式转动阀

1—输送链；2—运送器；3—水封阀密封部；4—外壳

（2）水封式转动阀 水封式转动阀又称水封阀、鼓形阀，是一个内置回转式水压密封装置，依靠水和叶片实现密封，转动阀转动时将预冷已杀菌罐头后的热水排出，和刚进入转动阀的未加热罐头进行预热，同时完成预冷和预热两个操作。

用链式输送带携带罐头容器经水封式转动阀（图 6-68）入杀菌锅内。水封式转动阀门浸没在水中，借助部分水力和机械力得以完成密封的任务。罐头通过转动阀时受到预热，接着向上提升，进入高压蒸汽加热室内，然后水平地往复运行，在保持稳定的压力和充满蒸汽的环境中杀菌。杀菌时间可根据产品要求调整输送带的速度进行控制。杀菌完毕，罐头经分隔板上的转移孔进入杀菌锅底的冷却水内进行加压预冷，然后再次通过水封式转动阀送至常压冷水内或外界空气中冷却，直到罐头温度降到常温为止。还可根据需要在链式输送带下面装上导轨板，以使罐头在传送过程中可以绕自身轴线回转。如不需要搅动式杀菌，可将导轨拆除。杀菌温度100～143℃（可调），也可进行高温短时杀菌。

（3）设备特点　该设备的优点是在蒸汽和水的利用比较经济，可连续化生产，节约劳动力；缺点是供罐头进出的水封阀要保持一定的密封压力，结构复杂，维护保养要求高。

2. 回转式连续加压杀菌设备

是一种搅动型连续杀菌装置，利用回转密封阀将预热锅、加压杀菌锅、冷却锅连接起来，组合成回转式连续加压杀菌设备，如图6-69所示。

（1）工作过程　预热锅、加压杀菌锅和冷却锅的结构均为承受0.2～0.3MPa压力的圆筒体，其直径多数为1473mm，长度在3340～11250mm范围内，具体长度尺寸取决于杀菌时间、生产速率和容器大小。各锅内设置有分格旋转架，其外圆处分装罐头，罐头随旋转架转动，锅内壁按螺旋线设置有T形导轨，用于引导罐头沿锅体轴向移动。罐头由回转密封阀从锅的一端送入，落到回转架的装罐分格内，随回转架一起回转，罐头一边自身滚动，一边沿螺旋导轨滑动，直至被送到锅的另一端，通过回转密封阀转移至下一个锅内继续进行热处理。在杀菌锅内随回转架转动过程中，罐头内容物在一定温度的加压蒸汽中被加热。最后，从冷却锅中送出时就完成了整个杀菌过程。

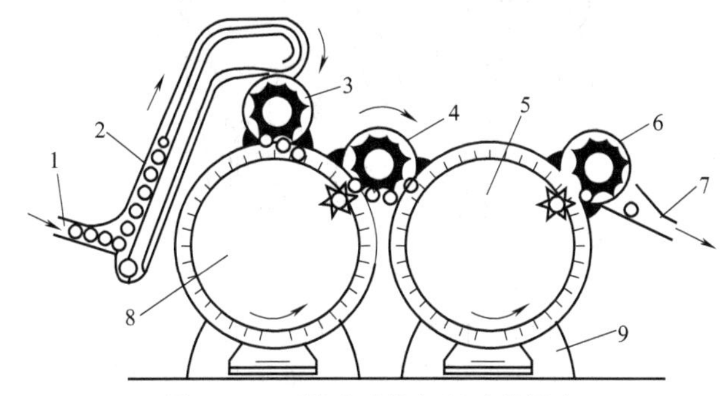

图6-69　回转式连续加压杀菌设备

1—罐头入口；2—提升机；3—进罐回转密封阀；4—中转回转密封阀；5—冷却锅；6—出罐回转密封阀；7—罐头出口；8—加压杀菌锅；9—回转架

（2）进罐回转密封阀结构　预热锅和加压杀菌锅通常用蒸汽作为加热介质，

冷却锅则用冷却水作为冷却介质。杀菌锅装有温度自动控制仪，冷却锅内有液面控制系统。回转密封阀是连续式回转杀菌设备的关键部件，既是罐头进出杀菌设备的关口，又起密封作用，以维持锅内的操作压力，如图 6-70 所示是进罐回转密封阀结构。

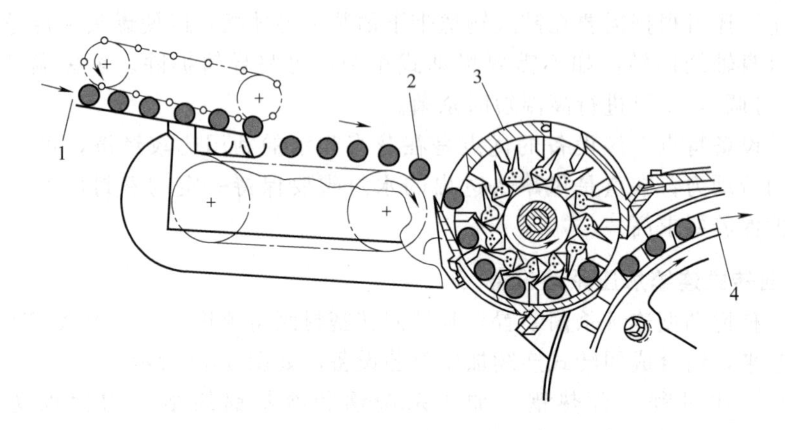

图 6-70　进罐回转密封阀结构

1—进口；2—罐头；3—回转密封阀；4—出口

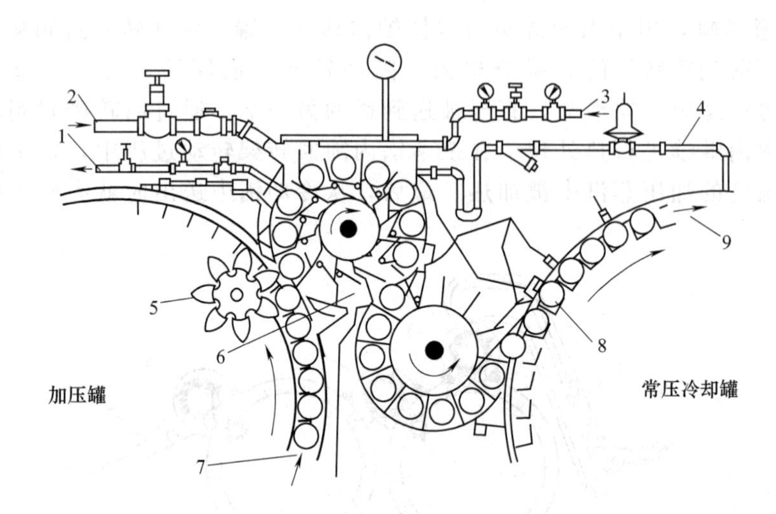

图 6-71　中转回转密封阀结构示意图

1—蒸汽出口；2—蒸汽入口；3—进水口；4—溢流管；

5—加压罐拨转叶轮；6—蒸汽出口；7—转入口；8—罐头；9—转出口

（3）中转回转密封阀结构　图 6-71 所示为中转回转密封阀结构可使罐头从一个锅体进入另一个锅体内。

(4) 回转式连续加压杀菌设备特点　回转式连续加压杀菌设备具有以下优点。罐头在高温（127～138℃）和回转条件下杀菌，显著地缩短了杀菌时间，改善了食品品质和均一性，提高了生产能力；蒸汽消耗少；由于杀菌、冷却的良好控制，罐头出现的损耗（胖听及瘪听）有所下降。

回转式连续加压杀菌设备有以下缺点：初期投资费用大，结构复杂，维护保养要求高；产品的杀菌工艺受杀菌时间、冷却时间、产量等限制；罐型适用范围小，通用性差；罐头封口线处的镀锡层因与 T 形导轨滑动而磨损，会发黑或生锈，影响产品外观质量。

3. 静水压连续杀菌设备

静水压连续杀菌设备是一种利用水柱产生的静压对罐头食品进行高温连续杀菌的设备，用于100℃以上的高温高压罐头的连续杀菌，静水压连续杀菌机如图 6-72 所示。

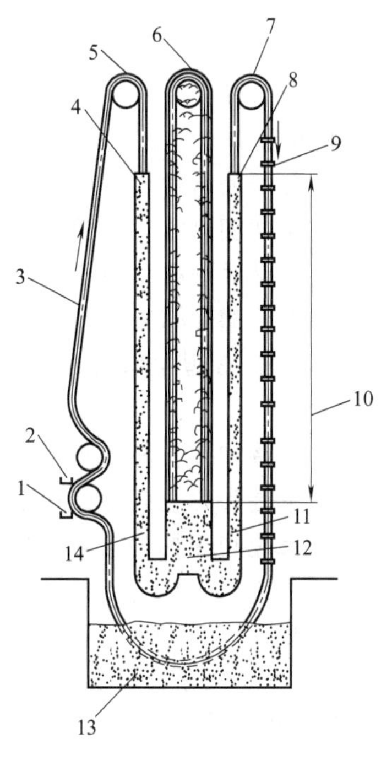

图 6-72　静水压连续杀菌机

1—出罐口；2—入罐口；3—进罐柱；4—82～83℃升温柱；5—预热区；6—杀菌室；7—空气冷却区；8—88～93℃冷却柱；9—喷淋冷却柱；10—静水压头；11—107～118℃；12—110～127℃；13—冷水槽；14—107～118℃

(1) 设备结构　静水压连续杀菌机设备的主要部件为进罐柱、升温柱、杀菌柱（杀菌室，蒸汽室）和预冷柱。通过深水柱形成的静压与杀菌室蒸汽压力相平衡，从而使杀菌室得以密封。通过水柱高度的调节可控制杀菌室内饱和蒸汽的压力，从而调节杀菌温度。因无需机械密封，其结构简单且性能可靠。其工作原理为，密封后的罐头底盖相接，卧放成行，按一定数量自动地供给到平行走动的环式输送链上，由传送器自动地按照进罐柱→水柱管（升温柱）→蒸汽室（杀菌柱）→水柱管（出罐柱、加压冷却）→喷淋冷却柱（常压冷却柱）→出罐的顺序依次运行。

(2) 工作过程　罐头从升温柱入口处进去后，随着升温柱下降，进入蒸汽室。水柱顶部的温度接近罐头的初温，水柱底部的温度则接近蒸汽室的温度。因此，在进入蒸汽室前有一个平稳的温度梯度。而进入杀菌室后，因蒸汽均匀地遍及蒸汽室，在这里可进行恒温杀菌。从杀菌室出来的罐头向上升送，这时的温度变化与通过升温柱时恰好相反，罐头所承受的压力从高到低，形成一个稳定的从高到低的温度和压力的梯度，这种减压冷却过程是十分理想的。

一、判断题

1. 旋转圆盘式空罐清洗机可以洗啤酒瓶子。（　　）

2. 旋转圆盘式空罐清洗机最大的问题是对瓶子规格适应性差。（　　）

3. 滚动式洗罐机最大的优点是对瓶子规格适应性好。（　　）

4. 三片罐空罐清洗机可以清洗玻璃罐头瓶。（　　）

5. G17D3 型空罐清洗机清洗出来的水可以往复回收再利用，进行二次喷洗。（　　）

6. 果蔬切片机核心原理是利用离心力进行切片。（　　）

7. 果蔬切片机刀片随转盘旋转。（　　）

8. 果蔬切片机适合切柔软果蔬原料。（　　）

9. 果蔬切丁机用于将各种瓜果、蔬菜（如蜜瓜、萝卜和番茄等）切成立方体、块状或条状。（　　）

10. 淋水式杀菌设备比卧式杀菌锅和立式杀菌锅更加节能。（　　）

11. 常压杀菌中，对于玻璃瓶装的产品，为了避免热应力集中造成瓶子破损，加热段和冷却段要分成多个区段，冷却最大温差不超过 50℃。（　　）

12. 水封式连续加压杀菌设备是一种卧式连续杀菌设备，不仅可用于罐装食品的杀菌，也能用于瓶装和袋装食品的杀菌。（　　）

13. 水封式连续加压杀菌设备采用了一种水封式转动阀门（俗称水封阀、鼓形阀），使罐头连续不断地进出杀菌室中，又能保证杀菌室的密封，以保持杀菌室内的压力与水位的稳定。（　　）

14. 一种搅动型连续杀菌装置，利用回转密封阀将预热锅、加压杀菌锅、冷却锅连接起来，组合成回转式连续加压杀菌设备，罐型适用范围大，通用性好。（　　）

15. 静水压连续杀菌机具有占地面积小的特点。（　　）

二、填空题

1. 螺旋式清洗机由喂料斗、__________、喷头、滚刀、泵、滤网及电动机等组成。

2. 清洗所用的机械分三类：①原料清洗用，如__________；②包装容器清洗用，如__________；③器皿清洗用，如__________等。

3. XG-2 型洗果机是一种具有__________、__________和__________作用的果蔬清洗机，主要由清洗槽、__________、__________、__________、机架等

构成。

4. GT5A9型柑橘刷果机主要由进出料斗、__________、传动装置、机架等部分组成。

5. 旋转圆盘式空罐清洗机是罐头装罐前的一道工序。空罐清洗机采用__________与__________方法。

6. 三片罐空罐清洗机这种形式的洗罐机适用于__________制成的三片罐清洗。

7. G17D3型空罐清洗机结构图所示，全机由机架、传动系统、不锈钢丝网带、水箱、水泵和__________系统和__________系统等组成。整台设备沿长度方向分__________区和__________区两个区组成。

8. 重量式分级机一般有__________和__________两种，前者用得较多。该机由接料箱、料盘、固定秤、__________、__________等组成。

9. 蘑菇的切片通常用圆刀切片机是在一个轴上装有__________，轴的转动带动圆刀旋转，把从料斗送来的蘑菇进行切片。

10. 果蔬切丁机主要由机壳、叶轮、__________、__________、__________和挡梳等组成。其中定刀片、圆盘刀和横切刀分别起切片、切条和切丁的作用。

11. 工厂最常见的封罐机分__________、__________和__________。

12. 金属探测器对__________的和__________金属均可以探测到。探测的难易程度取决于物体的__________和__________。典型的金属探测器可以检测到直径大于__________的球形非磁性金属和所有直径大于__________mm球形磁性金属颗粒。

13. X射线是一种短波长__________的高能射线，可穿透（可见光不透的）生物组织和其他材料，在透过这些材料时，X射线的能量会因为物质的__________而发生衰减。透过被测物体能量发生不同程度衰减的X射线由检测器检测。检测到的X射线经过图像分析技术等处理后可以得到__________。这种检测得到的图像与标准物体的X射线图像进行比较，便可判断被测物体是否含有异常物体。

14. X射线检测系统还可检测食品中存在的______、______和______等物质，同时还能够检测到__________包装食品内的__________物质。

15. 连续式杀菌设备是由连续运送罐头装置的__________和连续运进和运出罐头机构的装置组成。一般这种杀菌设备分成几个区段，连续通过这些区段的罐头食品依次受到__________、__________和__________等处理工序。

三、选择题

1. 辊轴分级机分级水果快而准确，水果损伤小，在__________中用得较广。

A. 果农　　B. 小型水果厂　　C. 中型水果厂　　D. 大型水果厂

2. 回转带分级机是由两条沿运行方向逐渐增大间距的选果带组成。将水果置于两条选果带上，因带距沿运行方向逐渐__________，故不同尺寸的水果落在下边相应的输送带上而实现分级。

A. 变小　　B. 不变　　C. 增大　　D. A和B

3. 光电分选机可以看作是按__________进行选果，因为能进行非接触的测量，所以减少了果蔬的机械损伤，且有利于实现自动控制。

A. 质量　　B. 密度　　C. 颜色　　D. 尺寸

4. 射光器L和受光器R分别置于物料输送料斗的上、下方，且对准料斗的中部开槽处。每当料斗移动距离 a 时，射光器发出一个脉冲光束，水果在运行中遮断脉冲光束的次数为 n，则水果的直径__________。

A. $D=n/a$　　B. $D=na$　　C. $D=a/n$　　D. $D=LR$

5. 淋水式杀菌机可用于果蔬类、肉类、鱼类、蘑菇和方便食品等的__________，其包装容器可以是马口铁罐、铝罐、玻璃瓶和蒸煮袋等形式。

A. 低温杀菌　　B. 高温杀菌　　C. 巴氏杀菌　　D. 超高温瞬时灭菌

6. 全水式回转杀菌设备中，罐头的顶隙度对__________有一定的影响。

A. 温度　　B. pH值　　C. 热传导率　　D. 节能

7. 全水式回转杀菌设备的罐头顶隙大，内容物的搅拌效果就好，热传导就快，然而过大又会使罐头内形成气袋，产生假胖听，因此顶隙要__________。

A. 小　　B. 大　　C. 适中　　D. 不留顶隙

8. 淋水式杀菌机是以封闭的循环水为工作介质，用__________方法对罐头进行加热、杀菌及冷却的卧式高压杀菌设备。

A. 浸泡　　B. 热烫　　C. 喷洗　　D. 高流速喷淋

9. GT4B2型封罐机真空系统主要通过在封罐机外的一台__________及真空稳定器和管道与机头密闭室相连通来达到真空条件。

A. 离心泵　　B. 水环式真空泵

C. 水力喷射真空泵　　D. 罗茨真空泵

10. 真空稳定器的作用是保证封罐过程__________的稳定，并使罐头在抽真空时可能抽出的杂液物分离，不致污染真空泵。

A. 温度　　B. 真空度　　C. 湿度　　D. 罐头原料品质

11. GT4B2型自动真空封罐机具有两对卷边滚轮单头全自动真空封罐机，是国家罐头机械定型产品，目前大量应用于我国各罐头厂的三片罐实罐车间，对各种圆形罐进行真空封罐。该机主要由自动送罐、自动配盖、卷边机头、卸罐、__________等部分所组成。

A. 电动机　　B. 电气控制　　C. 传送带　　D. 分离器

第七章 果酒加工设备

第一节 果酒生产概述

一、果酒酿造工艺流程

以葡萄酒酿造为例。

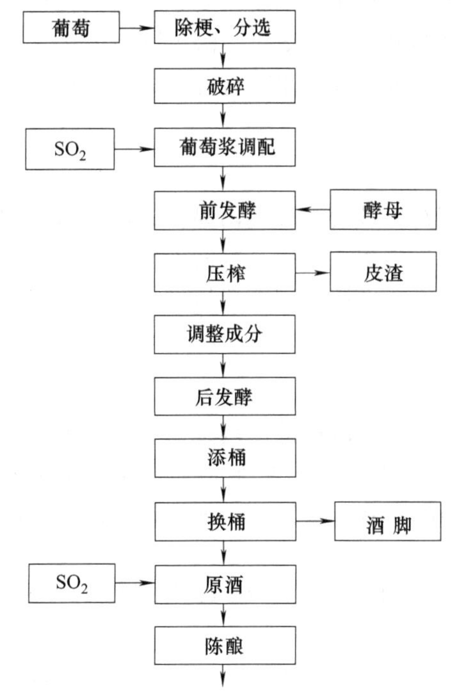

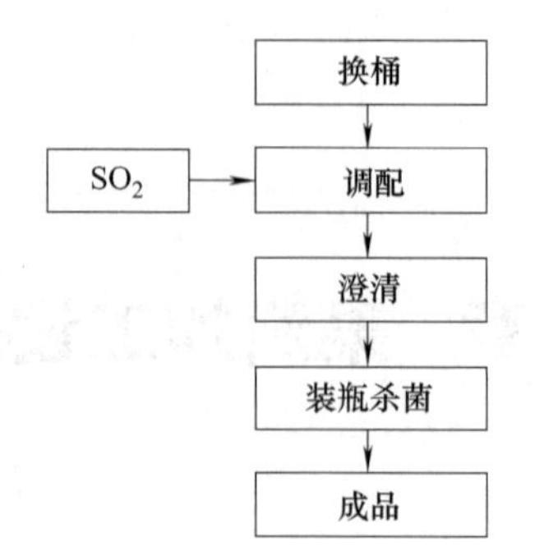

二、果酒酿造设备流程

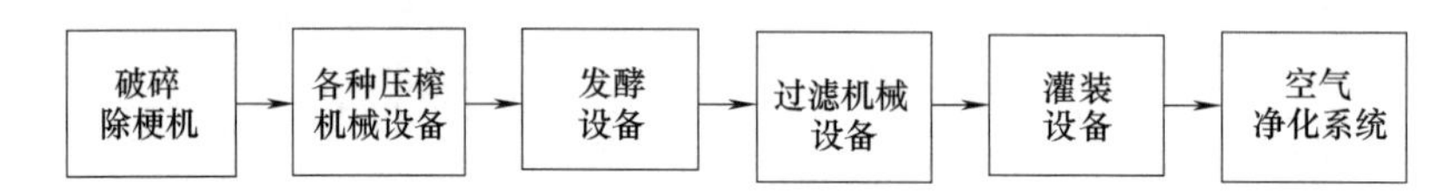

三、果酒酿造操作要点

1. 除梗、分选

葡萄含有果梗，可采用除梗破碎机或人工摘粒除去果梗。果梗在葡萄汁中停留时间过长，会带来一种青梗味，使酒液变涩、发苦。这主要是因为果梗中含有无色多酚（单宁和可合成单宁的小分子物质，如儿茶酸等）。进行葡萄酒生产，可通过改变在除梗过程中去掉果梗的量来决定保留在葡萄汁中单宁的含量。一般来说浅色酒中单宁含量为0.1～0.4g/L，深色酒为1～3g/L。

分选是将不同品种、成熟度的果实分开，丢弃烂颗粒和枯烂果梗。酿造红葡萄酒要尽快除掉果梗。

2. 破碎

破碎的目的是使葡萄果破裂而释放出果汁，便于压榨和发酵。

破碎的要求：每粒果实都要破碎；籽实不能压破；破碎过程中，汁液不能与铁、铜等金属接触；梗不能碾碎，皮不能压破，以免籽实和梗中的不利成分进入汁中。

3. 葡萄浆调配

（1）酸度调整　葡萄汁发酵前酸度调整到6～8g/L，即pH值3.3～3.5。

① 提高酸度的方法　调整酸度可采用加柠檬酸或酒石酸，最好是酒石酸。加酸时，先用葡萄汁与酸混合，缓慢均匀加入葡萄汁中并搅拌均匀。不可使用铁质容器。

② 降低酸度的方法　加$CaCO_3$。如1L汁中加1g $CaCO_3$，降酸量为1g/L。

（2）糖度调整

① 加糖量　以每1.7g/100mL糖可生成1°(1mL）酒精计算。补加的糖量应

根据要求的酒精浓度来定：

如成品酒的浓度要求13°，则发酵前每升果汁中含糖量为：13×17＝221g，若果汁本身每升含糖量为Ag，则每升果汁中应加糖：221-A(g)。

② 操作时注意事项

a. 加糖前应量出较准确的葡萄汁的体积。

b. 将糖用果汁溶解制成糖浆，不加热，更不能用水溶解，加糖后要充分搅拌，完全溶解。

c. 记录溶解后的体积，作为发酵开始体积。

d. 加糖时间最好在酒精发酵开始时。

4. 发酵

（1）前发酵　前发酵的目的是进行酒精发酵，浸提色素物质和芳香物质。

① 容器充满系数　酒精发酵时体积增加，是由于发酵时产生热量，温度升高，使体积增加。此外，二氧化碳不能及时排出也导致体积增加。因此，容器不能充满，一般充满4/5即可。

② 入池　容器先用亚硫酸杀菌，亚硫酸用量为20mL/m^3。杀菌后加入葡萄浆，按规定量加亚硫酸（5%～6%）。

加亚硫酸的作用如下。

a. 杀菌作用　二氧化硫能抑制微生物的活动。

b. 澄清作用　由于二氧化硫能抑制微生物的活动，从而推迟了发酵的开始，有利于果汁中悬浮物的沉降，果汁很快获得澄清。

c. 抗氧化作用　二氧化硫能防止酒的氧化，特别是阻碍和破坏多酚氧化酶，减少单宁和色素的氧化。

d. 溶解作用　亚硫酸有利于果皮中色素、酒石和无机盐的溶解。

e. 增酸作用　是杀菌和溶解两个作用的结果。

③ 添加酵母　加入亚硫酸几小时后再加酵母，添加量为0.1～0.25g/L。

活性干酵母的复水活化：在35～42℃的温水中加入10%的活性干酵母，小心混匀，静置使之复水活化，每隔10min轻轻搅拌一次，经过20～30min后，酵母已经复水活化，可直接添加到已加二氧化硫的葡萄汁中进行发酵。

④ 温度控制　温度影响色素物质含量和色度值大小，一般发酵温度高，色素物质含量高。但是，从口味要醇厚，酒质要细腻等因素考虑，发酵温度低一些为好。一般控制温度在25～30℃。

⑤ 葡萄汁的循环　发酵过程中要进行葡萄汁的循环，其作用是增加酒的色素物质含量；降低葡萄汁的温度；使果汁与空气接触，增加酵母活力；果浆与空气接触，可使酚类物质氧化，与蛋白质结合成沉淀，加速酒的澄清。

⑥ 糖分测定　每天要测定糖分下降状况，并记录于表中，画出糖度变化

曲线。

⑦ 压盖　发酵过程中若形成酒盖或皮盖，可以进行人工压盖，用木棍或筷子搅拌，将酒盖压入汁中。

⑧ 发酵期的确定　糖分＜0.5％；少量 CO_2 气泡；酒盖下沉，液面平静，有明显酒香，有酒精、CO_2 和酵母味，无霉、臭、酸味；挥发酸＜0.04％；酒精含量为 9％～11％(V/V)；颜色呈深红色或浅红色，混浊而含悬浮酵母。

前发酵时间一般为 4～6 天。

(2) 压榨（固液分离）　将自流酒液从排出口放净，自流酒液通过金属网筛流入承接桶，然后送入后发酵罐，称作“下酒”。注意不要溶入过多空气，酒液的温度若高于 30℃，一定要冷却到 30℃以下。

(3) 后发酵

① 目的

a. 残糖继续发酵　生成乙醇和二氧化碳。

b. 澄清作用　在后发酵中，酵母和其他成分逐渐沉降，形成的沉淀叫酒泥。

c. 陈酿作用　在后发酵中，进行缓慢的氧化还原作用，促使醇、酸酯化，口味变得柔和。

d. 降酸作用　苹果酸直接脱羧生成乳酸，酸度降低并且改善口味。

② 管理

a. 温度 18～20℃，每天测定品温和酒度 2～3 次，并做记录。

b. 隔绝空气，定时检查水封状况，观察液面是否有杂菌膜和斑点。如有，表明被醋酸菌污染，应及时倒桶并添加适量的亚硫酸，并控制品温。若酒一开始有臭鸡蛋味，表明二氧化硫过多产生硫化氢，可进行倒罐，使酒液接触空气后，再进行后发酵。

c. 卫生管理。

后发酵时间 3～5 天，可持续 1 个月。

5. 储存

(1) 添桶（满桶）

① 目的　避免菌膜及醋酸菌的生长，随时使储酒桶装满，表面不与空气接触。

② 产生空隙的原因

a. 储酒温度低，体积收缩。

b. 溶解在酒里的二氧化碳逸出。

c. 微量液体的蒸发（橡木桶储存）。

从第一次换桶时起，第一个月应该每星期满桶一次，在冬季每两星期满桶一次，满桶用的酒必须干净，质量也相同，而且根据情况添加二氧化硫。

（2）换桶

① 目的　分离酒脚，接触空气，使过量挥发性物质逸出，必要时补加二氧化硫，量不超过100mg/L。

② 换桶时间　发酵结束后8～10天进行第1次换桶，第1次换桶后1～2个月进行第2次换桶，让酒接触空气，有利于酒的成熟。第二次换桶后3个月进行第3次换桶，采用密闭式操作。

（3）储酒温度　通常在15℃左右，储存的环境应空气清新，不积存二氧化碳。因此须经常通风，通风宜在清晨进行。

6. 澄清

采用明胶单宁法或离心澄清法。

第二节　破碎压榨设备

一、葡萄破碎除梗机

葡萄是酿制葡萄酒的原料，采摘下来的葡萄往往带有果梗，果梗中含有苹果酸、柠檬酸和带苦涩味的树脂等可溶性物质，如不除去，将影响葡萄酒的品质和风味。因此，必须采用机械方法，将果梗从葡萄中分离出来。通常采用葡萄破碎除梗机来进行破碎和分离工作。

葡萄破碎除梗机结构见图7-1，它由料斗、带齿磨辊、圆筒筛、叶片、螺旋输送器、果梗出口和果汁果肉出口等组成。带梗的葡萄果实从料斗落到相向回转着的两个齿辊之间稍加破碎，然后进入圆筒筛进行分离。分离装置的主轴上安装着呈螺旋排列的叶片，其四周被圆筒筛片包围着。葡萄在叶片作用下进一步破碎并与果梗分离。果汁、果肉和果皮从圆筒筛的筛孔中排出，掉到位于圆筒筛下方的螺旋输送器内，从左侧果汁果肉出口排出。而棒状果梗则成为筛上物，从果梗出口卸出。

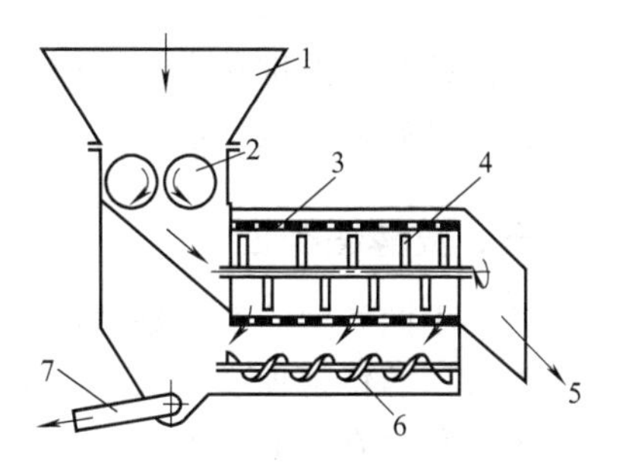

图7-1　葡萄破碎除梗机结构

1—料斗；2—带齿磨辊；3—圆筒筛；4—叶片；5—果梗出口；6—螺旋输送器；7—果汁果肉出口

操作时，应根据葡萄粒的大小、成熟程度和带梗情况等来调整两个齿辊的间距、叶片的安装角度、主轴的转速以及筛孔的大小等，以免果实被过度破碎，致使果梗中的成分混入果汁，影响产品的质量。

二、气囊压榨机

气囊压榨机是20世纪60年代出现的气压式压榨机，并最先在葡萄榨汁及黄酒醪的过滤、压缩操作中应用。气囊压榨机又称维尔密斯压榨机，其结构如图7-2所示，主要部件有圆筒、过滤用的圆筒筛、能充压缩空气的气囊。待榨物料置于圆筒内，通入压缩空气将橡胶气囊充胀，给夹在气囊与圆筒筛之间的物料由里向外施加压力。这时整个装置旋转起来，使空气压力均匀分布在物料上，最大压力可达0.63MPa。用于压榨葡萄时，施压过程逐步进行，并在施压→减压→松散→再施压→再减压→松散→再施压等工序中反复进行，在大部分葡萄汁流出后，才升压到0.63MPa。整个压榨过程为1h，逐步反复增压5～6次或更多。

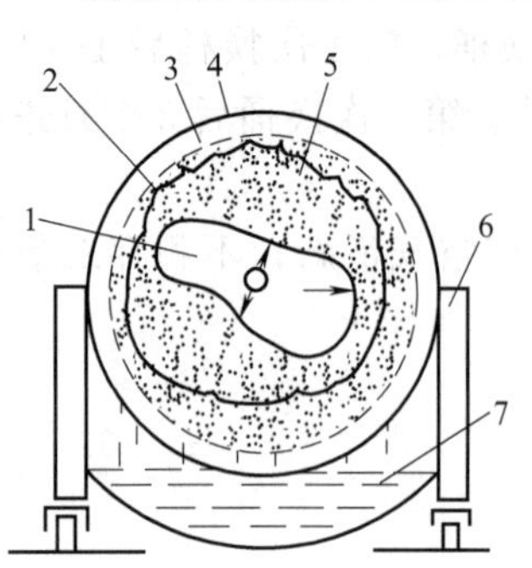

图7-2 气囊压榨机
1—气囊；2—葡萄渣；3—圆筒筛；4—圆筒；5—葡萄浆料；6—机架；7—葡萄汁

气囊压榨机主要用于葡萄酒厂及果汁饮料厂的果汁压榨工艺生产中使用，它可以对任何黏性的果渣进行压榨。

第三节 发酵机械设备

发酵罐是发酵机械设备中应用最广泛的设备，是一个为特定生物化学反应的操作提供良好而满意环境的容器。

一、发酵罐类型

各种不同类型的发酵罐都可用于大规模的生化反应过程，它们在设计、制造和操作方面的精密程度，取决于某一产品的生物化学反应过程对发酵罐的要求。发酵罐的分类有以下几种。

1. 按微生物生长代谢需要分类

这种方法将发酵罐分成好气和厌气两大类。抗生素、酶制剂、酵母、氨基酸、维生素等产品是在好气发酵罐中进行的；丙酮、丁醇、酒精、啤酒、乳酸采用厌气发酵罐。它们的主要差别是由于对无菌空气的需求不同，前者需要强烈的通风搅拌，目的是提高氧在发酵液中的体积氧传递系数，后者则不需要通气。

2. 按照发酵罐设备特点分类

可以分为机械搅拌通风发酵罐和非机械搅拌通风发酵罐。前者包括循环式，如伍式发酵罐、文氏管发酵罐以及非循环式的通风式发酵罐和自吸式发酵罐等。后者包括循环式的气提式、液提式发酵罐以及非循环式的排管式和喷射式发酵罐。这两类发酵罐采用不同的手段使发酵罐内的气、固、液三相充分混合，从而满足微生物生长和产物形成对氧的需求。

3. 按容积分类

一般认为500L以下的是实验室发酵罐，500～5000L是中试发酵罐，5000L以上是生产规模的发酵罐。

4. 按微生物生长环境分类

发酵罐内存在两种系统，即悬浮生长系统和支持生长系统。一般说来，大多数发酵罐都有这两种系统。悬浮生长系统中的微生物细胞是浸泡在培养液中且伴随着培养液一起流动；在支持生长系统中，微生物细胞生长在与培养液接触的界面上形成一层薄膜，然而实际上悬浮生长系统的容器内壁上和上部的罐壁上也会生长着一层菌体膜，在支持生长系统中也有菌体分散在培养液之中。

5. 按操作方式分类

可分为批发酵和连续发酵，但并不是所有的发酵罐可以同时适用于这两种发酵系统。批发酵时，发酵工艺条件随营养液的消耗和产物的形成而变化。每批发酵结束，要放罐清洗和重新灭菌，再开始新一轮的发酵。批发酵系统是非稳定态的过程。连续发酵时，新鲜营养液连续流入发酵罐内，同时产物连续地流出发酵罐。

批发酵的主要优点是污染杂菌的比例小，操作灵活性强，可用来进行几种不同产品的生产。其缺点是发酵罐的非生产停留时间所占比重大，非稳态工艺过程的设计和操作困难。

连续发酵的主要的优点是可连续运行几个月的时间，非生产时间很短；缺点是容易染菌，适用于不易染菌的产品如丙酮、丁醇、酒精、啤酒发酵等。连续发酵还有以下一些优点。

（1）较高的底物转化系数。

（2）具有较高的反应体积速率，这是由于它允许在发酵初期有较高的底物浓度，因此最终底物浓度也高。

（3）不同级数的发酵罐的条件可以不同（如pH值、温度、通气量等），特别是底物浓度和加料速度可以变化，以获得较高的经济利益。

6. 其他类型

一个新型的超滤发酵罐已开始在工业发酵中崭露头角。在运行时，成熟的发酵液通过一个超滤膜使产物能透过膜进行提取，酶可以通过管道返回发酵罐继续发酵，新鲜的底物可源源不断地加入罐内。

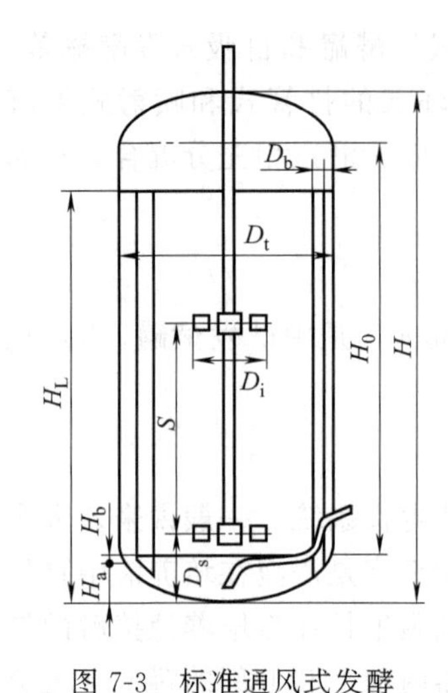

图 7-3　标准通风式发酵罐的比例尺寸

$D_i=1/3D_t$；$H_0=2D_t$；$D_b=0.1D_t$；$H_a=0.25D_t$；$S=3D_s$

二、通风式发酵罐

1. 标准通风式发酵罐

标准通风式发酵罐是最广泛应用的深层好气培养设备。图 7-3 所示是标准通风式发酵罐的比例尺寸，它常用于面包酵母、抗生素及氨基酸的生产中，有关的重要因素是氧传递效率、功率输入、混合质量、搅拌浆形式和发酵罐的几何比例等。

发酵罐最重要的几何比例是 D_i/D_t、H/D_t、D_s/D_i、D_b/D_t（D_i 为搅拌浆直径，D_t 为罐体直径，H 为罐体高度，D_s 为搅拌浆到罐底的距离，D_b 为挡板的宽度），H_a 为冷却水管到罐底的距离，H_b 为冷却水管直径；还有搅拌浆的叶轮直径和各部分的比例。通用发酵罐的搅拌浆最广泛使用的是平叶涡轮搅拌浆，国内采用的大多数是六平叶式，其各部分尺寸比例已规范化。这种搅拌浆具有很大的循环液输送量，功率消耗大，因此特别适用于丝状菌的发酵，如青霉素发酵等，其最大叶端速度范围是 3～8m/s。

2. 改良通风式发酵罐

几种改良通风式发酵罐如下。

（1）瓦尔德霍夫发酵罐，它装有一种独特的消泡装置。

（2）一种带有上下两个分离搅拌器的发酵罐。上搅拌采用螺旋桨，用以加强轴向流动；下搅拌采用涡轮桨分散气体，可以提高氧传递效率。这种设计方法充分发挥了这两种搅拌桨的各自特长。

（3）完全填充反应器是一种比通气搅拌罐能更有效地提高氧传递效率的发酵罐。它混合时间短，即使对十分黏稠的液体也有同样效果。它还消除了罐顶的空间，空气在罐内的滞留时间比通气搅拌罐长。

改良通风式发酵罐虽然有一些改进，但是它的实际应用却远没有标准通风式发酵罐广泛。

3. 搅拌装置

发酵罐的搅拌装置包括机械搅拌和非机械搅拌。通风发酵罐的搅拌装置包括电动机、传动装置、搅拌轴、轴密封装置和搅拌浆。机械搅拌的目的是迅速分散气泡和混合加入物料。一个搅拌浆要同时达到这两个目的，有时是矛盾的。例如，达到混合功能需要大直径的搅拌器和采用低转速运转，而提高分散气泡效果则需要多叶片、小直径和大的转速。

电动机输入功率决定于搅拌桨形式和其他发酵罐部件。发酵罐内常安装4块挡板以增加混合、传热和传质效率。挡板的宽度为发酵罐直径的10%～12%，挡板越宽则混合效果越好。搅拌功率的计算一直作为发酵罐设计和放大中的一个重要课题。它是指搅拌桨输入发酵液的功率，即搅拌桨在转动时为克服发酵液阻力所作的功率，有时被称作轴功率。

4. 通气

在好气深层发酵罐中，来自无菌空气系统的压缩空气通过空气分布器射入发酵罐内，分布器有单孔管式和多孔管式。安装方式各异，一般安装在最下面一档搅拌器的下方，但都要注意防止气孔被发酵液中的菌体或固体颗粒堵塞。有的空气分布器带有放水结构，使放罐后没有发酵液残留在管子里。

通气速率以满足微生物发酵的需要为准，要使溶氧在临界氧浓度之上。它决定于系统的设计和操作。空气流速的上限速度是空气能有效地被搅拌桨分散，这和搅拌桨形式和转速有关。

三、自吸式发酵罐

自吸式发酵罐是一种不需要空气压缩机提供加压空气，而依靠特设的机械搅拌吸气装置或液体喷射吸气装置吸入无菌空气并同时实现混合搅拌与溶氧传质的发酵罐。

自吸式发酵罐与传统的机械搅拌式好氧发酵罐相比，自吸式发酵罐具有如下的优点与不足：不必配备空气压缩机及其附属设备，减少设备投资，减少厂房面积；溶氧效率高，能耗较低；用于酵母生产和醋酸发酵具有生产效率高、经济效益好的优点；一般自吸式发酵罐为负压吸入空气，所以发酵系统不能保持一定的正压，较易产生杂菌污染。同时，必须配备低阻力损失的高效空气过滤系统。

1. 机械自吸式发酵罐

机械自吸式发酵罐如图7-4所示。主要构件是吸气搅拌轮及导轮，也被简称为转子及定子。当转子转动时，其框内液体被甩出形成局部真空而吸入空气。转子的形式有多种，如四叶轮和六叶轮等（图7-5）。工作时，当发酵罐内充有液体，启动搅拌电机，转子高速旋转，液体和空气在离心力的作用下，被甩向叶轮外缘，液体获得能量。

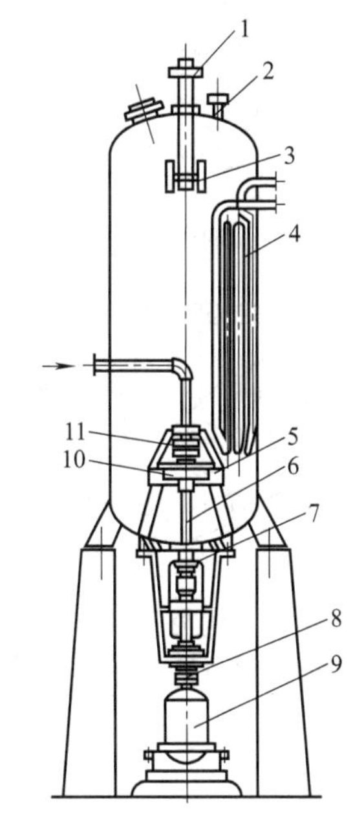

图7-4 机械自吸式发酵罐

1—皮带轮；2—排气管；3—消泡器；4—冷却排管；5—定子；6—轴；7—双端面轴封；8—联轴节；9—电动机；10—转子；11—端面轴封

这时，转子中心处形成负压，转子转速愈大，所造成的负压也愈大。由于转子的空膛与大气相通，发酵罐外的空气通过过滤器不断地被吸入，随即甩向叶轮外缘，再通过导向叶轮使气液均匀分布甩出。转子的搅拌，又使气液在叶轮周围形成强烈的混合流。空气泡被粉碎，气液充分混合。转子的线速度越大，液体（其中还含有气体）的动能愈大，当其离开转子时，由动能转变为静压能也愈大，在转子中心所造成的负压也越大，故吸气量也越大，通过导向叶轮而使气液均匀分布甩出，并使空气在循环的发酵液中分裂成细微的气泡，在湍流状态下混合、湍动和扩散。

2. 喷射自吸式发酵罐

喷射自吸式发酵罐是应用文氏管喷射吸气装置或液体喷射吸气装置进行混合通气的，既不用空压机，也不用机械搅拌吸气转子。

（1）文氏管自吸式发酵罐 图 7-6 所示是文氏管自吸式发酵罐。其原理是用泵使发酵液通过文氏管吸气装置，由于液体在文氏管的收缩段中流速增加，形成真空而将空气吸入，并使气泡分散与液体均匀混合，实现溶氧传质。典型文氏管的结构如图 7-7 所示。

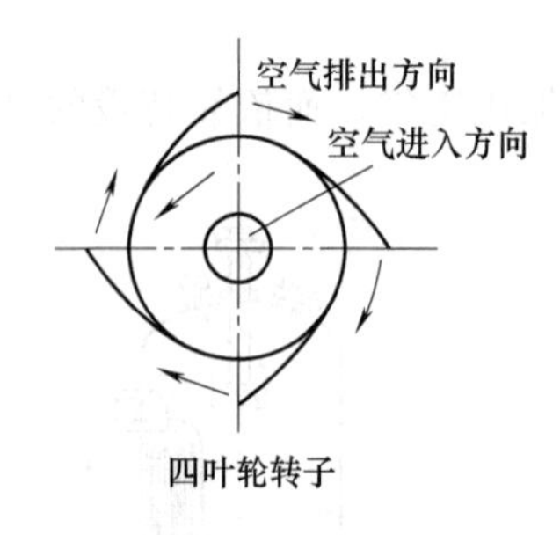

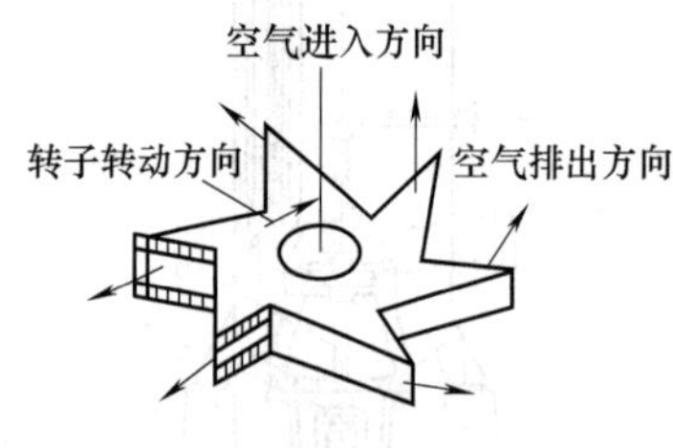

图 7-5 自吸式发酵罐转子结构

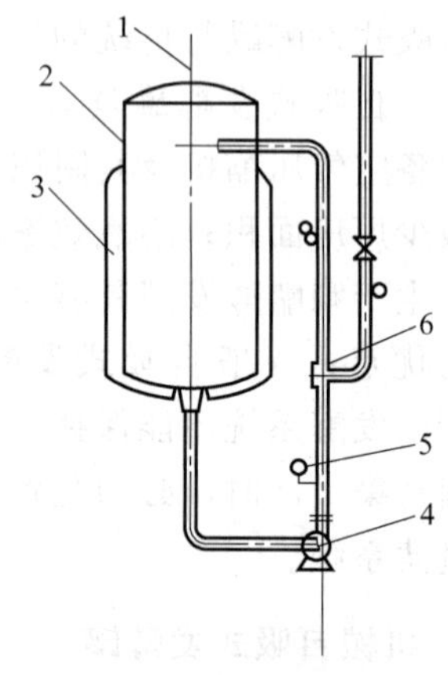

图 7-6 文氏管自吸式发酵罐结构

1—排气管；2—罐体；3—换热夹套；4—循环泵；5—压力表；6—文氏管

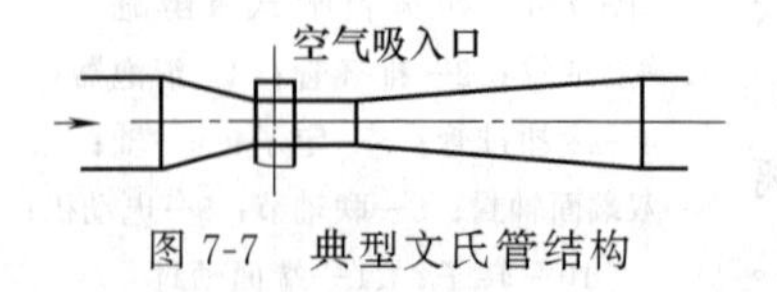

图 7-7 典型文氏管结构

（2）液体喷射自吸式发酵罐 液体喷射吸气装置是这种自吸式发酵罐的关键装置，其简图如图 7-8 所示。

（3）溢流喷射自吸式发酵罐 溢流喷射自

吸式发酵罐的通气是依靠溢流喷射器，其吸气原理是液体溢流时形成抛射流，由于液体的表面层与其相邻气体的动量传递，使边界层的气体有一定的速率，从而带动气体的流动形成自吸气作用。要使液体处于抛射非淹没溢流状态，溢流尾管略高于液面尾管 1～2m 时，吸气速率较大。此类型发酵罐典型的有 Vobu-J 单层溢流喷射自吸式发酵罐（图 7-9）。

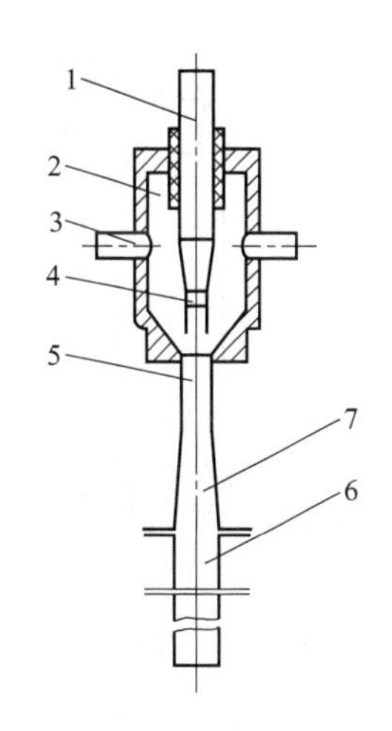

图 7-8 液体喷射吸气装置简图

1—进风管；2—吸气室；3—进风管；4—喷嘴；5—收缩段；6—导流尾管；7—扩散段

Vobu-J 双层溢流喷射自吸式发酵罐（图 7-10）是在单层罐的基础上发展研制的，其不同点是发酵罐体在中部分隔成两层，以提高气液传质速率和降低能耗。

(4) 伍式发酵罐 伍式发酵罐（图 7-11）的主要部件是套筒、搅拌器。搅拌时液体沿着套筒外向上升至液面，然后由套筒内返回罐底，搅拌器是用六根弯曲的管子焊于圆盘上，兼作空气分配器。空气由空心轴导入经过搅拌器的空心管吹出，与被搅拌器甩出的液体相混合，发酵液在套筒外侧上升，由套筒内部下降，形成循环。设备的缺点是结构复杂、清洗套筒困难、消耗功率较高。

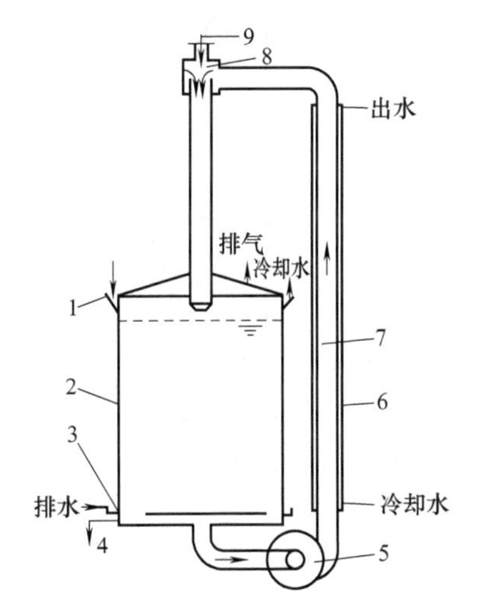

图 7-9 Vobu-J 单层溢流喷射自吸式发酵罐

1—冷却水分配管；2—罐体；3—排水槽；4—放料口；5—循环泵；6—冷却夹套；7—循环管；8—溢流喷射器；9—进风口

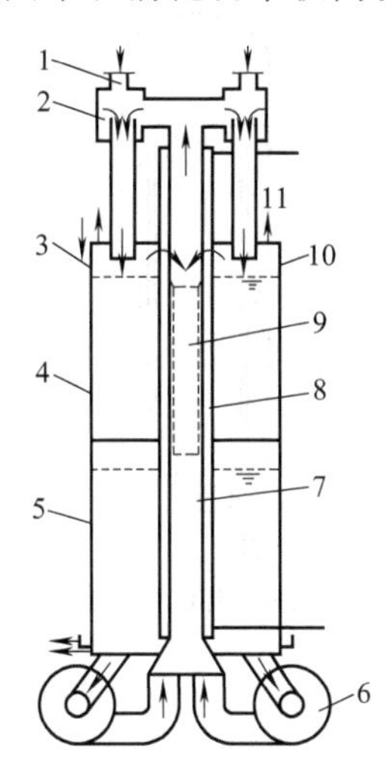

图 7-10 Vobu-J 双层溢流喷射自吸式发酵罐

1—进风口；2—溢流喷射器；3—冷却水分配器；4—上层罐体；5—下层罐体；6—循环泵；7—冷却水进口；8—循环管；9—冷却夹套；10—气体循环；11—排气口

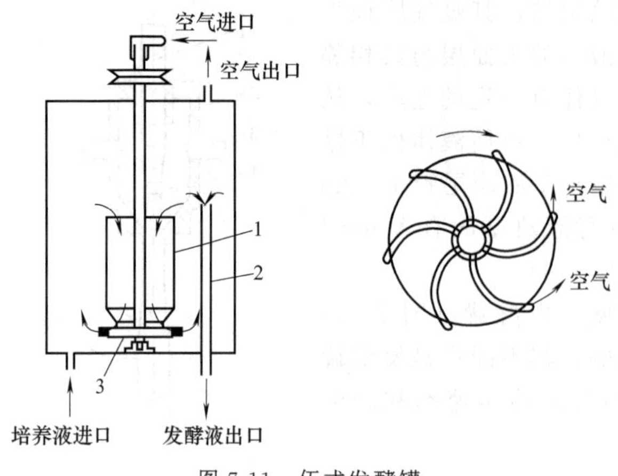

图 7-11 伍式发酵罐

1—套筒；2—溢流管；3—搅拌器

四、气升式发酵罐

气升式发酵罐有气升环流式、鼓泡式、空气喷射式等，其工作原理是，把无菌空气通过喷嘴或喷孔喷射进发酵液中，通过气液混合物的湍流作用而使空气泡破碎。同时由于形成的气液混合物密度降低，故向上运动，而气含率小的发酵液则下沉，形成循环流动，实现混合与溶氧传质。已在生物工业大量应用的气升内环流发酵罐、气液双喷射气升环流发酵罐、多层空气分布板气升环流发酵罐（图 7-12）。

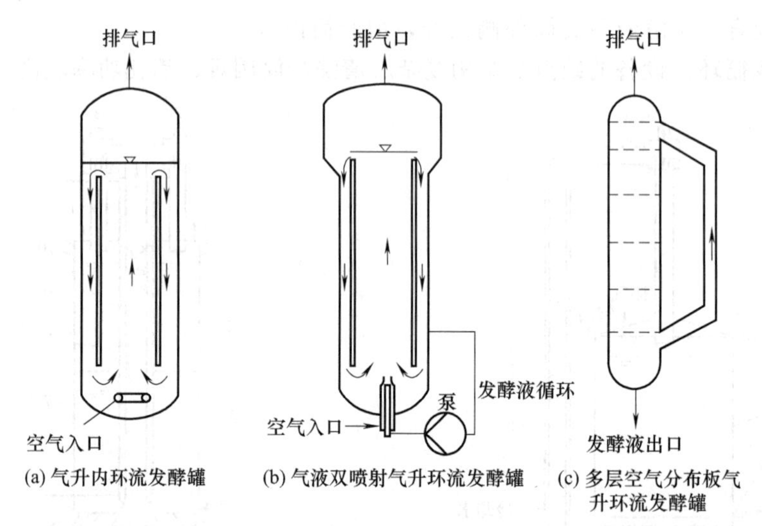

图 7-12 三种常用气升环流式发酵罐

五、发酵罐空气净化系统

微生物在繁殖和耗氧发酵过程中都需要氧气，通常以空气作为氧源。空气中含有各式各样的微生物，这些微生物随着空气进入培养液，在适宜的条件下，它们会大量繁殖，消耗大量的营养物质，以及产生各种代谢产物，干扰甚至破坏预定发酵的正常进行，使发酵产品的效价降低，产量下降，甚至造成发酵彻底失败等严重事故。因此，空气的除菌就成为耗氧发酵工程上的一个重要环节。除菌的方法很多，如过滤除菌、热杀菌、静电除菌、辐射杀菌等，但各种方法的除菌效果、设备条件、经济条件各不相同。所需的除菌程度根据发酵工艺要求而定，既要避免杂菌，又要尽量简化除菌流程，以减少设备投资和正常运转的动力消耗。

工业发酵所需的无菌空气要求高，用量大，故要选择运行可靠、操作方便、设备简单、节省材料和减少动力消耗的有效除菌方法。现对各种除菌方法简述如下。

1. 辐射杀菌

从理论上来说，高能阴极射线、X射线、γ射线、紫外线等都能破坏蛋白质活性而起杀菌作用。但具体的杀菌机理研究比较少，了解得较多的是紫外线，它在波长为226.5～328.7nm时杀菌效力最强，通常用于无菌室、医院手术室等空气对流不大的环境下杀菌。但杀菌效率较低，杀菌时间较长，一般要结合甲醛蒸气消毒或苯酚的喷雾等来保证无菌室的无菌程度。

2. 热杀菌

热杀菌是有效、可靠的杀菌方法，但是如果采用蒸汽或电热来加热大量的空气，以达到杀菌目的，则需要消耗大量的能源和增设大量的换热设备，这是十分不经济的。

利用空气压缩时放出的热量进行热杀菌的实用流程如图7-13所示。

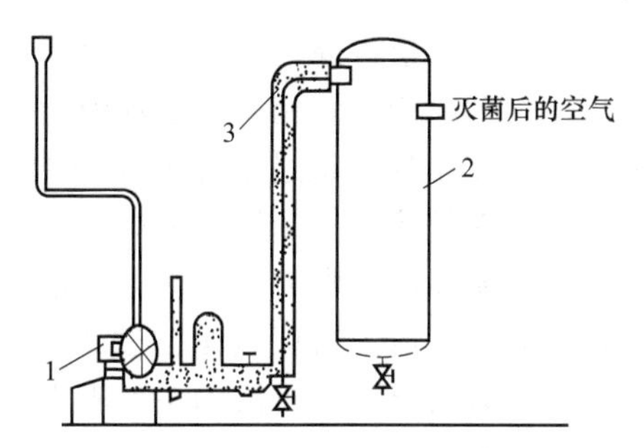

图7-13 热杀菌的实用流程

1—压缩机；2—储罐；3—保温层

空气进口温度为21℃，空气的出口温度为187～198℃，压力为0.7MPa。从压缩机出口到空气储罐一段管道加保温层进行保温，使空气达到高温后保持一段时间，保证微生物的死亡。为了延长空气的高温时间，防止空气在储罐中走短路，最好在储罐内加装导筒。采用热杀菌装置时，还应装有空气冷却器，并排除冷凝水，以防止在管道设备死角积聚而造成杂菌繁殖的场所。在进入发酵罐前应加装分过滤器以保证安全。但采用这样的系统压缩机能量和消耗会相应增大，压缩机耐热性能增加，它的零部件也要选用耐热材料加工。

3. 过滤除菌

过滤除菌是目前发酵工业中经济实用的空气除菌方法，它是采用定期灭菌的介质来阻截流过的空气所含的微生物，而取得无菌空气，常用的过滤介质有棉花、活性炭或玻璃纤维、有机合成纤维、有机或无机烧结材料等。由于被过滤的气溶胶中微生物的粒子很小，一般只有0.5～2μm，而过滤介质的材料一般孔径都大于微粒直径的几倍到几十倍，因此，过滤机理比较复杂。同时，由于空气在压缩过程中带入的油雾和水蒸气冷凝的水雾影响，使过滤的因素变化更多。当过滤介质孔隙小于或大大小于被过滤的微粒直径时，通常称为绝对过滤。

目前，在许多发酵工厂运用膜材质进行空气除菌，获得了较好的效果。

第四节　过滤机械设备

农产品加工业及食品工业经常需要将悬浮液中的两相进行分离。悬浮液是由液体（连续相）和悬浮于其中的固体颗粒（分散相）组成的系统。按固体颗粒的大小和浓度来分类，悬浮液分粗颗粒悬浮液、细颗粒悬浮液或高浓度悬浮液、低浓度悬浮液等。悬浮液的粒度和浓度对选择过滤设备有重要意义。

过滤过程可以在重力场、离心力场和表面压力的作用下进行。过滤操作分为两大类。

一类为饼层过滤，其特点是固体颗粒呈饼层状沉积于过滤介质的上游一侧，适用于处理固相含量稍高的悬浮液。另一类为深床过滤，其特点是固体颗粒的沉积发生在较厚的粒状过滤介质床层内部，悬浮液中的颗粒直径小于床层孔道直径，当颗粒随流体在床层内的曲折孔道中穿过时，便黏附在过滤介质上。这种过滤适用于悬浮液中颗粒甚少而且含量甚微的场合。食品加工所处理的悬浮液浓度往往较高，一般为饼层过滤。过滤时，滤液的流动阻力为过滤介质阻力和滤饼阻力。在多数情况下，过滤的主要阻力为滤饼，而滤饼阻力的大小取决于滤饼的性质及其厚度。

滤饼可分为不可压缩滤饼和可压缩滤饼两种。不可压缩滤饼由不变形的滤渣所组成，如淀粉、砂糖、硅藻土等，其流动阻力不受滤饼两侧压力差的影响，也不受固体颗粒沉积速度的影响。可压缩滤饼则不同，随上述压力差和沉积速度的增大，滤饼的结构趋于紧密，阻力也增大，如酱油、干酪、豆浆等的滤渣。实际上，绝对不变形的滤渣是没有的。

过滤悬浮液的设备可按其操作方式分为两类：间歇过滤机和连续过滤机。间歇过滤构造比较简单，可在较高的压强下操作，常见的有压滤机和叶滤机等。连续过滤机多采用真空操作，常见的有转筒真空过滤机、圆盘真空过滤机等。

一、板框压滤机

板框压滤机由多块滤板和滤框交替排列而成（图 7-14）。板和框部用支耳架在一对横梁上，可用压紧装置压紧或拉开。

板和框多为正方形（图 7-15）。板、框的角端均开有小孔，装合并压紧后即构成供滤浆或洗水流通的孔道。框的两侧复以滤布，空框与滤布围成了容纳滤浆及滤饼的空间。滤板的作用是支撑滤布并提供滤液流出的通道。为此，板面上制成各种凸凹纹路。滤板又分成洗涤板和非洗涤板。为了辨别，常在板、框外侧铸有小钮或其他标志。所需框数由生产能力及滤浆浓度等因素决定。每台板框压滤机有一定的总框数，最多的可达 60 个，当所需框数不多时，可取一盲板插入，以切断滤浆流通的孔道，后面的板和框即失去作用。

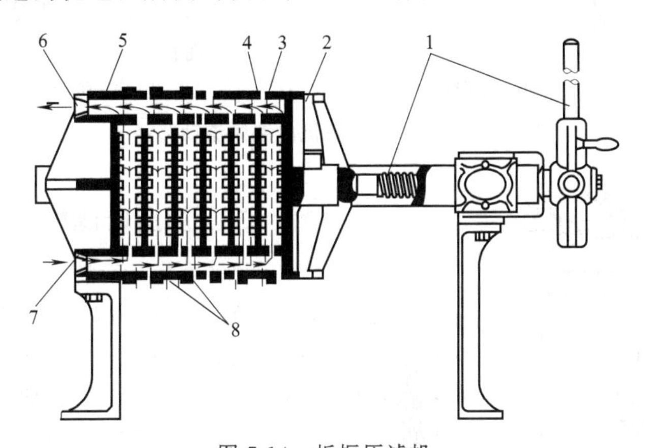

图 7-14 板框压滤机

1—压紧装置；2—可动头；3—滤框；4—滤板；5—固定头；6—滤液出口；7—滤浆进口；8—滤布

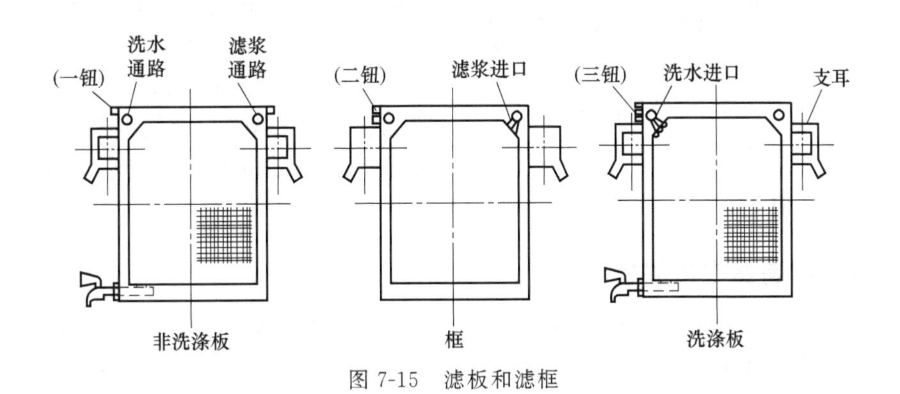

图 7-15 滤板和滤框

板框压滤机内液体流动路径见图 7-16。

板框压滤机结构简单，制造方便，附属设备少，占地面积较小而过滤面积较大，操作压力较高，达 784kPa，对物料适应性强，应用较广。但因为是间歇操作，故生产效率低，劳动强度大，滤布损耗也较快。

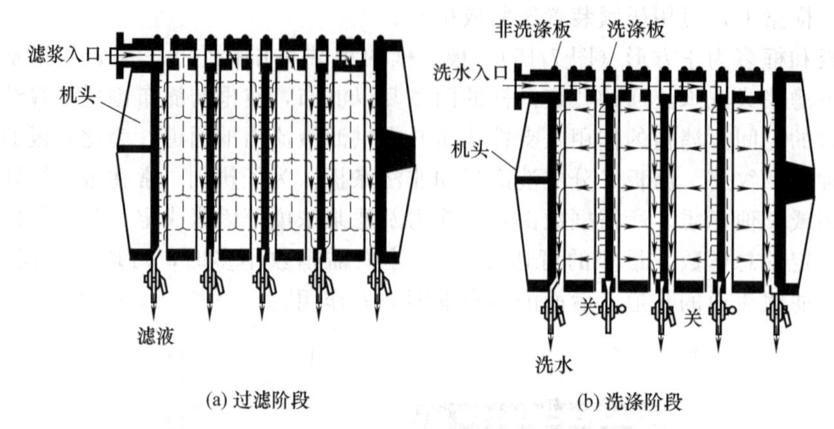

(a) 过滤阶段　　(b) 洗涤阶段

图 7-16　板框压滤机内液体流动路径

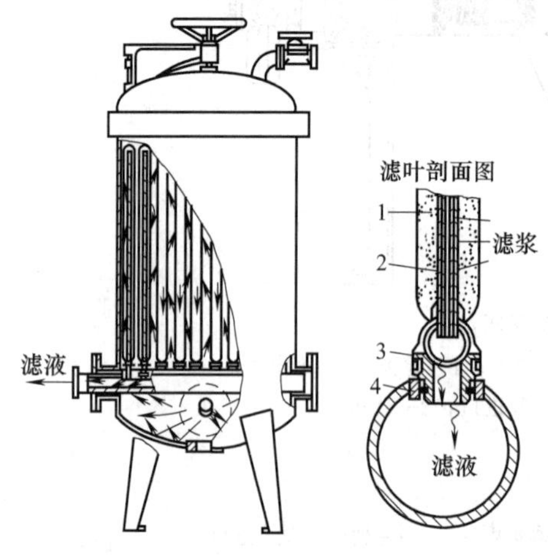

图 7-17　加压叶滤机

1—滤饼；2—滤布；3—拔出装置；4—橡胶圈

二、加压叶滤机

图 7-17 所示的加压叶滤机由许多不同宽度的长方形滤叶装合而成。滤叶由金属多孔板或金属网制造，它内有空间，外罩滤布，被安装在密闭机壳内。滤浆用泵压送到机壳内，滤液穿过滤布进入滤叶内，汇集至总管后排出机外，颗粒则被阻挡在滤布外侧形成滤饼。若要洗涤滤饼，洗水的路线与滤液的相同。洗涤后打开机壳上盖，拔出滤叶清除滤饼。加压叶滤机的优点是密闭操作，比较卫生，过滤速度快，洗涤效果好，但造价较高，更换滤布比较麻烦。

三、转筒真空过滤机

转筒真空过滤机是一种连续操作的过滤机（图 7-18）。设备的主体是一转动的水平圆筒，其表面有一层金属网，网上覆盖滤布，筒的下部浸入滤浆中。圆筒沿径向分隔成若干扇形格，每格都有单独的孔道通至分配头上。圆筒转动时，凭借分配头的作用使这些孔道依次分别与真空管及压缩空气管相通，因此在回转一周的过程中每个扇形格表面即可顺序进行过滤、洗涤、吸干、吹松、卸饼等项操作。

分配头由紧密贴合着的转动盘与固定盘构成，转动盘随筒体一起旋转，固定

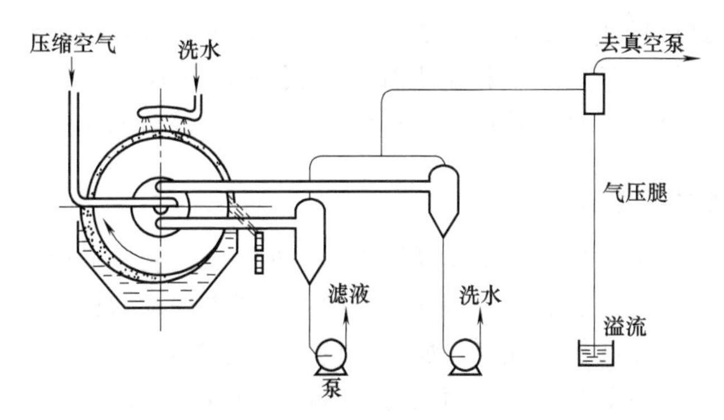

图 7-18 转桶及真空过滤装置

盘内侧面各凹槽分别与各种不同作用的管道相通（图 7-19）。当扇形格 1 开始浸入滤浆内时，转动盘上的小孔便与固定盘上的凹槽 f 相对，从而与真空管道连通，吸走滤液。图上扇形格 1～7 所处的位置称为过滤区。扇形格转出滤浆槽后，仍与凹槽 f 相通，继续吸干残留在滤饼中的滤液。扇形格 8～10 所处的位置称为吸干区。扇形格转至 12 的位置时，洗涤水喷洒于滤饼上，此时扇形格与固定盘上的凹槽 g 相通，经另一管道吸走洗水。扇形格 12、13 所处的位置称为洗涤区。扇形格 11 对应于固定盘上凹槽 f 与 g 之间，称为不工作区。扇形格 14 的位置为吸干区，15 为不工作区。扇形格 16、17 与凹槽 h 相通，再与压缩空气管道相连，压缩空气从内向外将滤饼吹松，随后由刮刀将滤饼卸除，此区称为吹松区及卸料区，18 为不工作区。当扇形格由一区转入另一区时，因有不工作区的存在，方使各操作区不致相互串通。如此连续运转，整个转筒表面上便构成了连续的过滤操作。转筒的过滤面积一般为 5～40m^2，浸没部分占总面积的 30%～40%。转速通常可以调节，一般为 0.1～3r/min。滤饼厚度一般在 40mm 以内，对胶质物料，厚度小于 10mm。滤饼含水量一般为 30%左右。

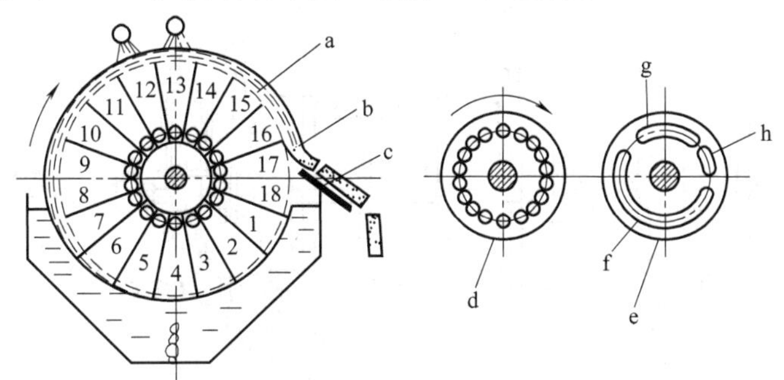

图 7-19 转筒及分配头的结构

a—转筒；b—滤饼；c—刮刀；d—转动盘；e—固定盘；f—吸走滤液的真空凹槽；g—吸走洗水的真空凹槽；h—通入压缩空气的凹槽

转筒真空过滤机能连续工作，节省人力，生产能力大，适合处理量大容易过滤的料浆，但附属设备较多，投资费用高，过滤面积不大。此外，由于真空操作，过滤推动力有限，对较难过滤的物料适应性差，滤饼的洗涤也不充分。

四、硅藻土过滤机

硅藻土过滤机是采用硅藻土作助滤剂的一种过滤设备。硅藻土是由沉淀的海中硅藻类遗骸，经破碎、磨粉、筛分而成的一种松散粉粒状微粒，主要成分是二氧化硅。它的粒子形状极不规则，所形成的滤饼空隙率大，具有不可压缩性等，加之在酸碱条件下性能稳定，因而是优良的过滤介质，同时也是优良的助滤剂。

硅藻土过滤机有很多优点，如性能稳定，适应性强，能用于很多液体的过滤，过滤效率高，可获得很高的滤速和理想的澄清度，甚至很混浊的液体也能过滤，设备简单、投资省、见效快，且有除菌效果。所以，硅藻土过滤机在饮料生产中得到了广泛的应用，它除了可以过滤糖液外，还可过滤啤酒、白酒、汽酒、酱油、醋等。

1. 基本结构与工作原理

硅藻土过滤机的结构形式有多种，但其工作原理相同，现就一种较常用的移动式过滤机加以说明，其结构见图 7-20 所示。该过滤机主要由壳体、滤盘、机座、压紧装置、排气阀、压力表等组成。机座包括前支座 9、后支座 2，拉紧螺杆 3 等。前、后支座被 4 根拉紧螺杆 3 连成一个整体。在前后支座上，安装了 4 个胶轮，以便于机器移动，机座上安置有壳体 6、滤盘 8、压紧板 4 等，壳体分为多节以便于装配，节间用橡胶密封圈密封，并由各节上的导向套支撑在两根导向杆 7 上。滤盘 8 是主要过滤部件，主要由波形板、滤网、滤布组成，波形板。由不锈钢板通过模具在压力机上压制而成。

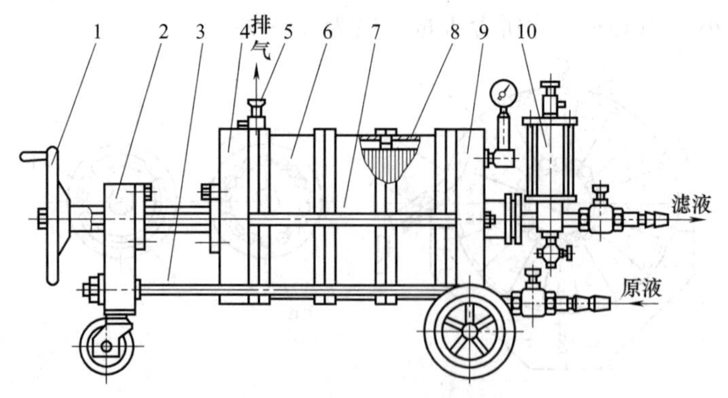

图 7-20　硅藻土过滤机

1—手轮；2—后支座；3—拉紧螺杆；4—压紧板；
5—排气阀；6—壳体；7—导向杆；8—滤盘；9—前支座；10—玻璃筒

波形板形状如图 7-21 所示。波形板为圆形，上面压制有许多呈同心圆分布的凸凹槽，一则可以增加强度，二则凹槽也是液体的通道，将两块波形板对合在一起，两侧覆盖以较粗大的金属丝滤网用以支撑滤布。再用内凹的不锈钢压边圈将波形板滤网箍紧，焊接起来，使之成为一刚性体。滤网上面再覆盖滤布，用橡胶圈使之紧贴。

图 7-21 波形板形状

滤盘的数量较多，可达几十个，由所需的生产能力而定。两滤盘之间用间隔密封圈间隔分开，再用卡箍和压紧件将其固定在壳体中心的空心轴上。空心轴的外圆周上有四条均布的长槽，槽中根据滤盘的数量在相应的位置钻有通孔。空心轴的一端连接着过滤机的出口。

该机工作时，原液由进口进入过滤机，充满在壳体中，在压力的推动下，滤液穿过滤布、滤网进入波形板的内凹的槽中，随后进入空心轴的长槽中，通过槽中的孔进入空心轴，再由出口排出；而杂质便由泥布所截留，这样，原液便得到澄清。

2. 过滤机的选型

过滤机选型时，必须考虑以下因素。

（1）过滤的目的　过滤为了取得滤液，还是滤饼，或者二者都要或二者都不要。

（2）滤浆的性质　滤浆的性质是指过滤特性和物理性能，滤浆的过滤特性包括，滤饼的生成速度、孔隙率、固体颗粒的沉降速度、固相浓度等。滤浆的物理性能包括黏度、蒸汽压、颗粒直径、溶解度、腐蚀性等。

（3）其他因素　主要包括生产规模、操作条件、设备费用、操作费用等。要做到正确的选型除考虑以上因素外，必要时还需做一些过滤实验。

第五节　洗瓶机械设备

传统的方法是将果酒、果汁及其他饮料所用玻璃瓶毛刷式清洗机进行清洗。刷瓶前先将瓶放入浸泡槽浸泡，这样可改善洗瓶效果。然后将空瓶放入洗瓶机内，瓶内部用旋转的毛刷及水清洗，之后把瓶倒立，再用自下向上的水冲洗。但大规模清洗的时候，不能够满足需要，国内外清洗回收瓶常采用全自动洗瓶机。全自动洗瓶机依进出瓶的方式不同分为双端式和单端式，下面详细介绍全自动洗瓶机。

一、单端式全自动洗瓶机

图 7-22 所示为单端式洗瓶机图。瓶子在这种洗瓶机上进出都在机器的同一侧，所以又称来回式洗瓶机。

瓶子先进入预泡槽 1，在此处瓶子得到充分的预热。为避免瓶子破碎，水温为 35～40℃。然后瓶子进入浸泡槽 7。瓶子清洗的效果主要取决于瓶子在这里停留的时间和清洗液的温度（70～75℃）。瓶内的杂质必须溶解，脂肪必须乳化。瓶子继续前进，进入洗液喷射区。喷射液温度约 75℃，喷射压力约 245kPa。瓶子经喷射冲洗把污物除去。瓶子经第二次清洗液浸泡后进入热水（55℃左右）喷射区，温水（35℃左右）喷射区，然后进入冷水（15℃左右）喷射区。喷射的冷水应氯化处理，以防再污染已洗净的瓶子。

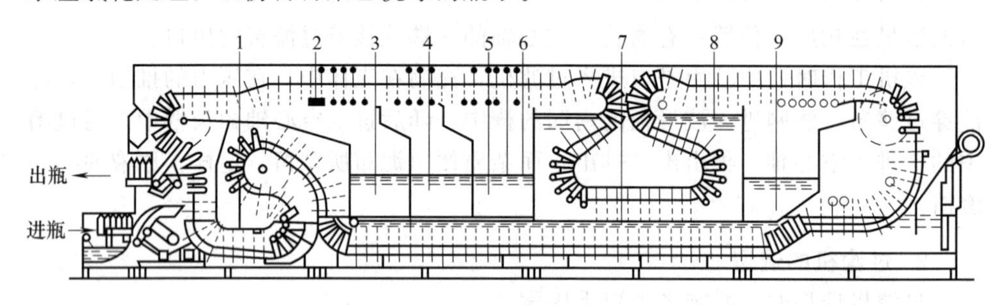

图 7-22 单端式洗瓶机

1—预泡槽；2—新鲜水喷射区；3—冷水喷射区；4—温水喷射区；
5—第二次热水喷射区；6—第一次热水喷射区；7—第一次洗涤剂浸泡槽；
8—第二次洗涤剂浸泡槽；9—第一次洗涤剂喷射槽

在单端式洗瓶机中，水的流动是这样的：新鲜水→冷水池→温水池→热水池→预泡槽→排水。与双端式自动洗瓶机相比，单端式洗瓶机仅需一人操作，输送带在机内无空行程，所以空间利用率较高，但由于净瓶与脏瓶相距较近，从卫生角度来看，净瓶有可能被脏瓶污染。所以，现在一般不采用。

二、双端式全自动洗瓶机

双端式洗瓶机亦称直通式洗瓶机，因其进、出瓶分别在机器的前后两端。双端式全自动洗瓶机的内部结构如图 7-23 所示。它主要由箱式壳体、进出瓶机构、输瓶机构、预泡槽、洗涤剂浸泡槽、喷射机构、加热器以及具有热量回收作用的集水箱及其净化机构等构成。由给瓶端进入机器的瓶子，先后经过预冲洗、预浸泡、洗涤剂浸泡、洗涤剂喷射、热水预喷、热水喷射、温水喷射和冷水喷射等清洗作用，最后从出瓶端离开洗瓶机。预冲洗是为了将瓶子外附着的污垢除去，以降低后面洗涤液消耗量。洗液喷洗区位于洗液浸泡槽上方，这样从瓶中沥下的洗液又回到洗液槽。后面的几个喷洗区域采用不同的水温，主要是为了防止瓶子因温度变化过大造成应力集中而损坏。喷洗是由高压喷头对瓶内逐个进行多次喷射清洗实现的。可见，这种洗瓶机主要利用了刷洗、浸泡和喷射三种方式对瓶子进行清洗。由于需要浸泡、并在同一区域进行冲洗，所以瓶子需要在同一截面上反复绕行，因此，设备的高度较高。除了以上结合了刷洗方式的以外，有的双端式洗瓶机采用浸泡结合喷射的方式进行清洗，它主要经过热水、碱液的连续浸泡槽和喷射，或间隔地进行浸泡和喷射；还有的全部采用喷射方式对瓶子进行清洗。后者没有浸瓶槽，单用喷射清洗，因此结构简单而成本低，但用水较多，动力消耗高。由于进瓶和出瓶分别在机器的两端进行，因此，双端式洗瓶机生产卫生条件较好，且便于生产线的流程安排。但这种类型的洗瓶机输瓶带的利用率较低，设备的空间利用率也低。

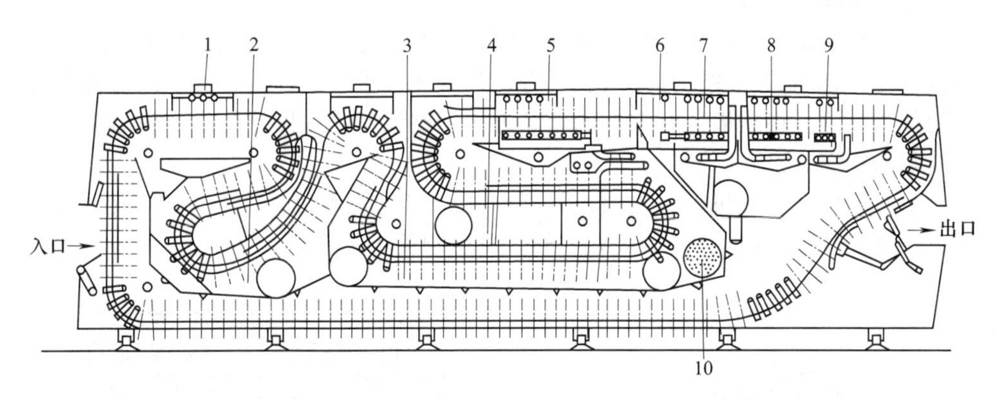

图 7-23 双端式全自动洗瓶机结构及清洗流程示意图

1—预冲刷；2—预泡槽；3—洗涤剂浸泡槽；4—洗涤剂喷射槽；5—洗涤剂喷射区；6—热水预喷区；7—热水喷射区；8—温水喷射区；9—冷水喷射区；10—中心加热器

第六节 液体灌装机械设备

将液态物料灌入容器的设备统称为灌装机。目前国内外灌装机已向高度机械化自动化和多功能方向发展。一台灌装机的灌装头数达到 60 头，每小时灌装量高达 8 万瓶以上。

一、液体灌装机的分类

1. 按容器的运动路线分类

根据灌装时对容器运动路线的不同，可分为旋转式灌装机、直线移动式灌装机。

2. 按灌装方法分类

可分为常压灌装法、等压灌装法、负压灌装法、虹吸式灌装法、机械压力式灌装法。

3. 按定量装置分类

可分为旋塞式、阀门式、滑阀式、气阀式。

二、液体灌装的工作过程

液体灌装的整个工作过程包括空瓶的平移输送、上下升降及定量灌装等，并由其执行机构来完成。

1. 平移输送机构

液体灌装前要求准确地将空瓶送到灌装机的瓶托升降机构上以保证灌装机的正常工作。常用的连续平移输送装置有皮带式和链板式两种输送器，以链板式的应用最为广泛。根据灌装时容器的运动方式和路线不同可以分为旋转式灌装机和直线移动式灌装机。

(1) 旋转式灌装机　它主要由输送机构、拨入拨出机构、升降机构、转盘、灌装头和储液箱等组成（图 7-24）。转盘的侧视简图见图 7-25。

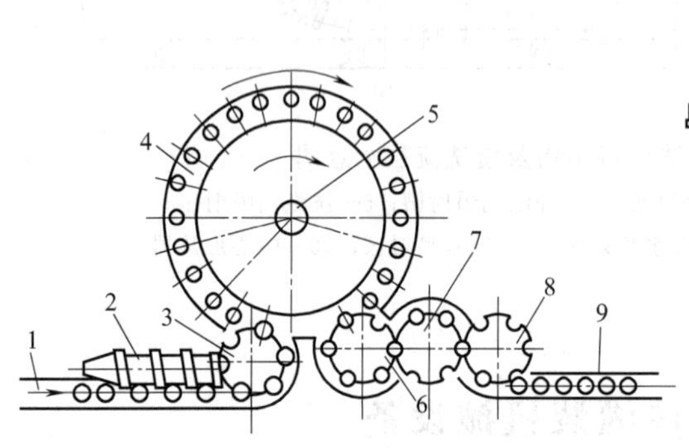

图 7-24　旋转式灌装机

1—空瓶输送带；2—分件供送蜗杆；3—送进拨轮；4—转盘；5—旋阀；6—送出拨轮；7—封盖机构；8—拨轮；9—满瓶输送带

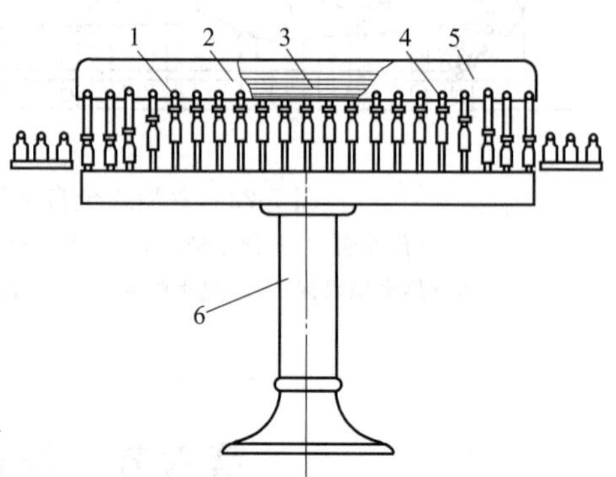

图 7-25　旋转式罐装机转盘部分侧视简图

1—注液管；2,5—挡块；3—液罐；4—液罐充填开关；6—支柱

空瓶连续地由空瓶输送带 1、分件供送蜗杆 2、送进拨轮 3 送上转盘。当转盘转到一定位置后，空瓶开始被升降机构抬起，使其与灌装头接触，打开灌装阀门灌装。当转过一定角度灌装到预定容量后，阀门关闭，满瓶下降，然后被拨轮拨送出，入封盖机构 7 上盖，再送上满瓶输送带 9。这种灌装机的特点是连续作业，自动化程度高，生产能力大，最高速度每小时达 1.2 万瓶，占地面积小，被

目前国内外广泛采用，主要用于灌装果汁、酒类（啤酒、白酒和果酒）、牛奶和汽水等。

（2）直线移动式灌装机　见图 7-26。

空瓶经传送盘、限位拨盘送到推瓶板 1 处，推瓶板每隔一定时间把一定数量的空瓶推向灌装位置，打开阀门进行成排灌装，然后送出。整个生产线分为 5 个工位：工位Ⅰ为定量灌装，工位Ⅱ为上盖，工位Ⅲ为拧紧盖，工位Ⅳ为贴商标，工位Ⅴ为装盒装箱。

该灌装机比旋转式灌装机结构简单，但占地面积大，通常只能用于无气液体灌装，故有一定局限性。

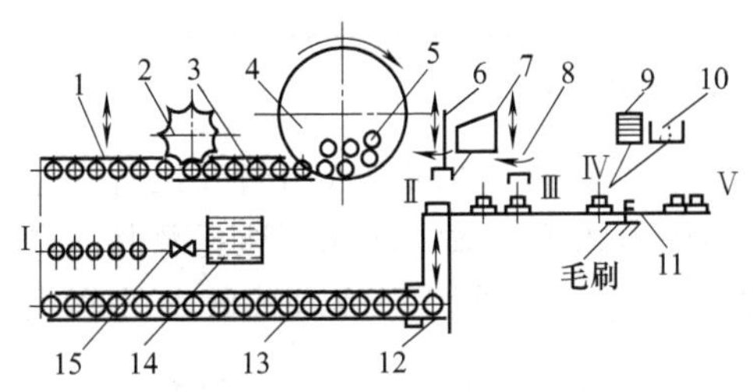

图 7-26　直线移动式灌装机

1,12—推瓶板；2—限位拨盘；3,11,13—传送带；4—传送盘；5—空瓶；6—上盖机构；7—料斗；8—打盖机构；9—商标盘；10—糨糊盘；14—储液罐；15—灌装管

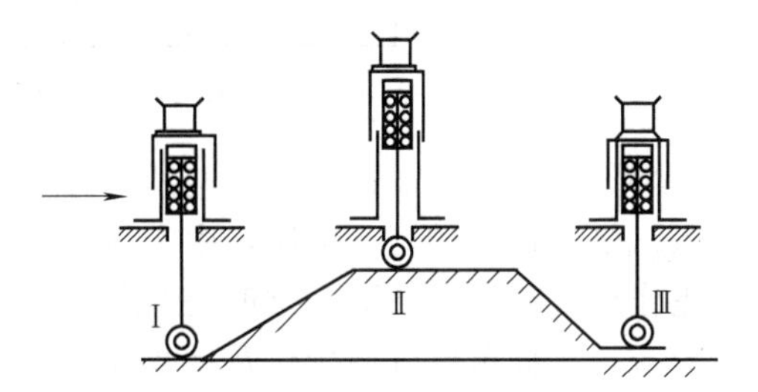

图 7-27　滑道式升降机构

Ⅰ—瓶送入滑道；Ⅱ—瓶升到最高位置进行灌装；Ⅲ—瓶装满后下降到最低位置待送走

2. 升降机构

当空瓶平移输送并上升到规定的位置后进行灌装，然后又将装满液体的瓶下降到规定的位置，这一动作是由升降机构来完成的：常用的升降机构有三种形式：滑道式、压缩空气式及滑道和压缩空气混合式。

（1）滑道式升降机构　见图 7-27，这种滑道实际上是圆柱形凸轮机构。瓶行程的最高点必须保持瓶的嘴能压在灌装机的头上，其最低点应使瓶嘴离开灌装头，并便于退出。瓶托上升的凸轮升角一般取 $\alpha \leqslant 30° \sim 45°$，降角取 $\beta \leqslant 70°$。长度 L 可根据灌装时间而定。

图 7-28 所示是滑道式灌装工作过程。

滑道式升降机构的特点是结构比较简单，但如在灌装过程中出了故障，瓶、罐依然沿滑道上升，会把瓶挤坏。它要求瓶、罐的质量高，特别是瓶颈不能弯曲，瓶要准确地推上瓶托，不然易被挤坏，为了克服此缺点，可采用压缩空气式升降机构。

（2）压缩空气式升降机构（简称气阀）　见图 7-29，压缩空气由管 8 经管 9 进入汽缸 1，推动活塞 4 带动瓶托 2 向上移动，把瓶 3 上升进行灌料，这时活塞

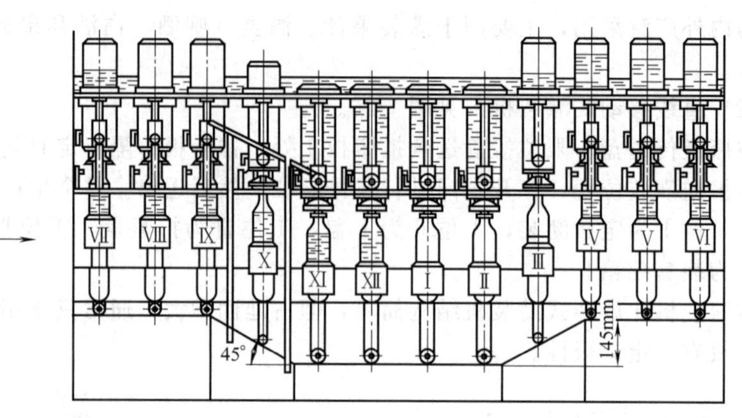

图 7-28 滑道式灌装工作过程

上部气体由阀门 5 排出，而阀门 7 是关闭的。灌装后，压缩空气由管 8 经管 6 进入汽缸，这时阀门 5 关闭，由于活塞上下的压力相等，故在活塞、瓶托及瓶的自重作用下，迅速下降，这时完成了一个循环过程。另外可用旋塞代替上述阀门 5、7，这样可以方便操作及反复动作。

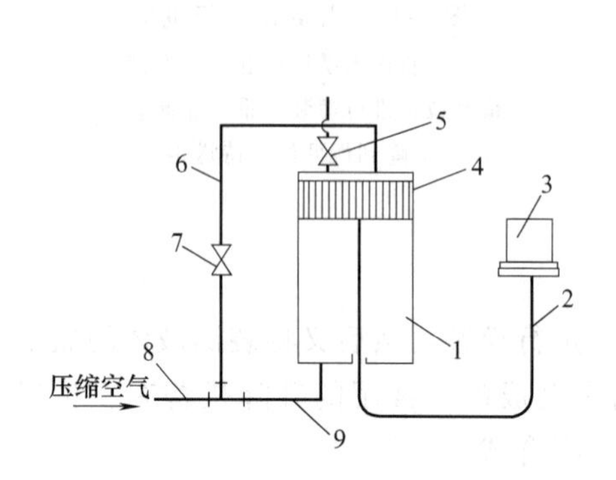

图 7-29 压缩空气式升降机构

1—汽缸；2—瓶托；3—瓶；4—活塞；5,7—阀门；6,8,9—管

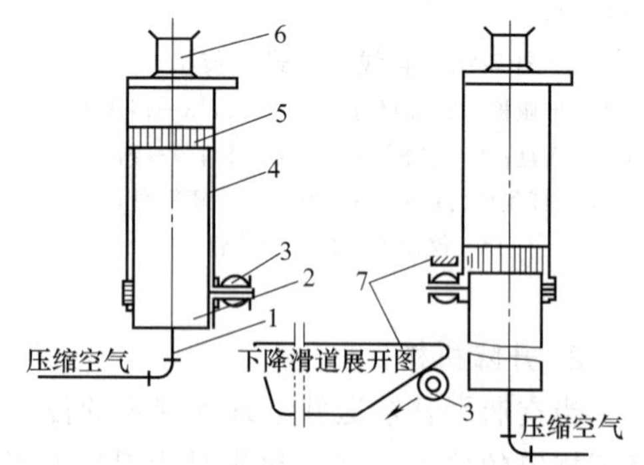

图 7-30 压缩空气式与滑道式混合升降机构

1—气管；2—活塞芯子；3—滚子；4—活塞筒体；5—活塞；6—瓶托；7—下降滑道

压缩空气式升降机构克服了滑道式升降机构的缺点，当发生故障时，瓶被卡住，压缩空气好似弹簧一样被压缩，这时瓶托不再上升，故不会被挤坏，但这种机构下降时冲击力较大。

（3）压缩空气式与滑道式混合升降机构　见图 7-30，当压缩空气由气管 1 进入活塞芯子 2，又经活塞芯子上部活塞 5 中部的孔口进入活塞筒体 4，在压缩空气作用下，使活塞筒体 4 及滚子 3 上升，将瓶托 6 升起进行灌装，升降机构随着自动机的转动，活塞筒体 4 上的滚子 3 进入下降滑道 7，在滑道的作用下，活塞筒体 4 被强制下降。这样已灌好的瓶下降到规定位置，并由拨出机构送出。当转到一定位置时，滚子 3 脱离滑道，完成一个升降操作。这种机构，在下降时比较稳定。活塞筒体的上升工作压力为 245kPa，下降工作压力为 392kPa。

3. 定量灌装机构（又称灌装阀）

用于对上升后的空瓶进行定量灌装。在自动灌装机上，通常空瓶都是在运动过程中完成灌装的。常用的定量灌装机构有弹簧阀门式、负压灌装阀和等压灌装阀等。

4. 上盖及贴标签

灌装后，为了保证产品质量，应立即上盖密封，并贴标签。

三、液体灌装原理及其选择

1. 常压灌装

常压灌装又称自重灌装或液面控制定量灌装，是在常压下，液体依靠自重从储液箱或计量筒中流入容器的一种灌装方法（图 7-31）。

当容器上升碰到灌装阀 4 并压缩弹簧 2 时，使瓶口密封，同时打开碟阀 5 的阀门，于是液体由于自重沿排气管 6 的外壁与碟阀 5 之间的周围缝隙流入容器，容器内的空气由上口高出储液箱液面的排气管 6 排出。当瓶内液面上升到比排气管下口略高时，即停止上升，但按连通器原理，这时排气管中的液面继续升高，直到与储液槽中的液位等高为止。之后，瓶下降，碟阀 5 的阀门自动关闭排液口，液体不再流入瓶中，于是完成灌装。改变排气管下口伸入瓶中的位置就能改变瓶内液面的高度，因此，又称为液面控制定量灌装，其灌装量取决于容器本身的容量。

常压灌装法也可以利用定量杯进行容积定量灌装，见图 7-32。瓶上升触到

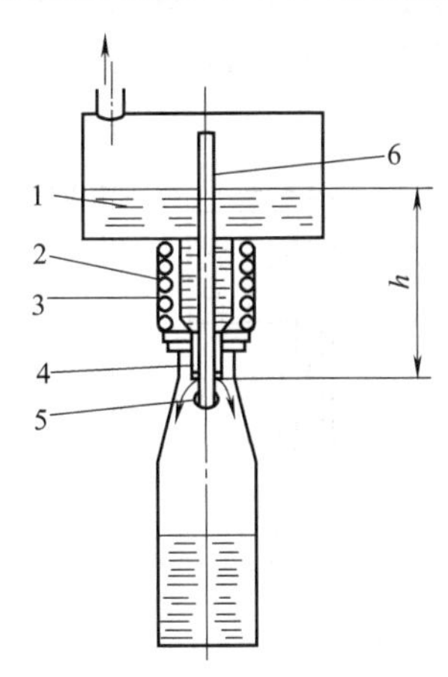

图 7-31 常压灌装法

1—储液箱；2—弹簧；3—滑套；4—灌装阀；5—碟阀；6—排气管

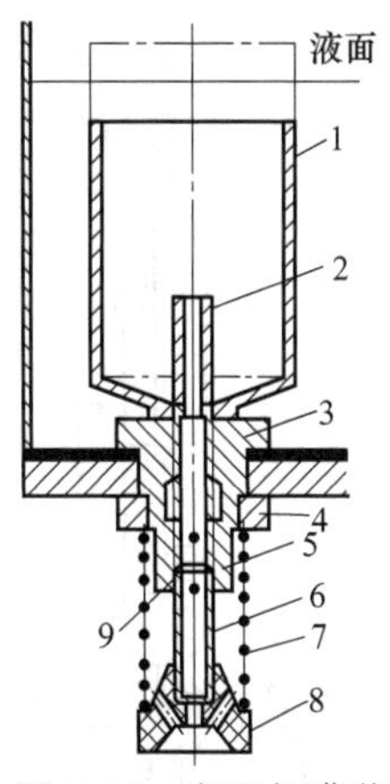

图 7-32 定量杯灌装

1—定量杯；2—容量调节管；3—阀体；4—锁紧螺母；5—密封圈；6—进液管；7—弹簧；8—喇叭头；9—隔板

喇叭头 8，压缩弹簧 7 继续上升，于是进液管 6 和定量杯 1 一起上升，并使定量杯上口高出液面，这时杯中的液体不再变化。在进液管上开有两个小孔，并用隔板将两个小孔隔开。当定量杯上口高出液面时，也恰好使进液管上的两个小孔位于阀体 3 的环形槽中，于是定量杯中容量调节管 2 上口以上的液体即流经 2、6 的上孔，3 的环流槽，6 的下孔，进入管 6 流入瓶中，瓶内空气经 8 上部的透气孔逸出，调节 2 的高度即可控制灌装量的大小。也可采用旋塞式定量杯进行较精确的定量灌装，见图 7-33。旋转三通旋塞 3，使进液管 4 与定量杯 2 连通，液体流入定量杯，杯中的空气经排气管 1 排出。当杯内液面上升到排气管下口时，气管被封死，空气无处排出，因此杯内液面停止上升。但排气管中液面仍继续上升，直到与储液箱的液面等高为止，至此液料停止流动，然后旋转三通旋塞，使定量杯与注液管 5 连通，将杯中液料注入容器，调节排气管在定量杯中的高低位置即可调整灌装量的多少，旋塞的启闭转动均自动控制。

常压灌装的特点是设备结构简单，操作方便，易于保养，灌装的液面高度一致，显得整齐好看，该法广泛应用于不含气体的液料的灌装。

2. 等压灌装

等压灌装又称压力重力灌装，它是在高于大气压力的条件下进行灌装，即先对空瓶进行充气，使瓶内压力与储液箱（或计量筒）内的压力相等，然后靠液料自重进行灌装。储液箱中的气室内保持一个高压 P，见图 7-34，以防止在灌装过程中溶解在料液中的气体，如二氧化碳逸出。为防止灌装过程中的压力损失，在通气管中要安装一个阀门；为了控制料液流动，在下液管中也要安装阀门。为了平缓地灌装，下液管可以下伸，接近瓶的底部，即等压长管灌装，也可以是短管，即等压短管灌装。当瓶子达到灌装部位时，瓶口先被密封，随后打开通气管阀门，向瓶内充气，使瓶内压力等于储液箱中的压力，然后打开下液阀门进行灌装。

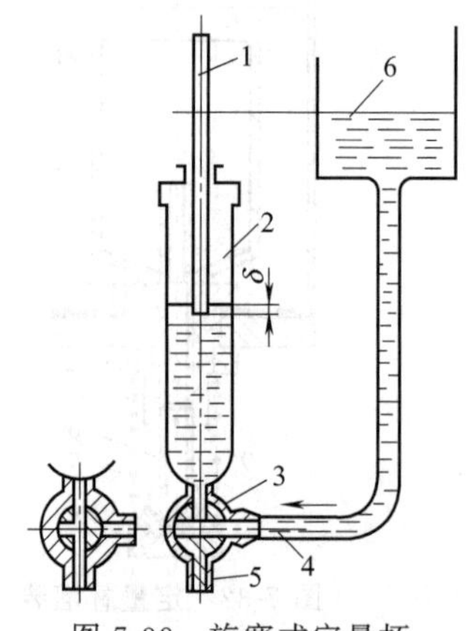

图 7-33　旋塞式定量杯

1—排气管（调节管）；2—定量杯；3—三通旋塞；4—进液管；5—注液管；6—储液箱

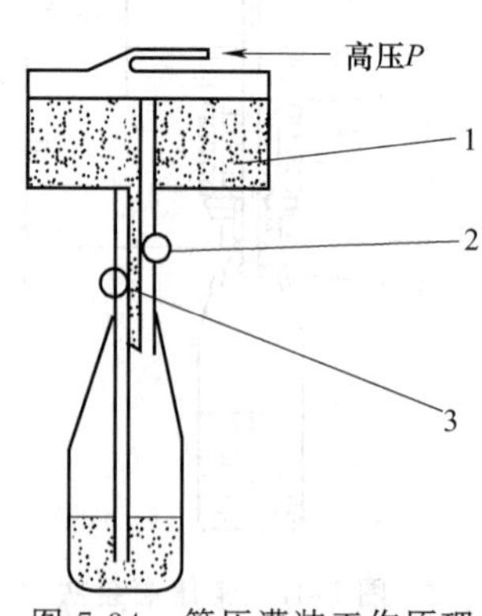

图 7-34　等压灌装工作原理

1—储液箱；2—通气管阀门；3—下液管阀门

等压灌装法适用于灌装含气液体，如汽水、汽酒和啤酒等。为了减少液体与氧的接触，可将压缩空气换成二氧化碳气，可先抽空气，再压入二氧化碳气体作为平衡气体。

3. 负压灌装（又称真空灌装）

它是在低于大气压力的条件下进行灌装，即先建立容器内的真空，然后靠液体的自重或靠液料箱与容器间的压力差进行灌装。可分为单室和双室两种负压灌装方法。

（1）单室负压灌装　见图 7-35。在图 7-35（b）中，储液箱 1 内的液面由浮阀 2 保持一定高度，液面上部空气由真空泵抽走，形成一定的真空度。排气管 3 的上口要高出液面。当空瓶上升与灌装阀 4 接触，使瓶密封，并打开气阀，使瓶与储液箱上部接通，瓶内形成真空。瓶继续上升，滑套压缩弹簧，打开下液阀门（灌装阀），液料靠自重从排气管周围流入瓶内。当液面封闭了排气管下口并略高出一些时，瓶内液面停止上升，此时液料继续进入排气管，直到与储液箱的液面等高为止。当灌满液料的瓶下降时，下液阀门自动关闭，排气管内的液料被吸回到储液箱，瓶内液面高度由排气管下口位置决定。

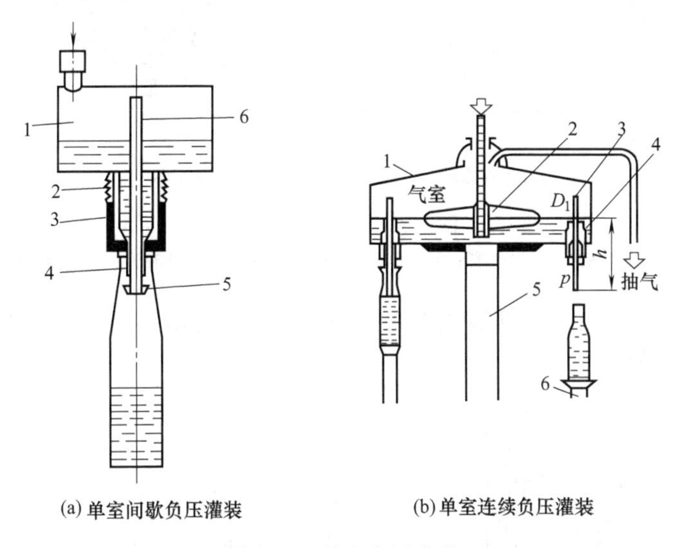

图 7-35　单室负压灌装

（a）1—储液箱；2—弹簧；3—滑套；4—灌装阀；5—碟阀；6—排气管

（b）1—储液箱；2—浮阀；3—排气管；4—灌装阀；5—机架；6—瓶托

该灌装方法的灌装速度缓慢，而且整个液面都是扩散面，挥发较快，因此不适于灌装芳香性液料。

（2）双室负压灌装　其特点是储液箱和真空室分开，中间用真空指示管，又叫回液管连接。其工作原理见图 7-36（a）。

储液箱 6 和大气相通，并保持一定液面高度。真空泵抽取真空室内空气，并保持一定的真空度。吸液管 5 一端插入储液箱 6，另一端通灌装阀 4。另一根吸气管 2，一端通真空室 1，一端通灌装阀 4。灌装过程见图 7-36（b）当空瓶上升接触灌装阀使瓶口密封，于是吸气管接通空瓶和真空室，瓶内形成真空。当真空度达到使回液管内的液面高度超出吸液管高度时，在压差作用下进行灌装。空瓶装满后，液体还要沿吸气管上升，直到与回液管液面等高为止。满瓶下降，吸液管中的液体直接流回储液箱，吸气管中的液体被吸进真空室，经回液管流回储液箱。

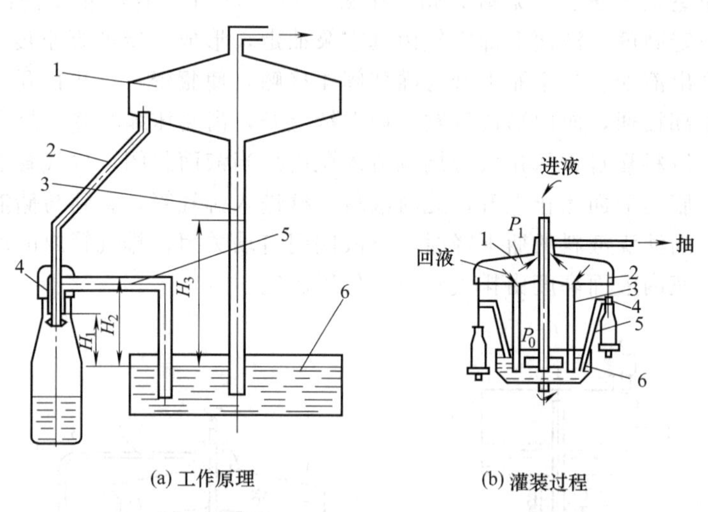

图 7-36　双室负压灌装

1—真空室；2—吸气管；3—回液管；4—灌装阀；5—吸液管；6—储液箱

该灌装方法的特点是灌装速度快，挥发面小，适用于灌装芳香性液体，但设备的结构较复杂。

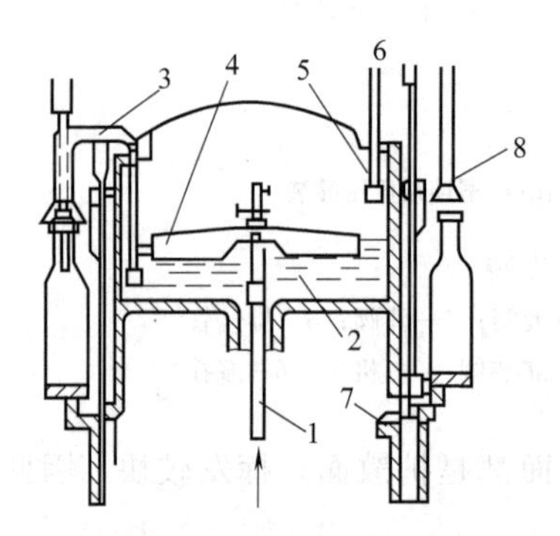

图 7-37　虹吸灌装工作原理

1—进液管；2—储液箱；3,6—虹吸管；4—浮子；5—液体阀；7—曲线板；8—灌装头

4. 虹吸灌装法

它是一种古老的和传统的灌装方法，其基本工作原理见图 7-37。先用泵或者高位料箱向储液箱 2 供料，并保持一定的液面高度，灌装头 8 经虹吸管 6（或 3）与液体阀 5 相连。工作前，先将虹吸管内充满液体，当虹吸管处于非灌装位置时，如图 7-37 右侧位置，液体阀 5 关闭以防里面的液体流出。当灌装头由曲线板控制下降，处于灌装位置时，如图 7-37 左侧位置，灌装头压紧瓶口，液体阀 5 被打开，于是液

料由储液箱经虹吸管流入瓶内。当瓶内液面与储液箱液面等高时，停止灌装，而后灌装头上升，关闭液体阀，完成一次灌装。

该灌装方法的特点是设备结构简单，操作方便，但灌装速度较慢。

5. 灌装方法的选择

选用何种灌装方法为宜，主要是从液料的物理化学性质，如黏度大小，是否含气，是否容易起泡、容易氧化和挥发，以及能否满足生产率和灌装量精度的要求等方面来考虑。具体选用时，应遵循以下一般原则。

(1) 对于含气饮料，如汽水、啤酒和汽酒等，为了保住二氧化碳，不使外逸和防止起泡，宜采用等压灌装。

(2) 对于含有维生素，怕氧化的饮料，如果汁及容易被氧化的药物和添加剂等，宜采用负压真空灌装。

(3) 对于相对密度在0.9～1.0，黏度为8×10^{-4}～8.5×10^{-4}Pa·s的低黏度液体，如牛奶、果酒、酱油和醋等，宜采用常压和虹吸灌装。

一、判断题

1. 葡萄破碎除梗机只有破碎功能，没有过滤功能。(   )

2. 葡萄破碎除梗机破碎果实越碎越好，这样出汁率高，不会影响产品质量。(   )

3. 液提式发酵罐是液体借助于一个液体泵进行输送，同时气体在液体的喷嘴处被吸入发酵罐。(   )

4. 当过滤介质孔隙小于或大大小于被过滤的微粒直径时，通常称为相对过滤。(   )

5. 气囊压榨机主要用于葡萄酒厂及果汁饮料厂的果汁压榨工艺生产中使用，它可以对任何黏性的果渣进行压榨。(   )

6. 加压叶滤机的滤叶由金属多孔板或金属网制造，它内有空间，外罩滤布，被安装在密闭机壳内。液体从滤叶内流往滤叶外实现过滤。(   )

7. 转筒真空过滤机是一种连续操作的过滤机，只需要一个真空泵。(   )

8. 硅藻土过滤机可以连续过滤。(   )

9. 双端式洗瓶机比单端式洗瓶机占地面积较大，但更干净卫生。(   )

10. 洗瓶机和洗罐机可以通用。(   )

11. 液位定量灌装的误差主要由瓶子的形状引起的。(   )

12. 对于相同物料灌装，真空灌装一定比常压灌装速度快。(   )

13. 碳酸饮料灌装机一般都需要空气压缩机进行配套。（ ）

14. 葡萄酒不含有二氧化碳气体，所以适合用真空灌装。（ ）

15. 香槟酒含有二氧化碳，所以适合用等压灌装，也就是加压灌装。（ ）

二、填空题

1. 葡萄破碎除梗机由料斗、______、______、______、______、果梗出料口和果汁果肉出料口等组成。

2. 气囊压榨机又称______，主要部件有______、过滤用的______、能充压缩空气的______。待榨物料置于圆筒内，通入压缩空气将橡胶气囊充胀，给夹在气囊与圆筒筛之间的物料由里向外施加压力。

3. 发酵罐过滤除菌是目前发酵工业中经济实用的空气除菌方法，它是采用定期灭菌的介质来阻截流过的空气所含的微生物，而取得无菌空气，常用的过滤介质有______、______、______、______等。

4. 发酵过程中的杀菌，从理论上来说，______、______、______、______、______、等都能破坏蛋白质活性而起杀菌作用。

5. 板框压滤机结构______，制造______，附属设备______，占地面积较__而过滤面积______，操作压力____，达 784kPa，对物料适应性______，应用较______。但因为是______，故生产效率低，劳动强度大，滤布损耗也较快。

6. 转筒真空过滤机回转一周的过程中每个扇形格表面即可顺序进行____、____、____、____、____等项操作。

7. 硅藻土过滤机主要由______、______，______、______、______、______等组成。机座包括______、______、______等。

8. 单端式洗瓶机仅需一人操作，输送带在机内无空行程，所以空间利用率______；但由于净瓶与脏瓶相距较近，从卫生角度来看，净瓶有可能被脏瓶______。

9. 按灌装方法分类可分为______灌装法、______灌装法、______灌装法、______灌装法、______灌装法。

10. 通风式发酵罐的搅拌桨最广泛使用的是______搅拌桨，国内采用的大多数是六平叶式，其各部分尺寸比例已规范化。

三、选择题

1. 滚筒式清洗机只适合于块状______的清洗，对于______物料的清洗不适用。

A. 硬质果蔬、叶菜和浆果类　　B. 叶菜和浆果类、硬质果蔬

C. 叶菜、浆果　　D. 坚果、干果

2. 螺旋连续压榨机环状空隙的大小可以通过调整装置调节。空隙____，则出汁率低；空隙____，则出汁率高，但汁液变浊。

A. 大、小　　B. 大、大　　C. 小、小　　D. 小、大

3. 福乐伟带式压榨机逐渐升高的表面压力可使汁液连续榨出，出汁率____，果渣含汁率低，清洗方便。但是压榨过程中汁液全部与大气接触面____，因此对车间环境卫生要求比较严格。

A. 低、小　　B. 高、大　　C. 高、小　　D. 低、大

4. 通风式发酵罐的搅拌装置包括电动机、传动装置、搅拌轴、轴密封装置和搅拌桨。机械搅拌的目的是迅速分散____和混合加入____。

A. 物料、气泡　　B. 气泡、物料

C. 热量、酵母　　D. 二氧化碳、氧气

5. 紫外线在波长为________nm时杀菌效力最强，通常用于无菌室、医院手术室等空气对流不大的环境下杀菌。但杀菌效率较低，杀菌时间较长，一般要结合甲醛蒸气消毒或苯酚的喷雾等来保证无菌室的无菌程度。

A. 126.5～228.7　　B. 226.5～328.7

C. 226.5～428.7　　D. 326.5～328.7

6. 对于含气饮料，如汽水、啤酒和汽酒等，为了保住二氧化碳，不使外逸和防止起泡，宜采用______。

A. 常压灌装　　B. 等压灌装　　C. 虹吸灌装　　D. 真空灌装

7. 对于含有维生素，怕氧化的饮料，如果汁及容易被氧化的药物和添加剂等，宜采用负压______。

A. 常压灌装　　B. 等压灌装　　C. 虹吸灌装　　D. 真空灌装

8. 对于相对密度为0.9～1.0，黏度为$8\times10^{-4}\sim8.5\times10^{-4}$Pa·s的低黏度液体，如牛奶、果酒、酱油和醋等，宜采用______________。

A. 常压灌装、虹吸灌装　　B. 等压灌装、虹吸灌装

C. 虹吸灌装、常压灌装　　D. 真空灌装、虹吸灌装

9. 双端式洗瓶机亦称直通式洗瓶机，因其进、出瓶分别在机器的前后______。

A. 一端　　B. 两端　　C. 三端　　D. 四端

10. 转筒真空过滤机能连续工作，节省人力，生产能力______，适合处理量大容易过滤的料浆，但附属设备较多，投资费用高，过滤面积______。

A. 大、不大　　B. 小、不大　　C. 大、大　　D. 不大、不小

第八章　果汁加工设备

第一节　果汁加工概述

一、果汁生产工艺流程

果汁产品的种类很多，有纯果汁、浓缩果汁、果汁饮料等。但各种果汁的生产工艺流程及其生产设备基本上相同。苹果浓缩汁是常见的浓缩果汁之一，其生产线的工艺流程如图 8-1 所示。

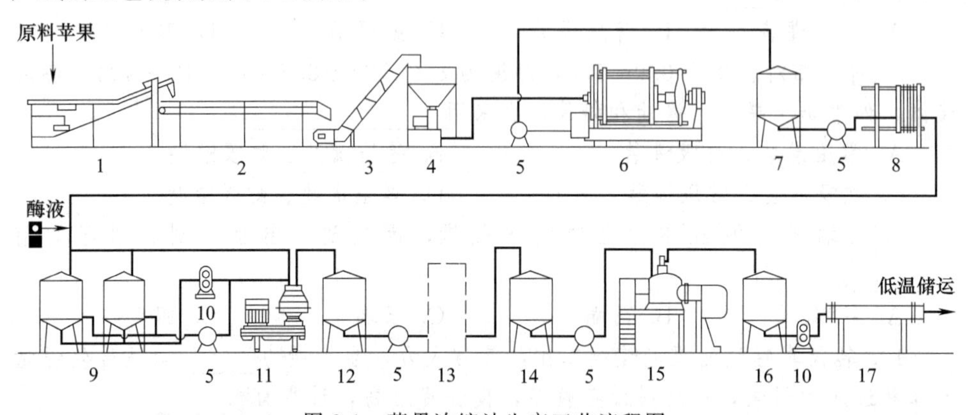

图 8-1　苹果浓缩汁生产工艺流程图

1—洗果机；2—输送检选机；3—升运机；4—破碎机；5—离心泵；6—榨汁机；7,12,14—暂存罐；8—预热器；9—酶解罐；10—浓浆泵；11—澄清离心机；13—芳香回收系统；15—蒸发器；16—浓缩汁暂存罐；17—冷却器

二、果汁浓缩操作要点

苹果首先在洗果机中进行充分清洗，经过清洗的苹果随后需要在输送台上由

人工对不合格的苹果进行修整或剔除，然后再由升运机送入破碎工段。破碎操作可用破碎机进行，破碎同时加入维生素 C 溶液以护色。破碎后的果泥已经具有流动性，因此，可以采用适当形式的浓浆泵（如螺杆泵）进行输送。破碎后的苹果泥在榨汁机进行榨汁处理，可以采用布赫榨汁机，也可用其他形式的榨汁机，如螺旋压榨机、带式压榨机等进行榨汁。榨汁得到的苹果汁立即进行加热，目的是为了杀死致病菌和钝化氧化酶及果胶酶。加热可采用板式热交换器或管式热交换器进行。

经过灭酶处理的苹果汁为浑汁，随后需要进行澄清处理。采用的澄清工艺可用酶处理法或明胶单宁法。这一工段通常为一组罐器和分离器。酶制剂（复合果胶酶）通过计量泵与输往澄清罐的果汁在管路中按比例混合。储罐中酶处理需要一定温度，因此，这种处理罐配有适当的加热器（如夹层保温式）。果汁经一定时间酶处理后，需要用适当的分离设备将其中的（包括果胶物质和酶制剂在内的）沉淀物除去。由于果汁经过一定时间酶处理后会自动在酶处理罐内产生分层，因此，系统采用离心泵从罐的上部抽送上层清液（适当条件下可不经离心分离直接进入下一工段），用浓浆泵（如螺杆泵）从罐底将下层沉淀液送到离心分离机进行分离。如用明胶单宁法则需在一定温度下处理，并且也需要适当的分离设备（如硅藻土过滤机）除去沉淀物。

第二节　果蔬清洗设备

一、鼓风式清洗机

鼓风式清洗机，也称气泡式、翻浪式和冲浪式清洗机等。其清洗原理是用鼓风机把具有一定压头的空气送进洗槽中，使清洗原料的水产生剧烈的翻动，物料在空气对水的剧烈搅拌下进行清洗。利用空气进行搅拌，可使原料在较强烈翻动而不损伤的条件下，加速去除表面污物，保持原料的完整性和美观，因而最适合于果蔬原料的清洗。

鼓风式清洗机结构如图 8-2 所示，主要由洗槽、输送机、喷水装置、鼓风机、空气吹泡管、传动系统等构成。鼓风式清洗机一般采用链带式装置输送清洗的物料。链带可采用辊筒式（承载番茄等）、金属丝网带（载送块茎、叶菜类原料）或装有刮板的网孔带（用于水果类原料等）作为物料的载体。输送机的主动链轮由电动机经多级皮带带动。主动链轮和从动链轮之间链条运动方向通过压轮改变，分为水平、倾斜和水平三个输送段。下面的水平段，处于洗槽水面之下，原料在此首先得到鼓风浸洗；中间的倾斜段是喷水冲洗段；上面的水平段则可用于对原料进行拣选和修整。

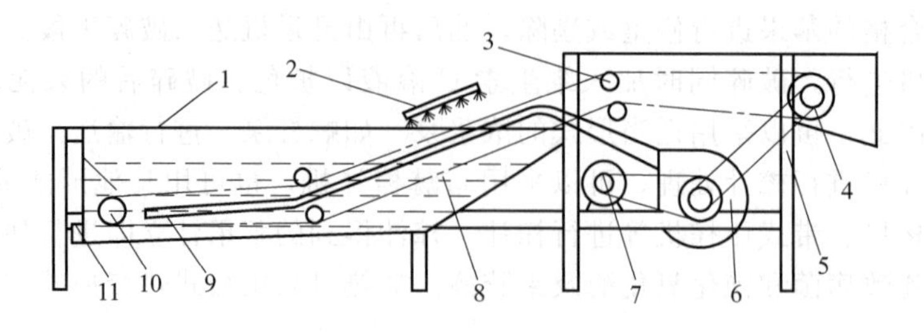

图 8-2 鼓风式清洗机结构

1—洗槽；2—喷淋管；3—改向压轮；4—输送机驱动滚筒；5—支架；6—鼓风机；7—电动机；8—输送网带；9—吹泡管；10—张紧滚筒；11—排污口

鼓风机吹出的空气由管道送入吹泡管中。吹泡管安装于输送机的工作轨道之下。被浸洗的原料在输送带上沿轨道移动，移动过程中在吹泡管吹出的空气搅动下翻滚。由洗槽溢出的水顺着两条斜槽排到下水道，因此需要新水补充。

二、栅条滚筒式清洗机

栅条滚筒式清洗机的结构简单，生产率高，清洗彻底，对产品的损伤小，所以应用很广。滚筒式清洗机可放在水槽中使用或与喷嘴配合使用。图 8-3 所示为栅条滚筒式清洗机。栅条滚筒分为前后两段，前段为粗洗滚筒，后段为清洗滚筒。滚筒下半部浸在水槽里，两水槽的槽底为半锥形，侧端有排污口。工作时，滚筒在水槽内转动，从喂料斗送入的物料与栅条及物料之间的摩擦，将物料表面的污物去掉。在两段滚筒的出口端均装有铲勺，舀出洗过的物料。

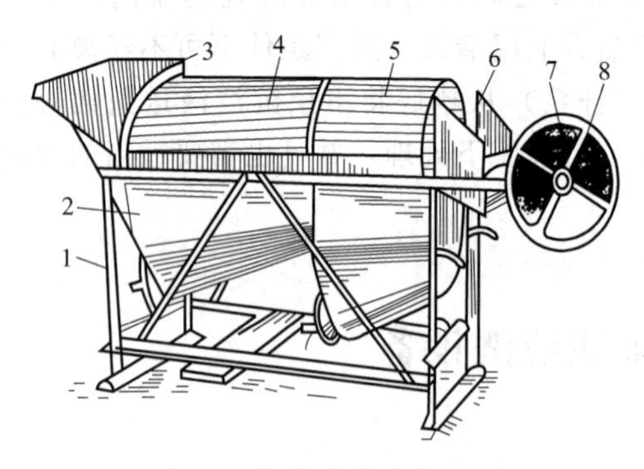

图 8-3 栅条滚筒式清洗机

1—机架；2—水槽；3—喂料斗；4,5—栅条滚筒；6—出料口；7—传动装置；8—传动皮带

三、喷淋式滚筒清洗机

喷淋式滚筒清洗机属于连续式滚筒清洗机，滚筒两端为开口式，原料从一端进入，另一端排出。物料在筒内的轴向运动，可以通过使筒倾斜安装，也可通过在筒体内壁设置螺线导板或抄板的方式实现。为提高清洗效果，有的滚筒式清洗机内安装了可上下、左右调节的毛刷。其结构如图 8-4 所示。它主要由栅状滚筒、喷淋管、机架和传动装置等构成。

滚筒是清洗机的主体，可由角钢、扁钢、条钢焊接成，必要时可衬以不锈钢丝网或多孔薄钢板。滚筒的驱动可有两种形式。一种是在滚筒外壁两端配装滚圈。滚筒（通过滚圈）以一定倾斜角度（3°～5°）由安装在机架上的支承托轮支承，并由传动装置驱动转动。喷水管可安装在滚筒内侧上方。另一种是在滚筒内安装（由结构幅条固定的）中轴，驱动装置带动中轴从而带动滚动转动。这种形式的清洗机，喷水管只能装在滚筒外面。

物料从进料斗进入到滚筒内，随滚筒的转动而在滚筒内不断翻滚相互摩擦，再加上喷淋水的冲洗，使物料表面的污垢和泥沙脱落，由滚筒的筛网洞孔随喷淋水经排水斗排出。

这种清洗机结构比较简单，比滚筒清洗机多一个喷淋功能，适用于表面污染物易被浸润冲除的物料。

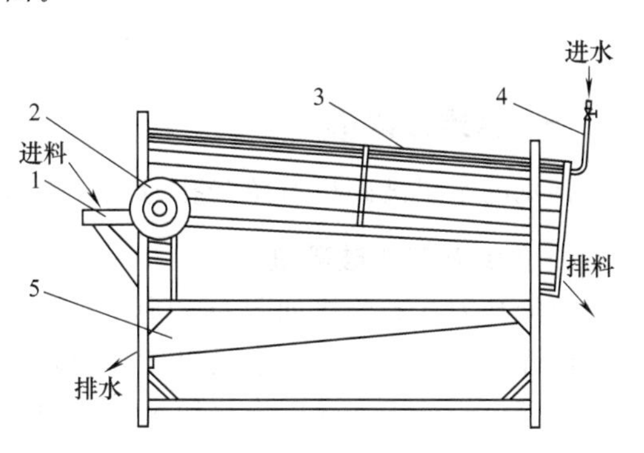

图 8-4 喷淋式滚筒清洗机

1—进料斗；2—传动装置；3—滚筒；4—进水管及喷淋装置；5—排水斗

四、浸泡式滚筒清洗机

一种浸泡式滚筒清洗机的剖面示意图如图 8-5 所示。这是一种通过驱动中轴使滚筒旋转的清洗机，转动浸在水槽 1 内的滚筒 2 的下半部。电动机 10 通过皮带传动蜗轮减速器 9 及偏心机构 11，滚筒的主轴 6 由蜗轮减速器 9 通过齿轮 8 驱动。水槽 1 内安装有振动盘 12，通过偏心机构 11 产生前后往复振动，使水槽内的水受到冲击搅动，加强清洗效果。滚筒 2 的内壁固定有按螺旋线排列的抄板 5。物料从进料斗 7 进入清洗机后落入水槽内，由抄板 5 将物料不断捞起再抛入水中，最后落到出料口 3 的斜槽上。在斜槽上方安装的喷水装置，将经过浸洗的物料进一步喷洗后卸出。

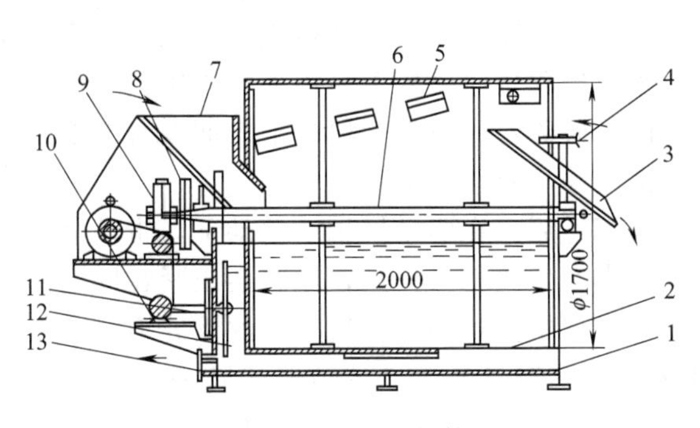

图 8-5 浸泡式滚筒清洗机

1—水槽；2—滚筒；3—出料口；4—进水管及喷水装置；5—抄板；6—主轴；7—进料斗；8—齿轮；9—蜗轮减速器；10—电动机；11—偏心机构；12—振动盘；13—排水管接口

浸泡式滚筒清洗机工作时，由于物料在滚筒式清洗机内翻滚碰撞激烈，除了能使表面污物剥离外，有时还会损伤皮肉。所以滚筒式清洗机只适合于块状硬质果蔬的清洗，对于叶菜和浆果类物料的清洗不适用。有时该设备可以作为硬质块状物料的清洗和去皮两用，但经这样去皮后的物料，其表面已不光滑，只能用在去皮后进行切片和制果酱的罐头生产中，不适用于整只果蔬罐头的制造。

第三节 果蔬破碎设备

一、水果破碎机

常见的水果破碎机有鱼鳞孔刀式、齿刀式等结构形式。

1. 鱼鳞孔刀式破碎机

鱼鳞孔刀式破碎机如图 8-6 所示，是一种果蔬榨汁操作的前处理设备，可将果蔬破碎成不规则碎块。它是以切割果蔬为主的破碎机械设备，一般用于苹果、梨的破碎，不适于红薯、土豆等过硬的物料破碎。

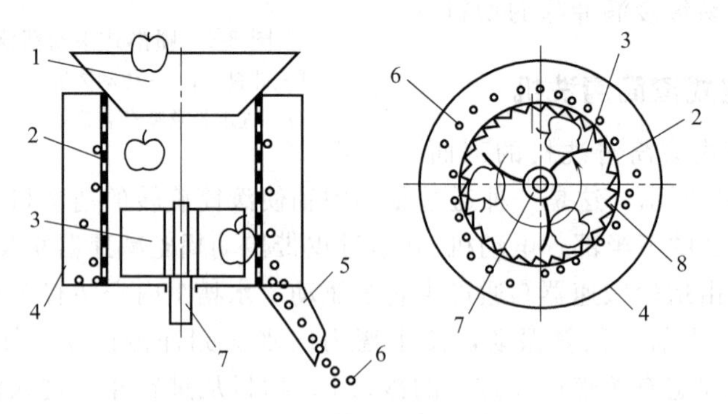

图 8-6 鱼鳞孔刀式破碎机

1—进料斗；2—破碎刀筒；3—驱动叶轮；4—机壳；5—排料口；
6—破碎颗粒；7—驱动转轴；8—鱼鳞式孔刀

该机主要由进料斗、破碎刀筒、驱动叶轮、排料口和机壳等构成。由于整体呈立式桶形结构，故通常称为立式水果破碎机。破碎刀筒用薄不锈钢板制成，筒壁上冲制有鱼鳞孔，形成孔刀，筒内为破碎室；驱动叶轮的上表面设有辐射状凸起，其主轴为铅垂方向布置，一般由电动机直接驱动。

工作时，物料由进料斗 1 进入破碎室后，在驱动转轴 7 驱动下，带动驱动叶轮 3 做圆周运动，因原料在旋转过程中产生离心力作用，原料会压紧在固定的破碎刀筒 2 的内壁上做旋转运动，旋转过程中受到固定在机架上的破碎刀筒 2 上的鱼鳞式孔刀 8 切割作用，旋转的物料被破碎刀筒 2 上的鱼鳞式孔刀 8 切割和折断，从而得到破碎颗粒 6。破碎后的物料 6 随之穿过鱼鳞式孔刀 8 的孔眼，在刀筒外侧通过排料口 5 排出。

这种破碎机的特点是，孔刀均匀一致可得到粒度均匀的碎块；但刀筒壁薄，易变形，不耐冲击，寿命短；排料有死角；生产能力低，适于小型厂使用。在使用时需要注意清理物料，以免硬杂质进入破碎室而损坏刀筒上的鱼鳞式孔刀。

2. 齿刀式破碎机

齿刀式破碎机有立式和卧式两种，但以卧式的为常见。卧式齿刀式破碎机结构如图 8-7 所示，主要由筛圈、齿刀、喂料螺旋、打板、破碎室活门等构成。

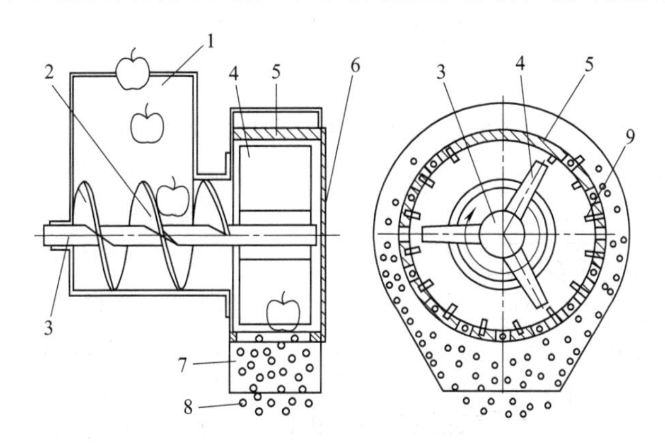

图 8-7 卧式齿刀式破碎机

1—进料口；2—喂料螺旋；3—转轴；4—打板；5—筛圈；6—破碎室活门；7—出料口；8—破碎颗粒；9—齿刀

筛圈设置在机壳的内部，用不锈钢铸造而成，筛圈壁下开有轴向排料长孔和固定刀片的长槽，筛圈内为破碎室。

喂料螺旋与打板安装于同一转轴上，其前端位于进料口，后端伸到破碎室。打板固定于螺旋轴的末端，强制驱动物料沿筛圈内壁表面周向移动。破碎室活门用于方便打开破碎室，进行检修、更换刀片。

工作时物料由进料口 1 倒入料斗内，在喂料螺旋 2 在转轴 3 的强制推动下进入破碎室，在转轴 3 带动打板 4 的驱动下高速旋转，物料在旋转产生的离心力作用下，压紧在筛圈 5 内壁上做圆周运动，因受到筛圈内壁上固定的齿刀 9 的刮剥、切割作用，最终为破碎颗粒 8。破碎后的碎块颗粒 8 通过筛圈 5 上的孔眼排到破碎室外，再通过出料口 7 排出。破碎室活门 6 为拆卸清洗维护设备使用。

齿形刀片（图 8-8）用厚的不锈钢板制成，呈矩形结构，其两侧长边顺序开有三角形刀齿，刀齿规格依碎块粒度要求选用，刀片插入筛圈壁的长槽内固定。刀片为对称结构，磨损后可翻转使用，从而可提高刀片材料的利用率。

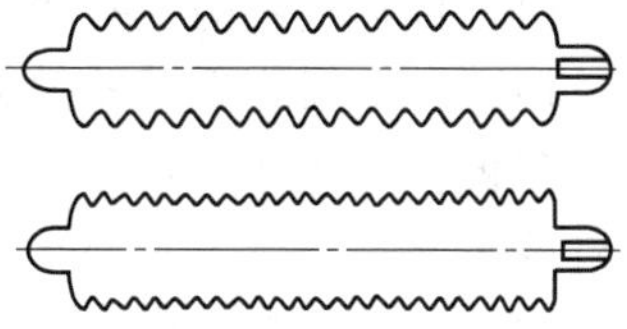

图 8-8 齿形刀片

齿刀式破碎机特点是齿条刀片上的齿形一致，所以破碎后的碎块非常均匀；不锈钢制作的齿条刀片刚度好，耐冲击，寿命长；采用强制喂入；破碎、排料能力强，生产率高。但是因打板与螺旋固定在同一个转轴上，所以无法反转，导致刀片翻转作业的时候要增加两次；立式结构齿刀式破碎机比卧式齿刀式破碎机利用筛圈效果好，利用了全部的筛圈。

3. 锤式水果破碎机

这种破碎机的主要构件锤头和筛网是专为新鲜果蔬物料设计的。锤头的形式有矩形截面的锤棒，也有较薄的锤片。筛网的格栅孔径为10mm。

4. 水果磨碎机

水果磨碎机是一种齿式磨碎设备，主要利用对物料的撕碎、剪切作用进行破碎。适用于甘蔗、菠萝心等纤维质物料的破碎。图8-9所示为GT6F8磨碎机结构。其工作原理为，物料经进料斗10、分料盘11进入锥盘转子3的转动齿条9与齿缸12的固定齿条8之间，被撕裂碎解。碎解的物料然后掉入锥壳5的固定剪切刀6与锥盘转动剪切刀7之间，被进一步剪切碎解。锥壳固定剪切刀与锥盘转动剪切刀之间的间隙一般在2mm左右，其间隙量可用组合垫片来调整。碎解后的物料最后由锥盘转子上的刮板送至出料口4排出。

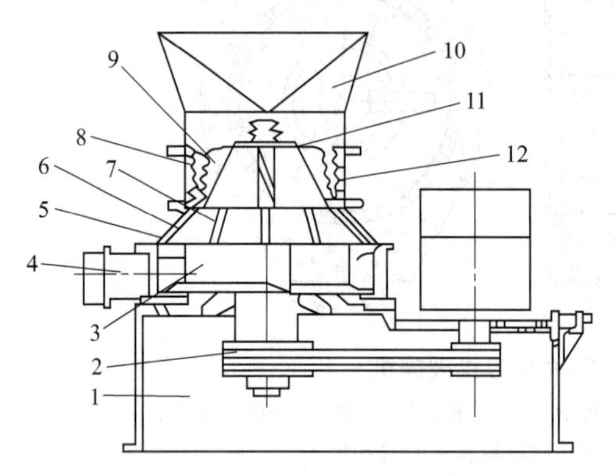

图8-9 GT6F8磨碎机结构

1—机架；2—传动装置；3—锥盘转子；4—出料口；5—锥壳；6—固定剪切刀；7—转动剪切刀；8—固定齿条；9—转动齿条；10—进料斗；11—分料盘；12—齿缸

二、果蔬打浆设备

打浆机主要用于苹果、梨、浆果以及番茄等果蔬物料的打浆操作中，是生产果酱和番茄酱的常用机械。

1. 单道打浆机

（1）打浆机结构　打浆机的结构如图8-10所示。该机主要有输料部件进料斗、切碎刀、螺旋推进器和破碎桨、传动机构部件（带传动、链传动）、打浆部件（刮板、夹持杆、筛片）、出料部分（出渣口、出浆口）组成，还有机架、电动机等部件。

（2）工作过程　单道打浆机工作时，电动机11通过传动机构（带传动12、链传动13）带动切碎刀2、螺旋推进器3、破碎桨4、刮板5和夹持杆6转动。物料从进料斗进入后先经切碎刀2初步破碎；后经螺旋推进器3推进，再经破碎桨4进一步破碎；最后在刮板5的作用下在筛片9表面做螺旋移动，并再次破碎；果浆经筛片 9 的孔从出浆口 10 排出，废渣则由出渣口 8 排出。

打浆机的工作性能与其主要部件的结构关系很大，其主要工作性能包括生产率（处理能力）、出品率及能耗等。打浆机的生产率是指其在单位时间内能够处理的物料量，取决于筛筒（筛片）的尺寸、开孔率，刮板的转速、导程角。在筛筒（筛片）的尺寸、开孔率以及转速一定情况下，改变刮板的导程角可以改变生产率。导程角是指在结构设计上将刮板与轴向在空间相错成一定角度（锐角），如图 8-11 所示。当导程角减小时，物料移动速度快，打浆时间短，生产率高；反之，则打浆时间长，生产率低。

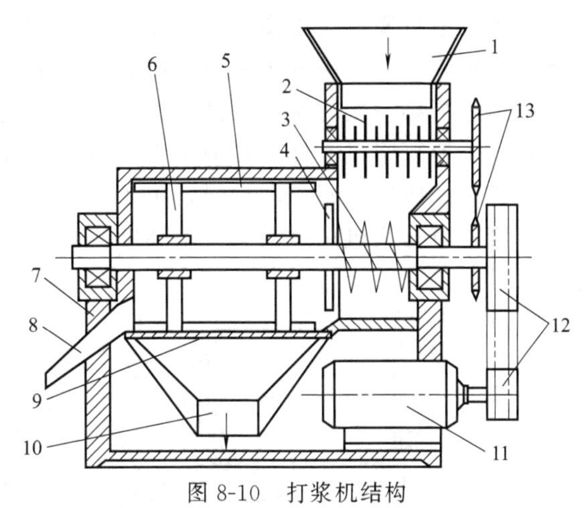

图 8-10 打浆机结构

1—进料斗；2—切碎刀；3—螺旋推进器；4—破碎桨；5—刮板；6—夹持杆；7—机架；8—出渣口；9—筛片；10—出浆口；11—电动机；12—带传动；13—链传动

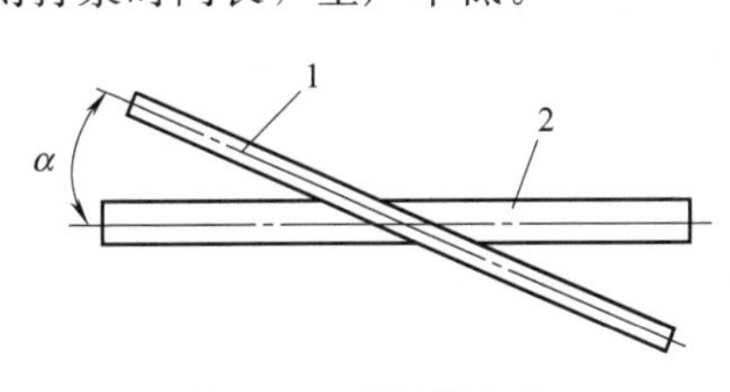

图 8-11 刮板导程角

1—刮板；2—轴；α—导程角

出品率是指在其他相同条件下，打浆机处理物料后所得到的成品占所处理物料的百分比。当然打浆机的出品率越高越好。出品率的多少与机器本身的结构关系很大。打浆机工作时，切碎刀、破碎桨、刮板的转速，刮板的导程角，刮板与筛片的间隙，筛片的尺寸、开孔率等都影响出品率的高低。

（3）注意事项

① 开机前要检查各运动部件的运转是否灵活，有无相互挂碰情况。紧固件有无松动现象，切碎刀和刮板应特别注意检查。

② 刮板的导程角以及与筛片的间隙对生产率和出品率影响很大。因此，在新机器使用前应充分调整，保证达到最佳效果。平时要经常检查其参数是否改变。

③ 物料在打浆前应经筛选处理，严防金属、泥土混入，以免污染物料和损坏零件。

2. 打浆机组

在很多果蔬打浆加工操作中，是把 2～3 台打浆机串联起来使用的，它安装在同一个机架上，由一台电动机带动，这称为打浆机的联动。例如番茄酱生产流水线中。

一种三道打浆机组见图 8-12 所示，它与单道打浆机不同，没有破碎原料用的桨叶，破碎专门由破碎机进行。破碎后的番茄通过螺杆泵（浓浆泵）送到第 1 道打浆机进行第一次打浆，汁液汇集于底部，经管道进入第 2 道打浆机中进行打浆，同第 1 道打浆机一样，汁液是由其本身的重力经管道流入第 3 道打浆机中继续进行打浆。所以打浆机联动时，第 1 道、第 2 道、第 3 道打浆机是自上而下排列的。第 1 道打浆机离地面有一定高度，必须在操作台上进行操作和管理。

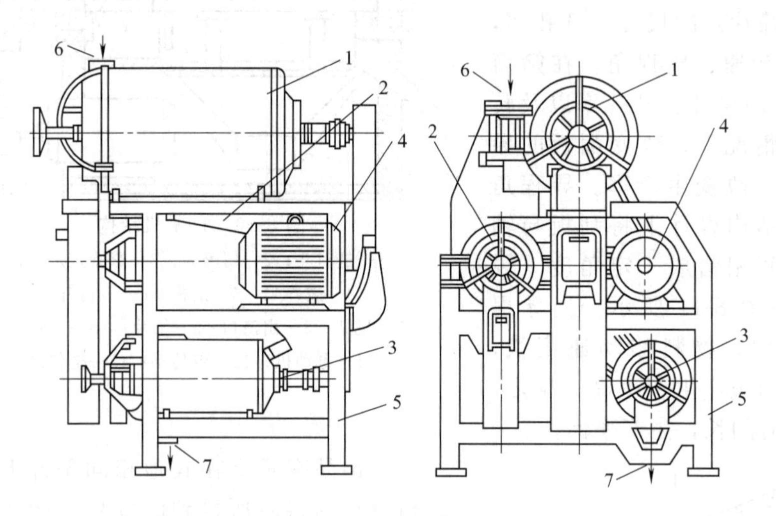

图 8-12　三道打浆机组

1—第 1 道打浆机；2— 第 2 道打浆机；3—第 3 道打浆机；

4—电动机；5—机架；6—进料口；7—出料口

第四节　果蔬榨汁设备

果蔬的破碎、提取汁液常有机械榨取、理化提取和酶法提取 3 种方法。但理化和酶法提取因适应性的局限和副作用的产生在使用上受到限制。机械式榨取果蔬汁液的方法广泛应用在番茄、菠萝、苹果、柑、橙的压榨上。下面介绍几种常见的榨汁设备。

一、螺旋式榨汁机

螺旋连续榨汁机如图 8-13 所示，主要用于压榨葡萄、番茄、菠萝、苹果、梨子等果蔬的汁液。其结构简单，主要由螺杆、顶锥、进料斗、圆筒筛、传动装置、汁液收集器及机架等组成。工作时，物料由料斗进入螺杆，在螺杆的挤压下榨出汁液，汁液自圆筒筛的筛孔中流入收集器，而渣则通过螺杆锥形部分与筛筒之间形成的环状空隙排出。环状空隙的大小可以通过调整装置调节。空隙大，则出汁率低；空隙小，则出汁率高，但汁液变浊。

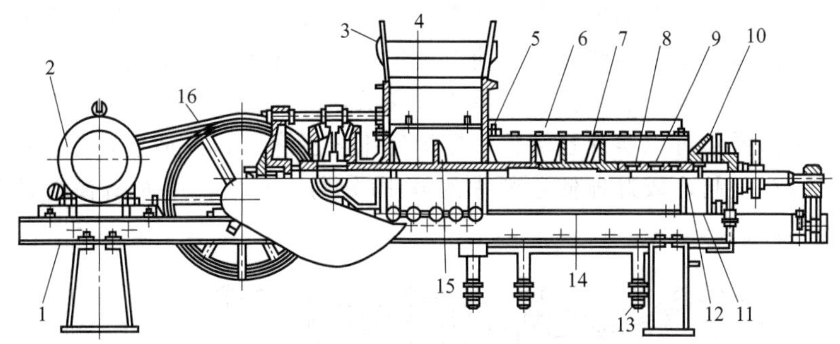

图 8-13　螺旋连续榨汁机

1—机架；2—电动机；3—进料斗；4—外空心轴；5—第一棍棒；6—冲孔滚筒；7—第二棍棒；8—内空心轴；9—冲孔套筒；10—锥形阀；11—排出管；12—顶锥；13—汁液收集器；14—圆筒筛；15—螺杆；16—传动装置

主要零部件介绍如下。

1. **圆筒筛**

一般用不锈钢板卷成，外加加强环。为便于清理及检修，可分成上下两半，然后用螺栓接合。为方便制造，较长的圆筛分成二三段。圆筒的孔径一般为0.3～0.8mm。开孔率可以从两个方面考虑：一是榨汁的要求；二是强度，由于螺杆挤压产生的压力可达1.2MPa以上，圆筒筛的强度应能承受这个压力。

2. **螺杆**

为了使物料进入榨汁机后尽快地受到压榨，螺杆槽的容积要根据浆料的性质有规律地逐渐缩小。缩小容积有3种做法：一是改变螺杆的螺距；二是改变螺旋槽的深度；三是既改变螺距，又改变螺旋槽的深度。螺杆容积缩小的程度可以用压缩比表示，压缩比就是进料端第一个螺旋槽的容积与最后一个螺旋槽容积之比，如国产GT6G5型螺旋连续榨汁机的压缩比为1∶20。

3. **调压装置**

具有一定压缩比的螺旋压榨机，对物料产生一定的挤压力，而出渣口中的顶锥与筛筒之间形成的间隙，对榨汁机的工作压力会产生更大的影响。间隙的大小由手轮调节使螺杆沿轴线方向运动而获得。

二、布赫榨汁机

布赫（Bucher）榨汁机也叫活塞式榨汁机，最初是瑞士布赫公司生产苹果汁的专用设备。这种榨汁机每小时最多可加工8～10t苹果原料，出汁率达到

82%～84%。活塞式榨汁机如图 8-14 所示，它是由连接板、筒板、活塞、集汁渣装置、液压系统和传动机构组成。这种榨汁机是由连接板与活塞用挠性导汁芯连接起来，水果经打浆成浆料，经连接板中心孔进入筒体内，活塞压向连接板，果汁经导汁芯和后盖上伸缩导管进入集汁装置。其基本原理如图 8-15 所示。在压榨过程中筒体处于回转状态，可使充填均匀和压榨力分布平衡。完成榨汁，活塞后退，弯曲了的导汁芯被拉直，果渣被松散，然后筒向后移，果渣落入排渣装置排出。全部操作可以实现自动化，按拟定工艺程序工作。活塞式榨汁机把过滤和压榨组合在一起，较好地使浆料中的液-固分离。其出汁率及机械自动化程度优于其他榨汁机。

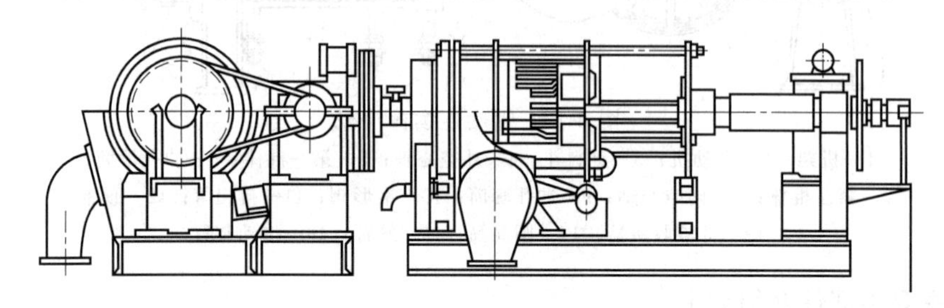

图 8-14 活塞式榨汁机

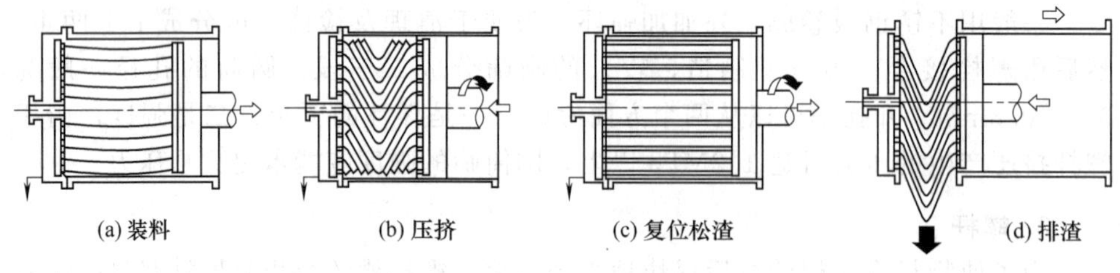

图 8-15 活塞式榨汁机基本原理

三、连续式压榨机

1. 螺旋压榨机

以锥形螺旋压榨机为例，如图 8-16 所示。锥形螺旋压榨机的螺杆做成锥形，螺距沿前进方向不断缩小。锥筒为筛状。工作时，物料被挤压，果汁通过筛孔流入容器内；残渣从螺旋小端与筛筒的间隙中排出。调节出口间隙可改变压榨力。这类压榨机结构简单，能连续作业，故广泛用于苹果、番茄、菠萝等水果的榨汁。

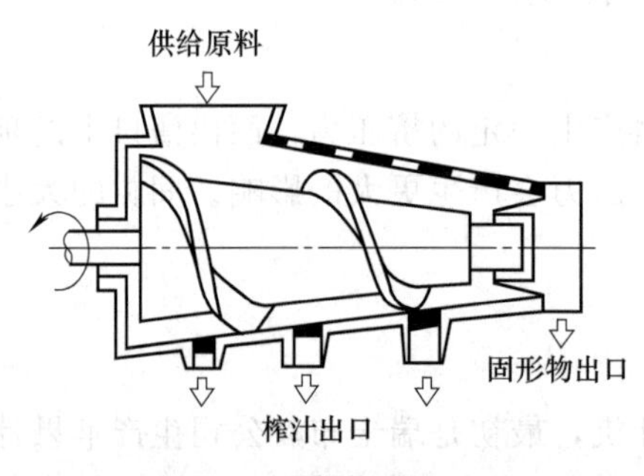

图 8-16 锥形螺旋压榨机

2. 辊式压榨机

辊轮式压榨机如图 8-17 所示，原料在回转的空心辊之间受到两次挤压，榨出的汁液通过滤网流出。在辊的表面还有几条排液槽，榨汁引入槽内并流到盛盘中，以免原料被汁湿润而结成团块。附在辊面的残渣被刮刀除去。该类机器常用于甘蔗等的榨汁。

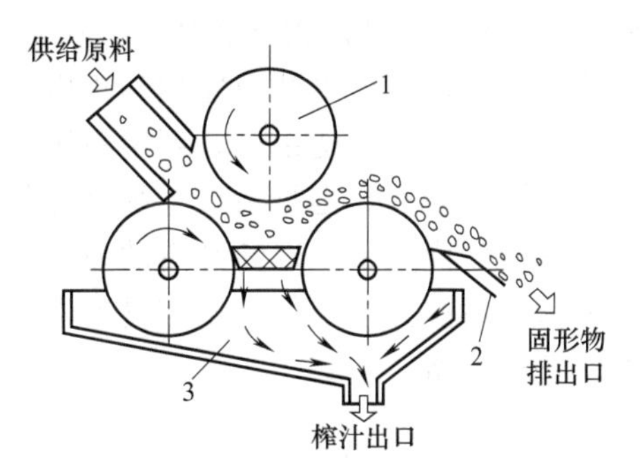

图 8-17 辊轮式压榨机

1—辊轮；2—刮刀；3—榨汁盛盘

3. 带式压榨机

带式压榨机也叫带式压榨过滤机，属于连续式压榨设备，比较经典的是福乐伟（FLOTTWEG）带式压榨机。它的主要工作部件是两条同向、同速回转运动的环状压榨带及驱动辊、张紧辊、压榨辊。压榨带通常用聚酯纤维制成，本身就是过滤介质。借助压榨辊的压力挤出位于两条压榨带之间的物料中的汁液。带式压榨机一般可分为三个工作区：重力渗滤或粗滤区，用于渗滤自由水分；低压榨区，在此区域压榨力逐渐提高，用于压榨固体颗粒表面和颗粒之间孔隙水分；高压榨区，除了保持低压榨区的作用外，还进一步使多孔体内部水或结合水分离。

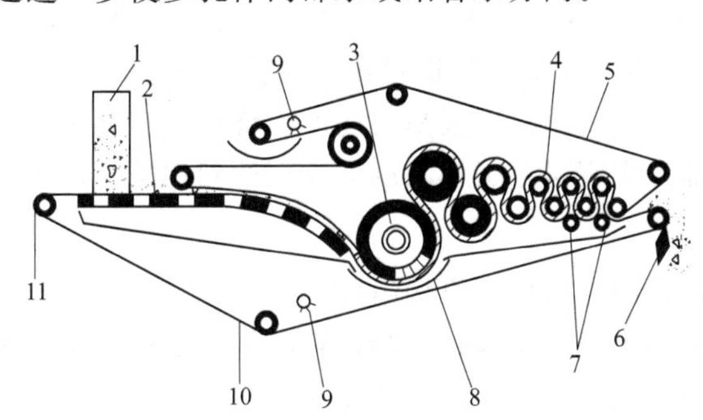

图 8-18 福乐伟带式压榨机原理图

1—喂料槽；2—筛网；3,4—压辊；5—上压榨网带；6—果渣刮板；7—增压辊；8—汁液收集槽；9—高压冲洗喷嘴；10—下压榨网带；11—导向辊

图 8-18 所示为福乐伟带式压榨机原理图。该机主要由喂料槽、筛网、压榨网带、压棍、高压冲洗喷嘴、导向辊、汁液收集槽、机架、传动部分和控制部分等组成。所有压辊均安装在机架上，在压辊驱动网带运行的同时，从径向给网带施加压力，同时伴随剪切作用，使夹在两网带之间的待榨物料受到挤压而将汁液榨出。

工作时，待压榨物料从料槽 1 中连续均匀地送到下压榨网带 10 和上压榨网带 5 之间，被两网带夹着向前移动，在下弯的楔形区域，大量汁液被缓缓压出，并形成可以压榨的滤饼。当进入压榨区后，由于网带的张力和带 L 形压条的压辊 3 的作用将汁液进一步压出，汇集到汁液收集槽 8 中。由于后面压辊的直径逐渐递减，使两网带间的滤饼所受的表面压力与剪力逐渐递增，获得了很好的榨汁效果。为了进一步提高榨汁率，该设备在末端设置了两个增压辊 7，以增加线性压力与正压力。榨汁后的滤饼由果渣刮板 6 刮下，从右端出渣口排出。为保证榨出汁液能顺利排出，该机专门设置了清洗系统，若滤带孔隙被堵塞时，可启动清洗系统，利用高压冲洗喷嘴 9 洗掉粘在滤带上的糖和果胶凝结物。工作结束后，也是由该系统喷射化学清洗剂和清水清洗滤带和机体。

该机的优点是，逐渐升高的表面压力可使汁液连续榨出，出汁率高，果渣含汁率低，清洗方便。但是压榨过程中汁液与大气接触面大，因此对车间环境卫生要求比较严格。

第五节　果蔬汁均质设备

在果汁生产中通过均质，能够获得果肉微细的破碎物均匀分布的果汁溶液，以减少产品沉淀。因此需要用均质机进行均质。

一、离心式均质机

1. 离心式均质机工作原理

离心式均质机是一种兼有均质与净化功能的均质机。离心式均质机是以高速回转鼓使料液在惯性力的作用下分成密度大、中、小三区，密度大的物料成分（包括杂质）趋向鼓壁，密度中等的物料顺上方管道排出，密度小的脂肪类被导进上室，上室内有一块带尖齿的圆盘，使物料以很高的速度围绕该圆盘旋转并与其产生剧烈的相对运动，使得局部产生旋涡，引起液滴破裂而达到均质的目的。

2. 离心式均质机的结构

离心式均质机主要由转鼓、带齿圆盘与传动机构组成。

（1）转鼓　转鼓和离心机转鼓相同，由转轴与碟片等组成。为增加分离能力，一般装有数十块碟片，碟片的形式与离心机的碟片相似。

（2）带齿圆盘　离心式均质机的带齿圆盘所示。盘上有突出的尖齿，一般为 12 齿，齿的前端边缘呈流线型，后端边缘削平。工作时，网盘随转鼓一起回转，转鼓的上方中心处是料液口，料液由此进入转鼓，并充满容腔，在进口的外侧是均质液出口，经带齿圆盘均质后的物料又回到碟片上，一边循环一边均质，均质后的物料则由其出口排出。

3. 离心式均质机的特点

（1）在同一设备内，一次操作即可完成均质与净化，节省投资。

（2）均质度一致。

（3）对机器的材质要求高。即要求材料的强度要高，重量要轻，以提高转速和均质效果。

二、胶体磨

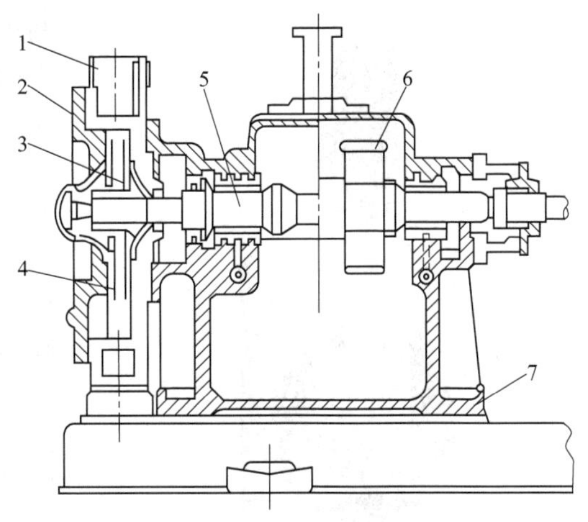

图 8-19 卧式胶体磨结构

1—进料口；2—前机壳；3—动磨片；4—定磨片；5—动、定磨片之间间隙调节装置；6—传动机构；7—机座

胶体磨可分为卧式胶体磨和立式胶体磨。卧式胶体磨的结构见图 8-19。立式胶体磨结构见图 8-20。它的定、动磨盘的锥度不同，形成环形间隙，间隙由大到小，可以调节，料液在间隙中受到磨齿的剪切、挤压和冲击作用得以破碎和混匀。料液从料斗轴向进入胶体磨。定、动磨盘之间间隙为 0.5～1.5mm，动磨盘转速 3000～15000r/min。料液进入后受到磨盘工作齿面的高速磨削和强烈剪切作用而被粉碎。立式胶体磨用黏度为 10Pa·s 左右料液的均质作业，卧式胶体磨多用于黏度较低的物料。

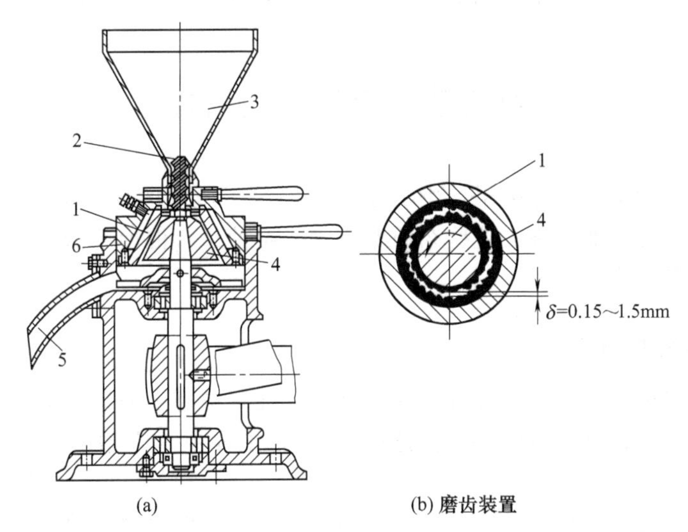

图 8-20 立式胶体磨结构

1—定磨盘；2—螺旋；3—料斗；4—动磨盘；5—出料口；6—壳体

三、高剪切乳化机械设备

高剪切乳化设备类似胶体磨，是以剪切作用为主的均质设备。其工作原理是

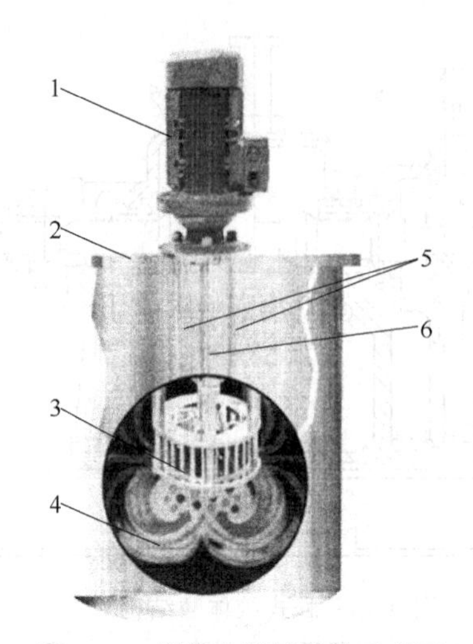

图 8-21 搅拌分散罐结构示意图
1—电动机；2—罐体；3—涡轮均质头；
4—罐内料液；5—定子固定杆；
6—转轴

利用转子和定子间高相对速度旋转时产生的剪切作用使料液得以乳化，或使悬浮液进一步微粒化、分散化。

设备形式多样，名称也较多，如涡轮均质机、涡轮乳化机、高剪切均质机、管线式乳化机、搅拌分散罐等。图 8-21 所示为搅拌分散罐结构示意图，实际结构与胶体磨的差别较大。

在这一搅拌分散罐中，核心部件即是高速剪切均质头。该均质头由外圈的定子和内圈的转子组成，它们是两个相互配合的齿环。转子和定子的形式同样较多样化，差异主要在于齿形、齿圈数及配合方式等方面。高速剪切均质头在结构上与胶体磨磨盘的区别在于：均质头的转子和定子之间有一个或多个圆柱面相切，而胶体磨磨盘的强剪切面为磨盘中间的圆盘面；前者有齿、槽结构，后者没有；前者转子与定子之间的间距不可调，后者磨盘间距可调。

第六节　果汁脱气设备

脱气设备的功用是除去果汁中的杂质及空气。压榨的果汁常含有果肉组织、果渣以及空气等。如不除去这些杂质及空气，会使果汁混浊不清，氧化变质，失去风味和营养价值。

一、真空脱气罐

真空脱气罐用于果汁的脱气。它是将果汁在真空罐中喷散成雾状，脱去果汁中的气体。图 8-22 所示为喷雾式真空脱气罐，主要由真空罐、喷嘴及真空系统等组成。

脱气时，先启动真空泵，使真空罐内形成真空，然后使果汁进入喷雾嘴，成雾状喷入真空罐内，果汁在罐体内下落的过程中，果汁中的气体即被真空泵抽出。脱气后的果汁汇集于真空罐底部，由出料口排入下道工序。真空脱气的效果受罐内真空度、果汁温度、果汁的表面积、脱气时间等因素影响。使用真空脱气，可能会造成挥发性芳香物质的损失，为减少这种损失，必要时可进行芳香物质的回收，加回到果汁中去。

二、齿盘式排气箱

齿盘式排气箱用于罐头产品的排气。因为容量较大，所以适用于产量较大的工厂。齿盘式排气箱如图 8-23 所示，由箱体、齿盘、导轨、传动装置及加热管道等组成。

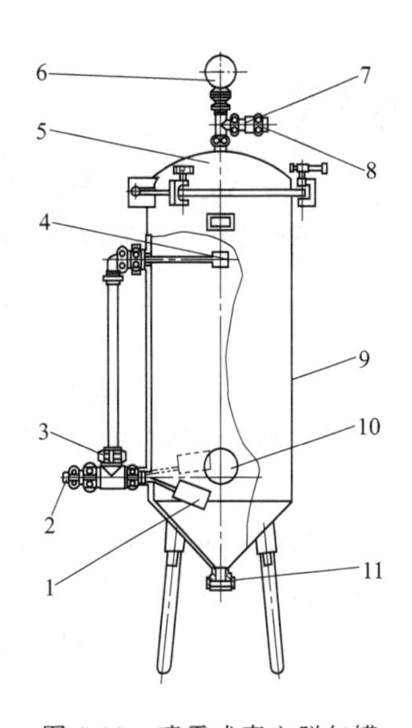

图 8-22 喷雾式真空脱气罐

1—浮子；2—果汁进口；3—控制阀；4—喷嘴；5—真空罐盖；6—压力表；7—单向阀；8—真空系统接口；9—真空罐；10—窥视孔；11—出料口

箱体外形呈长方形，用 6mm 厚的钢板焊制而成。两端开有矩形孔，供进出罐用。为了防止箱盖上的冷凝水滴入罐头中，把箱盖做成坡式。箱盖分几个小盖组成，可以打开任何一个小盖，随时观察设备内各部分的工作情况。箱体底部边缘及箱体四周都有沟道槽，以便排除冷凝水及起水封作用。在热交换过程中总有部分蒸汽尚未冷凝，为防止这部分蒸汽从两端矩形孔中逸出弥漫车间，采取在箱盖两端加排气罩的方法，使蒸汽从排气罩排到车间外。

箱体内共有 55～77 个齿盘，分成三组，每组二排，箱外两端用支架各装一个齿盘作进出罐用。所有齿盘必须安装在同一个平面上。相邻两组的齿盘不啮合，而同一组中的齿盘则

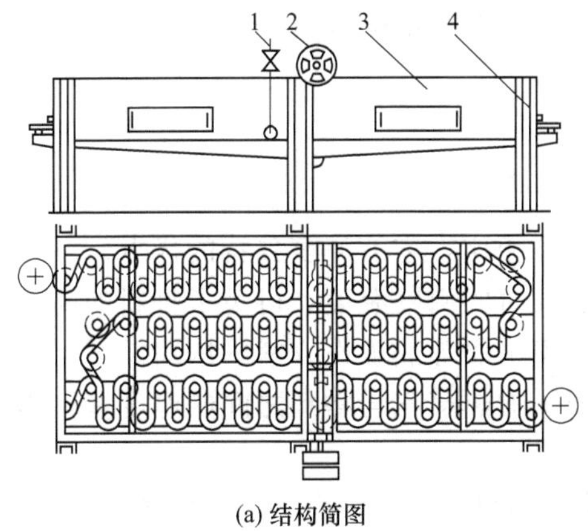

(a) 结构简图　　(b) 罐头运行路程图

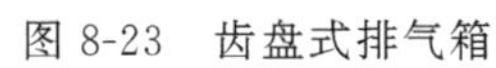

图 8-23 齿盘式排气箱

1—加热管道；2—传动装置；3—箱体；4—支架；5—齿盘；6—导轨

错开相啮合。

传动装置安装在箱体中部下面的架子上，如图 8-24 所示。电动机通过变速箱把动力传到皮带轮，带动主轴旋转。主轴上装有三个圆锥齿轮，使三根轴旋

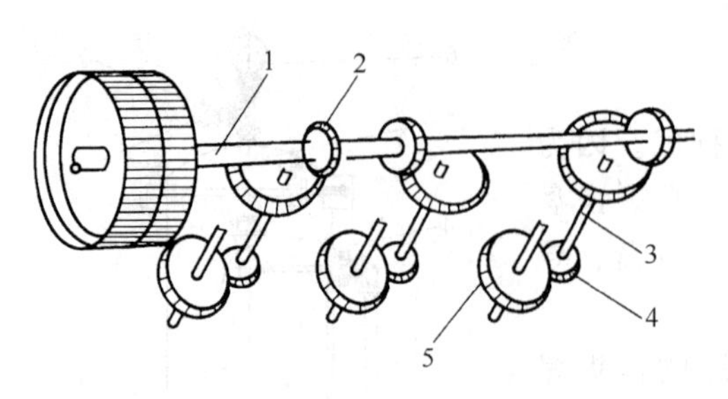

图 8-24 齿盘传动装置
1—主轴；2—圆锥齿轮；3—轴；4,5—齿轮

转。由于圆锥齿轮两边安装的位置相同而中间的相反，因此两边的轴逆时针旋转，作为两旁四排齿盘的动力。中间的轴则顺时针旋转，带动齿轮转动，使排气箱中部两排齿盘转动。

加热系统由进汽管、分配管、沿箱体长度方向上的三根喷管（上面有小孔，蒸汽由管上小孔直接喷到箱体中）等组成。罐头的直径比导轨的间距小 7～10mm，以免卡罐。高度则以箱盖到齿盘的距离为限。排气时，将罐头进入齿盘，在旋转齿盘和导轨的作用下，罐头从一个齿盘转到另一个齿盘。在运动过程中罐头受热而排出罐内的空气，经过弯曲的路程后由出罐口出罐。

第七节 果蔬浓缩设备

真空浓缩是在减压下加热物料，使水分迅速蒸发汽化，并将汽化产生的二次蒸汽不断排除，从而使制品的浓度不断提高，直至达到产品浓度要求的一种工艺过程，用于完成这一过程的设备称为真空浓缩设备。

一、真空浓缩概述

1. 真空浓缩特点

真空浓缩设备与常压浓缩设备相比，它有许多独特的优点。

（1）真空浓缩降低了原料蒸发时的沸腾温度，避免了物料的高温处理，有利于保全物料的营养成分，特别适宜牛奶等热敏性物料的浓缩。

（2）沸腾温度的降低，增加了加热蒸汽与物料之间的温度差，提高了传热速率，使蒸发过程加快，生产能力提高。

（3）为利用二次蒸汽、节约能源创造了条件，如双效浓缩、多效浓缩及热泵等。

（4）真空浓缩操作是在低温下进行的，设备与室内温差小，减少了设备使用时的热量损失。

2. 真空浓缩设备的分类

真空浓缩设备的形式很多，可按下列几种方法进行分类。

（1）按加热蒸汽被利用的次数分为单效、双效、多效浓缩设备。

（2）按浓缩料液的流程分为单程式和循环式两类，其中循环式又有自然循环和强制循环两种。

（3）按加热器的结构形式分为盘管式、中央循环管式、板式、片式浓缩设备等。

（4）按操作的连续性分为间歇式和连续式两大类。

目前，热敏性液体物料生产中常用升膜式真空浓缩设备和降膜式真空浓缩设备。

二、搅拌式真空浓缩锅

搅拌式真空浓缩锅又称为锅夹套式蒸发器，属于间歇式中小型食品浓缩设备，如图8-25所示。被浓缩的料液投入锅内，通过供入夹套内的高温蒸汽进行加热，在搅拌器的强制性翻动下，料液形成对流而受到较为均匀的加热，并释放出二次蒸汽。二次蒸汽从上部抽出。

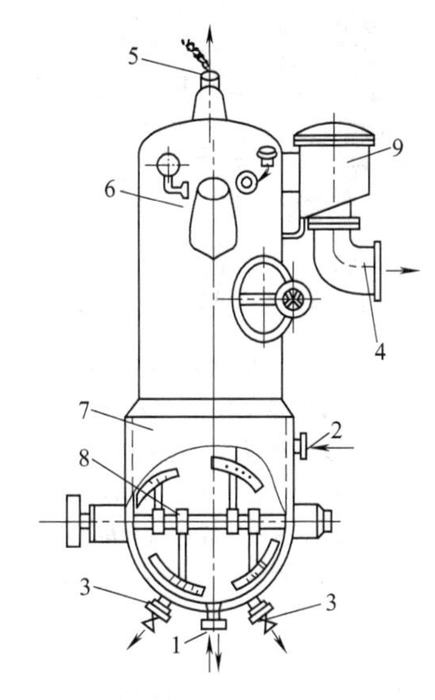

图 8-25 搅拌式真空浓缩锅

1—进、出料口；2—蒸汽入口；3—冷凝水出口；4—二次蒸汽出口；5—抽真空管道；6—上锅体；7—下锅体；8—搅拌桨；9—气液分离器

工作时，料液从进、出料口1进入锅内，高温蒸汽从蒸汽入口2进入锅夹层中，和锅内料液换热后，冷凝水从冷凝水出口3排出。料液在下锅体7内被搅拌桨8搅拌，浓缩过程中产生大量二次蒸汽通过上锅体6，在气液分离器9处被分离，蒸汽从出口4处排出。浓缩过程中真空泵通过管道5对锅体内进行抽真空。被浓缩后的黏稠料液从进、出料口1排出。

搅拌式真空浓缩的特点是加热面积小，料液温度不均衡，加热时间长，料液通道宽，通过强制搅拌加强了加热器表面料液的流动，减少了加热死角，适宜于果酱、炼乳等高黏度料液的浓缩。

三、 盘管式浓缩锅

盘管式浓缩锅主要由盘管加热器、蒸发室、泡沫捕集器、进出料阀及各种控制仪表组成。

1. 结构

锅体为立式圆筒密闭结构，如图8-26所示。上部空间为蒸发室，下部空间为加热室。加热室设有3～5组加热盘管，分层排列，每盘1～3圈，各组盘管分别装有可单独操作的加热蒸汽进口及冷凝水出口，进出口排列方式有两种，如图 8-27 所示。泡沫捕集器为离心式，安装于浓缩锅的上部外侧。泡沫捕集器中心立管与真空系统连接。

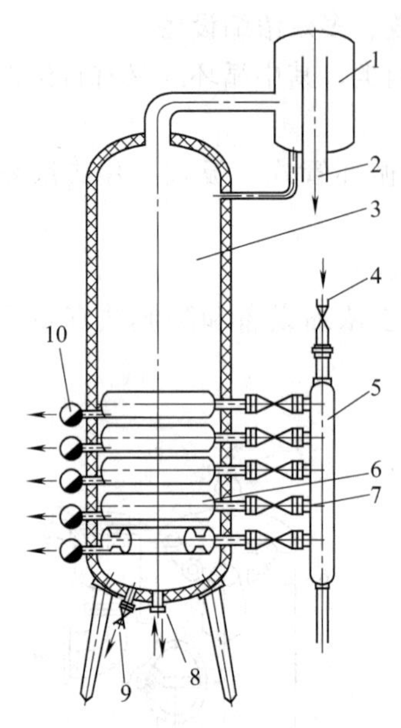

图 8-26 盘管式浓缩锅

1—泡沫捕集器；2—二次蒸汽出口；3—汽液分离器；4—蒸汽进口；5—加热蒸汽包；6—盘管加热器；7—分汽阀；8—料液进口和浓缩液出口；9—取样口；10—疏水器（冷凝水出口）

2. 工作过程

工作时，料液通过进料管进入锅内。外层盘管间料液受热后体积膨胀，密度下降而上浮，进到蒸发室，在蒸发室内，料液中的二次蒸汽逸出，料液浓度提高，密度增大。盘管中心部位的料液，因受热相对较少，密度大，自然下降回流，从而形成了料液沿外层盘管间上升，又沿盘管中心下降回流的自然循环。蒸发产生的二次蒸汽，从浓缩锅上部蒸发室以切线方向进入泡沫捕集器形成旋涡，在离心力的作用下，二次蒸汽中夹带的料液雾滴在捕集器的壁上积聚在一起流回锅中。当浓缩锅内的物料浓度经检测达到要求时，即可停止加热，打开锅底出料阀出料。浓缩锅在开始操作时，应待料液浸没盘管后，才能开蒸汽阀门（从下而上将已浸没盘管的蒸汽阀先后拧开），当液面降低使盘管露出时，应即关闭该层蒸汽阀。故多层盘管的作用在于可跟随罐内料液液面高低而调节加热面，在正常操作时，应控制进料量，使其蒸发速度与进液量相等，保持罐内一定液位。由于盘管结构尺寸较大，加热蒸汽压力不宜过高，一般为 0.7～1.0MPa。

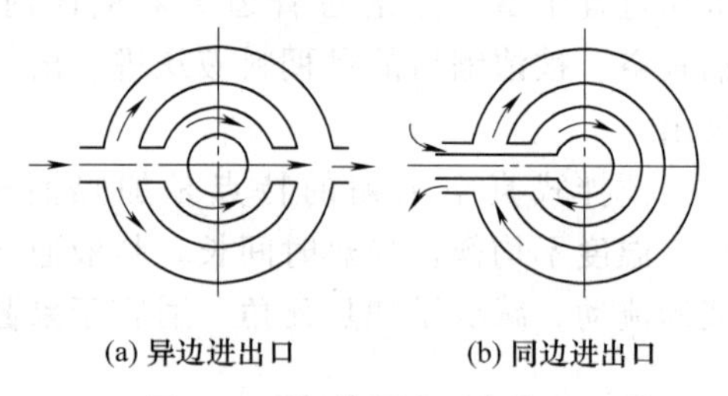

(a) 异边进出口　(b) 同边进出口

图 8-27 盘管的进出口布置

3. 盘管式浓缩锅特点

（1）优点　结构简单、制造方便、操作稳定、易于控制；盘管为扁圆形截面，液料流动阻力小，通道大，适于黏度较高的液料；由于加热管较短，管壁温度均匀，冷凝水能及时排除，传热面利用率较高；便于根据料液的液面高度独立控制各层盘管内加热蒸汽通断及其压力，以满足生产或操作的需要。

（2）缺点　传热面积小，液料对流循环差，易结垢；料液受热时间长，在一定程度上对产品质量有影响。

四、中央循环管式浓缩锅

中央循环式浓缩锅（图 8-28）也称标准式蒸发器，它主要由加热室和蒸发室两部分组成，蒸发室位于加热室上部。

1. 加热室

加热室位于中央循环式浓缩锅体的中下部，它由加热管及中央循环管和上下管板所组成的竖式加热管束构成，材料为不锈钢或其他耐腐蚀材料，中央循环管与加热管一般采用胀管法或焊接法固定在上下管板上。中央循环式浓缩锅的中央循环管，其截面积一般为总加热管束截面积的 40%～100%，以保证蒸发浓缩时料液有良好的循环流动。加热管多采用直径为 25～75mm 的管子，长度一般在 0.6～2.0m，管长与管径之比在 20～40。料液在管内流动，而加热蒸汽在管束之间流动。为了提高传热效果，在管间可增设若干个挡板，或抽去几排加热管，形成蒸汽通道。同时，为了配合不凝结气体排出管的合理分布，有利于加热蒸汽均匀分布，从而提高传热及冷凝效果，在加热体外侧都装有不凝结气体排出管、加热蒸汽管、冷凝水排出管等。

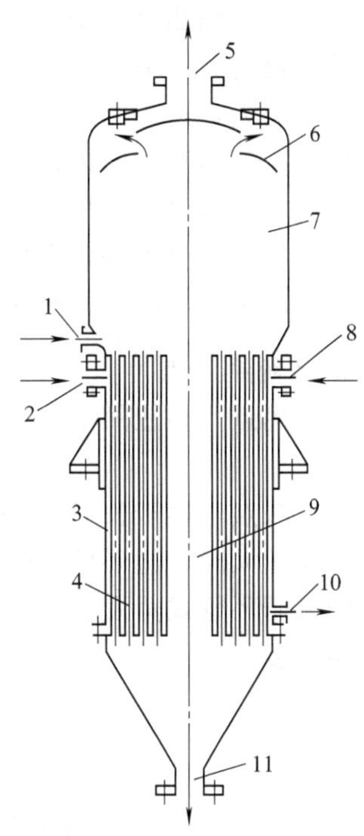

图 8-28　中央循环式浓缩锅
1—料液进口；2—加热蒸汽进口；3—外壳；4—加热室；5—二次蒸汽出口；6—除沫器；7—蒸发室；8—加热蒸汽进口；9—中央循环管；10—冷凝水出口；11—浓缩液出口

2. 蒸发室

蒸发室是加热室上部的圆筒体。它的作用是保证二次蒸汽能与浓缩液很好地分离，蒸发室必须具有一定的高度和空间，否则蒸汽会将少量料液带走造成损失。蒸发室的高度，主要根据防止料液被二次蒸汽夹带的上升速度所定，同时考虑清洗、维修加热管的需要。蒸发室的高度一般为加热管长度的 1.1～1.5 倍。在蒸发室外侧有视镜、人孔、洗水入口、照明仪表、取样等装置，在顶部有捕集器，以分离二次蒸汽可能夹带的料液，减少料液损失。分离器顶部与二次蒸汽出口相连。

3. 工作原理

从中央循环式浓缩锅结构可知，由于中央循环管的横截面积较大，在中央循环管中，单位体积溶液所占有的传热面积相应比其余管径较小的沸腾管中单位溶液所占有的传热面积要小。因此，当料液经过沸腾管和中央循环管所组成的竖式管加热面进行加热时，中央循环管和沸腾管内的料液受热程度不同，沸腾管内的料液受热程度大，中央管内料液受热程度小。在直径较小的沸腾管束内的物料因受热强度较大，迅速沸腾，部分水分汽化，使得料液膨胀、密度下降而上浮，进入加热室上部即蒸发室内，在蒸发室内释放出二次蒸汽。浓缩液密度上升而后在直径较大、加热强度较低的中央循环管回流到加热室下方，形成自然循环。在反复循环过程中，将水分蒸发掉，达到浓缩目的。二次蒸汽在蒸发室上部进一步与物料分离后于顶部排出，浓缩后的成品从出料口排出。

4. 浓缩锅特点

（1）优点　构造简单，操作可靠，传热效果好，投资费用较少，锅内液面易控制。

（2）缺点　属于长时间循环加热，不适合热敏性料液，营养损失大；清洗较困难；黏度大时，循环效果较差。

中央循环管式蒸发器在食品工业中应用十分广泛，目前在果酱及炼乳等生产中应用较多。

五、强制循环式蒸发器

强制循环式蒸发器由分离的列管式加热器和分离器组成，列管式加热器有立式的，也有卧式的。两者通过料液循环泵及管道连接，如图 8-29 所示。料液经循环泵，进入加热室的列管内被管间蒸汽加热，然后进入分离室使二次蒸汽与料液分离，分离出的二次蒸汽从分离室顶部排除，而料液由分离室底部重新进入循环泵，进入下一个循环过程。料液在加热列管内的上行流动主要依赖于循环泵的泵送作用强制完成，因此料液流速可达 3～4m/s，受热、停留时间短，不易结垢，适宜于黏度较大的料液。可用于对热敏性和风味成分保留要求不高的产品浓缩，如用于喷雾干燥前牛乳和蛋白水解液等的浓缩。

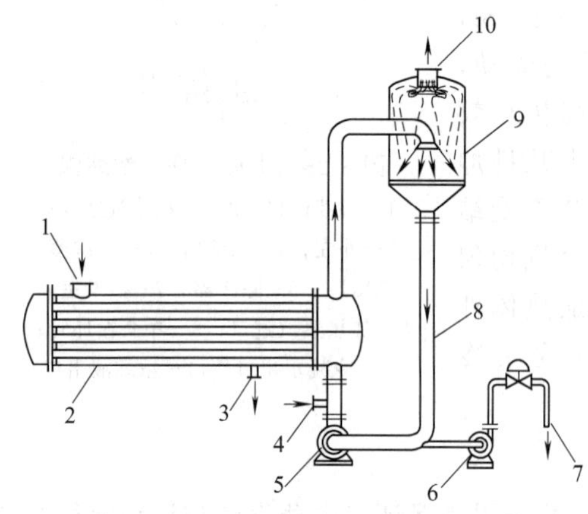

图 8-29　强制循环式蒸发器

1—蒸汽入口；2—加热室；3—冷凝水出口；4—料液入口；5—循环泵；6—出料泵；7—浓缩液出口；8—循环管；9—分离室；10—二次蒸汽出口

强制循环式蒸发器具有以下特点：该型式蒸发器传热系数大，可小温差操作，强制循环，易于控制，只是增加了部分动力消耗。蒸发器的加热室与分离室分开后，可调节两者之间的距离和循环速度，使料液在加热室中不沸腾，而恰在高出加热管顶端处沸腾，加热管不易被析出的晶体所堵塞；分离室独立分开后，形式上可以做成离心分离式，从而有利于改善雾沫分离条件；此外，还可以由几个加热室合用一个分离室，提高了操作的灵活性；自然循环外加热式蒸发器的循环速度较大，可达 1.5m/s，而用泵强制循环的蒸发器，循环速度还要大。这种蒸发器的检修、清洗也较方便。其主要缺点是，溶液反复循环，在设备中平均停留时间较长，对热敏性物料不利。

六、升膜式真空浓缩设备

升膜式浓缩设备常用的有单效式和双效式两种，它们的基本原理相同，只是加热方式及具体结构有些不同。

1. 单效升膜式浓缩设备

该设备属液膜式浓缩设备，为外加热自然循环式，其结构如图 8-30 所示，主要由加热器、分离器、分离器、循环管等部分组成。加热器为一垂直竖立的圆筒形容器，内有许多垂直长管组成管束并膨胀安装于上下管板上。管径一般为 25～80mm，长径比为 100～150，合理的管径比利于形成足够成膜的气速。

工作时，料液自加热器的底部进入加热管内，其在加热管内的液位占全部管长的 1/5～1/4。加热蒸汽在管间，将热量传给管内牛奶。牛奶被加热沸腾，便迅速汽化，所产生的二次蒸汽在管内高速上升(在减压真空状态下，管出口处二次蒸汽速度为 100～160m/s)，浓液被高速上升的二次蒸汽所带动，沿管内壁成升膜式单效浓缩装置膜状上升，并不断被加热蒸发。在二次蒸汽的诱导及分离器高真空的吸力下，浓缩的牛奶及二次蒸汽以较高的速度沿切线方向进入分离器，在分离器离心力作用下与二次蒸汽分离。二次蒸汽从分离器顶部排出，浓缩液一部分通过循环管再进入加热器底部，与所进入的杀菌奶混合继续浓缩，另一部分达到浓度的浓缩液，可从分离器底部放出。二次蒸汽及夹带的牛奶液滴，从分离器顶部进入雾沫捕集器进一步分离后，二次蒸汽导入水力喷射器冷凝。

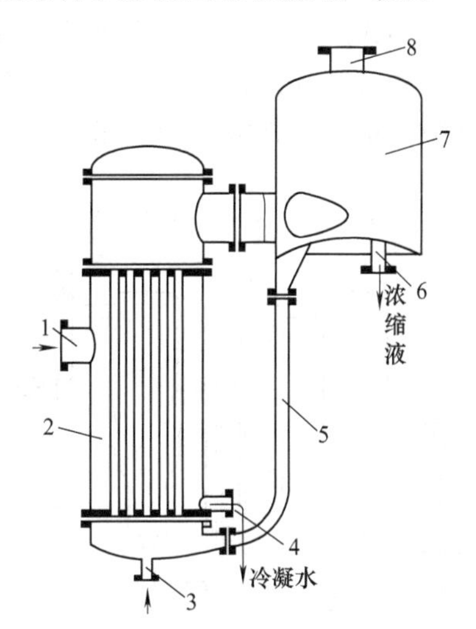

图 8-30 单效升膜式浓缩设备

1—蒸汽进口；2—加热器；3—料液进口；4—冷凝水出口；5—循环管；6—浓缩液出口；7—分离器；8—二次蒸汽出口

操作时，要注意控制好进料量，如果进液量过多，加热蒸汽不足，会造成管的下部积液过多，形成液柱上升而不能形成液膜，使传热效果大大降低。如果进液量过少，则会发生管壁结焦现象。一般经过一次浓缩的蒸发水分量不能大于进料量的80%。另外，料液最好预热到接近沸点状态再进入加热器，以增加液膜在管内的比例，从而提高沸腾和传热效果。

该设备在工作时，料液沿加热管成膜状流动而进行连续传热和蒸发，其主要优点是传热效率高，蒸发速度快，蒸发时间较短（10～20s），适合于热敏性料液的蒸发浓缩。由于料液在管内速度较高，故特别适用于牛乳等易起泡的物料，同时还能防止结垢的形成。但料液薄膜在管内上升时要克服重力及与管壁的摩擦阻力，故不宜用于黏度较大的料液。在食品工业中可用于果汁及乳制品的浓缩。

2. 双效升膜式浓缩设备

双效升膜式浓缩设备又为单程式和循环式两种形式。

单程式双效升膜浓缩设备的基本结构及工作原理与单效升膜浓缩设备相类似，仅多配了一台热泵。料液自第一效加热器底部进入，受热蒸发，经第一效分离器分离后，便自行进入第二效，经蒸发达到预定浓度时便可出料。在整个浓缩过程中，料液只经过加热管表面一次，不进行循环。一效的二次蒸汽，一部分经热泵升温后作第一效的热源，另一部分直接进入二效加热器作为热源。

循环式双效升膜浓缩设备属内循环式，其结构如图8-31所示。该设备主要由一效和二效加热器、一效和二效分离器、混合式冷凝器、中间冷凝器、热泵、蒸汽喷射泵及各种液体输送泵组成。

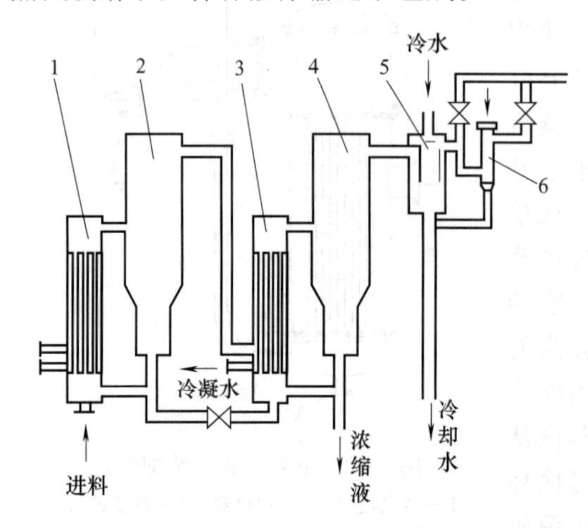

图8-31 循环式双效升膜浓缩设备

1—一效加热器；2—一效分离器；3—二效加热器；4—二效分离器；5—混合式冷凝器；6—中间冷凝器

料液自一效加热器1的下部进入加热管中，由管外蒸汽加热蒸发，并沿加热管上升，随二次蒸汽一起进入一效分离器2，一效分离器分离的料液由回流管仍返回一效加热器的底部，再行循环蒸发，当一效的料液达到预定的浓度时，部分地进入二效加热器3的底部，再进行循环蒸发。当达到出料浓度时。即可连续不断地将其从二效分离器4底部抽出。正常操作形成后，进料量必须等于各效蒸发量与出料量之和。

一效的二次蒸汽一部分作为二效的热源，其余将通过2台热泵升温后作为一效的热源。二效的二次蒸汽则由混合式冷凝器5冷凝。抽真空系统采用双级蒸汽喷射装置。

双效升膜式浓缩设备充分利用了二次蒸汽，不仅降低了能量的消耗，还降低了冷却水的消耗量。

七、降膜式真空浓缩设备

降膜式真空浓缩设备与升膜式真空浓缩设备都属于液膜式浓缩设备，具有传热效率高和受热时间短的特点，同样适用于果汁及乳制品生产。

1. 单效降膜式真空浓缩设备

降膜式真空浓缩设备的结构与升膜式浓缩设备相似，只是在加热器顶部有降膜分配器，如图 8-32 所示。料液从加热器的顶部加入，所以比升膜式要多加一个泵输送到顶部，然后经分配器导流管分配进入加热管，沿管壁呈膜状向下流动，故称降膜式，分配器的作用是使料液均匀地分布在每个加热管中，其结构形式有多种，常见的有锯齿式、导流棒式、螺纹导流管式、切线进料旋流式 4 种，后两种也称为旋液导流式，见图 8-33。其中锯齿和导流棒式比较简单，但分配效果受液位变化影响比较大。旋液导流式能使料液沿管壁四周旋转向下流动，可减少管内各向物料的不均匀性，同时又可增加流速，减薄加热表面的边界层，降低热阻，提高传热系数。降膜分配器对提高设备的传热效果有很大作用，但同时也增加了清洗设备的困难。工作时，料液自加热器的顶部进入，在降膜分配器的作用下，均匀地进入各加热管中，液膜受生成的二次蒸汽快速流动的诱导，以及本身重力的作用，沿管内壁呈液膜状向下流动。由于向下加速，克服的压头阻力比升膜式小，沸点升高也小，加热蒸汽与料液的温差大，所以传热效果更好。浓缩的物料连同二次蒸汽进入分离室分离后，二次蒸汽由分离室顶部排出，浓缩液则由底部抽出。

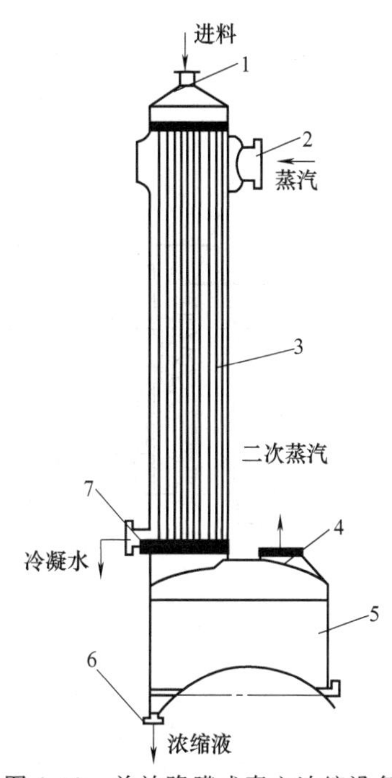

图 8-32 单效降膜式真空浓缩设备
1—料液进口；2—蒸汽进口；3—加热器；4—二次蒸汽进口；5—分离室；6—浓缩液出口；7—冷凝水出口

2. 双效降膜式真空浓缩设备

双效降膜式真空浓缩设备属单程式设备，其结构如图 8-34 所示。主要由一效与二效的加热器和分离器、杀菌器、混合式冷凝器、中间冷凝器、热泵、蒸汽喷射泵及料泵、水泵等组成。

该设备工作时，料液至平衡槽 13 经进料泵 12 送至位于混合式冷凝器 7 内的螺旋管预热，再经置于一效及二效加热器蒸汽夹层内的螺旋管进一步预热，然后

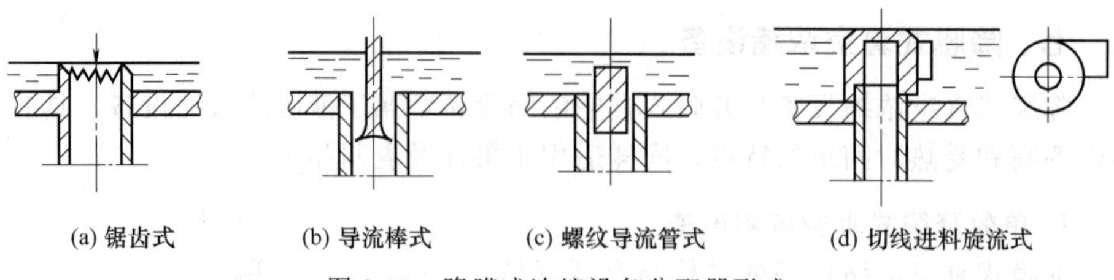

图 8-33 降膜式浓缩设备分配器形式

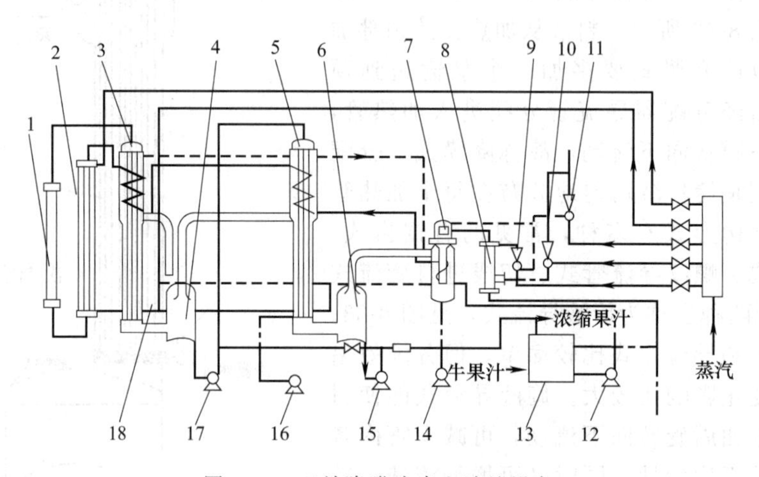

图 8-34 双效降膜式真空浓缩设备

1—保温管；2—杀菌器；3,5——效、二效加热器；4,6——效、二效分离器；7—混合式冷凝器；8—中间冷凝器；9,10——级、二级蒸汽喷射泵；11—启动蒸汽泵；12—进料泵；13—平衡槽；14—冷却水泵；15—出料泵；16—冷凝水泵；17—物料泵；18—热泵

进入杀菌器 2 和保温管 1 进行杀菌、保温。杀菌后的料液从顶部进入一效加热器，经蒸发达到预定浓度后，由物料泵 17 送至二效加热器 5 顶部，再行受热蒸发，达到浓度后由出料泵 15 从二效分离器的底部抽出，若浓度不符合要求，则送回至二效加热器顶部，继续加热蒸发。

八、刮板式薄膜蒸发器

刮板式薄膜蒸发器是一种利用刮板使料液强制成膜进行蒸发浓缩的设备，它由转轴、料液分配盘、刮板、轴承、轴封、蒸发室和夹套、加热室等组成，其中分配盘、刮板和除沫盘固定安装于转轴上。加热室圆筒体内表面，必须经过精加工，圆度偏差在 0.05～0.2mm，保证刮板与加热面之间的最小间隙为（1.5±0.3)mm。转轴两端装有良好机械轴封，一般采用不透性石墨与不锈钢的端面轴封，其径向移动，要求不超过 0.02mm。安装后要进行真空试漏检查，将器内抽真空到 67～133Pa 绝对压力后，相隔 1h，绝对压力不超过 532Pa；或者抽真空到 93kPa，关闭真空抽气阀门，主转轴旋转 15min，真空度下降不超过 1.33kPa，即合乎要求。加热室的长度与直径之比为 5～6，加热面积一般每台为 3～5m²。转轴由电动机及变速调节器控制，转速一般在 350～800r/min，保证刮板的线速度在 2.5～9.6m/s。轴应有足够的机械强度，挠度不超过 0.5mm，多采用空心轴，刮板一般有 4～8 块，最好对称分布，保证转轴力矩均衡。

刮板与转轴多用刚性固定连接，并有一夹角，称为导向角，一般与旋转方向相同，有利于料液流动，导向角大，料液停留时间短。导向角大小，根据料液流动性能而变化，约 10°左右，刮板一般采用弹性支撑的材料。为保证刮板压紧在内壁上有效更新液膜，有些机型采用活动刮板结构。加热室的整体结构有不同形式，以满足不同的工艺要求与操作条件。当浓缩比较大时，可采用分段的长加热室，采用不同压力的蒸汽进行加热。圆筒直径一般为直径 300～800mm，直径过小，加热面积与蒸发空间小，同时因二次蒸汽流速过大，液沫夹带增多，影响蒸发效果。由于加热室直径较小，清洗不太方便。

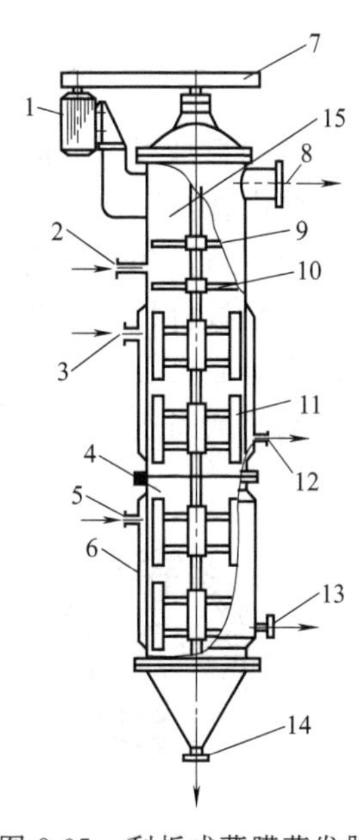

图 8-35 刮板式薄膜蒸发器

1—电动机；2—料液进口；3—蒸汽进口；4—加热室；5—蒸汽进口；6—夹套；7—传动系统；8—二次蒸汽出口；9—除沫盘；10—分配盘；11—刮板；12,13—冷凝水出口；14—浓缩液出口；15—蒸发室

刮板式薄膜蒸发器如图 8-35 所示，工作时料液从上部的料液进口 2 以稳定流量进入，首先经由旋转的分配盘 10 在离心力作用下抛向加热室 4 的内壁上。料液在重力作用下，沿着器壁向下流动，然后装在转轴上的刮板 11 把料液刮成薄膜，料液受加热面的加热而蒸发浓缩，很快又被另一块刮板将浓缩的料液翻动下推。由于料液不断在重力及刮板作用下被刮成液膜和更新，从而不断进行蒸发浓缩，最后流集到蒸发器底部浓缩液出口 14 排出。所产生的二次蒸汽沿中心部分上升到浓缩器顶部，蒸汽中夹带的料液经旋转的除沫盘 9 被离心分离出来，余下的二次蒸汽从顶部二次蒸汽出口 8 排出，然后进入辅助设备冷凝器中。

固定式刮板主要用于不刮壁蒸发；而活动式刮板则应用于刮壁蒸发，因刮板与内壁接触，因此这种刮板又称为扫叶片或拭壁刮板。固定式刮板一般不分段，刮板末端与筒内壁有一定的间距（一般为 0.75～2.5mm）。为保证其间距，对刮板和筒体的圆度及安装垂直度有较高的要求。刮板数一般 4～8 块，其周边速度为 5～12m/s。图 8-36 所示为主要的固定式刮板形式。

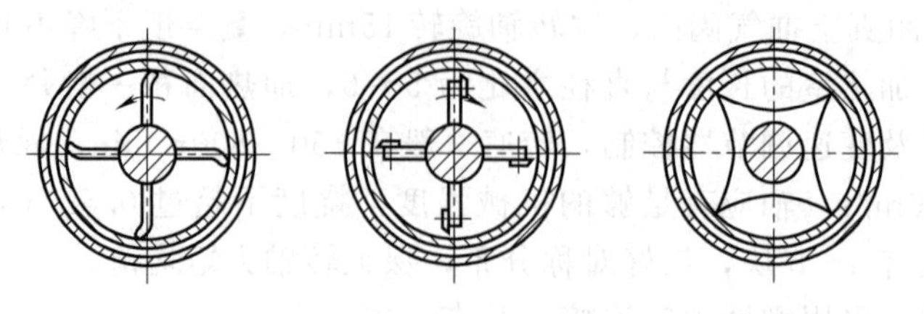

图 8-36 固定式刮板形式

活动式刮板是指可双向活动的刮板。它借助于旋转轴所产生的离心力，将刮板紧贴于筒内壁，因而其液膜厚小于固定式刮板的液膜厚，加之不断地搅拌使液膜表面不断更新，并使筒内壁保持不结晶、难积垢，因而其传热系数比不刮壁的高。刮壁的刮板材料有聚四氟乙烯、层压板、石墨、木材等。活动式刮板一般分数段，因它是靠离心力紧贴于壁，故对筒体的圆度及安装的垂直度等的要求不严格。其末端的圆周速度较低，一般为 1.5～5m/s。图 8-37 所示为常见的几种活动式刮板。

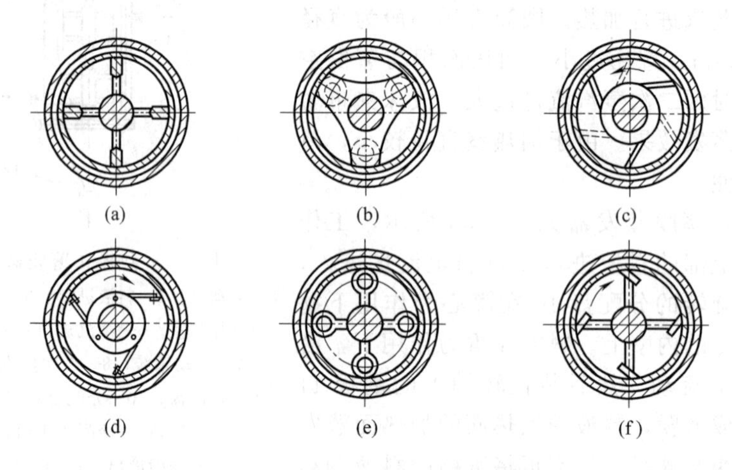

图 8-37 常见的几种活动式刮板

由于料液在浓缩时成液膜状态，而且不断更新，故传热系数较高，适合于浓缩高黏度的果汁、蜂蜜或含有悬浮颗粒的料液。除单独使用外，还可与其他蒸发器配合使用，设置于高浓度的后段浓缩工序，提高整套系统的性能。这种蒸发器的主要缺点是结构复杂，动力消耗较大，加热面积小，制造要求高，清洗困难，其总传热系数随料液黏度增大而降低。

九、真空浓缩装置的辅助设备

真空浓缩装置的主要设备是蒸发器本体，而辅助设备主要包括冷凝器、抽真空装置、捕集器等。

1. 冷凝器

冷凝器的作用是将真空浓缩产生的二次蒸汽进行冷凝，并将其中的不凝气体（如空气、二氧化碳等）分离，以减轻真空系统的容积负荷，保证达到所需的真空度。常用的冷凝器有以下 4 种。

（1）表面式冷凝器　表面式冷凝器系管式热交换器。按其安放形式，可分为立式和卧式两种，以立式为多，如图 8-38 所示。它是通过管壁间接传热，二次蒸汽在管内流动，冷却水在壳管夹层内流动，呈逆流。

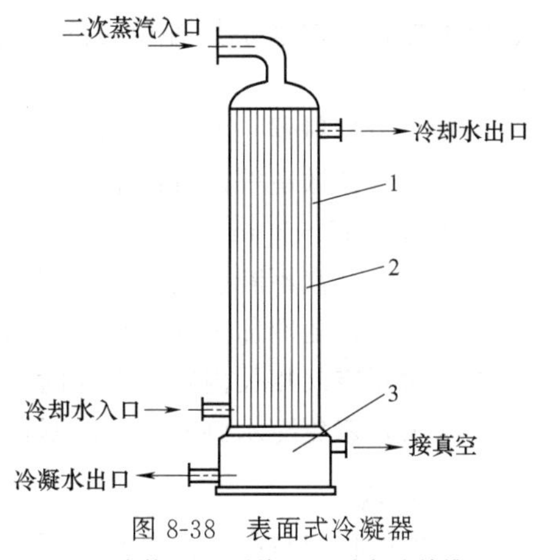

图 8-38　表面式冷凝器

1—壳体；2—列管；3—冷凝液储槽

（2）大气式冷凝器　大气式冷凝器属混合式冷凝器，如图 8-39 所示。

冷凝器体是一个用钢板制成的圆筒，内部装有 3～8 个淋水板，每块淋水板的面积为冷凝器横截面积的 60％～75％。工作时，二次蒸汽由冷凝器的下侧进入，向上通过隔板间隙，与从冷凝器上部进入的冷水逆流接触冷凝，冷却水及冷凝液借液位差由气压腿自行排于系统之外。不凝气体由上端排出，进入汽液分离器，将液滴分离后，再被抽真空装置吸取。

气压腿的安装高度，应足以克服一个大气压水柱的高度，一般安装高度为 11m 左右，多架于室外。

（3）低位冷凝器　如图 8-40 所示，低位冷凝器的结构与大气式冷凝器相似，只是为了降低大气式冷凝器的高度，其冷凝水的排出依靠抽水泵完成，抽吸压头相当于气压腿降低的高度。这种冷凝器由于降低了安装高度，故可装设在室内，

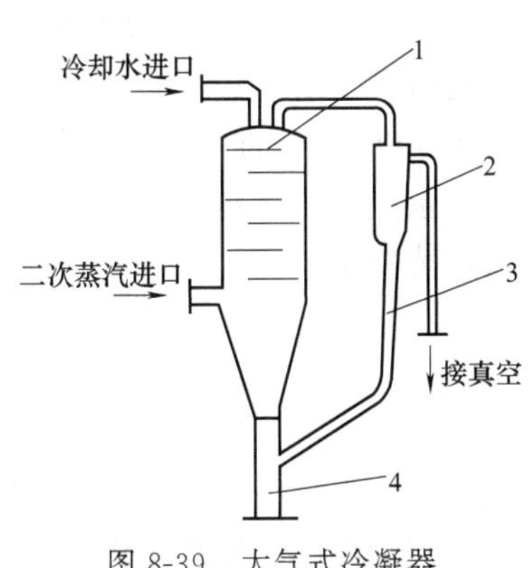

图 8-39　大气式冷凝器

1—淋水板；2—气液分离器；3—分离水回流管；4—气压腿

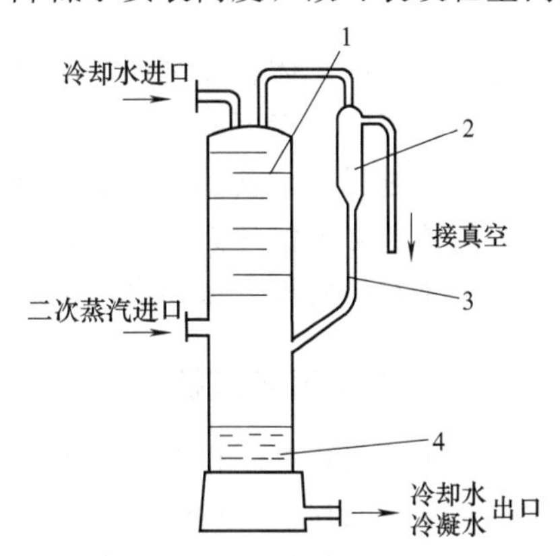

图 8-40　低位冷凝器

1—淋水板；2—气液分离器；3—分离水回流管；4—储液槽

但它要求配置的抽水泵具有较高的允许真空吸头，管路严密，以免发生冷凝水倒灌。

(4) 水力喷射器　水力喷射器兼有冷凝和抽真空两种作用，由喷嘴、吸气室、混合室、扩散室等部分组成。工作时，借助离心泵的动力将水压入喷嘴，水流以高速（达15～30m/s）射入混合室及扩散室，这样，在喷嘴出口处便形成低压区，使二次蒸汽不断被吸入，并与冷水进行热交换。二次蒸汽凝结成水，同时夹带不凝气体，随冷却水一起排出，即达到冷凝和抽真空双重作用。具体见第二章水力喷射真空泵相关内容。操作时，要求供水泵的压力稳定。操作停止时然后再关闭水泵，避免冷水倒灌至浓缩锅内。

2. 捕集器

捕集器的作用是将二次蒸汽与所夹带的细微液滴分离，这样既可以将分离的液滴聚集回收，以减少损失，又可防止污染管道及浓缩器的加热面，还可提高冷凝水的纯度，为利用余热奠定了一定的基础。

捕集器的类型很多，一般分为惯性型捕集器、离心型捕集器和表面型捕集器三类。分别利用惯性、离心作用、多层金属滤网或磁圈分离回收二次蒸汽流中的液滴。

3. 抽真空装置

抽真空装置的类型较多，在生产中可采用往复式真空泵、水环真空泵和蒸汽喷射泵和水力喷射真空泵。

第八节　无菌包装及封箱设备

无菌包装的具体含义是，产品单独进行连续杀菌，容器和盖材也单独杀菌，并在绝对无菌的环境下充填和封合。与其他的食品包装方法明显不同的是，在无菌包装生产过程中，食品的加工处理和包装过程是相互独立的。其加工、充填、封合的各环节必须保证无菌状态，也即确保产品、包装材料、包装环境三个环节无菌。只要有任何地方未彻底杀菌就影响到无菌包装效果。

一、纸盒无菌包装机械

纸盒无菌包装有纸板卷材制盒和预制纸盒两种形式。纸板卷材制盒无菌包装机械主要是瑞典利乐公司的L-TBA系列无菌包装机和国际纸业的SA-50无菌包装机。预制纸盒无菌包装机械主要是德国PKL公司的康美盒无菌包装机、国际液装公司的无菌包装机。

我国自1979年引进利乐纸盒无菌包装机以来，主要用于生产牛奶、果汁、乌龙茶等无菌纸盒包装，是目前我国应用最广泛的无菌包装形式。利乐包以纸板卷材为原料在无菌包装机上成型、充填、封口和分割为单盒，采用纸板卷材具有节省储存空间，容器成型与产品包装一体，可避免污染，操作强度低和生产效率高等优点。利乐包的包装形式有菱形、砖形、屋顶形等，其中菱形是早期采用的包装形式，目前多为砖形或屋顶形包装。包装盒顶端均有圆形或易开式封贴，便于插入吸管或开口。利乐包的容量为 125～2000mL。

图 8-41 所示是 TBA/8 型砖形盒无菌包装机的工作原理和外形结构，主机包括包装材料灭菌、纸板成型封口、充填和分割等机构，辅机有无菌空气和双氧水等装置。包装纸板从图 8-41（a）中纸板卷 1 经过打印日期装置 4、双氧水浴槽 8 后进入机器上部的无菌腔并折叠成筒状，由纵缝加热器 13 封接纵缝；物料从充填管 12 充入纸筒，接着横向封口钳 19 将纸筒挤压成砖形盒并横向封口和切断为单个盒，离开无菌腔；由两台折叠机将砖形纸盒的顶部和底部折叠成角并下屈与盒体粘接。TBA/8 型砖形盒无菌包装机的包装范围为 124～355mL，生产能力为 6000 包/h。

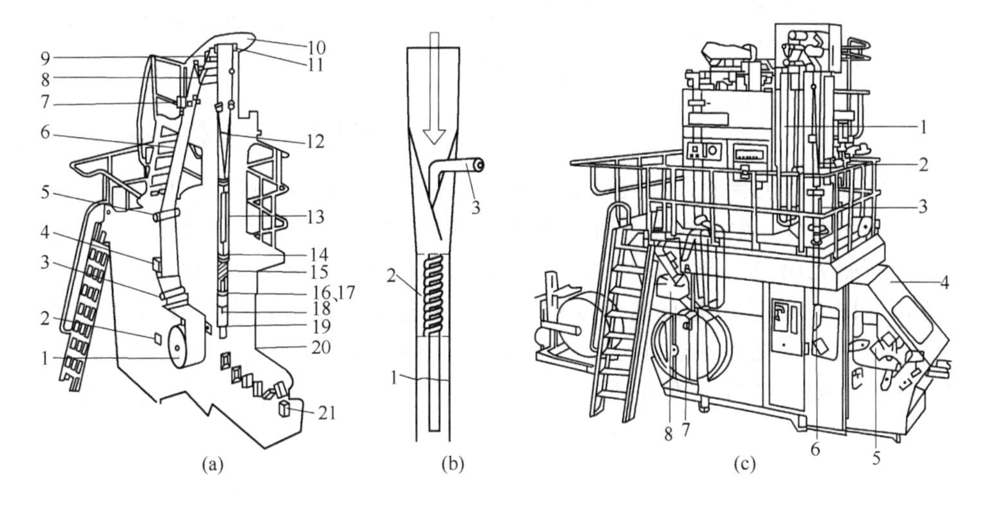

图 8-41　TBA/8 型砖形盒无菌包装机的工作原理和外形结构

（a）工作原理　1—纸板卷；2—光敏传感器（监测两卷纸板的接头）；3—纸板平服辊；4—打印日期装置；5—纸板弯曲辊；6—纸板接头记录器；7—纸盒纵缝粘接带粘接器；8—双氧水浴槽；9—双氧水挤压辊；10—无菌空气收集罩；11—纸板转向辊；12—充填管；13—纵缝加热器；14—纵缝封口器；15—环形加热管；16—纸筒内液面；17—液面浮标；18—充填管口；19—横向封口钳；20—有接头纸盒分拣装置；21—纸盒产品

（b）食品灌装　1—食品液面高；2—电热管加热区；3—食物注入口

（c）外形结构　1—双氧水浴；2—充填管；3—直缝衬口；4—自动洗涤装置；5—最后折型；6—横封装置；7—包装材料；8—自动粘接装置

无菌包装机操作前灭菌和物料充填时都需要提供无菌空气，图 8-42 所示是

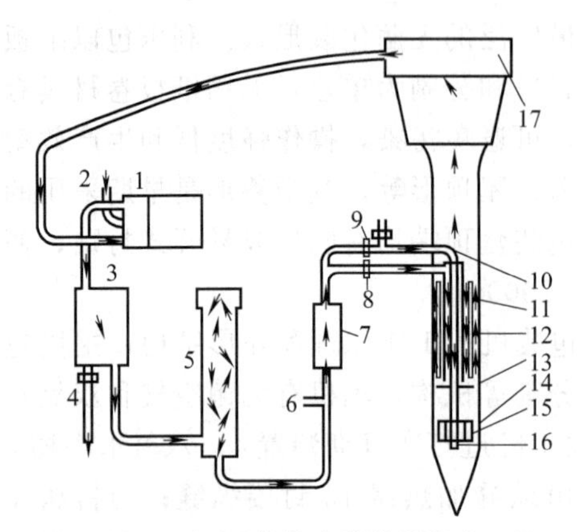

图 8-42 无菌果汁灌装设备内无菌气流的循环示意图

1—水环泵；2—进水口；3—气水分离器；4—废水排出阀；5—空气加热器；6—热空气分流管；7—冷却器；8,9—阀；10—进料管；11—供气管；12—环形电加热管；13—折流点；14—物料液面；15—液面浮子；16—物料节流阀；17—收集罩

无菌果汁灌装设备内无菌气流的循环示意图。水环泵 1 从进水口 2 供水，在泵运转时构成泵内密封水环并吸收回流空气中残留的双氧水。水环泵压出约 0.015MPa 压力的空气经过气水分离器 3 分离水分，而后进入空气加热器 5 被加热到 350℃。从加热器出来的无菌热空气一部分由管道送至包装机的纸筒纵缝封口器用作热封；一部分无菌热空气经过冷却器 7 被冷却至 80℃左右，冷却的无菌空气分两路由阀 8、9 控制，在小容量包装时阀 8 开启，大容量包装时阀 9 开启而阀 8 关闭。无菌空气从纸筒上部供气管 11 引至密封纸筒液面上的空间。无菌空气在折流点 13 处折流向上，经收集罩 17 回流到水环泵再循环使用。

二、塑料瓶无菌包装机械

塑料瓶无菌包装形式有吹塑瓶和预制瓶两大类，前者吹塑制瓶时构成无菌状态并充填和封口，后者将预制瓶在无菌包装机内在杀菌后充填和封口。

塑料瓶无菌包装与玻璃瓶无菌包装的包装机相同，两种瓶可以在同一台机上使用，图 8-43 所示是玻璃瓶或塑料瓶无菌包装系统。该生产线前部为将瓶口倒插的瓶子冲洗和预热部分；中部为瓶子用带 H_2O_2 的热空气杀菌并在瓶的内外表面冷凝，经过一段时间后用无菌热空气干燥；后部为无菌充填和加盖密封。

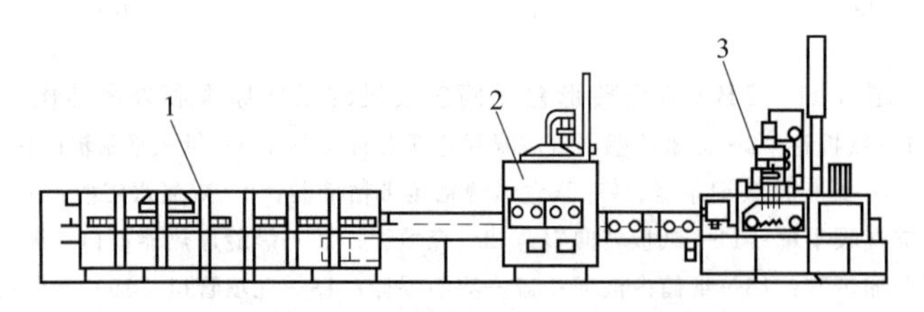

图 8-43 玻璃瓶或塑料瓶无菌包装系统

1—瓶冲洗和预热；2—瓶杀菌和干燥；3—无菌充填和封盖

图 8-44 所示是单型坯吹塑瓶无菌包装机的结构，主要由活塞式无菌物料泵 3、塑料挤出机 4 和成型模坯 5 组成。机器的工作过程：由两条链带 1 各带动半个吹塑坯模 2 在中间会合组成整体型坯模 5，塑料挤出机 4 将熔化的塑料挤入型

坯并吹成瓶；无菌物料由活塞式无菌物料泵3从物料管充填入瓶内并封口；产品6由输送带7送出机外。

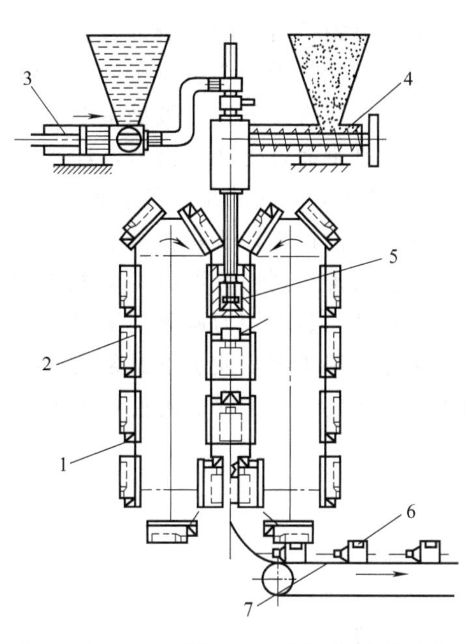

图8-44 单型坯吹塑瓶无菌包装机的结构

1—链带；2—半个吹塑坯模；3—活塞式无菌物料泵；4—塑料挤出机；5—成型模坯；6—产品；7—输送带

三、封箱设备

封箱机是用于对已装罐头或其他食品的纸箱进行封箱贴条的机械。根据黏结方式可将封箱机分为胶黏式和贴条式两类。由于胶黏剂或贴条纸类型不同，上述两类机型内还存在结构上差异。

一种常见封箱机如图8-45所示，主要由辊道、提升套缸、步伐式输送带、折舌、上纸盘架、下纸盘架、压辊、上下切纸刀、气动系统等部分组成。

机器的主要工作过程为，前道装箱工序送来的已装箱的开口纸箱进入本机辊道后，在人工辅助下，纸箱沿着倾斜辊道滑送到前端，并触动行程开关，这时辊道下部的提升套缸1（在气动系统的作用下）便开始升起，把纸箱托送到具有步伐式输送器5的圈梁4顶上，纸箱到位后即接通信号，发出动作指令，步伐式输送器即开始动作。

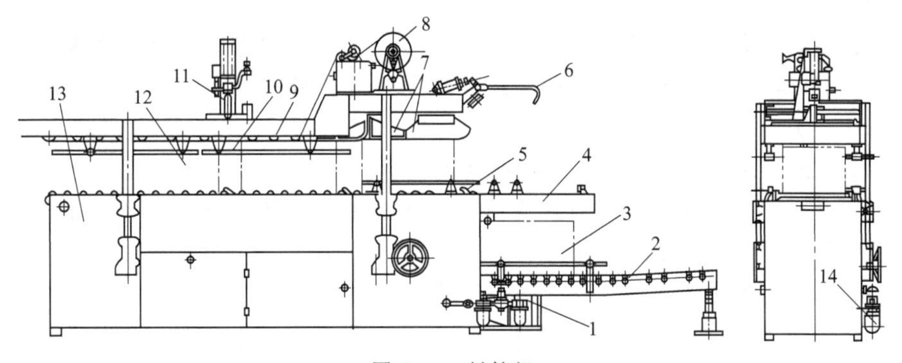

图8-45 封箱机

1—提升套缸；2—辊道；3—纸箱；4—圈梁；5—步伐式输送器；6—折舌钩；7—折舌板；8—上纸盘架；9—压辊；10—导向杆；11—切纸部分；12—封好的纸箱；13—机体；14—气路系统

步伐式输送器推爪将开口纸箱推进拱形机架。在此过程中，折舌钩6首先以摆动方式将箱子后部的小折舌合上，随后由固定折舌器将纸箱前部的折舌合上，此后再由两侧折舌板7将箱子的大折舌合上并经尾部的挡板压平服。完成折舌的纸箱被推入压辊9下，并被推至下一道贴封条工序。用作封条的纸带装在上纸盘架8上。纸带通过支架引出后，经过涂水装置使骨胶纸带润湿，再引到纸箱上部（纸箱下部也有同样的贴封条装置），由压辊9压贴在箱子上。箱子随着输送机推爪往前输送的过程，逐步将纸带从前往后粘贴到箱子上，步伐式输送器的推爪再将纸箱往前推送到切纸部分11，待箱停稳后切刀向下运动（下部切刀向上运动）将纸带切断。装于切刀两侧的滚轮，随之将前一箱子的后端和后一箱子的前端的纸带滚贴到箱子上，使上下封条成“冂”、“凵”形封住箱子。封好的纸箱12再由推爪输送到下一工序。若使用不干胶封条，则涂水装置可以不用。

思考题

一、判断题

1. 升膜式真空浓缩设备比降膜式浓缩设备好。(　　)

2. 升膜式蒸发器物料与加热器蒸汽呈逆流。(　　)

3. 降膜式蒸发器物料与加热器蒸汽呈逆流。(　　)

4. 鼓风式清洗机利用空气进行搅拌，可使原料在较强烈翻动而不损伤的条件下，加速去除表面污物，保持原料的完整性和美观，因而最适合于果蔬原料的清洗。(　　)

5. 栅条滚筒式清洗机的滚筒分为前后两段，前段为清洗滚，后段为粗洗滚筒。(　　)

6. 喷淋式滚筒清洗机可以在滚筒内安装（由结构幅条固定的）中轴，驱动装置带动中轴从而带动滚动转动。这种形式的清洗机，喷水管只能装在滚筒外面。(　　)

7. 喷淋式滚筒清洗机属于间歇是清洗设备。(　　)

8. 喷淋式滚筒清洗机比栅条滚筒式清洗机多一个喷淋功能，适用于表面污染物易被浸润冲除的物料。(　　)

9. 浸泡式滚筒清洗机适合叶菜和浆果类物料的清洗。(　　)

10. 打浆机主要用于苹果、梨和浆果以及番茄等果蔬物料的打浆操作中，是生产果酱和番茄酱的常用机械。(　　)

11. 制循环式蒸发器传热系数大，可小温差操作，强制循环，易于控制，而且还减少动力消耗。(　　)

12. 制循环式蒸发器的加热室与分离室分开后，可调节两者之间的距离和循

环速度，使料液在加热室中不沸腾，而恰在高出加热管顶端处沸腾，加热管不易被析出的晶体所堵塞。（ ）

13. 盘管式蒸发器的液料流动阻力小，通道大，适于黏度较低的液料（ ）

14. 搅拌式真空浓缩的特点是加热面积大，料液温度均衡，加热时间短，料液通道宽，通过强制搅拌加强了加热器表面料液的流动，减少了加热死角。（ ）

15. 盘管式蒸发器传热面积大，液料对流循环好，不易结垢。（ ）

二、填空题

1. 鼓风式清洗机，也称______、______和______等。其清洗原理是用鼓风机把具有一定压头的空气送进洗槽中，使清洗原料的水产生剧烈的翻动，物料在空气对水的剧烈搅拌下进行清洗。

2. 鼓风式清洗机主要由______、______、______、______、______、______等构成。

3. 物料从喷淋式滚筒清洗机的进料斗进入到滚筒内，随滚筒的转动而在滚筒内不断翻滚相互摩擦，再加上______的冲洗，使物料表面的污垢和泥沙脱落，由滚筒的______随喷淋水经排水斗排出。

4. 浸泡式滚筒清洗机可以作为硬质块状物料的______和______两用，但经这样去皮后的物料，其表面已不光滑，只能用在去皮后进行______和______生产中，不适用于整只______的制造。

5. 水果破碎机常常见的水果破碎机有______、______等结构形式。

6. 鱼鳞孔刀式破碎机是一种果蔬榨汁操作的______，将果蔬破碎成不规则碎块。是以切割果蔬为主的破碎机械设备。一般用于______的破碎，不适于______等过硬的物料破碎。

7. 卧式齿刀式破碎机主要由______、______、______、______、______等构成。

8. 打浆机联动时，各台打浆机的筛筒孔眼大小不同，前道筛孔比后道筛孔孔眼______，即一道比一道打得更______。

9. 螺旋连续压榨机主要用于压榨______、______、______、______、______等果蔬的汁液。其结构简单，主要由______、______、料斗、______、离合器、传动装置、汁液收集器及机架组成。

10. 活塞式榨汁也叫______，最初是瑞士布赫公司生产苹果汁的专用设备。这种榨汁机每小时最多可加工8～10t苹果原料，出汁率达到82%～84%。

11. 活塞式榨汁是由______与______连接起来，水果经打浆成浆料，经连接板中心孔进入筒体内，活塞压向连接板，果汁经______和后盖上伸缩导管进入集汁装置。

12. 锥形螺旋压榨机的螺杆做成锥形，______沿前进方向不断缩小，______为筛状。工作时，物料被挤压，果汁通过______流入容器内；______从螺旋小端与筛筒的间隙中排出。

13. 真空浓缩降低了原料蒸发时的沸腾温度，避免了物料的高温处理，有利于保全物料的______，特别适宜果汁等热敏性物料的浓缩。

14. 单效升膜式浓缩设备在工作时，料液沿加热管成膜状流动而进行连续传热和蒸发，蒸发时间较短______，适合于______的蒸发浓缩。由于料液在管内速度较高，故特别适用于______的物料，同时还能防止结垢的形成。但料液薄膜在管内上升时要克服重力及与管壁的摩擦阻力，故不宜用于______的料液。在食品工业中可用于______的浓缩。

15. 降膜式真空浓缩设备的结构与升膜式浓缩设备相似，只是在加热器顶部有______，料液从加热器的顶部加入，所以比升膜式要多加一个______输送到顶部。

16. 中央循环管式蒸发器在食品工业中应用十分广泛，目前在______及______等生产中应用较多。

17. 盘管式浓缩锅主要由______、______、______、进出料阀及各种控制仪表组成。

18. 搅拌式真空浓缩适宜于______、______等高黏度料液的浓缩。

19. 中央循环式浓缩锅属于长时间循环加热，不适合______料液，______损失大。

20. 强制循环式蒸发器的料液在加热列管内的上行流动主要依赖于循环泵的泵送作用强制完成，因此料液流速可达______ m/s，受热、停留时间短，不易结垢，适宜于______的料液。

三、选择题

1. 鼓风式清洗机的吹泡管安装于输送机的工作轨道之______。

A. 上　　B. 中　　C. 下　　D. 两侧

2. 栅条滚筒式清洗机的滚筒下半部浸在水槽里，两水槽的槽底为______，侧端有排污口。

A. 圆　　B. 正形方　　C. 椭圆形　　D. 半锥形

3. 喷淋式滚筒清洗机的滚筒可以通过滚圈以一定倾斜角度（3°～5°）由安装在机架上的支承托轮支承，并由传动装置驱动转动，喷水管可安装在滚筒______。

A. 外侧上方　　B. 外侧下方　　C. 内侧上方　　D. 内侧下方

4. 升膜式蒸发器操作时，要注意控制好进料量，如果进液量过多，加热蒸汽不足，会造成管的下部积液过多，形成液柱上升而不能形成______，使传热效果大大降低。

A. 二次蒸汽　　B. 上升　　C. 浓缩　　D. 液膜

5. 升膜式蒸发器如果进液量过少，则会发生管壁______现象。

A. 爆炸 B. 结焦 C. 沸腾 D. 泄露

6. 升膜式蒸发器一般经过一次浓缩的蒸发水分量不能大于进料量的______%。另外，料液最好预热到接近沸点状态再进入加热器，以增加液膜在管内的比例，从而提高沸腾和传热效果。

A. 40 B. 60 C. 80 D. 100

7. 打浆机刮板的______以及与筛片的间隙对生产率和出品率影响很大。因此，在新机器使用前应充分调整，保证达到最佳效果。

A. 切碎刀 B. 导程角 C. 转速 D. 破碎桨

8. 在很多果蔬打浆加工操作中，是把______台打浆机串联起来使用的，它安装在同一个机架上，由一台电动机带动，这称为打浆机的联动。

A. 1 B. 2 C. 2～3 D. 4～5

9. 锥形螺旋压榨机用过调节出口间隙可改变______。这类压榨机结构简单，能连续作业，故广泛用于苹果、番茄、菠萝等水果的榨汁。

A. 重力 B. 离心力 C. 压榨力 D. 出汁率

10. 带式压榨机也叫带式压榨过滤机，属于连续式压榨设备，比较经典的是______。

A. 布赫榨汁机 B. 福乐伟带式压榨机

C. 锥形螺旋压榨机 D. 辊轮式压榨机

第九章　果蔬干制加工设备

第一节　果蔬干制概述

果蔬干制即脱除果蔬中的水分，是借助于热力作用，将果蔬中水分减少到一定限度，使制品中的可溶性物质提高到不适于微生物生长的程度。同时，由于水分下降，酶活性也受到抑制，这样制品就可得到较长时间的保存。由于干制并不能将微生物全部杀死，只能抑制它们的活动，因此，干制品并非无菌，遇温暖潮湿的气候，就会引起果蔬干制品的腐败变质。

目前干制后要求果蔬的水分在3%～25%之间，如：果干的含水量为15%～25%，蔬菜要降到3%～13%，其中叶菜类必须低达4%～8%，根菜类因富含淀粉可含水分10%～12%。

第二节　厢式干燥机

厢式干燥机大多为间歇操作，一般用盘架盛放物料。厢式干燥机主要由一个或多个室或格组成，主要内部结构有逐层存放物料的盘子（这些物料盘一般放在可移动的盘架或小车上，能够自由移动进出干燥室）、框架、蒸汽加热翘片管（或无缝钢管）或裸露电热元件加热器。有时也可将物料放在打孔的盘子上，让热风穿过物料层。在大多数设备中，热空气被反复循环通过物料。

根据物料的性质、状态和生产能力大小，厢式干燥机可分为轴流风扇厢式干燥机、水平气流厢式干燥机、穿流气流厢式干燥机、真空厢式干燥机等。还有一些和现代技术相结合的干燥机，如箱式微波干燥机等。

一、轴流风扇厢式干燥机

轴流风扇厢式干燥机如图 9-1 所示。轴流风扇厢式干燥机内设有鼓风机、空气加热器、热空气整流板及进气口和排气口等。轴流风扇厢式干燥机的热风流动方向与物料平行。工作时，空气加热器 5 将热空气加热后，鼓风机叶轮 2 旋转，将加热的热空气抽吸过来进行，对物料盘 3 进行加热，热空气在热空气整流板 4 控制下，进行周而复始的循环。新鲜空气从进气口 1 进入，废气从排气口 8 排出。

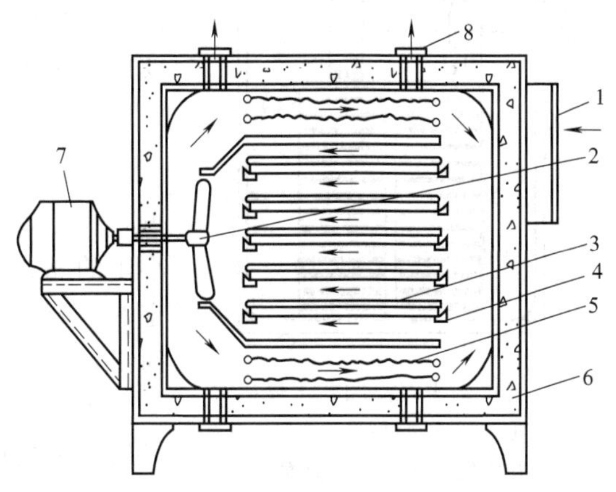

图 9-1 轴流风扇厢式干燥机

1—进气口；2—鼓风机叶轮；3—物料盘；4—热空气整流板；5—空气加热器；6—绝热材料；7—鼓风机；8—排气口

干燥室可以用钢板、砖、石棉板等建造；物料盘可用钢板、不锈钢板、铝板、铁丝网等制成，视被干物料的性质而定。辅助设备有架子、小车、风机、加热器、除尘设备等。物料盘置于小车上，小车可方便地推进推出，盘中物料填装厚 20～50mm。干燥机内热风速度通常为 0.5～3m/s，一般情况下取 1m/s 为宜。

二、水平气流厢式干燥机

1. 干燥机结构

水平气流厢式干燥机如图 9-2 所示。水平气流厢式干燥机内设有鼓风机、空气加热器、热空气整流板 4、进风口和排风口等。水平气流厢式干燥机的热风流动方向与物料平行。工作时，空气加热器 3 将热空气加热后，鼓风机叶轮 7 旋转，将加热的热空气压送过去，对物料盘内的物料进行加热，热空气在热空气整流板 4 控制下，进行周而复始的循环。新鲜空气从进风口 6 进入，废气从排风口 2 排出。

2. 主要技术参数

（1）热风的速度　为了提高干燥速度，需要有较大的传热系数，为此应加大热风的速度；但是为了防止物料带出，风速应小于物料带出速度。因此，被干燥物料的密度、粒径以及干燥结束时的状态等成为决定热风速度的因素。

（2）物料层的间距　在干燥机内，空气流动通道的大小，对空气流速影响很大。空气流向和在物料层中的分布又与流速有关。因此，适当考虑物料层的间距

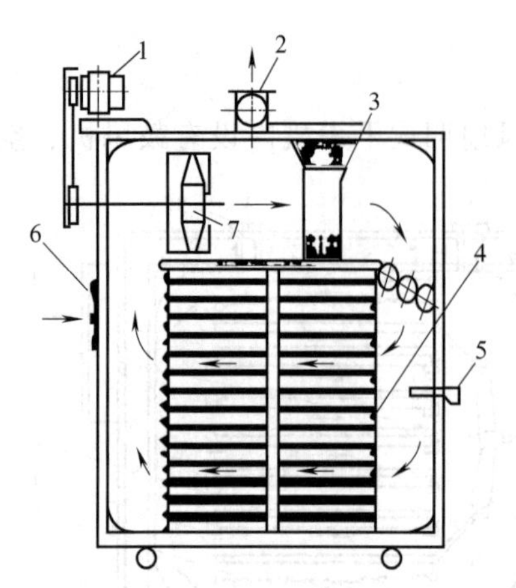

图 9-2 水平气流厢式干燥机
1—电动机；2—排风口；3—空气加热器；4—热空气整流板；5—温度计；6—进风口；7—鼓风机叶轮

和控制风向是保证流速的重要因素。

（3）物料层的厚度　为了保证干燥物质的质量，常常采取降低烘箱内循环热风温度和减薄物料层厚度等措施来达到目的。物料层的厚度由实验确定，通常为10～100mm。

3. 风机的风量

风机的风量根据计算所得的理论值（空气量）和干燥机内泄漏量等因素决定。但是在有小车的厢式干燥机内，干燥室和小车之间有一定的空隙，尤其在空气阻力小的安装车轮的空间内，通过的空气量多。

为了使气流不出现死角，水平气流厢式干燥机的风机应安置在合适的位置。同时，在机器内安装整流板，以调整热风的流向，使热风分布均匀。

三、穿流气流厢式干燥机

为了克服水平气流厢式干燥机的缺点，开发了穿流气流厢式干燥机。要使热风在料层内形成穿流，必须将物料加工成型。由于物料性质的不同，成型的方法有沟槽成型、泵挤条成型、滚压成型、搓碎成型等。同时为了防止物料飞散，在料盘上盖有金属丝网。穿流气流与水平气流干燥机的差别仅在于前者料盘底部为金属丝网，热风可以穿过料层，干燥效率高。穿流气流厢式干燥机结构如图 9-3 所示。

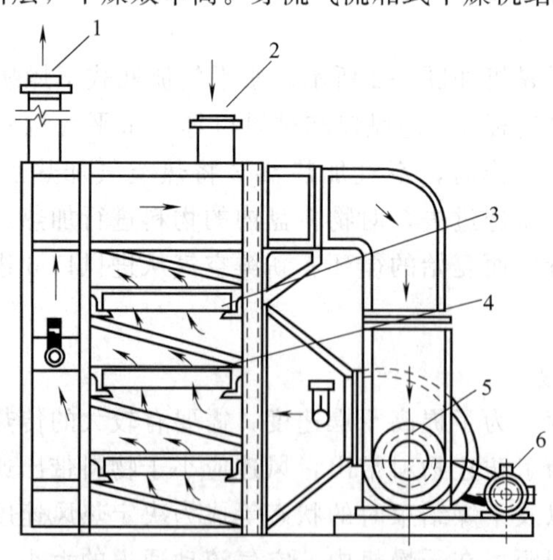

图 9-3 穿流气流厢式干燥机结构
1—热风出口；2—热风进口；3—金属丝网物料盘；4—盖网；5—鼓风机；6—电动机

第三节　隧道式干燥机

将被干燥食品物料放置在小车内、运输带上、架子上或自由地堆置在运输设备上，物料沿着干燥室中的通道，向前移动，并一次通过通道。被干燥物料的加料和卸料在干燥室两端进行。这种干燥机称为隧道式干燥机，又称洞道式干燥机。热空气经料车底部及两侧缓缓进入干燥机内。料车两侧的热空气经由竖管从喷嘴抽出，喷嘴对准每层料盘中间部位，以增大干燥机内热空气的横向流动，将层与层间水蒸气带走，降低料层间热空气内的水分压，提高干燥速率。

隧道式干燥机的制造和操作都比较简单，适合多种条块状食品的干燥，能量消耗也不大。但物料干燥时间长、生产能力低、劳动强度大。

一、轨道式隧道干燥机

1. 隧道

隧道的四壁用砖或带有绝热层的金属材料构成。隧道的宽度主要决定于洞顶所允许的跨度，一般不超过3.5m。干燥机长度由物料干燥时间及干燥介质流速和允许阻力确定。干燥机愈长，则干燥愈均匀，但阻力也越大。长度通常不超过50m。截面流速一般不大于2～3m/s。将被干燥物料放置在小车上，送到隧道内。载有物料的小车布满整个隧道。当推入一辆有湿物料的小车时，彼此紧跟的小车都向出口端移动，小车借助于轨道的倾斜度（倾斜度为1/200）沿隧道移动，或借助于安装在进料端的推车机推动。推车机具有压辊，它装在一条或两条链带上，这些压辊焊接在小车的缓冲器上，车身移动一个链带行程后，链带空转，直至在压辊运动的路程上再遇到新的小车。也有在干燥机进口处，将载物料的小车相互连接起来，用绞车牵引整个列车或者用钢索从轮轴下面通过去牵引小车。

此外，也有将小车吊在单轨上（图9-4，单轨式隧道干燥机），或吊在特别的平车上。隧道的门必须严密。可根据车间与洞口的大小设计成双轨式（图9-5，双轨式隧道干燥机）、旁推式或升降式。对于旁推式或升降式的门，转车盘或转向平车可以紧靠干燥机，但需在门开启时留有能放置一辆或两辆车的余地。

进入隧道的热源可用废气、热气、烟道气或电加热空气等。流向可分为自然循环、一次或多次循环，以及中间加热和多段再循环等。其中，自然循环是不合理的，因为物料在设备中停留的时间长，会影响产品质量，而且消耗热能。多段再循环的主要优点是不管纵向的气流如何，都可使空气的横向速度变大，干燥效果较好，达到均匀和迅速干燥的目的。近年来，在隧道式干燥设备内采用逆流和并流操作流程。对于很多的物料，如果只采取逆流操作，可能引起局部冷凝现

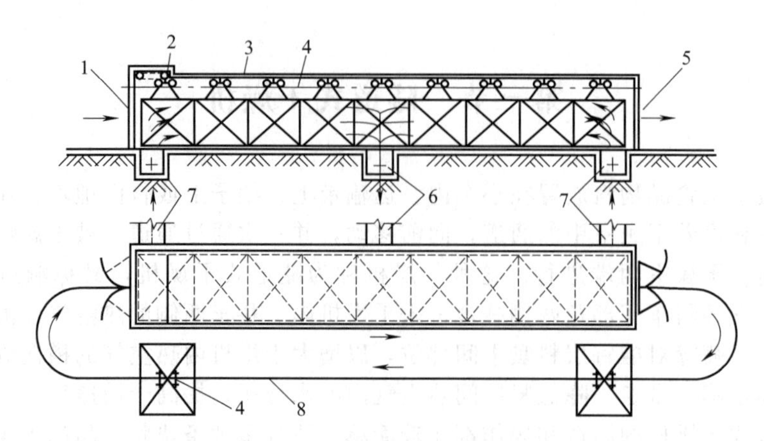

图 9-4 单轨式隧道干燥机

1—物料入口；2—推车机；3—支架；4—单轨；5—物料出口；6—废气侧面出口；7—干燥热空气入口；8—回车道

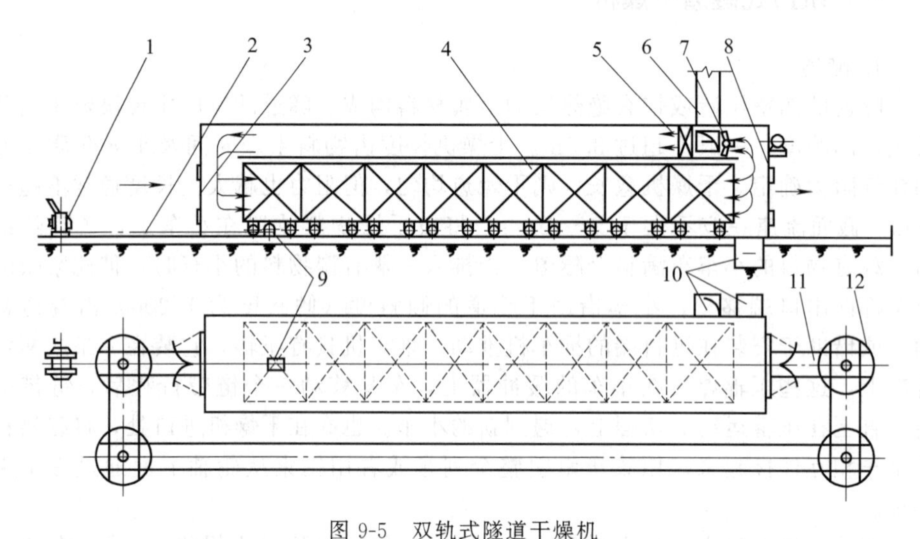

图 9-5 双轨式隧道干燥机

1—绞车；2—钢索；3—物料入口；4—小车；5—加热器；6,10—废气出口；7—鼓风机；8—物料出口；9—滑车；11—双轨回车道；12—转车盘

象，影响产品质量。如果只采用并流操作，干燥过程进行得较顺利，但在干燥过程结束时，干燥强度低。

2. 小车

厢式或隧道式干燥机中常将被干燥物料放置在小车上进行干燥。可以根据被干燥物料的外形和干燥介质的循环方向，设计不同结构和尺寸的小车。

将松散状物料放置在浅盆中的情况，见图 9-6 所示浅盘式干燥物料小车。图 9-7 所示为悬挂式干燥物料小车。小车的车轮结构，有凸缘的，有平滑的。

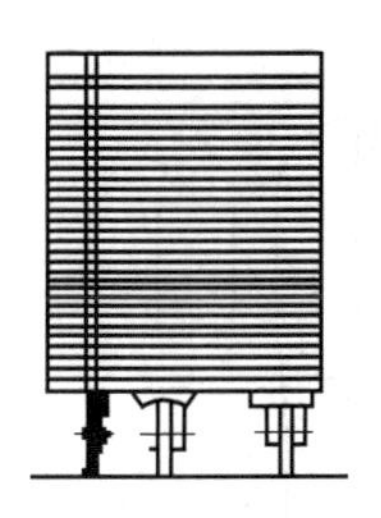

图 9-6 浅盘式干燥物料小车

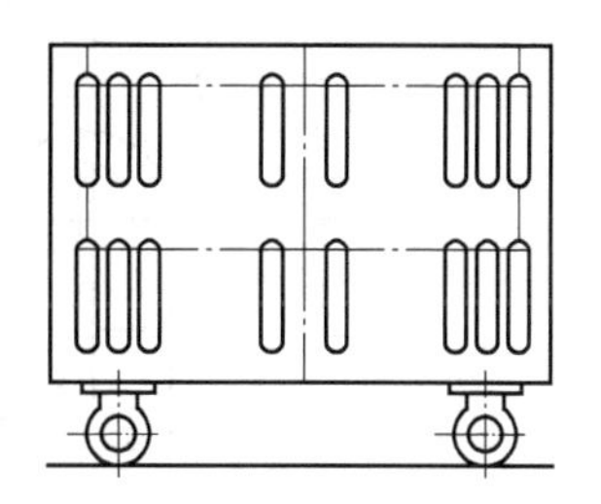

图 9-7 悬挂式干燥物料小车

二、混合式隧道干燥机

混合式隧道干燥机（图 9-8）中湿物料入隧道先与高温而湿度低的热风作顺流接触，可得到较高的干燥速率；随着料车前移，热风温度逐渐下降、湿度增加，然后物料与隧道另端进入的热风作逆流接触，使干燥后的产品水分较低。两段的废气均由中间排出，也可进行部分废气再循环。这种设备与单轨式隧道干燥设备相比，干燥时间短、产品质量好，兼有顺流、逆流的优点，但隧道体较长。

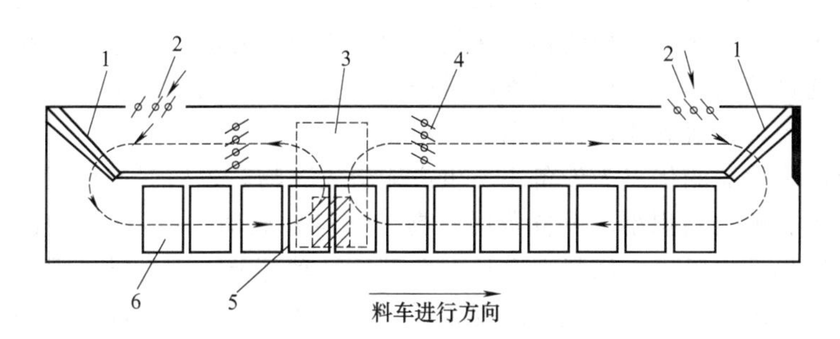

图 9-8 混合式隧道干燥机

1—加热器；2—新鲜空气；3—废气；4—再循环气闸；5—鼓风机；6—小车

三、 穿流型隧道干燥机

穿流型隧道干燥机（图 9-9）在隧道体的上下分段设有多个加热器。在每一个料车的前侧固定有挡风板，将相邻料车隔开。热风垂直穿过物料层，并多次换向。热风方向和小车行进方向呈现逆流。热风的温度可以分段控制。这类穿流型隧道干燥机的特点是干燥迅速，比平流型的干燥时间缩短，产品的水分均匀，但结构较复杂，动力消耗大。

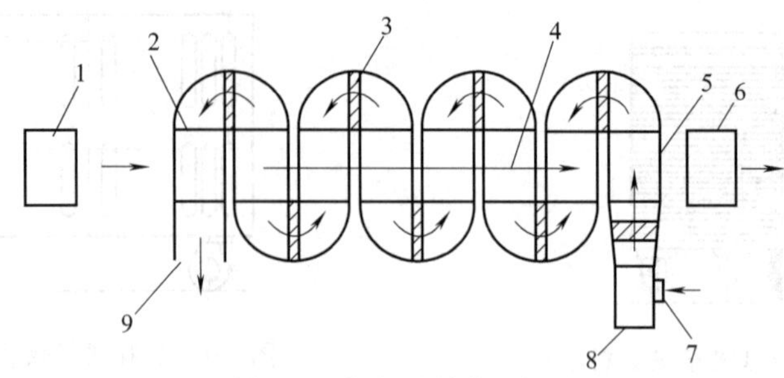

图 9-9 穿流型隧道干燥机

1—湿料小车；2—隧道入口；3—空气加热器；4—料车行进方向；5—隧道出口；6—干料小车；7—新鲜空气入口；8—鼓风机；9—废气出口

第四节 流化床干燥设备

流化床干燥器是一类能够使粉状或颗粒状物料被通入的热空气呈沸腾状态进行干燥的机械设备，因为干燥过程中呈现沸腾状态，所以也叫沸腾床干燥机或沸腾床干燥器。当采用热空气作为流化介质干燥湿物料时，热空气起流化介质和干燥介质双重作用。需要干燥的物料在气流中被吹起、翻滚、互相混合和摩擦碰撞的同时，通过传热和传质达到干燥的目的。流化床在食品工业上用于干燥果汁型饮料、白砂糖、速溶乳粉、葡萄糖、汤料粉等。

流化床干燥器的优点为设备小、生产能力大、物料逗留时间可任意调节、装置结构简单、占地面积小、设备费用不高、物料易流动。设备的机械部分简单，除一些附属部件如风机、加料器等外，无其他活动部分，因而维修费用低。与气流干燥相比，因沸腾干燥的气流速度较低，所以物料颗粒的粉碎和设备的磨损也相对较小。其主要缺点是操作控制比较复杂。

流化床干燥器适用于处理粉状且不易结块的物料，物料粒度通常为 30μm～6mm 的粉末状物料，颗粒直径小于 30μm 时，气流通过多孔分布板后极易产生局部沟流。颗粒直径大于 6mm 时，需要较高的流化速度，动力消耗及物料磨损随之增大。

适用于处于降速干燥阶段的物料，对于粉状物料和颗粒物料。适宜的含水范围分别在 2%～5%和 10%～15%之间。气流干燥或喷雾干燥得到物料，若仍含有需要经过较长时间降速干燥方能去除的结合水分，则更适于采用流化床干燥。

流化过程分为三个阶段。

第一阶段是固定床：湿物料进入干燥器，落在干燥室底部的多孔金属板上，因气流速度较低，使物料与孔板间不发生相对位移，称为固定床状态，是流化过程的第一阶段。

第二阶段是流化床：增大通入的气流速度，物料颗粒被吹起而悬浮在气流中，此为流化过程第二阶段。

第三阶段气流输送：气流速度继续增大，大于固体颗粒的沉降速度时，固体颗粒则被气流带走，这为流化过程第三阶段。

流化床干燥器按结构型式分为立式和卧式及单层型、多层型和多室型等，按附加装置分为带振动器型和间接加热型。在立式流化床干燥器中，物料的通过方向主要为自上而下，与重力方向相同。

一、单层流化床干燥器

图 9-10 所示为单层流化床干燥器，这是最为简单的流化床干燥器。湿物料由进料带输送带送到加料斗，再经抛料机送入干燥器内。空气经过过滤器由鼓风机送入加热器加热，热空气进入流化床底后由分布板控制流向，进行湿物料干燥。物料在分布板上方形成流化床。干燥后的物料经溢口由卸料管排出，夹带粉尘的空气经旋风除尘器分离后由抽风机排出。

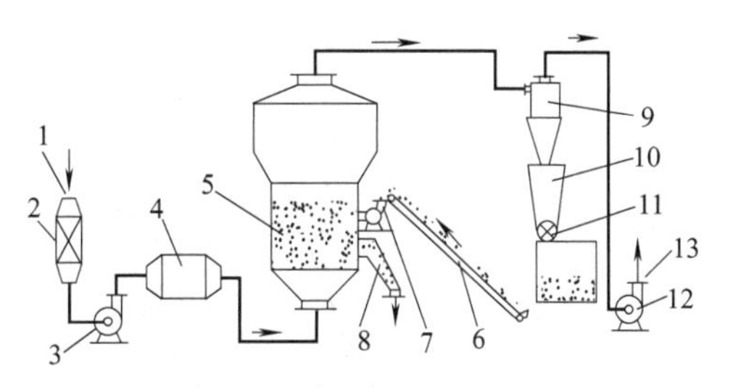

图 9-10 单层流化床干燥器

1—新鲜空气；2—空气过滤器；3,12—鼓风机；4—加热器；5—沸腾床；6—进料输送带；7—进料管；8—干料；9—选粉除尘器；10—集料斗；11—行星下料器；13—废气

气体分布板是流化床干燥机的主要部件之一，见图 9-11。它的作用是支持物料，均匀分配气体，以创造良好的流化条件。由于分布板在操作时处于受热受力的状态，所以要求其能耐热，且受热后不能变形。实用上多采用金属或陶瓷材料制作。这种干燥机结构简单，操作方便、生产能力大、在食品工业上应用广泛，适用于床层颗粒静止高度低（300～400mm）、容易干燥、处理量较大且对最终含水量要求不高的产品，缺点是物料都在一个干燥室里，因此从排料口出来的物料干燥产品含水量不够均匀。

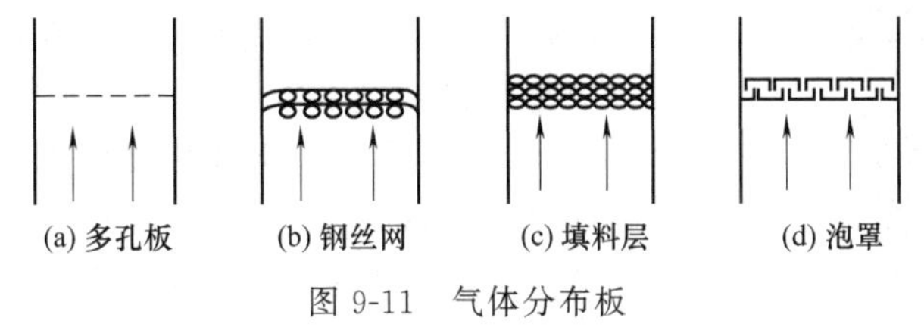

图 9-11 气体分布板

二、多层流化床干燥器

多层流化床干燥器整体为塔形结构，内设多层孔板。图 9-12 所示为多层溢

流管式流化床干燥器，干燥物料由料斗经气流输送到干燥器的顶部，由上而下流动，通过溢流管由上一层落至下一层上，最后由卸料管排出。干燥过程中物料的流化是在热风作用下实现的，所需气流速度较高。空气经过滤器、鼓风机送到加热器后，由干燥器底部进入，将湿物料流化干燥，为了提高热利用率，部分气体可循环使用。

多层溢流管式流化床干燥器的关键是溢流管的设计和操作。如果设计不当，或操作不妥，很容易产生堵塞或气体穿孔，从而造成下料不稳定，破坏流化现象。因此，一般溢流管下面均装有流量控制装置，如图 9-13 所示。该装置是采用一菱形堵头或翼阀，调节其上下位置可改变下料口截面积，从而控制下料量。

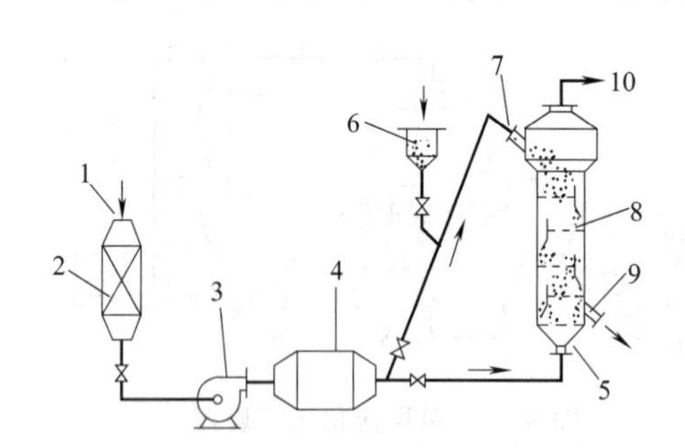

图 9-12 多层溢流管式流化床干燥器

1—新鲜空气；2—空气过滤器；3—鼓风机；4—电加热器；5—热空气入口；6—湿料斗；7—湿料入口；8—溢流管；9—干料出口；10—废气

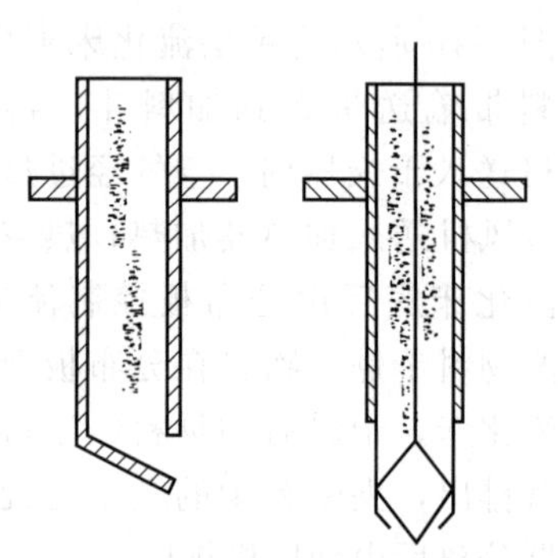

图 9-13 溢流管流量控制装置

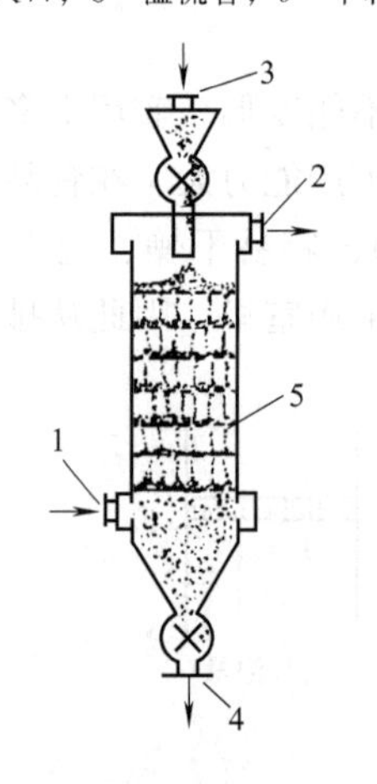

图 9-14 穿流板式流化床干燥器

1—热风入口；2—废气出口；3—湿料入口；4—干料出口；5—穿流筛板

三、穿流板式流化床干燥器

穿流板式流化床干燥器（图 9-14）在干燥过程中，物料直接从筛板孔自上而下分散流动，气体则通过筛孔自下而上流动，在每块板上形成流化床，故结构简单，生产能力强，但控制操作要求较高。为使物料能通过筛板孔流下，筛板孔径应为物料粒径的 5～30 倍，筛板开孔率 30%～40%。物料的流化形式主要依靠自重作用，气流起阻止下落速度过快的作用，所需气流速度较低。大多数情况下，气体的空塔气速与颗粒夹带速度之比为 1.2～2.0，颗粒粒径为 0.5～5mm。

四、 卧式流化床干燥器

卧式流化床干燥器中物料通过方向与重力

方向垂直，物料的通过完全依靠外界动力，因而易于控制。为了克服多层流化床干燥器的结构复杂、床层阻力大、操作不易控制等缺点，以及保证干燥后产品的质量，后来又开发出一种卧式多室流化床干燥器（图 9-15）。这种设备结构简单、操作方便，适用于干燥各种难以干燥的粒状物料和热敏性物料，并逐渐推广到粉状、片状等物料的干燥领域。

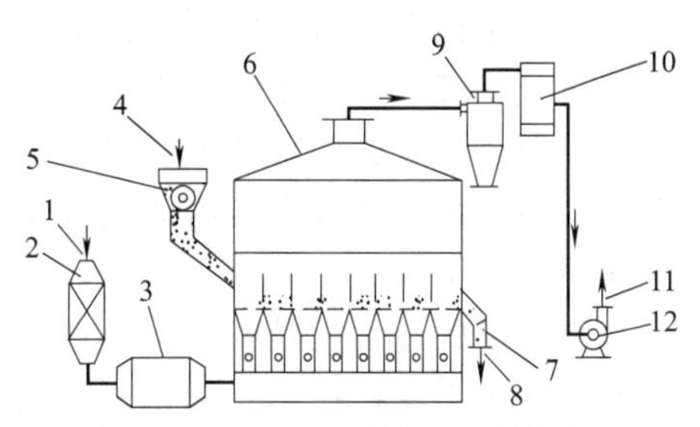

图 9-15 卧式多室流化床干燥器

1—新鲜空气；2—空气过滤器；3—加热器；4—湿料入口；5—摇摆颗粒机；6—干燥室；7—卸料管；8—干料出口；9—旋风分离器；10—袋式过滤器；11—鼓风机；12—废气

该干燥器为一矩形箱式流化床，底部为多孔筛板，其开孔率一般为 4%～13%，孔径一般为 1.5～2.0mm。筛板上方有竖向挡板，将流化床分隔成 8 个小室。每块挡板均可上下移动，以调节其与筛板之间的距离。每一小室下部有一进气支管，支管上有调节气体流量的阀门。湿料由摇摆颗粒机连续加入干燥器的第一室，由于物料处于流化状态，所以可自由地由第一室移向第八室，干燥后的物料则由第八室之卸料口卸出。

空气流经过滤器，经加热器加热后，由各支管分别送入各室的底部，通过多孔筛板进入干燥室，对多孔板上的物料进行流化干燥，废气由干燥室顶部出来，经旋风分离器、袋式过滤器后，由抽风机排出。

卧式多室流化床干燥器所干燥的物料，大部分是经造粒机预制成粒径 1.4～4.75mm 的散粒状物料，其初始湿含量一般为 10%～30%，终了湿含量为 0.2%～0.3%，由于物料在流化床中摩擦碰撞的结果，干燥后物料粒度变小。当物料的粒度分布在 0.15～0.8mm 或更细小时，干燥器上部须设置扩大段，以减少细粉的夹带损失。同时，分布板的孔径及开孔率也应缩小，以改善其流化质量。

卧式多室流化床干燥器的优缺点如下。优点：①结构简单，制造方便，没有任何运动部件；②占地面积小，卸料方便，容易操作；③干燥速度快，处理量幅度宽；④适合干燥颗粒状、片状和热敏性物料，可使用较低温度进行干燥，颗粒不会被破坏。缺点：热效率与其他类型流化床干燥器相比较低，对于多品种小产量物料的适应性较差。

第五节 真空干燥设备

在常压下的各种加热干燥方法，因物料加热温度较高，其色、香、味和营养成分均有一定损失。若在低压条件下干燥，能更有效地保持食品的品质。

在真空状态下，水分的蒸发温度相应降低。如果能够维持干燥室内持续的低压环境，那么水分就能不断地从食品表面蒸发，食品随之干燥。干燥室内的压力越低，食品表面水分蒸发所需的温度就越低，食品不需要被加热到更高的温度，就能实现快速干燥。

真空干燥的过程就是将被干燥物料放置在密闭的干燥室内，在真空系统抽真空的同时对被干燥物料不断加热，使物料内部的水分在压力差或浓度差的推动下扩散到表面，水分子在物料表面获得足够的动能，在克服分子之间的相互吸引力后，从干燥室逃逸到冷凝器的低压空间，从而被真空泵抽走（图 9-16）。

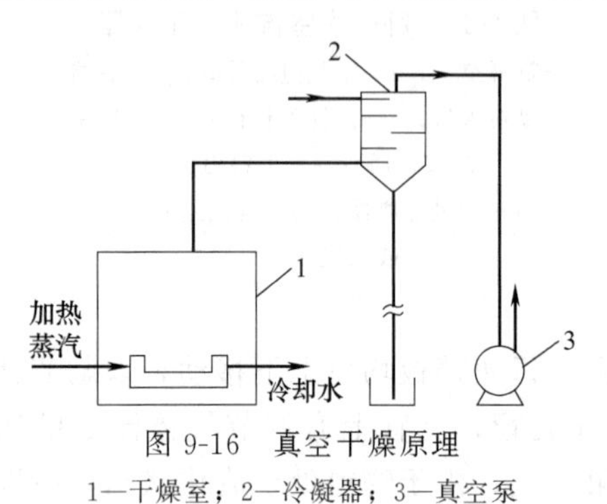

图 9-16 真空干燥原理

1—干燥室；2—冷凝器；3—真空泵

真空干燥设备系统由加热系统、真空系统和水蒸气收集装置等主要组件组合而成。

（1）加热系统 真空室通常装有放物料用的隔板或其他支撑物，这些隔板用电热或循环液体加热食品，但对上下层重叠的加热板来说，上层可以用加热板，同时还会向下层加热板上的物料辐射热量。此外，也可以用红外线、微波以辐射方式将热量传送给物料（真空微波干燥）。

（2）真空系统 真空系统是指真空获得和维持的装置，包括泵和管道，安装在真空室的外面。有的用机械真空泵，有的则用蒸汽喷射泵。

（3）水蒸气收集装置 冷凝器是收集水蒸气用的设备，可装在真空室外并且还必须装在真空泵前，以免水蒸气进入泵内造成污损。用蒸汽喷射泵抽真空时，它不但从真空室内抽出空气，而且还同时将带出的水蒸气冷凝，因而一般不再需要装冷凝器。

一、箱式真空干燥机

箱式真空干燥机（图 9-17）是历史最悠久也是最简单的一种真空干燥机，内有多块中空加热板，加热板里面一般通蒸汽加热，也可用电加热或其他辐射加热。物料放在金属盘里置于加热板上，热量通过热传导到达物料内部，使水分加热蒸发。箱式真空干燥机目前使用仍很普遍，适用于液体、浆体、粉体和散粒食品物料的干燥。

由于在真空状态下，对流传热严重削弱，传热主要靠热传导，以及盘管和箱壁对物料的热辐射。但因为温度低，辐射传热占的比重不大。热传导占的比重较大，但物料盘和盘管的接触面积小，传热效果不好。

随着物料的干燥，底面干燥硬化，形成热阻层，降低了盘管和物料盘的传热量；上表面板结，致使内部产生的蒸汽不易排出，影响了干燥速度，并且当气泡压力足够大、冲破板结层时，物料崩出盘外，造成浪费。以下方法可用于改善箱式真空干燥设备的性能。

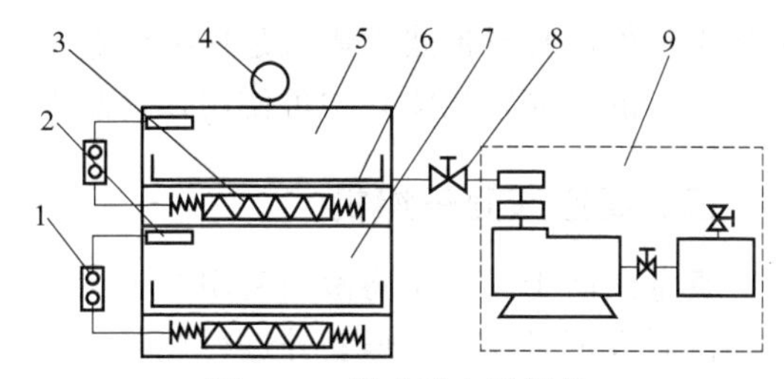

图 9-17 箱式真空干燥机

1—控温仪；2—温度传感器；3—电热管；4—压力表；5—上干燥室；6—料盘；7—下干燥室；8—电磁阀；9—真空泵及调真空装置

① 改善对流换热 根据各阶段的特点，调整每一阶段的真空度，尽可能地增大传热量。

② 改善热传导 由于物料盘难以避免物理撞击，盘底有很多突起，如果在盘管上铺一块平的薄钢板，接触面积不会很大。建议使用多孔金属板，改善热传导。

③ 破坏板结面 物料板结面的形成对热量的传递和水分的蒸发影响最大。可以用人工、机械振动、超声波等方法解决。

二、带式真空干燥机

带式真空干燥机是由一连续的不锈钢带组成的，钢带绕过加热滚筒和冷却滚筒，结构呈多层式，构成干燥机主体，然后纳入密闭的真空室内，如图 9-18 所示。物料薄薄地平铺在带式加热板上随之运动，由于在真空条件下，物料在加热板上呈沸腾状发泡，故成品具有多孔性；全系统为密闭操作，卫生条件好，实际操作真空度 10～90kPa 之间，加热温度为 150℃左右，其运行条件（干燥温度和时间）介于冷冻干燥和喷雾干燥之间，成品质量与冷冻干燥很接近，但冷冻干燥

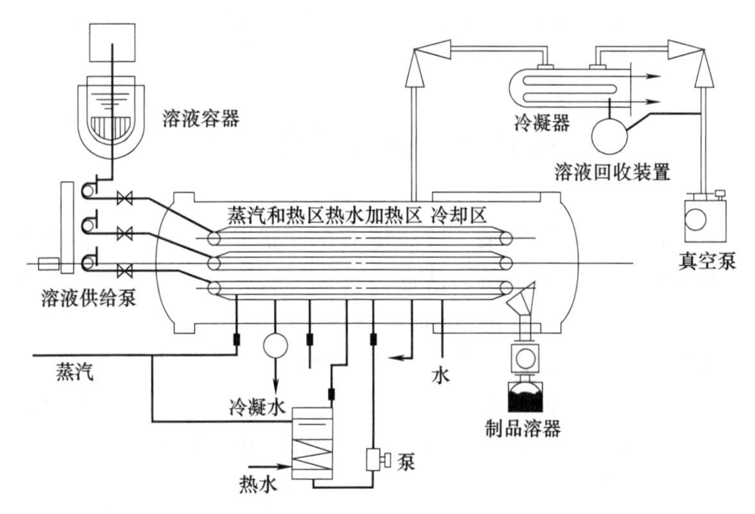

图 9-18 带式真空干燥机

是间隙操作而真空带式干燥机是连续作业，特别适合于热敏性和极易氧化的食品的干燥，液态或浆状物料均可使用，食品中常用此干燥果粉、速溶茶等。

三、真空滚筒干燥机

真空滚筒干燥机是将滚筒密闭在真空室内，在真空滚筒干燥机中，进料、卸料和刮料等都必须从干燥室外进行控制，因此干燥成本很高，故只能用于非常热敏性食品的干燥，如果粉、酵母、婴儿食品等（图 9-19）。

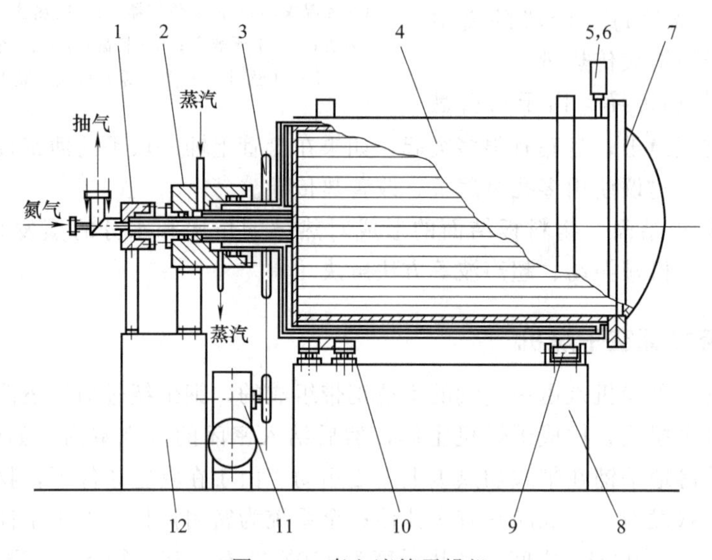

图 9-19 真空滚筒干燥机

1—真空回转接头；2—压力回转接头；3—链轮；4—筒体；5—真空表；6—温度计；7—端盖；8—支架；9—托轮；10—挡轮；11—旋转机构；12—小支架

第六节 微波干燥设备

自 20 世纪 60 年代后期以来，微波技术在食品工业中的应用得到进一步的发展，应用领域扩展到食品的杀菌、消毒、脱水、烘烤等。在干燥技术上，由于微波干燥的效率高，得到了广泛的应用。

微波辐射的效应是使食品物料中的有机分子（主要是水分子）在激烈的运动中产生摩擦而发热，物料的加热和干燥过程处在整体的、从外部到内部同时均匀发热进行干燥（又称为“内热加热”）。微波辐射干燥方法有别于以热风、蒸汽为热源（热量从外到内的传热与传质）的外热加热方法，所以食品物料在干燥过程中具有选择性，不会过热而焦化，外部形状的保持也比其他干燥方法好。

微波干燥设备主要由直流电源、微波发生器（磁控管、调速管等）、冷却系统、微波传输元件、加热器、控制及安全保护系统等组成，如图 9-20 所示。

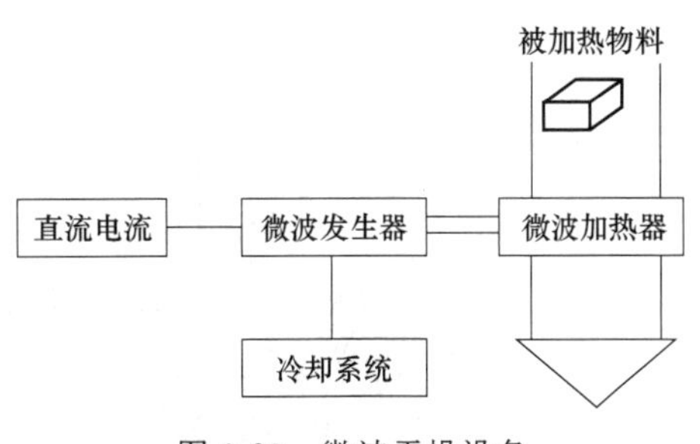

图 9-20 微波干燥设备

微波发生装置由直流电源提供高压并转换成微波能，目前用于食品工业的微波发生装置主要为磁控管。冷却装置主要用于对微波发生装置的腔体和阴极等部位进行冷却，方法为风冷和水冷，一般为风冷。微波传输元件是将微波传输到微波炉对被干燥物料进行干燥的元件。常用的微波干燥机有箱式和隧道式微波干燥机

一、箱式微波干燥机

箱式微波干燥机也称箱式微波加热器，是微波加热应用较为普及的一种加热装置，属于驻波场谐振腔加热器。家用微波炉就是典型的箱式微波加热器。

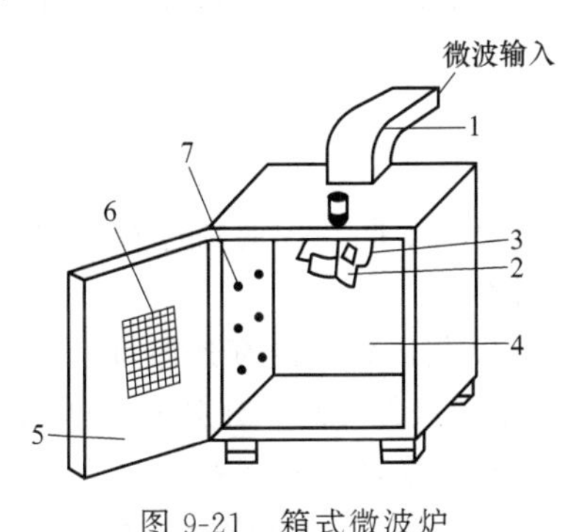

图 9-21 箱式微波炉

1—波导；2—搅拌器；3—反射板；4—腔体；5—门；6—观察窗；7—排湿孔

箱式微波炉是一个矩形的箱体，如图9-21所示，主要由矩形谐振腔、输入传导、反射板和搅拌器等组成。箱体通常用不锈钢或铝制成。谐振腔腔体为矩形腔体，其空间每边长度都大于 $1/2\lambda$（λ 为谐振波长）时，从不同的方向都有微波的反射，同时，微波能在箱壁的损失极小。这样，使被干燥物料在谐振腔内各方向都可以受热，而又可将没有吸收到的能量在反射中重新吸收，有效地利用能量进行干燥。

箱体中设有搅拌器，作用是通过搅拌不断改变腔内场强的分布，达到干燥均匀的目的。而箱内水蒸气的排除，则由箱内的排湿孔在送入的经过预热的空气或大的送风量来解决。箱式微波加热器由于在操作中其谐振腔是密封的，所以微波能量的泄漏很少，安全性较高。

二、隧道式微波干燥机

隧道式微波干燥机为连续式谐振腔干燥机（图 9-22），是一种目前食品工业加热、杀菌、干燥操作常用的装备。

隧道式微波干燥机可以看作为数个箱式微波加热器打通后相连的形式，隧道式微波干燥机可以安装几个乃至几十个的低功率 2450MHz 磁控管获取微波能，

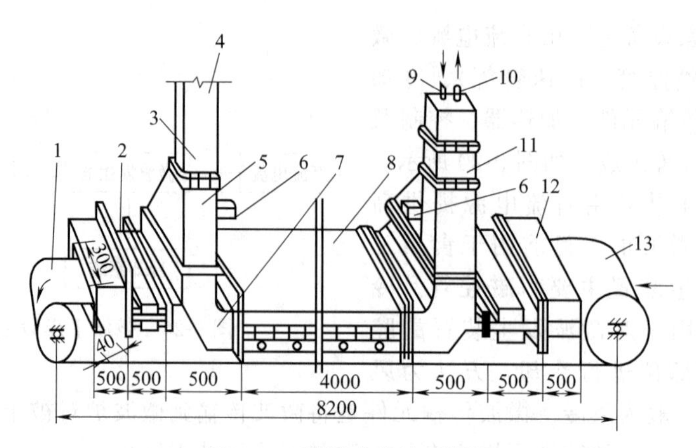

图 9-22 隧道式微波干燥机

1—输送带；2—抑制器；3—BJ22 标准波导；4—接波导输入口；5—锥形过滤器；6—接排风机；7—直角弯头；8—主加热器；9—冷水进口；10—热水进口；11—水负载；12—吸收器；13—进料

也可以使用大功率的 915MHz 磁控管通过波导管把微波导入干燥机中，干燥机的微波馈入口可以在干燥机的上下部和两个侧边。被加热的物料通过输送带连续进入干燥机中，按要求工作后连续输出。

三、设备选用考虑因素

食品的种类和形状各异，加工的规模和加工的要求不同，因此在选择加热器时应充分考虑频率的选择和加热器型式的选定等因素。

（1）加工食品的体积和厚度　选用 915MHz 可以获得较大的穿透厚度。

（2）加工食品的含水量及介质损耗　一般对于含水量高的食品，宜选用 915MHz，对含水量低的食品，宜选用 2450MHz。但也有例外，因此，最好由实验决定。

（3）生产量及成本　915MHz 磁控单管可获得 30kW 或 60kW 的功率，而 2450MHz 磁控单管只有 5kW 左右的功率；915MHz 的工作效率比 2450MHz 高 10%～20%。因此，加工大批食品时，往往选用 915MHz；或选用 915MHz 烘去大量的水，在含水量降至 5%左右时再用 2450MHz。

（4）设备体积　2450MHz 的磁控管和波导均较 915MHz 的小。因此 2450MHz 加热器的尺寸比 915MHz 的小。

一、判断题

1. 厢式干燥机几乎能够干燥所有的物料。（　）

2. 穿流气流与水平气流厢式干燥机的差别仅在于料盘底部为金属网，热风可以穿过料层，干燥效率高。（ ）

3. 在隧道式干燥机内可以只采用逆流或并流操作流程。（ ）

4. 流化床干燥器与喷雾干燥器相比，不需要粉尘回收装置。（ ）

5. 流化床干燥机不适用于易结块食品物料的干燥。（ ）

6. 气体分布板是流化床干燥机的主要部件之一，它只起均匀分配气体的作用。（ ）

7. 箱式真空干燥机适用于固体或热敏性液体食品物料的干燥。（ ）

8. 带式真空干燥机主要用于液状与浆状食品物料的干燥。（ ）

9. 氧化镁红外辐射管是红外辐射干燥设备最常用的一种红外辐射元件。（ ）

10. 红外辐射干燥主要是对物料表层的加热干燥，而微波干燥是从外部到内部同时均匀发热进行干燥。（ ）

二、填空题

1. 通常在水平气流厢式干燥机内安装______，以调整热风的流向，使热风分布均匀。

2. 为了防止物料在成型过程中飞散，在穿流厢式干燥机的料盘上盖有______。

3. 隧道式干燥机通常由______和______两部分组成。

4. 隧道式干燥机料车两侧的热空气经由______从______抽出，______对准每层料盘中间部位，以增大干燥机内热空气的横向流动，将层与层间水蒸气带走，降低料层间热空气内的水分压，提高干燥速率。

5. 流化床干燥机是一类能够使______被通入的热空气呈______状态进行干燥的机械设备。热空气起______和______双重作用。

6. 溢流管式多层流化床干燥器的关键是______的设计和操作。一般溢流管下面均装有______，该装置是采用____________，调节其上下位置可改变下料口截面积，从而控制下料量。

7. 穿流板式流化床干燥器在干燥过程中，物料直接从筛板孔______分散流动，气体则通过筛孔______流动，在每块板上形成流化床。

8. 卧式流化床干燥器中物料通过方向与重力方向______，物料的通过完全依靠______，操作易于控制。

9. 真空干燥的过程是将被干燥物料放置在密闭的干燥室内，在______抽真空的同时对被干燥物料不断加热，使物料内部的水分在______的推动下扩散到表面，水分子在物料表面获得足够的动能，在克服分子之间的相互吸引力后，逃逸到______的低压空间，从而被______抽走的过程。

10. 真空干燥设备系统由______、______、______和______等主要组件组合而成。

11. 红外加热是物体内部分子吸收到______直接转变为______而实现干燥。

12. 红外辐射干燥设备主要由____________、______、______等组成。

13. 红外辐射元件三部分材料的工作顺序为，由______发出的热，通过______传递到______，在______的表面辐射出红外线。

14. 目前用于食品工业的微波发生装置主要为______。______是将微波传输到微波炉对被干燥物料进行干燥的元件。

15. ______微波干燥机是一种目前食品工业加热、杀菌、干燥操作常用的装备。

三、选择题

1. ______________在干燥过程中，必须将物料加工成型。

A. 轴流风扇厢式干燥　　B. 穿流式气流厢式干燥机

C. 混合式隧道干燥设备　　D. 水平气流厢式干燥机

2. 若果蔬含有较多的结合水分，需要经过较长时间降速干燥，更适于采用______。

A. 隧道式干燥　　B. 厢式干燥

C. 流化床干燥　　D. 红外辐射干燥

3. 在隧道式干燥设备内如果只采取______流操作，可能引起局部冷凝现象，影响产品质量。

A. 逆　　B. 并　　C. 混　　D. 顺

4. ______干燥机不可用于生产果粉。

A. 喷雾　　B. 隧道式

C. 流化床　　D. 真空

5. 进入隧道的热气流向可分为自然循环、一次或多次循环，以及中间加热和多段再循环等。其中，______是不合理的。

A. 自然循环　　B. 一次或多次循环

C. 中间加热　　D. 多段再循环

6. 流化床干燥器适用于处理物料粒度通常为______的粉末状物料。

A. 1.5～2.0mm　　B. 0.5～5mm

C. 300～400mm　　D. 30μm～6mm

7. 下列流化床干燥器中，______的热效率最低。

A. 单层式　　B. 穿流板式

C. 卧式　　D. 多层

8. 可用于改善箱式真空干燥设备性能的方式有__________。

A. 改善对流换热　　B. 改善热传导

C. 破坏板结面　　D. A、B和C

第十章　糖果巧克力加工设备

第一节　糖果生产概述

糖果是以多种糖类（碳水化合物）为基本组成的，添加不同营养素，具有不同物态、质构和香味，精美、耐保藏的有甜味的固体食品。根据加工工艺不同，糖果分为熬煮糖果、焦香糖果、充气糖果、凝胶糖果、胶基糖果、巧克力及巧克力糖果等。

一、真空熬煮糖果加工工艺

1. 真空熬煮硬糖加工工艺流程

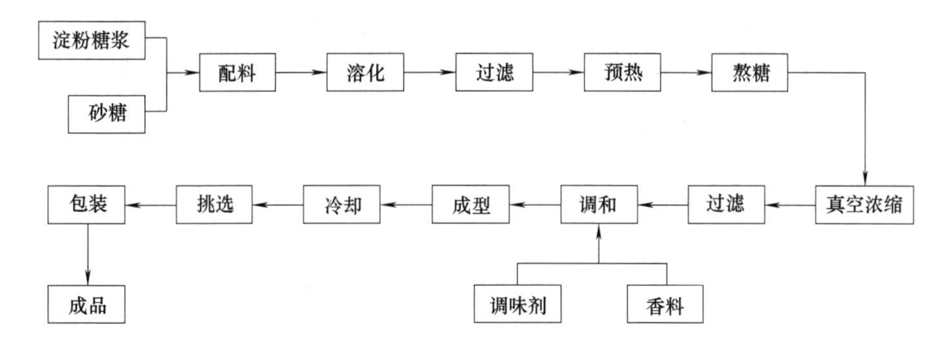

2. 真空熬煮硬糖加工工艺要点

（1）溶化　溶化是将结晶状态的砂糖变成糖溶液，实际操作过程中要特别注意加水量。加水量一般随着糖果所具有的特性而异。一般加水量为干固物的30%～35%，将砂糖、淀粉糖浆和水放入化糖锅内，加热使糖溶化，加热温度为105～107℃，溶糖时间为9～11min。

(2) 过滤　将溶化的糖液经双联过滤器或管道过滤器过滤，除去杂质。

(3) 熬糖　熬糖是硬糖生产工艺中的关键工序，目的是把糖液中的大部分水分重新蒸发除去，使最终糖膏达到很高的浓度和保留较低的残留水分。熬糖的方法有常压熬糖和真空熬糖两种方法。真空熬糖通常真空度在33.33kPa，糖液温度的沸点温度达120℃以上，当大部分水分蒸发，只剩余少量水分时，真空度提高到93.33kPa，糖液温度下降至110～115℃。真空熬糖可降低糖液沸点，减少糖液在高温下引起的化学变化。

(4) 调和

经过熬煮的糖液出锅后，在糖体还未失去流动性时（110℃），将所有的着色剂、香料、酸等调色调味料及时加入糖体，并使其分散均匀。

(5) 成型

硬糖的成型主要有两种方式。

① 塑压成型　当糖膏温度下降到70～80℃时，糖膏具有半固体的特性，此时的可塑性最大。利用匀条机械将糖膏翻动和拉伸成大小均匀的糖条，再进入成型机进行冲压成糖粒，经风冷至56～58℃，糖粒即固化。

② 连续浇模成型　当熬好的糖膏还处于流变状态的液体时，将液态糖浆定量地浇注入连续运行的模型盘内，然后迅速冷却和定型，最后从模盘内脱落分离出糖粒。连续浇模成型生产线的特点在于把传统生产中糖膏的物料混合、冷却、保温、整形匀条、塑压成型、风冷、糖粒输送等工序合并在一起进行，提高了劳动生产率，设备占地面积减小。

(6) 包装　通过密封包装来防止和延缓糖果产品吸湿后发生发烊和返砂。包装室应保持室温在25℃、相对湿度50%以下，以保证包装的顺利进行。包装形式有金属罐、玻璃瓶、塑料薄膜袋、透明纸、涂蜡层的纸等。包装机械包括糖果双扭包装机、高速枕式包装机、全自动糖果包装机、高速全自动枕式包装机等。

二、巧克力加工工艺

1. 巧克力加工工艺流程

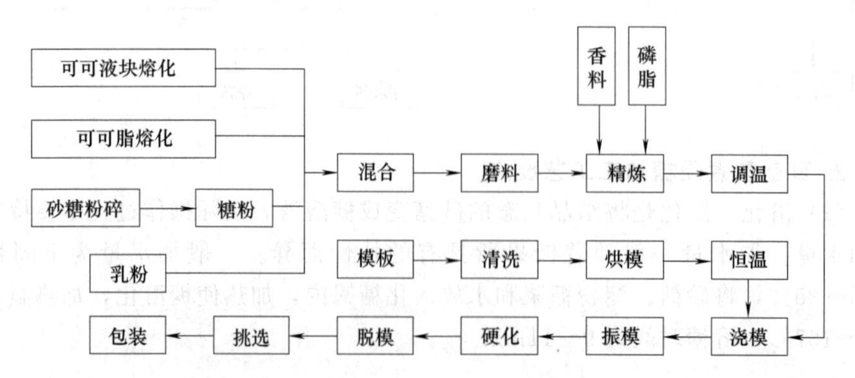

2. 巧克力加工工艺要点

巧克力的生产主要可以分为5个步骤：混合、磨料、精炼、调温和成型。

（1）原料混合　糖、奶粉、可可液块、可可脂及其他辅料混合均匀的过程。

（2）磨料　把混合均匀的原辅料磨碎磨细的过程，按所得原辅料的颗粒大小可以分为两步。

① 粗磨　使用三辊机将颗粒磨到细度约157μm。

② 精磨　使用五辊机将颗粒磨到细度小于25μm，大部分质粒的粒径在15～20μm的效果尤其好。巧克力料的细度取决于精磨的方式和精磨的程度，两者配合得好，才能取得优质产品。精磨的方式主要是指精磨设备的类型和操作程序，由此而产生的效率表现在两个方面：产量和细度。

（3）精炼　精炼的主要目的是去除浆料的挥发性酸、水分、异味，同时产生焦香气味，凸显巧克力风味。精炼时间一般24～72h，深色巧克力精炼温度为55～85℃，牛奶巧克力一般为45～60℃。

（4）调温　调温的目的是使浆料内的可可脂结晶形成稳定的β晶体，并以乌亮的光泽表达出来，同时可延长产品的货架期。如果巧克力调温不足或过调温都会导致非β晶体增多，外观暗淡无光，质构粗糙松软或表面结露等问题，直接降低巧克力品质，最终缩短产品货架期。

调温第一阶段，物料从40℃冷却至29℃，温度的下降是逐渐进行的，使油脂产生晶核，并转变成其他晶型。

调温的第二阶段，物料从29℃继续冷却至27℃，使稳定晶型的晶核逐渐形成结晶，结晶的比例增大。

调温的第三阶段，物料从27℃再回升至29～30℃。这一过程在于物料内已经出现多晶型状态，提高温度的作用是使熔点低于29℃的不稳定晶型重新熔化，而把稳定的晶型保留下来。

（5）成型　巧克力成型多采用浇模成型和涂衣成型。巧克力连续浇模成型包括浇模、振模、硬化、脱模等工序，组成整体连续机械装置。涂衣成型，又称吊排或挂皮成型，是在各种心子外面涂布一层巧克力外衣，产品即夹心巧克力。

第二节　辊式磨粉机械

辊式磨粉机是现代食品工业上广泛使用的一种粉碎机械，如啤酒麦芽的粉碎、油料的轧坯、巧克力的精磨、麦片和米片的加工等也都采用类似的机械。在辊式磨粉机内，磨辊表面光滑或带有齿槽（分别称为光辊或齿辊），由于磨辊的转速不同使夹在辊间物料受到剪切、挤压或撕拉作用而得以粉碎。由于齿辊的研磨效果好且能耗小，经常采用。

一、磨辊的配置

磨辊的相对位置决定了磨粉机的总体布置，如图 10-1 所示。最简单的是图 10-1（a）形式，小型磨粉机、轧片机等都采用这种形式，它的喂料、排料及传动装置都容易做到合理安排，工艺操作和装拆磨辊也比较方便。大型磨粉机为缩小占地面积常用图 10-1（c）或图 10-1（d）形式，这种方式已形成各国磨粉机的共同传统。但是辊的倾斜角度各有不同，从而导致设备的结构和作用性能大不一样，特别是磨辊的拆装和操作性能。图 10-1（b）的配置方式适用于小型的麦芽粉碎机，用三辊代替两对齿辊。图 10-1（e）的配置方式常用于油料轧片机，因其结构简单，同时可利用辊身的自重以增加辊间压力。巧克力精磨机的研磨作用要求与其他粉料不同，它研磨的是浆料中的可可粉粒，浆料因黏附在辊面上自下而上输送，故采用图 10-1（f）形式 。

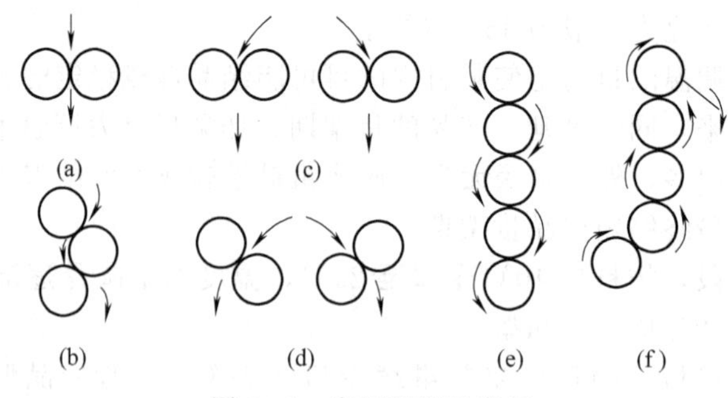

图 10-1 磨辊配置示意图

二、齿辊的技术特性

与齿辊工作性能关系密切的主要技术特性有磨齿的齿数、齿形、斜度和排列四个方面。

齿数是指磨辊单位圆周长度上拉丝形成的拉丝数，经常也称牙数。研磨操作的必要条件之一就是原料的粒度 d 必须大于磨齿的齿距 t，否则就会失去研磨作用。由此可见，对于粗物料磨辊的研磨齿数宜少，对细物料则宜多。此外，齿数还与动力消耗、研磨温度和磨辊使用寿命有关。通常情况是，稀牙比密牙省动力、磨温低，且磨辊使用寿命长。

磨齿的断面形状称为齿形（图 10-2）。锋面与钝面所夹的角称为牙角 γ，锋面与磨辊直径所形成的角称为锋角 α，钝面与磨辊直径所形成的角称为钝角 β，这三角之间的关系为 $\gamma=\alpha+\beta$。

磨齿顶如为尖形，则容易磨损，故一般都有 0.1～0.4mm 的宽度。牙角的大小与作用力有关，同一牙数下牙角越大、齿槽越宽，则剪切力越小而挤压力越大，若牙角为 180°即成为光辊，故牙角大时粉碎程度低且电耗大。在同一牙角的情况下，若锋角越小钝角越大，则剪切力越大而挤压力相对减小。

磨齿的排列不同对研磨作用的影响与同一牙角下锋角大小变化的影响相似。如图 10-3 所示，磨齿排列有四种方式，即锋对锋、锋对钝、钝对锋和钝对钝。锋对锋排列时，物料在两锋面之间受到挤压作用，后来则以剪切作用为主。由于两辊快慢不同，慢辊起托住作用，快辊起挤压和剪切作用。锋角越大，剪切力越小而挤压力越大。当钝对钝排列时，作用角为钝角，物料进入工作区后受挤压作用并逐步加强，最后略有剪切作用。

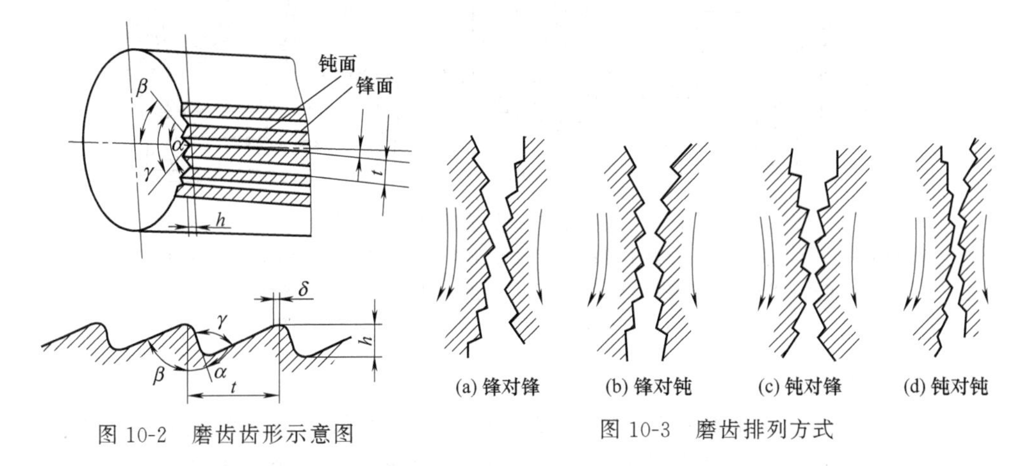

图 10-2 磨齿齿形示意图

图 10-3 磨齿排列方式

一对磨辊的拉丝必须有一定的斜度，且互相平行，否则不可能进行平稳的研磨。斜度越大（即图 10-2 中的牙角越大），粉碎率越低；物料容易克服磨齿上的摩擦阻力而滑向一边，故切削有困难。相反，斜度越小，则剪切力越大，如果齿形尖时就成为切削作用。因此，斜度一般只能在 0°～20°范围内变化。

三、辊式磨粉机结构

1. MY 型辊式磨粉机

MY 型磨粉机为磨辊倾斜排列的油压式自动磨粉机，其外形示意图和剖视图分别如图 10-4 和图 10-5 所示，由机身、磨辊及其附属的喂料机构、轧距调节机构、液压自动控制机构、传动机构及清理装置 7 个主要部分组成。

它有两对磨辊，每对磨辊的轴心线与水平线夹角呈 45°，中间有将整个磨身一分为二的隔板。一对磨辊中，上面一根是快辊，快辊位置固定，下面一根是慢辊，慢辊轴承壳是可移动的，其外侧伸出如臂，并和轧距调节机构相连，通过轧距调节机构将慢辊放低或抬高，即可调整一对磨辊的间距。轧距调节机构可调节两磨辊整个长度间的轧距，也可调节两磨辊任何一端的轧距。

工作时，两对磨辊分别传动，可以停止其中的一对磨辊，而不影响另一对磨辊的运转。它的传动方法是先用带传动快辊，然后通过链轮传动慢辊，以保持快

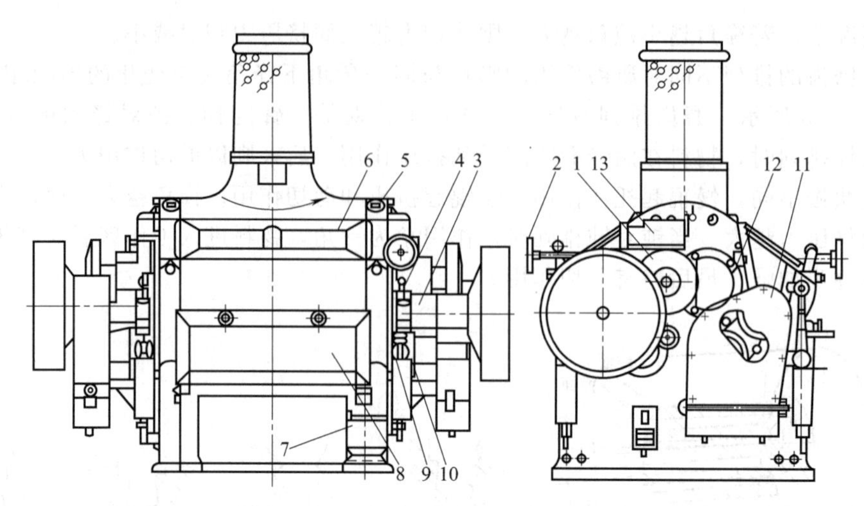

图 10-4 MY 型辊式磨粉机外形示意图

1—喂料辊传动轮；2—轧距总调手轮；3—快辊轴承座；4—轧距单边调节机构；5—指示灯；6—上磨门；7—机架；8—下磨门；9—慢辊轴承臂；10—慢辊轴承座；11—链轮箱；12—液压缸活塞杆端；13—自动控制装置

辊与慢辊的速比。

喂料机构包括一对喂料辊、可调节闸门等。研磨散落性差的物料时，如图 10-5 中左半边所示，从料筒下落的物料经喂料绞龙向辊整个长度送下，由喂料辊经闸门定量后喂入磨。研磨散落性好的物料时，如图 10-5 中右半边所示，物料落向喂料辊，沿辊长分布，经喂料门定量，由下喂料辊连续而均匀地喂入磨辊。

MY 型磨粉机自动控制磨辊的松合闸、喂料辊的运转、喂料门的启闭等。磨辊工作时，表面会粘有粉料，磨辊为齿辊时，用刷子清理磨辊表面，光辊时则用刮刀清理。磨粉机的吸风系统使机内始终处于负压。空气由磨门的缝隙进入，穿越磨辊后由吸风道吸出机外。

2. 五辊辊磨机

图 10-6（a）所示是专用在巧克力浆料精磨上的五辊辊磨机，又称五辊精磨机，是一种超微粉碎设备。经精磨后的浆料平均粒度不超过 25μm，其中大部分颗粒的粒度为 15～20μm。

用在精磨机上的辊子为光辊，表面要求高度光滑，其辊筒表面硬度是决定物料细度和精磨机使用寿命的关键。物料通过辊筒的摩擦间隙是磨得快慢和粗细的关键因素。为此，辊筒与辊筒之间，应有始终固定的间隙。各个辊筒都要保持各自的指定工作温度，使通过这些辊筒的物料能保持应有的温度和黏度。现代化的五辊精磨机具有自动调节和控制温度的系统。此外，精磨机辊筒的转速和速比都是不同的，进料辊最慢，出料辊最快，在出料辊筒处有一刮刀把磨好的物料刮到

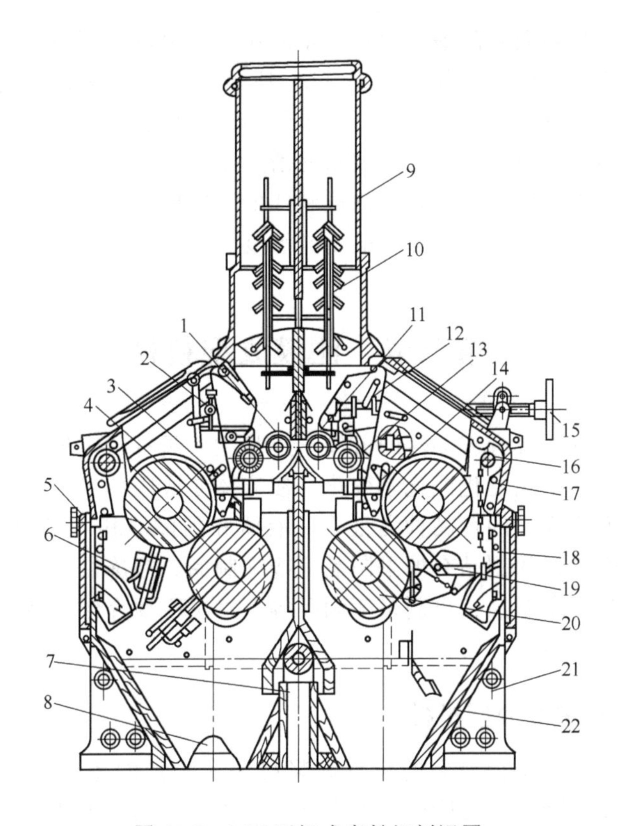

图 10-5 MY 型辊式磨粉机剖视图

1—喂料绞龙；2—料门限位螺钉；3—栅条护栏；4—阻料板；5—下磨门；6—弹簧毛刷；7—吸风道；8—机架墙板；9—有机玻璃料筒；10—枝形浮子；11—喂料门；12—料门调节螺杆；13—下喂料辊；14—挡板；15—轧距总调手轮；16—偏心轴；17—上横挡；18—活动挡板；19—光辊清理刮刀；20—下磨辊；21—下横挡；22—排料斗

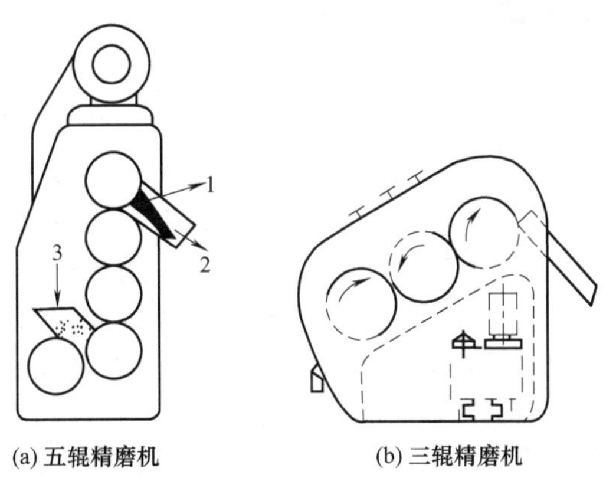

(a) 五辊精磨机　(b) 三辊精磨机

图 10-6 五辊精磨机和三辊精磨机

1—刮刀；2—出料口；3—进料口

接收器内。刮刀与辊筒之间最好保持一定的压力，也可采用液压调节和控制。

另有一种三辊精磨机，如图 10-6（b）所示，由 3 个辊筒组成，其结构及工作原理与五辊精磨机相似，可以随时调节辊筒的工作温度。三辊精磨机的辊筒可用合金钢或花岗石制成，表面同样要求光滑坚硬。三辊机的两个辊筒有的成一水平状，有的倾斜为斜线，其中，辊筒成斜线的三辊精磨机占地面积较小。辊筒也具有不同转速，并可随时调节辊筒的工作温度。

第三节 注模成型机械

注模成型是将原具有流动性的流体半成品注入具有一定形状的模具，并使这种流体在模具内发生相变化或化学变化，使流体变成固体。

应用注模方式成型的食品种类很多，液体和固体原料均可用注模方式成型。常见的应用注模成型的制品有糖果制品、冷冻制品、果冻制品、糕点制品、乳制品、豆制品、鱼肉糜制品、再制果蔬制品等。这里主要介绍巧克力注模成型机械和糖果注模成型机械。

一、巧克力注模成型机械

巧克力注模成型是把液态的巧克力浆料注入定量的型盘内，移去一定的热量，使物料温度下降至可可脂的熔点以下，使油脂中已经形成的晶型按严格规律排列，形成致密的质构状态，产生明显的体积收缩，变成固态的巧克力，最后从模型内顺利地脱落出来，这一过程也就是注模成型所要完成的工艺要求。巧克力成型可以用手工方式完成，但目前多在连续浇注成型生产线上完成。

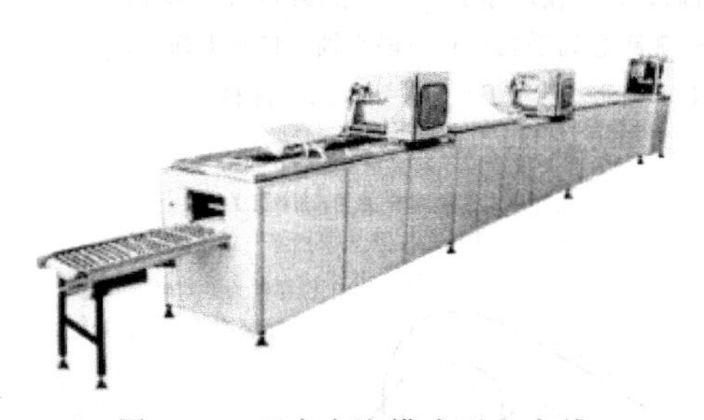

图 10-7 巧克力注模成型生产线

图 10-7 所示为巧克力注模成型生产线，整个生产线由烘模段、浇注机、振荡段、冷却段、脱模段等构成。巧克力生产对温度控制的要求严格，因此整条生产线各段机件均置于前后相通的、由隔热材料护围的隧道内。整条生产线各段均有各自（输送巧克力模具）的输送带，但它们均以平稳方式衔接，并以同步速度运行。

烘模段是一个利用热空气加热的模具输送隧道。浇注巧克力的模具须加热到适当温度，才能接受浇注机注入的液态巧克力。浇注机的浇注头随着传输机上的模具运动，在其工作时，模具能够升高，紧靠浇注头，以便接受注入的熔化巧克力或糖心。生产线有两个浇注机头，可以根据巧克力品种类型单独或同时工作。

这种生产线一般可生产实心、夹心、上下或左右双色巧克力和颗粒混合浇注巧克力。浇注机头的注入动作与传输机上传来模具保持协调。当模具位于浇注机头下方位置，浇注嘴对准巧克力型盘的型腔，浇注供料机构将巧克力浆料注入型腔。每次对模具的浇注量可通过调节机构进行调节，以满足不同大小巧克力的注模要求。

浇注机后的是振动输送段，对经过此段的刚注有巧克力浆料的型盘进行机械振动，以排除浆料中可能存在的气泡，使质构紧密，形态完整。振动器的振幅不宜超过5min，频率约1000次/min。振动整平后的型盘，随后进入冷却段，由循环冷空气迅速将巧克力凝固。在脱模前，先将模具翻转，成型的巧克力掉到传输机上，再前进至包装台。

型盘即供巧克力浇注成型用的模具，可用不同材料制作。目前多以聚碳酸酯、尼龙、硅橡胶等材料制造。图10-8所示为一种用聚碳酸酯材料做的巧克力浇注用模具。型盘的设计要求有一定的角度和斜度，便于脱模。生产过程中，型盘要求保持表明洁净和干燥。

图10-8 巧克力浇注用模具

二、糖果注模成型机械

糖果注模成型机械用于连续生产可塑性好、透明度高的软糖或硬糖。图10-9所示的是连续式糖果注模成型机，通常与化糖锅、真空熬糖室、香料混合室及糖浆供料泵等前置设备配套构成生产线，将传统糖果生产工艺中的混料、冷却、保温、成型、输送等工序联合完成。注模成型装置的成型模盘安装在模盘输送带上。成型过程中，首先由润滑剂喷雾器向空模孔内喷涂用于脱模的润滑剂，将已经熬制并混合、仍处于流变状态的糖膏定量注入模孔后，经冷风冷却定型，在模

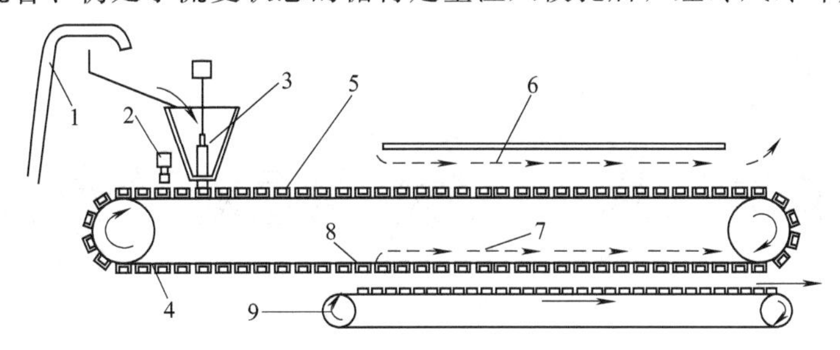

图10-9 连续式糖果注模成型机

1—糖浆供料管；2—润滑剂喷雾器；3—注模头；4—模盘输送带；5—模盘；6—模盘上方气流；7—模盘下方气流；8—脱模点；9—糖块输送带

孔移动到倒置状态的脱模工位时，利用下方冷却气流进行冷却收缩并脱模，成型产品落到下方输送带上被连续送出。

第四节　包装机械

目前，国内糖果产品包装形式主要有扭结式包装、折叠式包装、接缝式包装等（图 10-10）。

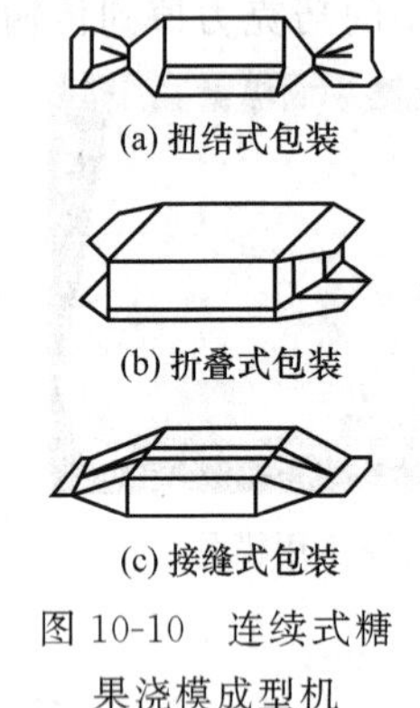

(a) 扭结式包装

(b) 折叠式包装

(c) 接缝式包装

图 10-10　连续式糖果浇模成型机

一、糖果扭结式包装机械

扭结式包装是利用一定长度的包装材料将糖果裹成圆筒形，搭接接缝也不需要黏结或热封，后将开口端的部分向规定方向扭转形式扭结。扭结式包装要求包装材料有一定的撕裂强度与可塑性，以防止扭断和回弹松开。扭结形式有单端扭结和双端扭结两种，常用双端扭结，单端扭结用于高级糖果、棒糖、水果和酒类等。

糖果被理糖机构、推糖机构送到工序盘的指定位置后，内衬纸和外商标纸同时围绕糖块进行裹包动作，将糖块裹包成筒状。然后糖块两端伸出包装纸被扭结机械手扭结，糖果被封闭完成裹包，最后糖果被打糖杆打出。整个包装过程结束，下个包装过程开始。包装工艺流程如图 10-11 所示。

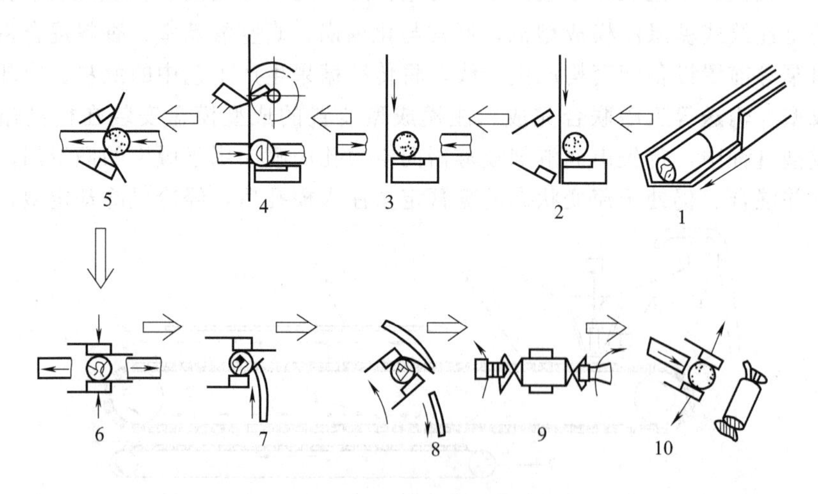

图 10-11　包装工艺流程

1—送糖；2—糖钳手张开、送纸；3—夹糖；4—切纸；5—纸、糖进入糖钳手；6—接、送糖杆离开；7—下折纸；8—上折纸；9—扭结；10—打糖

图 10-12 所示是包装扭结工艺路线，糖果需经过夹持、下折纸、上折纸、扭结、打糖这几个阶段，为了减少工位数可将扭结和成品输出分别安排在工位Ⅲ、Ⅳ完成，这样只需 4 个工位即可。但为改善槽轮机构的动力特性，并使总体布局合理，扭结和成品输出还是分别布置在工位Ⅳ、Ⅵ为佳，这样可简化传动，并且操作人员还可兼顾成品装盒工作。

如图 10-12 所示，在Ⅰ工位，送糖杆 7、接糖杆 5 将糖果 9 和包装纸一起送入工序盘上的一对糖钳手内，并被夹持形成“U”形。然后，活动折纸板 4 将下部伸出的包装纸（U 形的一边）向上折叠。当工序盘转到Ⅱ工位时，固定折纸板 10 已将上部伸出的包装纸（U 形的另一边）向下折叠成筒状。固定折纸板 10 沿圆周方向一直延续到Ⅳ工位。在Ⅳ工位，连续回转的两只扭结手夹紧糖果两端的包装纸，并完成扭结，在Ⅵ工位，钳手张开，打糖杆 3 将已完成裹包的糖果成品打出，裹包过程全部结束。

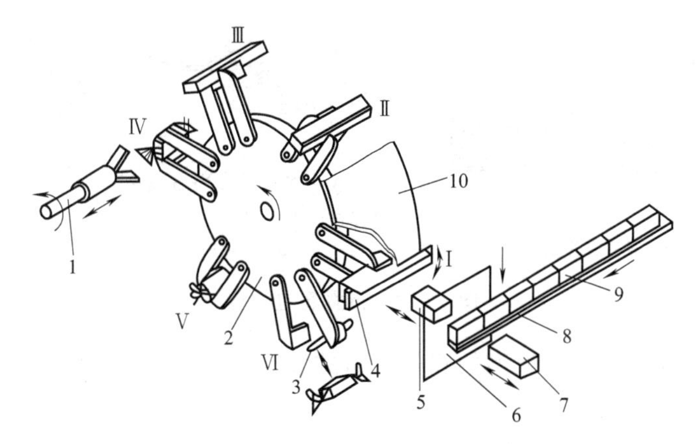

图 10-12 包装扭结工艺路线

1—扭结手；2—工序盘；3—打糖杆；4—活动折纸板；5—接糖杆；6—包装纸；7—送糖杆；8—输送带；9—糖果；10—固定折纸板

二、糖果折叠式包装机械

折叠式包装是糖果包装方式中应用最多的一种，包装件整齐美观。折叠式包装是用挠性包装材料裹包产品，将末端伸出的裹包材料折叠封闭。折叠式裹包机主要由裹包材料输送机构、产品推送机构、裹包执行机构、传动机构和机架等组成。根据折叠裹包的工艺线路不同，折叠式包装机械分为卧式直线型、阶梯型和组合型。

图 10-13（a）所示为卧式直线型折叠裹包工艺路线。产品与包装材料接触后一起被水平输送，在输送过程中，实现对包装材料折叠并封口。根据物品供送路线不同，又分为三个方案。

(A) 方案中物品首尾衔接，也可以不衔接，比较灵活，但供送路线较长。

(B) 方案中物品供送路线短，但不能首尾衔接，将物品由工位Ⅰ推送到工位Ⅱ的执行机构必须做平面曲线运动。

(C) 方案中物品也不能首尾衔接，但供送路线最短。

在实际应用中，三种方案均可采用。图 10-13（b）所示为阶梯型折叠裹包工艺路线。产品和包装材料接触后，被裹包物品和包装材料既有水平直线运动，又有垂直直线运动。根据物品供送路线不同，又分为两个方案：(A) 方案中物品先水平运动，再做垂直运动，封口在长侧边和两端面；(B) 方案中物品先垂直运动，再水平运动，封口在底边和两端面。图 10-13（c）所示为组合型折叠裹包工艺路线。在裹包过程中，被裹包物品和包装材料既有直线运动又有圆弧运动。根据物品供送路线不同，又分为两个方案：(A) 方案中封口在长侧边和两端面；(B) 方案中封口在底边和两端面，两种方案的区别在于接缝形式不同。

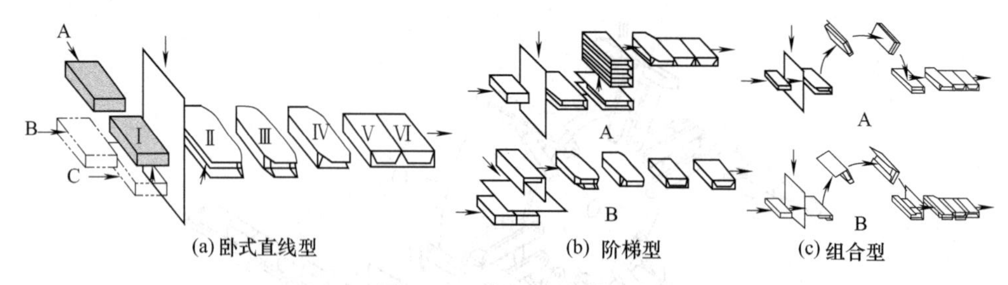

图 10-13 折叠裹包类型

图 10-14 所示是一种典型的双端复折式裹包机工艺。输送带 15 将盒状包装

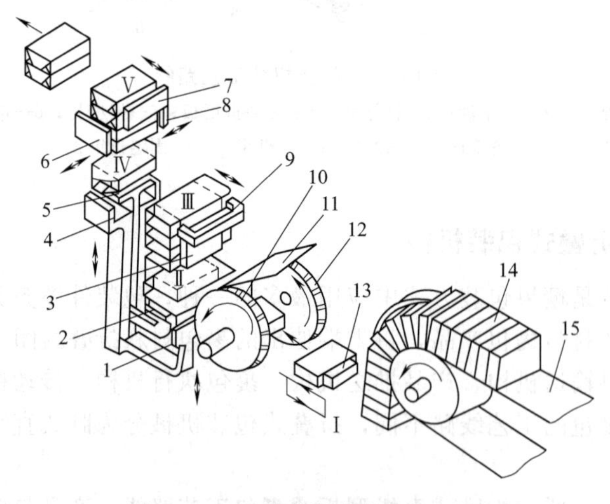

图 10-14 双端复折式裹包机工艺

1—侧面折纸板；2—下托板；3—侧面热封器；4—端面折纸板；5—上托板；6,8—端面热封器；7—输出推板；9—折角器；10,12—送纸辊；11—包装膜；13—推料板；14—物品；15—输送带

物品整齐地输入机械，送纸辊 10 和 12 将已切断的包装膜 11 供送到预定的位置；推料板 13 将包装件以步进方式从位置Ⅰ推送到位置Ⅱ，在推送过程中由固定折纸板使包装材料形成对物品的三面裹包，在位置Ⅱ，先由侧面折纸板 1 向上折纸，然后由下托板 2 向上推送，包装材料又被固定折纸板折角，形成四角裹包侧面搭接，并使物品逐渐到达位置Ⅲ，在此位置由侧面热封器 3 完成侧面热封，在推满四件后，折角器 9 将前侧面的包装材料折角并将物品推到位置Ⅳ，在此过程中，另一侧面的折角由固定折角器完成；在位置Ⅳ，先用端面折纸板 4 向上折纸，再由上托板 5 将物品推送到位置Ⅴ；在此过程中两端上部折边被固定折纸板折叠，然后左右端面热封器 6 和 8 进行热封，完成裹包，最后由输出推板将包装好的成品输出。

三、热熔封缝式包装机械

这类裹包机一般使用具有热封性能的塑料及复合薄膜等包装材料，工作平稳可靠，生产效率高，可用于块状物品的裹包，适用范围较广。

1. 平张薄膜热封裹包机

这类裹包机又被称为枕形裹包机。图 10-15 所示为 FW-340 型接缝式裹包机工作原理。卷筒包装材料 6 在成对牵引辊 5、主传送滚轮 8 和中缝热封滚轮 10 联合牵引下匀速前进，在通过成型器 7 时被折成筒状；供送链上的推头 1 将被裹包的物品 2 推送入成型器中的筒状材料内，物品随材料一起前移，经过热封滚轮 10 完成中缝热封；端封切断器 11 在完成热封时即在封缝中间切断分开，形成前袋的底封和后袋的顶封；然后包装成品由毛刷推送至输送带送出。

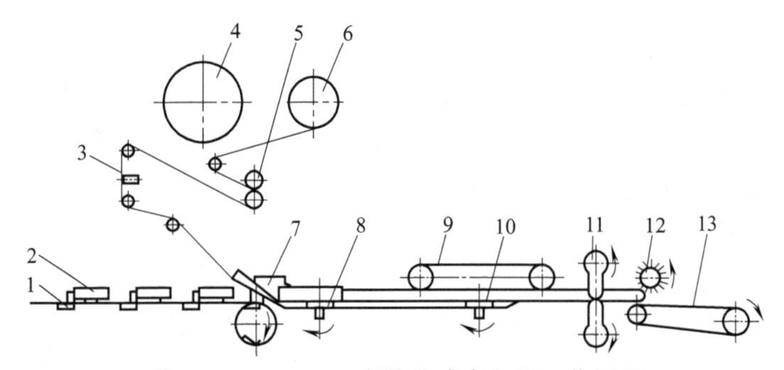

图 10-15 FW-340 型接缝式裹包机工作原理

1—供送链推头；2—物品；3—光电传感器；4—备用包装材料；5—牵引辊；6—包装材料；7—成型器；8—主传送滚轮；9—主传送带；10—中缝热封滚轮；11—端封切断器；12—输出毛刷；13—输出皮带

本机可采用各种可热封的长 80～320mm、宽 2～50mm、高 10～65mm 范围内的卷筒材料，适于面包、糖果或各种盒装食品的裹包，包装速度可在 25～250 件/min 范围内无级调速。专用于包装糖果的接缝式裹包机，其生产能力可稳定在 800～1000 件/min。

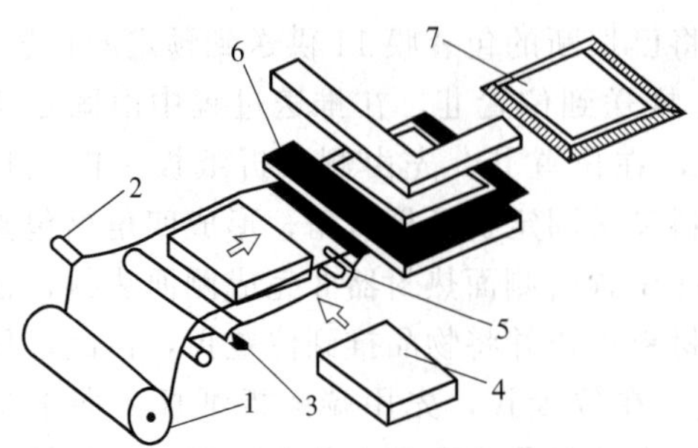

图 10-16 卧式对折薄膜热封裹包机工作原理
1—对折薄膜；2—导辊；3—开口导板；4—物品；5—开口器件；6—L形封切装置；7—物品

2. 对折薄膜热封裹包机

这类裹包机根据薄膜对折裹包的位置可分为卧式和立式两种方式，其中卧式工作原理如图 10-16 所示。这类裹包机适用于直接采用对折膜或用平张膜对折裹包物品，L形封切装置热封开口的两边，同时形成后面的顶封，而形成三面封接裹包操作，此种裹包方式常用于热收缩裹包。

第五节 贴标喷码机械设备

一、贴标机械

贴标机是将事先印制好的标签粘贴到包装容器的特定部位的机械设备，一般在包装作业的最后进行，其完成的工艺过程包括取标签、送标签、涂胶、贴标签、整平等。贴标机有很多种类型，按自动化程度可分为自动与半自动贴标机；按贴标部件的特征可分为龙门式贴标机、真空转鼓贴标机、多标盒转鼓贴标机、拨杆贴标机、旋转型贴标机；按瓶子的运动方式可分为直线式与转盘式贴标机。

1. 直线式贴标机

贴标时容器直接由设置在贴标机上的板式输送链进行输送，在输送过程中接受贴标，容器自送入到完成贴标排出运行所经过的轨迹是一条直线或近似直线者，称为直线式贴标机，直线式贴标机可按标签形式、取标、送标装置及贴标对象物等进行分类。

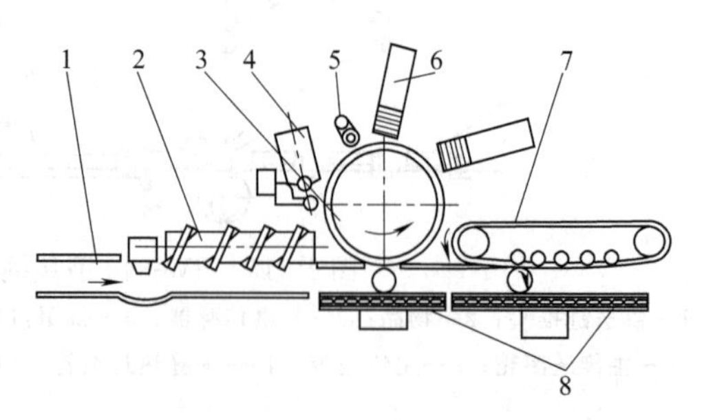

图 10-17 单片标签直线式真空转鼓贴标机
1—板式输送链；2—进瓶螺杆；3—真空转鼓；4—涂胶装置；5—印码装置；6—标签盒；7—搓滚输送皮带；8—海绵橡胶垫

（1）机器组成与工作原理 图 10-17 所示为单片标签直线式真空转鼓贴标机，其特点是真空转鼓不但能取标，而且还能传送标签去进行打印字码、涂胶、贴标等；另一个特点是搓滚贴标装置与真空转鼓分开而单独设置。

该贴标机由板式输送链、进瓶螺

杆、真空转鼓、搓滚输送皮带与海绵橡胶衬垫等组成。瓶子由板式输送链经过进瓶螺杆以一定间隔向逆时针转动的真空转鼓传送；真空转鼓圆柱面上分割为若干个贴标区段，每一段上有一组起取标作用的真空孔眼吸取标签。转鼓外有两个标签盒 6 做摆动和移动，以保证真空转鼓从标签盒中取出标签；当有瓶子时，标签盒向转鼓靠近，标签盒支架上的滚轮触碰真空转鼓的滑阀活门，使其正对着标签盒位置的一组真空眼接通真空，从标签盒吸取一张标签；随后标签盒离开转鼓，转鼓带着标签盒转至印码装置，涂胶装置，分别打印上日期和涂胶。转鼓继续旋转，已涂胶的标签与送来的瓶子相遇，此时真空吸标孔眼被切换成直通大气而使标签失去真空吸力，瓶子与标签相遇时，瓶子已经进入转鼓与海绵橡胶垫之间，通过摩擦带动而自转，标签即被滚贴到瓶身上。瓶子由板式输送链继续向前输送，进入了由搓滚输送皮带和第二个海绵橡胶垫构成的通道，瓶子被搓动滚移，标签被滚压而舒展，使其在瓶子上贴牢。这种贴标机还设有“无瓶不取标”和“无标不涂胶”装置 。

（2）主要执行机构

① 供标装置　供标装置指在贴标过程中，能将标签纸按一定的工艺要求进行供送的装置。通常由标盒和推标装置等组成。标盒是储存标签的装置，可根据要求设计成固定或摆动形式，其结构形式有框架式和盒式两种。盒式标盒使用较多，主要由一块底板和两块侧板组成，两侧板间距可调，以适应标签的尺寸变化，调整一般采用螺旋装置，标仓标盒的两侧设有挡标爪，以防止标签从标盒中掉落，同时在取标过程中又可把标签逐张分开。标盒中设有推标装置，使前方的标签取走后能不断补充。

供标时，一般采用曲柄连杆机构和凸轮机构使标盒产生移动和摆动。图10-18所示为摇摆式标盒。标盒 1 由一块支撑板 5 和两块侧板 6 组成。两侧板之间的距离可用螺杆 4 调整，以适应不同标签的宽度。标盒 1 的前端有挡标爪，挡住标签。推标装置由滑块 13、钢绳 12 及弹簧板 7 组成，在取标过程中把标签不断向前推进，以补充取走的标签。整个标盒固定在座板 2 上，两臂杠杆 9 固定在支柱 3 上，其右臂用螺栓 15 与摇杆 17 连接，摇杆 17 又固定在座板 2 的传动部件上。两臂杠杆的摇动由凸轮 10 和 11 驱动，凸轮 10 固定在轴 8 上，轴 8 由真空转鼓传动系统通过齿轮 14 和 16 带动转动，使标盒完成向前接近真空转鼓和随转鼓方向摇摆运动。当标盒靠近转鼓时，滚子 18 顶推阀门使转鼓相应部分接通真空，吸取标签。

② 取标装置　根据取标方式不同，取标机构可分为真空式、摩擦式、尖爪式等形式。取标装置如图 10-19 所示，把有大气通道 13 和真空槽 9 的固定阀盘 12 与错气阀门 14 一起紧固在工作台 8 上。鼓体 7 与转动阀门 6 一起固定，顶部用鼓盖 2 密封。鼓体 7 上有 6 组相隔的气道 3，每组气道一端与橡皮胶鼓面 5 的 9 个气眼相通，另一端与固定阀盘 12 上的真空槽 9 或大气

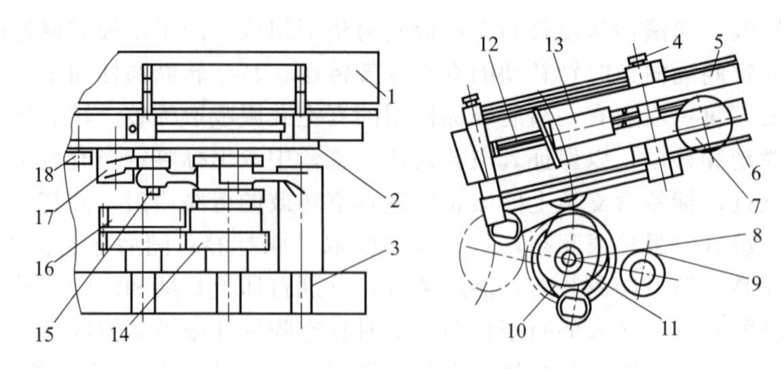

图 10-18　摇摆式标盒

1—标盒；2—座板；3—支柱；4—螺杆；5—支撑板；6—侧板；7—弹簧板；8—轴；9—两臂杠杆；10,11—摇动凸轮；12—钢绳；13—滑块；14,16—齿轮；15—螺栓；17—摇杆；18—滚子

通道 13 相接。转鼓轴 11 带动鼓体 7 旋转，在其旋转过程中，不同的气道对准真空槽 9，与真空系统相通，此时真空吸标摆杆把标签递送过来，气眼将此标签吸住。转鼓继续旋转，气道仍接通真空，气眼继续吸住标签，当转过近 180°时，此气道离开真空而对准固定阀盘 12 的大气通道，接通大气，标签失去真空吸力而被释放，此时这组气眼刚好处于贴标弯道位置，释放的标签被贴到与其相遇的容器上，旋转中 6 组气道按上述程序工作，取标、传递、贴标过程连续进行。

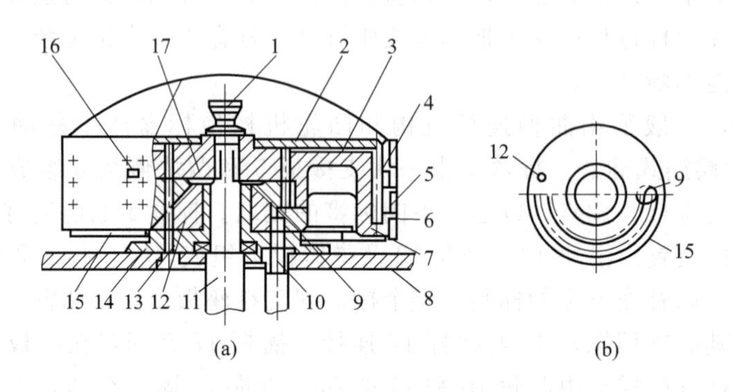

图 10-19　取标装置

1—油杯；2—鼓盖；3—气道；4—气眼；5—橡皮胶鼓面；6—转动阀门；7—鼓体；8—工作台；9—真空槽；10—真空通道；11—转鼓轴；12—固定阀盘；13—大气通道；14—错气阀门；15—凸轮；16—镜片；17—油槽

③ 打印装置　打印装置是在贴标过程中，在标签上打印产品批号、出厂日期、有效期等数码的执行机构。按其打印方式，打印装置可分为滚印式和打击式两种。直线式真空转鼓贴标机的打印装置为滚印式打印装置，其结构

如图 10-20 所示。打印滚筒 12 上装有号码字粒 16，并用垫片 14 和螺母 15 夹紧。在曲柄轴 1 上套装有套筒轴 2，打印滚筒 12 套装在套筒轴 2 的上部，并用导键 3 连接。打印滚筒 12 可沿导键 3 方向上下移动，以适应不同打印高度的需要，工作时用螺钉 10 将其固定。齿轮 5 带动套筒轴 2 旋转，使打印滚筒 12 也做同轴转动。海绵滚轮 21 用来给字粒涂抹印色，通过滚动轴承 20、偏心轴 19 和横臂 17 与曲柄轴 1 连接。调节偏心轴 19 的偏心方向和上下移动偏心轴，可把海绵滚轮 21 调到适当的位置和高度，以保证海绵滚轮 21 与字粒良好接触，调整后用螺钉 18 固定。杠杆 6 用销子与曲柄轴 1 连接，当杠杆 6 上的滚动轴承 4 在凸轮机构作用下，使打印滚筒 12 作偏转运动向真空转鼓接近时，在标签上打印数码。

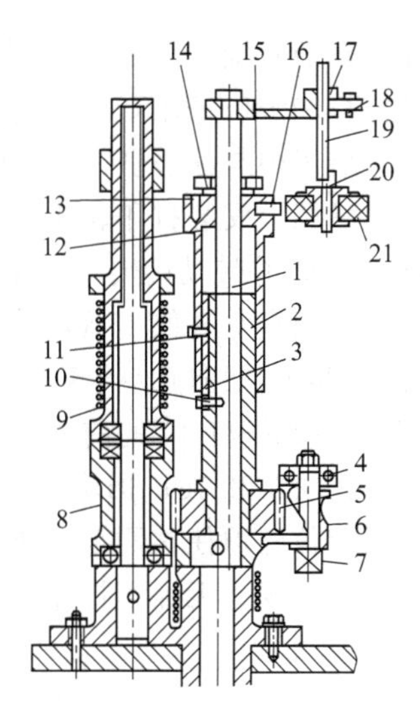

图 10-20 滚印式打印装置
1—曲柄轴；2,8—套筒轴；3—导键；4,20—滚动轴承；5—齿轮；6—杠杆；7—螺杆；9—弹簧；10,11,13,18—螺钉；12—打印滚筒；14—垫片；15—螺母；16—号码字粒；17—横臂；19—偏心轴；21—海绵滚轮

④ 涂胶装置 涂胶装置是将适量的黏合剂涂抹在标签的背面或取标执行机构上，主要包括上胶、涂胶和胶量调节等装置，通常有盘式、辊式、泵式、滚子式等形式。

图 10-21 所示为直线式真空转鼓贴标机的盘式涂胶装置。圆皮带 6 带动带胶盘 5 进行旋转，随着旋转，带胶盘 5 不断带出黏合剂。黏合剂盛放在胶槽 10 中，带出黏合剂的多少，通过调节刮胶刀 11 与带胶盘 5 的间隙来实现。涂胶盘 2 与带胶盘 5 同时转动，并将适量的黏合剂转涂于涂胶盘 2 外圈的涂胶海绵 1 上。当涂胶盘 2 转过某一角度到达真空转鼓的位置时，涂胶海绵 1 把黏合剂涂抹到吸附在真空转鼓上标签的背面。调节螺纹轴 8，可以控制带胶盘 5 与涂胶盘 2 之间的贴靠程度，调整好后用锁紧螺母紧固，以防止在带胶盘转动的过程中产生轴向位移。

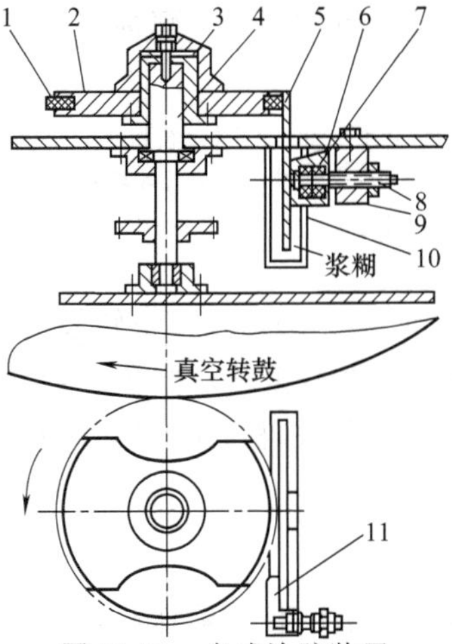

图 10-21 盘式涂胶装置
1—涂胶海绵；2—涂胶盘；3—套；4—轴；5—带胶盘；6—圆皮带；7—轴承；8—螺纹轴；9—支座；10—胶槽；11—刮胶刀

⑤ 连锁装置 连锁装置是为保证贴标效能和工作可靠性而设置，可实现“无标不打印”和“无标不涂胶”，一般分为机械式和电气式两种。直线式真空转鼓贴标机的连锁装置如图 10-22 所示，在分配轴 2 上装有上凸轮 4 和下凸轮 3，上凸轮 4 控制摆杆 7 和 19 作摆动，两摆杆滑套固定

在不动的立轴 9 和 20 上。在立轴上装有探杆 10 和 17 及定位杆 5 和 15，各立轴上的探杆和定位杆用套筒固连在一起，并与相应的摆杆弹簧作挠性连接。下凸轮控制打印装置中与偏心套 13 相连的滚子 22 做摆动。偏心套 13 可绕固定轴 14 摆动，在偏心外圆上安装打印轮 12，它的旋转由与其固连的齿轮带动，该齿轮 与主动齿轮 18 啮合，并带动旋转。当主动齿轮 18、分配轴 2、真空转鼓 11 按一定传动比旋转时，每当真空转鼓 11 转过一个工位，上凸轮即驱动两摆杆 7 和 19 进行摆动，两探杆 10 和 17 摆向真空转鼓，在鼓面上作一次探测动作。若真空转鼓 11 上没有标签，探杆 10 和摆杆 19 的前端即陷入转鼓面上的槽内，两定位杆 5 和 15 也做摆动，并顶住挡块 1 和 16；挡块 1 与滚子 22 相固连，挡块 16 与涂胶装置的支承板相固接。由于定位杆顶住这两个挡块，使打印装置和涂胶装置都不能作接近真空转鼓的摆动动作，实现“无标不打印”和“无标不涂胶”。

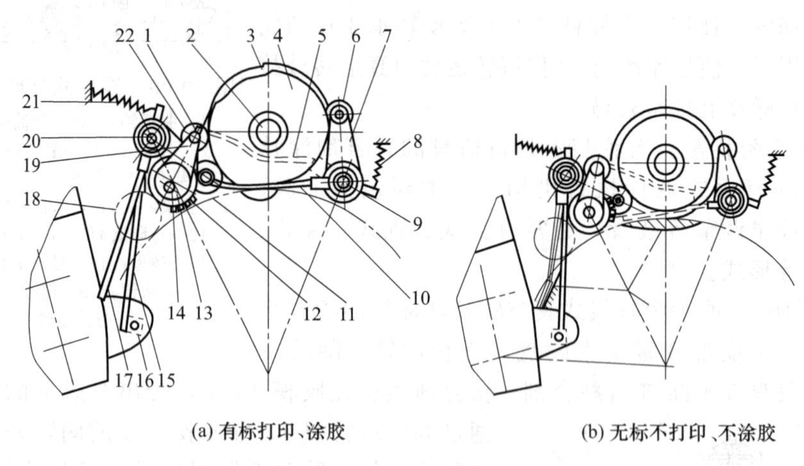

(a) 有标打印、涂胶　　(b) 无标不打印、不涂胶

图 10-22　连锁装置

1,16—挡块；2—分配轴；3—下凸轮；4—上凸轮；5,15—定位杆；6,22—滚子；7,19—摆杆；8,21—弹簧；9,20—立轴；10,17—探杆；11—真空转鼓；12—打印轮；13—偏心套；14—固定轴；18—主动齿轮

若真空转鼓 11 吸附了标签，标签使两探杆 10 和 17 无法陷入真空转鼓 11 的槽内，阻止了两个定位杆 5 和 15 的摆动，定位杆与挡块不相碰，打印装置和涂胶装置能够摆动到并贴靠在真空转鼓面上，在标签上印上数码并涂抹黏合剂，实现“有标打印”和“有标涂胶”。

2. 回转式贴标机

(1) 机器组成与工作原理　回转式贴标机是将容器沿由板式输送链与回转工作台组合形成的运动轨迹，通过相应的贴标工作区段，完成贴标工序。回转式真空转鼓贴标机采用真空转鼓结构部件，自动实现吸标、传输、贴标等多种工序，机器结构简单，具有较高的贴标效率和可靠性，应用较广泛。

回转式真空转鼓贴标机，如图 10-23 所示，主要由取标转鼓、涂胶装置、真空转鼓、星形拨轮、供送螺杆、回转工作台、打印装置等组成。搓滚装置与真空转鼓分开独立设置，具有自动取标、送标、打码、涂胶、贴标功能，设有“无瓶不取标”和“无标不涂浆”装置。

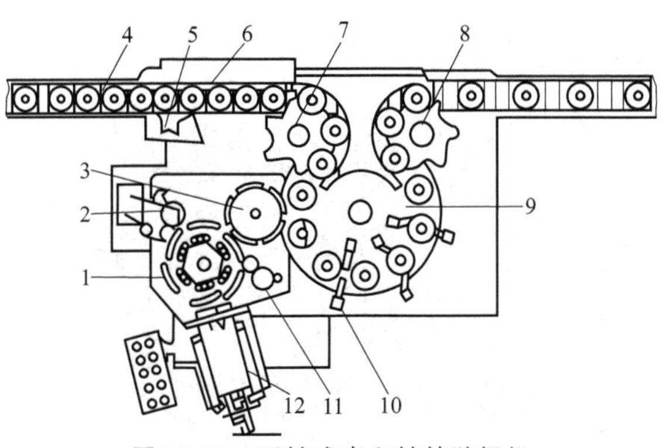

图 10-23　回转式真空转鼓贴标机

1—取标转鼓；2—涂胶装置；3—真空转鼓；4—板式输送链；
5—分隔星轮；6—供送螺杆；7，8—星形拨轮；
9—回转工作台；10—理标毛刷；
11—打印装置；12—固定标盒

工作时，容器先由板式输送链 4 送进，经供送螺杆 6 将容器分隔成要求的间距，再经星形拨轮 7，将容器送到回转工作台 9 的所需工位，同时压瓶装置压住容器顶部，并随回转工作台一起转动。标签放在固定标盒 12 中，取标转鼓 1 上有若干个活动弧形取标板。取标转鼓 1 回转时，先经涂胶装置 2 将取标板涂上黏合剂，转鼓转到固定标盒 12 所在位置时，取标板在凸轮碰块作用下，从固定标盒 12 粘出一张标签进行传送。打印装置 11 在标签上打印代码。标签在传送到与真空转鼓 3 接触时，真空转鼓 3 洗过标签并作回转传送，当与回转工作台上的容器接触时，真空转鼓 3 失去真空吸力，标签粘贴到容器表面。随后理标毛刷 10 进行梳理，使标签舒展并贴牢，最后定位压瓶装置升起，容器由星形拨轮 8 送到板式输送链 4 输出。

（2） 主要执行装置

① 供标装置　供标装置如图 10-24 所示，其结构为弹簧式。推标压力为弹簧弹力，当标签叠层较厚时，推标压力就大，反之则小。弹簧可采用盘形弹簧。补充标签时需停机。

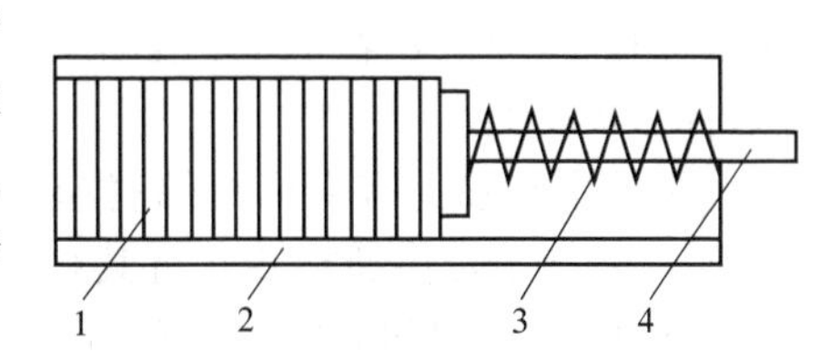

图 10-24　供标装置

1—标签；2—标签槽；3—弹簧；4—导柱

② 取标装置　取标装置如图 10-25 所示。工作时，在取标板上先涂上黏合剂，

当取标板转至标盒时，粘取一张标签，且在其内表面涂上黏合剂，在以后的旋转过程中，由旋转机械手摘下取标板上已涂胶的标签，在设定工位将标签贴附到容器的指定位置。

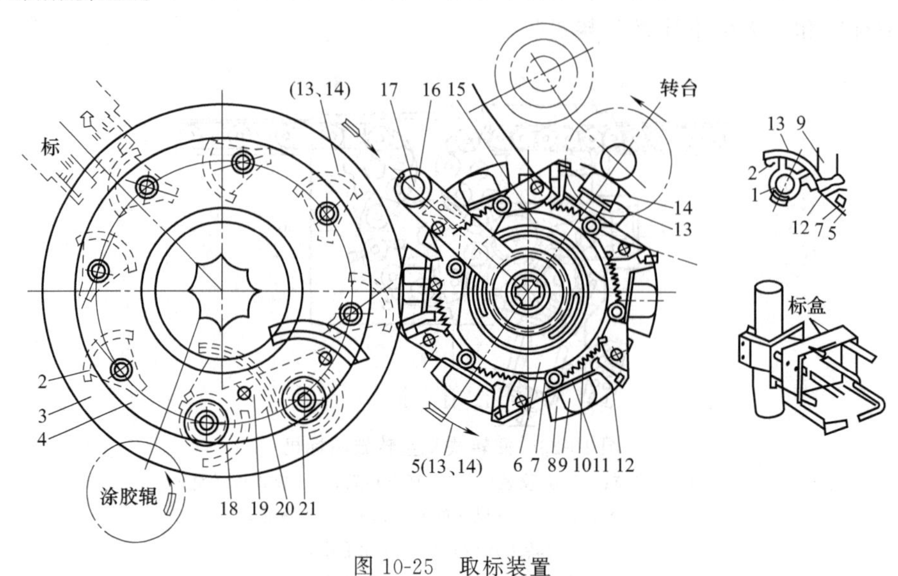

图 10-25 取标装置

1—摆动轴；2—取标板；3—转动台面；4—盖板；5—夹标摆杆；6,15,21—凸轮；7—螺钉；8—扇形板；9—身标海绵衬垫；10—颈标海绵衬垫；11—摆动轴；12—夹标板；13,14—海绵垫；16—固定臂；17—固定轴；18—滚柱；19—扇形齿轮；20—小齿轮

取标装置有供身标和颈标取标用的两种取标板，安装在摆动轴 1 的上段。摆动轴 1 共有 8 根，每根摆动轴上有 3 个支承，上端支承在盖板 4 的滑动轴承中，中部通过滚动轴承支承在转动台面 3 的轴承座孔中，下部支承在与转动台面 3 同轴线的驱动齿轮辐板上均布的 8 个轴承孔中。摆动轴的下面有用平键固装的小齿轮 20，它和通过滚动轴承安装在摆轴下端的扇形齿轮 19 啮合。扇形齿轮上设置有滚柱 18，它可在一个固定于机座的凸轮 21 的凹槽中运动。当该装置在主动齿轮带动下，驱动转动台面 3 和盖板 4 带动摆动轴 1 绕主动齿轮旋转时，各扇形轮上的滚柱在凸轮凹槽中运动。在凸轮的控制下，扇形齿轮 19 做有规律的摆动，并通过与它相啮合的后一摆动轴上的小齿轮驱使，摆动轴做相同规律的摆动，实现取标板 2 与涂胶辊间的纯滚动（涂胶位置时）和取标板与标盒间的相对停止（取标位置时）。

机械手转盘上有身标海绵衬垫 9、颈标海绵衬垫 10、夹标摆杆 5 和夹标板 12 等，其作用是传递标签并将其贴到容器的指定位置。夹标摆杆的夹持动作由凸轮 6 和 15 控制和调整，凸轮通过固定臂 16 和固定轴 17 固定在机架上。

左右两个转盘通过齿轮啮合相向旋转，取标板 2 在公转的同时有自身的摆动。当经过涂胶辊时，取标板在摆动过程中被滚涂上一层黏合剂。继续转动至标盒前方时，取标板再次摆动，从标盒上粘取一张标签。在到达右侧机械手转盘位置时，依靠凸轮控制转盘旋转，转盘上夹标摆杆张开的夹爪闭合而夹住标签。由于夹爪与取标板存在速差，在运转过程中便可把标签揭下，传递到容器上。

二、喷码机械

喷码机是一种工业专用生产设备，可在各种材质的产品表面喷印上（包括条形码在内的）图案、文字、时间、流水号、条形码及可变数码等。

食品行业是喷码机的最大应用领域，主要用于饮料、啤酒、矿泉水、乳制品等生产线上，也已经在副食品、香烟生产中得到应用。喷码机既可应用在流水线生产中的个体包装物喷码，也可用于外包装的标记信息喷码。

1. 喷码机基本原理与类型

喷码机一般安装在生产输送线上。对产品进行喷码的基本原理如图 10-26 所示。喷码机根据预定指令，周期性地以一定方式将墨水微滴（或激光束）喷射到以恒定速度通过喷头前方的包装（或不包装）产品上面，从而在产品表面留下文字或图案印记效果。

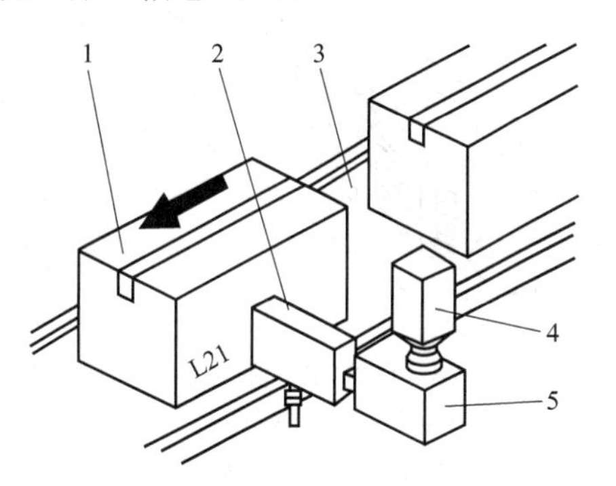

图 10-26 喷码机一般工作原理
1—喷码对象；2—喷码头；3—输送带；4—编码键盘；5—控制器

喷码机有多种形式，总体上可分为墨水喷码机和激光喷码机两大类。两种类型的喷码机均又可分为小字体和大字体两种型式。

墨水喷码机又可分为连续墨水喷射式和按需供墨喷射式；按喷印速度分超高速、高速、标准速、慢速；按动力源可分内部动力源（来自内置的齿轮泵或压电陶瓷作用）和外部动力源（来自外部的压缩空气）两类。

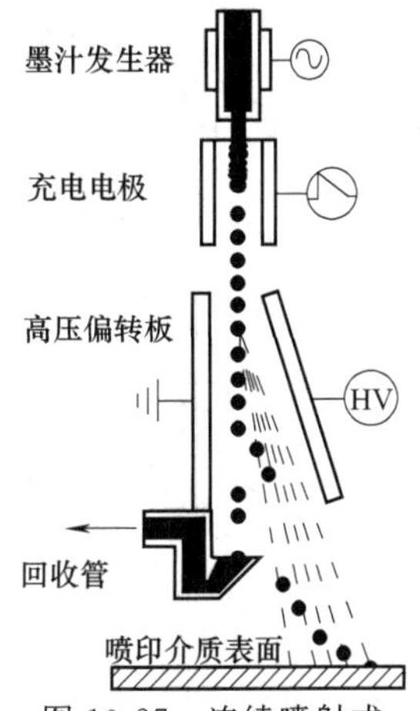

图 10-27 连续喷射式墨水喷码机工作原理

激光喷码机也可分为划线式、多棱镜式和多光束点阵式三种。前两种只使用单束激光工作，后者利用多束激光喷码，因此也可以喷写大字体。

2. 墨水喷码机

（1）连续喷射式墨水喷码机　这种喷码机由于只有一个墨水喷孔，喷印字体较小，因此称为字体喷码机。其工作原理如图 10-27 所示。在高压力作用下，油墨进入喷枪，喷枪内装有晶振器，其振动频率约为 62.5 kHz，通过振动，使油墨喷出后形成固定间隔点，同时在充电极被充电。带电墨点经过高压电极偏转后飞出并落在被喷印表面形成点阵。不造字的墨点则不充电，故不会发生偏转，直接射入回收槽，被回收使用。喷印在承印材料表面的墨点排成一列，它们可以为满列、空列或介于两者之间。垂直于墨点偏转方向的物件移动（或喷头的移动）则可使各列形成间隔。

（2）按需滴落式喷码机　按需滴落式喷码机，也称为 DOD（drop on demand）式喷码机。其喷头的结构如图 10-28 所示。喷头内装有 7 只能高速打开和关闭的微型电磁阀而非晶振，要打印的文字或图形等经过电脑处理，给 7 只微型电磁阀发出一连串的指令，使墨点喷印在物件表面形成点阵文字或图形。

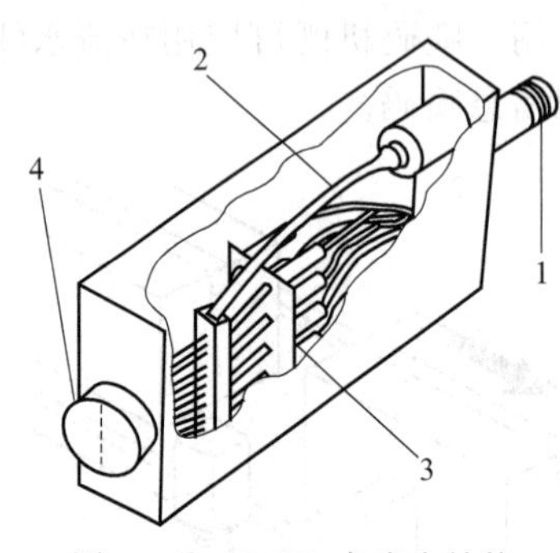

图 10-28　DOD 式喷头结构
1—导管；2—输墨管；
3—电磁阀；4—喷嘴板

由于喷射板上每个喷孔由一个相对应的阀控制，这种喷码机在同一时刻喷出的墨滴数量和范围理论上没有什么限制。因此，这种喷码机通常也称为大字体喷码机。

（3）压电陶瓷喷码机　压电陶瓷喷码是一种新型喷码技术。这种喷码方式可在 2cm 左右的范围内使 128 个喷嘴 同时工作，进行喷印。其喷印出来的字体效果与印刷品极为相似。这种新出现的喷印方式正越来越得到用户的认可，并逐渐取代点阵字体的喷印方式。

压电陶瓷新型喷码机有以下特点：用墨水自然流动到喷头的方法进行喷印，没有泵、过滤装置、晶振等部件；也不分大小字体，一台机器可以实现既喷大字又喷小字的任务；墨水的喷射压力较小，其喷印的距离相对较近，原则上说，喷印距离越近，其喷印效果越好。所以采用压电陶瓷技术的喷码机对异形物体如包装好以后的塑料带、表面凹凸不平的材质，喷 印效果较差。但表面平整的物体，如纸盒、包装箱、瓶盖等物体表面，其喷印效果要比大字机和小字机完美得多。

3. 激光喷码机

激光喷码机的基本工作原理是激光以极高的能量密度聚集在被刻标的物体表面，在极短的时间内，将其表层的物质汽化，并通过控制激光束的有效位移，精确地灼刻出精致的图案或文字。

（1）划线式激光喷码机　划线式激光喷码机工作原理如 10-29 所示，运用的是镜片偏转连续激光束的原理，镜片由高速旋转的微电机控制。从激光源产生的激光束，先通过两个镜片折射，再经过透镜，

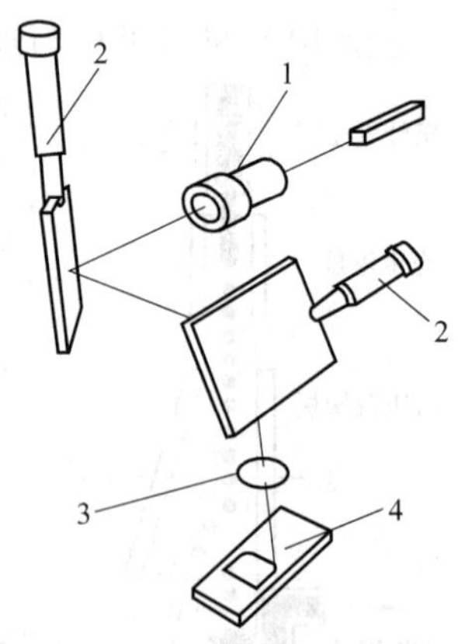

图 10-29　划线式激光喷码机工作原理
1—激光源；2—可转动折光器；
3—透镜；4—喷码面

最后射到待喷码物体表面产生烧灼伤作用。由于有两个折光镜片，并且镜片的转动很快，因此，可以得到连续线条的字迹效果。使得这种形式的喷码机既可在运动的也可在静止的表面进行高速标刻。

(2) 多棱镜扫描式激光喷码机　多棱镜扫描式激光喷码机也使用单束激光。图 10-30 所示为这种喷码机的工作原理图。由激光器产生的激光束与高速转动的多棱镜相遇（激光光束与多棱镜的轴相垂直），多棱镜上各面使光束只在物体表面的一定位置做直线扫描。因此这种形式的喷码机必须有物体运动的配合才能得到所需要的字迹或图案效果。

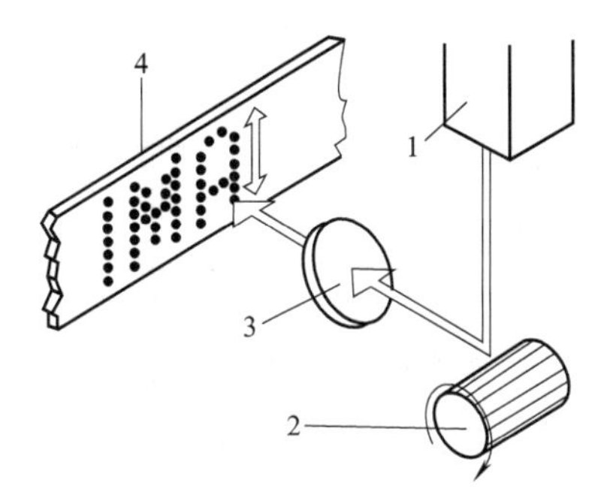

图 10-30　多棱镜扫描式激光喷码机工作原理
1—激光源；2—可转动多棱镜；3—透镜；4—喷码面

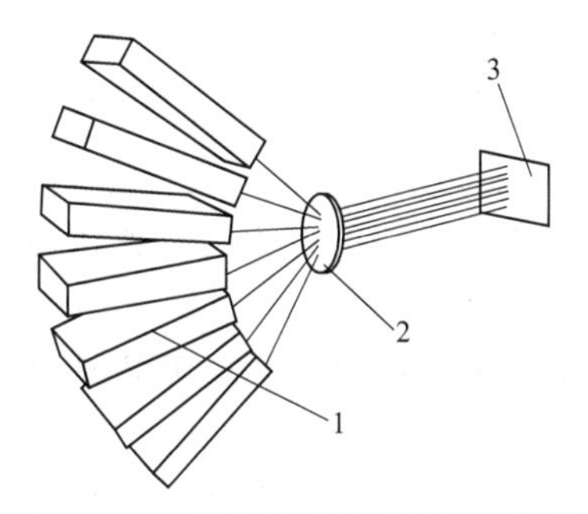

图 10-31　点阵式激光喷码机工作原理
1—多束激光源；2—透镜；3—(定速移动的) 喷码面

(3) 点阵式激光喷码机　这种喷码机工作原理如图 10-31 所示。受控制的多束光成直线状排列通过透镜，与移动的物体相遇，在其表面产生标记。

一、判断题

1. 研磨操作的必要条件之一就是原料的粒度 d 必须大于磨齿的齿距 t，否则就会失去研磨作用。(　　)

2. 对于粗物料磨辊的研磨齿数宜多，对细物料则宜少。(　　)

3. 通常情况是，稀牙比密牙省动力、磨温低，且磨辊使用寿命长。(　　)

4. 由于两辊快慢不同，慢辊起托住作用，快辊起挤压和剪切作用。锋角越大，剪切力越大而挤压力越小。(　　)

5. 当钝对钝排列时，作用角为钝角，物料进入工作区后受挤压作用并逐步加强，最后略有剪切作用。(　　)

6. 一对磨辊的拉丝必须有一定的斜度，且互相平行，否则不可能进行平稳的研磨。(　　)

7. 斜度越大，粉碎率越低；物料容易克服磨齿上的摩擦阻力而滑向一边，故切削容易。(　　)

8. 热熔封缝式包装机械一般使用具有热封性能的塑料及复合薄膜等包装材料，工作平稳可靠，生产效率高，可用于块状物品的裹包，适用范围较广。(　　)

9. 多光束点阵式激光喷码机不可以喷写大字体。(　　)

10. 连续喷射式墨水喷码机由于只有一个墨水喷孔，喷印字体较小，因此称为字体喷码机。(　　)

二、填空题

1. 巧克力的生产基本上可以分为四个步骤：______、______、______和______。

2. 与齿辊工作性能关系密切的主要技术特性有：______、______、______和______四个方面。

3. MY 型磨粉机为磨辊倾斜排列的油压式自动磨粉机，由机身、______及其附属的喂料机构、______、______、______及______7 个主要部分组成。

4. 磨齿排列有四种方式，即______、______、______和______。

5. 巧克力注模成型生产线，整个生产线由______、______、______、______、______等构成。

6. 糖果浇模成型机械通常与______、______、______及______等前置设备配套构成生产线，将传统糖果生产工艺中的______、______、______、______、______等工序联合完成。

7. 折叠式裹包机主要由裹包材料______、产品______、______、______和机架等组成。

8. 国内糖果产品包装形式主要有______、______、______等。

9. 激光喷码机也可分为______、______和______三种。前两种只使用单束激光工作，后者利用多束激光喷码，因此也可以喷写大字体。

10. 喷码机有多种形式，总体上可分为______和______两大类。

三、选择题

1. 齿数是指磨辊单位圆周长度上拉丝形成的拉丝数，经常也称______。

A. 齿数　　B. 磨辊　　C. 牙数　　D. 个数

2. 锋面与钝面所夹的角称为牙角 γ，锋面与磨辊直径所形成的角称为锋角 α，钝面与磨辊直径所形成的角称为钝角 β，这三角之间的关系为______。

A. $\gamma=\alpha+\beta$　　B. $\gamma=\alpha-\beta$　　C. $\gamma=\alpha\times\beta$　　D. $\gamma=\alpha\div\beta$

3. 在巧克力浆料精磨上的五辊辊磨机，又称五辊精磨机，是一种超微粉碎设备。经精磨后的浆料平均粒度不超过。

A. 15μm　　B. 20μm　　C. 25μm　　D. 30μm

4. 喷码机根据预定指令，周期性地以一定方式将______喷射到以恒定速度通过喷头前方的包装（或不包装）产品上面，从而在产品表面留下文字或图案印记效果。

A. 墨水微滴（或激光束）　　B. 墨水水滴

C. 激光　　D. 色素

5. 墨水喷码机可分为连续墨水喷射式和______喷射式。

A. 按需供墨　　B. 间歇　　C. 周期　　D. 循环

6. 墨水喷码机内部动力源是来自内置的______作用。

A. 离心泵　　B. 齿轮泵或压电陶瓷

C. 罗茨泵　　D. 真空泵

7. 墨水喷码机外部动力源是来自外部的______。

A. 电力　　B. 离心力　　C. 压缩空气　　D. 真空

8. 按需滴落式喷码机要打印的文字或图形等经过电脑处理，给______微形电磁阀发出一连串的指令，使墨点喷印在物件表面形成点阵文字或图形。

A. 5只　　B. 6只　　C. 7只　　D. 8只

9. 压电陶瓷喷码喷印出来的字体效果与印刷品极为相似。这种新出现的喷印方式正越来越得到用户的认可，并逐渐取代______方式。

A. 墨水喷码机　　B. 点阵式激光喷码机

C. 点阵字体的喷印　　D. 划线式激光喷码机

10. 激光喷码机的基本工作原理是激光以极高的______聚集在被刻标的物体表面，在极短的时间内，将其表层的物质汽化，并通过控制激光束的有效位移，精确地灼刻出精致的图案或文字。

A. 电磁波　　B. 能量密度　　C. 波长密度　　D. 射线密度

第十一章　冷冻设备

第一节　冷冻设备概述

冷冻设备包括冷源制作（制冷）、物料的冻结、冷却三个组成部分。制冷部分有活塞式压缩制冷机组、螺杆式制冷机组、离心式制冷压缩机组、吸收式制冷机组、蒸汽喷射式制冷机组以及液态氮、液态二氧化碳、盐液等制冷剂。现在活塞压缩式制冷机组是国内外主要的冷源制作装置。物料进行冻结的方式有风冷式、浸渍式和冷剂通过金属管、壁和物料接触传热降温的装置。

一、制冷基本原理

利用制冷剂从某一空间或物体中吸取热量，并将其转移给环境介质的过程就是制冷。制冷机械是指以消耗机械功或其他能量来维持某一物料的温度低于周围自然环境的温度的设备。低温是相对于环境温度而言的，根据所获低温的温度要求，通常把制冷分为两种：一般把制冷温度高于 120K 的称为“普冷”，低于 120K 的称为“深冷”。其中深冷又可分为深度制冷、低温制冷与超低温制冷。由于低温范围的不同，制冷系统的组成也不同。

目前主要有液氮气化式制冷、蒸气压缩式制冷、蒸气喷射式制冷、吸收式制冷和吸附式制冷，食品加工过程中主要采用液氮气化式和蒸气压缩式制冷，而蒸气喷射式、吸收式制冷和吸附式制冷主要用于空调制冷中。液体气化制冷是指制冷剂液体在气化时需要吸收大量的气化潜热而实现制冷的方法。

1. 蒸气压缩式制冷

这种方法是用常温及普通低温下可以气化的物质作为工质（氨、氟利昂及某些碳氢化合物），工质在循环过程不断发生相态变化（即液态→气态→液态），工质在相态变化中吸收热量从而达到降温制冷的目的，这是食品工业中使用广泛的制冷方法。

蒸气压缩机工作原理如图 11-1 所示。蒸气压缩制冷系统由压缩机、冷凝器、膨胀阀和蒸发器四大部分构成。低压制冷剂在蒸发器中蒸发，在压缩机中通过消耗机械功使制冷剂蒸气被压缩到冷凝压力，然后压缩后的蒸气在过饱和状态下进入冷凝器中，因受到冷却介质（水或空气）的冷却而凝结成饱和液体，并放出热量，由冷凝器出来的制冷剂液体，经膨胀阀进行绝热膨胀到蒸发压力，温度降到与之相应的饱和温度，此时已成为两相状态的气液混合物。然后进入蒸发器，完成一个循环。因为蒸气压缩式制冷具有制冷系数大、单位制冷量大、设备不是很庞大的优点，所以应用广泛。

(1) 制冷循环　制冷剂在机械压缩制冷系统中的循环过程为，经过蒸发器后，其低压低温蒸气被压缩机吸入，经压缩提高压力以及温度，成为高压高温的过热蒸气，此为等熵过程，如图 11-1 中 1→2 所示。过热蒸气的温度高于环境介质（水或空气）的温度，此时的制冷剂蒸气能在常温下冷凝成液体状态。因而，当被排至冷凝器时，经冷却、冷凝成高压的液态制冷剂，此阶段为等压过程，如图 11-1 中 2→3 所示。高压液体通过膨胀阀时，因节流作用而降压，制冷剂液因沸腾蒸发吸热，使其本身温度下降，此为等焓过程，如图 11-1 中 3→4 所示。把这种低压低温的制冷剂引入蒸发器蒸发吸热，使周围空气及物料温度下降，此为等压等温过程，如图 11-1 中 4→1 所示。从蒸发器出来的低压低温蒸气重新进入压缩机，如此完成一次制冷循环。这是最为简单的蒸气压缩制冷循环。

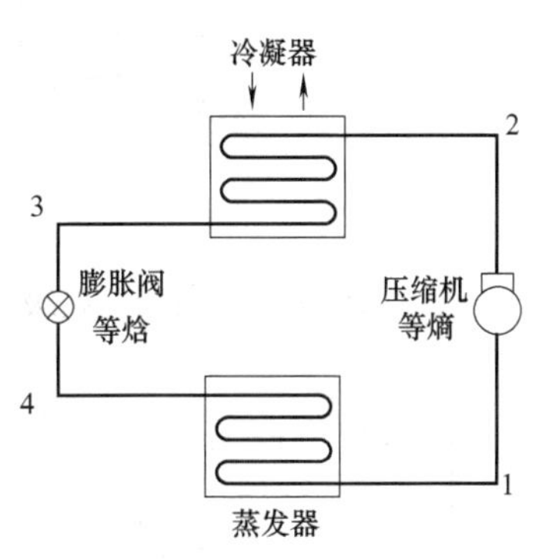

图 11-1　蒸气压缩机工作原理

利用压缩机对蒸气进行压缩的方法使制冷剂得以重复利用。因此，这种制冷系统也称为蒸气压缩式制冷系统。上述的四大部件是缺一不可的。

(2) 单级压缩制冷　在实际制冷过程中，仅仅依靠蒸气压缩制冷系统中压缩机、冷凝器、膨胀阀和蒸发器四大部分是不能正常制冷的。因为蒸发器中抽吸出来的制冷剂蒸气常带有雾滴，带有雾滴的制冷剂蒸气不能使压缩机正常工作；还有压缩机中的润滑油会随温度升高而汽化进入系统中，使得冷凝器和蒸发器的换热效率大大降低；同时由于没有制冷剂的储存设备，整个系统工作会变得不稳定。所以实际上单级压缩制冷循环系统要增加分油器、储氨罐、氨液分离器等部件（图 11-2）。这些部件可以保证制冷循环正常运行。氨蒸气中携带的雾滴由氨液分离器消除，保证了压缩机正常工作；冷凝器之前的除油装置，使得压缩机润滑油不再进入系统，从而提高了冷凝器和蒸发器的换热效率；冷凝器之后需安装一台（套）储氨罐，起两方面的作用，一是保证系统运行平稳，二是可以方便地为多处用冷场所提供制冷剂。

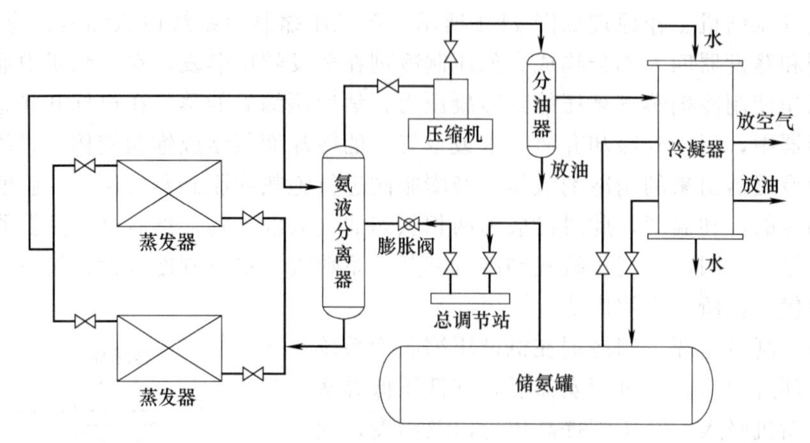

图 11-2 单级压缩制冷循环系统

(3) 双级压缩制冷 双级压缩制冷是指在制冷循环的蒸发器与冷凝器之间设两个压缩机，并在两压缩机之间再设一个中间冷却器。图 11-3 所示为双级压缩制冷循环系统。制冷循环若以压缩机和膨胀阀为界，可粗略地分成高压、高温和低压、低温两个区。高压端压强对低压端压强的比值称为压缩比。压缩比由高温端的冷凝温度和低温端蒸发温度确定，蒸发温度越低，压缩比越高。高压缩比情形下，若采用单级压缩，运行会有困难，这时可采用多级压缩，以双级压缩较为常见。在压缩比大于 8 的时候，采用双级压缩较为经济合理。对氨压缩机来说，当蒸发温度在 −25℃以下时，或冷蒸气压强大于 1.2MPa 的时候，宜采用双级压缩制冷。

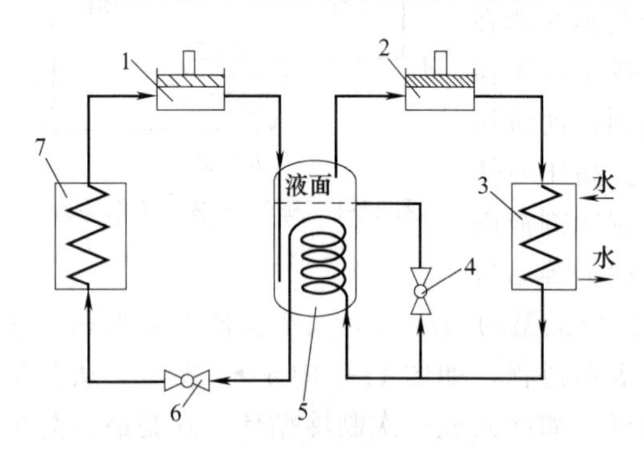

图 11-3 双级压缩制冷循环系统

1—低压压缩机；2—高压压缩机；3—冷凝器
4,6—膨胀阀；5—中间冷却器；7—蒸发器

2. 蒸气喷射式制冷

蒸气喷射式制冷是利用高压水蒸气通过喷射器造成低压，并使水在此低压蒸发吸热的原理进行制冷。采用的制冷剂是水，具体工作原理是锅炉的高压蒸气进入到喷射器中，工作蒸气在喷嘴中膨胀，获得很大的气流速度（800～10000m/s）。由于这时压力能变为动能，产生真空，使蒸发器中的水蒸发成蒸气。当蒸发器中的水蒸发时，就从周围的水中吸取热量，使其成为低温水，供降温使用。工作蒸气与低压蒸气在喷射器的混合室内混合后即进入扩压器，在扩压器中速度下降，动能又变为势能（也叫位能），压力升高，然后混合蒸气就进入冷凝器中冷凝成

水，一部分送回锅炉，另一部分送入蒸发器，提供所需的冷量。

3. **吸收式制冷**

吸收式制冷原理（图 11-4）与压缩式不同，它是利用热能代替机械能而工作的。吸收式制冷系统常使用两种工作介质，一种是产生冷效应的制冷剂，另一种是吸收制冷剂而生成溶液的吸收剂。对制冷剂的要求与压缩式的相同，而对吸收剂则必须是吸收能力强，在相同压力下，其沸点要远高于制冷剂的沸点的物质。因而，当溶液受热时，蒸发出来的蒸气中，含制冷剂多，而含吸收剂很少。

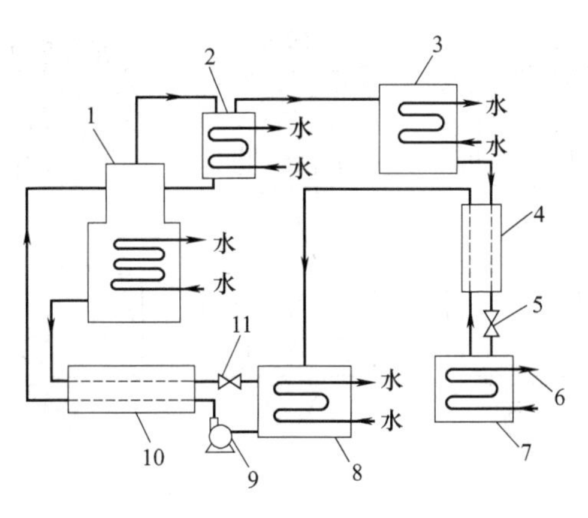

图 11-4 吸收式制冷原理

1—发生器；2—精馏塔；3—冷凝器；4—过冷器；5,11—膨胀阀；6—被冷却物质；7—蒸发器；8—吸收器；9—升压泵；10—换热器

通常采用的工质为氨和水的二元溶液，其中氨为制冷剂，水为吸收剂。低温、低压的氨蒸气，从蒸发器 7 出来后进入吸收器 8。在吸收器 8 中，氨蒸气被低压的稀溶液吸收，吸收所产生的吸收热由冷却水带走。吸收后的氨溶液由升压泵 9 经换热器 10 加热后进入发生器 1，在发生器 1 中，因加热而将高温、高压的氨蒸发出来，然后进入精馏塔 2，同时发生器 1 内变稀的溶液经换热器 10 和膨胀阀 11 再回到吸收器 8 中。进入精馏器 2 的蒸气被冷却水冷却后，含制冷剂多的蒸气进入冷凝器 3，而含制冷剂极少的稀溶液回到发生器 1。由冷却水带走热量，使蒸气冷凝。冷凝后制冷剂经过膨胀阀 5 进入蒸发器 7，并向被冷却物质 6 吸取热量，从而实现制冷的目的。

在制冷过程中将低压、低温制冷剂蒸气变成高压、高温蒸气的作用，实际上就执行了压缩式制冷系统中的压缩机的任务。吸收式制冷机的特点是无噪声，运转平稳，设备紧凑，适宜于电能缺乏而热能充足的地方。

二、制冷压缩机

制冷压缩机是用来对制冷剂压缩做功，获得能量，然后经冷凝、膨胀，形成能吸热的冷源。我国现已有中小型活塞式制冷压缩机系列产品，并不断改进结构、提高效率、增加产品品种。国外活塞式制冷压缩机的发展动态是提高压缩机的效率和能量调节的灵活性，扩大压缩机的使用范围，采用多种电源，改善电动机的性能和电子计算机、热泵的应用等。

1. **分类**

（1）按活塞的运动方式

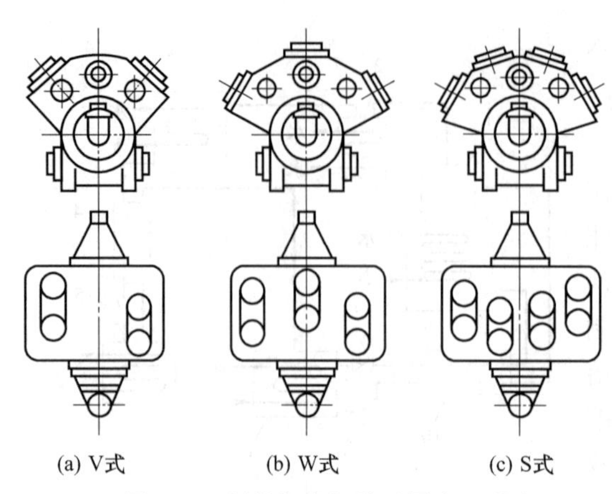

图 11-5 压缩机汽缸的不同布置形式

① 往复式压缩机 其活塞在汽缸里做往复的直线运动，在食品加工厂和冷库制冷方面多采用这种压缩机。

② 回转式压缩机 其活塞在汽缸内做旋转运动，电冰箱采用此种压缩机，本章不予叙述。

（2）按一台压缩机中蒸汽被压缩的次数 分为单级和双级。

（3）按蒸汽在汽缸内的流向分为顺流式与逆流式。

（4）按汽缸中心线位置 分为立式、V 式、W（角度）式和 S 式等（图 11-5）。

（5）按压缩机组的封闭程度

① 开启式 压缩机的功率输入轴伸出曲轴箱外，电动机通过联轴器或皮带轮与压缩机轴输入端相连接，在曲轴伸出端装有油封。

② 半封闭式 压缩机与电动机外壳为一体，构成一个密封机壳，不需要装油封。

③ 全封闭式 压缩机与电动机封密在一个容器内，形成一个整体从机外表看，只有压缩机吸排气管和电机导线。

（6）按压缩机的冷量

① 小型 其制冷量小于 209MJ/h。

② 中型 其制冷量为 209～1672MJ/h。

③ 大型 其制冷量在 1672MJ/h 以上。

（7）按压缩方式 分为单作用和双作用。

我国中小型活塞式单级制冷压缩机，按汽缸直径分为 5cm、7cm、10cm、12.5cm、17cm 五种基本系列。其中 5cm、7cm 系列的为全封闭形式、半封闭形式，10～17cm 系列的多属开启式。

2. 机型的表示方法

每一台压缩机的基本形式都用一定符号表示，它包括汽缸数、所用制冷剂的种类、汽缸排列的型式、汽缸直径等（表 11-1）。

表 11-1 中小型活塞式制冷压缩机型号列举

压缩机型号	汽缸数	制冷剂	汽缸排列	汽缸直径/mm	备注
8AS12.5	8	氨(A)	S 式	125	
6AW17	6	氨(A)	W 式	170	
4AV10	4	氨(A)	V 式	100	
3FW5B	3	氟利昂(F)	W 式	50	半封闭式(B)
2FM4	2	氟利昂(F)		40	封闭式(M)

用于工业生产的压缩机主要是活塞式制冷压缩机。活塞式压缩机按活塞的运动方式分为往复式压缩机和回转式压缩机。食品工厂和冷库多采用前者，电冰箱采用后者。也可按汽缸布置方向将压缩机分为卧式压缩机（汽缸中心线为水平的）和立式压缩机（汽缸中心线与轴中线相垂直）。

3. 工作原理、结构和特点

（1）活塞式压缩机　图 11-6 所示为立式、单作用直流式氨压缩机基本结构及工作原理，它主要由汽缸体、汽缸、活塞、连杆、曲轴、曲轴箱、进气阀门、排气阀门假盖等组成，其工作过程是当活塞向下运动时，进气阀门被打开，制冷剂蒸气经进气阀门进入活塞上部的汽缸中，当活塞向上运动时，进气阀门关闭，活塞继续向上运动，汽缸中的制冷剂受压缩，当气压达一定程度时，即顶开假盖的排气阀门，制冷剂蒸气排出汽缸，压入高压管路中。

在汽缸体内装有汽缸套、活塞环和进排气阀等件。曲轴箱是固定压缩机等部件的基座，内装曲柄连杆机构，箱的下部存放润滑油，曲柄连杆的运动靠电动机驱动。

图 11-7 所示为高速多缸制冷压缩机结构。汽缸的配置有 V 式、W 式和 S 式。曲轴转速为 700～2000r/min。功率为 10～150kW。汽缸套装在曲轴箱的上部。汽缸套上部设有弹簧和气阀组。吸气孔道在汽缸套凸缘上。工作时气阀借助于阀片前后的压力差自动开启和关闭，达到吸气和排气的目的。汽缸套的外侧装有负荷控制装置，它能使压缩机在启动时，关闭吸气阀，空负荷运转，然后顶开吸气阀，压缩机进入正常工作状态；当负荷变化时，能和油分配阀或电磁阀配套使用，达到分段加载或卸载，调节制冷量的目的。另外这种压缩机上还有润滑、冷却和传动系统。

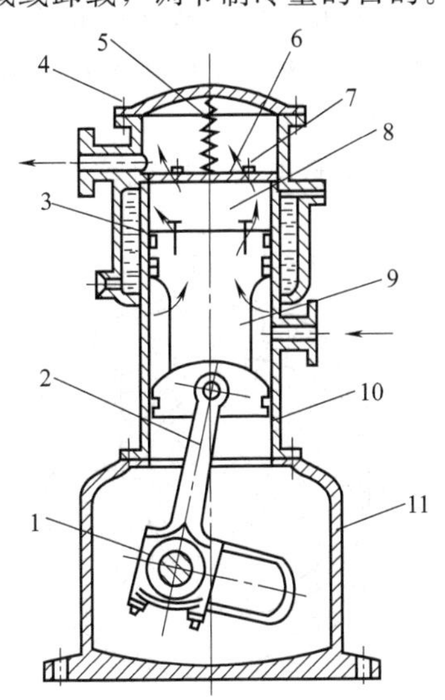

图 11-6　立式、单作用直流式氨压缩机基本结构及工作原理

1—曲轴；2—连杆；3—进气阀门；4—汽缸上盖
5—缓冲弹簧；6—假盖；7—排气阀门；8—汽缸；
9—活塞；10—汽缸体；11—曲轴箱

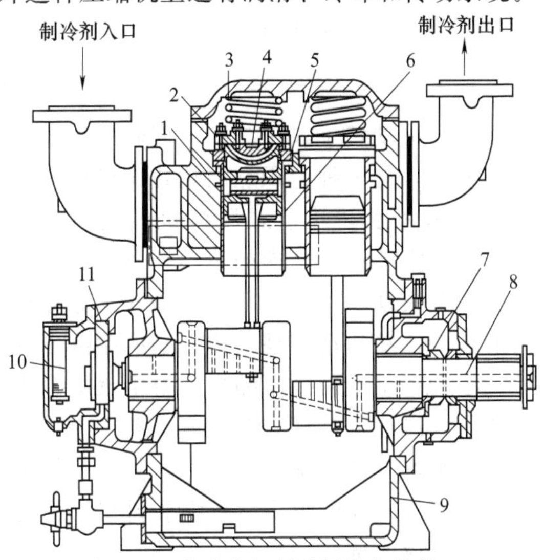

图 11-7　高速多缸制冷压缩机结构

1—活塞；2—排气阀；3—排气弹簧；4—阀座；
5—吸气阀；6—汽缸套；7—油封；8—曲轴；
9—曲轴箱；10—油过滤器；11—齿轮泵

活塞式（往复式）制冷压缩机的特点是结构较简单、制造容易、适应性强、操作稳定、维护方便，故广泛应用。但随着工业发展速度和使用场合不同，需要单机制冷量大，蒸发温度低，防止公害的制冷设备，而活塞式（往复式）压缩机不能适应这些要求，故有待进一步提高其水平，并发展新机型。

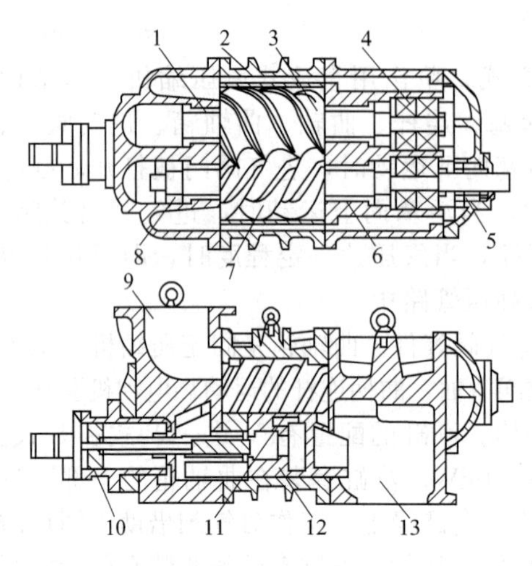

图 11-8　螺杆式压缩机结构

1,6—滑动轴承；2—机体；3—阴转子；4—推力轴；5—轴封；7—阳转子；8—平衡活塞；9—吸气孔；10—能量调节用卸载活塞；11—喷油孔；12—缸载滑阀；13—排气孔

（2）螺杆式压缩机　图 11-8 所示为螺杆式压缩机结构，主要由阴转子、阳转子、机体、滑动轴承、轴封、平衡活塞及能量调节装置等组成。其工作原理是由阴、阳转子螺杆的啮合旋转产生容积变化，进行气体的压缩。阴转子的齿沟相当于活塞缸，阳转子相当于活塞。阳转子带动阴转子做回转运动，使阴阳转子间的容积不断变化，完成制冷剂蒸气的吸入、压缩、排出。螺杆式压缩机与活塞式相比其效率高，适应温度范围广，结构简单，易损件少，运行寿命长。制冷量可在 10%～100% 范围内实现无级调节，在低负荷运行时较经济。但其润滑系统较复杂，油分离器体积较大，运行噪声大。螺杆式压缩机在中等制冷量范围（580～2300kW）应用得较多。

（3）滚动转子式压缩机（回转式压缩机）　滚动转子式压缩机也称滚动活塞式压缩机，是一种容积型回转式压缩机。图 11-9 所示为滚动转子式压缩机结构。它是依靠偏心安装在汽缸内的滚动转子在圆柱形汽缸内做滚动运动和一个与滚动转子相接触的滑板的往复运动实现气体压缩的制冷压缩机。滚动转子式制冷压缩机主要由汽缸、滚动转子、滑片、排气阀等组成。利用一个偏心圆筒形转子在汽缸内转动来改变工作容积，以实现气体的吸入、压缩和排出。滑片将汽缸分成两部分，当转子转动时，与吸气管相通的汽缸容积增大，进行吸气，与排气口相连的汽缸容积减小进行压缩排气。

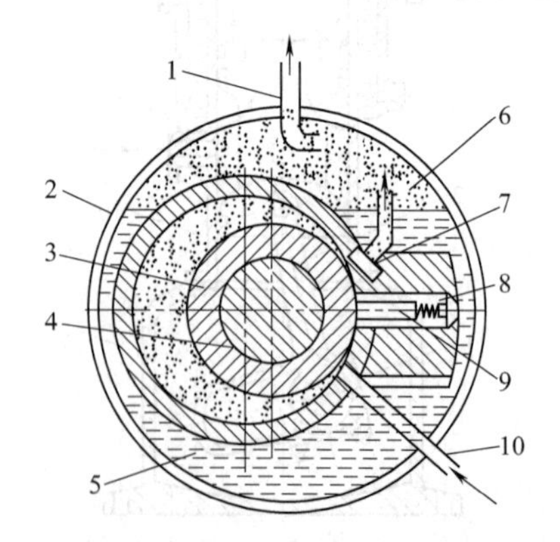

图 11-9　滚动转子式压缩机结构

1—排气管；2—汽缸；3—滚动转子；4—曲轴；5—润滑油；6—高压气体；7—排气管；8—弹簧；9—滑片；10—吸气管

目前广泛使用的滚动转子式制冷压缩机

主要是小型全封闭式，一般标准制冷量多为3kW以下，通常有卧式和立式两种，前者多用于冰箱、冷柜，后者在空调器中常见。

滚动转子式压缩机从结构及工作过程来看，小型滚动转子式压缩机具有以下优点：①结构简单，零部件几何形状简单，便于加工及流水线生产；②体积小，质量轻，零部件少，与相同制冷量的往复活塞式制冷压缩机相比，体积减小40%～50%，质量减少40%～50%，零件数减少40%左右；③易损件少、运转可靠；④效率高，因为没有吸气阀故流动阻力小，且吸气过热小，所以在制冷量为3kW以下的场合使用尤为突出。

滚动转子式压缩机也有其缺点，这就是汽缸容积利用率低，只利用了汽缸的月牙形空间；转子和汽缸的间隙应严格保证，否则会显著降低压缩机的可靠性和效率，因此，加工精度要求高；相对运动部位必须有油润滑；用于热泵运转时则制热量小。

三、冷凝器

冷凝器是制冷系统中的一种热交换器，使制冷剂过热蒸气受冷却凝结为液体。冷凝器的种类很多，大中型制冷设备常用的有卧式壳管式、立式壳管式、淋水式、蒸发式和空气冷却式冷凝器。下面介绍几种冷凝器的结构和特点。各种类型冷凝器特点及使用范围见表11-2。

表11-2 各种类型冷凝器特点及使用范围

类型	形式	制冷剂	优点	缺点	使用范围
水冷式	立式	氨	可安装在室外；占地面积小；对水质要求低；易于除水垢	冷却水量大；体积比卧式的大；需经常清洗维护	大、中型制冷
水冷式	卧式	氨、卤代烃	传热效果比立式好；易于小型化；易于组装	冷却水质要求高；泄露不易发现；冷却管容易腐蚀	大、中、小型制冷
水冷式	套管式	氨、卤代烃	传热系数高；结构简单，容易制作	水流动阻力大；清洗困难	小型制冷
水冷式	板式	氨、卤代烃	传热系数高；结构紧凑；增减灵活	水质要求高；制造复杂	中、小型制冷
水冷式	螺旋式	氨、卤代烃	传热系数高；体积小	水阻力大；维修困难	中、小型制冷
空气冷却式	自然对流式	卤代烃	不需要冷却水；无噪声；无需动力	相对于水冷却体积庞大，传热面积庞大；制冷机功耗大	小型家用电冰箱
空气冷却式	强制对流式	卤代烃	不需要冷却水；可安装在室外，节省机房面积	相对于水冷却体积庞大，传热面积大；制冷剂功耗大	大、中、小型制冷
水和空气联合冷却式	淋水式	氨	制造方便；清洗、维修方便；冷却水质要求低	占地面积大；消耗金属多；传热效果差	大、中型制冷
水和空气联合冷却式	蒸发式	氨、卤代烃	冷却水耗量小；冷凝温度低	价格较高；冷却水质要求高；清洗维修困难	大、中型制冷

1. 卧式壳管式冷凝器

卧式壳管式冷凝器如图11-10所示。钢制圆柱壳体的两端焊有端盖，在壳内装有一组横卧的直管管簇。冷却水流经管内。端盖内侧有挡板，使冷却水在管簇内多次往返流动。冷却水的进出口设在同一端盖上，由下面流进，上面流出，这样可保证冷凝器的所有管簇始终被冷却水充满。制冷剂蒸气在管壳间通过并将热量传递给水而被冷凝。在另一端盖上部设有放气旋塞，供开始运行时放掉水侧的空气，管下部也有一旋塞，供长期停止运行时放尽冷却水。壳体上还设有氨气进口、氨液出口、安全阀和压力表等。制冷剂过热蒸气由壳体上部进入冷凝器与管的冷表面接触后即在其上凝结为液膜，在重力作用下，凝液顺着管壁下滑，并与管壁分离。在正常运行时，壳体下部积存少量的液体。这种冷凝器的优点是结构紧凑、占空间高度小、传热系数高。缺点是清除水垢困难。适用于水温较低，水质较好的地区，一般布置在室内与小型制冷机组配套使用。

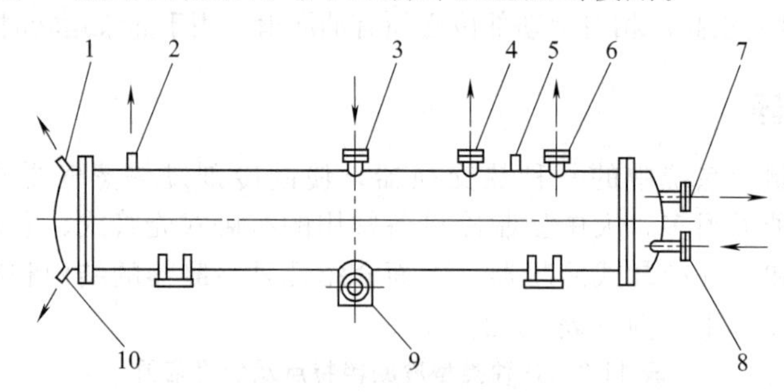

图 11-10 卧式壳管式冷凝器

1—放空气旋塞；2—放空气口；3—氨气进口；4—均压管；5—压力表；6—安全阀；7—水出口；8—水进口；9—氨液出口；10—放水旋塞

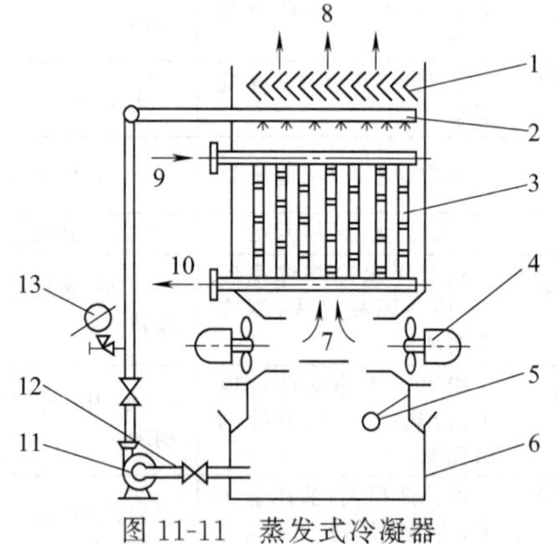

图 11-11 蒸发式冷凝器

1—挡水板；2—喷水器；3—换热管组；4—轴流风机；5—补充水浮球阀；6—水箱；7—进风口；8—出风口；9—进气集管；10—出液集管；11—循环水泵；12—水量调节阀；13—水压表

2. 蒸发式冷凝器

蒸发式冷凝器，如图 11-11 所示。由换热管组、供水喷淋装置和风机等组成。制冷剂蒸气从管组上部的进气集管，分配给每根蛇形管后与冷却水进行热交换，冷凝后经出液集管导至储液器中。冷却水喷淋在管外壁上，一部分冷却水受热蒸发变成水蒸气，在风机作用下，被空气带走，另一部分冷却水，沿管外壁成膜层向下流，落入水池中，利用水泵送到喷水器，如此循环流动。水池中的水量需要补充，所需水量，由水量调节阀控制。

这种冷凝器的特点是因部分冷却水蒸发，吸收大量汽化潜热，故消耗水量很少，仅为壳管式冷凝器的 1/25～1/50，但设备与作业的费用较大。管排间水垢难清除，水需要软化处理。适用于水源困难的地区，一般布置在厂房顶部或通风良好的地方。

3. 淋水式冷凝器

如图 11-12 所示。由储氨器、冷却排管和配水箱等组成。工作时冷却水由顶部进入配水箱，经配水槽顺着每层排管的外表面成膜层流下，部分水蒸发，其余落入水池中，通过冷却后再循环使用。氨气自排管底部进入管内，沿管上升时遇冷而冷凝，流入储氨器中。这种冷凝器的优点是结构简单，工作安全。对水质要求不严，容易清洗。缺点是金属消耗量大，占地面积较大。适用于空气干燥、水源不足或水质较差的地区，布置在室外通风良好的地方。

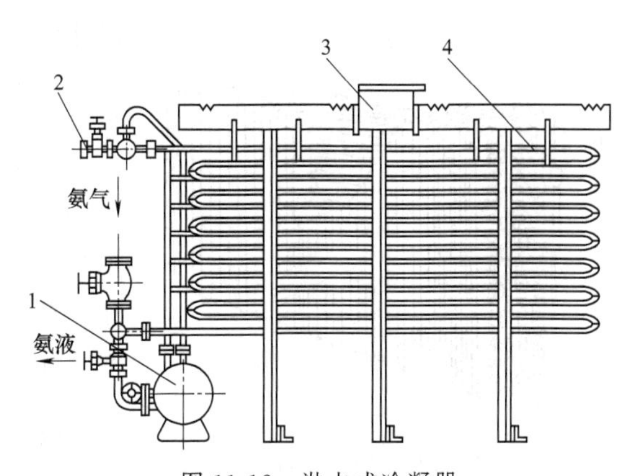

图 11-12 淋水式冷凝器

1—储氨器；2—放空气口；3—配水箱；4—冷却排管

4. 自然对流空气冷却式冷凝器

自然对流空气冷却式冷凝器如图 11-13 所示。在自然对流空气冷却式冷凝器中，空气受热后产生自然对流，将冷凝器中热量带走。由于空气流动速度很小，传热效果很差，这种冷凝器一般用于小型氟利昂制冷装置，如家用冰箱、空调器等。

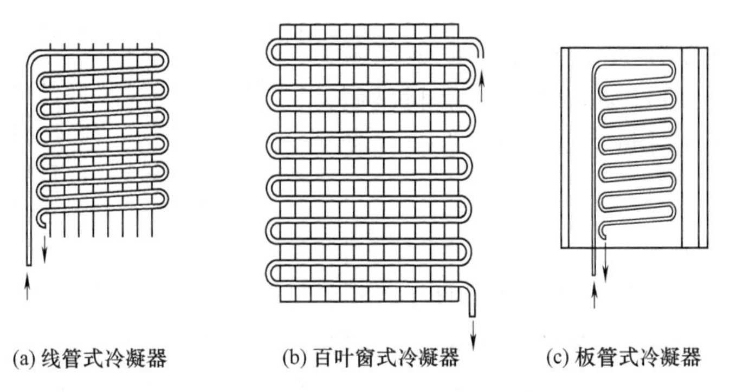

(a) 线管式冷凝器　(b) 百叶窗式冷凝器　(c) 板管式冷凝器

图 11-13 自然对流空气冷却式冷凝器

5. 强制对流空气冷却式冷凝器

强制对流空气冷却式冷凝器（图 11-14）也称为风冷式冷凝器。它一般由一组或多组蛇形管组成，制冷剂蒸气从上部集气管进入每根蛇形管，冷凝后制冷剂

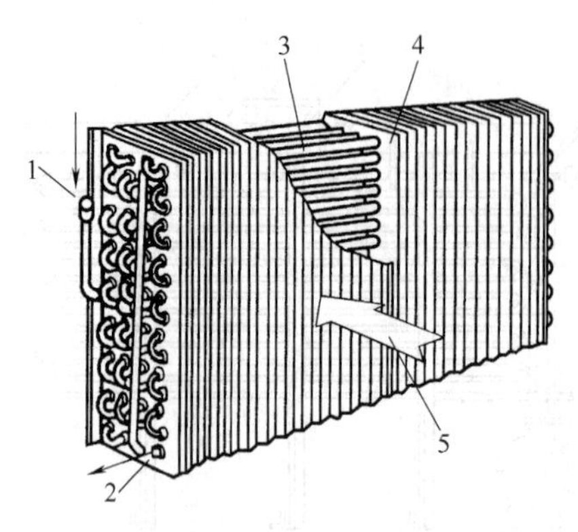

图 11-14 强制对流空气冷却式冷凝器
1—蒸汽入口；2—出液口；3—冷凝管；
4—散热片；5—空气气流

液体汇集于底部液体集管排出。空气在风机作用下强制循环，横向流过翅片管，将热量带走。由于使用了风机，噪声较大，一般将冷凝器放置于室外。强制对流空气冷却式冷凝器一般用于氟空调制冷装置。近年来国外也有用于氨的风冷冷凝器产品，采用镀锌钢管外套钢翅片或蜗管外套铝翅片，用于空调装置和冷水机组。

四、膨胀阀

膨胀阀又称节流阀，它的作用是降低制冷剂的压力和控制制冷剂流量。高压液体制冷剂通过膨胀阀时，冷凝压力骤降为蒸发压力，与此同时液体制冷剂沸腾吸热，其本身温度降低。膨胀阀的型式很多。

1. 手动膨胀阀

手动膨胀阀如图 11-15 所示，阀芯有针形和 V 形缺口等型式。手轮转动时，可改变阀门开启度。开启度按蒸发器热负荷的变化来调节，通常为手轮的 1/8～1/4 周，不能超过 1 周，否则开启度过大，失去膨胀作用。

这种膨胀阀，结构简单，但不能随热负荷的变化而自动调节。在氟利昂制冷装置中已使用热力膨胀阀进行自动调节。

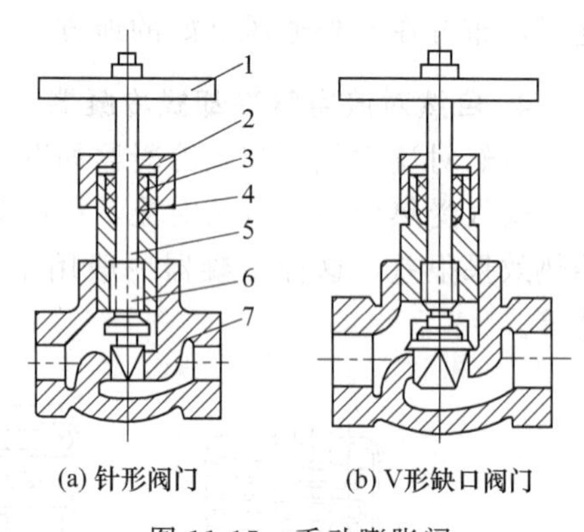

图 11-15 手动膨胀阀
1—手轮；2—螺母；3—钢套筒；4—填料；
5—铁盖；6—钢阀管；7—外壳

2. 热力膨胀阀

它是利用蒸发器出口处蒸气的过热度来调节制冷剂的，如图 11-16 所示，由感应元件（感温包）、膜片、阀体、阀座等组成。在制冷机组正常运转条件下，感应元件灌注剂压力等于膜片下气体压力与弹簧压力之和，处于平衡状态。如供制冷剂不足，引起蒸发器出口处回气，过热度增大，感温包温度升高，使膜片下移，阀口的开启度增大，直至供液量与蒸发量相当时，再得到平衡。故热力膨胀阀能自动调节阀的开启度，供液量随负荷大小自动增减，可保证蒸发器的传热面积得到充分利用，使压缩机正常安全地运行。

五、蒸发器

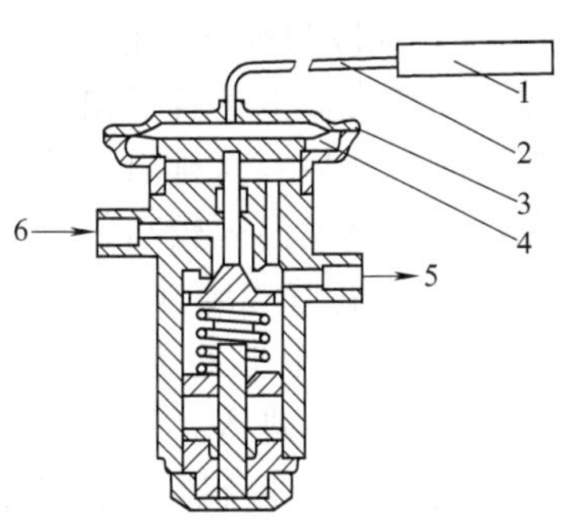

图 11-16 热力膨胀阀
1—感温包；2—毛细管；3—气箱盖；4—膜片；5—制冷剂出口；6—制冷剂入口

蒸发器的作用是使制冷剂吸收被冷却介质的热量。

1. 分类

蒸发器按被冷却介质的性质可分为三大类。

（1）冷却液体载冷剂的蒸发器　通称为液体冷却器，如水冷却器、盐水冷却器等。在这类蒸发器中，制冷剂在管外吸热，液体载冷剂依靠液泵在管内循环流动，可采用闭式循环，也可采用开式循环。按结构又分为卧管式、立管式、螺旋管式和蛇管式等多种。

（2）冷却空气的蒸发器　这类蒸发器的型式繁多，制冷剂在管内蒸发，空气在外侧流动。空气的流动属于自然对流，如设在冷库库房中的墙排管、顶排管；若蒸发器是装在一个箱体内，而空气是依靠风机进行强制循环，则称为冷风机或空气冷却器。

（3）冷却冷冻物料的接触式蒸发器　制冷剂在传热间壁的一侧蒸发，间壁的另一侧与被冷却或被冻结的物料直接接触。例如平板冻结装置中的板式蒸发器等。

2. 结构与特点

（1）卧式壳管式蒸发器　卧式壳管式蒸发器如图 11-17 所示，与壳管式冷凝器相似。在钢制圆筒形壳体的两端焊管板，其间装管簇。一般做成多程式，即载冷剂在蒸发器的管内往返流动，多次与制冷剂进行热交换。载冷剂（盐水或水）在泵的作用下，由下方流入从上方流出。氨液自壳体下部进入在管簇间沸腾吸热蒸发，蒸汽由上部排出。这种蒸发器的优点是传热效果较好，结构简单，占地面积小，因载冷剂循环系统封密，对设备腐蚀性小，缺点是当盐水泵因故障停止运转时，可能发生冻结，造成管簇破裂。

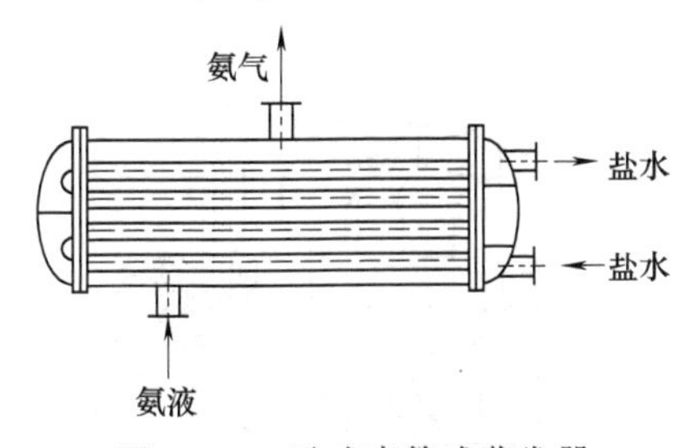

图 11-17 卧式壳管式蒸发器

（2）冷却排管　冷却排管的类型，按管组在库房中的安装位置分为墙管、顶管和搁架式三种。按结构分有立管、盘管和横管三类，按管的表面形式分为光滑管与翅片管两类，对于氨直接冷却系统用无缝钢管焊制，对盐水间接冷却采用镀锌焊接管制作。冷却排管结构比较简单，但钢材消量大，国内冷藏肉类的库房，多采用此种冷却装置。

① 立式冷却排管　它由若干立管与上下集管组成，氨液由下集管进入并充满管组，氨气由上集管引出，排管的容量为排管容积的80%。这种排管的优点是制冷剂汽化后容易排出，传热效果较好，但排管较高时，因液柱静压作用，下部制冷剂的蒸发温度较高。

② 单列盘管式墙排管　图11-18所示为单列盘管式冷却排管，管总长一般不超过120m，管间距为110～220mm，制冷剂在同一侧进出，在重力供液系统中，氨液由下部进入，氨气由上部排出。这种排管的优点是灌氨量较小，约为排管容积的50%，但制冷剂汽化后不会很快排出管外，降低了传热效果。

③ 顶排管　它是吊装在冷库顶板下，每组排管各有上下两根集管，其间焊接U形排管；供液管接在下集管底部，出气管接在上集管顶部，这样利用热氨除霜时，便于从排管中排出润滑油，并可缩短除霜时间。这种排管的灌氨量为排管容积的50%，该排管结霜比较均匀。

④ 翅片管　翅片管是在光滑的无缝钢管外表面上，嵌以用酸洗或镀锌的铁片，以扩大散热面积，其结构有套片式和绕钢片式。翅片式蒸发器如图11-19所示，为绕钢片的翅片管，常用作冷风机的蒸发器。

(3) 冷风机　食品工业中常用的是干式冷风机。它是靠空气通过冷风机内的蒸发排管来冷却管外强制流动的空气。将它装在冷库内的地坪上，叫做落地式冷风机；装在库房顶上，叫做吊顶式冷风机。两者结构类同。

落地式干式冷风机如图11-20所示。翅片蒸发排管装在箱体内，空气自下部进入，氨气从上部排出，有的在管组上面设有冲霜淋水管，底部有集水箱。

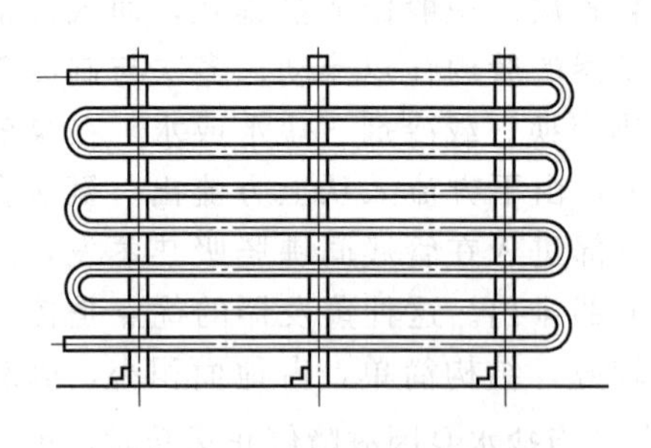

图11-18　单列盘管式冷却排管

图11-19　翅片式蒸发器

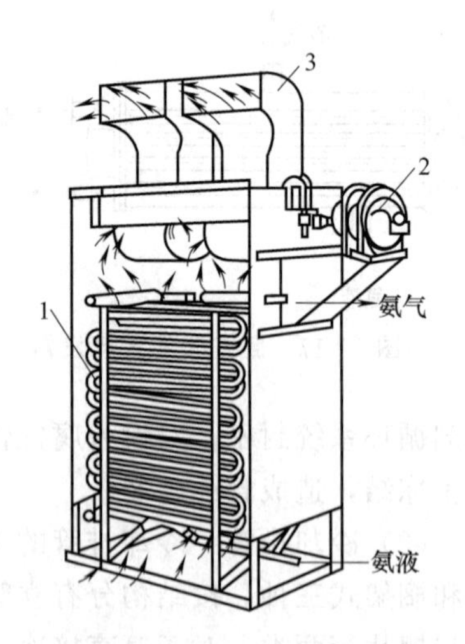

图11-20　落地式干式冷风机

1—蒸发管组；2—电动机；3—离心式风机的出风口

第二节 制冷系统中常用附属装置

在制冷循环过程中，压缩后的高压制冷剂蒸汽要从压缩机中带出一些润滑油，整个闭合制冷系统中，也会因闭合不严密而渗入一些空气或杂质，因此为改善和适应制冷机的工作，保证正常安全运行，获得良好的制冷效果，延长制冷机的使用寿命，除制冷机的主要装置外，还需要附属设备。这些装置的种类和形式很多，现将制冷系统中常用的附属装置简介如下。

一、油分离器

油分离器又称为分油器，用于分离压缩后的氨气中所挟带的润滑油，以防止润滑油进入冷凝器，使传热条件恶化。油分离器的工作原理是借油滴和制冷剂蒸汽的密度不同，利用增大管道直径降低流速，并改变制冷剂的流动方向；或靠离心力作用，使油滴沉降而分离。对于蒸汽状态的润滑油，则采用洗涤或冷却的方式降低蒸汽温度，使之凝结为油滴而分离。有的则采用过滤等方法来增强分离效果。目前国内常用的油分离器，用于氨制冷的有洗涤式、填料式和离心式三种，用氟利昂制冷的为过滤式油分离器。

图 11-21 所示为洗涤式油分离器。它由钢制圆筒壳体、上下封头、放油口和氨液进口等构成，进气管道通到液面以下。工作时筒内必须保持一定高度的氨液，自压缩器来的带油的混合气体进入分离器中，由氨液进行洗涤降温，油滴被分离出来，因其密度比氨液大，逐渐降沉于筒底；筒内的氨液在洗涤时与氨油混合气体产生热交换而被气化，随同被洗涤的氨气经伞形挡板由出气口排出。这种油分离器的分离率为 80%～85%。

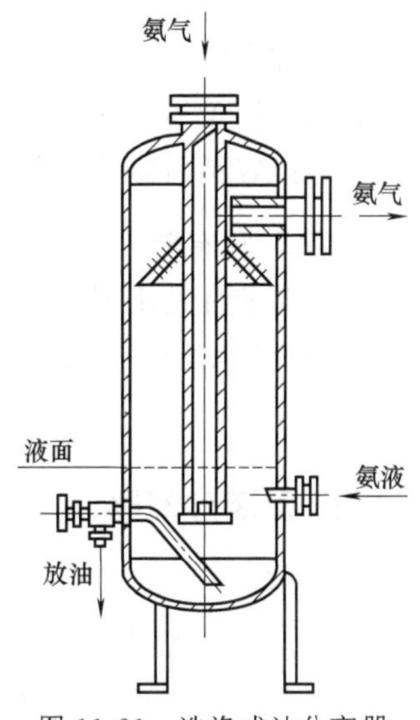

图 11-21 洗涤式油分离器

二、集油器

集油器是汇集从氨制冷系统的油分离器、冷凝器及其他装置中分离出来的氨、油混合物，使油在低压状态下与混杂的氨再进行分离，然后分别放出，这样既保证放油安全，又减少制冷剂的损失。

集油器的结构是金属立式圆筒形容器，筒体上有进油管、放油管、回气管及压力表等。较大的集油器装有玻璃管液面指示器。

三、储液器

储液器的功用是储存和调节供给制冷系统内各部分的液体制冷剂，满足各设备的供液安全运行。储液器可分高压储液器、低压储液器、排液桶和循环储液桶。

各种储液器的结构大致相同，都是用钢板焊成的圆柱形容器，筒体上装有进液、出液、放空气、放油、平衡管及压力表等管接头，但各种储液器的功用不同。

1. 高压储液器

设在冷凝器之后，与冷凝器排液管直接联通，使冷凝器内的制冷剂液体能通畅地流入高压储液器，这样可充分利用冷凝器的冷却面积，提高其传热效果。另外当蒸发器热负荷变化时，制冷剂的需要量随之变化，储液器能起调节制冷剂循环量的作用。

2. 低压储液器

只在大型制冷设备中使用。其作用是收集蒸发器回气管路上氨液分离器中分离出来的低压氨液，以免液滴随回气冲入压缩机。具有多种蒸发温度的制冷系统中，应分别设置低压储液器。

3. 排液桶

它的功用是当冷库中排管冲霜时，用来暂时储存排管排出的氨液。排液桶的容积，应能容纳需要冲霜各库房中最大房间的氨液量。

4. 循环储液桶

循环储液桶是用于氨泵供液制冷系统的重要装置，它既能稳定地保证氨泵循环所需的低压氨液，又能对库房的回气进行气液分离。循环储桶的结构与氨液分离器相似。

四、氨液分离器

图 11-22 所示是常用的一种立式氨液分离器。氨液分离器有立式、卧式和 T 形三种。它是一个圆筒壳体，其上有氨气进出口、氨液进出口、安全阀、放油口及压力表等。氨液分离器的工作原理与油分离器类同。

氨液分离器设置在压缩机和蒸发器之间，它的作用如下：一个仅是分离来自蒸发器的氨液，防止氨液进入压缩机发生敲缸；另一个是兼用来分离节流后的低压氨液中所带的无效蒸气，以提高蒸发器的传热效果，还能起到调剂分配氨液的作用。

五、空气分离器

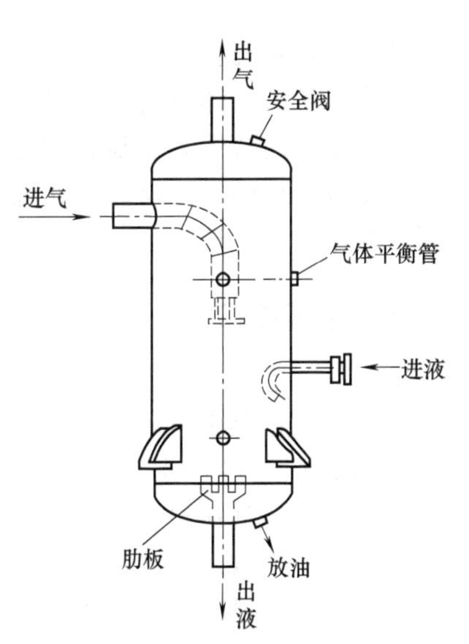

图 11-22 立式氨液分离器

制冷循环系统虽是密封的，但在首次加氨前，不可能将整个系统抽成绝对真空。补充润滑油与制冷剂时，也有空气进入系统。润滑油与制冷剂在很高的排气温度下，会分解产生不凝结气体。工作时低压管路压力过低，系统不够严密，也会渗入空气。以上情况往往导致在冷凝器与高压储存器等设备内聚集有气体，从而降低冷凝器的传热系数，引起冷凝温度升高，增加压缩机的电耗。空气分离器是用以分离排出系统中的不凝结气体，保证制冷系统正常运行。

空气分离器的型式很多，常用的有套管式和立式两种，主要用于大中型制冷系统，在小型制冷装置中，通常将空气含量大的混合气体直接排出系统，以求系统简化。图 11-23 所示为套管式空气分离器中的四重管式空气分离器，它由四个同心套管焊接而成，从内向外数，第一管与第三管，第二管与第四管分别接通，第四管与第一管间接旁通，其上装有膨胀阀。工作时来自膨胀阀的氨液，进入第一、第三管蒸发吸热而汽化，氨气由第三管上的出口被压缩机吸走。自来冷凝器与高压储液器的混合气体，进入第二、第四管，其中氨气因受冷凝结为液体由第四管下部经膨胀阀再回收引到第一管中蒸发，分离出来的不凝结气体（包括空气）由第二管引入存水的容器中放出，从水中气泡多少和大小可以判断系统中的空气是否已放尽，当系统中的空气接近放净时，水中无大气泡，当水温升高时，说明有氨气放出，应停止放气操作。

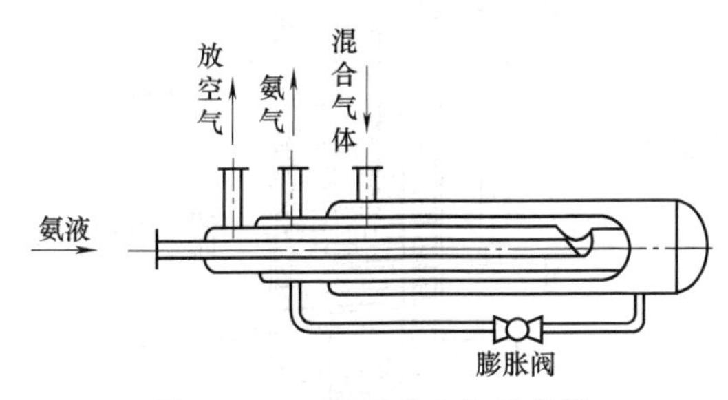

图 11-23 四重管式空气分离器

六、干燥过滤器

制冷系统中的干燥过滤器主要是用于清除制冷剂液体或气体中的水分、机械杂质等。氨制冷系统一般仅装过滤器，而氟制冷系统必须装干燥过滤器。但有时过滤器与干燥器分装，过滤器装在主系统，干燥器装在过滤器前的旁通管路上，制冷剂液体可以先通过干燥器再通过过滤器，或制冷剂不经干燥器，直接通过过滤器进入供液系统。

制冷系统的气体过滤器一般装在压缩机的吸入端，也称吸入滤网。制冷剂液体过滤干燥器通常装在膨胀阀、浮球调节阀、供液电磁阀或液泵之前的液体管路。制冷系统用的过滤器或干燥过滤器的大小，通常是根据制冷系统管路的管径和制冷剂流量大小选配。

七、中间冷却器

中间冷却器装在双级（或多级）压缩制冷系统中使用，用以冷却低压级压缩机排出的中压过热蒸气，以保证高压级的压缩机正常工作。另外它具有分离低压级排气中挟带的润滑油，以及冷却制冷剂，使制冷剂获得较大过冷度的作用。氨用中间冷却器如图11-24所示。在氨制冷系统中，中间冷却器均采用氨液冷却的方法。来自低压级缸的过热蒸气进入器内，并伸入氨液液面以下，经氨液的洗涤而迅速被冷却，氨气上升遇器内伞形挡板，将其中挟带的润滑油分离出来以后进入高压级压缩机。用于洗涤的氨液从器顶部输入。高压储液器的氨液，从下部进入蛇管；由于蛇管浸于低温中，使蛇形管内的高压氨液过冷。当需要检修中间冷却器时，里面的氨液由放液口排出。

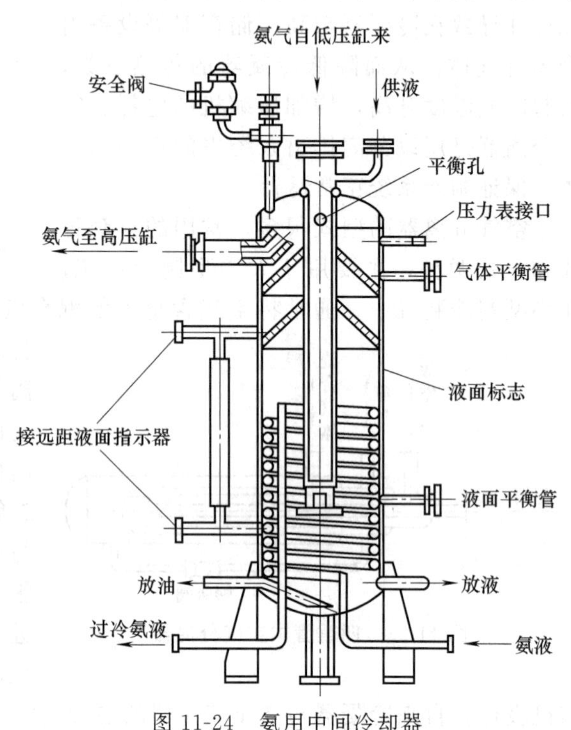

图 11-24 氨用中间冷却器

八、凉水装置

制冷系统中的冷凝器、过冷器及制冷压缩机的汽缸等，都需要不断地用大量水冷却，而这些冷却水吸热后温升只3～4℃，通常是用凉水装置将吸热后的冷却水降温后重复使用。凉水装置的型式很多，常用的有点波填料凉水塔，如图11-25所示。它是依靠水-空气对流换热和蒸发冷却原理使水降温的高效冷却装置。冷凝器等设备的回水通过自动旋转的布水器从上向下喷淋，水滴沿点波填料的表面成膜状向下流动，空气在顶部风机作用下，从下部进入塔体，由下而上在塔内与水流逆向运动进行热交换。

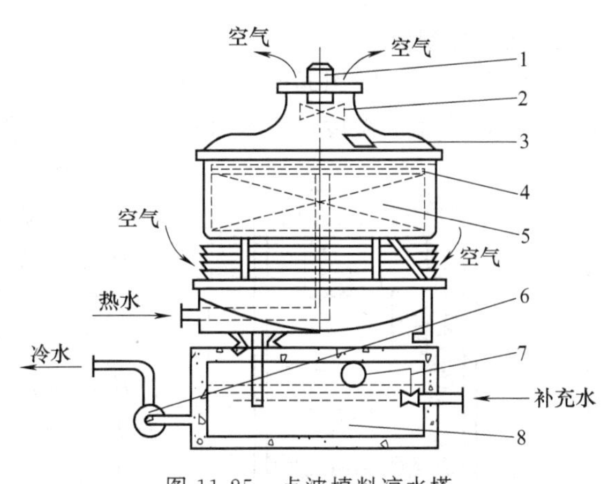

图 11-25 点波填料凉水塔

1—电动机；2—风扇；3—视孔；4—喷水管（旋转布水器）；5—填料塔；6—水泵；7—浮球阀；8—水池

九、阀门和控制器

阀门和控制器是用来控制、调节制冷系统中流体的流量、压力、液面和冷库（箱、柜等）内空气温度等参数。分手动和自动两类。常用的有截止阀、止回阀、节流阀、安全阀、电磁阀、温度控制器、液面控制器、恒压阀、高低压控制器，还有自冲冲霜、电动门、氨泵回路等自动控制装置，种类繁多。这里只介绍电磁阀、温度控制器、高低压控制器。

1. 电磁阀

电磁阀是以电磁力为动力用来自动开启或截断管道系统的阀门。它串接在制冷系统的管路中，受手动开关或各种控制器发出的电信号而动作。

一般安装在储液器（或冷凝器）与膨胀阀之间，电磁阀的线圈与压缩机相连，在压缩机停车时，电磁阀立即关闭，冷凝器停止向蒸发器供液。电磁阀也可与冷库内的温度继电器配合使用，当库温上升到温度继电器调定值时，温度继电器的触点接通，启动冷风机与压缩机，同时电磁阀也因接通电路使阀门打开，反之则自动关闭。

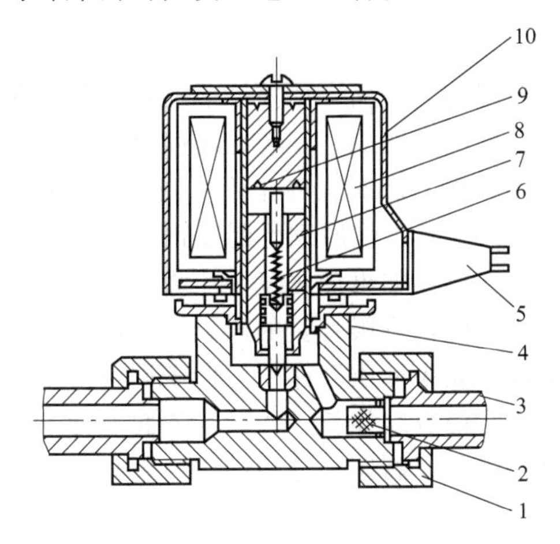

图 11-26 直通式电磁阀结构

1—连接螺母；2—过滤网；3—接管；4—阀体 5—电缆入口；6—弹簧；7—动铁芯；8—电磁线圈；9—固定铁芯；10—外罩

电磁阀的型式很多，其工作原理基本一致，通常分为直通式和继电式（或称导压式）两种，图 11-26 所示为直通式电磁阀结构，上半部为电磁线圈，下半部为阀体。线圈一通电，吸上动铁芯，阀口即开，线圈失电，在自重和弹簧作用使动铁芯落下，阀口即闭。这种电磁阀，结构简单，工作灵敏可靠，但电磁头的力量有限，只适于小口径的电磁阀，多用于小型氟利昂制冷机。对大口径的管道，则采用导压式电磁阀。

2. 温度控制器

温度控制器的作用是控制冷藏库（箱）等冷冻设备的温度恒定在某一范围内。目前常用的温度控制器以压力式居多，常和电磁阀配合使用。图 11-27 所示是波纹管式温度控制器原理，波纹室经毛细管与感温包相连接，组成一密封容器，内充低沸点液体，感温包接收温度信号变为压力传到波纹室，使波纹管对杠杆产生顶力矩，杠杆承受顶力矩和主弹簧的拉力矩。杠杆与拨臂为一体，动触头 9 与静触头 11 串联在压缩机的电机电路中，杠杆绕支点转动时，拨臂随之摆动，使动触头 9 与静触头 11 闭合或断开，从而控制压缩机的开动或停车。即当感温包感受的温度降到调定下限时，波纹室内压力下降，杠杆绕支点顺时针转动，动触头 9 与静触头 11 断开，电机停转；当感温包感受的温度上升达上限时，动触头 9 与静触头 11 闭合，压缩机运转。温差用制动螺钉来调节，冷藏库（箱）的温度高低通过调节螺钉改变主弹簧的拉力大小来实现。这种温度控制器，主要用于小型冷库与冷藏柜。

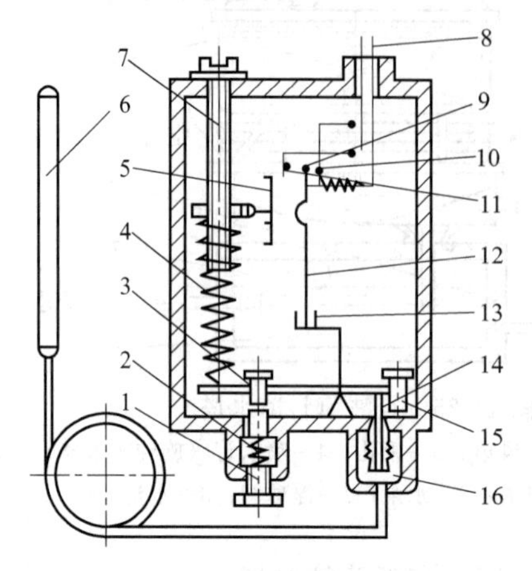

图 11-27 波纹管式温度控制器原理

1—差动螺钉；2—差动弹簧；3—螺钉；4—主弹簧；5—标尺；6—感温包；7—调节螺钉；8—引出电线；9—动触头；10,11—静触头；12—跳簧片；13—拨臂；14—支点；15—制动螺钉；16—波纹室

3. 高低压压力控制器

高低压压力控制器是一种受压力信号控制的电开关。由控制冷凝压力的高压压力控制器和控制蒸发压力的低压压力控制器组合而成，安装在压缩机上，用来监视压缩机吸气、排气的压力变化，起到保护压缩机安全的作用。图 11-28 所示为目前应用较普遍的 KD 型高低压压力控制器。其工作原理是制冷剂蒸气通过毛细管将压力作用到波纹管上，使波纹管产生变形；如果低压气体压力高于调定值上限时，波纹管受压缩，通过传动棒芯、传动杆，克服弹簧的压力，将微动开关按钮按下，此时电路接通，压缩机正常运转。如果低压气体压力低于调定值下限时，低压调节弹簧的弹力超过波纹管的压力，使波纹伸长、传动棒抬起，微动开关按扭随之抬起，电路被断开，压缩机停止运行。高压部分的动作原理与低压部分相同。

4. 液位控制器

它用于控制冷系统容器中的液位，通常只作为控制液位的一次元件，必须与二次仪表或其他执行元件配合使用。目前国内应用较多的有 YY 型系列液位控制器和 YJ 型系列遥控液位器计两种。YJ 型遥控液位计包括浮球控制器和电气盒两部分，图 11-29 所示为 YJ 型遥控液位计，液位计内液面与其所联设备内液面在同一水平，当设备内液面变化时，则浮球上升或下降，从而使浮球杆及线圈上下移动，线圈电抗发生改变，输出位移信号。当线圈电抗改变到一定值时，通过电器盒内的晶体管开关线路，按所调定的液位高度，吸动继电器触头，打开或关闭设备进液电磁阀，控制进液情况，稳定液位高度。

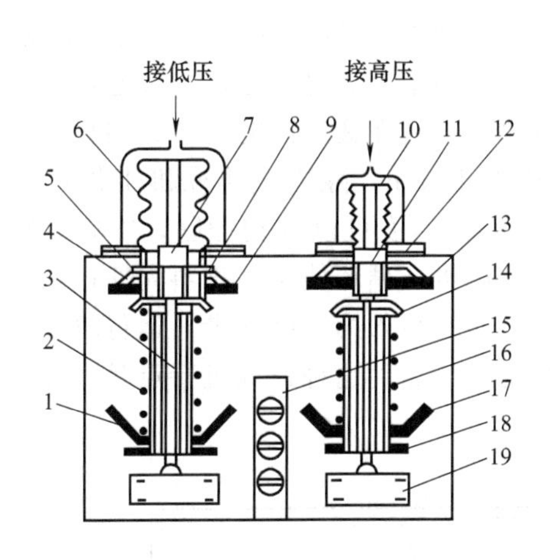

图 11-28　KD 型高低压压力控制器

1—低压调节盘；2—低压调节弹簧；3—传动杆；4—碟形弹簧；5—调整垫片；6—低压波纹管；7—传动棒芯；8—调节螺丝；9—低压压差调节盘；10—高压波纹管；11—传动螺丝 12—垫圈；13—高压压差调节盘；14—弹簧座；15—接线架；16—高压调节弹簧；17—高压调节盘；18—支架；19—微动开关

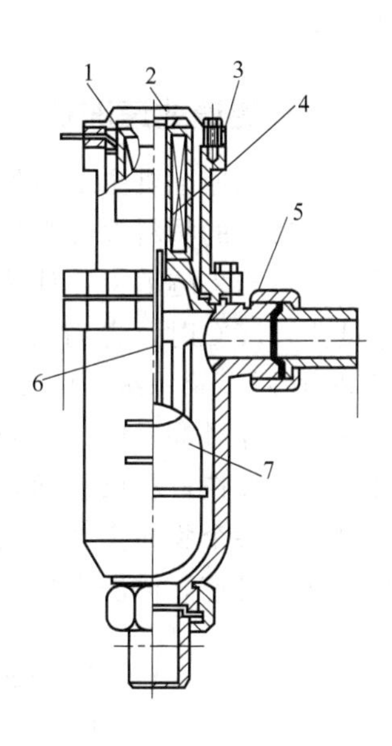

图 11-29　YJ 型遥控液位计

1—线圈；2—顶盖；3—上筒；4—套筒；5—外壳；6—浮杆；7—浮球

第三节　速冻设备

速冻设备适用于冻结小包装或未包装的块、片、粒等状的原料，制成各种畜产、水产、蔬菜等速冻食品。一般速冻设备的冻结温度为－40～－30℃，其类型很多，按冷却方法分为空气冷冻法、间接接触冷冻法和浸渍冷冻法。按速冻设备的结构分为箱式、隧道式、带式、流化床式和螺旋式等型式。

一、箱式速冻机

这种设备的结构是在绝热材料包裹的箱体内装有可移动带夹层的数块平板，故又称平板式速冻器，夹层中装有蒸发盘管，管间也可灌入盐水，制冷剂于蒸发盘管内流动；被速冻的产品放在平板间，并移动平板，将物料压紧，进行冻结。平板间距为40～70mm，可根据产品的厚度进行调节。

平板式速冻器的特点是结构简单紧凑，作业费用较低，但生产能力小，装卸费工。

二、隧道式速冻机

隧道式速冻机主要由隧道体、蒸发器、风机、料架或不锈钢传动网带等组成。被速冻的物料放在料架的各层筛盘中或网带上通过隧道，空气通过蒸发器降温，然后送入隧道中，使物料速冻。冷风与物料在隧道内的流动方向相反。速冻温度为−35℃时，青刀豆的冻结时间约为45min。隧道式速冻机工作过程如图11-30所示。第一级、第二级传动网带的运行速度可以分别控制，冷风分别吹到网带上，穿过物料层，再经制冷蒸发器与风机，循环使用。物料先通过第一级网带，运行较快，料层较薄，使表面冻结；然后转入第二级网带，运行较慢，料层较厚，使整个物料全部冻结，得到单粒速冻产品。这种速冻机特点是冷冻效率较高，冲霜迅速，清洗方便。

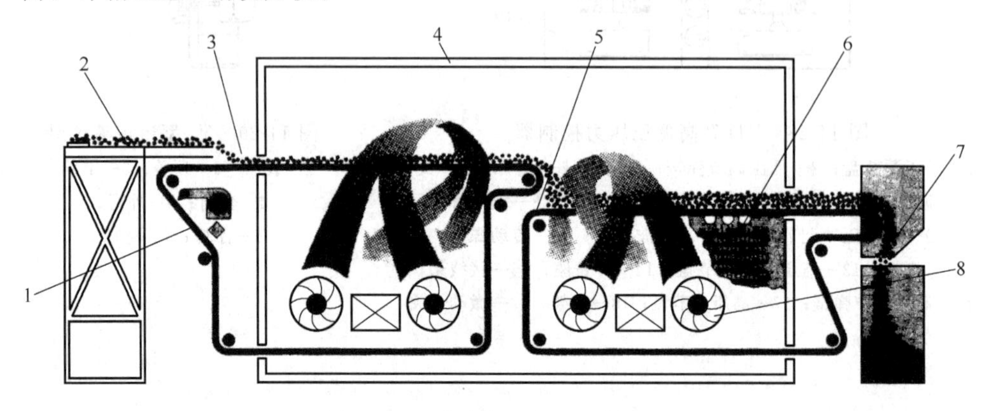

图11-30 隧道式速冻机工作过程

1—第一级传动网带；2—物料；3—进料口；4—隧道壳体；5—第二级传动网带；6—制冷蒸发器；7—卸料口；8—风机

三、流化床式速冻机

流化床式速冻机由多孔板（或带）、风机、制冷蒸发器等组成。如图11-31所示。工作过程是将前处理后颗粒状食品，从多孔板一端送入。铺放厚度为2～

12cm，视产品性状而异。空气通过制冷蒸发器、风机，由多孔板底部进入向上吹送，使产品呈沸腾状态流动，并使低温冷风与颗粒全面地直接接触，冷冻状态流动，并使低温冷风与颗粒全面地直接接触，冷冻速率大大加强。这种设备的冷风流速约8m/s，风温－35℃，一般蔬菜的速冻时间为3～5min。其特点是成单体冻结，连续作业。为速冻蔬菜的理想设备。

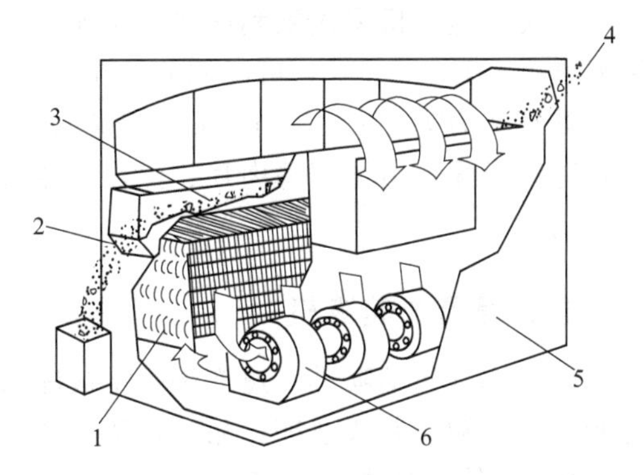

图 11-31 流化床式速冻机

1—制冷蒸发器；2—卸料口；3—物料

4—进料口；5—机罩；6—风机

四、螺旋式速冻机

螺旋式速冻机由柔性传送带、中心转筒、风机、风幕、传动装置、变速器、制冷机等组成。如图 11-32 所示。柔性传送带（链条）构成一螺旋循环回路，见图 11-33 所示。当中心转筒转动时，利用装在中心转筒上的板条与链条的摩擦力，使绕在中心转筒上的链条运动。物料由入口送进，放在柔性传动带上，绕中心转筒由下部螺旋向上移动，同时冷风通过制冷机、风机和传送带，对物料进行冻结，循环使用。物料冻结后由上部卸出。为了延长链条的使用寿命，设置了翻转机构，使链条两端轮流磨损。风幕安装在物料进、出口处，以减少冷量损失。

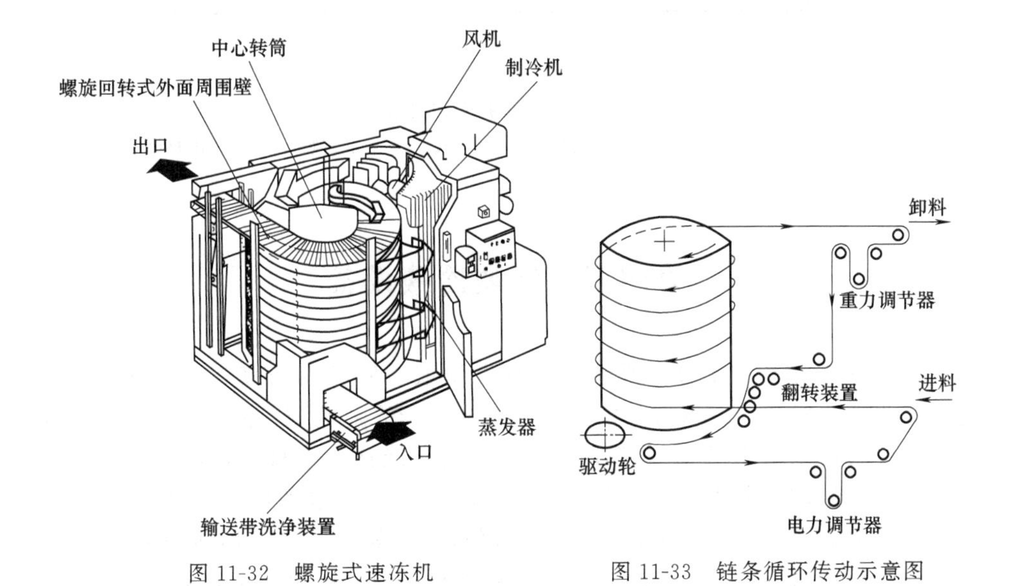

图 11-32 螺旋式速冻机　　图 11-33 链条循环传动示意图

螺旋式速冻机采用氟利昂双级压缩制冷系统，蒸发器为铜管铝翅片结构，冷风温度为－40～－5℃，可以调节。在冷风温度－35℃，冻结时间30min的条件下，处理能力为100～500kg/h。该机的特点是结构紧凑，占地面积小，连续作业，冻结迅速，适用于薄肉片、鱼片、冰激凌和冷点心多种食品加工。但设备费用较高。

五、浸渍式速冻机

浸渍式（包括喷淋）速冻法是将被冻结物料直接和温度很低的液化气体或液态制冷剂接触，制成速冻产品。现使用的制冷剂有液态氮、液态二氧化碳和氟利昂（R12）等。这类装置多为隧道式结构，隧道内有传送带，喷雾器或浸渍器和风机等装置。如图11-34所示，食品从一端置于传送带上，随带移动，依次通过预冷区、冻结区和均温区，最后由另端卸出。液氮储于隧道外，以一定压力引入冻结区进行喷淋或浸渍冻结，液氮吸热后形成的氮气，温度仍很低，为－10～－5℃，通过风机，将其送入隧道前段进行预冻。在冻结区，食品与－200℃的液氮接触而迅速冻结。该装置的特点是结构简单，使用寿命长，可超速单体冻结，但成本高。

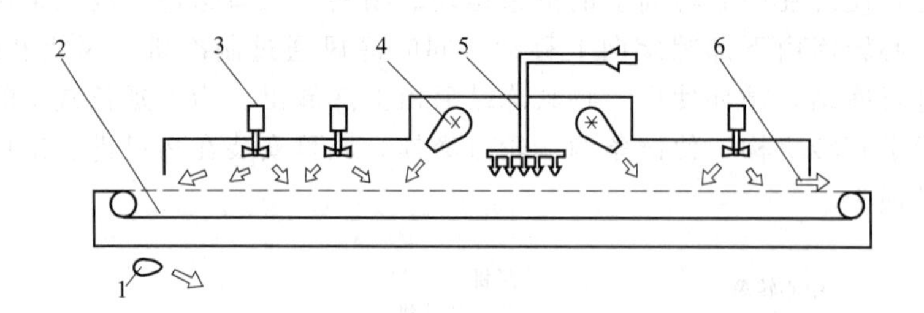

图11-34 液氮冻结装置

1—排散风机；2—进料口；3—搅拌风机；4—风机；5—液氮喷零器；6—出料口

第四节 气调冷藏设备

气调冷藏是将冷藏与气调储藏相结合组成，使库内的氧和二氧化碳的含量，有适当的配合，并保持一定湿度，主要用于果蔬储藏，能获得良好的保鲜效果。产品在储藏中的损失甚小，据有的国家统计，冷藏库产品的损失率为21.3%，而气调冷藏库产品的损失率为4.8%。现在这种储藏在英国、法国、意大利等国应用较广。我国目前的果蔬储藏除冷藏外，多采用薄膜封闭气调，有垛封和袋封两种方法，垛封是将消石灰撒在垛内以吸收CO_2，袋封是定期开袋换入新鲜空气。这类方法成本较低，使用方便，近几年还研制出与薄膜封闭配合使用的分子筛气调机，即 CO_2 吸附机组，也取得成效。自 1985 年开始国内自行设计建造了 500～1000t 的气调冷藏库，后来又引进一些1000～2000t 的气调冷藏设备。

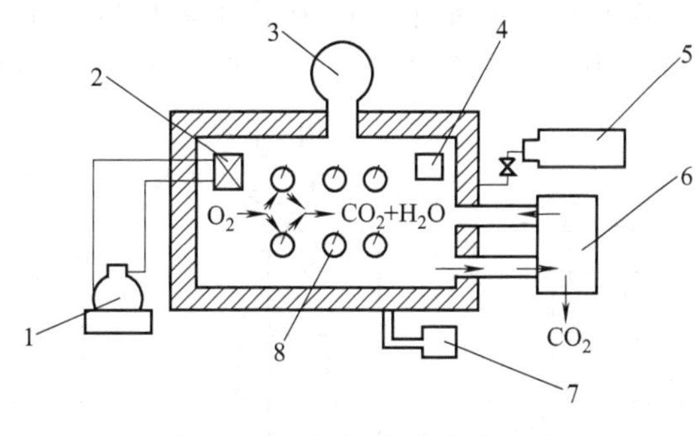

图 11-35 气调冷藏库的组成

1—制冷机；2—空气冷却器；3—气袋；4—脱臭器；5—N_2 发生器；6—CO_2 吸附器；7—气体分析器；8—果蔬

气调冷藏设备，主要包括库房、制冷机组、N_2 发生器、CO_2 吸附机组和其他装置，如图 11-35 所示。

一、库房和制冷系统

气调冷藏库的库房结构和制冷设备，与一般机械冷藏库基本相同。但要求库房有更高的气密性，可在四壁内侧和顶板加衬金属薄板或不透气的塑料板，或涂喷塑料层，库门等都要有气密装置，严防漏气。

二、氮发生器

氮发生器又称催化降氧机，它的作用主要用于产生 N_2，冲淡库内的 O_2。图 11-36 所示为管式氮发生器，由反应器、电炉、风机和水洗塔等组成。反应器由抗热合金制造，上部装有铂等催化剂，以降低燃烧温度，避免产生有毒的氮氧化合物和其他物质。下部是一个管状气体热交换器。工作流程是来自库内的气体或库外空气，通过风机与液化石油气或其他可以气化的燃料如丙烷、煤油等混合，进入反应器燃烧，烧掉气体中的氧，其余的气体经水洗冷却净化后，除残留的很少的 O_2(1%～4%) 外，主要是 N_2。燃烧还生成 CO_2，也是气调储藏所需要的。冷风通过管式换热器，吸入燃烧过程中的热量，变为热风，用来预热进入反应器的气体，以节约热能。

三、二氧化碳吸附机组

它的作用是排除库内过多的 CO_2，并净化气体，常用的为干式 CO_2 吸附器。吸附机组由两个吸附罐、空气循环的风机、吸入新鲜空气的风机及导管、阀门等组成，如图 11-37 所示。吸附罐是一个密封的圆筒形容器，罐上下装有滤网，罐内装满吸附剂（活性炭等）。两个吸附罐通过柔性导管和转换阀门连接，阀门由电器控制。工作时从气调库来的空气经风机进入罐内，其中 CO_2 被活性炭吸附后，再回到气调库中。罐内活性炭吸附 CO_2 达饱和时，用新鲜空气吹洗，使 CO_2 脱附。当一个罐吸附 CO_2 时，另一罐同时进行脱附。

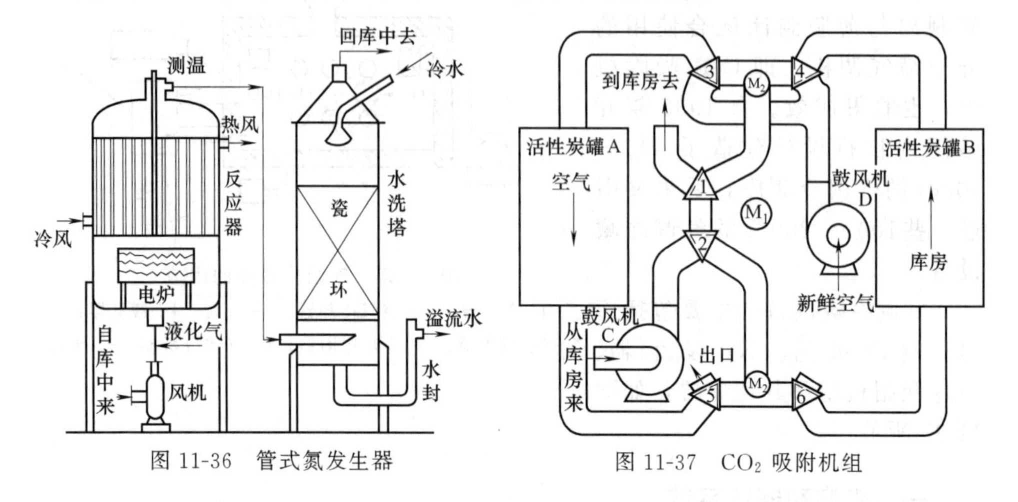

图 11-36 管式氮发生器

图 11-37 CO_2 吸附机组

四、其他装置

1. 湿度调节器

因气调库内制冷系统的蒸发器不断结霜，使库内空气相对湿度过低，不符合果蔬储藏要求，故在库内装加湿器或在净化空气回库之前通过加湿器。

2. 气压袋

气调库内，当排除 CO_2 时会出现负压，这对库房气密性不利，故设置气压袋。气化袋用不透气的聚乙烯制成，体积为库容积的 1%～2%，装在库外，与库内相通。当库内气压变化时，气压袋自动收缩或膨胀，以保库内外气压平衡。

3. 温度氧气、二氧化碳检测分析仪器

包括温度检测和自动记录仪器，以及 O_2、CO_2 分析和记录仪器，即时检测和调节库内的气体参数。

一、判断题

1. 在食品加工厂和冷库制冷方面多采用回转式压缩机。(　)
2. 活塞在汽缸内做旋转运动，电冰箱是采用此种回转式压缩机。(　)

3. 半封闭式压缩机与电机外壳为一体，构成一个密封机壳，需要装油封。( )

4. 蒸发器的作用是制冷剂释放被冷却介质的热量。( )

5. 油分离器又称为分油器，用于分离压缩后的氨气中所挟带的润滑油，以防止润滑油进入冷凝器，使传热条件恶化。( )

6. 速冻设备适用于冻结大包装或未包装的块、片、粒等状的原料，制成各种畜产、水产、蔬菜、水饺等速冻食品。( )

7. 平板式速冻器的特点是结构简单紧凑，作业费用较低，生产能力大，装卸不费工。( )

8. 箱式速冻机的结构是在绝热材料包裹的箱体内装有可移动带夹层的数块平板，故又称平板式速冻器。( )

9. 螺旋式速冻机采用氟利昂双级压缩制冷系统，蒸发器为铜管铝翅片结构，冷风温度为−20～−5℃，可以调节。在冷风温度−15℃，冻结时间30min的条件下，处理能力为100～500kg/h。( )

10. 螺旋式速冻机特点是结构紧凑，占地面积小，连续作业，冻结迅速，适用于薄肉片、鱼片、冰激凌、速冻汤圆和速冻饺子等多种食品加工，而且设备费用很低。( )

二、填空题

1. 冷冻设备包括______、物料的______、______三个组成部分。

2. 制冷部分有______式、______式、______式制冷压缩机组、吸收式制冷机组、蒸汽喷射式制冷机组以及液态氮、液态二氧化碳、盐液等制冷剂。

3. 活塞压缩式制冷机组是国内外主要的冷源制作装置。物料进行冻结的方式有______式、______式和______通过金属管、壁和物料接触传热降温的装置。

4. 活塞式压缩制冷设备，由制冷______、______、______和______四个主要装置组成。

5. 冷凝器是制冷系统中的一种热交换器，使制冷剂过热蒸汽受冷却凝结为______。冷凝器的种类很多，大中型制冷设备常用的有______式、______管式、______式、______式和______式冷凝器。

6. 膨胀阀又称节流阀，它的作用是降低制冷剂的______和控制制冷剂______。高压液体制冷剂通过膨胀阀时，冷凝压力骤降为______，与此同时液体制冷剂沸腾______，其本身温度______。

7. 冷却空气的蒸发器的型式繁多，制冷剂在管内______，空气在______流动。空气的流动属于自然对流，如设在冷库库房中的______、______；若蒸发器是装在一个箱体内，而空气是依靠风机进行强制循环，则称为______或______。

8. 隧道式速冻机主要由______、______、______、______或______等组成。被速冻的物料放在料架的各层筛盘中或网带上通过隧道，空气通过蒸发器降温，然后送入隧道中，川流于物料之间使其速冻。

9. 螺旋式速冻机由______、______、______、______、______、______、______、______、制冷等装置组成。

10. 气调冷藏库的库房结构和制冷设备，与一般______基本相同。但要求库房有更高的______性，可在四壁内侧和顶板加衬______的塑料板，或涂喷塑料层，库门等都要有气密装置，严防漏气。

11. 冷库按容量分为1000t以下为______，1000～5000t为______，5000～10000t为______、10000t以上的为______。

12. 制冷机的制冷量与______、______、______有关，但与被冷冻食品无关。

13. 制冷系统中，膨胀阀安装在________之间。

14. 制冷系统中的冷凝器、过冷器及制冷压缩机的汽缸等，都需要不断地用大量______冷却，而这些冷却水吸热后温升只______℃，通常是用凉水装置将吸热后的冷却水降温后重复使用。

三、选择题

1. ______压缩机的功率输入轴伸出曲轴箱外，电机通过联轴器或皮带轮与压缩机轴输入端相连接，在曲轴伸出端装有油封。

A. 开启式　　B. 半封闭式　　C. 全封闭式　　D. 立式

2. 按压缩机的制冷量小于________MJ/h为小型。

A. 109　　B. 209　　C. 209～1672　　D. 1672

3. 冷却液体载冷剂的蒸发器通称为______。如水冷却器、盐水冷却器等。

A. 蛇管式　　B. 卧管式　　C. 液体冷却器　　D. 卧管式

4. 储液器的功用是储存和调节供给制冷系统内各部分的______，满足各设备的供液安全运行。

A. 低压氨液　　B. 液体制冷剂　　C. 气体制冷剂　　D. 高压氨液

5. 氨液分离器的作用，一种仅是分离来自蒸发器的氨液，防止氨液进入压缩机发生______。

A. 渗漏　　B. 自燃　　C. 爆炸　　D. 敲缸

6. 活塞敲缸异响所谓活塞敲缸异响，是指活塞______拍打汽缸壁产生的异响。一般来讲，当活塞顶部产生轴向力的方向随着活塞从压缩冲程变为做功冲程时，就会产生活塞敲缸异响。

A. 上面　　B. 中间　　C. 下面　　D. 侧面

7. 制冷系统中的冷凝器、过冷器及制冷压缩机的汽缸等，都需要不断地用大量水冷却，而这些冷却水吸热后温升只______℃。

A. 1～2　　B. 2～3　　C. 3～4　　D. 5～6

8. 凉水装置的型式很多，常用的有______。它是依靠水和空气对流换热和蒸发冷却原理使水降温的高效冷却装置。

A. 点波填料凉水塔　　B. 鼓风机

C. 蒸发器　　D. 风扇

9. 电磁阀是以电磁力为动力用来自动开启或截断管道系统的阀门。它串接在制冷系统的管路中，受手动开关或各种控制器发出的电信号而动作。

A. 机械力　　B. 电磁力　　C. 离心力　　D. 重力

10. 一般速冻设备的冻结温度为______℃，其类型很多，按冷却方法分为空气冷冻法、间接接触冷冻法和浸渍冷冻法。按速冻设备的结构分为箱式、隧道式、带式、流化床式和螺旋式等型式。

A. －20～－10　　B. －30～－20

C. －40～－30　　D. －50～－40

11. 速冻蔬菜的理想设备是______。

A. 螺旋式速冻机　　B. 流化床式速冻机

C. 浸渍式速冻机　　D. 隧道式速冻机

12. 空气通过蒸发器、风机，由多孔板底部进入向上吹送，使产品呈沸腾状态流动，并使低温冷风与颗粒全面地直接接触，冷冻状态流动，并使低温冷风与颗粒全面地直接接触，冷冻速率大大加强，这种设备是______。

A. 螺旋式速冻机　　B. 流化床式速冻机

C. 浸渍式速冻机　　D. 隧道式速冻机

13. ______的优点是结构紧凑、占空间高度小、传热系数高。缺点是清除水垢困难。适用于水温较低，水质较好的地区，一般布置在室内与小型制冷机组配套使用。

A. 立式冷凝器　　B. 卧式冷凝器

C. 淋水式冷凝器　　D. 空气冷却式冷凝器

14. ______的特点是因部分冷却水蒸发，吸收大量汽化潜热，故消耗水量很少，仅为壳管式冷凝器的1/25～1/50，但设备与作业的费用较大。适用于水源困难的地区，一般布置在厂房顶部或通风良好的地方。

A. 蒸发式冷凝器　　B. 卧式冷凝器

C. 淋水式冷凝器　　D. 空气冷却式冷凝器

15. ______的优点是结构简单，工作安全。对水质要求不严，容易清洗。缺点是金属消耗量大，占地面积较大。适用于空气干燥，水源不足或水质较差的地区，布置在室外通风良好的地方。

A. 蒸发式冷凝器　　B. 卧式冷凝器

C. 淋水式冷凝器　　D. 空气冷却式冷凝器

参考文献

[1] 高海燕．食品加工机械与设备．北京：化学工业出版社，2008.
[2] 张佰清．食品机械与设备．郑州：郑州大学出版社，2012.
[3] 杨公明,程玉来．食品机械与设备．北京：中国农业大学出版社，2015.
[4] 殷涌光．食品机械与设备．北京：化学工业出版社，2006.
[5] 吕长鑫,黄广民,宋洪波．食品机械与设备．长沙：中南大学出版社，2015.
[6] 马海乐．食品机械与设备．第2版．北京：中国农业出版社，2011.
[7] 顾林,陶玉贵,食品机械与设备．北京：中国纺织出版社，2016.
[8] 许学勤．食品工厂机械与设备．北京：中国轻工业出版社，2011.
[9] 陈斌,食品机械与设备．北京：机械工业出版社，2008.
[10] 张裕中．食品加工技术装备．北京：中国轻工业出版社，2000.
[11] 胡继强．食品工程技术装备．北京：科学出版社，2004.
[12] 刘晓杰．食品加工机械与设备．北京：高等教育出版社，2004.
[13] 肖旭霖．食品加工机械与设备．北京：中国轻工业出版社，2000.
[14] 陆振曦，陆守道．食品机械原理与设计．北京：中国轻工业出版社，1999.
[15] 崔建云．食品加工机械设备．北京：中国轻工业出版社，2004.
[16] 刘协舫，郑晓，丁应生等．食品机械．武汉：湖北科学技术出版社，2002.
[17] 华泽钊，李云飞，刘宝林．食品冷冻冷藏原理与设备．北京：机械工业出版社，1999.
[18] 李新华．粮油加工学．北京：中国农业大学出版社，2002.
[19] 曾洁,胡心中．粮油加工实验技术．第2版．北京：中国农业大学出版社，2014.
[20] 王卫，彭其德．现代肉制品加工实用技术手册．北京：科学技术文献出版社，2002.
[21] 周光宏．畜产品加工学．北京：中国农业出版社，2002.
[22] 靳烨．畜禽食品工艺学．北京：中国轻工业出版社，2004.
[23] 武健新．乳制品生产技术．北京：中国轻工业出版社，2000.
[24] 何国庆．食品发酵与酿造工艺学．北京：中国农业出版社，2001.
[25] 杨天英，逯家富．果酒生产技术．北京：中国轻工业出版社，2004.
[26] 孙俊良．发酵工艺．北京：中国农业出版社，2002.
[27] 刘江汉．焙烤工业实用手册．北京：中国轻工业出版社，2003.